图灵教育

站在巨人的肩上

Standing on the Shoulders of Giants

TURING

图灵教育

站在巨人的肩上

Standing on the Shoulders of Giants

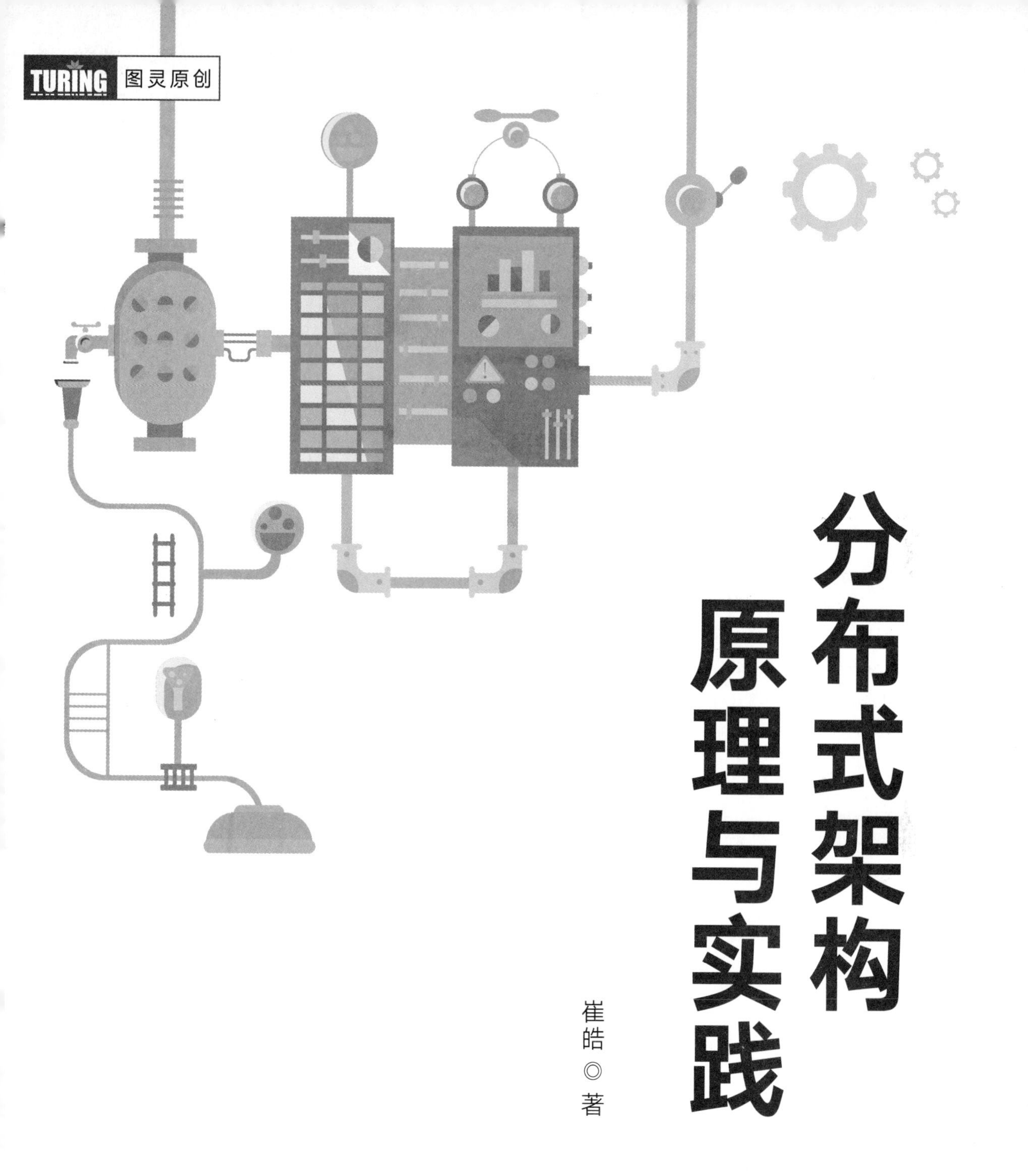

分布式架构原理与实践

崔皓◎著

人民邮电出版社
北京

图书在版编目（CIP）数据

分布式架构原理与实践 / 崔皓著. -- 北京 : 人民
邮电出版社, 2021.11
（图灵原创）
ISBN 978-7-115-57662-0

Ⅰ. ①分… Ⅱ. ①崔… Ⅲ. ①分布式计算机系统－架
构 Ⅳ. ①TP338.8

中国版本图书馆CIP数据核字(2021)第209509号

内 容 提 要

本书从软件结构的发展历史入手，通过一个简单的例子，描述了分布式架构的特性和存在的问题，并围绕这些问题展开了分析和实践。书中从为什么、是什么、怎么办这三个方面，分别讲解了分布式应用服务的拆分、分布式调用、分布式协同、分布式计算、分布式存储、分布式资源管理和调度、高性能与可用性以及指标与监控等内容，基本涵盖了分布式技术的要点。读者既可以按照逻辑联系从前往后看，也可以只阅读感兴趣的章节。

本书适合企业管理者、架构师、研发人员和产品经理阅读。

◆ 著　　　　崔　皓
　责任编辑　王军花
　责任印制　周昇亮
◆ 人民邮电出版社出版发行　　北京市丰台区成寿寺路11号
　邮编　100164　　电子邮件　315@ptpress.com.cn
　网址　https://www.ptpress.com.cn
　北京天宇星印刷厂印刷
◆ 开本：800×1000　1/16
　印张：26　　　　　　　　2021年 11 月第 1 版
　字数：580千字　　　　　2021年 11 月北京第 1 次印刷

定价：129.80元

读者服务热线：(010)84084456-6009　印装质量热线：(010)81055316
反盗版热线：(010)81055315
广告经营许可证：京东市监广登字 20170147 号

前　　言

为什么要写这本书

大家好，我是崔皓，一名 IT 老兵，从 2002 年参加工作至今已近 20 年，见证了系统设计从单体架构发展到分布式架构的过程。我从 2016 年开始关注分布式架构，并在团队中使用这种架构，遇到过不少问题，也踩过不少坑。每次遇到问题的时候，我都是头疼医头、脚疼医脚，借助搜索引擎、拜访高人、阅读名书。业务处于飞速发展中，面对海量的数据，系统需要提供更加强大的处理能力和扩展能力，分布式架构设计是未来的发展方向。在这种背景下，我为没有系统地学习过相关知识而感到苦恼。于是在 2017 年，我开始写博客，通过输出文字的方式将工作经验和学习所得进行归纳总结。至今我已发表 100 多篇博文，在“51CTO 技术栈”公众号上发表近 30 篇技术长文，并且在“51CTO 博客”中建立了自己的专栏——“秒杀高并发白话实战”。我的老师张千帆女士通过一次偶然的机会找到了我，让我参与编写高校教材的讨论工作，因此我萌生了写书的想法。在 2020 年年初，我发表的文章字数已经超过了 40 万，我想把这么多年积累的经验汇编成书，并分享给更多人，应该是一件很有意义的事情。中国人讲究“观、为、得”，“观”就是看别人做事，“为”就是自己尝试用学到的东西做事，之后才能有所“得”。我想写书也是这样，“观”就是学习的过程，为了写这本书我阅读了 40 多本专业图书，希望能从前辈那里找到灵感；“为”就是通过自己的实践，将书中内容和自身经验结合在一起，最终形成书中的文字，这样才能将知识转化为“得”。总而言之，汇总前人的经验与自己踩过的坑，并分享给需要的人，就是这本书的写作目的。

这本书包括哪些内容

写书一般更关注某技术是什么，怎么做，而忽略了为什么，其实应该把为什么使用某种技术放在第一的位置。只有知道了为什么，心中才会有目标，才懂得使用这门技术的意义。回到本书，要想把为什么说清楚，就需要对分布式技术的历史进行归纳总结，看看架构是如何一步步演变成分布式架构的。在我看来这个行进过程是自然而然、水到渠成的。我会在第1章介绍分布式架构的发展历史，同时告诉大家本书的逻辑主线，然后顺着这个逻辑主线展开介绍。

为了应对请求的高并发和业务的复杂性，需要对应用服务进行合理拆分，使之从原来的大而集中变成小而分散。想让这些分散的服务合作完成计算任务，就需要解决它们之间的通信与协同问题。和服务一样，负责存储的数据库也会遇到分散的情况，因此同样要考虑分散存储。如果说所有的服务、数据库都需要资源作为支撑，那么对资源的管理和调度也是必不可少的。此外，软件系统上线以后，还需要对关键指标进行监控。

根据上面的逻辑主线，可以得到本书的主要内容：分布式应用服务的拆分、分布式调用、分布式协同、分布式计算、分布式存储、分布式资源管理和调度、高性能与可用性以及指标与监控等。这些内容各成一章，基本涵盖了分布式技术的要点，读者既可以按照逻辑联系从前往后看，也可以只阅读感兴趣的章节。

本书每章内容都按照“为什么”“是什么”“怎么办”三方面展开。

- “为什么”指明了使用某种技术的原因，通常会指出具体的技术痛点，然后围绕这个痛点提出解决方案，从而引出对应的技术。
- “是什么”针对技术的核心架构展开，分析其原理和结构，让大家从内部了解技术架构，为后面的“怎么办”做铺垫。
- “怎么办”部分主要是根据技术架构的核心概念，形成最佳实践。本书会选择业内经典或者流行的技术架构和方案给大家做参考。

哪些人适合读这本书

在我开始写博客的时候，最先满足的是自己的学习需求，记录知识要点和感悟是我的目的。后来看博客的人多了，特别是在微信公众号上发表文章以后，我就需要考虑对应的阅读人群，考虑他们是否具备和我一样的知识背景和工作经历，我所写的内容能否被他们接受。再者，在职业生涯中，我担任过程序员、技术组长、架构师、业务分析师、项目经理、技术经理等不同角色，深知技术知识并非某一类人的专属物品。所以我需要对技术的核心要点进行抽象和深化，除了要让拥有专业背景的程序员、架构师看懂，也要让相关专业的业务分析师、项目管理者能弄明白。基于这个想法，我将前文提到的“为什么”“是什么”和“怎么办”这三方面分别对应到了思路、机制和实践。

- “为什么”适合程序员、技术组长、架构师、业务分析师、项目管理者阅读。
- “是什么”适合技术组长、架构师阅读。他们需要对技术核心了如指掌，这样才能在架构出现问题的时候，直指问题的根本，站在实现机制的高度看待整个系统架构。

- "怎么办"需要程序员、技术组长、架构师、项目管理者有所了解，对具体应用的落地和工具、架构的选择非常有用。

如何阅读这本书

拿到本书后可以先阅读第 1 章，其中介绍了分布式技术的发展历程以及全书的叙述逻辑。我会按照"拆分→调用→协同→计算→存储→调度→高性能与可用性→指标与监控"这样的逻辑主线展开描述。虽然章节之间有连贯性，但是也可以分开阅读，这并不会影响阅读体验。我在看书的时候喜欢通过画图的方式记录系统架构和数据流程，我把这个习惯也运用到了本书当中，使用了 300 多张图片。一图胜千言，读完一本书以后，记住的文字可能寥寥无几，对图却印象深刻。

感谢

写书是一个漫长的过程，从萌生想法到构思、整理大纲，再到查找资料、编写内容、审稿校验，我前后花了接近两年的时间。其中需要感谢的人太多，感谢华中科技大学的张千帆教授给我写书的启发；感谢陶家龙、李仙、石杉编辑在写作初期对我行文上的指导；特别要感谢的是人民邮电出版社图灵公司的王军花编辑，她从构思、架构、描写诸多方面不厌其烦地帮助我，是我写作上的指路明灯。我的同事和领导给予了我莫大的支持，感谢汪求学、吴晖、冯是聪、胡浩文、伍俊等。最后，感谢我父亲给我的文学熏陶，感谢我妻子近两年的默默付出，还有我 10 岁的女儿，她也一直默默关心和支持我。

目　录

第 1 章

分布式架构设计的特征与问题

随着业务的飞速发展，IT 软件架构也在不断更迭：从原先的单体架构，到集群架构，再到现在的分布式和微服务架构。本章中，我先带大家一起了解软件架构的演化过程，然后通过每个阶段的问题来反推原因，从而发现新的问题。分布式架构是 IT 软件架构演化的必然产物，并不是演化的终点，只是停靠点。它具备分布性、自治性、并行性、全局性等特性，这些特性会带来一些问题。接着，我以一个简单的例子作为切入点来看看有哪些问题需要解决，再从逻辑上将这些问题串联起来：为了应对请求的高并发和业务的复杂性，需要对应用服务进行合理拆分，将其从原来的大而集中变成小而分散；要想让这些分散的服务共同完成计算任务，就需要解决它们之间的通信与协同问题；和服务一样，负责存储的数据库也会有分散的情况，因此需要考虑分散存储；如果说所有的服务、数据库都需要硬件资源作为支撑，那么对资源的管理和调度也是必不可少的；此外，软件系统上线以后，还需要对关键指标进行监控。最后，我会给出阅读本书的一些建议。

1.1 架构设计的演进过程

业务驱动着技术发展是亘古不变的道理。最开始的时候，业务量少、复杂度低，采取的技术也相对简单，能够基本满足用户对功能的需求。随着 IT 信息化的普及，更多交易被放到了网络上，增加的信息量和频繁的业务访问就变成了需要解决的问题。因此，逐渐产生了缓存、集群等技术手段，同时对业务扩展性和伸缩性的要求也变得越来越高。高并发、高可用、可伸缩、可扩展、够安全一直都是架构设计所追求的目标。下面我们来看一下架构设计经历了哪些阶段，以及每个阶段分别解决了哪些问题，又引出了哪些新问题。

1.1.1 应用与数据一体模式

最早的业务应用以网站、OA 等为主，访问人数有限，单台服务器就能轻松应付，利用 LAMP（Linux、Apache、MySQL、PHP）技术就可以迅速搞定，并且这几种工具都是开源的。在很长一段时间内，有各种针对这种应用模式的开源代码可以使用，但这种模式基本上没有高并发的特性，可用性也很差。有些服务器采用的是托管模式，上面安装着不同的业务应用，一旦服务器出现问题，所有应用就都罢工了，不过其开发和部署成本相对较低，适合刚刚起步的应用服务。图 1-1 描述了单个应用和数据库运行在单台服务器上的模式，我们称这种模式为应用与数据一体模式。

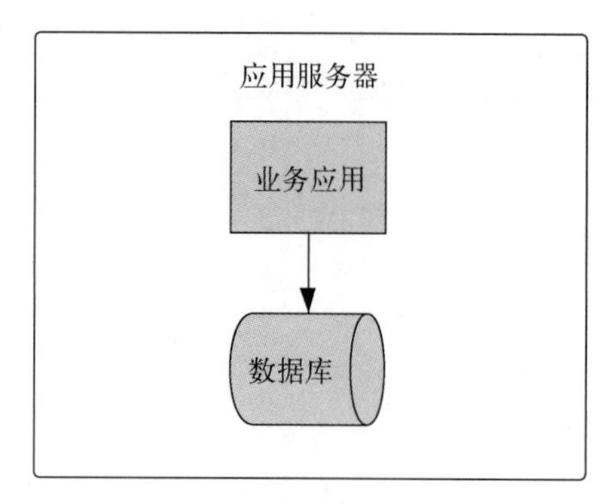

图 1-1 应用与数据一体模式

1.1.2 应用与数据分离模式

随着业务的发展，用户数量和请求数量逐渐上升，服务器的性能便出现了问题。一个比较简单的解决方案是增加资源，将业务应用和数据分开存储，其架构图如图 1-2 所示。其中，应用服务器由于需要处理大量的业务请求，因此对 CPU 和内存有一定要求；而数据服务器因为需要对数据进行存储和索引等 IO 操作，所以更多地会考虑磁盘的转速和内存。这种分离模式解决了性能问题，相应地，也需要扩展更多硬件资源让两种服务器各司其职，使系统可以处理更多的用户请求。虽然业务应用本身没有进行切分，业务应用内部的业务模块依旧存在耦合，但硬件层面的分离在可用性上比一体式设计要好很多。

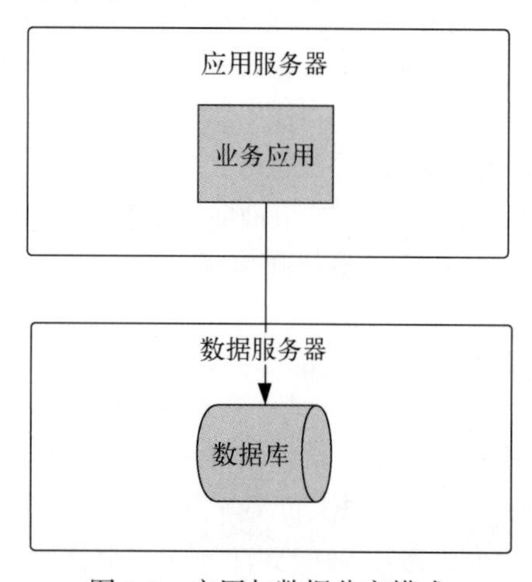

图 1-2 应用与数据分离模式

1.1.3 缓存与性能的提升

随着信息化系统的发展和互联网使用人数的增多，业务量、用户量、数据量都在增长。同时我们还发现，用户对某些数据的请求量特别大，例如新闻、商品信息和热门消息。在之前的模式下，获取这些信息的方式是依靠数据库，因此会受到数据库 IO 性能的影响，久而久之，数据库便成为了整个系统的瓶颈。而且即使再增加服务器的数量，恐怕也很难解决这个问题，于是缓存技术就登场了，其架构图如图 1-3 所示。这里提到的缓存技术分为客户端浏览器缓存、应用服务器本地缓存和缓存服务器缓存。

- **客户端浏览器缓存**：当用户通过浏览器请求应用服务器的时候，会发起 HTTP 请求。如果将每次 HTTP 请求都缓存下来，就可以极大地减小应用服务器的压力。
- **应用服务器本地缓存**：这种缓存使用的是进程内缓存，又叫托管堆缓存。以 Java 为例，这部分缓存存放在 JVM 的托管堆上面，会受到托管堆回收算法的影响。由于它运行在内存中，对数据的响应速度很快，因此通常用于存放热点数据。当进程内缓存没有命中时，会到缓存服务器中获取信息，如果还是没有命中，才会去数据库中获取。
- **缓存服务器缓存**：这种缓存相对于应用服务器本地缓存来说，就是进程外缓存，既可以和应用服务部署在同一服务器上，也可以部署在不同的服务器上。一般来说，为了方便管理和合理利用资源，会将其部署在专门的缓存服务器上。由于缓存会占用内存空间，因此这类服务器往往会配置比较大的内存。

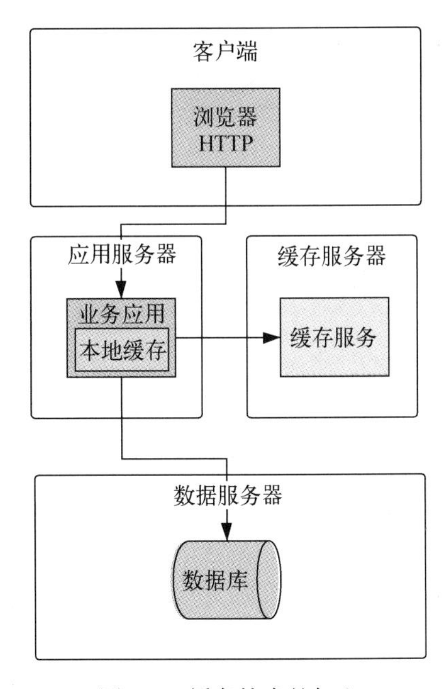

图 1-3 缓存技术的加入

图 1-3 描述了缓存的请求次序，先访问客户端浏览器缓存，然后是进程内的本地缓存，之后是缓存服务器，最后才是数据库。只要在其中任意一个阶段获取到了缓存信息，就不会继续往下访问了，否则会一直按照这个次序获取缓存信息，直到访问数据库。

用户请求访问数据的顺序为客户端浏览器缓存→应用服务器本地缓存→缓存服务器缓存。如果按照以上次序还没有命中数据，才会访问数据库获取数据。

加入缓存技术后，系统性能得到了提高。这是因为缓存位于内存中，而内存的读取速度要比磁盘快得多，能够很快响应用户请求。特别针对一些热点数据，优势尤为明显。同时，在可用性方面也有明显改善，即使数据服务器出现短时间的故障，在缓存服务器中保存的热点数据或者核心数据依然可以满足用户暂时的访问。当然，后面会针对可用性进行优化。

1.1.4　服务器集群处理并发

经过前面三个阶段的演进，系统对用户的请求量有了很好的支持。实际上，这些都是在逐步提高系统的性能和可用性，这一核心问题会一直贯穿于整个系统架构的演进过程中。可随着用户请求量的增加，另外一个问题又出现了，那就是并发。把这两个字拆开了来看：并，可以理解为“一起并行”，有同时的意思；发，可以理解为“发出调用”，也就是发出请求的意思。合起来，并发就是指多个用户同时请求应用服务器。如果说原来的系统面对的只是大数据量，那么现在就需要面对多个用户同时请求。此时若还是按照上一个阶段的架构图推导，那么单个应用服务器已经无法满足高并发的要求了。此时，服务器集群加入了战场，其架构图如图 1-4 所示。服务器集群说白了，就是多台服务器扎堆的意思，用更多服务器来分担单台服务器的负载压力，提高性能和可用性。再说白一点，就是提高单位时间内服务处理请求的数量。原来是一台服务器处理多个用户的请求，现在是一堆服务器处理，就好像银行柜台一样，通过增加柜员的人数来服务更多的客户。

这次的架构演进与上次相比，增加了应用服务器的个数，用多台应用服务器形成服务器集群，单台应用服务器中部署的应用服务并没有改变，在用户请求与服务器之间加入了负载均衡器，以便将用户请求路由到对应的服务器中。这次解决的系统瓶颈是如何处理用户的高并发请求，因此对数据库和缓存都没有做更改，仅通过增加服务器的数量便能缓解并发请求的压力。服务器集群通过多台服务器分担原来一台服务器需要处理的请求，在多台服务器上同时运行一套系统，同时处理大量并发的用户请求，有点三个臭皮匠顶个诸葛亮的意思，因此对集群中单台服务器的硬件要求也随之降低。此时需要注意负载均衡器采用的均衡算法（例如轮询和加权轮询）要能保证用户请求均匀地分布到多台服务器上、属于同一个会话的所有请求在同一个服务器上处理，以及针对不同服务器资源的优劣能够动态调整流量。加入负载均衡器之后，由于其位于互联网与应用服务器之间，负责用户流量的接入，因此可以对用户流量进行监控，同时对提出访问请求的用户的身份和权限进行验证。

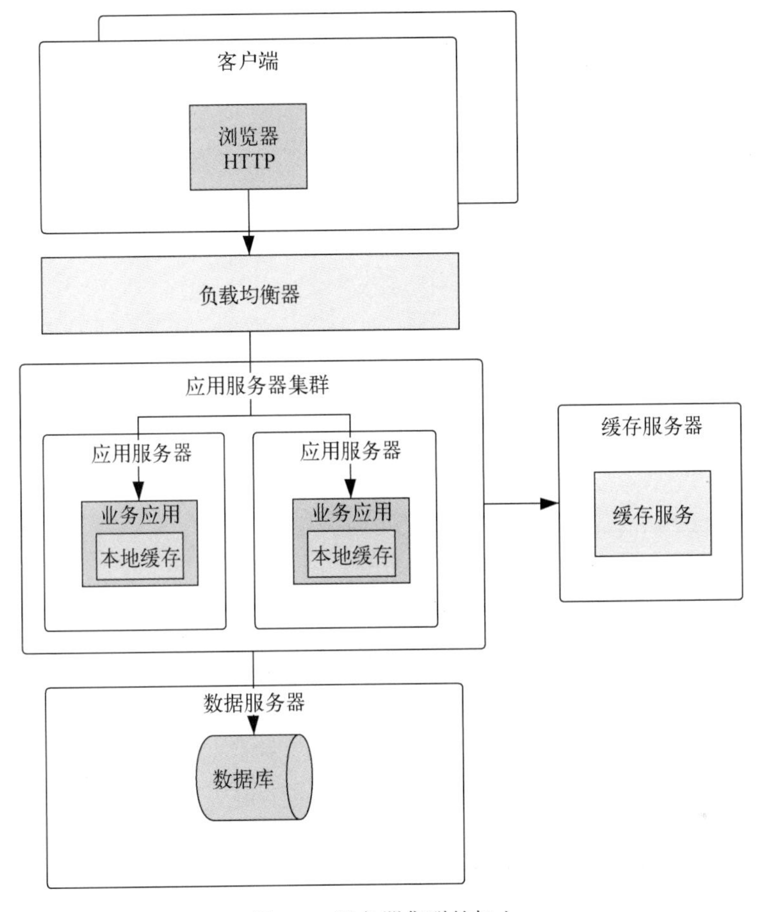

图 1-4 服务器集群的加入

1.1.5 数据库读写分离

加入缓存可以解决部分热点数据的读取问题，但缓存的容量毕竟有限，那些非热点的数据依然要从数据库中读取。数据库对于写入和读取操作的性能是不一样的。在写入数据时，会造成锁行或者锁表，此时如果有其他写入操作并发执行，就会出现排队现象。而读取操作不仅比写入操作更加快捷，并且可以通过索引、数据库缓存等方式实现。因此，推出了数据库读写分离的方案，其架构图如图 1-5 所示。这种模式设置了主从数据库，主库（master）主要用来写入数据，然后通过同步 binlog 的方式，将更新的数据同步到从库（slave）中。对于应用服务器而言，在写数据时只需要访问主库，在读数据时只用访问从库就好了。

数据库读写分离的方式将数据库的读、写职责分离开来，利用读数据效率较高的优势，扩展更多的从库，从而服务于请求读取操作的用户。毕竟在现实场景中，大多数操作是读取操作。此外，数据同步技术可以分为同步复制技术、异步复制技术和半同步复制技术，这些技术的原理会在第 6 章中为大家介绍。体会到数据库读写分离带来的益处的同时，架构设计也需要考虑可靠性的问题。例如，如果主库挂掉，从库如何接替主库进行工作；之后主库恢复了，是成为从库还是继续担任主库，以及主从库如何同步数据。这些问题的解决方案在第 6 章会讲述。

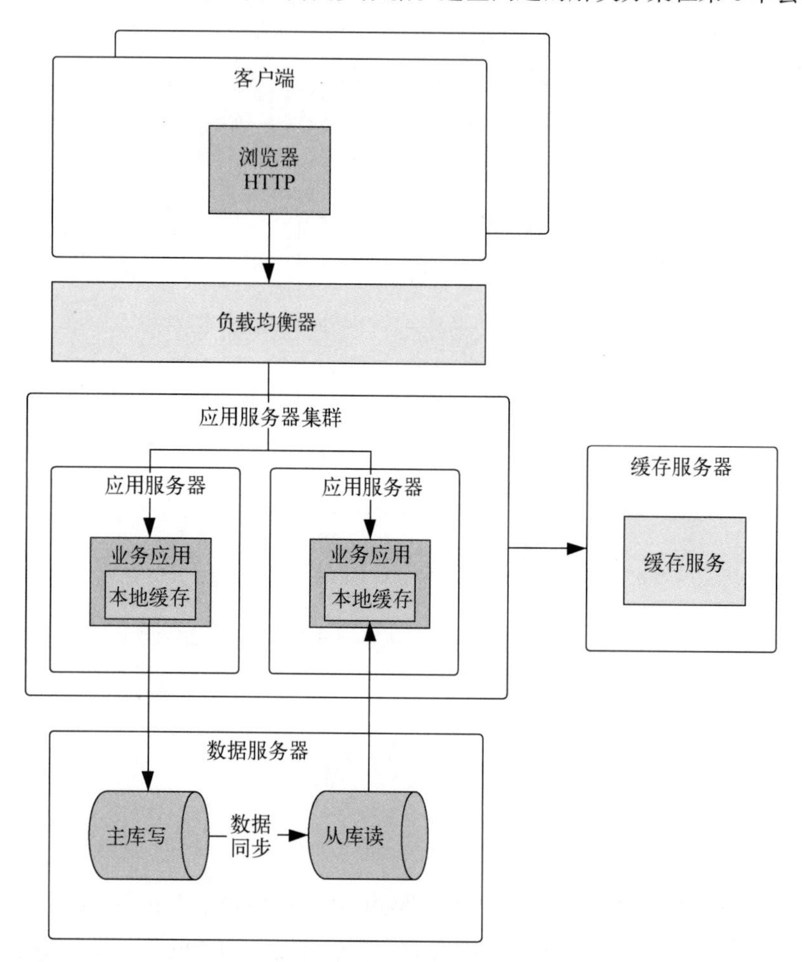

图 1-5　数据库读写分离

1.1.6　反向代理和 CDN

随着互联网的逐渐普及，人们对网络安全和用户体验的要求也越来越高。之前用户都是通过客户端直接访问应用服务器获取服务，这使得应用服务器暴露在互联网中，容易遭到攻击。如果在应用服务器与互联网之间加上一个反向代理服务器，由此服务器来接收用户的请求，然后再将请求转发到内网的应用服务器，相当于充当外网与内网之间的缓冲，就可以解决之前的问题。反向代理服务器只对请求进行转发，自身不会运行任何应用，因此当有人攻击它的时候，是不会影响到内网的应用服务器的，这在无形中保护了应用服务器，提高了安全性。同时，反向代理服务器也在互联网与内网之间起适配和网速转换的作用。例如，应用服务器需要服务于公网和教育网，但是这两个网络的网速不同，那么就可以在应用服务器与互联网之间放两台反向代理服务器，一台连接公网，另一台连接教育网，用于屏蔽网络差异，服务于更多的用户群体。图 1-6 中的公网客户端和校园网客户端分别来自公网与校园网两个不同的网络，由于两者访问速度不同，因此会分别设置公网反向代理服务器和校园网反向代理服务器，通过这种方式将位于不通网络的用户请求接入到系统中。

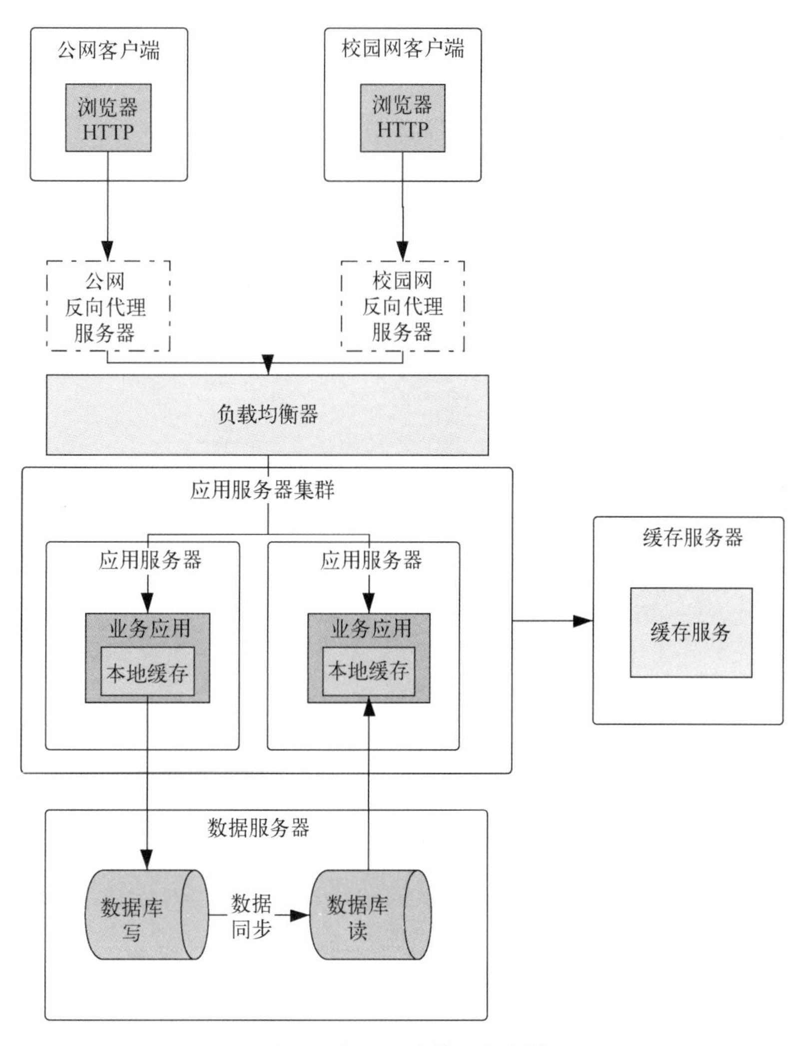

图 1-6 加入反向代理服务器

聊完反向代理，再来说 CDN，它的全称是 Content Delivery Network，也就是内容分发网络。如果把互联网想象成一张大网，那么每台服务器或者每个客户端就是分布在这张大网中的节点。节点之间的距离有远有近，用户请求会从一个节点跳转到另外一个节点，最终跳转到应用服务器获取信息。跳转的次数越少，越能够快速地获取信息，因此可以在离客户端近的节点中存放信息。这样用户通过客户端，只需要跳转较少的次数就能够触达信息。由于这部分信息更新频率不高，因此推荐存放一些静态数据，例如 JavaScript 文件、静态的 HTML、图片文件等。这样客户端就可以从离自己最近的网络节点获取资源，大大提升了用户体验和传输效率。加入 CDN 后的架构图如图 1-7 所示。

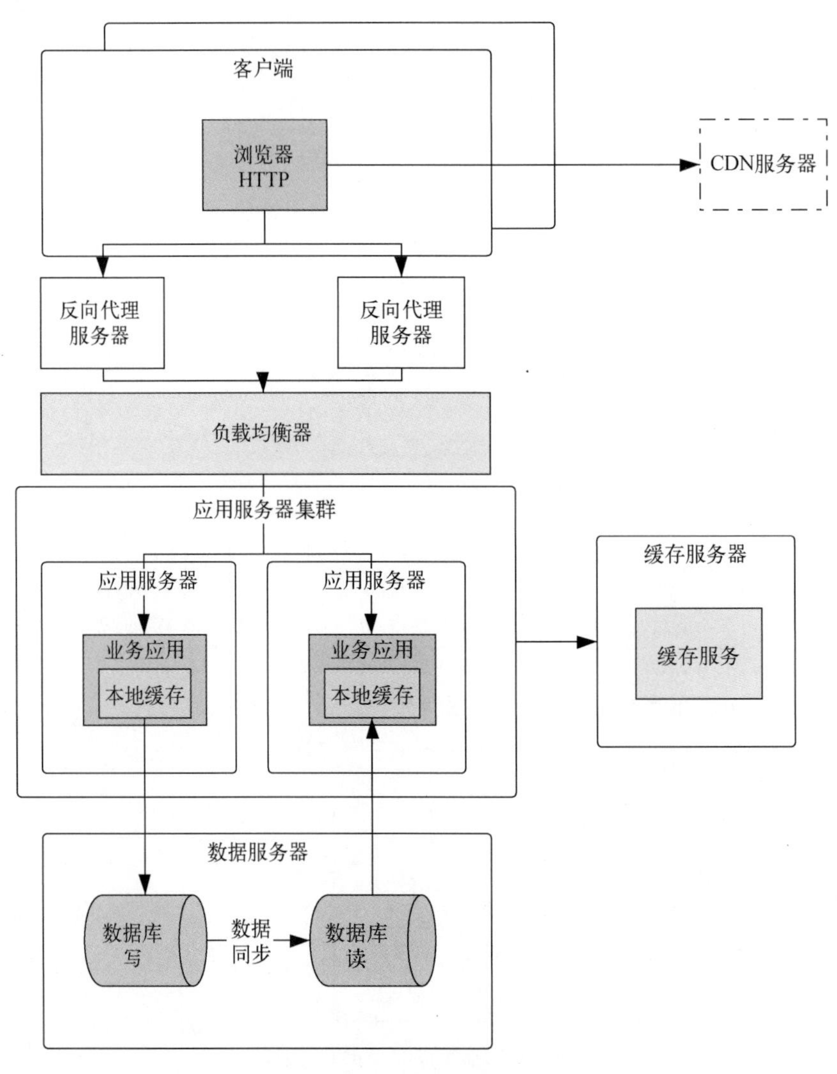

图 1-7　加入 CDN

CDN 的加入明显加快了用户访问应用服务器的速度，同时减轻了应用服务器的压力，原来必须直接访问应用服务器的请求，现在不需要经过层层网络，只要找到最近的网络节点就可以获取资源。但从请求资源的角度来看，这种方式也有局限性，即它只对静态资源起作用，而且需要定时对 CDN 服务器进行资源更新。反向代理和 CDN 的加入解决了安全性、可用性和高性能的问题。

1.1.7 分布式数据库与分表分库

经历了前面几个阶段的演进后，软件的系统架构已经趋于稳定。可是随着系统运行时间的增加，数据库中累积的数据越来越多，同时系统还会记录一些过程数据，例如操作数据和日志数据，这些数据也会加重数据库的负担。即便数据库设置了索引和缓存，但在进行海量数据查询时还是会表现得捉襟见肘。如果说读写分离是对数据库资源从读写层面进行分配，那么分布式数据库就需要从业务和数据层面对数据库进行分配。

- 对于数据表来说，当表中包含的记录过多时，可将其分成多张表来存储。例如，有 1000 万个会员记录，既可以将其分成两个 500 万，分别放到两张表中存储，也可以按照业务对表中的列进行分割，把表中的某些列放到其他表中存储，然后通过外键关联到主表。注意被分割出去的列通常是不经常访问的数据。
- 对于数据库来说，每个数据库能够承受的最大连接数和连接池是有上限的。为了提高数据访问效率，会根据业务需求对数据库进行分割，让不同的业务访问不同的数据库。当然，也可以将相同业务的不同数据放到不同的数据库中存储。

如果将数据库资源分别放到不同的数据库服务器中，就是分布式数据库设计。由于数据存储在不同的表/库中，甚至在不同的服务器上面，因此在进行数据库操作的时候会增加代码的复杂度。此时可以加入数据库中间件来实现数据同步，从而消除不同存储载体间的差异。架构如图 1-8 所示，将数据拆分以后分别放在表 1 和表 2 中，两张表所在的数据库服务器也不相同，库与库之间还需要考虑数据同步的问题。因为数据的分散部署，所以从业务应用获取数据时需要依靠数据库中间件的帮忙。

数据库的分布式设计以及分表分库，会给系统带来性能的提升，同时也增大了数据库管理和访问的难度。原来只需访问一张表和一个库就可以获取数据，现在需要跨越多张表和多个库。

从软件编程的角度来看，有一些数据库中间件提供了最佳实践，例如 MyCat 和 Sharding JDBC。此外，从数据库服务器管理的角度来看，需要监控服务器的可用性。从数据治理的角度来看，需要考虑数据扩容和数据治理的问题。

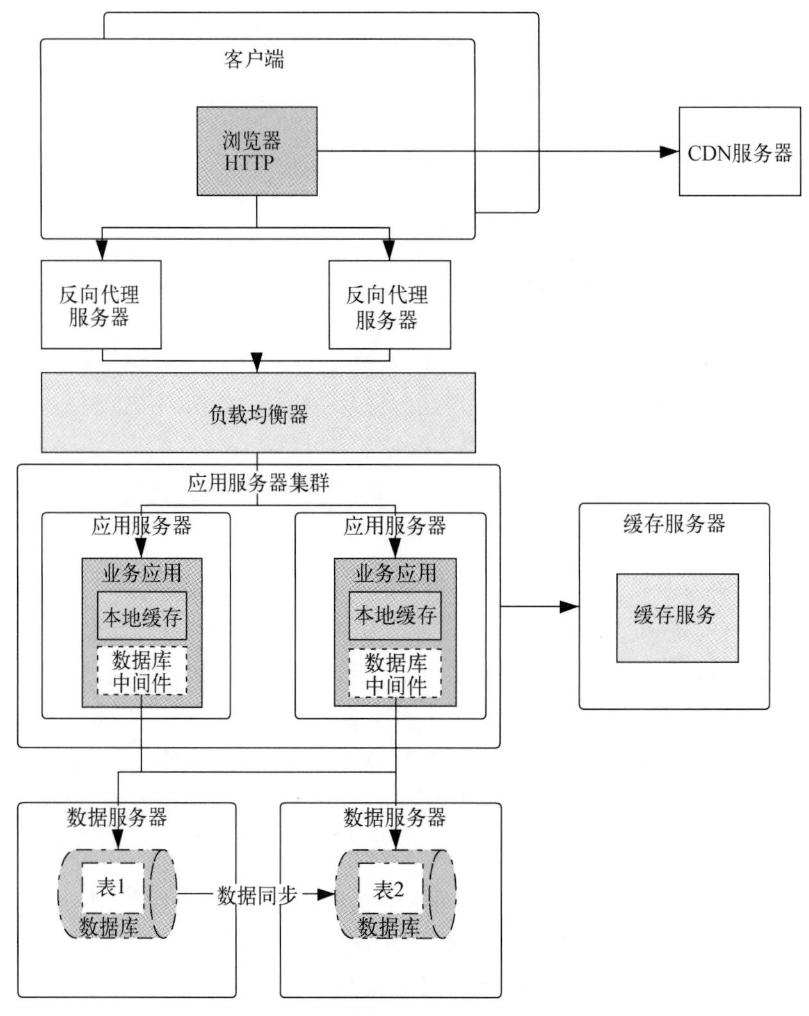

图 1-8　分布式数据库与分表分库

1.1.8　业务拆分

解决了大数据量存储问题以后，系统就能够存储更多的数据，这意味着能够处理更多的业务。业务量的增加、访问数的上升，是任何一个软件系统在任何时期都要面临的严峻考验。通过对前面几个阶段的学习，我们知道系统提升依靠的基本都是以空间换取时间，使用更多的资源和空间处理更多的用户请求。随着业务的复杂度越来越高，以及高并发的来临，一些大厂开始对业务应用系统进行拆分，将应用分开部署，此时的架构图如图 1-9 所示。如果说前面的服务器集群模式是将同一个应用复制到不同的服务器上，那么业务拆分就是将一个应用拆成多个部署到不同的服务器中。此外，还有的是对核心应用进行水平扩展，将其部署到多台服务器上。应用虽然做了拆分，但应用之间仍旧有关联，存在相互之间的调用、通信和协调问题。由此引入了队列、服务注册发现、消息中心等中间件，这些中间件可以协助系统管理分布到不同服务器、网络节点上的应用。

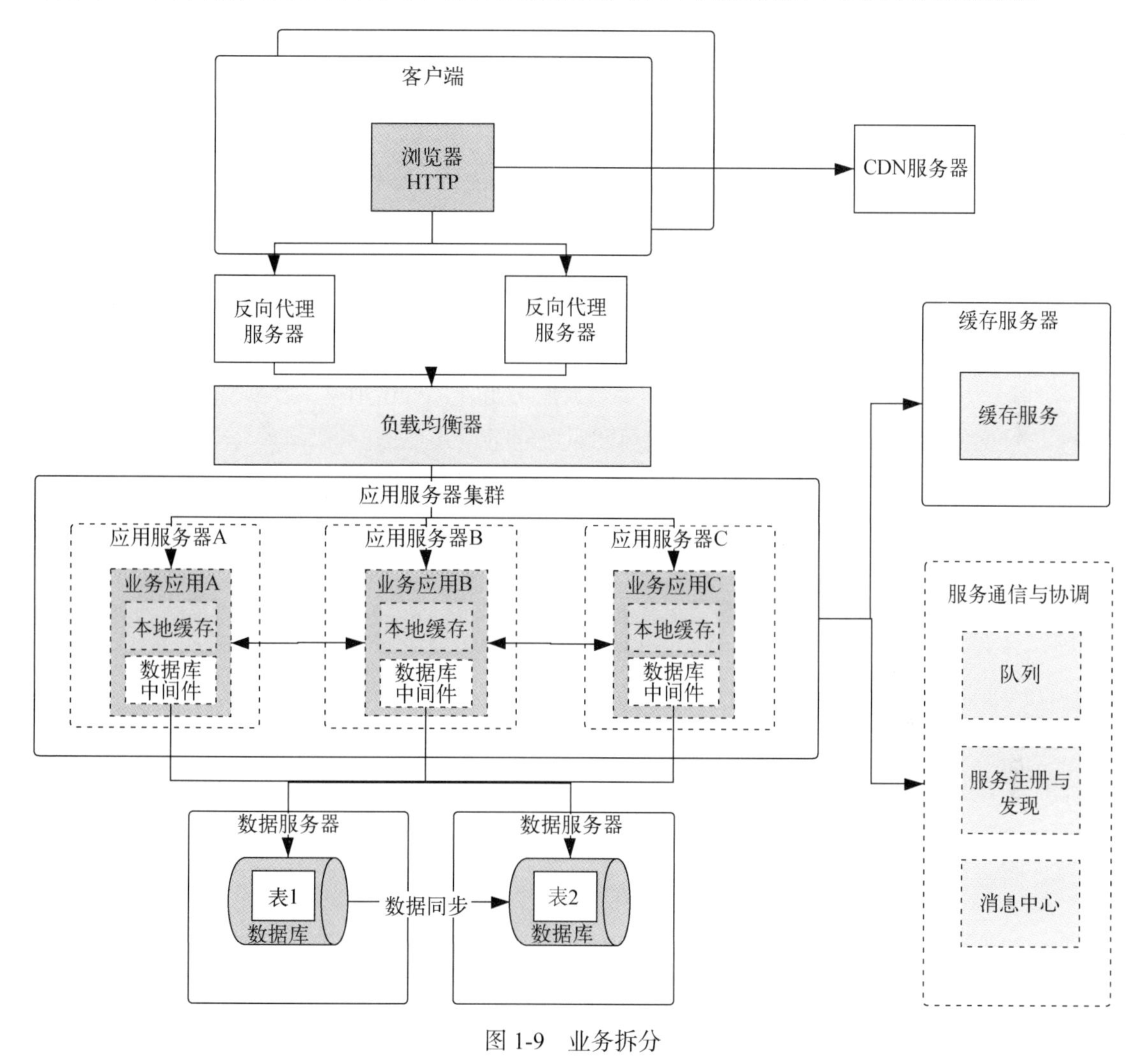

图 1-9 业务拆分

业务拆分以后会形成一个个应用服务，既有基于业务的服务，例如商品服务、订单服务，也有基础服务，例如消息推送和权限验证。这些应用服务连同数据库服务器分布在不同的容器、服务器、网络节点中，它们之间的通信、协调、管理和监控都是我们需要解决的问题。

1.1.9 分布式与微服务

近几年，微服务是一种比较火的架构方式，它对业务应用进行了更加精细化的切割，使之成为更小的业务模块，能够做到模块间的高内聚低耦合，每个模块都可以独立存在，并由独立的团队维护。每个模块内部可以采取特有的技术，而不用关心其他模块的技术实现。模块通过容器的部署运行，各模块之间通过接口和协议实现调用。可以将任何一个模块设为公开，以供其他模块调用，也可以热点模块进行水平扩展，增强系统的整体性能，这样当其中某一个模块出现问题时，就能由其他相同的模块代替其工作，增强了可用性。

大致总结下来，微服务拥有以下特点：业务精细化拆分、自治性、技术异构性、高性能、高可用。它像极了分布式架构，从概念上理解，二者都做了“拆”的动作，但在下面这几个方面存在区别，直观展示见图 1-10。

- **拆分目的不同**：提出分布式设计是为了解决单体应用资源有限的问题，一台服务器无法支撑更多的用户访问，因此将一个应用拆解成不同的部分，然后分别部署到不同服务器上，从而分担高并发的压力。微服务是对服务组件进行精细化，目的是更好地解耦，让服务之间通过组合实现高性能、高可用、可伸缩、可扩展。
- **拆分方式不同**：分布式服务架构将系统按照业务和技术分类进行拆分，目的是让拆分后的服务负载原来单一服务的业务。微服务则是在分布式的基础上进行更细的拆分，它将服务拆成更小的模块，不仅更专业化，分工也更为精细，并且每个小模块都能独立运行。
- **部署方式不同**：分布式架构将服务拆分以后，通常会把拆分后的各部分部署到不同服务器上。而微服务既可以将不同的服务模块部署到不同服务器上，也可以在一台服务器上部署多个微服务或者同一个微服务的多个备份，并且多使用容器的方式部署。

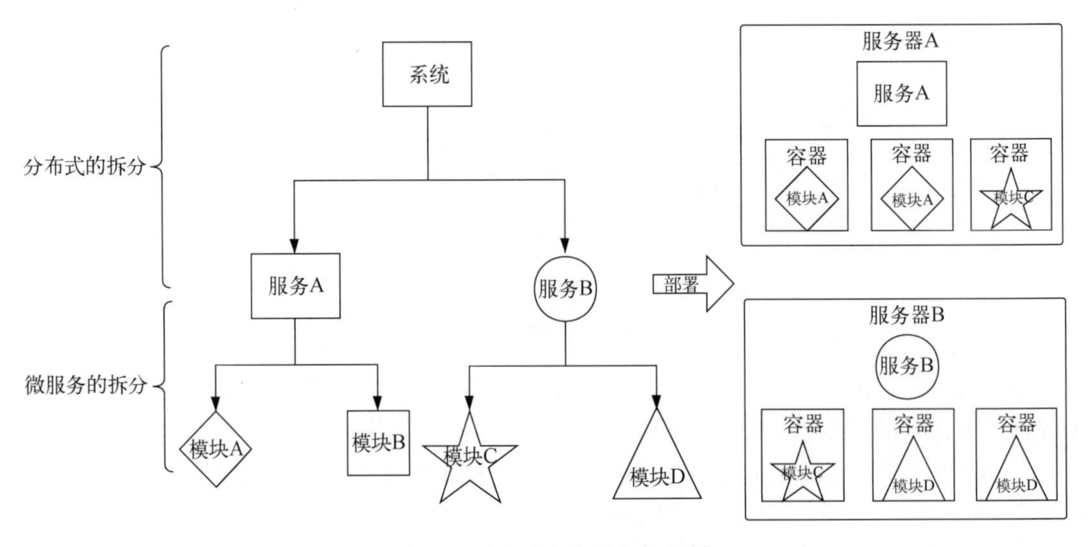

图 1-10　分布式与微服务的区别

虽然分布式与微服务具有以上区别，但从实践的角度来看，它们都是基于分布式架构的思想构建的。可以说微服务是分布式的进化版本，也是分布式的子集，因此它同样会遇到服务拆分、服务通信、协同、管理调度等问题，这也是我在后面要给大家讲解的内容。

1.2　一个简单的例子：分布式架构的组成

1.1 节介绍了软件架构的演进历史，说明了软件架构是沿着高性能、高可用、可扩展、可伸缩、够安全的方向发展的，其中最重要的是高性能和高可用。在分布式时代，服务的分布式部署还带来了一系列其他问题，诸如服务的拆分、调用、协同以及分布式计算和存储。这里通过一个简单的分布式示例带大家了解分布式架构的特征和问题，然后针对发现的问题进行拆解，找到解决方案。首先介绍一下例子的业务流程，如图 1-11 所示，该图描述了从浏览商品，到下单、付款以及扣减库存，最后通知用户的整个过程。由图 1-12 可以看出，系统架构会根据以上业务提供对应服务：在用户通过商品服务浏览商品，通过订单服务下单，通过支付服务付款以后，会通知库存服务扣减相应的库存，订单完成以后，通知服务会向用户发送订单完成的消息。这是对业务背景的描述，接下来会以架构分层为主线，介绍技术实现以及在分布式架构中会遇到的问题。

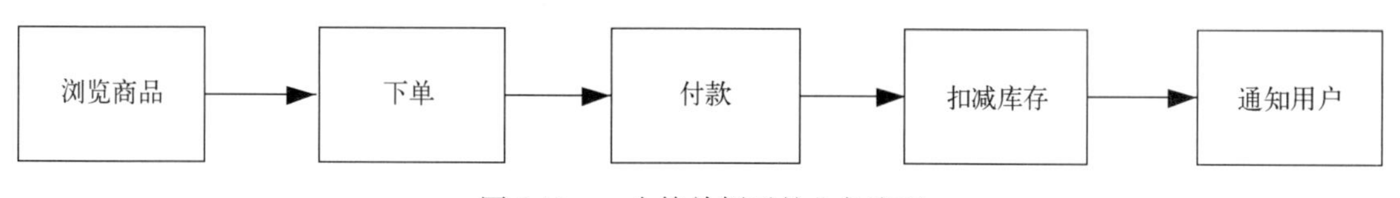

图 1-11　一个简单例子的业务流程

1.2.1　架构概述与分层

为了完成上面的订单业务流程，将分布式系统分为了四层，如图 1-12 所示，下面从上到下依次介绍一下这四层。

- **客户端**：这是用户与系统之间的接口，用户在这里可以浏览商品信息，并且对商品下单。为了提升用户体验，会利用 HTTP 缓存手段将部分静态资源缓存下来，同时也可以将这部分静态资源缓存到 CDN 中，因为 CDN 服务器通常会让用户从比较近的网络节点获取静态数据。
- **负载均衡器（以下称接入层）**：分布式应用会对业务进行拆分，并将拆分后的业务分别部署到不同系统中去，又或者使用服务器集群分担请求压力。假设我们的案例使用的是服务器集群，这里分别为华南和华中地区的用户设置两个应用服务器集群，那么负载均衡器可以通过用户 IP 将用户的请求路由到不同的服务器集群。另外，在负载均衡这一层，还可以进行流量控制和身份验证等操作。

- **应用服务器（以下称应用层）**：这一层用于部署主要的应用服务，例如商品服务、订单服务、支付服务、库存服务和通知服务。这些服务既可以部署到同一台服务器上，也可以部署到不同服务器上。当负载均衡器将请求路由到应用服务器或者内网以后，会去找对应的服务，例如商品服务。当请求从外网进入内网后，需要通过 API 网关进行再次路由，特别是微服务架构中服务拆分得比较细，就更需要 API 网关了。API 网关还可以起到内网的负载均衡、协议转换、链式处理、异步请求等作用。由于应用服务（一个或者多个）部署在多个服务器上，这些服务器要想互相调用，就要考虑各服务间的通信、协调等问题，因此加入了服务注册中心、消息队列消息中心等组件。同时由于商品服务会经常被用户调用，因此加入了缓存机制。
- **数据服务器（以下称存储层）**：由于商品信息比较多，所以对其进行分片操作，分别存放到商品表 1 和商品表 2 这两张表中来保证数据库的可用性。这里加入了主、备数据库的设计，这两个数据库服务器会进行同步，当主数据库服务器挂掉的时候，备数据库服务器就会接管它的一切。

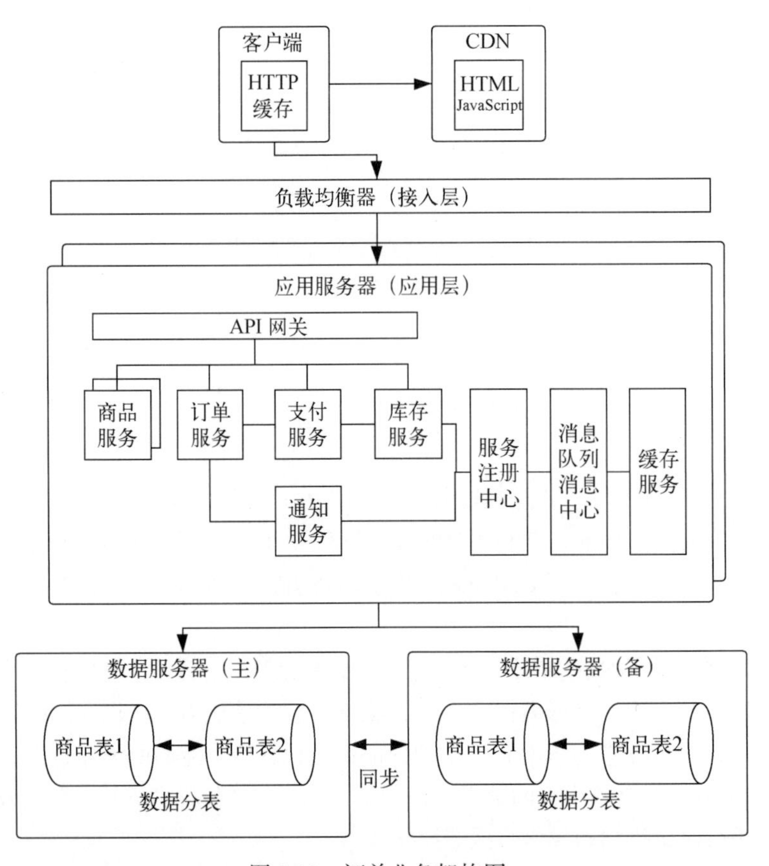

图 1-12　订单业务架构图

1.2.2　客户端与 CDN

对于一个电商网站而言，商品信息是用户访问最多的内容。电商网站拥有海量商品，用户每次请求后，它都会返回诸如商品的基本参数、图片、价格和款式等信息。而商品一经发布，某些信息被修改的频率并不是很高，例如商品描述和图片。如果用户每次访问时都需要请求应用服务器，然后再访问数据库，那么效率是非常低的。在大多数情况下，用户访问时使用的协议是 HTTP，或者说用户使用浏览器访问电商网站时会发起 HTTP 请求，因此我们把每次的 HTTP 请求都缓存下来，就可以减小应用服务器的压力。加入缓存后的用户请求过程如图 1-13 所示，在用户第一次发出请求的时候，客户端缓存会判断是否存在缓存，如果不存在，则向应用服务器发出请求，此时应用服务器会提供数据给客户端，客户端接收数据之后将其放入缓存中。当用户第二次发出同样的请求时，客户端缓存依旧会判断是否存在缓存。由于上次请求时已经缓存了这部分数据，因此由客户端缓存提供数据，客户端接收数据以后返回给用户。备注：图中实线部分表示没有缓存的流程，虚线部分表示存在缓存的流程。

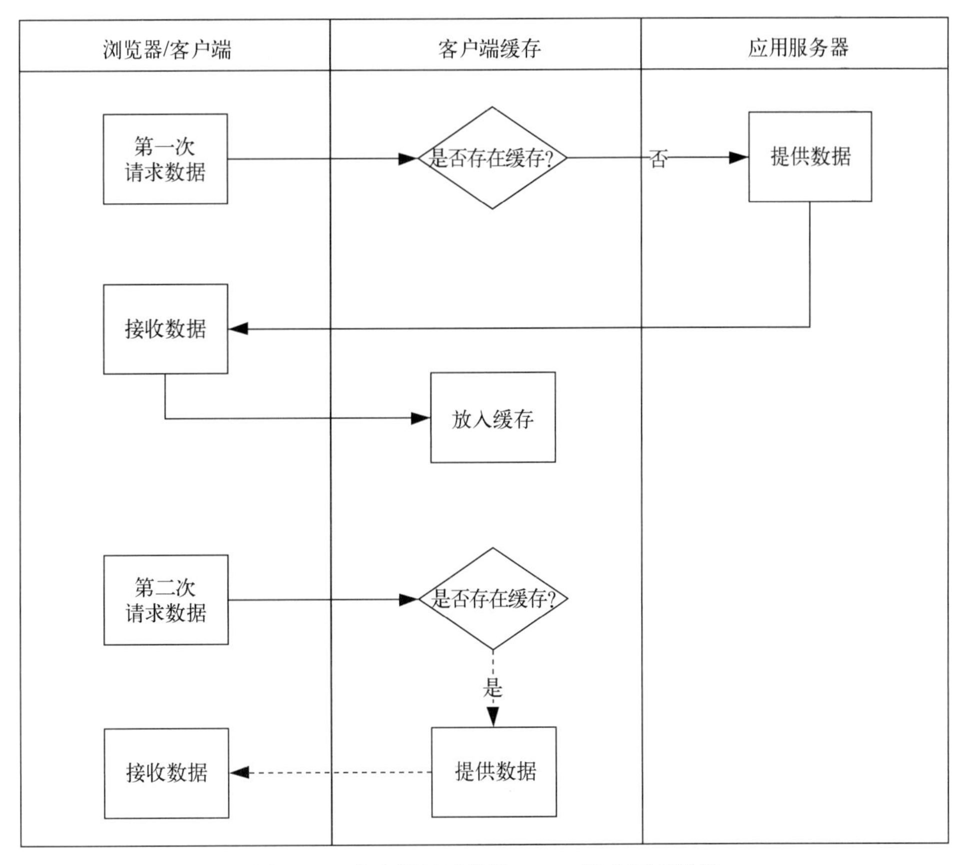

图 1-13　客户端通过发送 HTTP 请求缓存数据

一般信息的传递通过 HTTP 请求头来完成。目前比较常见的缓存方式有两种，分别是强制缓存和对比缓存。细节在这里暂不展开，第 8 章会介绍不同应用场景中缓存的具体用法。HTTP 缓存主要是对静态数据进行缓存，把从服务器拿到的数据缓存到客户端/浏览器中。如果在客户端和服务器之间再加上一层 CDN，就可以让 CDN 为应用服务器提供缓存，有了 CDN 缓存，就不用再请求应用服务器了。因此可以将商品的基本描述和图片等信息放到 CDN 中保存，还可以将一些前端通用控制类的 JavaScript 脚本也放在里面。需要注意的是，在更新商品信息（例如商品图片）时，需要同时更新 CDN 中的文件和 JavaScript 文件。

1.2.3　接入层

用户浏览商品的请求一般是一个 URL，这个 URL 被 DNS 服务器解析成服务器的 IP 地址，然后用户的请求通过这个 IP 地址访问应用服务器上的服务，这是早期的做法。如果读了 1.1 节的架构演进，应该就会知道，这样让应用服务器暴露在互联网上是非常危险的，为了解决这个问题，在应用服务器和客户端之间加入了反向代理服务器，它负责对外暴露服务的入口地址，保护内网的服务。从我们举的例子出发，用户浏览商品的请求有可能来自不同的网络，这些网络的访问速度不尽相同，比如有两个用户分别来自华中地区和华南地区，那么就可以针对这两个地区分别设置两个反向代理服务器提供服务。

上面说了反向代理服务器可以服务于不同网络的用户，同样，来自不同网络的用户也可以被负载均衡器路由到不同的应用服务器集群。浏览商品的请求经过负载均衡器的时候，是不知道会被路由到哪台应用服务器的。由于分布式部署，位于华中地区的集群服务器和华南地区的集群服务器都能提供商品信息的服务。此时负载均衡器可以协助路由工作，但其功能不仅仅局限于路由，它的主要功能是将大量的用户请求均衡地负载到后端的应用服务器上。特别是在有集群的情况下，负载均衡器有专门的算法可供选择。如果用户请求量再次加大，大到系统无法承受的地步，负载均衡器还可以起到限流作用，将那些系统无法处理的请求流量阻断在系统之外，如图 1-14 所示。

客户端请求服务器的过程可以分为如下四个步骤：

(1) 客户端向 DNS 服务器发出 URL 请求；

(2) DNS 服务器向客户端返回应用服务器入口的 IP 地址；

(3) 客户端向服务器发送请求；

(4) 负载均衡器接收请求以后，根据负载均衡算法找到对应的服务器，并将请求发送给此服务器。

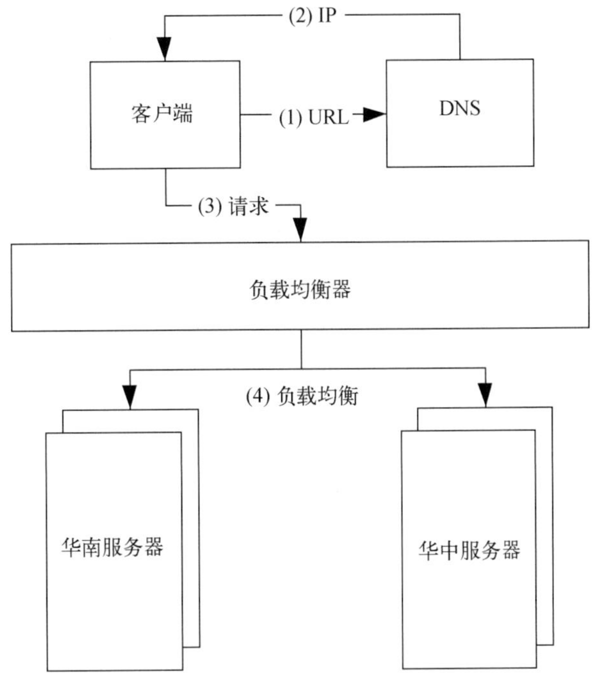

图 1-14　负载均衡

1.2.4　应用层

这一层中包含具体的业务应用服务，例如商品服务、订单服务、支付服务、库存服务和通知服务。这些服务之间有的可以独立调用，例如商品服务，有的存在相互依赖，例如调用订单服务的时候会同时调用库存服务。接下来，我们从 API 网关、服务协同与通信、分布式互斥、分布式事务这 4 个方面来分析应用层的情况。

1. API 网关

经过负载均衡之后的用户请求一般会直接调用应用服务，但是随着分布式的兴起，特别是微服务的广泛应用，服务被切割得非常精细，有可能分布在相同或者不同的服务器中，同一个服务也会被做水平扩展，也就是将同一个服务复制为多个，以面对高并发请求。比如商品服务被调用的次数是最多的，因此从高性能和可用性的角度来看，会做水平扩展，此时用户在请求商品服务的时候需要有个中介，以便将请求路由到对应的服务。当然，这个中介也会起到负载均衡和限流的作用。另外，由于存在很多服务之间的调用，并且这些服务存在技术异构性，因此为了消除技术异构性，可以在 API 网关中进行协议转换。现在，我们把 API 网关要做的事情总结为如下几条，并通过图 1-15 来介绍 API 网关的功能。

- 内容为浏览商品的用户请求要想接触到商品服务，需经过 API 网关，由网关充当路由为其找到对应的服务。
- 如果存在水平扩展的商品服务，API 网关需要起到负载均衡的作用。例如，用户请求商品服务时，同时存在着 2 个商品服务，此时 API 网关就需要帮助用户决定让哪个商品服务响应其请求。
- 如果用户需要对商品进行下单操作，则 API 网关要对用户身份进行鉴权。
- 一个服务调用其他服务的时候，如果两个服务使用的传输协议不一致，那么 API 网关需要对协议进行转换。例如，订单服务需要调用库存服务和支付服务完成业务需求，但订单服务与其他两个服务使用的是不同协议，此时 API 应负责做它们之间的协议转换。
- 一旦大量用户同时请求浏览商品，其流量超出系统承受的范围，API 网关就需要完成限流操作。
- 对于浏览商品的操作，API 网关系统要记录相应的日志。

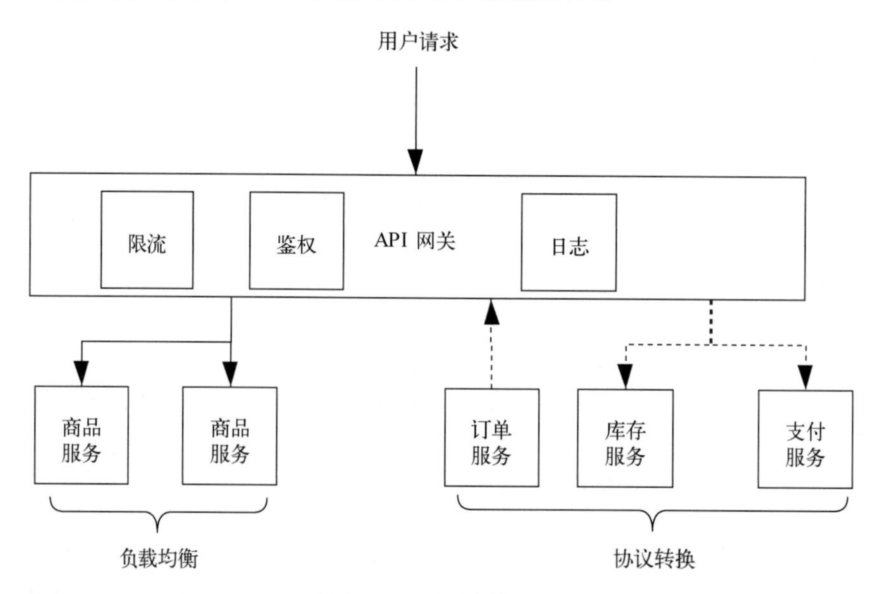

图 1-15　API 网关的功能

如果把请求看成水流，API 网关就像一个控制水流的水阀。它控制水的流向、大小，调整不同蓄水池存储水流的方式，记录水流的信息。API 网关和负载均衡器在原理上是相同的，区别在于前者更多是在服务器内部服务之间实现，而后者是在互联网与服务器之间实现。

2. 服务协同与通信

用户在浏览完商品详情以后，会通过订单服务下单，然而订单服务又需要调用支付服务。订单服务和支付服务分别运行在不同的进程、容器甚至是服务器中，两者如何发现对方并进行通信呢？在没有进行服务切割和分布式部署的时候，一个模块调用另外一个模块需要在代码中耦合，在代码中描述调用条件，并且调用对应的方法或者模块。这些属于进程内调用，但是随着分布式和微服务的兴起，服务或者应用从原有的单进程切分到多个进程中，这些进程又运行在不同的容器或者服务器上。这时服务之间又该如何得知其他服务的存在以及进行调用呢？

下面以订单服务为例来介绍，具体如图 1-16 所示。假设订单服务需要调用支付服务为商品买单。订单服务和支付服务事先会在服务注册中心注册自己。订单服务在调用支付服务之前，会先去注册中心获取所有可用服务的调用列表，然后根据列表上的地址对支付服务进行调用。此时订单服务会对支付服务发起一个 RPC 调用，把需要传递的订单信息以序列化的方式打包，并经过网络协议传递给支付服务，支付服务在接收到信息以后，通过反序列化工具解析传递的内容，然后执行接下来的付款操作。再跟着图 1-16 将这个过程梳理一遍。

(1) 支付服务到服务注册中心注册自己。

(2) 订单服务从注册中心获取可用服务的列表。

(3) 订单服务在列表中找到支付服务的地址和访问方式，并调用支付服务。

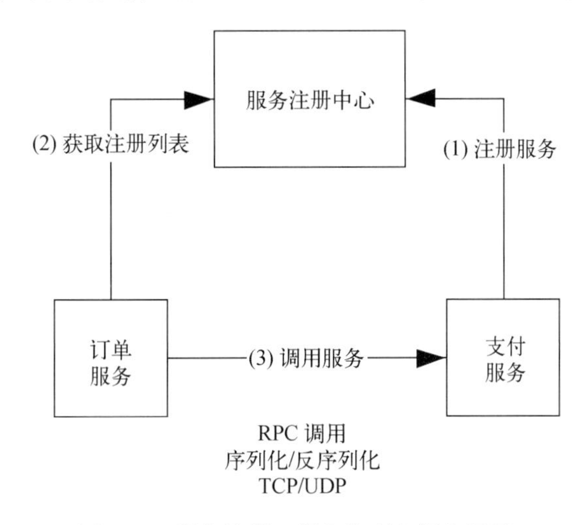

图 1-16　服务注册、服务发现和服务调用

通常在支付完成以后，系统会通过短信或者 App 推送的方式通知用户，此时就需要调用通知服务。由于通知服务属于基础功能服务，与业务的关联性不强，会被其他业务系统调用，因此，将其单独部署，甚至作为单独的系统进行维护。支付系统在支付成功以后，会将成功的消息发送到消息队列，而通知服务会将该信息按照配置好的通知方式发送给用户，如图 1-17 所示。

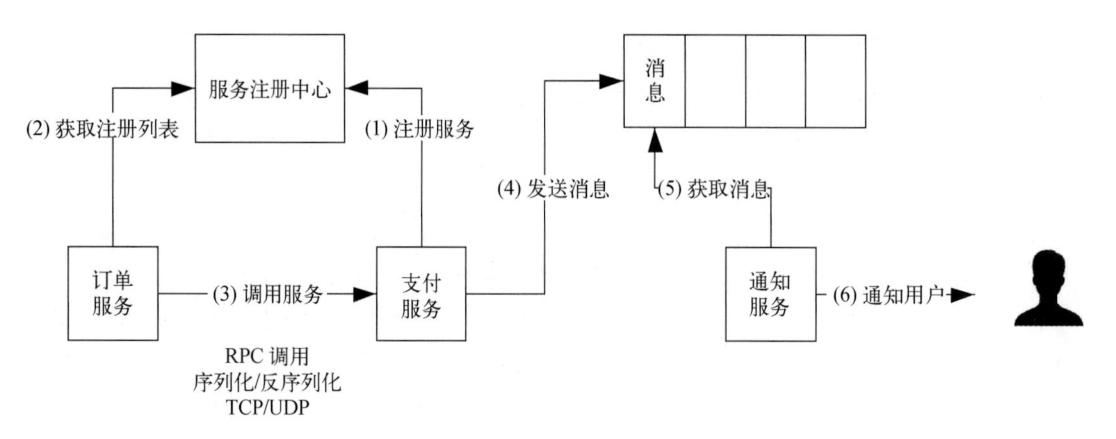

图 1-17 通知服务通过消息队列通信

3. 分布式互斥

在上一部分中，订单服务只调用了支付服务，但是大家知道在下订单的同时会对库存进行扣减，因此订单服务也会调用库存服务。库存服务针对商品库存进行操作，如果有两个用户同时对同一商品下单，就会形成对同一商品库存同时进行扣减的情况，这当然是不行的。我们将此处的商品库存称作临界资源，扣减库存的动作称作竞态。如果是在进程内，可以理解为两个线程（两个用户请求）在争夺库存资源，最简单的解决办法就是在这个资源上加一把锁，如图 1-18 所示。当线程 B 访问的时候，让其持有这把锁，这样线程 A 就无法访问，并且进入等待队列。当线程 B 执行完库存扣减的操作以后，释放锁，由线程 A 持有锁，然后进行库存扣减操作。

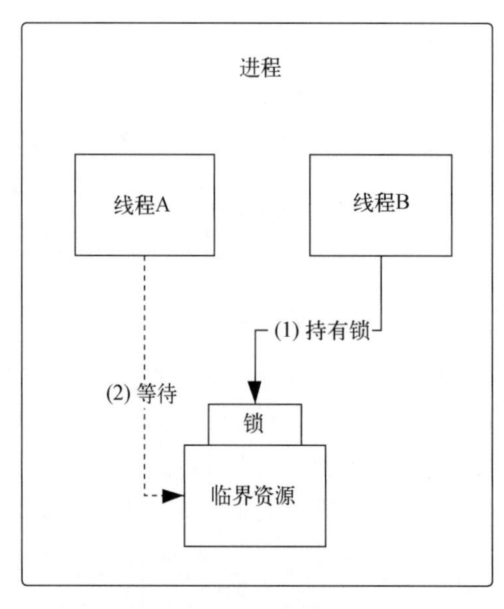

图 1-18 多线程访问临界资源

由于分布式服务是分散部署的，而且可以实现水平扩展，因此问题发生了变化，原来是一个进程内的多线程对临界资源的竞态，现在变成应用系统中的多个服务（进程）对临界资源的竞态。接下来这种情况对库存服务进行了水平扩展，将其从原来的一个扩展成两个。库存服务 A 和库存服务 B 可能会同时扣减库存，这里通过 ZooKeeper 的 DataNode 保证两个进程的访问顺序，两个库存扣减进程会在 ZooKeeper 上建立顺序的 DataNode，节点的顺序就是访问资源的顺序，能够避免两个进程同时访问库存，起到了锁的作用。具体的做法是在 ZooKeeper 中建立一个 DataNode 节点起到锁（locker）的作用，通过在此节点下面建立子 DataNode 来保证访问资源的先后顺序，即便是两个服务同时申请新建子 DataNode 节点，也会按照先后顺序建立。图 1-19 中的具体步骤如下。

(1) 当库存服务 A 访问库存的时候，需要先申请锁，于是在 ZooKeeper 的 Locker 节点下面新建一个 DataNode1 节点，表明它可以扣减库存。

(2) 库存服务 B 在库存服务 A 后面申请库存的访问权限，由于其申请锁操作排在库存服务 A 后面，因此其按照次序建立的节点会排在 DataNode1 下面，名字为 DataNode2。

(3) 库存服务 A 在申请锁成功以后访问库存资源，并进行库存扣减。在此期间库存服务 B 一直处于等待状态，直到库存服务 A 完成扣减操作以后，ZooKeeper 中 Locker 下面的 DataNode1 节点被删除，库存资源被释放。

(4) DataNode1 被删除以后，DataNode2 成为序号最靠前的节点，库存服务 B 因此得到了对库存的访问权限，并且可以完成库存扣减操作。

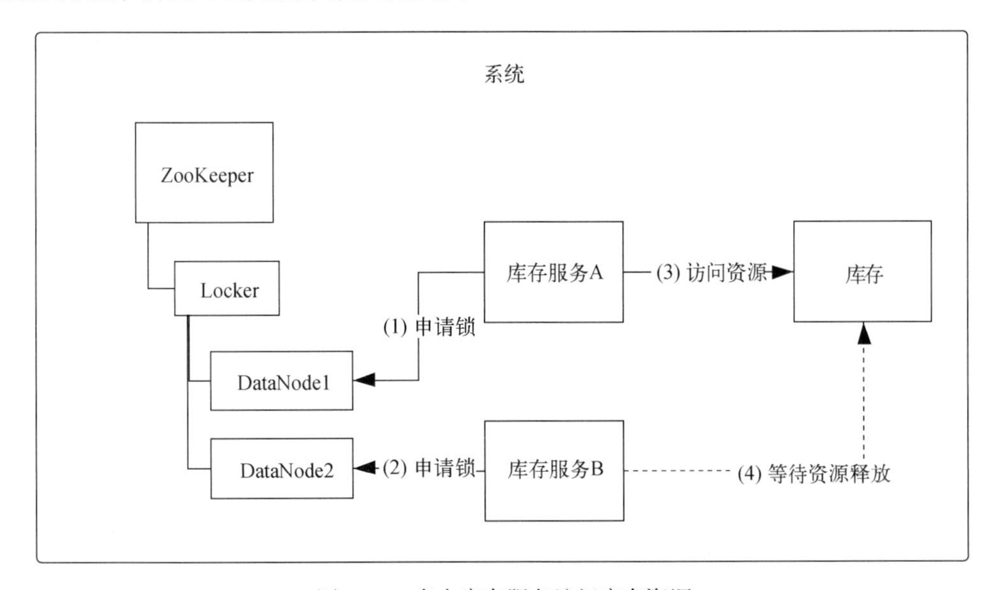

图 1-19 多个库存服务访问库存资源

4. 分布式事务

下订单和扣减库存两个操作通常是同时完成的，如果库存为 0 则表示没有库存可以扣减，那么下订单的操作也将无法执行。如果把订单服务中的下订单操作和库存服务的扣减库存操作当作一个事务，那么由于这两个操作跨越了不同的应用（服务器），因此可以将这个事务视为分布式事务。类似的情况在分布式架构中比较常见。由于应用服务的分散性，操作也会分散，如果这些分散的操作共同完成一个事务，就需要进行特殊处理。一般做法是在订单服务和库存服务上建立一个事务协调器，用来协调两个服务的操作，保证两个操作能在一个事务中完成。事务协调器会分两个阶段来处理事务。

事务提交第一阶段如图 1-20 所示。

(1) 事务协调器分别向订单服务和库存服务发送“CanCommit?”消息，确定这两个服务是否准备好了。准备好的意思是订单服务已准备好添加订单记录以及库存服务已准备好扣减库存。

(2) 订单服务接收到消息以后，检查订单信息，并准备增加商品订单记录，同时将消息 Yes 回复给事务协调器。如果库存服务在准备过程中发现库存不足，就向事务协调器回复 No，意思是终止操作。

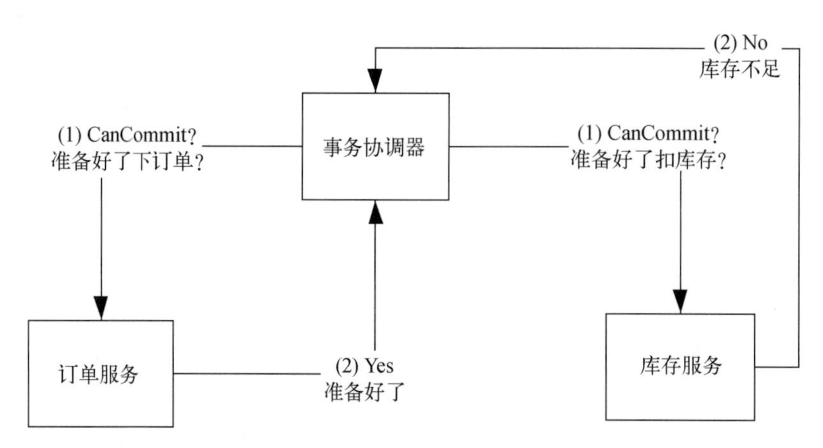

图 1-20　事务提交第一阶段

事务提交第二阶段如图 1-21 所示。

(1) 事务协调器接收到库存服务操作不成功的消息后，向订单服务和库存服务发送 DoAbort 消息，意思是放弃操作。订单服务在接收到此消息后，通过日志回滚增加商品订单的操作并释放相关资源。

(2) 这两个服务在完成相应操作后，向事务协调器发送 Committed 消息，表示完成撤销操作。

说明

倘若两个服务都准备好了，事务协调器就会发送执行的命令，两个服务会分别执行对应的操作，共同完成事务。

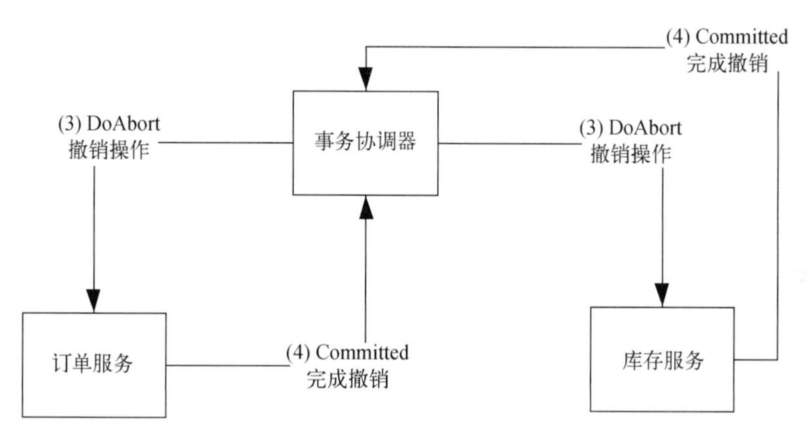

图 1-21 事务提交第二阶段

看到这里，有些朋友会说："这不就是 2PC 吗？"是的，这是一种简单的处理分布式事务的方式，这里我们只做一个引子。在 4.3 节中，还会介绍 ACID、CAP、TCC 等处理分布式事务的方法。

1.2.5 存储层

存储层用来存放业务数据。和单体应用不同的是，分布式存储会将数据分别放置在不同的数据表、数据库和服务器上面。如果说单体应用是通过直接访问数据库，针对某张数据表的方式来获取数据，那么分布式数据库获取数据的方式就要复杂一些。这里先看一个例子，理论和实践方法会在第 6 章中详细说明。

1. 分布式存储

电商系统中商品信息的数据量比较大，为了提高访问效率，通常会将数据分片存放，被拆分以后的商品表会分布到不同的数据库或者服务器中。例如，商品表中有 1000 条数据，我们将它分成两张表来存储，将商品 ID 为 1 ~ 500 的记录分配到商品表 1，ID 为 501 ~ 1000 的记录分配到商品表 2。假设 ID 是顺序增长的，查询商品时会传入其 ID。如果按上述那样划分数据，在查询商品信息的时候就需要从两张表中获取数据，这两张表可能存储在相同数据库中，也可能存储在两个数据库中。如果存储在两个数据库中，那这两个数据库既可能存在于同一台服务器上，也可能存在于两台不同的服务器上，因此，还需要在代码中建立两个数据库的连接，分别做两次查询，这样的效率会很低。此时可以加入 MyCat 数据库中间件，它的作用是解决由数据分片带来的数据路由、SQL 解析等问题。如图 1-22 所示，当接收到商品查询请求之后，MyCat 对 SQL 进行解析，获得需要获取的商品表的信息。假设 SQL 中传入的商品 ID 是 100，100 在 1 ~ 500 的范围内，通过数据分片的路由规则可以知道，返回的商品信息需要从“数据库服务器 1”中的“商品表 1”中获取。

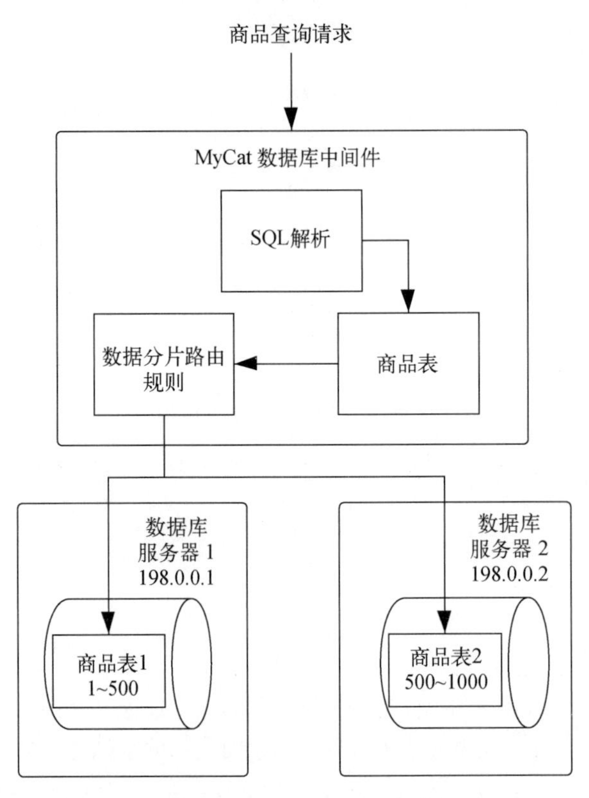

图 1-22　MyCat 实现商品表分片

以此类推，也可以定义其他的数据库分片规则，例如根据区域、品类等。

2. 读写分离与主从同步

针对商品表的数据量比较大这一点，对其进行了分片操作。同样商品表被读取的机会也比较大，更新的机会相对较小，对此可以设置读写分离。还是分析上面商品表的例子，由于这里主要讲读写分离和主从同步，因此只针对“商品表 1”进行操作。如图 1-23 所示，配置主节点 writeHost 来负责写入操作，配置从节点 readHost 来负责读取操作。图中处于上方的 MyCat 数据库中间件会通过 ZooKeeper 定期向两个节点服务器发起心跳检测（虚线部分）。图 1-23 中实线部分描述的信息有：MyCat 开启读写分离模式之后，中间件接收到商品读/写的请求时，会通过 SQL 解析，将写入请求的 DML（Data Manipulation Language）SQL 发送到 writeHost 服务器上，将读取请求的 Select SQL 发送到 readHost 服务器上。writeHost 在完成写入信息以后，会和 readHost 进行数据同步，也就是主从复制。由于存在心跳检测机制，当 writeHost 挂掉时，如果在默认 N 次心跳检测后（N 可以配置）仍旧没有恢复，MyCat 就会发起选举，选举出一台服务器成为新的 writeHost。它会接替之前的 writeHost，负责处理写入数据的数据同步。当之前的 writeHost 恢复以后，会成为从节点 readHost 并且接收来自新 writeHost 的数据同步。

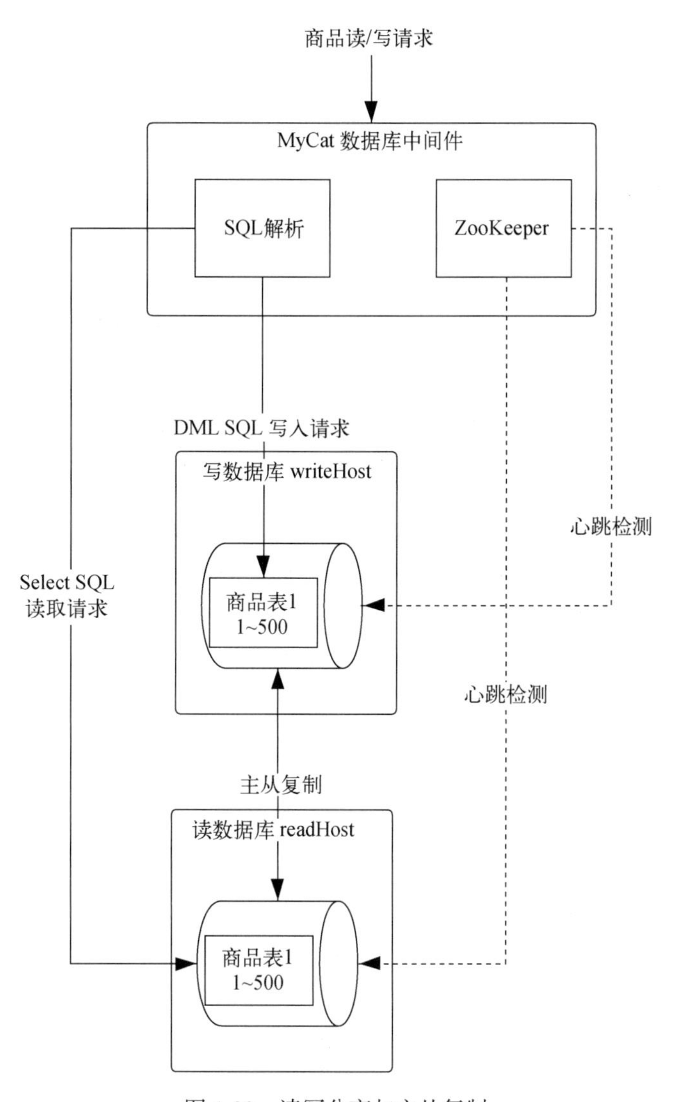

图 1-23 读写分离与主从复制

1.3 分布式架构的特征

前面我们介绍了一个简单的分布式系统，相信大家已经对它有了感性的认识。和集中式架构相比，分布式架构将资源、服务、任务、计算分布到不同的容器、服务器、网络节点中，它们需要协同完成一个或者多个任务。接下来，我们总结一下分布式架构的特征。

- **分布性**。将分布两字分开来看，“分”指的是拆分，可以理解为服务的拆分、存储数据的拆分、硬件资源的拆分。通过前面的例子可以看出，电商系统针对客户浏览商品并下订单这个业务过程，被拆分了商品服务、订单服务、库存服务和支付服务；它会根据商品 ID 对商品数据进行拆分，并存放到不同的数据库表中；对应用服务器和数据库服务器也会进行拆分。“布”指的是部署，也指资源的部署。既有计算资源，例如订单服务、库存服务，它们被部署到不同的容器或者应用服务器中，也有存储资源，例如将商品数据水平分布到不同的数据库服务器。简单来说，分布性就是拆开了部署。如果说单体架构是将计算和存储任务（应用）都分配到同一个物理资源上，那么分布式架构就是将这些任务（应用）放到不同的硬件资源上，并且这些硬件资源有可能分布在不同的网络中。
- **自治性**。从分布性的特征来看，资源分散了，以前一份资源做的事情，现在由多份资源同时完成。这样提高了系统的性能和可用性，这也是设计分布式架构的目的。分布性导致了自治性。简单来说，自治性就是每个应用服务都有管理和支配自身任务和资源的能力。例如，订单服务拥有自己的硬件资源，包括容器或者应用服务器，同时还处理商品下单的任务。对内，它可以采用自己的技术来实现，并不受其他服务的影响，业务上专注于处理订单业务；对外的沟通则使用服务注册中心和消息队列，与其他服务是平等关系。
- **并行性**。自治性导致每个应用服务都是一个独立的个体，拥有独立的技术和业务，占用独立的物理资源。这种独立能够减小服务之间的耦合度，增强架构的可伸缩性，为并行性打下基础。商品服务是被调用最为频繁的服务，特别在用户访问量增大时，需要进行水平扩展，从原来的 1 个服务扩展成 2 个，甚至更多。扩展后的这些服务完成的功能相同，处理的业务相同，占用的资源也相同，它们并行处理大量请求，相当于将一个大任务拆解成了若干个小任务，分配到不同的服务器上完成，因此并行性也会被称为并发性。其目的还是提高性能和可用性。
- **全局性**。分布性使得服务和资源都是分开部署的，自治性说明单个服务拥有单独的业务和资源，多个服务通过并行的方式完成大型任务。多个分布在不同网络节点的服务应用在共同完成一个任务时，需要有全局性的考虑。例如，商品服务在调用支付服务时，需要通过服务注册中心感知支付服务的存在；多个库存服务对商品库存进行扣减时，需要考虑临界资源的问题；订单服务在调用支付服务和库存服务的时候需要考虑分布式事务问题；当主数据库服务器挂掉的时候，需要及时切换到从数据库服务器，这些都是全局性的问题。说白了，就是分散的资源要想共同完成一件大事，需要沟通和协作，也就是拥有大局观。

1.4 分布式架构的问题

通过前面的介绍，我们了解到为了解决由业务访问量增长和并发场景带来的问题，分布式架构将应用服务部署到了分散的资源上面，从而支持高性能和高可用。我们还从这一过程中总结出了分布式架构的四个特征——分布性、自治性、并行性和全局性，这四个特征密切相关。知道了分布式架构的特征和优势之后，接下来聚焦分布式架构的问题，例如服务如何拆分、分散的服务如何通信及协同，以及如何处理分布式计算、调度和监控。

1.4.1 分布式架构的逻辑结构图

分布式架构按照拆分的原则，将应用分配到不同的物理资源上。借助这个思路，我们对分布式架构遇到的问题进行层层剖析，根据四个特征把问题进一步细化，将其拆分成具体的问题。通过为什么、是什么、怎么办的步骤来掌握分布式结构的核心思想，从而对其进行应用。

既然分布式是从拆分开始的，那我们的问题也从拆分入手。任何一个系统都是为业务服务的，所以首先根据业务特点对应用服务进行拆分，拆分之后会形成一个个服务或者应用。这些服务具有自治性，可以完成自己对应的业务功能，以及拥有单独的资源。当一个服务需要调用其他服务时，需要考虑服务之间通信的问题。同理，多个服务要完成同一件事时，需要考虑协同问题。当遇到大量任务需要进行大量计算工作的时候，需要多个同样的服务共同完成。任何应用或者计算架构都需要考虑存储的问题。实现了对应用与资源的管理和调度，才能实现系统的高性能和可用性。此外，加入指标与监控能够保证系统正常运行。图 1-24 将分布式架构需要解决的问题按照顺序列举为如下几步。

(1) 分布式是用分散的服务和资源代替几种服务和资源，所以先根据业务进行应用服务拆分。

(2) 由于服务分布在不同的服务器和网络节点上，所以要解决分布式调用的问题。

(3) 服务能够互相感知和调用以后，需要共同完成一些任务，这些任务或者共同进行，或者依次进行，因此需要解决分布式协同问题。

(4) 在协同工作时，会遇到大规模计算的情况，需要考虑使用多种分布式计算的算法来应对。

(5) 任何服务的成果都需要保存下来，这就要考虑存储问题。和服务一样，存储的分布式也可以提高存储的性能和可用性，因此需要考虑分布式存储的问题。

(6) 所有的服务与存储都可以看作资源，因此需要考虑分布式资源管理和调度。

(7) 设计分布式架构的目的是实现高性能和可用性。为了达到这个目的，一起来看看高性能与可用性的最佳实践，例如缓存的应用、请求限流、服务降级等。

(8) 最后，系统上线以后需要对性能指标进行有效的监控才能保证系统稳定运行，此时指标与监控就是我们需要关注的问题。

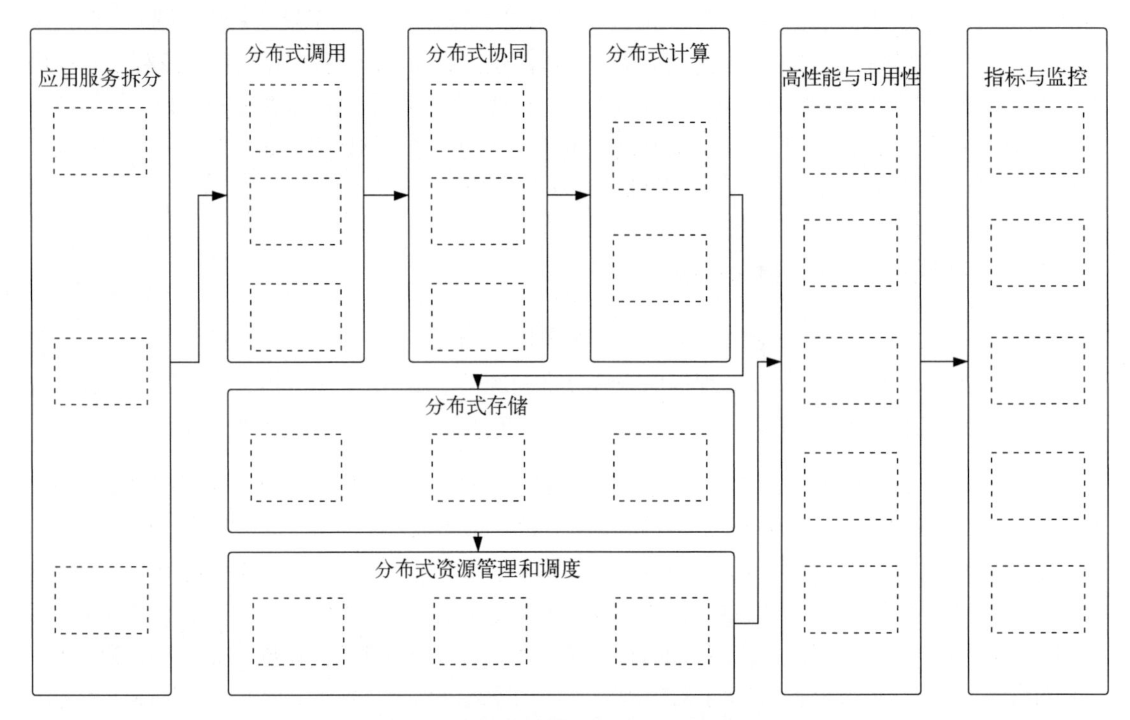

图 1-24 分布式架构需解决问题的结构图

后面我们会根据图 1-24 中箭头指示的顺序，介绍每个问题的具体内容，并将虚线框的部分补齐，也就是将每个问题细化。

1.4.2 应用服务拆分

分布式架构确实解决了高性能、高可用、可扩展、可伸缩等问题。其自治性特征也让服务从系统中独立出来，从业务到技术再到团队都是独立的个体。 但在分布式架构的实践过程中，产生了一些争论和疑惑，例如应用服务如何划分？划分以后如何设计？业务的边界如何定义？应用服务如果拆分得过于细致，就会导致系统架构的复杂度增加，项目难以推进，程序员学习曲线变得陡峭；如果拆分得过于粗旷，又无法达到利用分布式资源完成海量请求以及大规模任务的目的。一般来说，应用服务的划分都是由项目中的技术或者业务专家凭借经验进行的。即使有方法论，也是基于经验而得，究其根本，我们还是不清楚业务的边界在什么地方。换言之，定义业务的边界是划分应用服务的关键。说白了，就是先划分业务，再针对划分后的业务进行技术实现。

既然技术的实现来源于业务，那么对业务的分析就需要放在第一位。我们可以利用 DDD

（Domain-Driven Design，领域驱动设计）的方法定义领域模型，确定业务和应用服务的边界，最终引导技术的实现。按照 DDD 方法设计出的应用服务符合“高内聚、低耦合”的标准。DDD 是一种专注于复杂领域的设计思想，其围绕业务概念构建领域模型，并对复杂的业务进行分隔，再对分隔出来的业务与代码实践做映射。DDD 并不是架构，而是一种架构设计的方法论，它通过边界划分将业务转化成领域模型，领域模型又形成应用服务的边界，协助架构落地。

这部分内容如下。

- **领域驱动设计的模型结构**：包括领域、领域分类、子域、领域事件、聚合、聚合根、实体和值对象的介绍。
- **分析业务需求形成应用服务**：包括业务场景分析、抽象领域对象、划定限界上下文。
- **领域驱动设计分层架构**：包括分层原则、每层内容和特征，以及分层实例。

1.4.3 分布式调用

服务与资源一旦分散开，要想调用就没有那么简单了。需要针对不同的用户请求，找到对应的服务模块，比如用户下订单就需要调用订单服务。当大量用户请求相同的服务，又存在多个服务的时候，需要根据资源分布将用户请求均匀分配到不同服务上去。就好像用户浏览商品时，有多个商品服务可供选择，那么由其中哪一个提供服务呢？服务之间的调用也是如此，服务如何找到另外一个服务，找到以后通过什么方式调用，都是需要思考的问题。针对调用的问题，在不同架构层面有不同的处理方式：在用户请求经过互联网进入应用服务器之前，需要通过负载均衡和反向代理；在内网的应用服务器之间需要 API 网关调用；服务与服务之间可以通过服务注册中心、消息队列、远程调用等方式互相调用。因此可以将分布式调用总结为两部分，第一部分是感知对方，包括负载均衡、API 网关、服务注册与发现、消息队列；第二部分是信息传递，包括 RPC、RMI、NIO 通信。

- **负载均衡分类**：针对接入层硬件和软件负载均衡的实现原理和算法进行介绍。
- **API 网关**：介绍 API 网关的技术原理和具体功能，并且通过对比的方式介绍流行的 API 网关。
- **服务注册与发现**：介绍相关的原理和概念，以及它与发布/订阅模式的区别。
- **服务间的远程调用**：介绍 RPC 调用过程、RPC 动态代理、RPC 序列化、协议编码和网络传输，还会介绍 Netty 是如何实现 RPC 的。

1.4.4 分布式协同

分布式协同顾名思义就是大家共同完成一件事，而且是一件大事。在完成这件大事的过程中，难免会遇到很多问题。例如，同时响应多个请求的库存服务会对同一商品的库存进行“扣减”，为了保证商品库存这类临界资源的访问独占性，引入了分布式锁的概念，让多个“扣减”请求能够串行执行。又例如，在用户进行“下单”操作时，需要将“记录订单”（订单服务）和“扣减库存”（库存服务）放在事务中处理，要么两个操作都完成，要么都不完成。再例如，对商品表做了读写分离之后，产生了主从数据库，当主库发生故障时，会通过分布式选举的方式选举出新的主库，以替代原来主库的工作。我们将这些问题归纳为以下几点。

- **分布式系统的特性与互斥问题**：集中互斥算法、基于许可的互斥算法、令牌环互斥算法。
- **分布式锁**：分布式锁的由来和定义、缓存实现分布式锁、ZooKeeper 实现分布式锁、分段加锁。
- **分布式事务**：介绍分布式事务的原理和解决方案。包括 CAP、BASE、ACID 等的原理；DTP 模型；2PC、TCC 方案。
- **分布式选举**：介绍分布式选举的几种算法，包括 Bully 算法、Raft 算法、ZAB 算法。
- **分布式系统的实践**：介绍 ZooKeeper 的基本原理和组件。

1.4.5　分布式计算

在大数据和人工智能时代，有海量的信息需要处理，这些信息会经过层层筛选进入系统，最终形成数据。要想让数据产生商业价值，就离不开数据模型和计算。针对海量数据的计算，分布式架构通常采用水平扩展的方式来应对挑战。在不同的计算场景下计算方式会有所不同，计算模式分为两种：针对批量静态数据计算的 MapReduce 模式，以及针对动态数据流进行计算的 Stream 模式。我们会展开介绍这两种模式。

- **MapReduce 模式**：介绍其特点、工作流程和示例。
- **Stream 模式**：通过 Storm 的最佳实践介绍其要素和流程。

1.4.6　分布式存储

简单理解，存储就是数据的持久化。从参与者的角度来看，数据生产者生产出数据，然后将其存储到媒介上，数据使用者通过数据索引的方式消费数据。从数据类型上来看，数据又分为结构化数据、半结构化数据、非结构化数据。在分布式架构中，会对数据按照规则分片，对于主从数据库还需要完成数据同步操作。如果要建立一个好的数据存储方案，需要关注数据均匀性、数据稳定性、节点异构性以及故障隔离几个方面。因此，我们组织以下内容来讲解分布式存储。

- **数据存储面临的问题和解决思路**：RAID 磁盘阵列。
- **分布式存储概念**：分布式存储的要素和数据类型分类。
- **分布式关系数据库**：分表分库、主从复制、数据扩容。

- **分布式缓存**：缓存分片算法、Redis集群方案、缓存节点之间的通信、请求分布式缓存的路由、缓存节点的扩展和收缩、缓存故障的发现和恢复。

1.4.7 分布式资源管理与调度

如果把每个用户请求都看成系统需要完成的任务，那么分布式架构要做的就是对任务与资源进行匹配。首先，我们会介绍资源调度的过程。然后，通过介绍 Linux Container 让大家了解资源划分和调度策略是如何工作的。最后，介绍三类资源调度的架构，以及 Kubernetes 的最佳实践。具体为如下内容。

- **分布式调度的由来与过程**。
- **资源划分和调度策略**。
- **分布式调度架构**。
  - 中心化调度的特点是由一个网络节点参与资源的管理和调度。
  - 两级调度在单体调度的基础上将资源的管理和调度从一层分成了两层，分别是资源管理层和任务分配层。
  - 共享状态调度，通过共享集群状态、共享资源状态和共享任务状态完成调度工作。
- **资源调度的实践**：介绍 Kubernetes 的架构及其各组件的运行原理。

1.4.8 高性能与可用性

高性能和可用性本身就是分布式架构要达成的目的。分布式架构拆分和分而治之的思想也是围绕着这个目的展开的。这部分主要从缓存、可用性两个方面展开。在分布式架构的每个层面和角度，都可以利用缓存技术提高系统性能。由于技术使用比较分散，在第 8 章中我们会做一个总结性的描述。对于可用性来说，为了保证系统的正常运行会通过限流、降级、熔断等手段进行干涉。本部分的结构如下。

- **缓存的应用**：HTTP 缓存、CDN 缓存、负载均衡缓存、进程内缓存、分布式缓存。
- **可用性的策略**：请求限流、服务降级、服务熔断。

1.4.9 指标与监控

判断一个架构是好是坏时，有两个参考标准，即性能指标和可用性指标，分布式架构也是如此。性能指标又分为吞吐量、响应时间和完成时间。由于系统的分布性，服务会分布到不同的服务器和网络节点，因此监控程序需要在不同的服务器和网络节点上对服务进行监控。在分布式监控中会提到监控系统的分类、分层以及 Zabbix、Prometheus、ELK 的最佳实践。本部分的结构如下。

- □ **性能指标**：延迟、流量、错误、饱和度。
- □ **分布式监控系统**：创建监控系统的步骤、监控系统的分类、监控系统的分层。
- □ **流行监控系统的最佳实践**：包含 Zabbix、Prometheus。

1.5　本书的阅读方式

分布式架构的特征引发了若干问题，按照根据问题进行拆分的思路，我们将问题分为了 1.4.2 节至 1.4.9 节的 8 大类，并且针对每个具体问题进行了详细的拆分，同时提供了对应的原理和实践。将上面细分得到的问题回填到 1.4.1 节的逻辑图中，就会得到图 1-25。

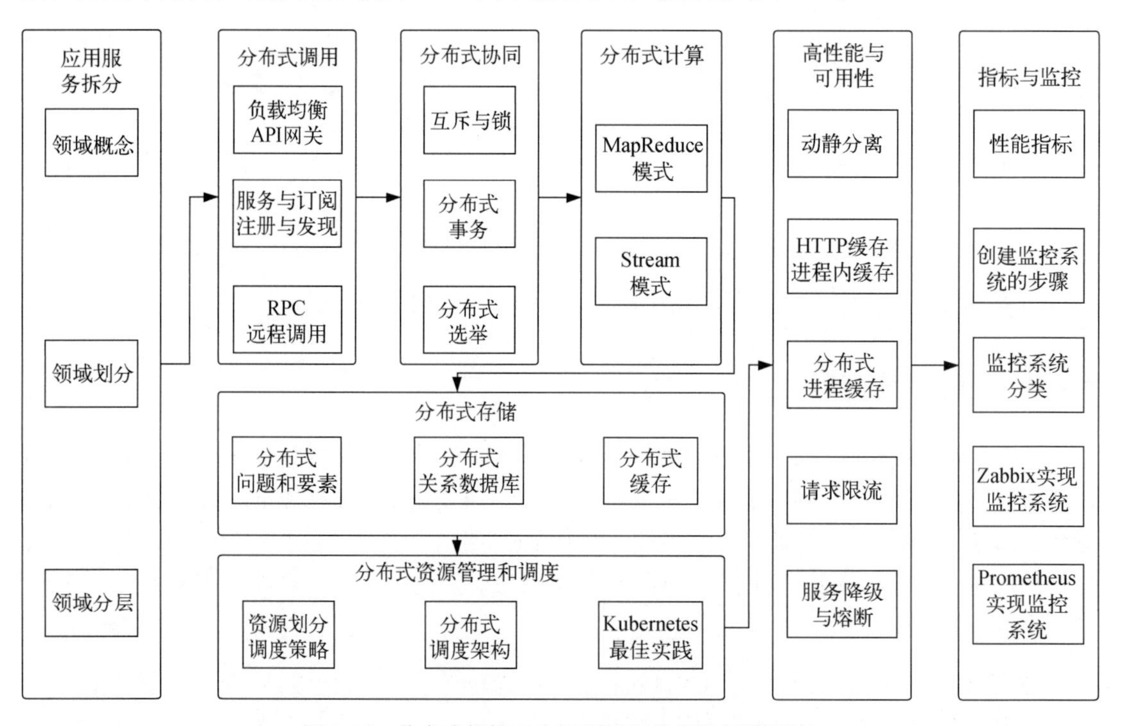

图 1-25　分布式架构 8 个问题的细分以及阅读顺序

后面的 8 章会围绕上面 8 个问题展开讨论。按照“拆分→调用→协同→计算→存储→调度→高性能与可用性→指标与监控”的逻辑关系，顺序推进。可以顺着一个一个看，也可以直接跳到感兴趣的部分阅读。在本书最后，我们还会加入架构设计思路和要点作为整体内容的扩展。本章既是探索分布式架构之旅的开始，也是全书的索引，大家读完以后可以针对自己感兴趣的部分进行延展阅读。

1.6 总结

本章从软件架构的演变过程入手，讲解了每个阶段架构变化的特点，让大家了解软件架构演变到分布式架构的过程和原因。接着通过一个简单的分布式架构的例子，让大家对分布式架构有一个感性的认识。通过分析分布式架构的 4 个特征——分布性、自治性、并行性和全局性，得到分布式架构需要解决的 8 个问题，并将这 8 个问题一一拆解。在下一章中，我们将介绍分布式应用服务的拆分。

第 2 章

分布式应用服务的拆分

上一章介绍了分布式架构的演化和特征，并针对每一阶段存在的问题进行了进一步的拆分。本章介绍分布式架构中的应用服务拆分。业务引领技术，领域驱动开发遵循从业务到技术的拆分思路，将业务专家头脑中的业务信息转化成领域模型，再由领域模型落地为架构设计。顺着这个思路，先介绍领域驱动设计中领域对象的结构关系，再介绍领域驱动设计的过程，最后介绍领域驱动设计在落地时的架构分层。在本章中，你可以学到以下内容。

- 领域驱动设计为何能帮助拆分应用服务
- 领域驱动设计拆分应用服务的思路
- 领域驱动设计的模型结构
- 领域驱动设计的分层结构
- 领域驱动设计的拆分过程

2.1 起因与概念

在介绍领域驱动设计之前，先来看看业务需求是如何落地成代码的。一般项目立项以后，客户方面的业务专家会和项目中的业务分析师一起讨论需求，并将讨论得到的需求编写成需求文档，架构师根据需求文档生成数据库，程序员根据数据库生成实体，然后实现需求中的一个个功能。程序员要实现的所有功能都来自需求文档，然后结合数据库设计进行编码。一旦需求发生变化，首先要修改需求文档，再修改数据库设计，之后程序员才能修改代码。需求可以比作击鼓传花中的花，从业务专家传给业务分析师，再传给技术团队。无形中，业务专家与技术团队之间就会形成鸿沟。他们之间沟通的媒介是需求文档和数据库设计。造成这一结果的原因是，没有一个东西能让业务专家、业务分析师、架构师和程序员等项目参与者站在一个层面，用同一种语言沟通。图 2-1 展示了业务需求落地的过程，其中业务专家、业务分析师、技术团队是串行工作的。

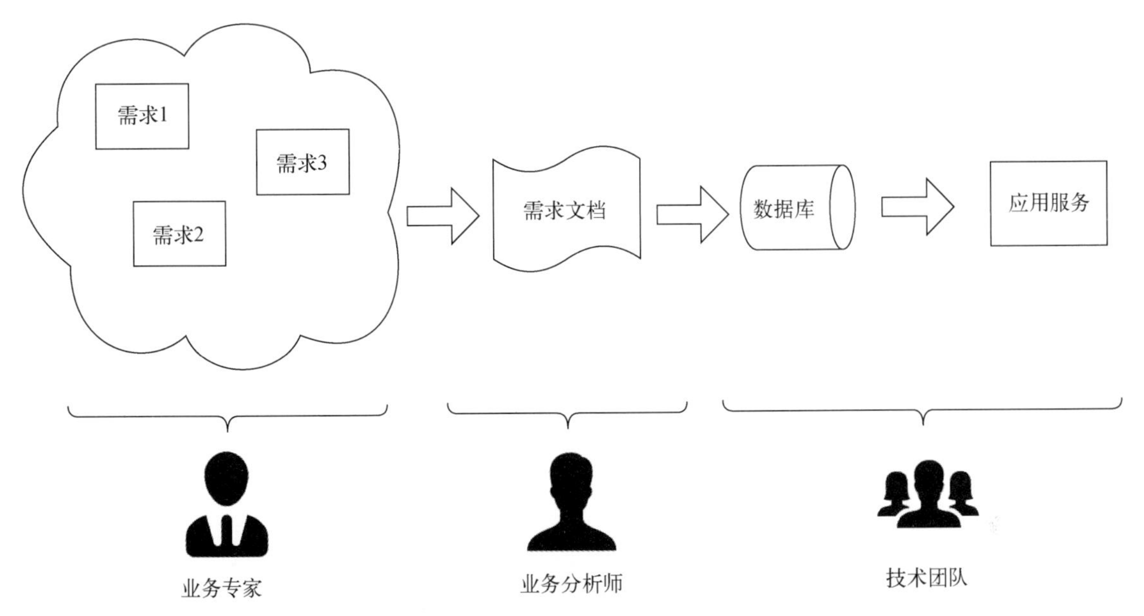

图 2-1 传统的需求落地过程是串行过程，业务专家与技术团队是割裂的

这种以功能为导向的架构，会使整个系统像一个大泥球，将各种功能的业务混杂在一起，只是为了完成用户的需求。性能、可用性、扩展性和伸缩性都存在问题。特别是在业务发展飞快，请求量、并发量飞增的当下，这种单机架构更加不合时宜，因此需要进行应用服务的拆分，用颗粒度更细的应用服务进行组合，从而适应复杂的业务场景。

2004 年埃里克·埃文斯（Eric Evans）发表了《领域驱动设计》（*Domain-Driven Design: Tackling Complexity in the Heart of Software*）这本书，书中定义和描述了领域驱动设计（Domain-Driven Design，简称 DDD）的概念。这个概念的核心思想是通过领域驱动设计方法定义领域模型，从而确定业务和应用边界，保证业务与代码的一致性。从定义上来看，领域驱动设计提供了一个方法，这个方法用来划分业务和应用边界，目的是保证业务和代码保持一致，也就是让业务专家和技术团队对同一个事物能有同一个理解。如图 2-2 所示，业务专家和技术团队通过领域模型站在同一个层面来理解业务需求。

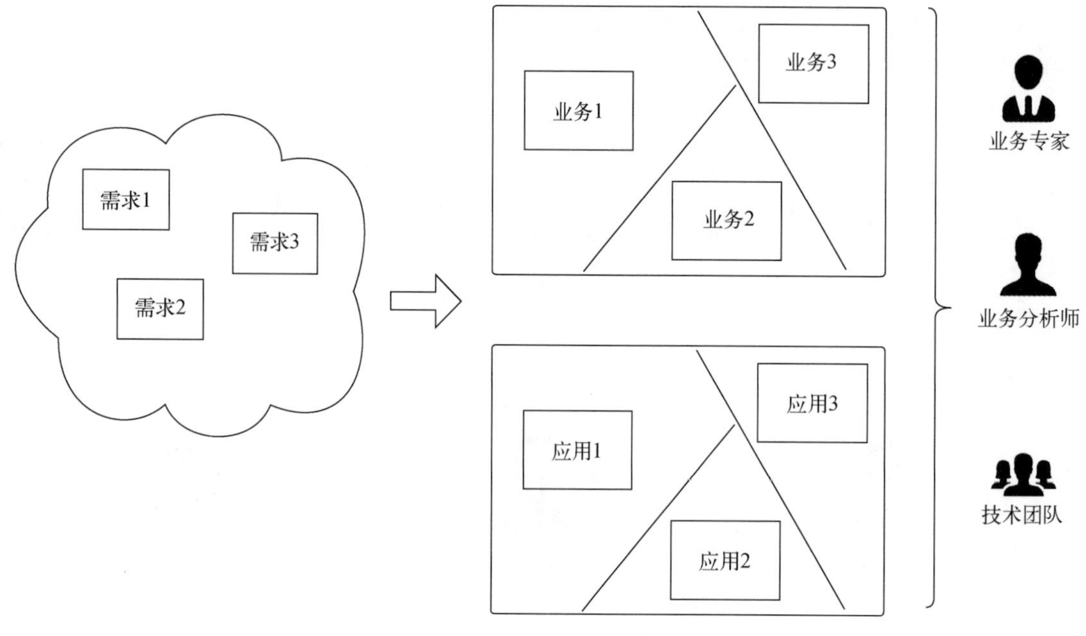

图 2-2 领域驱动设计的概念

2.2 拆分思路

通过领域驱动设计的定义可以知道，应用服务的拆分源头是需求。企业开发某款软件时，会有一个目的，针对目的会生成需要解决的问题，这些问题就是业务需求。领域驱动设计就是将业务需求转化为架构设计，最后落地到代码。在目的明确的情况下，再来看看有哪些参与者。领域驱动设计的参与者比较广泛，根据项目具体实施情况的不同而不同，有甲方的领域专家（即上文中提到的业务专家），乙方的业务分析师、架构师、程序员、项目经理、产品经理等。这里我们将上述参与者简化为领域专家和技术团队。领域专家，是对企业业务最为精通的人，他们对系统需要解决的问题和需求有着透彻的了解，但通常对业务实现不甚明白。技术团队则侧重于软件架构的搭建与技术实现，他们对类、接口、方法、设计模式、架构等了如指掌，能够用面向对象的思想来思考问题，但是对业务需求的理解深度有限。这样两类参与者，各有优缺点，因此需要通过互补的方式共同完成软件的分析、设计与开发。为了屏蔽业务需求与技术实现之间的差异，他们需要使用同一种语言进行沟通，这种语言就是通用语言。

通用语言就是领域专家和技术团队的沟通工具，它会贯穿领域驱动设计的整个生命周期。企业目标、需解决的问题、业务需求作为领域驱动设计的源头，领域专家和技术团队通过通用语言对其进行分析，得到领域知识。这些领域知识是对业务的一般性描述，例如用户通过浏览网站，选择商品下单，付款以后收到确认付款和准备发货的通知，其中参与者（实体）是用户，业务流程是浏览、下单、付款、收到付款通知，命令有下单、付款，事件有已经下单、已经付款、已经发送通知。得到这些领域知识后，通过抽取的方式形成领域模型。领域模型是一个抽象的概念，其具体形态是一个大的领域，其中包裹着的各种不同的子领域也称为子域。这些子域通过限界上下文的方式进行分割，子域中间又包含领域对象，例如聚合、聚合根、实体、值对象；领域对象之间通过领域事件进行沟通。在抽取完领域模型之后，技术团队会根据这个模型搭建软件架构，并对架构分层，分别是用户接口层、应用层、领域层和基础层，再将每层用代码实现。将上面这些思想整合到一张图中，就是图 2-3。此图介绍了领域驱动设计的拆分思想和过程，首先对业务需求进行分析，将其转换成领域知识，然后通过对领域知识进行抽取形成领域模型。整个过程中领域专家和技术团队都会使用通用语言进行沟通，保证对业务的理解是一致的。

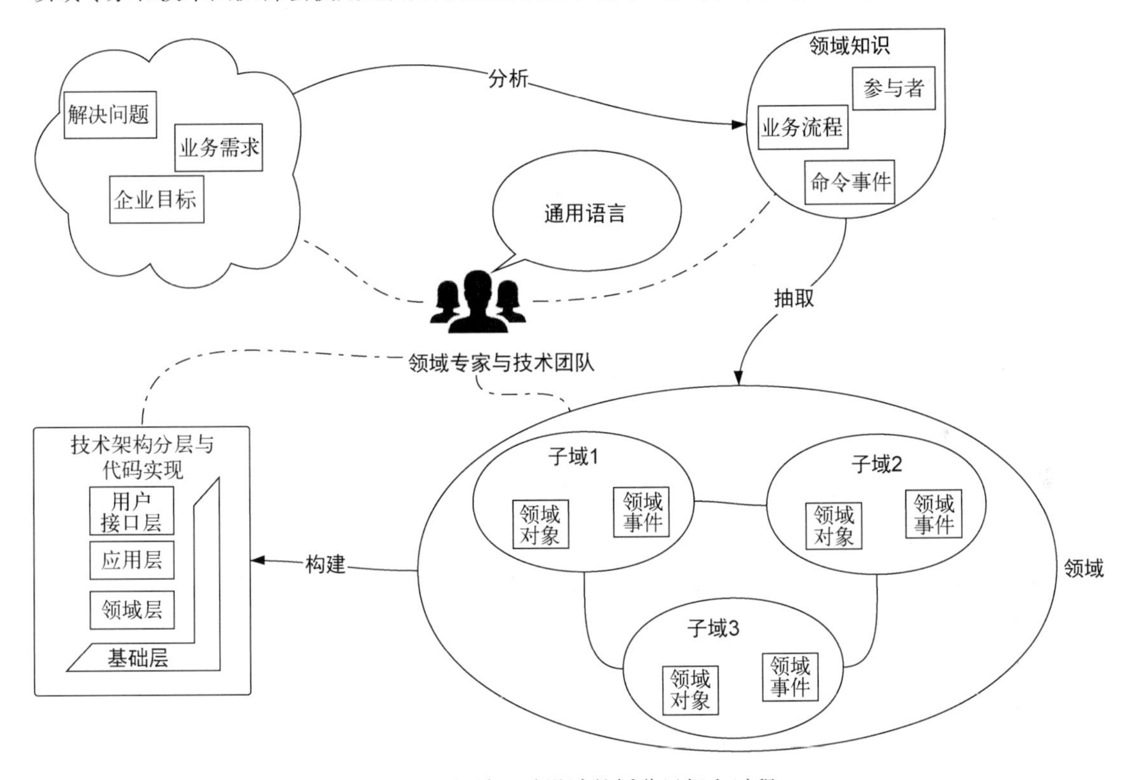

图 2-3 领域驱动设计的拆分思想和过程

图 2-3 指出了使用领域驱动设计对应用服务进行拆分的流程，大致分为：分析、抽取、构建。领域驱动设计中的概念比较多，为了便于大家更好地理解，本章后面将按照以下顺序展开。

(1) 领域模型的结构，这部分主要说明领域模型涉及的概念（例如通用语言、领域、子域、限界上下文、聚合、实体等）以及概念之间的关系，通过讲解概念为后面打基础。

(2) 通过分析业务需求形成应用服务的过程，讲解如何通过业务需求分析出业务流程，再对其抽取形成领域模型，最终产生应用服务。

(3) 如何根据领域模型搭建架构并分层，每个层次承载的职责和功能，以及如何落地成代码架构。

2.3 模型结构

本节先介绍通用语言，这是领域驱动设计的基础。随后，根据包含关系按领域、子域、限界上下文、实体和值类型、聚合和聚合根、领域事件的顺序给大家介绍。

2.3.1 通用语言

通用语言是一种沟通工具，用来描述需要实现的业务场景和领域模型，是领域专家与技术团队沟通的桥梁，它包含自然语言、文档和图表。双方通过通用语言能够对同一个领域知识达成一致，下面简要介绍一下它的特点。

- **通用语言的使用是有范围限制的**。在一定范围内对同一事物的描述和表达应该是一致的，如果超出这个范围，就会有不同的表达。例如对于在电商系统中购买的一件物品来说，交易系统中称其为“商品”，出库系统中称其为“库存”，物流系统中称其为“货物”。也就是说，通用语言的“通用”其实是有一定范围限制的，这个范围就是 2.3.2 节即将提到的限界上下文。在范围一定的情况下，团队所有人对同一事物的称呼都是统一的，这就是通用语言。在这个范围内，领域专家无须使用业务术语，技术团队也无须使用技术术语，大家通过通用语言进行交流，保证了对同一事物的认知具有统一性。
- **通用语言可以定义实体、命令和事件**。由于通用语言描述了业务流程和应用场景，因此可以直接反映在代码中。例如，可以用通用语言中的名词为领域对象命名，比如商品、库存、货物等；可以从通用语言中提取动词作为命令，比如下单、出库；提取的动词还可以为事件命名，比如已下单、已出库。
- **通用语言可以定义业务过程**。针对业务过程，常常会出现技术和业务不一致的情况。假设使用通用语言描述这样一个场景：开学了，同学们需要在学校系统中注册自己的信息。由于学生属于班级，只有对应的班级激活以后，学生才能注册，学生注册要用到用户名和密码。下面我们来看如何用代码实现上面的业务逻辑。
    - **代码与业务不一致的情况**。图 2-4 中的代码在获取学生信息以后，直接判断学生是否有资格注册，跳过了班级是否激活的部分。

```
//判断学生是否有资格注册
bool authentic = false;
//1 通过班级Id和学生名字，获取学生信息
Student student = studentRepository().FindStudentByClassIdAndUserName(classId, studentName);
//2 通过学生输入的密码确定是否有注册资格
if (student!=null){
    authentic = user.IsAuthentic(password);
}
//3 返回是否有资格的信息
return authentic
```

图 2-4 代码与通用语言不一致

- **代码与业务一致的情况**。图 2-5 中的代码首先获取班级信息，之后判断班级是否激活。在班级激活的情况下，才会获取学生的信息并判断学生是否可以注册。

```
//判断学生是否有资格注册
bool authentic = false;
//1 通过班级Id，获取班级信息
ClassInfo classInfo = classInfoRepository().FindClassById(classId);
//2 检查班级是否激活成功
if (classInfo!=null && classInfo.isActive){
    //3 通过班级Id和学生名字，获取学生信息
    Student student = studentRepository().FindStudentByClassIdAndUserName(classId, studentName);
    //4 通过学生输入的密码确定是否有注册资格
    if (student!=null){
        authentic = user.IsAuthentic(student,password);
    }
}
//3 返回是否有资格的信息
return authentic
```

图 2-5 代码与通用语言一致

从上面的例子可以看出，使用通用语言定义清晰业务流程，可以让技术团队和领域专家站在同一层面上理解业务。

2.3.2 领域、子域和限界上下文

领域从字面上理解就是从事某种专项活动或事情的范围。说白了，领域具体指一种特定的范围或区域。再通俗一点说，领域就是“范围”。领域驱动设计就是为了确定“范围”，这个“范围”可以是业务的范围、系统的范围、服务的范围，甚至是物理资源的范围。只有确定好这些范围，我们才能更好地对分布式架构进行拆分，做到“高内聚，低耦合”。回到业务分析上来，领域指的是业务边界。我们要做的事情就是对业务沿着业务边界进行划分，形成一个个领域模型，再用架构和代码实现这些领域模型，也就是解决从业务到技术的问题。

既然领域就是业务边界，那么业务边界会有大小。同理，由于业务的复杂度和包含性，大的业务边界会包含小的业务边界，被包含在大业务边界（领域）中的小业务边界称为子领域，也叫作子域。如图 2-6 所示，如果把电商平台看成一个领域，那么其中会包含商品系统、订单系统、

支付系统和库存系统，这些系统统称电商平台的子域。实际上建立领域与子域概念的过程就是将一个复杂事物拆分的过程，问题越抽象越难以理解，越具体就越好理解。

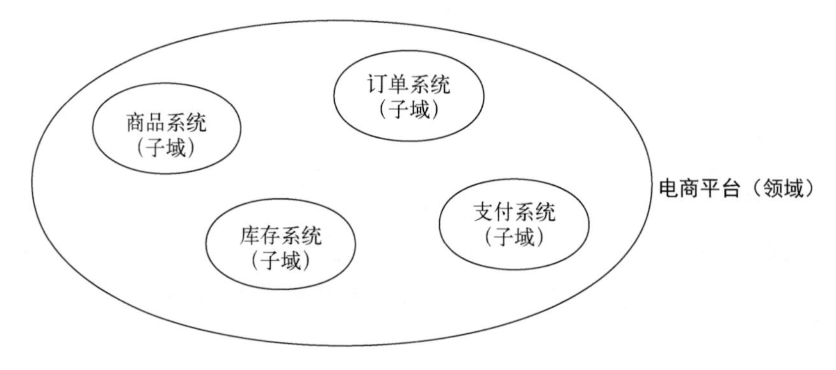

图2-6　领域与子域的划分

按照业务边界将业务领域分割以后，形成了一个个子域，这些子域对内都有通用语言作为支撑。在每个子域中，描绘同一个事物时使用的通用语言都是唯一的，不存在二义性。各个子域对于整个系统的重要性是不同的，例如对于电商平台来说，商品系统、订单系统是它的核心业务，就是重要的子域，这类处在核心位置的子域称为核心域。单靠核心域当然无法支撑整个系统的运行，正所谓鲜花也要绿叶衬，那么起到辅助、支撑作用的子域就登场了，例如库存系统，它们为核心域提供支撑，因此称为支撑域。业务的顺利运行还离不开通用系统的支持，例如消息通知和日志等，它们作为技术层面的通用功能，被称作通用域。以上就是领域的三种分类：核心域、支撑域和通用域。它们各司其职，为业务与系统服务。

如果说领域与子域的概念是从业务角度出发告诉我们如何对业务定义边界，那么该如何划分这个边界，又如何将业务边界定义到技术上呢？

答案是限界上下文。这又是什么？我们来拆分一下这个词，“限”表示限制，“界”是边界的意思，“限界”就是限制边界；“上下文”是对话的语境，以一个产品为例，它在生产阶段是“原料和配件”，在销售阶段是“商品”，在物流阶段是“货物”。同样一个东西根据环境的不同被赋予了不同的意义，这个环境就是上下文。合起来，限界上下文指的是通过限制边界的方法来确定业务的上下文，这是一种划分业务边界的方法。在前面提到的领域中包含的子域就是用限界上下文的方法划分出来的。限界上下文就像一把刀，将业务领域分割成不同的子域。这里需要注意，领域是给领域专家和技术团队看的，因此一定要包含业务和技术两个层面的东西。如果对领域从横切面切一刀，就可以将其分为问题空间和解决方案空间。

- **问题空间**是领域在业务层面的表现，从业务的角度会看到分割所得的子域，包括核心域、支撑域、通用域。
- **解决方案空间**是领域在技术层面的表现，这里领域被限界上下文分割。

从理论上讲，业务和技术需要分别对应，在理想情况下子域和限界上下文应该是一一对应的，但也有互相融合的情况。如图 2-7 所示，上面面向业务的问题空间由业务定义的子域组成，下面面向技术的解决方案空间由技术对应的限界上下文组成。

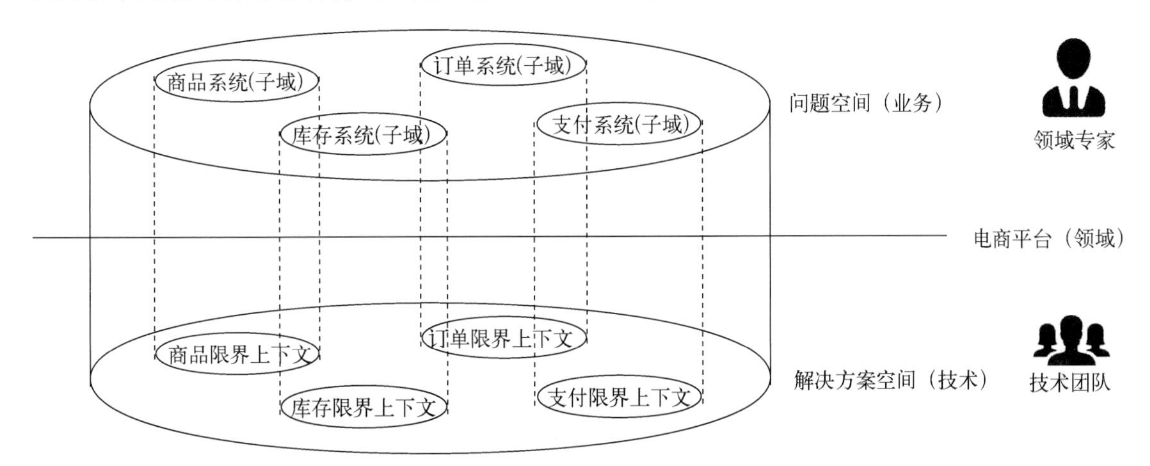

图 2-7 领域模型的两面性：业务性（问题空间）和技术性（解决方案空间）

这也是领域驱动设计能让领域人员和技术团队合作的原因。领域模型针对不同的群体提供了不同的空间，又通过通用语言和限界上下文的方法，将不同空间对应起来。领域专家工作在问题空间，技术团队工作在解决方案空间，限界上下文是分割的工具，两个空间使用通用语言进行沟通，大家站在同一层面上交流。

分布式技术架构需要盯着限界上下文来拆分应用或者服务，限界上下文的边界就是应用服务的边界。限界上下文对事物的定义具有唯一性，例如：商品限界上下文中的商品关注的是产地、属性、价格、销量等信息，库存限界上下文中的商品关注的是库存量、所在仓库等信息。两个不同限界上下文所在的语义环境不一样，关注的焦点也随之不同。另外，针对限界上下文还做进一步拆分，生成更加细致的限界上下文。因此，限界上下文是分布式架构和微服务架构拆分的依据，是业务从问题空间转换到解决方案空间的工具。

2.3.3 实体和值类型

2.3 节始终按照从上到下、从大到小的原则拆分业务领域。最开始只有领域，也就是业务边界，将其拆分成子域，再把子域从问题空间映射到解决方案空间的限界上下文中。限界上下文中包含领域对象，实体就是一种领域对象。

1. 实体

实体中的“实”表示实际存在，“体”表示物体，因此实体就是实际存在的物体。在业务中，哪些"物体"是实际存在的呢？比如商品、订单。在领域驱动设计的架构中，实体是唯一存在的、可持续变化的。由此，引出了实体的两个性质：唯一性和可变性。

- **唯一性**。每个实体在限界上下文中都是唯一存在的，并且可以被唯一标识。就好像在中国，公民使用身份证号作为自己的唯一标识，而出国时，其唯一标识就变成护照了。身份证号和护照都是人这个实体的标识，只是在不同限界上下文（中国，国际）中的表现形式不同。又如当一个用户登录电商系统时，一定会有一个与其唯一对应的 ID，无论他挑选什么商品，商品也都有一个唯一确定的 ID，下单以后有订单号，运输时有物流号，之后如果出现投诉的情况，还会有投诉流水号。
- **可变性**。可变性指的是实体状态和行为的可变。状态和行为来自对业务模型的分析，因此首先要利用通用语言分析业务，并抽取实体、状态和方法。在订单限界上下文中，顾客选择商品放入购物车并提交订单，此时生成订单且订单状态为"未支付"；选择支付方式并且完成支付后，订单状态为"已支付"；仓库接到通知并发货，订单状态为"已发货"；用户收到商品以后确认收货，订单状态为"已确认收货"。由通用语言的描述可以看出，名词订单是实体；已支付、已发货等形容词用于修饰这个实体，可以作为实体的状态，这些状态随着业务流程的推进在不断变化着；提交、支付、发货、收货、确认收货等动词表示行为或者命令。相应地，行为也在随着业务的变化而变化。接下来列举状态和行为的变化。
    - **订单状态**：未支付、已支付、已发货、已确认收货。我们在订单实体中定义状态属性。
    - **订单行为**：比如提交、支付、发货、确认收货。我们在订单实体中定义方法或领域服务来处理。

细心的朋友或许会发现，在产生行为的同时会产生事件，例如：支付以后会触发支付事件，通知服务接收到这个事件后会向用户发起通知。事件起到了让实体之间相关联的作用，这点会在 2.3.5 节中详细描述。

唯一性和可变性既对立又统一。说实体既唯一又可变，这不是自相矛盾吗？但仔细想想，实体的唯一性指的是在限界上下文中不会存在第二个与之相同的实体。可变性指的是实体在不同的业务场景下，状态是可变的。从技术层面来说，一个实体在内存中只有一个唯一的地址指向它，在内存销毁之前，其他对象都会通过这个地址访问该实体。实体被持久化到数据库中后，对应会有一个 ID 作为主键，主键用于唯一确定这个实体，其他非主键字段才是可以修改的。

2. 值对象

说完了实体，再来看看值对象。"值"，顾名思义是数值，赋值，表示内容；"对象"就是一个东西，而且是唯一存在的。那么值对象就是，用对象的方式来描述值。通过这个定义，我们总结一下值对象的特性：唯一性、集合性、稳定性和可判别。

- **唯一性**。在限界上下文中，对象是唯一存在的，且一个对象可以被其他对象使用。对于商品来说，有生产地址表示它的产地，这个地址一定是唯一存在的，例如中国上海市徐汇区梦想路 201 号。
- **集合性**。值对象是由一个或者多个属性组合而成的。还是举地址的例子，地址由国家、省市、区县、路、门牌号码组成。再如生日由年、月、日组成。
- **稳定性**。值对象一旦生成，在外部是无法修改的。例如商品生产出来以后，会将产地地址赋给它，而作为商品是不能修改产地地址的。因为该商品的产地也会被其他商品使用，一旦这个商品修改了产地地址，其他商品的产地也会随着改变。正确的做法是生成一个新的产地地址，将新地址和新商品关联起来，或者重新选择一个已经存在的其他产地。
- **可判别**。值对象之间是可以比较的。例如商品产地是中国上海市徐汇区梦想路 201 号，库存地址是中国上海市徐汇区梦想路 203 号。比较这两者后，我们发现两个门牌号是不同的，因此可判别的特性也证明了值对象的唯一性。

3. 实体和值对象的关系

实体和值对象都是领域对象，也是分布式架构中的基础对象，它们被用来实现基础的领域逻辑。分析它们的特性后可以发现，值对象和实体在某些场景下可以互换，因此需要根据应用场景具体情况具体分析。如果将商品作为实体，地址作为值对象。如图 2-8 所示，商品实体中的产地就可以引用地址这个值对象。

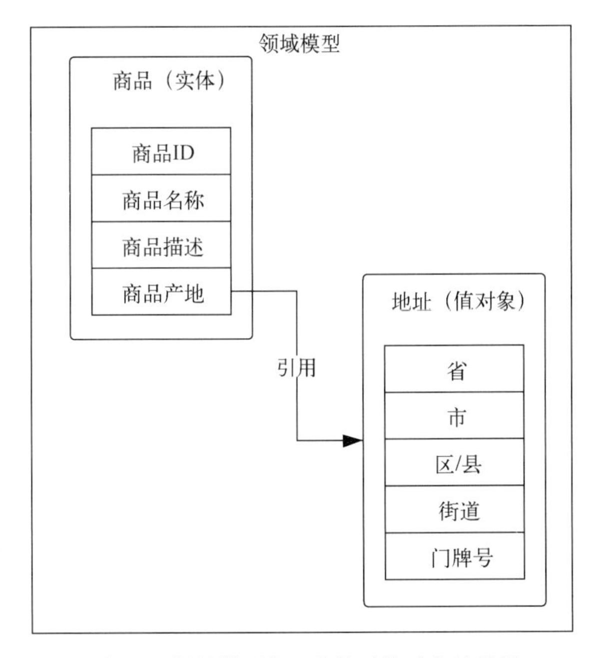

图 2-8 领域模型中，实体对值对象的引用

领域模型驱动架构设计，业务驱动程序开发，有了领域模型后，代码结构可以设计为如图 2-9 所示的那样。其中把商品实现为 Commodity 类，该类中定义了一个 placeOfProduction 属性，这个属性引用了 Address 类。

```
public class Commodity{
    public String Id;
    public String name;
    public String description;
    public Address placeOfProduction;
}

public class Address{
    public String province;
    public String city;
    public String county;
    public String road;
    public String number;
}
```

图 2-9　实体对值对象的引用

了解了实体和值对象在代码中的表现后，再看看它们在存储层的表现。在设计一般的关系型数据库表时，一个实体通常会对应一张数据库表。如图 2-10 所示，将值对象（产地地址）作为列放在实体（商品）对应的表中，两者的映射关系比较直观。这样做的优点很明显，就是在操作实体的时候可以直接操作值对象。缺点是需要使用很多额外的字段存放值对象信息。

ID	Name	Description	Province	City	County	Road	Number
1	商品1	商品描述	上海	上海	徐汇区	梦想路	201号

图 2-10　值对象作为列存放在表中

此外，还有一种存放方式是可以减少字段数量的，即将值对象作为一个单独的字段存放。如图 2-11 所示，将值对象（产地地址）的内容结构化成字符串放到 PlaceOfProduction 字段中。不过在读写这个值对象的时候，需要借助程序对其进行解析和构建。

ID	Name	Description	PlaceOfProduction
1	商品1	商品描述	{ "address":{ "province" : "上海市", "city" : "上海市", "county" : "徐汇区", "road" : "梦想路", "number" : "201号", } }

图 2-11　把值对象结构化成字符串并将其存放在单独的一列中

前面讲解了领域、子域、限界上下文、实体和值对象。这里简单对它们的关系做个总结，同时也为后面几个概念的介绍做铺垫。如图 2-12 所示，领域是指架构需要实现的业务范围，在这个范围中，借助通用语言和限界上下文工具，将领域分成一个个子域。子域是业务角度的称呼，从技术角度讲的话，领域就是被分成了一个个限界上下文。限界上下文中包含实体和值对象，它们都属于领域对象，而且实体可以引用值对象。

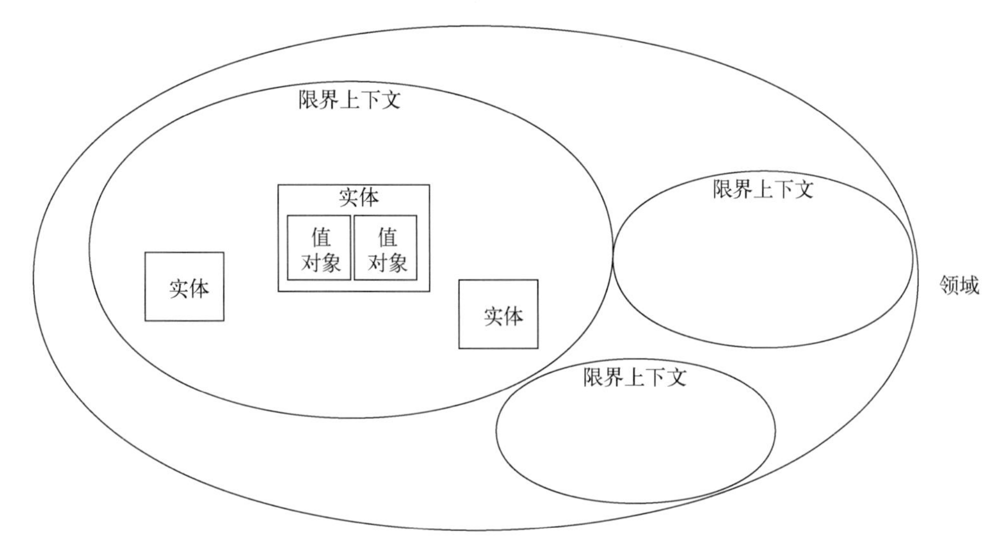

图 2-12 领域、子域（限界上下文）、实体和值对象的关系

2.3.4 聚合和聚合根

在一个限界上下文中，可以切分出很多个实体，如何管理这些实体，以及它们之间如何协同工作，是接下来要解决的问题。如图 2-13 所示，将实体和值对象组合成整体，并进行统一的协调和管理就是聚合要做的事情。聚合针对领域对象（实体、值对象）进行组合以及业务封装，并且保证聚合后内部数据的一致性。如果说限界上下文对应一个服务或者应用，是系统的物理边界，那么聚合就是领域对象处在限界上下文内部的逻辑边界。

如果把领域对象理解为个体，那么聚合就是一个团体。团体通过管理和协调个体之间的关系，带领个体共同完成同一个工作。聚合内部的领域对象协同实现业务逻辑，因此需保证数据的一致性。同时聚合也是数据存储的基本单元，一个聚合对应一个仓库，对数据进行存储。如果把聚合比作一个组织，那么这个组织肯定需要一个领导者，领导者负责本组织和其他组织之间的沟通。其中提到的领导者便是聚合根，它本质也是一个实体，具有实体的业务属性、状态和行为。作为聚合的管理者，聚合根负责协调实体和值对象，让它们协同完成工作。如图 2-14 所示，订单聚合可以进行添加、删除商品的操作，因此订单聚合根需要定义添加、删除商品行为，还要保证这个行为在聚合内的事务性和数据一致性。同时商品实体作为商品聚合的聚合根，在聚合内部可以修改商品的基本信息。订单聚合和商品聚合通过值对象——商品 ID 进行关联引用，这个商品 ID 就是商品聚合根的一个值对象。

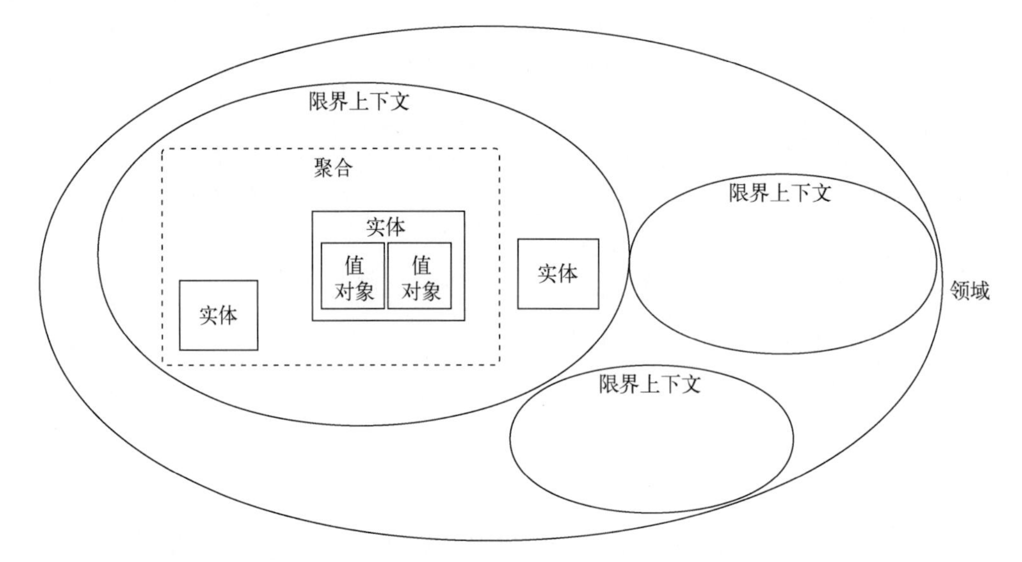

图 2-13　聚合是实体与值对象的组合，在限界上下文中形成了逻辑边界

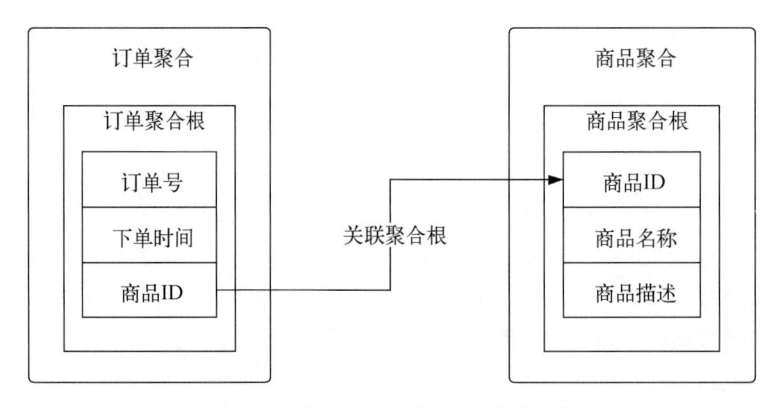

图 2-14　聚合通过聚合根与其他聚合联系

2.3.5　领域事件

如果说每个聚合的业务都是独立的，那么当多个聚合需要共同完成一个业务的时候，该如何处理？例如在支付成功以后，订单服务会修改订单的状态并且通知物流系统出货。由于支付、订单、物流分别处于不同的聚合，如何让它们协同工作呢，这就需要用到领域事件了。结合图 2-15，我们来看下面这个例子。

(1) 在支付聚合中，完成付款操作后，产生已付款事件，这个事件作为消息发往消息中间件。

(2) 订单聚合在消息中间件中注册监听器，监听从支付聚合发来的已付款消息，一旦收到消息，就执行修改订单状态的操作。

(3) 订单聚合修改完订单状态以后，产生订单已付款事件，此事件也以消息的形式发往消息中间件。

(4) 物流聚合按照第 (2) 步的方式接收到订单已付款的消息以后，执行发货操作，并且产生已发货事件。

注意

图 2-15 中箭头所指的方向表示消息的流动方向。

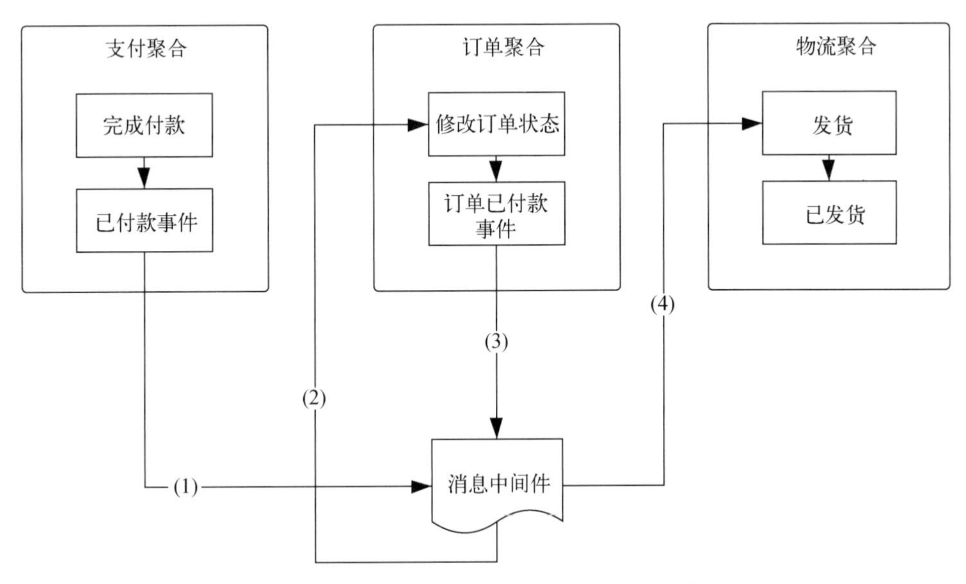

图 2-15 聚合之间通过领域事件相互沟通、协同工作

从上面的例子可以看出，聚合在执行命令和操作之后便会产生事件，这个事件会引出下一步的命令和操作，其中提到的事件就被称为领域事件。一次事务只能更改一个聚合的状态，如果一次业务操作涉及多个聚合状态的更改，就好像上面的例子中，付款、修改订单、发货三个步骤需要放在同一个事务中处理，就需要通过领域事件保持数据的最终一致性。有了领域事件的加入，每个聚合都能专注于自己的工作，并依赖领域事件和其他聚合进行沟通和协同，保证了聚合内部的事务独立性和数据一致性。领域事件是解耦的工具，在分布式应用拆分和微服务的场景下，会

被频繁用到。特别是当服务部署在不同的网络节点时，尤为重要。

前面我们把领域驱动设计的模型结构过了一遍，这里做一个小结。如图 2-16 所示，领域就是我们需要关注并且实施的业务范围，它还可以分为子域，子域是业务角度的理解。使用通用语言可以将领域分为限界上下文，它与子域相对应，是技术角度的理解，限界上下文中对业务有唯一的语义标识。我们可以根据限界上下文定义系统的物理边界，也就是应用或者服务。限界上下文中包含多个领域对象，领域对象包括实体和值对象，它们是对业务的真实反映，具有唯一性和可变性等特性。为了更好地协同和管理领域对象，用聚合的概念将它们组织起来。聚合是一个逻辑上的概念，它是一个领域对象的组织，聚合根是这个组织的管理者，或者说是对外接口。聚合根本身也是一个实体，它让聚合之间产生联系。最后，聚合之间的协作和通信需要通过领域事件完成，它让每个聚合不仅可以专注在自身的业务操作中，还可以和其他聚合共同完成工作。

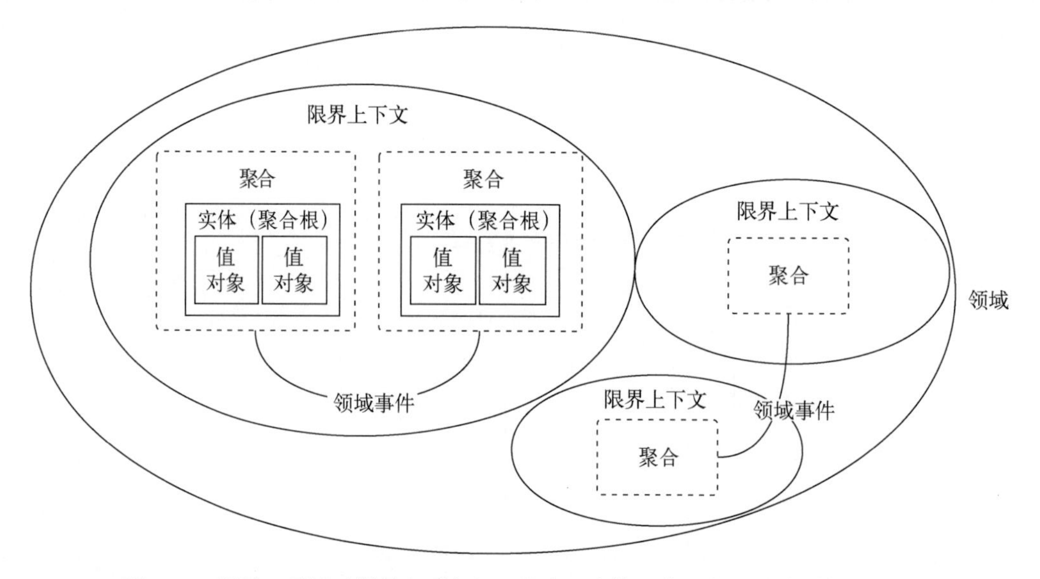

图 2-16　领域、子域（限界上下文）、聚合、实体、值对象、领域事件结构图

2.4　分析业务需求形成应用服务

介绍完了领域驱动设计的模型结构，我们来看看如何将业务需求转换成这些模型。回到 2.2 节，完成整个应用服务的拆分需要三步，分别是分析、抽取和构建。2.3 节介绍了领域模型的定义，为本节打下了基础。本节主要介绍的是分析和抽取过程。建立任何一个软件架构都是为了完成业务需求，而业务需求是用来完成商业目标的。这里以构建一个学生选课系统为例，讲解服务分析和抽取的整个过程。学生选课系统的业务背景如下。

- 学生可以通过系统选择选修课，并且提交选择选修课的申请，之后教务处负责审核。

- ❑ 教务处的老师收到选修课的申请以后，根据审批规则进行核对，最终产生审批结果：通过或者不通过。
- ❑ 获得上选修课资格的学生，去上课的时候需要签到，老师会检查签到情况，并在课程结束的时候生成签到明细。同时学生也可以查看自己的签到情况。

因为这里只是个例子，所以业务看上去比较简单，基本上可以总结为：学生申请选修课，教务处审批选修课，学生签到并且上课老师查询签到记录。

接下来，我们说一下整个拆分过程的思路。

(1) 根据不同的业务场景创建业务流程，在每个业务流程的节点上标注参与者、命令和事件信息。

(2) 根据标注的参与者、命令和事件信息生成领域对象，包括实体、值对象、聚合、领域事件等。领域专家和技术团队通过通用语言，对相关的领域对象进行进一步划分，形成聚合并找到聚合根。

(3) 通过聚合划定限界上下文，这里需要依赖通用语言，因为同样一个事务在不同的限界上下文中所指的内容和含义可能有所不同。限界上下文就是服务的边界，根据它来创建服务或者应用。

好了，接下来按照上面的三个步骤进行下面的工作，首先是业务流程的分析。

2.4.1 分析业务流程

通过上面对业务需求的描述，我们可以把业务需求分为三个场景，分别是申请选修课场景、审批选修课场景和选修课签到场景。接下来我们分别画出这三个场景对应的业务流程图，并且标注参与者、命令和事件信息。

首先是申请选修课场景，如图 2-17 所示，图被分成四行，分别是参与者、业务流程、命令、事件。先看前两行，参与者和业务流程刚好可以组成一个简单的句子，例如学生登录系统。这个句子是通过需求调研获得的，也是领域专家和技术团队的通用语言。从左往右看业务流程这一行，箭头所指的方向就是业务的流动方向，依次是：

- ❑ 学生登录系统
- ❑ 学生申请选修课
- ❑ 学生修改申请
- ❑ 学生提交课程申请审批

在创建完这个业务流程的基础上，查找每个流程节点对应的命令和事件。例如登录系统节点对应登录动作；修改申请节点对应查询申请和修改申请这两个命令，以及选修课申请已修改事件。

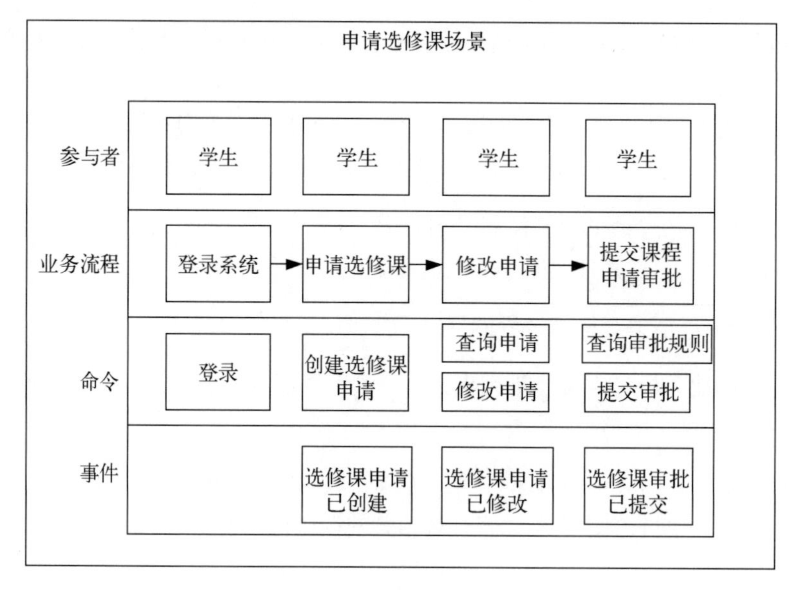

图 2-17　申请选修课场景

第二个是审批选修课场景，采取的分析方式与第一个场景一样，先根据参与者和业务流程画出审批流程的几个阶段。如图 2-18 所示，审批流程分为三个阶段：老师登录系统、老师查询课程申请、老师进行课程申请审批。这里的参与者变成了老师。同样每个流程节点也有对应的命令和事件。

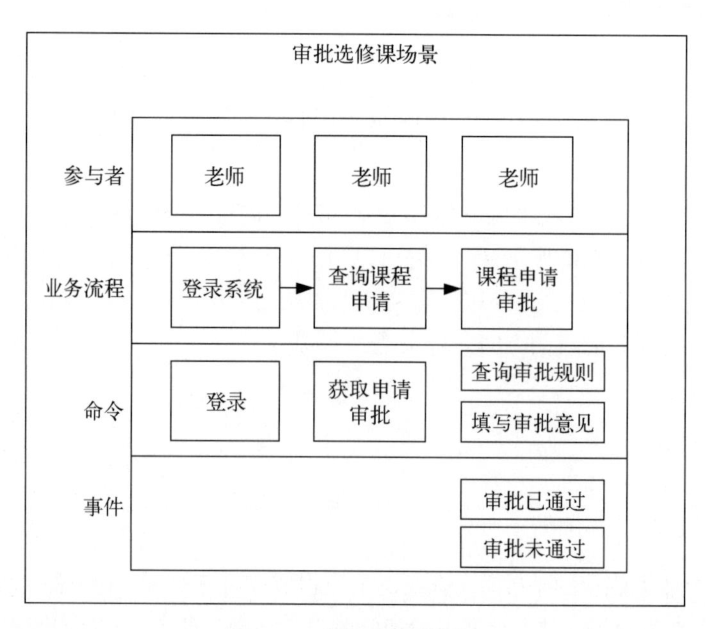

图 2-18　审批选修课场景

最后是选修课签到场景，签到流程分为四个阶段，和前面两个业务流程不一样的是这里的参与者既有老师也有学生。如图 2-19 所示，签到流程分为学生上课签到、老师检查签到、老师生成签到明细、学生查询签到明细，各流程对应的命令和事件也在图中标注出来了。严格来说，签到和查询签到还可以拆分成更细的两个场景，这里为了演示方便，先放到一起。有兴趣的朋友可以沿着这个思路做进一步的拆分。

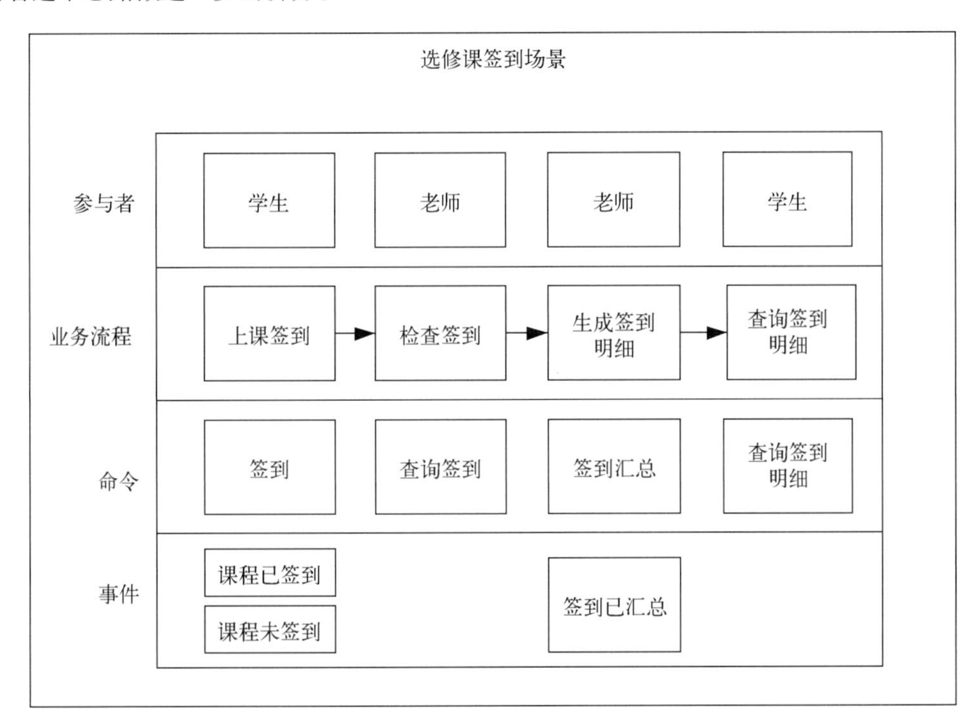

图 2-19　选修课签到场景

好了，上面三张图就是业务分析阶段的结果。下面就把这些结果交给下一个阶段，来抽取领域对象和生成聚合。

2.4.2 抽取领域对象和生成聚合

2.4.1 节通过分析业务，将需求分成了参与者、业务流程、命令和事件。然后将它们对应领域对象，生成了领域对象之间的关系。本节将把上面提到的三个场景中的领域对象分别抽取出来，然后重点关注实体、领域事件、命令。抽取的目的是观察领域对象之间的关联和共性，最终对它们进行聚合和限界上下文划分。如图 2-20 所示，用不同的形状表示三个场景中的领域对象：圆形表示实体，长方形表示命令，五边形表示事件。注意，这里只粗略地划分领域对象，不做细分，因为目的是划分服务和聚合的边界。针对实体和值对象的识别和划分会在 2.5.5 节中详细介绍。

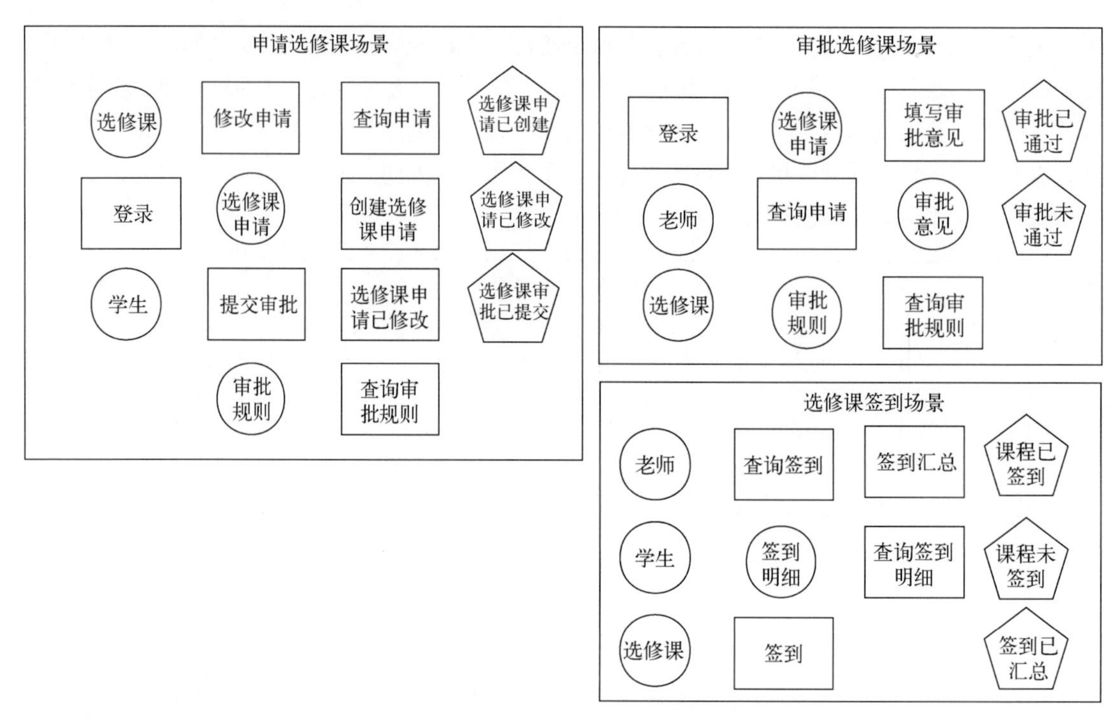

图 2-20　从业务流程中抽取领域对象

通过抽取领域对象，会发现以下几点。

选修课申请这个实体在申请选修课场景和审批选修课场景中都存在，而且表达的含义也相同。这个实体对应修改申请、查询申请、提交审批等命令。另外，审批规则实体和登录命令也是存在于申请选修课和审批选修课两个场景中。

再看选修课签到场景，签到明细作为实体，并没有出现关于选修课申请和审批规则的实体。学生和老师实体在三个场景中都存在，表达的都是同一个意思，属于通用的实体。

虽然选修课实体在三个场景中都存在，但申请选修课场景和审批选修课场景中的选修课描述的是课程本身，包括课程内容、学分；而选修课签到场景中的选修课更多的是关心上下课的时间、上课的位置等信息。这正是上下文不一致导致的，同一事物在不同上下文中的含义出现了偏差。

通过抽取领域对象，我们对业务逻辑有了更深的理解。现在就可以根据逻辑上的相关性，对领域对象进行组合，生成聚合了。聚合是逻辑上的边界，为限界上下文的划分提供依据。要想生成聚合，首先需要考虑聚合的逻辑独立性，即能否在聚合内部完成一个完整的业务逻辑。对于前面提到的申请选修课场景、审批选修课场景、选修课签到场景，当然可以生成三个聚合。但是考虑到前两个场景都是在完成申请审批的业务流程，因此可以合并为一个聚合。当然，如果业务合并在一起后显得比较复杂，也可以进行再次拆分。同时，选修课签到场景可以自己生成一个聚合，其中学生、老师实体属于组织关系，比较通用，系统中的其他地方应该也会用到这样的概念，所以可以抽取出来作为单独的聚合。如图 2-21 所示，将所有和申请、审批选修课相关的领域对象都划分到选修课申请聚合中，选修课申请作为该聚合的聚合根。将和签到相关的领域对象分到签到聚合中，签到明细作为聚合根。将学生和老师实体划分到人员组织聚合中。

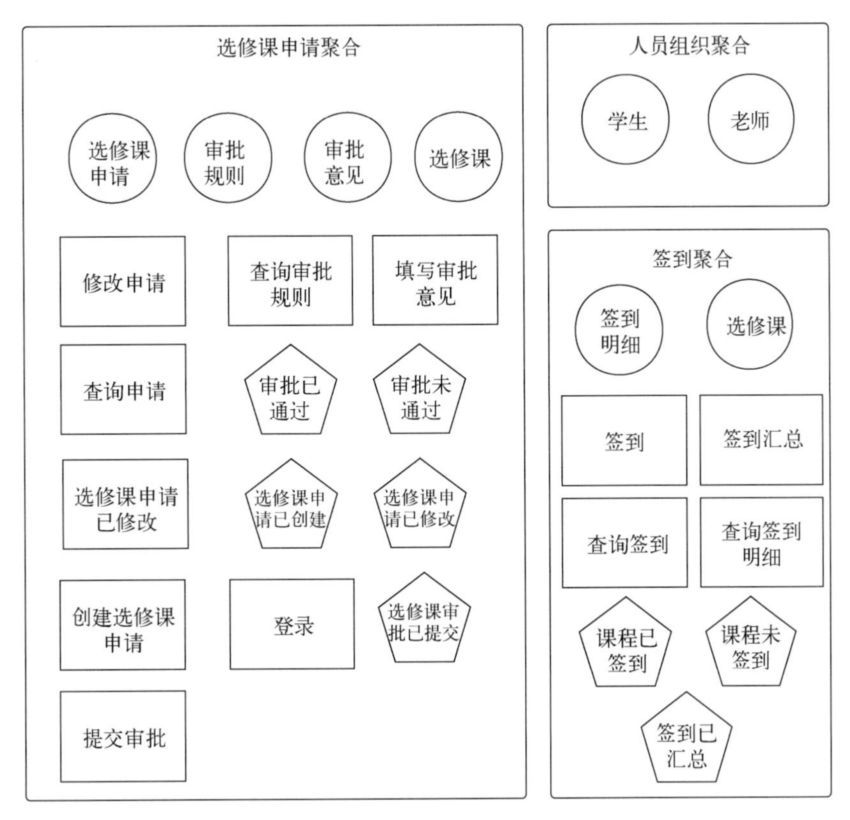

图 2-21 从抽取领域对象到生成聚合

2.4.3 划定限界上下文

本节针对图 2-21 生成的聚合划分限界上下文，也就是生成服务的边界。如果说聚合是服务的逻辑边界，那么限界上下文就是服务的物理边界。从完成业务的角度来看，选修课申请聚合和签到聚合分属不同的语义环境。通过 2.4.2 节中对选修课这个实体在不同场景中的解释也可以看出，选修课申请聚合和签到聚合的含义不太相同。因此这两个聚合需要分开。至于人员组织聚合，可以单独将其划分为一个限界上下文，或者转化为一个通用组件。如图 2-22 所示，将三个聚合划分为选修课申请、签到、人员组织三个限界上下文。人员组织可以作为通用域，协助另外两个子域。选修课申请作为单独的限界上下文，承载大部分实体、命令和事件，可以考虑将其称为核心域。签到则可以作为支撑域，用来支撑核心域。

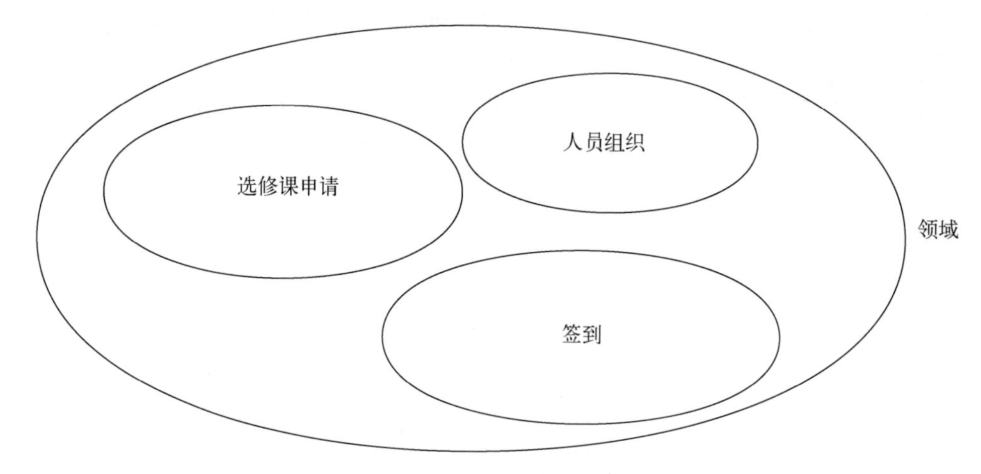

图 2-22　基于聚合划分限界上下文

图 2-22 所示的三个限界上下文，可以由三个应用服务对应实现，分别是选修课申请服务、签到服务、人员组织服务。这里也体现了我们想表达的分布式应用服务的拆分概念。当然，这种划分不是唯一的选择，例如选修课申请本身就是一个聚合，可以将这个聚合继续拆分成申请和审批两个聚合。随着业务的发展和变化，也可能衍生出新的限界上下文。这些需要不断利用领域驱动设计的思想去迭代。另外，关于限界上下文之间的通信， 2.3.5 节也提到了，可以通过领域事件的方式进行，这里由于篇幅关系不再展开。本节主要聚焦于如何将业务拆分成应用服务，2.5 节将会介绍如何把领域对象落地成实际的架构和代码。

2.5　领域驱动设计分层

领域驱动设计分层能够帮助我们把领域对象转化为软件架构。在分解复杂的软件系统时，分层是最常用的一种手段。在领域驱动设计的思想中，分层代表软件框架，是整个分布式架构的“骨架”；领域对象是业务在软件中的映射，好比“血肉”。本节要做的事情是认识骨架，并且告诉大家如何将血肉填充到骨架中去，即领域驱动设计中的分层架构和每层的意义，以及如何将领域对象放置到分层架构中。

2.5.1　分层的概述与原则

在软件设计中，分层随处可见，分布式架构也不例外。我们面对的是一个纷繁复杂的世界，业务的发展和用户的需求变化一直萦绕着我们，软件架构作为业务和用户的支撑，更需要面对这种复杂的环境。我们需要一个使复杂问题简单化的工具，这个工具就是分层。分层不仅让我们能够站在一个更高的位置看待软件设计，还给整个架构带来了高内聚、低耦合、可扩展、可复用等优势，下面就具体分析一下这些优势。

- **高内聚**：定义每层需要关注的重点，使复杂问题简单化，让整个架构清晰化。例如商店只负责卖好商品就行了，不需要考虑商品都是如何制作的。同样，基础设施层做好提供日志、通知服务的工作就好了，不用关注具体的业务流程是怎样的。
- **低耦合**：各层分工明确，层与层之间通过标准接口进行通信。一个层次不需要关心其他层次的具体实现过程，即便其他层次的内部结构或者流程发生改变了，只要接口不变化就不会影响自己的工作。例如面包厂改变了生产面包的流程甚至工艺，但只要面包的口感、价格、包装没有发生改变，商店还是一样可以卖这些面包，不会因为面包厂的那些改变而影响卖面包这件事。这个例子中的口感、价格、包装就是层与层之间的接口。接口能够降低层与层之间的耦合度。
- **可扩展**：由于每层都各司其职，层与层之间的沟通都通过接口完成，因此无论在哪层扩展功能，都是很方便的，只需要对其他层的功能进行组合即可。例如商店之前只卖面包，现在想扩展业务——卖蛋糕，于是就去联系蛋糕厂。以此类推，如果想扩展其他业务，可以去找其他厂家。究其根本，商店只需要知道如何经营和组合好这些商品就可以了。
- **可复用**：每层都可以向一层或者多层提供服务，特别是基础、通用功能会被多处使用。例如面包厂的面包不仅可以提供给商店 A，也可以提供给商店 B。这样的复用提高了应用服务的使用率，避免了重复造轮子的现象。

了解了分层的优势以后，来看看如何具体实现分层。架构分层看上去，就是按照功能对每层进行分割和堆叠。但在具体落地时还需要考虑清楚，每层的职责以及层与层之间的依赖关系。架构有分成三层的，也有分成四层、五层的。业务情况、技术背景，以及团队架构不同，分层也会有所不同。这里通过领域驱动设计的分层方式，给分布式架构提供分层思路。

如图 2-23 所示，领域驱动设计将架构分成四层，从上往下分别是用户接口层、应用层、领域层和基础层。箭头表示层和层之间的依赖与被依赖关系。例如，箭头从用户接口层指向应用层，表示用户接口层依赖于应用层。从图中可以看到，基础层被其他所有层依赖，位于最核心的位置。

但这种分法和业务领导技术的理念是相冲突的，搭建分布式架构时是先理解业务，然后对业务进行拆解，最后将业务映射到软件架构。这么看来，领域层才是架构的核心，所以图 2-23 中的依赖关系是有问题的。于是出现了 DIP（Dependency Inversion Principle，依赖倒置原则），DIP 的思想指出：高层模块不应该依赖于底层模块，这两者都应该依赖于抽象；抽象不应该依赖于细节，细节应该依赖于抽象。因此，作为底层的基础层应该依赖于用户接口层、应用层和领域层提供的接口。高层是根据业务展开的，通过对业务抽象产生了接口，底层依赖这些接口为高层提供服务。还是以商店卖面包为例，商店卖面包是业务行为，对该业务进行抽象得到的接口对应面包的种类、口感、价格、包装等。面包厂作为底层服务，要为商店提供面包这一服务，就需要依赖刚抽象出的接口，把这个接口作为生产目的对待。带着这个思想重新审视架构分层，所得结果如图 2-24 所示。可以看到，领域层跑到了最下面，应用层和基础层依赖于领域层，基础层和用户接口层均依赖于应用层。此时，领域层成为了分层架构的核心。

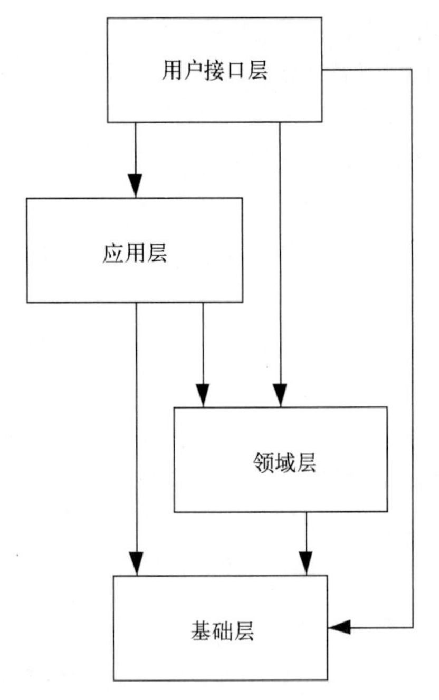

图 2-23 领域驱动设计的传统四层架构

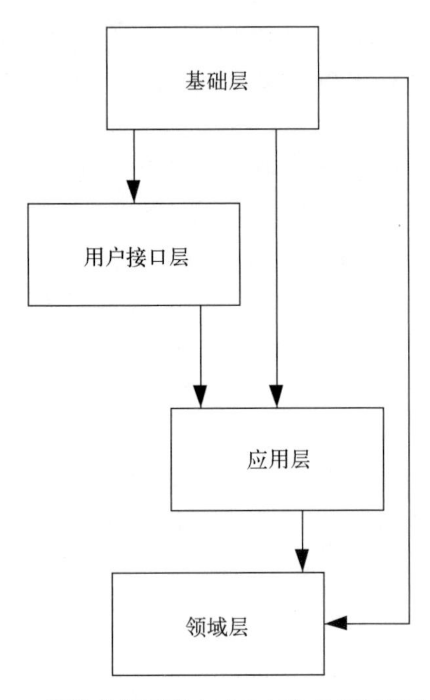

图 2-24 用依赖倒置的方式重新定义领域驱动设计的四层架构

上面介绍了架构分层的概念和优点，并且展开说明了领域驱动设计的架构分层。针对基础层、用户接口层、应用层以及领域层的分层说明会在 2.5.2 节中详细介绍。

2.5.2 分层的内容

本节从离用户最近的用户接口层开始介绍。

用户接口层也称为表现层，包括用户界面、Web 服务和远程调用三部分。该层负责向用户显示信息和解释用户指令。这里的用户既可以是系统的使用者，也可以是一个程序或者一个计算机系统。用户接口层负责系统与外界的通信和交互，例如 Web 服务负责接收和解释 HTTP 请求，以及解释、验证、转换输入参数。由于是跨系统的调用，因此会涉及信息的序列化与反序列化。说白了，该层的主要职责是与外部用户、系统交互，接受反馈，展示数据。特别需要说明的是，远程调用是分布式系统的核心思想，会在 3.4 节中重点介绍。

应用层比较简单，不包含业务逻辑，用来协调领域层的任务和工作。它不需要反映业务状态，只反映用户或程序的进展状态。应用层负责组织整个应用流程，是面向用例设计的。通常，应用服务是运行在应用层的，负责服务组合、服务编排和服务转发，组合业务执行顺序以及拼装结果。并不能说应用层和业务完全无关，它以粗粒度的方式对业务做简单组合。具体功能有信息安全认证、用户权限校验、事务控制、消息发送和消息订阅等。

领域层实现了应用服务的核心业务逻辑，并保证业务的正确性。这层体现了系统的业务能力，用来表达业务概念、业务状态和业务规则。

领域层包含领域驱动设计中的领域对象，例如聚合、聚合根、实体、值对象、领域服务。领域模型的业务逻辑由实体和领域服务实现。其次，当某些业务功能单一，且实体无法实现的时候，会由领域服务协助实现。领域服务可以将聚合内的多个实体组合在一起，实现复杂的业务逻辑。领域服务描述了业务操作的过程，可以对领域对象进行转换，处理多个领域对象，产生一个结果。说白了，就是领域服务可以操作一个或者多个领域对象，而这些操作是一个实体无法完成的。领域服务和应用服务的区别是，它具有更多的业务相关性。

基础层为其他三层提供通用的技术和基础服务，包括数据持久化、工具、消息中间件、缓存等。基础服务部分采取了前面提到的 DIP 技术，由该技术支持的基础资源给用户接口层、应用层与领域层提供服务，帮助层与层之间沟通，减少层与层之间的依赖，从而实现层与层之间的解耦。

例如在基础层实现的数据库访问，就是面向领域层接口的。领域层只是根据业务向基础层发出命令，告诉它需要提供的数据规格（数据规格包括用户名字、身份证、性别、年龄等信息），基础层负责获取对应的数据并交给领域层。具体如何获取数据、从什么地方获取数据，这些问题全部都是基础层需要考虑的，领域层是不关心的。领域层都面向同一个抽象的接口，这个接口就是数据规格。当数据库的实现方式发生更换时，例如从 Oracle 数据库换成了 MySQL 数据库，只要基础层把获取数据的实现方式修改一下即可；领域层则还是遵循之前的数据规格，进行数据获取，不受任何影响。

2.5.3 分层的总结

2.5.2 节将领域驱动设计中四个分层的概念都介绍了一遍，这里将它们总结到图 2-25 中，以便大家加深对分层概念的理解。理解分层概念有助于拆解技术架构，特别是在分布式架构中，业务技术混在一起，需要有一个方法论作为指导。而由于业务、经验、组织背景的不同，造成架构拆解和应用服务拆分也不同，因此本书无法给出一个标准答案，只是希望借助领域驱动设计的经典方法，为大家提供一个思路。

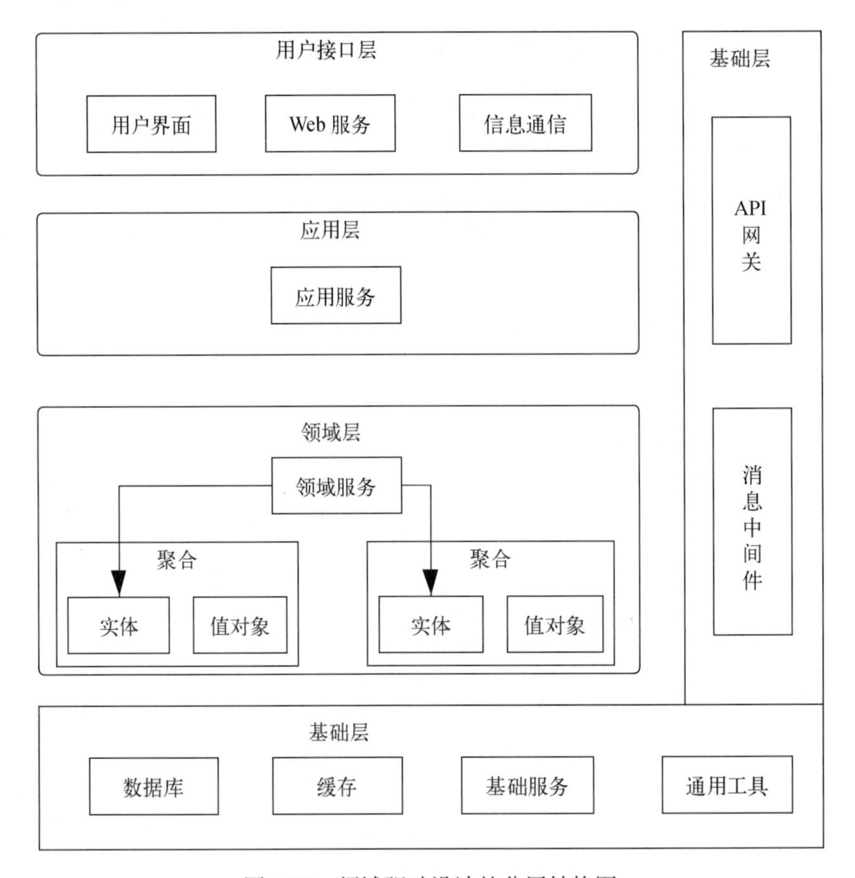

图 2-25　领域驱动设计的分层结构图

图 2-25 从上往下看。首先是用户接口层，包括用户界面、Web 服务以及信息通信功能。作为系统的入口，用户接口层下面是应用层，这一层主要包括应用服务，但不包含具体的业务，只是负责对领域层中的领域服务进行组合、编排和转发。应用层下面是领域层，这一层包括聚合、实体、值对象等领域对象，负责完成系统的主要业务逻辑。领域服务负责对一个或者多个领域对象进行操作，从而完成需要跨越领域对象的业务逻辑。用户接口层、应用层、领域层下方和右方的是基础层，这层就和它的名字一样，为其他三层提供基础服务，包括 API 网关、消息中间件、数据库、缓存、基础服务、通用工具等。除了提供基础服务，基础层还是针对通用技术的解耦。

2.5.4　服务内部的分层调用与服务间的调用

将分层思想落地到分布式架构或者微服务架构，每个被拆分的应用或者服务都包含用户接口层、应用层、领域层。那么服务内部以及服务之间是如何完成调用的呢？来看图 2-26，这张图可以回答这个问题。

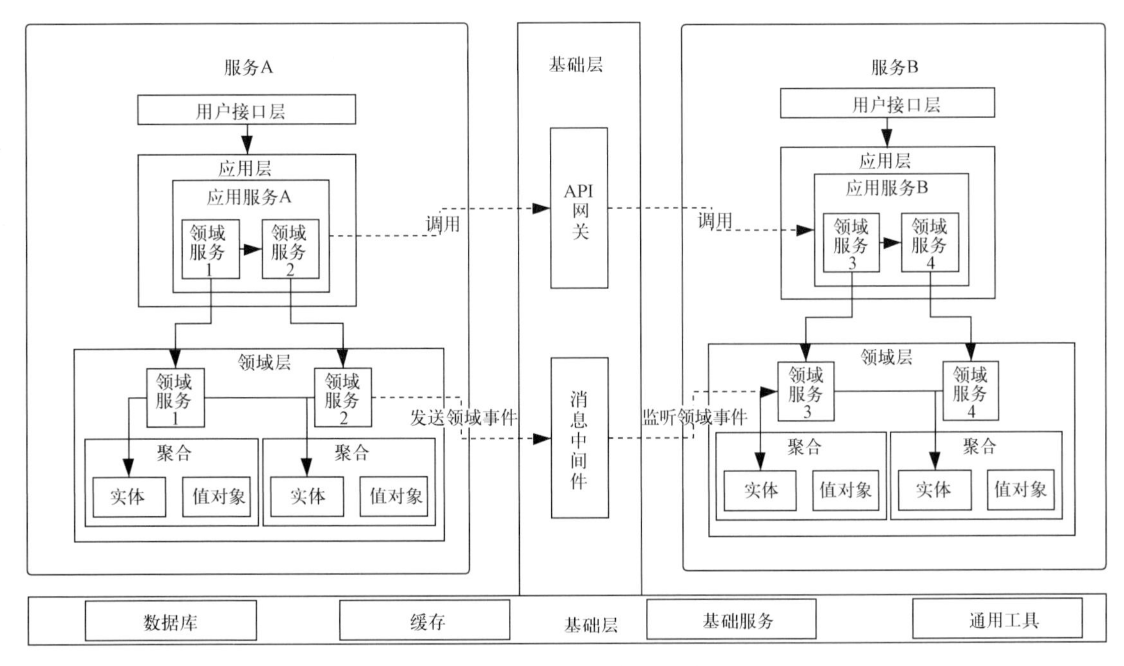

图 2-26 服务内部和服务之间的调用

先看在服务内部，层与层之间是如何调用的。图 2-26 中的左边有一个服务 A，顺着实心箭头的方向看，调用先通过用户接口层来到应用层。由于应用层会对领域层的领域服务进行组合编排，以满足用户接口层的需要，因此可以看到应用服务 A 中包含两个领域服务，分别是领域服务 1 和领域服务 2，这两个领域服务分别对应领域层的领域服务 1 和领域服务 2。又因为领域服务是通过聚合中的实体以及实体方法完成业务逻辑的，所以箭头指向了实体，表示调用实体。在完成具体业务逻辑的同时，还需要调用基础层的数据库、缓存、基础服务等组件。

再看服务之间如何完成调用。我们知道可以通过限界上下文的方式对应用服务进行拆分，拆分后的每个应用或者服务在逻辑功能上都是一致的。于是服务之间的调用会跨越限界上下文，也就是跨越业务逻辑的边界。这种跨越边界的调用从应用层发起，体现在图 2-26 中，就是从左边服务 A 的应用层里面的应用服务 A 引出一根带箭头的虚线，指向右边服务 B 的应用层里面的应用服务 B。同时由于分层协作的关系，一个服务在调用其他服务时，需要通过基础层的 API 网关。解释完表示服务之间调用关系的虚线以后，往下看还有一条虚线，从领域服务 2 发出，先指向消息中间件，后指向领域服务 3。领域服务 2 产生领域事件以后，会把这个事件发往消息中间件，当领域服务 3 监听到这个产生的领域事件后，会继续执行后面的逻辑。总结一下，这两根虚线通过基础层完成两个服务之间的调用和信息传递。

2.5.5　把分层映射到代码结构

正如 2.5 节开头提到的那样，领域驱动设计的分层把领域对象转化为软件架构。分层的思路一直都影响着软件架构的设计，如果顺着这个思路继续往下，就是代码的实施部分了。因此本节介绍如何将分层架构转化为代码结构，代码结构是层次结构在代码实现维度的映射。好的层次设计有助于设计代码结构，好的代码结构设计更容易让人对整体软件架构有清晰的理解。下面就来逐层介绍代码结构。

用户接口层（UserInterface）的代码结构包括 Assembler、DTO 和 Facade 三部分内容，如图 2-27 所示。

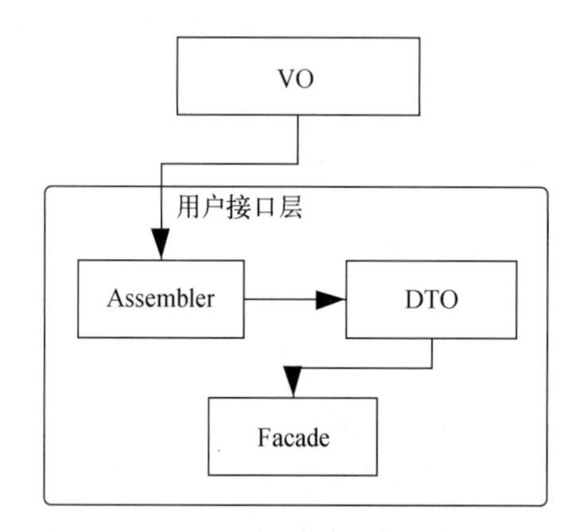

图 2-27　用户接口层代码结构

顺着箭头所指的方向从上往下看图 2-27，展示层的 VO（ViewObject）传入到用户接口层后，先通过 Assembler 转换为 DTO，再由 Facade 往下传递。下面分别介绍一下用户接口层代码结构的三部分组成内容。

- **Assembler**：起格式转换的作用。传入用户接口层的数据和用户接口层中的数据，格式有可能是不一样的。例如展示层提交了一个表单，我们称之为 VO（View Object，视图对象），这个 VO 传入用户接口层之后需要经过 Assembler 转换，形成用户接口层能够识别的 DTO 格式的数据。
- **DTO（Data Transfer Object，数据传输对象）**：它是用户接口层数据传输的载体，不包含业务逻辑，由 Assembler 转换而得。DTO 可以将用户接口层与外界隔离。
- **Facade**：门面，是服务提供给外界系统的接口，也是调用领域服务的入口。Facade 提供较粗粒度的调用接口，通常不包含业务逻辑，只是将用户请求转交给应用服务进行处理。一般地，提供 API 服务的 Controller 就是一个 Facade。

根据代码结构的思路，如图 2-28 所示，代码目录中处在最上层的是 `userinterface`，它下面分别是 assembler、dto 和 facade 目录。

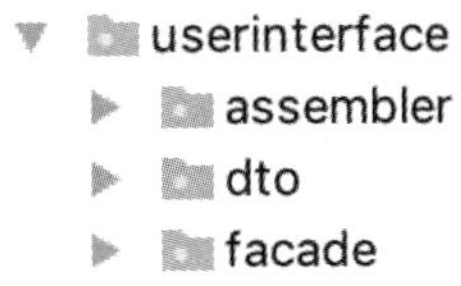

```
▼ userinterface
    ▶ assembler
    ▶ dto
    ▶ facade
```

图 2-28 用户接口层代码目录

应用层的代码结构由 Command、Application Service 和 Event 组成，如图 2-29 所示。

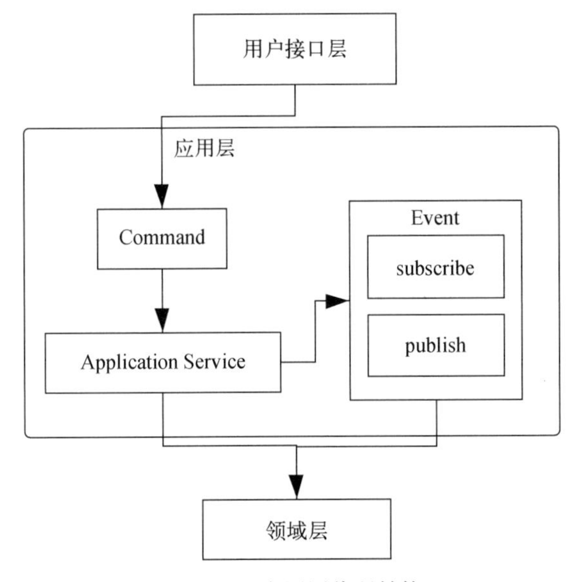

图 2-29 应用层代码结构

同样是顺着箭头所指的方向从上往下看图 2-29，用户接口层传入的消息先转换成 Command，然后交给 Application Service 做处理。Application Service 负责连接领域层，调用领域服务、聚合（根）等领域对象，对业务逻辑进行编排和组装。同时，Application Service 还协助领域层订阅和发布 Event。下面分别介绍一下应用层代码结构的三部分组成内容。

- Command：命令，可以理解为用户所做的操作，例如下订单、支付等，是应用服务的传入参数。
- Application Service：应用服务，会调用和封装领域层的 Aggregate、Service、Entity、Repository、Factory。其主要实现组合和编排，本身不实现业务，只对业务进行组合。
- Event：事件，这里主要存放事件相关的代码，负责事件的订阅和发布。事件的发起和响应则放在领域层处理。如果用订报纸来举例，那么应用层的 Event 负责的是订阅报纸和联系发布报纸，阅读订阅的报纸和发布报纸的具体工作则由领域层的 Event 完成。

应用层的代码目录如图 2-30 所示，处在最上面的是 application 目录，它下面包括 command、event（publish、subscribe）和 service 目录。

图 2-30　应用层代码目录

领域层的代码结构包括一个或者多个 Aggregate(聚合)。每个 Aggregate 又包括 Entity、Event、Repository、Service、Factory 等，这些领域模型共同完成核心业务逻辑。领域层的代码结构如图 2-31 所示。

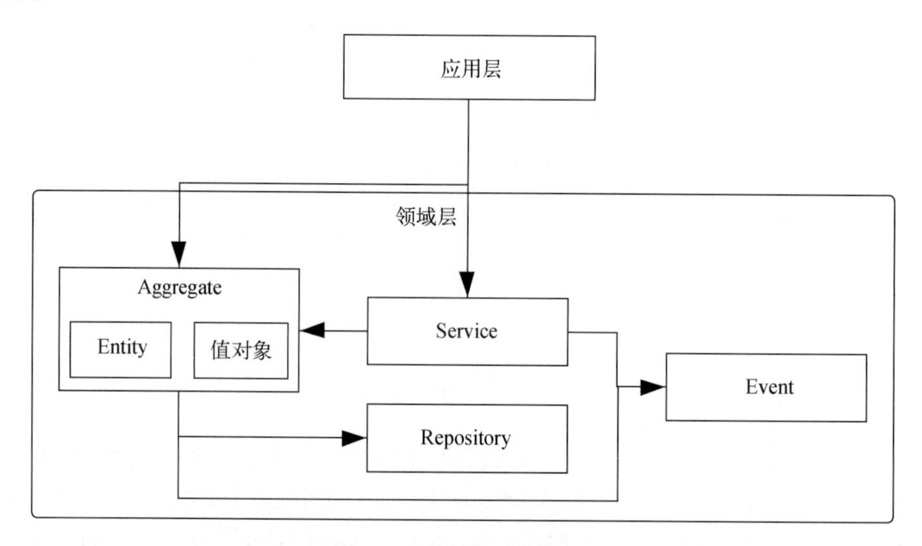

图 2-31　领域层代码结构

由图 2-31 可以看出，应用层依赖于领域层中的 Aggregate 和 Service。Aggregate 中包含 Entity 和值对象。Service 会对领域对象进行组合，完成复杂的业务逻辑。Aggregate 中的方法和 Service 中的动作都会产生 Event。所有领域对象的持久化和查询都由 Repository 实现。下面分别介绍一下领域层代码结构的组成内容。

- Aggregate：聚合，聚合的根目录通常由一个实体的名字来表示，例如订单、商品。由于聚合定义了服务内部的逻辑边界，因此聚合中的实体、值对象、方法都围绕某一个逻辑功能展开，例如订单聚合包括订单项信息、下单方法、修改订单的方法和付款方法等，其主要目的是实现业务的高内聚。由于一个服务由多个聚合组成，因此服务的拆分和扩容都可以根据聚合重新编排。如图 2-32 所示，当服务 1 中的聚合 C 成为业务瓶颈时，可以将其扩展到服务 3 中。又或者由于业务重组，聚合 A 可以从服务 1 迁移到服务 2 中。

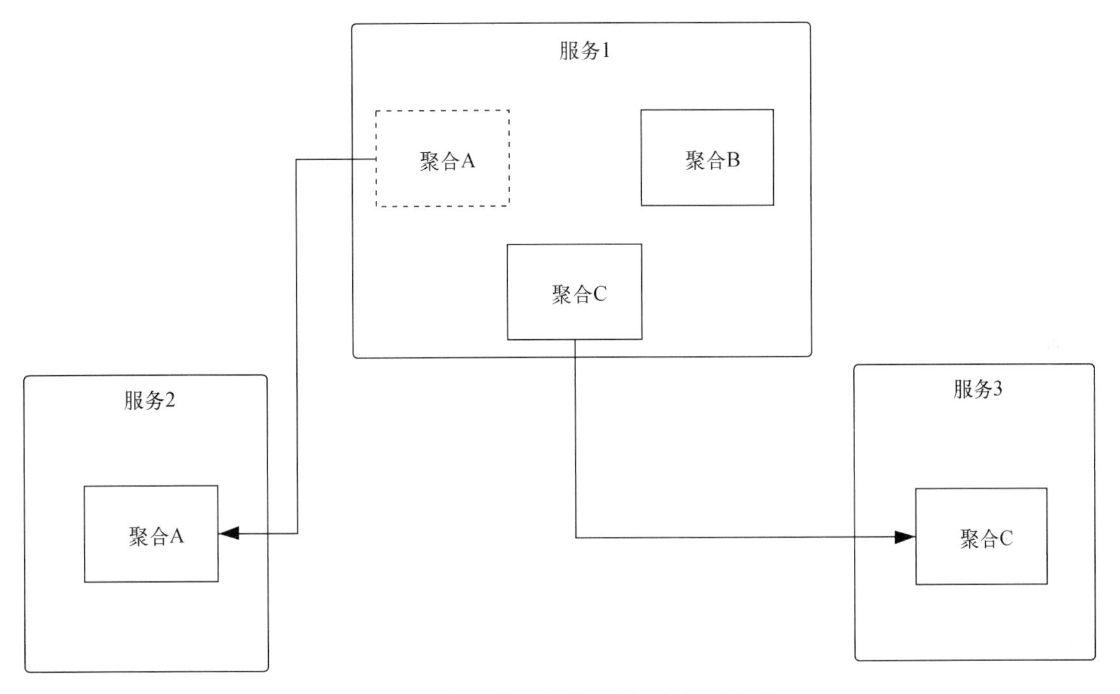

图 2-32 聚合的代码结构方便服务扩展和重组

- Entity：实体，包括业务字段和业务方法。跨实体的业务逻辑代码则可以放到 Service 中。
- Event：领域事件，包括与业务活动相关的逻辑代码，例如订单已创建、订单已付款。作为负责聚合间沟通的工具，Event 需要实现发送和监听事件的功能。建议将监听事件的代码单独存放在 listener 目录中。
- Service：领域服务，包括需要由一个或者多个实体共同完成的服务，或者需要调用外部服务完成的功能，例如订单系统需要调用外部的支付服务来完成支付操作。如果 Service 的业务逻辑比较复杂，可以针对每个 Service 分别设计类，遇到需要调用外部系统的地方最好采用代理类来实现，以做到最大程度的解耦。
- Repository：仓库，其作用是持久化对象。针对数据的操作都放在这里，主要是读取和查询。一般来说，一个 Aggregate 对应一个 Repository。

领域层的代码目录如图 2-33 所示，处在最上面的是 `domain` 目录，它下面可以存放多个 aggregate 目录，其命名可以根据业务来定义。每个 aggregate 目录下面存放着 entity、event、repository、service 目录，分别代表实体、领域事件、仓库和服务。

基础层的代码结构主要包括工具、算法、缓存、网关以及一些基础通用类。这层的目录存放比较随意，根据具体情况具体决定。这里也不做具体的规定，仅给出一个例子以供参考，如图2-34所示。最上面是 infrastructure 目录，它下面存放着 config 和 util 文件夹，分别存放与配置和工具相关的代码。2.5.6节会根据业务场景再加入一些其他目录。

图2-33　领域层代码目录　　图2-34　基础层代码目录

至此，就聊完了各层的代码结构和代码目录。这里总结一下，如图2-35所示。

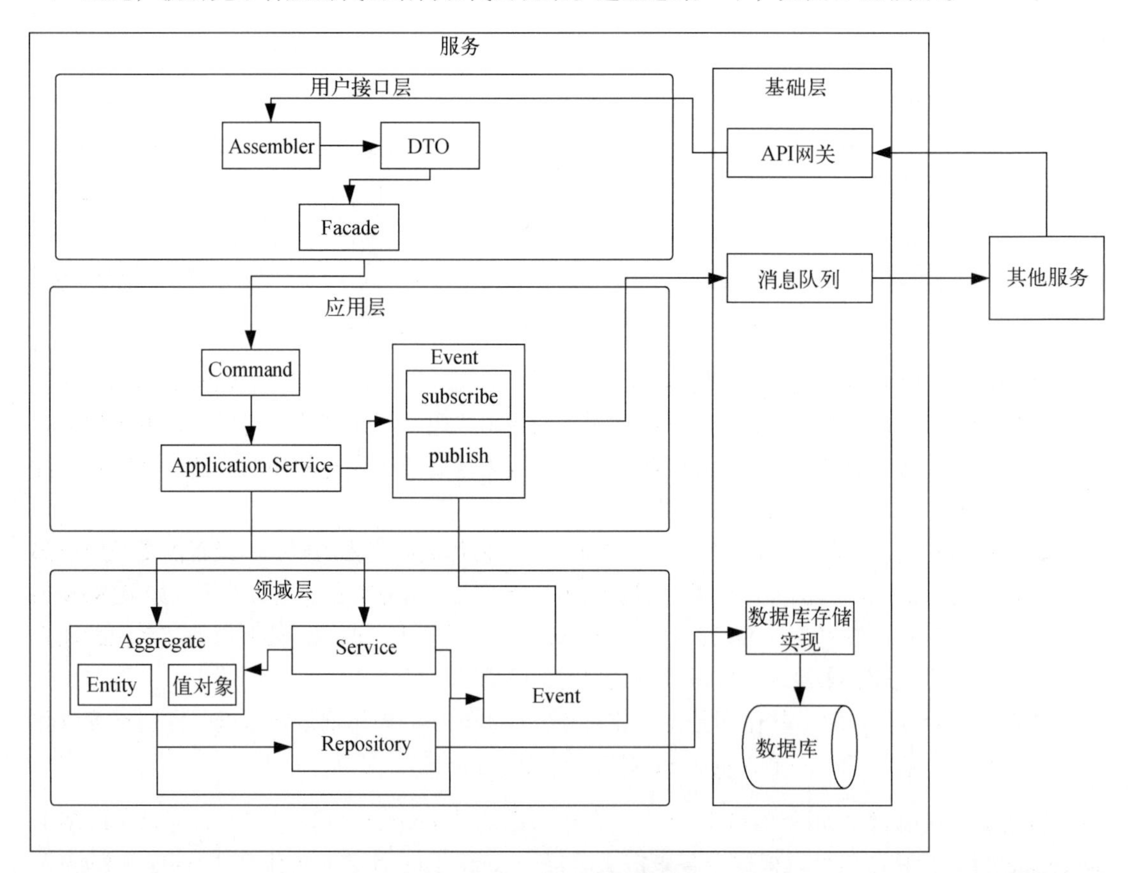

图2-35　分层代码结构图

图 2-35 中最右边的其他服务通过基础层中的 API 网关，将信息传入用户接口层。传入的信息先通过 Assembler 转换成 DTO 对象，再传给 Facade。Facade 负责把信息传递给应用层，信息以命令的形式被传递给 Application Service。Application Service 会组合领域层中的 Aggregate 和 Service。领域层中的 Entity 和值对象，配合 Aggregate 和 Service 完成业务逻辑，并且通过 Repository 将 Entity 和值对象存储到数据库中。领域层中的 Event 会根据业务的发生，获取事件信息，通过应用层中 Event 里的订阅和发布，与其他服务进行通信。

最后，图 2-36 给出了所有代码目录组成的一张大图，分为四层，每层再根据自己的功能做进一步拆分。

图 2-36 分层后的代码目录

2.5.6 代码分层示例

2.5.5 节讲了如何把架构分层映射到代码结构，每层根据不同的功能分别需要做哪些实现。本节举一个例子，将代码落地。先介绍业务背景，我们要实现一个创建订单的功能，其中每个订单都有多个订单项，每个订单项分别对应一个产品，产品有对应的价格；可以根据订单项和订单的价格计算订单总价，针对每个订单设置对应的送单地址。接下来具体实现这个小业务的聚合代码架构。

图 2-37 从实体、事件和命令三个维度对上一段中的业务进行了切分。该业务涉及订单、订单项、地址、订单状态、产品实体。围绕这些实体，有订单已创建、订单地址已修改、订单已支付、订单项已创建、产品已修改事件。每个事件都有一个命令与之对应，分别是创建订单、修改订单地址、支付订单、创建订单项、修改产品。

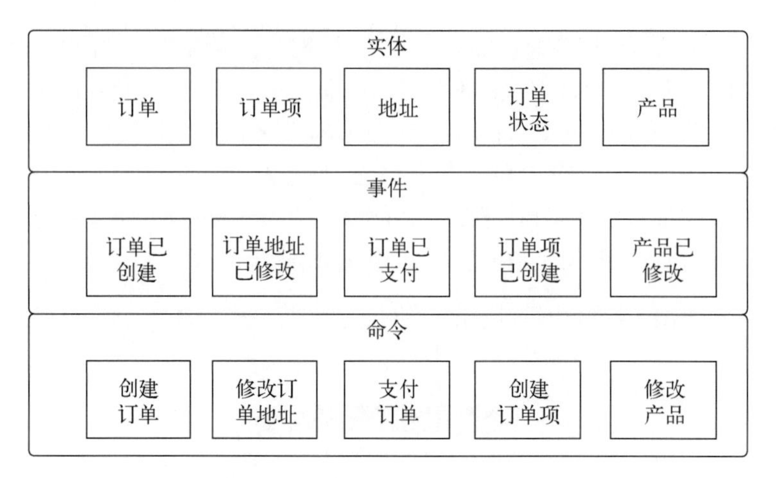

图 2-37　从三个维度切分订单业务

可以看出，订单业务是围绕订单展开的，实体、事件、命令中都涉及订单相关的内容。按照这个思路，可以画出订单与其他领域对象的关系，如图 2-38 所示。

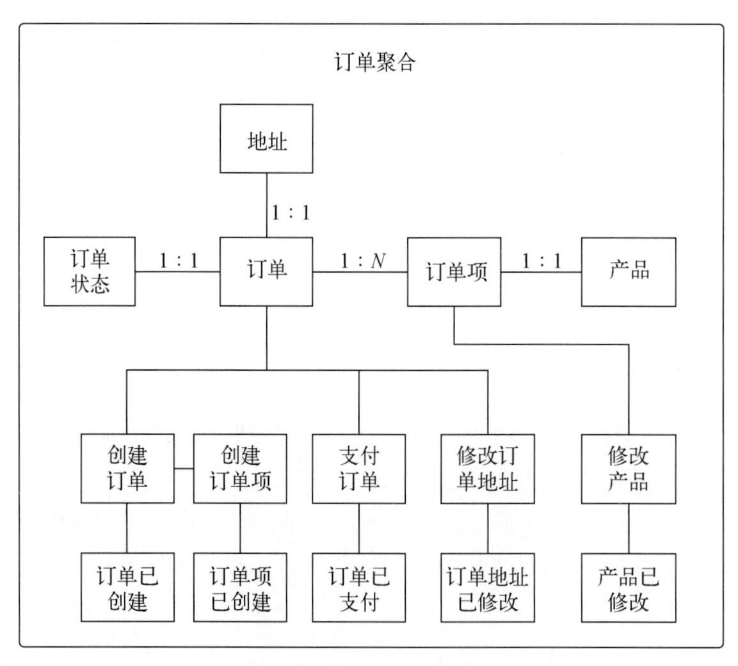

图 2-38　订单聚合关系图

在图 2-38 中，一个订单包含 N 个订单项，一个订单项对应一个产品。此外，订单还包含地址和订单状态信息，它们之间都是 1 对 1 的关系。订单中包含创建订单（项）、支付订单、修改订单地址的命令，这些命令可以理解为实体类中的方法。这三个命令分别对应三个事件：订单（项）

已创建、订单已支付、订单地址已修改。订单项作为订单的一部分，对应修改产品的命令和产品已修改的事件。

分析完聚合，会发现整个聚合都是围绕订单展开的，因此可以将订单作为这个聚合的聚合根。对图 2-38 进行进一步的拆解，就产生了具体的类、属性和方法，即图 2-39。其中主要描述了领域层中的领域对象（订单、订单项、地址、订单状态），以及对应的领域事件（如订单已创建、订单项已创建、订单已支付、订单地址已修改、产品已修改），还有订单仓库和订单服务。后几列分别对这些内容定义了对象类型、包名、类名、属性和方法名。

层	领域对象	对象类型	包名	类名	属性	方法名
领域层	订单	聚合根	com.ddd.order.domain.order.entity	Order	ID Items（订单项） TotalPrice（总价格） Status（订单状态） Address（订单地址）	Create（创建订单） Pay（支付订单） ChangeAddressDetail（修改订单地址） CalculateTotalPrice（计算总价
	订单项	实体	com.ddd.order.domain.order.entity	OrderItem	ProductId（产品ID） Count（产品数量） ItemPrice（单价）	Create（创建订单项） ChangeProduct（修改产品）
	地址	值对象	com.ddd.order.domain.order.entity	Address	Province（省） City（市） Detail（详细地址）	ChangeDetailTo（需改详细地址） Equals（比对地址）
	订单状态	值对象	com.ddd.order.domain.order.entity	OrderStatus	枚举 CREATED（已经创建） PAID（已经支付）	
	订单已创建	事件	com.ddd.order.domain.order.event	OrderCreatedEvent	Price（价格） Address（地址） Items（订单项）	OrderCreatedEvent
	订单项已创建	事件	com.ddd.order.domain.order.event	OrderItemEvent	ProductId（产品ID） Count（产品数量） ItemPrice（单价）	OrderItemEvent
	订单已支付	事件	com.ddd.order.domain.order.event	OrderPaidEvent	OrderID（订单ID）	OrderPaidEvent
	订单地址已修改	事件	com.ddd.order.domain.order.event	OrderAddressChangedEve	OldAddress（老地址） NewAddress（新地址）	OrderAddressChangedEvent
	产品已修改	事件	com.ddd.order.domain.order.event	OrderProductChangedEve	ProductID（产品ID） OriginCount（原始的个数） NewCount（修改后的个数）	OrderProductChangedEvent
	订单仓库	仓库接口	com.ddd.order.domain.order.repository	OrderRepository		SaveOrder（保存订单） RetrieveOrder（获取订单）
	订单服务	领域服务	com.ddd.order.domain.order.service	OrderPaymentService		Pay（调用外部服务支付，并更新订单状态）

图 2-39 订单聚合在领域层的关系图

图 2-40 描述的是应用层的关系图。应用层主要实现订单服务，这个服务中需要定义三个属性，分别如下。

- OrderRepository：订单仓库，用于获取订单仓库的数据库接口。一般来说，主要的业务逻辑会在领域层中的聚合根和领域服务中完成，应用层是不会直接操作数据库的，但在有些情况下是可以操作的。例如通过订单 ID 获取订单信息，或者将订单实体直接保存到数据库中。这些操作并不包含复杂业务，如果交由领域层处理，将会导致操作烦琐，因此要放在应用层完成。
- OrderFactory：订单工厂，用来生成聚合根或者领域对象。本例中的 Order 对象就是由 OrderFactory 产生，然后投入使用的。
- OrderPaymentService：支付服务，这是一个用来完成支付功能的领域服务。

除了订单服务，图 2-40 中其他 5 个命令的作用都是作为订单服务的输入，这在后面的代码调用过程中会详细介绍。

层	领域对象	对象类型	包名	类名	属性	方法名
应用层	创建订单	命令	com.ddd.order.application.command	CreateOrderCommand	Items（订单项） Address（订单地址）	
	创建订单项	命令	com.ddd.order.application.command	OrderItemCommand	ProductID（产品ID） Count（产品数量） ItemPrice（产品单价）	
	支付订单	命令	com.ddd.order.application.command	PayOrderCommand	PaidPrice（支付金额）	
	修改订单地址	命令	com.ddd.order.application.command	ChangeAddressDetailCommand	Address（修改地址）	
	修改产品	命令	com.ddd.order.application.command	ChangeProductCommand	ProductID（产品ID）	
	订单服务	应用服务	com.ddd.order.application.service	OrderApplicationService	OrderRepository（订单仓库） OrderFactory（订单工厂） OrderPaymentService（支付服务）	CreateOrder（创建订单） Pay（支付订单） ChangeProduct（修改产品） ChangeAddress（修改订单地址）

图 2-40　订单聚合在应用层的关系图

领域层和应用层是代码的主要组成部分，用户接口层和基础层的代码则比较简单。订单业务的完整代码目录见图 2-41。其中 userinterface 文件夹下面就是用户接口层的内容，这里比较简单，是一个 Web API 的 controller，负责对外提供访问接口，由于没有对象转换，所以 assembler 和 dto 文件夹是空的。infrastructure 目录里面存放的是基础层的内容。由于需要定义聚合根，因此 aggregate 目录中存放的是聚合的基础类。event 目录中存放的是事件相关的基础类。同样，exception 目录存放针对异常定义的基础类，jackson 目录存放针对序列化、反序列化的基础类，repository 目录存放数据仓库的基础类。

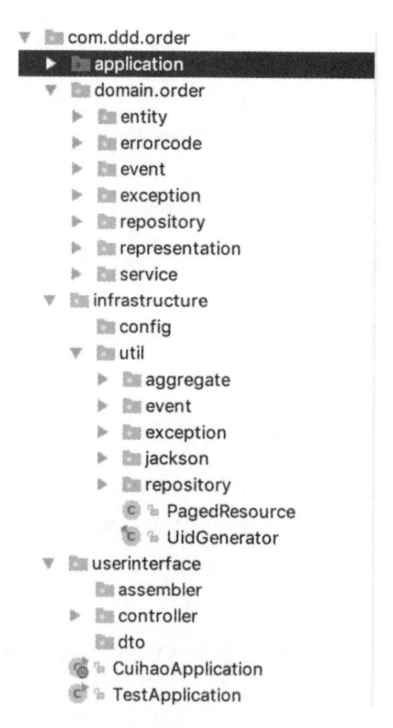

图 2-41　订单业务的代码目录全貌

到现在，我相信大家知道如何将分层结构落地到代码层面了。这里再通过一个调用过程介绍一下这些代码是如何协作的。图 2-42 描述了如何用代码创建订单，这里对调用过程做了最大程度的简化，尽量让每层调用都清晰化。数据库存储和事件发送属于基础层完成的部分，由于篇幅关系，这里不具体实现。

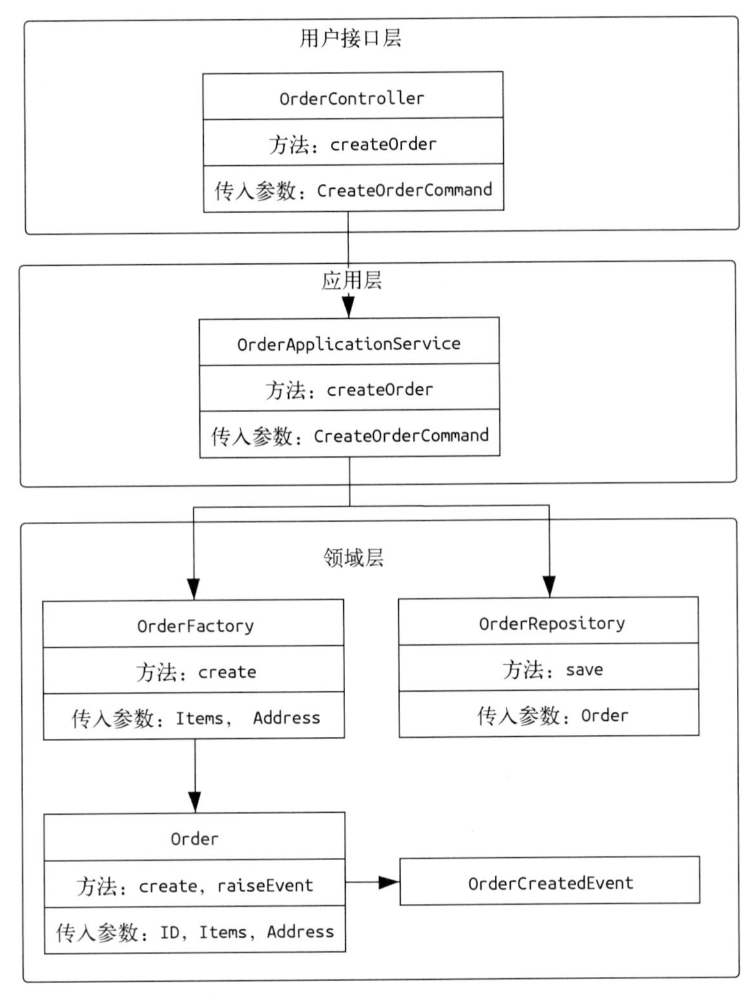

图 2-42 创建订单代码流程

首先，请求由用户接口层传入，由于是创建订单操作，所以会把 CreateOrderCommand 命令作为参数传入 OrderController 类中。接收到该命令以后，用户接口层会调用应用层中的 OrderApplicationService，其中的 createOrder 方法会分别调用领域层的 OrderFactory 和 OrderRepository。OrderFactory 的 create 方法可以生成聚合根 Order，然后调用 Order 中的 create 方法生成订单。之后 Order 会调用 raiseEvent 方法向其他服务发送 OrderCreatedEvent，以通知其他服务订单已创建。createOrder 会调用 OrderRepository 中的 save 方法，传入参数是 Order，将 Order 保存到数据库中。

从图 2-43 可以看出，应用层中的服务只负责生成聚合根 `Order`，然后将其保存下来。

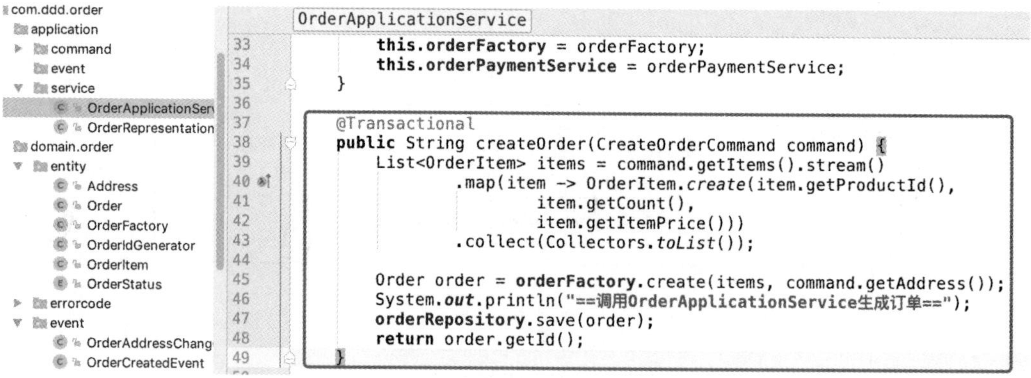

```
com.ddd.order
  application
    command
    event
    service
      OrderApplicationSer
      OrderRepresentation
  domain.order
    entity
      Address
      Order
      OrderFactory
      OrderIdGenerator
      OrderItem
      OrderStatus
    errorcode
    event
      OrderAddressChang
      OrderCreatedEvent
```

```java
OrderApplicationService
33          this.orderFactory = orderFactory;
34          this.orderPaymentService = orderPaymentService;
35      }
36
37      @Transactional
38      public String createOrder(CreateOrderCommand command) {
39          List<OrderItem> items = command.getItems().stream()
40                  .map(item -> OrderItem.create(item.getProductId(),
41                          item.getCount(),
42                          item.getItemPrice()))
43                  .collect(Collectors.toList());
44
45          Order order = orderFactory.create(items, command.getAddress());
46          System.out.println("==调用OrderApplicationService生成订单==");
47          orderRepository.save(order);
48          return order.getId();
49      }
```

图 2-43　应用层服务调用领域层方法生成订单并保存

而从图 2-44 可以看出，在领域层的聚合根 `Order` 中，是通过 `create` 方法创建订单的，在订单生成以后才通过 `raiseCreatedEvent` 发送消息。

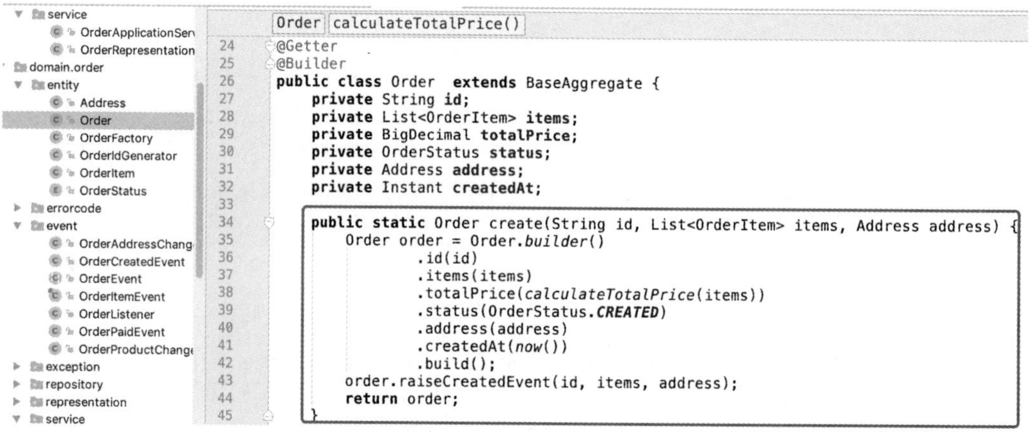

```
    service
      OrderApplicationSer
      OrderRepresentation
  domain.order
    entity
      Address
      Order
      OrderFactory
      OrderIdGenerator
      OrderItem
      OrderStatus
    errorcode
    event
      OrderAddressChang
      OrderCreatedEvent
      OrderEvent
      OrderItemEvent
      OrderListener
      OrderPaidEvent
      OrderProductChange
    exception
    repository
    representation
    service
```

```java
Order  calculateTotalPrice()
24  @Getter
25  @Builder
26  public class Order  extends BaseAggregate {
27      private String id;
28      private List<OrderItem> items;
29      private BigDecimal totalPrice;
30      private OrderStatus status;
31      private Address address;
32      private Instant createdAt;
33
34      public static Order create(String id, List<OrderItem> items, Address address) {
35          Order order = Order.builder()
36                  .id(id)
37                  .items(items)
38                  .totalPrice(calculateTotalPrice(items))
39                  .status(OrderStatus.CREATED)
40                  .address(address)
41                  .createdAt(now())
42                  .build();
43          order.raiseCreatedEvent(id, items, address);
44          return order;
45      }
```

图 2-44　领域层聚合根创建订单

2.6　总结

本章从分布式应用服务的拆分开始，讲述了领域驱动设计的拆分思路和领域模型的结构。说明了应用服务的拆分过程，即业务需求分析、领域知识抽取，以及建立架构。沿着这个拆分过程，分别从领域驱动设计中的模型结构、业务需求拆分流程、架构分层设计三个方面讲述了在分布式系统中如何拆分应用服务的整个过程。既然对应用服务进行了拆分，也就形成了分布式系统中应用分离的状态，给后面章节介绍服务之间的调用、协调打下了基础。

第 3 章

分布式调用

上一章介绍了分布式系统中的应用服务是如何拆分的，那么拆分后的服务之间如何调用和通信呢？这就是这章将要介绍的内容。服务和应用的调用基于场景的不同会分为几种情况，系统外的客户端调用系统内的服务时需要通过反向代理和负载均衡的方式；系统架构内部服务之间的调用需要通过 API 网关；服务之间的互相感知需要用到服务注册与发现；服务之间的通信会使用 RPC 架构，我们会介绍 RPC 的核心原理以及 Netty 的最佳实践。本章是按照请求从外到内、从大到小的顺序来介绍的。我们将上述这些技术总结为以下几点。

- 负载均衡
- API 网关
- 服务注册与发现
- 服务间的远程调用

3.1 负载均衡

分布式系统的拆分就是用更低的成本支撑更大的访问量，用更廉价的服务器集群替代性能强劲的单体服务器。因为单个服务器无论如何优化，总会达到性能的瓶颈，随着业务量的扩大自然需要更多服务器作为支持。这也就是我们所说的服务器集群，用来提升系统整体的处理性能。高性能集群的本质是将同一个服务扩展到不同的机器上，每次请求该服务时选其中一台服务器提供响应，也就是说这个请求无论在哪台服务器上执行，都能得到相同的响应。因此高性能集群的设计主要体现在请求分配上，说白了就是将请求按照一定规则分配到不同的服务器上执行，我们把这个分配过程叫作负载均衡，完成负载均衡的组件或者应用叫作负载均衡器。根据使用场景的不同，还可将负载均衡分为 DNS 负载均衡、硬件负载均衡和软件负载均衡。同时需要注意负载均衡并非将请求“平均”分配，在分配时需要考虑策略，例如按照服务器负载进行分配、按照服务器性能进行分配、按照业务进行分配，这些分配规则就是负载均衡算法。下面展开讲解负载均衡的分类和算法。

3.1.1　负载均衡分类

以客户端请求应用服务器为例，如图 3-1 所示，客户端会将请求的 URL 发送给 DNS 服务器，DNS 服务器根据用户所处的网络区域选择最近机房为其提供服务，这个选择过程就是 DNS 负载均衡。每个网络区域都会存在一个或者多个服务器集群，这里会通过硬件负载均衡器（例如 F5）将请求负载均衡到具体的服务器集群，这个过程就是硬件负载均衡。最后，在集群内通过 Nginx 这样的软件负载均衡器将请求分配到对应的应用服务器，就完成了整个负载均衡的过程。在这三类负载均衡中，软件负载均衡是我们接触最多的，其他两类只有在特定的场景下才会存在，下面我们逐一介绍。

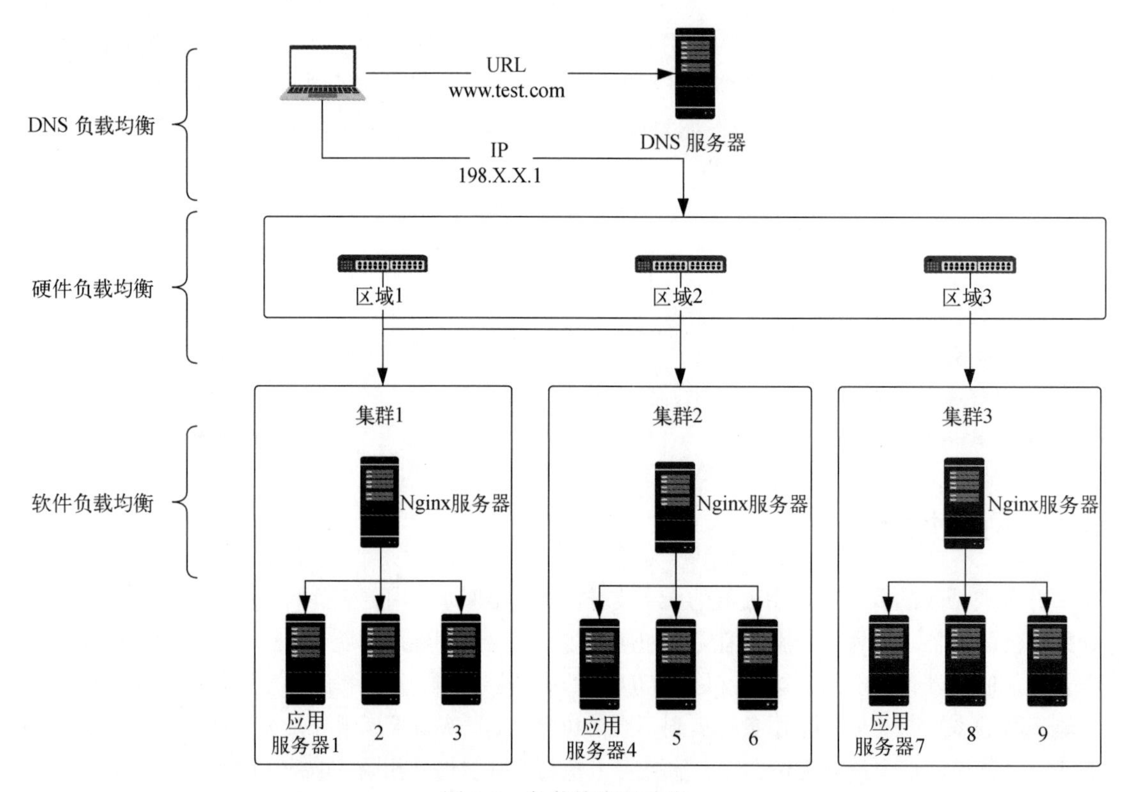

图 3-1　负载均衡的分类

1. DNS 负载均衡

DNS（Domain Name System，域名系统）是互联网的一项服务。它将域名和 IP 地址的相互映射保存在一个分布式数据库中，使人们能够更方便地访问互联网。DNS 服务器用来实现区域级别的负载均衡。例如使华北用户访问华北机房的服务器、使华中用户访问华中机房的服务器，本质是通过 DNS 服务器再解析 URL 以后，返回对应机房的入口 IP 地址。

大型网站或者应用会将自己的服务器部署在不同区域，此时就需要用到 DNS 负载均衡。其成本相对较低，由于将负载均衡工作交给 DNS 服务器完成，因此不需要开发者完成负载均衡的开发和维护工作。同时用户能够就近访问所在区域的服务器，大大提升了请求与响应的速度。不过这种方式也有不足之处，由于负载均衡工作依赖于 DNS 服务器的缓存，如果修改 DNS 配置后，缓存没有立刻刷新，用户就可能继续访问修改前的 IP，这样便达不到负载均衡的目的，并且 DNS 负载均衡算法相对较少，不能根据负载、响应、业务等选择相应的均衡算法。

2. 硬件负载均衡

硬件负载均衡顾名思义就是通过硬件设备来实现负载均衡功能。如图 3-2 所示，硬件负载均衡器和路由器、交换机一样，作为基础的网络设备，架设在服务器集群之上，客户端通过它们与集群中的服务器实现交互。硬件负载均衡器所处的位置决定了其能够比 DNS 负载均衡器支持更多的负载均衡算法，比软件负载均衡器拥有更高的并发量，如果 Nginx 可以支持 5 万~10 万的并发量，硬件负载均衡器就可以支持 100 万以上的并发量。同时作为硬件负载均衡设备，硬件负载均衡器经过了严格测试，从而拥有更高的稳定性，还具备防火墙、防 DoS 攻击等安全功能。不过硬件负载均衡器的缺点也比较明显，就是贵，因此一般业务发展到一定规模时才会用到它。目前比较流行的硬件负载均衡器有 NetScaler、F5、Radware、Array 等产品。

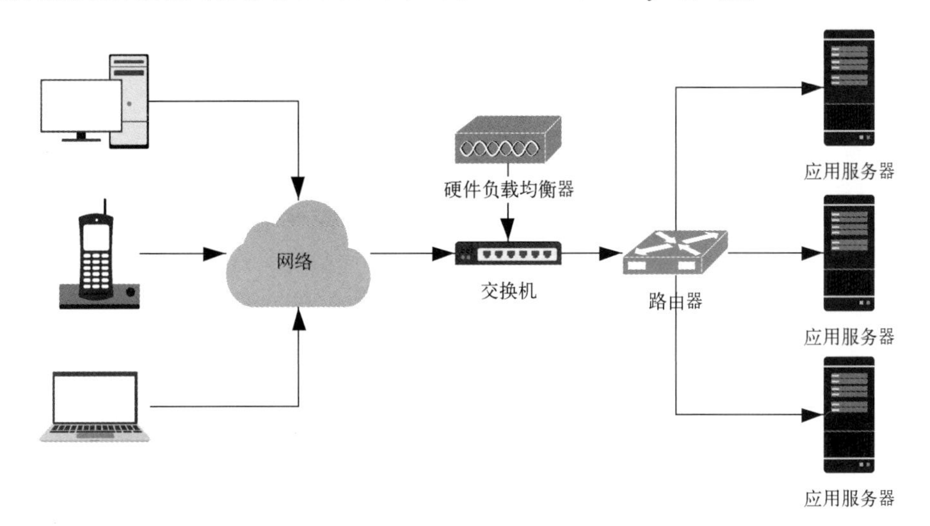

图 3-2 硬件负载均衡器

硬件负载均衡器常在大企业使用，下面我们以 F5 公司的 F5 BIG-IP 产品为例给大家介绍其三大类功能。下面简称 F5 BIG-IP 为 F5，实际上它是一个经过集成的结局方案。

- ***多链路负载均衡***

关键业务都需要安排和配置多条 ISP（网络服务供应商）接入链路来保证网络服务的可靠性。

如图 3-3 所示，为了保证业务的稳定，选择 ISP A 和 ISP B 同时提供服务。此时如果某个 ISP 停止服务或者服务异常了，就可以用另一个 ISP 替代其服务，提高了网络的可用性。但不同 ISP 的自治域不同，因此需要考虑两种情况：INBOUND 和 OUTBOUND。

- INBOUND：来自网络的请求信息。F5 分别绑定两个 ISP 的公网地址，解析来自两个 ISP 的 DNS 解析请求。

  F5 可以根据服务器状况和响应情况对 DNS 请求进行发送，也可以通过多条链路分别建立多个 DNS 连接。

- OUTBOUND：返回给请求者的应答信息。F5 既可以将流量分配到不同的网络接口，并做源地址的 NAT（网络地址转换），即将 IP 地址转换为源请求地址；也可以采用接口地址自动映射，保证数据包返回时能够被源头正确接收。

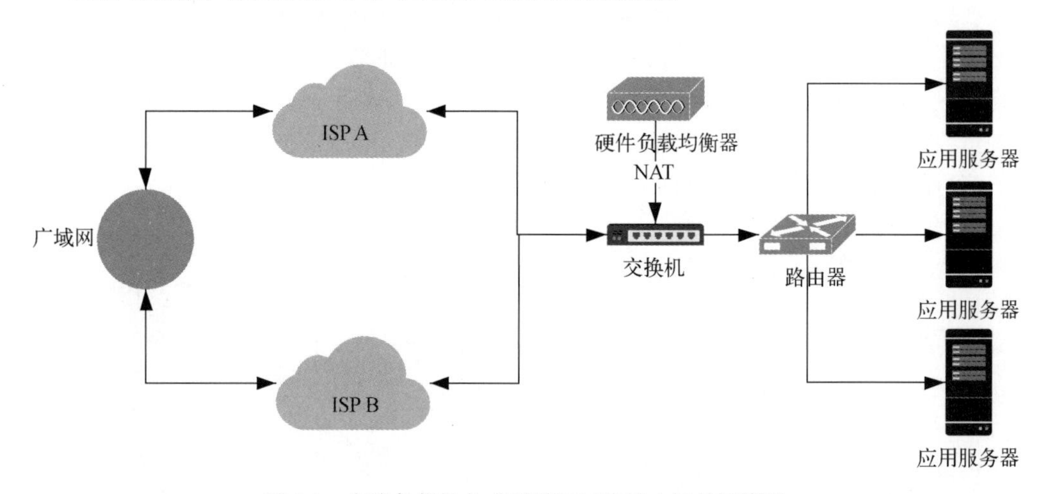

图 3-3　多路负载的方式增强了网络接入层的可靠性

- **防火墙负载均衡**

在大量网络请求面前，单一防火墙显得能力有限，而且防火墙本身是要求数据同进同出的，因此为了解决多防火墙负载均衡问题，F5 提出了防火墙负载均衡的防火墙“三明治”方案。

防火墙会监控用户会话的双向数据流，从而保证数据的合法性。如果采用多个防火墙进行负载均衡，可能会造成同一个用户会话的双向数据在多个防火墙上进行处理，在单个防火墙上却看不到完整用户会话的信息，因此误以为数据非法并抛弃数据。

在每个防火墙的两端都架设四层交换机，可以在完成流量分发的同时，维持用户会话的完整性，使属于同一用户的会话数据由一个防火墙来处理。这种场景下，就需要 F5 负载均衡器的协助才能完成转发。

如图 3-4 所示，F5 协助上述方案配置和实现后，会把交换机、防火墙、交换机夹在一起，看起来就好像三明治一样。

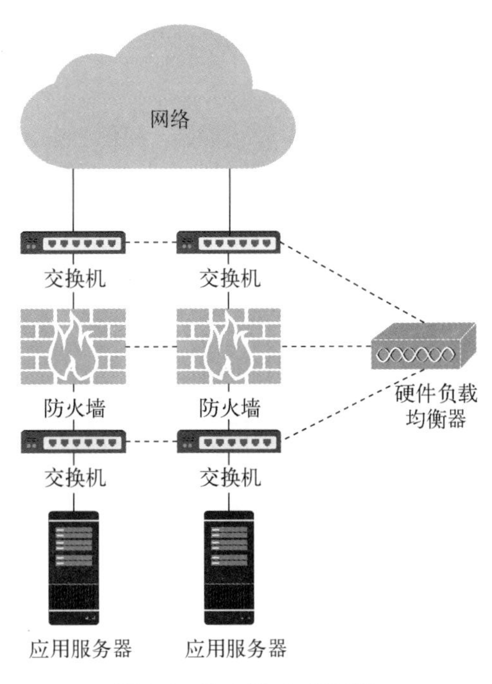

图 3-4 防火墙“三明治”

- **服务器负载均衡**

当硬件负载均衡器同时挂接多个应用服务器时，需要为这些服务器做负载均衡，根据规则将请求发送到对应的服务器。服务器负载均衡包括以下功能。

- 当同样的业务同时被部署在多个服务器上时，服务器负载均衡可以将用户请求根据规则路由到不同的服务器上。
- 可以在 F5 上对应用服务器进行配置并且实现负载均衡，F5 可以检查服务器的健康状态，如果发现某服务器故障，就将其从负载均衡组中移除。
- F5 对于外网有一个真实的 IP 地址，对于内网的每个应用服务器都会生成一个虚拟 IP 地址进行负载均衡和管理工作。因此，F5 能够为大量基于 TCP/IP 的网络应用提供服务器负载均衡服务。
- 根据服务类型的不同，定义不同的服务器群组。
- 根据不同服务端口将流量导向对应的服务器，甚至可以对 VIP 用户的请求进行特殊处理，把这类请求导入到高性能的服务器，使 VIP 用户得到最好的服务响应。
- 根据用户访问内容的不同，将流量导向指定服务器。

3. 软件负载均衡

说完硬件负载均衡，再来谈谈软件负载均衡。软件负载均衡是指在一台或多台服务器的操作系统上安装一个或多个软件来实现负载均衡。其优点是基于特定环境，配置简单，使用灵活，成本低廉，可以满足一般的负载均衡需求。

一般来说将软件负载均衡所在的这一层称作代理层，起承上启下的作用，上连接入层（硬件负载均衡），下接应用服务器。在代理层可以实现反向代理、负载均衡以及动态缓存与过滤的功能。

目前市面上比较流行的软件负载均衡器有 LVS、HAProxy、Ngnix。下面会给大家介绍软件负载均衡器可以实现的功能，使用 Nginx 作为例子给大家讲解。

- **反向代理和负载均衡**

一般来说，应用服务器与互联网之间会加一个反向代理服务器，它先接收用户的请求，然后将请求转发到内网的应用服务器，充当外网与内网之间的缓冲。反向代理服务器除了起到缓冲作用外，还起路由资源的作用。如图 3-5 所示，商品详情和订单操作经过反向代理后，分别被路由到商品服务和订单服务，图中左边和右边的线段分别表示不同的路由途径。

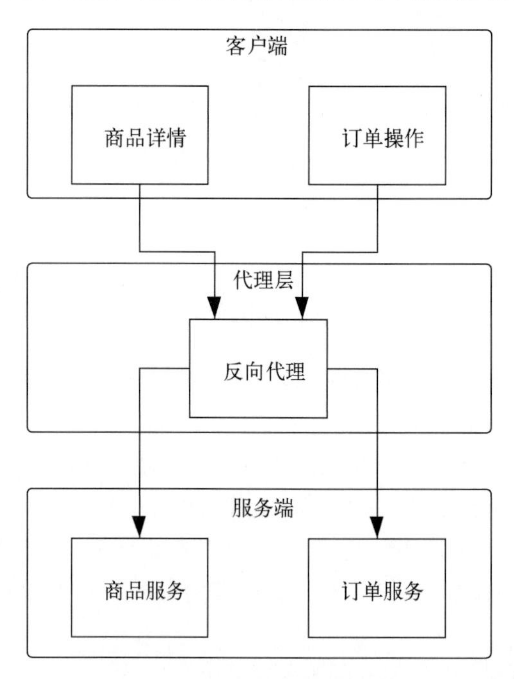

图 3-5　商品详情和订单操作被反向代理到不同的服务

顺着这个思路来想，代理层可以帮助请求找到对应的服务。但如果请求的数量特别巨大，那么一个服务是无法支撑的。这时需要对服务进行水平扩展，如图 3-6 所示，当订单操作的请求量增加以后，通过扩展订单服务的方式可以减轻单个订单服务的压力，假设同时存在两个订单服务，需要通过负载均衡的方式找到响应请求的服务。此时的软件负载均衡器不仅实现了反向代理功能，也实现了负载均衡的功能。前者对客户端与服务端进行了隔离，并且让客户端的请求找到对应的服务；后者针对水平扩展的多个服务进行负载均衡处理，将客户端请求有选择地分配到多个承载相同服务的服务器上。

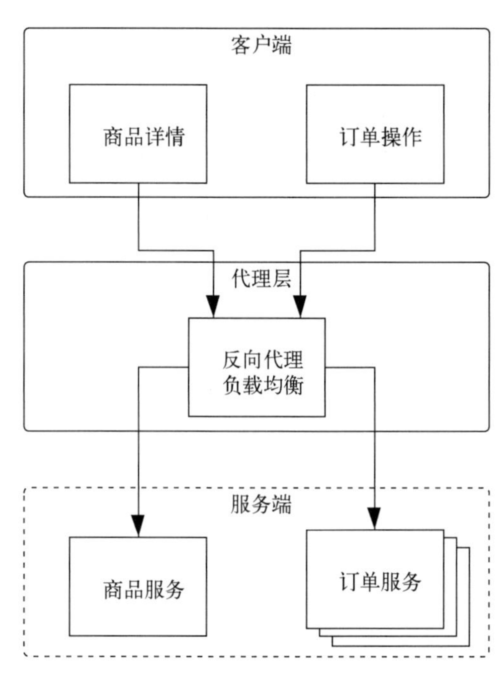

图 3-6　针对访问量比较大的订单操作，水平扩展订单服务，针对订单服务进行负载均衡

虽然软件负载均衡器能够承受大量来自客户端的请求，但连接数也是有上限的。以 Nginx 为例，单个进程允许的最大连接数为 `worker_connections`，具体数值依赖于 Linux 系统进程打开的最大文件数，其上限是 6 553 560（理论值）。进程数的配置一般和服务器 CPU 的核心数有关，假设服务器是双核 CPU，那么 `worker_processes` 会配置为 2。经过上面的假设，一台 Nginx 最大能够支持的并发量是 `worker_processes*worker_connections`。如下对于 Nginx 的配置，假设 CPU 是双核的，配置有两个进程，每个进程处理 15 000 个连接，那么 2×15 000 = 30 000 就是 Nginx 的并发量。Nginx 的配置代码如下：

```
worker_processes 2;
worker_cpu_affinity 01 10;
user nginx nginx;
events {
    use epoll;
    worker_connections 15000;
}
```

需要说明一下，上面计算出的结果基于提到的假设，仅供参考。实际并发量需要根据具体环境进行估算。

通过 Nginx 的负载均衡，处理“万级别”的并发请求应该不在话下。当遇到“百万级”的并发请求时，就需要使用硬件负载均衡配合软件负载均衡来完成了。通常会在“代理层”之上加入“接入层”，先利用类似 F5 的硬件负载均衡器承载大流量，然后在转给 Nginx 这样的软件负载均衡器。如图 3-7 所示，我们来看下硬件负载均衡与软件负载均衡如何配合使用。

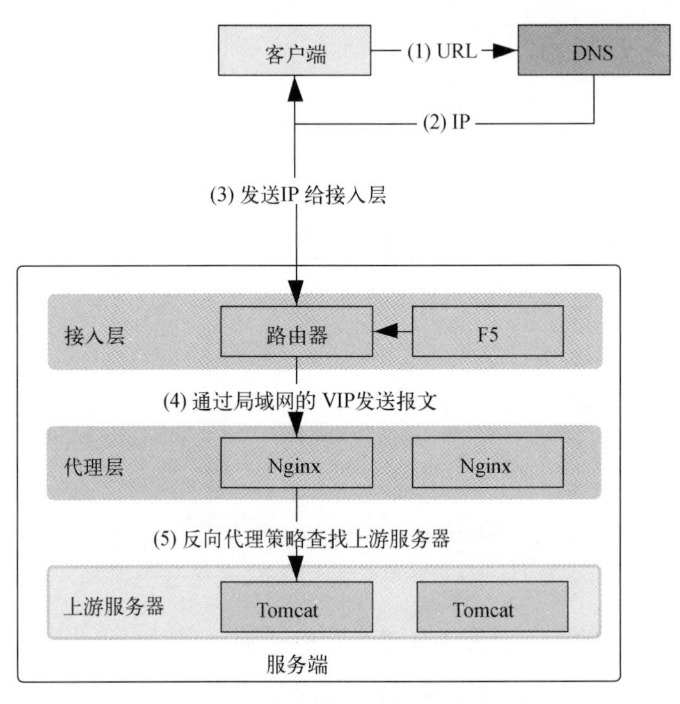

图 3-7　硬件负载均衡配合软件负载均衡使用

具体过程如下：

(1) 将客户端请求的 URL 发送给 DNS；

(2) DNS 将 URL 转化成对应的 IP 地址；

(3) 通过 IP 地址找到对应的服务器；

(4) 服务器接收到请求报文，并转交给接入层处理，接入层由于采用了硬件负载均衡器，所以能够扛住大数据量的访问；

(5) 接入层把请求报文再次转交给代理层，代理层的 Nginx 接收到报文根据反向代理的策略，将报文发送给上游服务器（应用服务器）。

- **动态缓存与过滤**

软件负载均衡位于系统的入口，流入分布式系统的请求都会经过这里，换句话说，相对整个系统而言，软件负载均衡是离客户端更近的地方，所以可以将一些不经常变化的数据放到这里作为缓存，降低用户请求访问应用服务器的频率。例如一些用户的基本信息，修改频率就不是很高，并且使用比较频繁，这些信息就可以放到缓存服务器 Redis 中，当用户请求这部分信息时通过软件负载均衡器直接返回给用户，这样就省去了调用应用服务器的环节，从而能够更快地响应用户。如图 3-8 所示，从接入层来的用户请求，通过 Nginx 代理层，按照如下几个步骤对数据进行访问。

(1) 用户请求首先通过 F5 访问 Nginx，如果请求需要获取的数据在 Nginx 本地缓存中有，就直接返回给用户。

(2) 如果没有命中 Nginx 缓存，则可以通过 Nginx 直接调用缓存服务器获取数据并返回。

(3) 如果缓存服务器中也不存在用户需要的数据，则需要回源到上游应用服务器并返回数据。

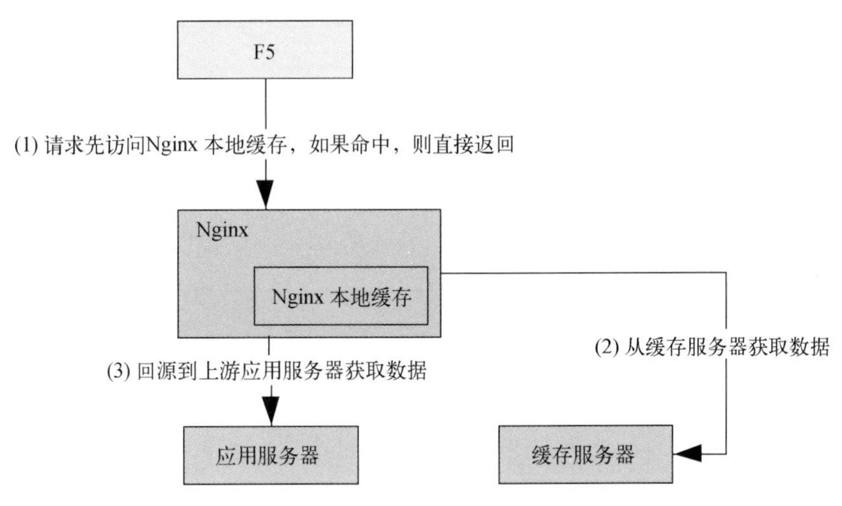

图 3-8 动态数据缓存调用方案

使用上图第 (3) 步的方案，无非可以减少调用步骤，因为应用服务有可能存在其他的调用、数据转换、网络传输成本，同时还包含一些业务逻辑和访问数据库操作，影响响应时间。从代理层调用的缓存数据有如下特点：

(1) 这类数据变化不是很频繁，例如用户信息；

(2) 业务逻辑简单，例如判断用户是否有资格参加秒杀活动、判断商品是否在秒杀活动范围内；

(3) 此类缓存数据需要专门的进程对其进行刷新，如果无法命中数据还是需要请求应用服务器。

实现这种方案一般需要加入少许的代码脚本。以 Nginx 为例，需要加入 Lua 脚本协助实现，针对 OpenResty Lua 的具体开发，这里不做展开。如图 3-9 所示的例子中描述的是从客户端传输 `userId`（用户 ID）到系统中查询用户信息，这些 `userId` 已经事先放到了 Redis 缓存中，表示这部分用户可以参与秒杀活动。在 Nginx 中对比用户请求的 `userId` 和缓存中存放的 `userId` 是否一致，如果一致就让其进行后续的访问，否则拒绝请求。这只是一个例子，在实际操作中这个 `userId` 可以是商品 ID，相应的操作是判断该商品是否为秒杀商品；也可以是用户访问的 IP 地址，通过看该地址是否在黑名单上来判断用户请求是否为恶意请求。

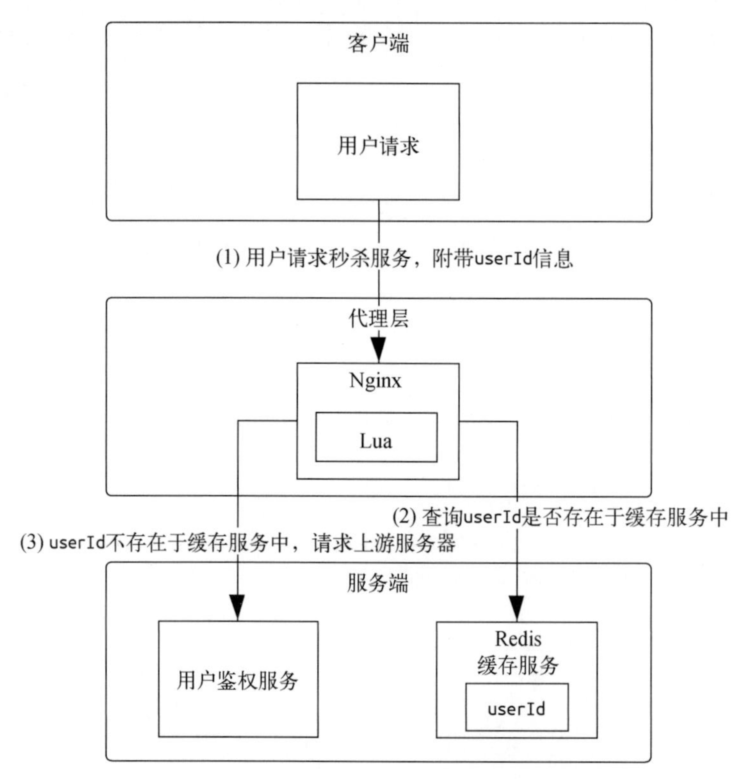

图 3-9　Nginx 动态缓存的例子

图 3-9 中的具体步骤如下。

(1) 用户请求秒杀服务时，会附带 `userId` 信息。

(2) 系统需要确认用户的身份和权限。Redis 事先缓存了用户的鉴权信息，于是先通过 Nginx 上的 Lua 脚本查询 Redis 缓存，如果能够获得 `userId` 的相关信息，就直接返回用户拥有的权限，进行后面的操作。

(3) 如果从缓存中获取不到 `userId` 的相关信息，就去请求上游的用户鉴权服务，之后再进行后面的业务流程。

现在用代码帮助大家理解上面的例子，最重要的是打开思路。上面提到了 Lua 脚本，这是一种轻量小巧的脚本语言，由标准 C 语言编写并以源代码形式开放，嵌入到 Nginx 中为其提供灵活的扩展和定制功能，负责调用 Redis 缓存和上游服务器的业务。接下来看一下 Lua 的具体实现和 Nginx 的配置。

先建立 Lua 脚本，其包括如下功能。

(1) 创建 Redis 连接，以 userId 为键读取 Redis 缓存中的信息，传入 userId 看其是否存在于 Redis 中。在 get_redis 函数中输入参数 userId，返回值 response 若不为空，则说明 userId 在 Redis 中。

(2) 关闭 Reids 连接。在 close_redis 函数中输入参数 redis 即可。

(3) 连接上游的应用服务器。在 get_http 函数中输入参数 userId，获取对应用户的访问权限。

具体的实现代码如下所示：

```
local redis = require("resty.redis")  ①
local cjson = require("cjson")  ②
local ngx_var = ngx.var  ③
local function get_redis(userId)  ④
local red = redis:new()  ⑤
red:set_timeout(2000)  ⑥
local ip = "192.168.1.1"  ⑦
local port = 8888  ⑧
local ok, err = red:connect(ip, port)  ⑨
local response, err = red:get(userId)  ⑩
close_redis(red)  ⑪
return response  ⑫
end
local userId = ngx_var.userId  ⑬
local content = get_redis(userId)  ⑭
if not content then
   content = get_http(userId)  ⑮
end
   return ngx_exit(404)
end
```

调用上述代码时，先由 Nginx 获取用户的 URL 请求，截取 userId 参数传给 Lua 脚本。然后 Lua 脚本建立与 Redis 的连接，查询 userId 是否在 Redis 缓存中。如果存在就直接返回结果，并继续后面的操作；如果不存在，则调用 get_http 函数请求上游的用户鉴权服务，最后调用 close_redis 函数关闭 Redis 的连接。

这里对上述代码做简单介绍。

① 引用 Lua 的 redis 模块。

② 引用 Lua 的 cjson 模块，用来实现 Lua 值与 Json 值之间的相互转换。

③ 定义 ngx_var，获取 Nginx 传入的请求参数。

④ 在 get_redis 函数中输入参数 userId，返回值为 response，其不为空说明 userId 对应的用户在 Redis 缓存中。

⑤ 新建 redis 对象。

⑥ 设置超时时间。

⑦ 设置 Redis 的 IP 地址。

⑧ 设置 Redis 的端口号。

⑨ 打开 Redis 连接。

⑩ 输入 userId 获取对应的值，并存放到 response 和 err 变量中。在 response 为空的情况下，可以返回 null，并且关闭 Redis 连接，此处代码并未详细给出。

⑪ 调用完毕 redis 对象后关闭 Redis 连接。

⑫ 返回 response。

⑬ 程序开始执行，首先从请求的参数变量中获取 userId，放到 Lua 本地变量中。

⑭ 调用 get_redis 函数，传入 userId，把返回的结果放到 content 中。

⑮ 如果 Redis 缓存中不存在 userId，就调用 get_http 函数请求上游的用户鉴权服务。

以上 Lua 脚本主要是通过 get_redis 函数传入 userId，再从 Redis 缓存中获取信息。将此脚本保存在 /usr/checkuserid.lua 下面。现在思考一个问题，这个 Lua 脚本是如何与 Nginx 合作的。假设用户通过一个 URL（http://XXX.XXX.XXX.XXX/userid/123）访问应用系统，其中传入的 userid 为 123。Nginx 配置代码如下所示，通过 location 配置的正则表达式 location ~ ^/userid(\d+)$ 实现与 Lua 命令 content_by_lua_file 的绑定，此命令后面的参数是 Lua 脚本存放的地址。这样传入 get_redis 函数的 userId 参数就是 123，于是 Lua 脚本中的 get_redis(userId) 就会执行之后的查找操作了。

```
location ~ ^/userid(\d+)$ {
    default_type 'text/html';
    charset utf-8;
    lua_code_cache on;
        set $userId $1;
    content_by_lua_file /usr/checkuserid.lua;
}
```

动态缓存方式除了缓存用户信息，还能起到过滤功效，可以过滤一些不满足条件的用户。注意，这里提到的用户信息的过滤和缓存只是一个例子。主要想表达的意思是可以将一些变化不频繁的数据提到代理层来缓存，提高响应效率，同时可以根据风控系统返回的信息，过滤疑似机器人的代码或者恶意请求，例如从固定 IP 发送来的、频率过高的请求。特别在秒杀场景中代理层可以识别来自秒杀系统的请求，如果请求中带有秒杀系统的参数，就要把此请求路由至秒杀系统的服务器集群，这样才能将其和正常的业务请求分割开。

3.1.2 负载均衡算法

说完了负载均衡的分类，再来看看负载均衡使用了哪些算法，这里以 Nginx 为例给大家介绍几种负载均衡算法。

- round-robin：**轮询算法**，是负载均衡默认使用的算法。说白了就是挨个查询上游服务器。在下述代码中，在 Nginx 配置的 `server` 中 `location` 指向了 `sampleservers`，其中的 `server` 定义了两台服务器，分别是 `192.168.1.1:8001` 和 `192.168.1.1:8002`，在请求时会轮换请求这两台服务器。轮询算法比较适合日常的系统，因为请求会均匀地分配到每个服务器上面。

```
http {
    upstream sampleservers{
        server 192.168.1.1:8001;
        server 192.168.1.2:8002;
    }
    server {
        listen 80;
        location / {
             proxy_pass http://sampleservers;
        }
    }
}
```

- weight：**权重算法**，给应用服务器设置权重值。`weight` 参数的默认取值为 1，其值越大，代表服务器被访问的几率越大。可以根据服务器的硬件配置设置 `weight` 值，让资源情况较乐观的服务器承担更多访问量。示例代码如下：

```
http {
    upstream sampleservers{
        server 192.168.1.1:8001 weight 2;
        server 192.168.1.2:8002 weight 1;
    }
    server {
        listen 80;
        location / {
            proxy_pass http://sampleservers;
        }
    }
}
```

在上述代码中，权重算法的配置与轮询算法不同的是，在 server 地址后面分别加上了 weight 2 和 weight 1 表示权重。这两项的含义是：每有 3 次请求访问，其中的 2 次请求会由服务器 192.168.1.1:8001 来响应，另外 1 次由服务器 192.168.1.2:8002 响应。与轮询算法不同，权重算法会根据服务器的资源情况分配请求。例如在秒杀系统中可以将资源较多的服务器（硬件资源好）挑选出来，设置较高的权重值，响应访问量大的服务，例如订单服务。

- IP-hash：这个算法可以根据用户 IP 进行负载均衡，来自同一 IP 的用户请求报文由同一台上游服务器响应，可以让同一客户端的会话（session）保持一致。在配置文件中只需要将 upstream 中加入 ip_hash; 命令即可，如下面代码所示。这样即便设置了权重，从同一 IP 地址发出的用户请求还是会访问同一台服务器，假设第一次访问的是服务器 192.168.1.1:8001，那么此后来自同一 IP 地址的请求都会访问这个服务器：

```
http {
    upstream sampleservers{
        ip_hash;
        server 192.168.1.1:8001 weight 2;
        server 192.168.1.2:8002 weight 1;
    }
    server {
        listen 80;

        location / {
            proxy_pass http://sampleservers;
        }
    }
}
```

- hash key：这个算法是对 IP-hash 算法的补充。当增加、删除上游服务器时，来自同一 IP 地址的请求可能无法正确地被同一服务器处理。出于对这一问题的考虑，为每个请求都设置 hash key，这样就算服务器发生了变化，只要请求的 key 值没有变，还是可以找到对应的服务器。如图 3-10 所示，假设 hash 值为 3，每个客户端请求都有一个 key，对 key 值与 hash 值进行取模运算，按照所得余数的值将请求分配到对应的服务器上。
- least_conn：该算法把请求转发给连接数较少的后端服务器。轮询算法是把请求平均转发给各个后端服务器，使它们的负载大致相同。但是，有些请求占用的时间会很长，导致其所在的后端服务器负载较高。这种情况下，least_conn 算法能够获得更好的负载均衡效果。

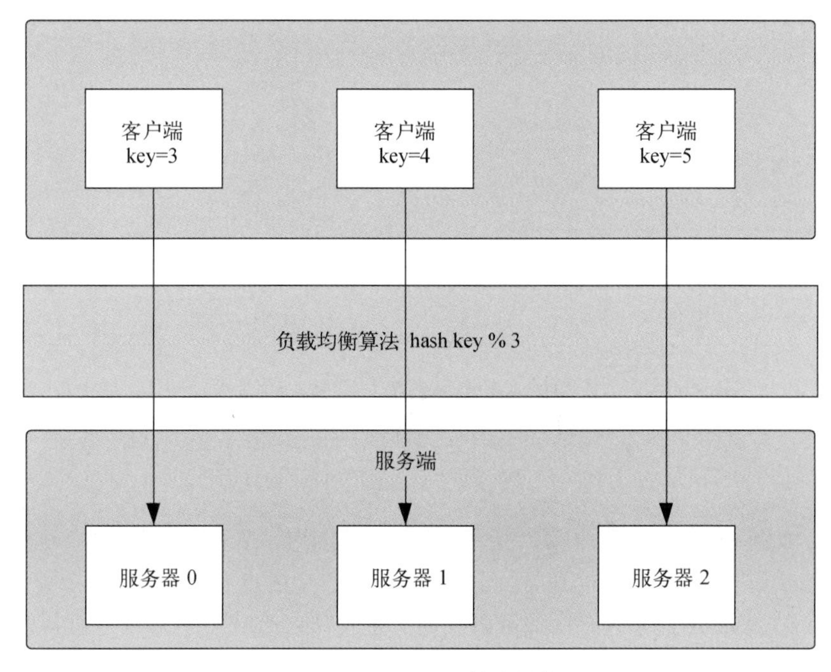

图 3-10　hash key 算法图例

3.2　API 网关

3.1 节讲了客户端请求如何调用服务器上的服务与应用，由负载均衡器帮忙找到对应的服务器，然后对请求进行响应。从第 1 章中应用程序架构的演进历程可以发现，随着业务多变性、灵活度的提高，系统需要更加灵活的组合，同时为了应对高并发带来的挑战，微服务架构得到广泛使用。由于在微服务架构中，应用会被拆分成多个服务，因此为了方便客户端调用这些服务，引入了 API 的概念。

3.2.1　API 网关的定义

网关一词最早用于描述网络设备，比如两个相互独立的局域网通过路由器进行通信，中间的路由器就被称为网关。落实到开发层面，网关存在于客户端与微服务系统之间。

从业务层面讲，客户端完成某个业务需要同时调用多个微服务。如图 3-11 所示，客户端发起下单请求后需要调用商品查询、扣减库存以及订单更新服务。如果这些服务需要客户端分别调用才能完成，必然会增加请求的复杂度，同时带来网络调用性能的损耗。因此，针对微服务应用场景推出了 API 网关的调用。在客户端与微服务系统之间加入下单 API 网关，客户端直接给这个 API 网关下达命令，由其完成对其他三个微服务的调用并且返回结果给客户端。

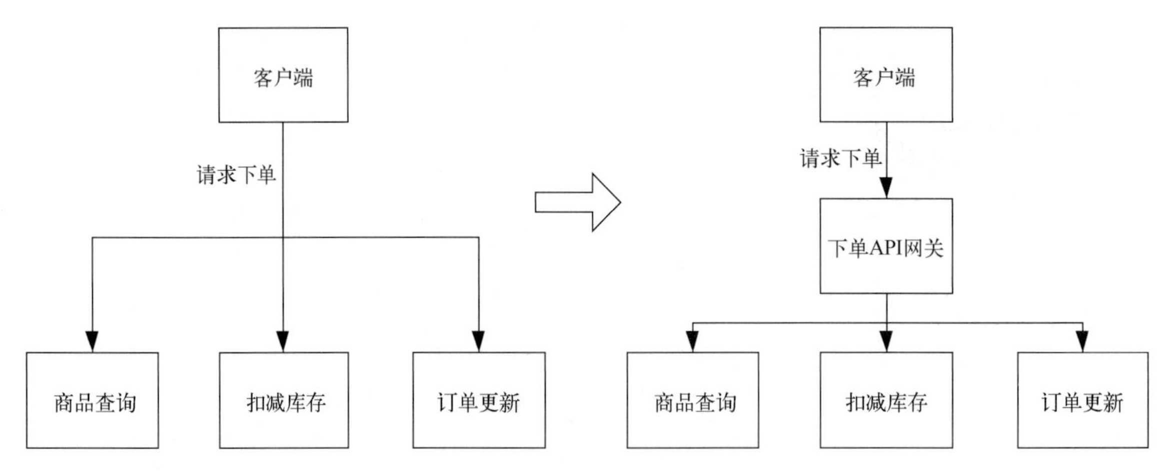

图 3-11 加入下单 API 网关前后的对比

从系统层面讲，任何一个应用系统要想被其他系统调用，都需要暴露 API，这些 API 代表功能点。正如上面用户下单例子中提到的，如果一个下单的功能点需要调用多个服务，那么在这个下单的 API 网关中就需要聚合多个服务的调用。这种聚合方式有点像设计模式中的门面模式（Facade），它为外部调用提供一个统一的访问入口。不仅如此，API 网关还可以协助两个系统进行通信，如图 3-12 所示，就是在系统 A 和系统 B 之间加上一个 API 网关作为中介者，协助 API 的调用。

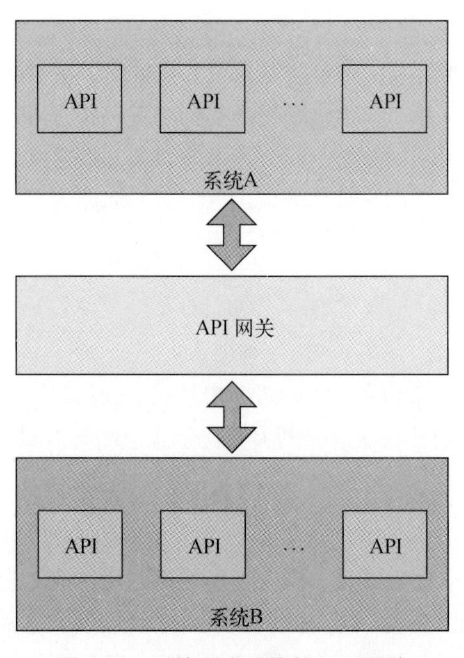

图 3-12 对接两个系统的 API 网关

从客户端层面讲，为了屏蔽不同类型客户端的调用差异，也可以加入 API 网关。如图 3-13 所示，在实际开发过程中，API 网关可以根据不同的客户端类型（iOS、Android、PC、小程序），提供不同的 API 网关与之对应。

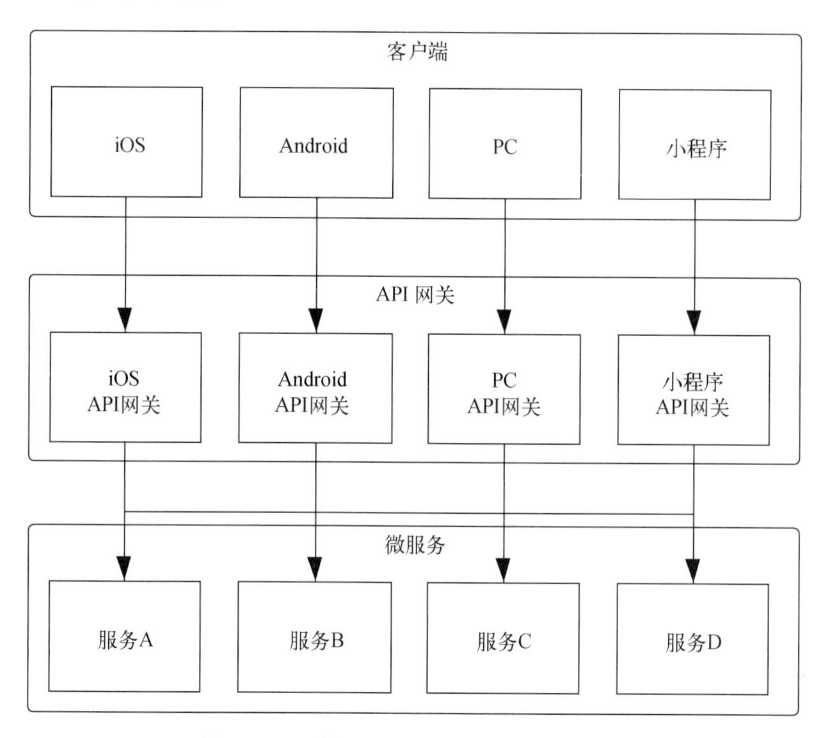

图 3-13 对接客户端和服务端的 API 网关

由于 API 网关处在客户端与微服务系统的交界，因此它还包括路由、负载均衡、限流、缓存、日志、发布等功能。

3.2.2 API 网关的服务定位

上面是从业务、系统、客户端三个方面分析了 API 网关的意义。API 网关还拥有处理请求的能力，从服务定位来看，可以将其分为如下 5 类。

- 面向 WebAPP 的 API 网关，这部分系统以网站和 H5 应用为主。通过前后端分离的设计方式，将大部分业务功能都放到后端，前面的 Web APP 只展示页面内容。
- 面向 MobileAPP 的 API 网关，这里的 Mobile 指的是 iOS 和 Android。设计思路和面向 WebAPP 基本相同，区别是此处 API 网关需要做一些移动设备管理工作（MDM），例如设备的注册、激活、使用和淘汰等，即管理移动设备的全生命周期。

- 鉴于移动设备的特殊性，导致我们在面对来自移动设备的请求时，需要考虑请求、设备以及使用者之间的关系。
- 面向合作伙伴的 OpenAPI。系统通常会给合作伙伴提供接口，这些接口或者全部开放，或者部分开发，在有条件限制（时间、流量）的情况下允许合作伙伴访问，因此需要更多地考虑如何管理 API 网关的流量和安全，以及协议转换。
- 企业内部可扩展 API，这种 API 供企业内部的其他部门或者项目使用，也可以作为中台输出的一部分，支持其他系统。这里需要更多地考虑划分功能边界、认证和授权问题。

3.2.3　API 网关的技术原理

正如前面两节提到的，API 网关是内部微服务与外部请求的“门面”，在技术实现的原理方面需要考虑以下问题。

1. 协议转换

同一系统内部多个服务之间的调用，可以统一使用一种协议，例如 HTTP、gRPC。如果每个系统使用的协议不同，那么系统之间的调用或者数据传输，就存在协议转换问题。如何解决这个问题呢？API 网关通过泛化调用的方式实现协议之间的转化。

如图 3-14 所示，API 网关可以将不同的协议转换成“通用协议”，然后再将通用协议转化成本地系统能够识别的协议。通用协议用得比较多的有 JSON，当然 XML 或者自定义 JSON 文件也可以。

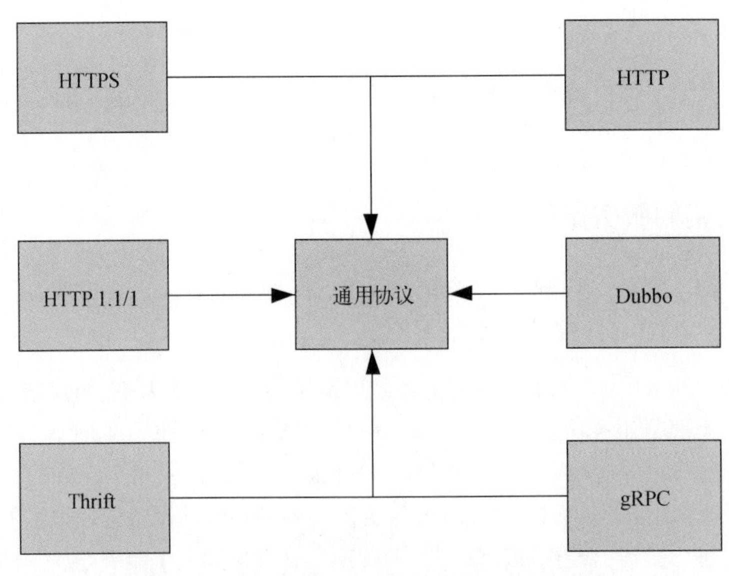

图 3-14　不同协议需要转化成通用协议进行传输

2. 链式处理

设计模式中有一种责任链模式，该模式将“处理请求”和“处理步骤”分开。每个处理步骤都只关心自己需要完成的操作，各个处理步骤存在先后顺序。消息从第一个处理步骤流入，从最后一个处理步骤流出，每个处理步骤对流过的消息进行相应处理，整个过程形成一个链条。在 API 网关的技术实现中也用到了类似的模式，即链式处理。

Zuul 是 Netflix 的一个开源 API 网关，下面以它为例进行讲解。在 Zuul 的设计中，消息从流入网关到流出网关需要经历一系列过滤器，这些过滤器之间有先后顺序，并且每个过滤器需要进行的工作各不一样，如图 3-15 所示。

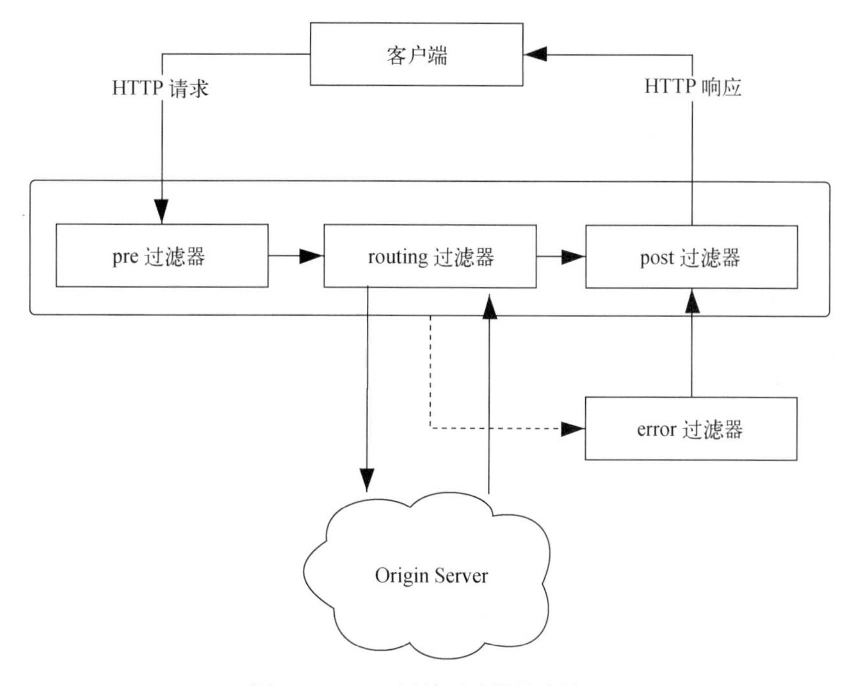

图 3-15 Zuul 网关过滤器链式处理

- pre 过滤器：前置过滤器，用来处理通用事务，比如鉴权、限流、熔断降级、缓存。可以通过 custom 过滤器进行扩展。
- routing 过滤器：路由过滤器，这种过滤器把用户请求发送给原始应用服务器。它主要负责协议转化和路由工作。
- post 过滤器：后置过滤器，从原始应用服务器返回的响应信息会先经过它，再返回给调用者。在返回的响应报文中加入响应头，可以对响应信息进行统计和日志记录。
- error 过滤器：错误过滤器，当上面三个过滤器发生异常时，错误信息会进入这里，由它对错误进行处理。

3. 异步请求

所有请求都通过API网关来访问应用服务，那么一旦吞吐量上去，API网关该如何高效处理这些请求？以Zuul为例，Zuul1采用一个线程处理一个请求的方式。线程负责接收请求，然后调用应用服务并返回结果。如果把网络请求看成一次IO操作，那么处理请求的线程从接收请求，到服务器返回响应信息，都处于阻塞状态。如果多个线程同时处在这种状态，将会导致系统缓慢。因为每个网关能够开启的线程数量是有限的，特别是在访问高峰期。为了解决这个问题，Zuul2启动了异步请求机制。每个请求进入网关时，都会被包装成一个事件，CPU内核会维持一个监听器，不断轮询是否有"请求事件"，一旦发现有，就调用对应的应用服务处理请求，获取到应用服务返回的信息后，按照请求的要求把数据、文件放到指定缓冲区，同时发送一个通知事件给请求端，告诉其数据已经就绪，可以从缓冲区获取数据、文件了。这个过程是异步的，请求线程不用一直等待响应信息返回，在请求完毕后，就可以直接返回了，之后可以做其他事情。当请求数据被CPU内核获取，并且发送到指定的数据缓冲区时，请求线程会接到"数据返回"的通知，然后直接使用数据即可，不用自己去完成取数据操作。

API网关得益于微服务的拆分特性而存在，为了调用相关的多个服务，它会提供一个API的聚合供客户端调用。在实际使用中，API网关和负载均衡器都能起到路由作用，帮助客户端找到对应服务，在这个层面上两者是相通的，在功能上是可以互换的。

3.3 服务注册与发现

3.1节和3.2节中提到的负载均衡、API网关都是分布式系统外部的请求对其内部服务进行调用的方式。顺着微服务的思路向下延伸，分布式系统内的服务之间是如何相互调用的呢？最简单的想法是服务A只需要知道服务B的地址和输入参数就可以对其调用了。如果服务B进行了水平扩展，则由多个服务B共同完成一个业务功能，此时服务A就有可能只调用多个服务B中的一个。至于具体调用哪一个可以通过负载均衡算法确定。示例代码如下：

```
http {
    upstream sampleservers{
        server 192.168.1.1:8001 weight 2;
        server 192.168.1.2:8002 weight 1;
    }
    server {
        listen 80;
        location /serviceB {
            proxy_pass http://sampleservers;
        }
    }
}
```

在上述代码中，当服务A请求服务B时，通过Nginx的负载均衡配置，将服务A的请求分别路由到 192.168.1.1:8001 和 192.168.1.2:8002 这两个服务器上。换句话说，服务 B 作为被调用方，会把自己的调用地址发送到服务 A，服务 A 在自己的 Nginx 上配置访问服务 B 的地址，也就是说服务 A 知道该如何访问服务 B。

这样的配置方法虽然看上去解决了服务之间的调用问题，但是作为被调用方的服务 B 如果地址进行了不当调整，例如新增了服务或者有的服务已下线，就需要通知调用方服务 A 修改路由地址。服务的调用方和被调用方之间需要长期维护这样一个关于调用的路由关系，在服务比较多的情况下需要维护很多这样错综复杂的关系，势必会增加系统的负担，因此引入了服务注册与发现的概念。

3.3.1 服务注册与发现的概念和原理

分布式系统（或者说微服务系统）中存在着各种各样的服务，这些服务存在调用其他服务和被其他服务调用的情况。被调用的服务称作服务提供者，调用其他服务的服务称作服务消费者。一般来讲，一个服务有可能既是服务提供者，又是服务消费者。可以想象一下，在一个系统中如果存在若干这样的服务，服务之间都存在互相调用的关系，那么如何让这些服务感知对方的存在，并且进行调用就是服务注册与发现需要解决的问题。如图 3-16 所示，在服务提供者和服务消费者中间加入服务注册中心的概念，假设存在一个服务提供者和一个服务消费者，当服务提供者启动时，会主动到服务注册中心注册自己提供的服务。同样服务消费者启动时，也会根据自己消费的服务向服务注册中心订阅自己需要的服务，通常服务消费者会在本地维护一张服务访问的路由表，这个路由表中记录着访问服务提供者需要的路由信息。假如服务提供者不提供服务了，或者有新的服务提供者加入服务注册中心，服务注册中心将会更新服务提供者列表，与此同时主动通知服务消费者这一变更。服务消费者接收到变更信息以后，会刷新本地存储着的路由表，始终保证用正确的路由信息去调用服务提供者。

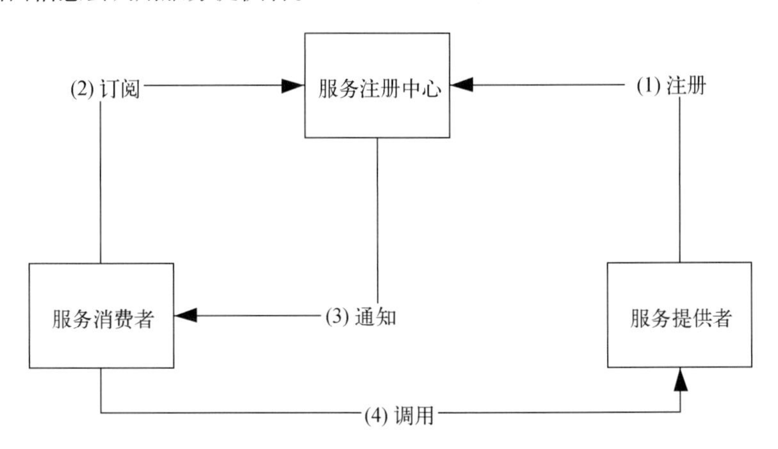

图 3-16 服务注册与发现

3.3.2 服务注册中心的可用性

上面介绍了服务提供者、服务消费者和服务注册中心之间的关系，即使系统中有若干个服务消费者和服务提供者，它们之间的调用也会遵循这个原则。这种服务之间的调用方式，看上去对服务注册中心具有很强的依赖，服务注册中心负责存储、通知服务调用路由，因此在实现时有必要考虑其可用性。通常来说，服务注册中心需要支持对等集群。

数据复制一般存在两种模式，第一种是 Master-Slave，即主从复制，Master 负责写入、读取，Slave 负责读取；另一种是 Peer to Peer，即对等复制或对等集群模式，这种模式下副本之间不分主从，每个服务注册中心的节点都可以处理读写请求，比如 Eureka Server 就是使用的这种模式。对等集群模式会配置多个服务注册中心，这些注册中心形成集群，相互之间是对等关系，客户端只需要连接其中一个就可以完成注册、订阅等操作。这些注册中心之间会定期进行数据同步，当其中一个注册中心出现问题不能提供服务时，由其他注册中心顶替其工作。

3.3.3 服务注册中心的服务保存

从服务消费者和服务提供者的角度来看，需要保持服务注册中心的可用性。反过来，站在服务注册中心的角度，也要时刻关注服务消费者和服务提供者的健康状况，如果将这两者统称为服务，那么服务注册中心就需要定期检查服务的情况。由于在分布式系统中，服务都分布在不同服务器以及不同网络环境中，因此服务会因为网络抖动或者自身问题导致出现不可用的状态。由于不可用的状态无法避免，因此服务注册中心需要通过某种方式检测这种状态，并且及时维护服务路由列表，保证服务消费者在调用服务提供者时不会遇到问题服务。通常，服务会主动向服务注册中心发送心跳包以维持联系，如果说这种联系是租约，那么发送心跳包的行为就是续约。服务注册中心接收到续约心跳包后会更新服务的最近一次续约信息，并且隔一段时间后会根据续约信息更新服务访问的路由列表，如果在这时间段内没有收到服务续约的申请，就会把该服务从服务列表中移除，同时通知其他服务无法访问该服务了。

3.4 服务间的远程调用

无论 API 网关，还是服务注册和发现，都在探讨服务与服务如何发现对方、如何选择正确路径进行调用，描述的是服务之间的关系。厘清关系后，我们再来谈谈服务之间的调用是如何完成的。沿着 3.2 节和 3.3 节的思路，在分布式系统中，应用或者服务会被部署到不同的服务器和网络环境中，特别是在有微服务的情况下，应用被拆分为很多个服务，每个服务都有可能依赖其他服务。如图 3-17 所示，客户端调用下单服务时，还会调用商品查询服务、扣减库存服务、订单更新服务，如果这三个服务分别对应三个数据库，那么一次客户端请求就会引发 6 次调用，要是这些服务或者数据库都部署在不同的服务器或者网络节点，这 6 次调用就会引发 6 次网络请求。因此，分布式部署方式在提高系统性能和可用性的前提下，对网络调用效率也发起了挑战。

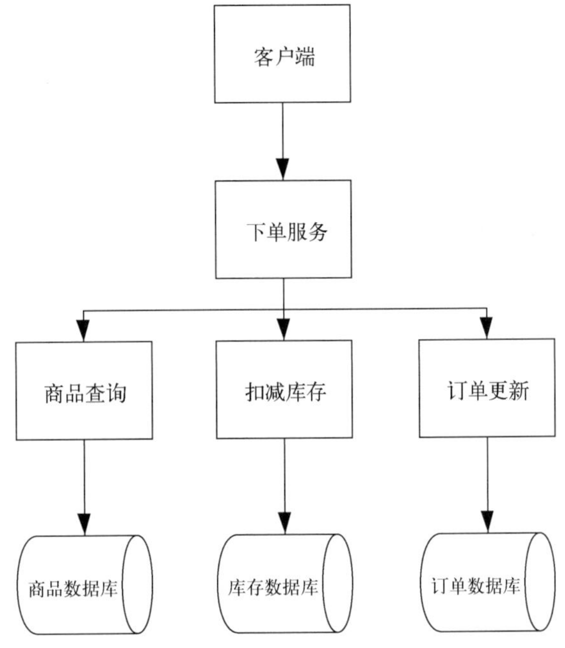

图 3-17 微服务调用的场景，一个服务依赖其他服务，导致网络调用次数增加

为了面对这种挑战，需要选择合适的网络模型，对传输的数据包进行有效的序列化，调整网络参数优化网络传输性能。为了做到以上几点我们需要引入 RPC，下面就来介绍 RPC 是如何解决服务之间网络传输问题的。

3.4.1 RPC 调用过程

RPC 是 Remote Procedure Call（远程过程调用）的缩写，该技术可以让一台服务器上的服务通过网络调用另一台服务器上的服务，简单来说就是让不同网络节点上的服务相互调用。因此 RPC 框架会封装网络调用的细节，让调用远程服务看起来像调用本地服务一样简单。由于微服务架构的兴起，RPC 的概念得到广泛应用，在消息队列、分布式缓存、分布式数据库等多个领域都有用到。可以将 RPC 理解为连接两个城市的高速公路，让车辆能够在城市之间自由通行。由于 RPC 屏蔽了远程调用和本地调用的区别，因此程序开发者无须过多关注网络通信，可以把更多精力放到业务逻辑的开发上。

下面看一下 RPC 调用的流程。图 3-18 描述了服务调用的过程，这里涉及左侧的服务调用方和右侧的服务提供方。既然是服务的调用过程，就存在请求过程和响应过程，这两部分用虚线圈出来了。从图左侧的服务调用方开始，利用“动态代理”方式向服务提供方发起调用，这里会制定服务、接口、方法以及输入的参数；将这些信息打包好之后进行“序列化”操作，由于RPC是基于 TCP 进行传输的，因此在网络传输中使用的数据必须是二进制形式，序列化操作就是将请求数据转换为二进制，以便网络传输；打好二进制包后，需要对信息进行说明，比如协议标识、数据大小、请求类型等，这个过程叫作“协议编码”，说白了就是对数据包进行描述，并告诉数据接收方数据包有多大、要发送到什么地方去。至此，数据发送的准备工作就完成了，数据包会通过“网络传输”到达服务提供方。服务提供方接收到数据包以后，先进行“协议解码”，并对解码后的数据“反序列化”，然后通过“反射执行”获取由动态代理封装好的请求。此时随着箭头到了图的最右边，顺着向下的箭头，服务提供方开始“处理请求”，处理完后就要发送响应信息给服务调用方了，之后的发送过程和服务调用方发送请求的过程是一致的，只是方向相反，依次为序列化→协议编码→网络传输→协议解码→反序列化→接收响应”。以上便是整个RPC调用的请求、响应流程。

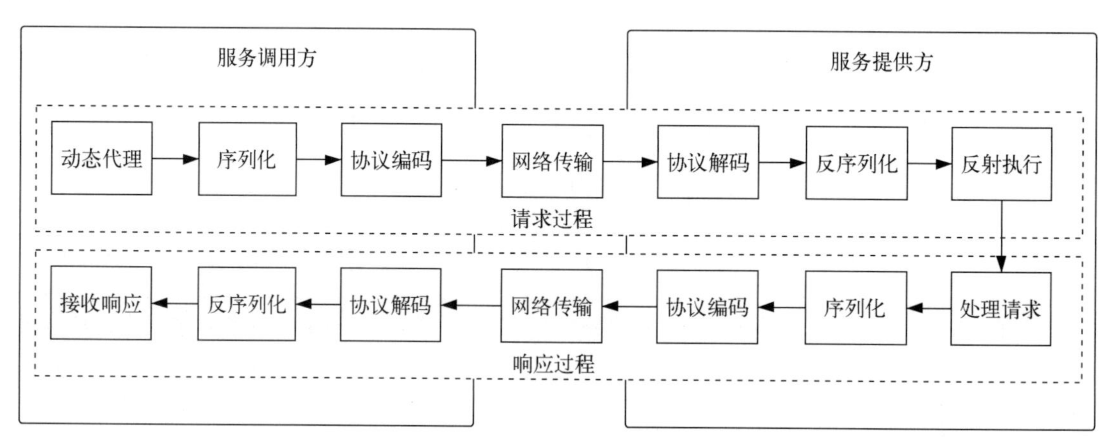

图3-18　服务调用方调用服务提供方的过程

分析上述的RPC调用流程后，发现无论是服务调用方发送请求，还是服务提供方发送响应，有几个步骤都是必不可少的，分别为动态代理、序列化、协议编码和网络传输。下面对这四个方面展开讨论。

3.4.2　RPC 动态代理

服务调用方访问服务提供方的过程是一个 RPC 调用。作为服务调用方的客户端通过一个接口访问作为服务提供方的服务端，这个接口决定了访问方法和传入参数，可以告诉客户端如何调用服务端，实际的程序运行也就是接口实现是在客户端进行的。RPC会通过动态代理机制，为客户端请求生成一个代理类，在项目中调用接口时绑定对应的代理类，之后当调用接口时，会被代理类拦截，在代理类里加入远程调用逻辑即可调用远程服务端。原理说起来有些枯燥，我们通过一个例子来帮助大家理解，相关代码如下：

```
public interface SeverProvider   ①
{
    public void sayHello(String str);
}
public class ServerProviderImpl implements SeverProvider  ②
{
    @Override
    public void sayHello(String str)
    {
        System.out.println("Hello" + str);
    }
}
public class DynamicProxy implements InvocationHandler  ③
{
    private Object realObject;  ④
    public DynamicProxy(Object object)  ⑤
    {
        this.realObject = object;
    }
    @Override
    public Object invoke(Object object, Method method, Object[] args)  ⑥
    {
        method.invoke(realObject, args);
        return null;
    }
}
public class Client
{
    public static void main(String[] args)
    {
        SeverProvider realSeverProvider = new ServerProviderImpl();  ⑦
        InvocationHandler handler = new
            DynamicProxy(realSeverProvider);  ⑧
        SeverProvider severProvider = (SeverProvider)
            Proxy.newProxyInstance(  ⑨
                handler.getClass().getClassLoader(),
                realSeverProvider.getClass().getInterfaces(),
                handler);
        severProvider.sayHello("world");
    }
}
```

下面简要解释上述代码的含义。

① 声明服务端，也就是服务提供者 ServerProvider，这是一个接口，其中定义了 sayHello 方法。

② 定义 ServerProviderImpl 类，实现 ServerProvider 接口，其中 sayHello 方法的功能是打印传入的参数。我们假设 ServerProvider 和 ServerProviderImpl 都定义在远程服务端。

③ 此时有一个客户端要调用第②步中远程服务里的 sayHello 方法，需要借助一个代理类（因为服务部署在远端，但是客户端需要在本地调用它，所以需要用代理类）。于是定义代理类 DynamicProxy，它实现了 InvocationHandler 接口（每一个动态代理类都必须实现 InvocationHandler 接口）。

④ 定义变量 realObject，用于存放在代理类的构造函数中接收的需要代理的真实对象。注意这就是实现所谓的动态代理。

⑤ 代理类的构造函数 DynamicProxy 的功能是将代理类和真实调用者（服务端实例）绑定到一起，绑定后就可以通过直接调用代理类的方式完成对远程服务端的调用。每个代理类的实例，都会关联到一个 handler，其中代理类的实例指的是需要代理的真实对象，也就是服务端实例；handler 实际就是 DynamicProxy 类，它在实现 InvocationHandler 接口后通过反射的方式调用传入真实对象的方法，由于是通过反射，因此对真实对象没有限定，成为动态代理。

⑥ 当代理对象（DynamicProxy）调用真实对象的方法时，调用会被转发到 invoke 方法中执行。在 invoke 方法中，会针对真实对象调用对应的方法并执行。

⑦ 最后来看客户端。对于客户端而言，只需要指定服务端对应的调用接口，这个接口服务端就会通过某种方式暴露出来。所以，这里首先声明要调用的真实服务端 realSeverProvider。

⑧ 客户端只知道接口的名称，以及要传入的参数，通过这个接口生成调用的实例。然后在客户端声明一个代理类（DynamciProxy），其将真实对象的实例在构造函数中进行绑定。所以此处在动态代理初始化的时候，将真实服务提供者传入，表明对这个对象进行代理。

⑨ 再通过 newProxyInstance 方法生成代理对象的实例，最后调用实际方法 sayHello 完成整个调用过程。通过 Proxy 的 newProxyInstance 创建代理对象的几个参数的定义如下。

- 第一个参数 handler.getClass().getClassLoader()，我们这里使用 handler 类的 ClassLoader 对象来加载代理对象。
- 第二个参数 realSeverProvider.getClass().getInterfaces()，指定服务端（也就是真实调用对象）的接口。
- 第三个参数 handler，将代理对象关联到 InvocationHandler 上。

回顾上述调用过程不难发现，在客户端和服务端之间加入了一层动态代理，这个代理用来代理服务端接口。客户端只需要知道调用服务端接口的方法名字和输入参数就可以了，并不需要知道具体的实现过程。在实际的 RPC 调用过程中，在客户端生成需要调用的服务端接口实例，将它丢给代理类，当代理类将这些信息传到服务端以后再执行。因此，RPC 动态代理是对客户端的调用和服务端的执行进行了解耦，目的是让客户端像调用本地方法一样调用远程服务。

3.4.3 RPC 序列化

序列化是将对象转化为字节流的过程，RPC 客户端在请求服务端时会发送请求的对象，这个对象如果通过网络传输，就需要进行序列化，也就是将对象转换成字节流数据。反过来，在服务端接收到字节流数据后，将其转换成可读的对象，就是反序列化。如果把序列化比作快递打包的过程，那么收到快递后拆包的过程就是反序列化。序列化和反序列化的核心思想是设计一种序列化、反序列化规则，将对象的类型、属性、属性值、方法名、方法的传入参数等信息按照规定格式写入到字节流中，然后再通过这套规则读取对象的相关信息，完成反序列化操作。下面罗列几种常见的序列化方式供大家参考。

- JSON。JSON 是一种常用的序列化方式，也是典型的 Key-Value 方式，不对数据类型做规定，是一种文本型序列化框架。利用这种方式进行序列化的额外空间开销比较大，如果传输数据量较大的服务，会加大内存和磁盘开销。另外，JSON 没有定义类型，遇到对 Java 这种强类型语言进行序列化的场景，需要通过反射的方式辅以解析序列化信息，因此会对性能造成一定影响。可以看出，在服务之间数据量传输量较小的情况下，可以使用 JSON 作为序列化方式。
- Hessian。Hessian 是动态类型、二进制、紧凑，并且可跨语言移植的一种序列化框架。和 JSON 相比，Hessian 显得更加紧凑，因此性能上比 JSON 序列化高效许多，简单来说就是 Hessian 序列化后生成的字节数更小。又因为其具有较好的兼容性和稳定性，所以 Hessian 被广泛应用于 RPC 序列化协议。
- Protobuf。Protobuf 是 Google 公司内部的混合语言数据标准，是一种轻便、高效的结构化数据存储格式，可用于结构化数据的序列化操作，支持 Java、Python、C++、Go 等语言。使用 Protobuf 时需要定义 IDL（Interface description language），IDL 用于分离对象的接口与实现，剥离了编程语言对硬件的依赖性，提供了一套通用的数据类型，并且可以通过这些数据类型定义更为复杂的数据类型，从而更好地协助 Protobuf 完成序列化工作。

  从结果表现来看，Protobuf 序列化后需要的存储空间比 JSON、Hessian 序列化后需要的更小，因为 IDL 的描述语义保证了应用程序的类型描述的准确性，所以不需要类似 XML 解析器的额外描述；Protobuf 序列化、反序列化的速度更快，因为有了 IDL 的描述，不需要通过反射获取数据类型。同时，Protobuf 支持消息格式升级，因此在兼容性方面也有不错的表现，可以做到向后兼容。

- Thrift。Thrift 是 facebook 开源的高性能、轻量级 RPC 服务框架。其中也包括序列化协议，相对于 JSON 而言，Thrift 在空间开销和解析性能上有较大的提升。由于 Thrift 的序列化封装在 Thrift 框架里面，同时 Thrift 框架并没有暴露序列化和反序列化接口，因此其很难和其他传输层协议共同使用。

3.4.4　协议编码

有了序列化功能，就可以将客户端的请求对象转化成字节流在网络上传输了，这个字节流转换为二进制信息以后会写入本地的 Socket 中，然后通过网卡发送到服务端。从编程角度来看，每次请求只会发送一个请求包，但是从网络传输的角度来看，网络传输过程中会将二进制包拆分成很多个数据包，这一点也可以从 TCP 传输数据的原理看出。拆分后的多个二进制包会同时发往服务端，服务端接收到这些数据包以后，将它们合并到一起，再进行反序列化以及后面的操作。实际上，协议编码要做的事情就是对同一次网络请求的数据包进行拆分，并且为拆分得到的每个数据包定义边界、长度等信息。如果把序列化比作快递打包过程，那么协议编码更像快递公司发快递时，往每个快递包裹上贴目的地址和收件人信息，这样快递员拿到包裹以后就知道该把包裹送往哪里、交给谁。当然这只是个例子，RPC 协议包含的内容要更为广泛。

接下来一起看看 RPC 协议的消息设计格式。RPC 协议的消息由两部分组成：消息头和消息体。消息头部分主要存放消息本身的描述信息，如图 3-19 所示。

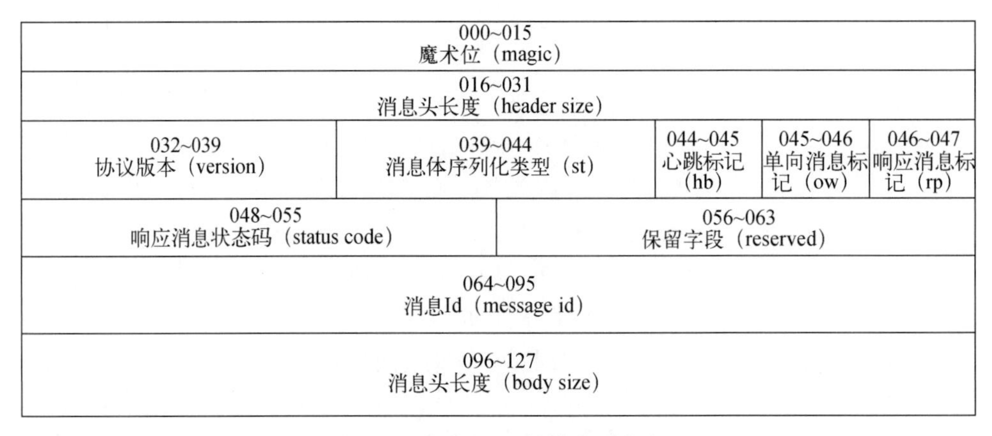

图 3-19　定义 RPC 协议的消息头

其中各项的具体介绍如下。

- ❑ 魔术位（magic）：协议魔术，为解码设计。
- ❑ 消息头长度（header size）：用来描述消息头长度，为扩展设计。
- ❑ 协议版本（version）：协议版本，用于版本兼容。
- ❑ 消息体序列化类型（st）：描述消息体的序列化类型，例如 JSON、gRPC。
- ❑ 心跳标记（hb）：每次传输都会建立一个长连接，隔一段时间向接收方发送一次心跳请求，保证对方始终在线。
- ❑ 单向消息标记（ow）：标记是否为单向消息。
- ❑ 响应消息标记（rp）：用来标记是请求消息还是响应消息。

- 响应消息状态码（status code）：标记响应消息状态码。
- 保留字段（reserved）：用于填充消息，保证消息的字节是对齐的。
- 消息 Id（message id）：用来唯一确定一个消息的标识。
- 消息头长度（body size）：描述消息体的长度。

从上面的介绍也可以看出，消息头主要负责描述消息本身，其内容甚至比上面提到的更加详细。消息体的内容相对而言就显得非常简单了，就是在 3.4.3 节中提到的序列化所得的字节流信息，包括 JSON、Hessian、Protobuff、Thrift 等。

3.4.5 网络传输

动态代理使客户端可以像调用本地方法一样调用服务端接口；序列化将传输的信息打包成字节码，使之适合在网络上传输；协议编码对序列化信息进行标注，使其能够顺利地传输到目的地。做完前面这些准备工作后就可以进行网络传输了。RPC 的网络传输本质上是服务调用方和服务提供方的一次网络信息交换过程。以 Linux 操作系统为例，操作系统的核心是内核，独立于普通的应用程序，可以访问受保护的内存空间，还拥有访问底层硬件设备（比说网卡）的所有权限。为了保证内核的安全，用户的应用程序并不能直接访问内核。对此，操作系统将内存空间划分为两部分，一部分是内核空间，一部分是用户空间。如果用户空间想访问内核空间就需要以缓冲区作为跳板。网络传输也是如此，如果一个应用程序（用户空间）想访问网卡发送的信息，就需要通过应用缓冲区将数据传递给内核空间的内核缓冲区，再通过内核空间访问硬件设备，也就是网卡，最终完成信息的发送。下面来看看 RPC 应用程序进行网络传输的流程，希望能给大家一些启发。

如图 3-20 所示，整个请求过程分为左右两边，左边是服务调用方，右边是服务提供方，左边是应用程序写入 IO 数据的操作，右边是应用程序读出 IO 数据的操作。从左往右看这张图，图的最左边是服务调用方中的应用程序发起网络请求，也就是应用程序的写 IO 操作。然后应用程序把要写入的数据复制到应用缓冲区，操作系统再将应用缓冲区中的数据复制到内核缓冲区，接下来通过网卡发送到服务提供方。服务提供方接收到数据后，先将数据复制到内核缓冲区内，再复制到应用缓冲区，最后供应用程序使用，这便完成了应用程序读出 IO 数据的操作。

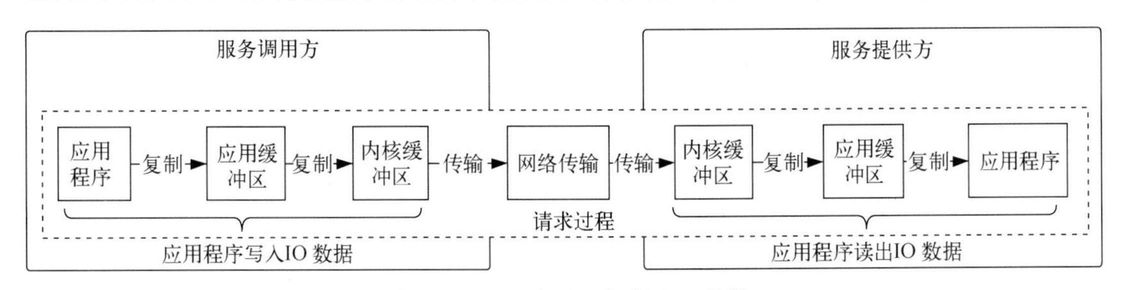

图 3-20 RPC 应用程序读写 IO 数据

通过上面对 RPC 调用流程的描述，可以看出服务调用方需要经过一系列的数据复制，才能通过网络传输将信息发送到服务提供方，在这个调用过程中，我们关注更多的是服务调用方从发起请求，到接收响应信息的过程。在实际应用场景中，服务调用方发送请求后需要先等待服务端处理，然后才能接收到响应信息。如图 3-21 所示，服务调用方在接收响应信息时，需要经历两个阶段，分别是等待数据准备和内核复制到用户空间。信息在网络上传输时会被封装成一个个数据包，然后进行发送，每个包到达目的地的时间由于网络因素有所不同，内核系统会将收到的包放到内核缓冲区中，等所有包都到达后再放到应用缓冲区。应用缓冲区属于用户空间的范畴，应用程序如果发现信息发送到了应用缓冲区，就会获取这部分数据进行计算。如果对这两个阶段再做简化就是网络 IO 传输和数据计算。网络 IO 传输的结果是将数据包放到内核缓冲区中，数据从内核缓冲区复制到应用缓冲区后就可以进行数据计算。

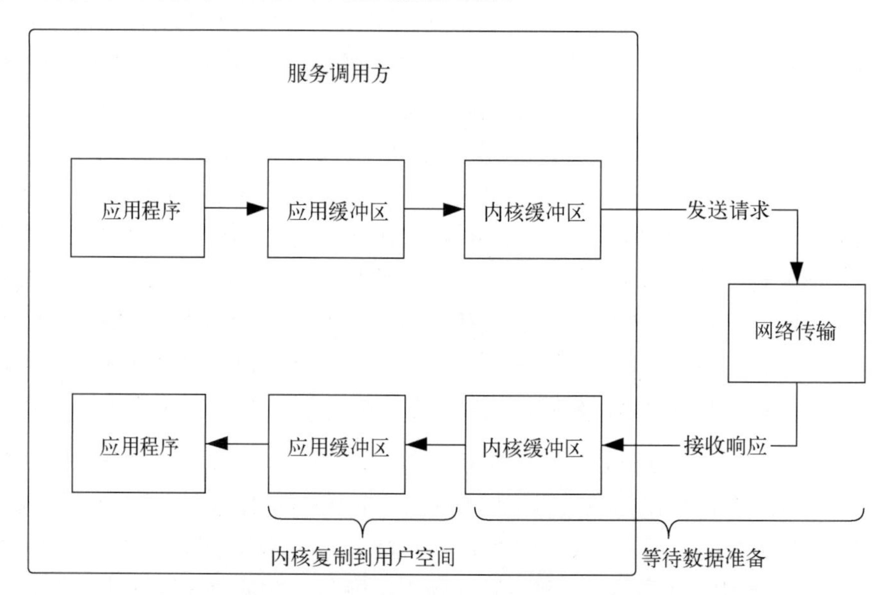

图 3-21　获取远程服务数据的两个阶段

可以看出网络 IO 传输和数据计算过程存在先后顺序，因此当前者出现延迟时会导致后者处于阻塞。另外，应用程序中存在同步调用和异步调用，因此衍生出了同步阻塞 IO（blocking IO）、同步非阻塞 IO（non-blocking IO）、多路复用 IO（multiplexing IO）这几种 IO 模式。下面就这几种 IO 模式的工作原理给大家展开介绍。

1. 同步阻塞 IO（blocking IO）

如图 3-22 所示，在同步阻塞 IO 模型中，应用程序在用户空间向服务端发起请求。如果请求到达了服务端，服务端也做出了响应，那么客户端的内核会一直等待数据包从网络中回传。此时用户空间中的应用程序处于等待状态，直到数据从网络传到内核缓冲区中，再从内核缓冲区复制到应用缓冲区。之后，应用程序从应用缓冲区获取数据，并且完成数据计算或者数据处理。也就是说，在数据还没到达应用缓冲区时，整个应用进程都会被阻塞，不能处理别的网络 IO 请求，而且应用程序就只是等待响应状态，不会消耗 CPU 资源。简单来说，同步阻塞就是指发出请求后即等待，直到有响应信息返回才继续执行。如果用去饭店吃饭作比喻，同步阻塞就是点餐以后一直等菜上桌，期间哪里都不去、什么都不做。

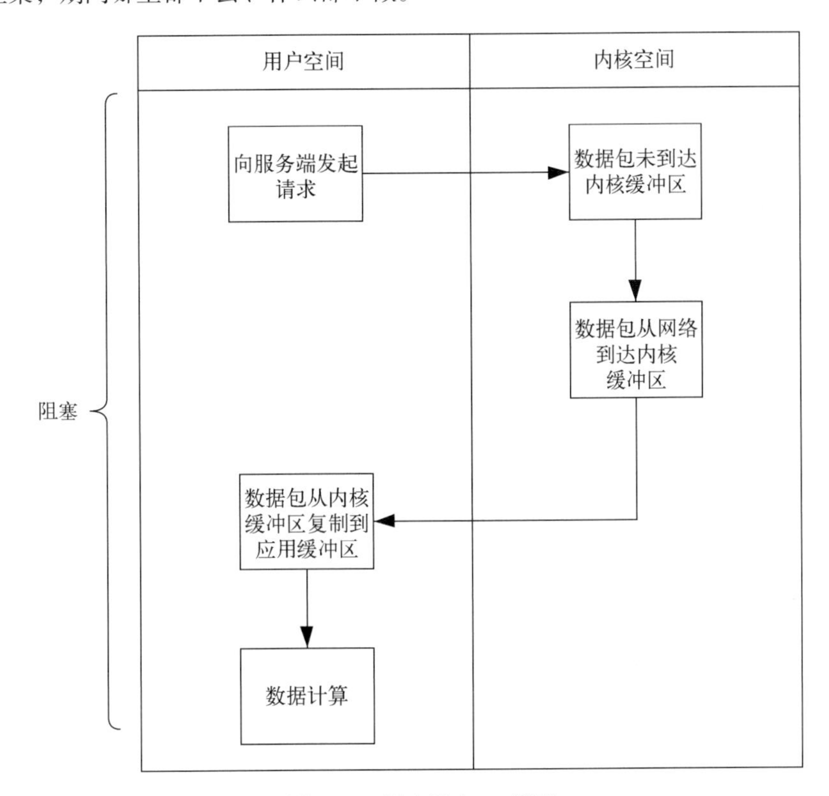

图 3-22 同步阻塞 IO 模型

2. 同步非阻塞 IO（non-blocking IO）

同步阻塞 IO 模式由于需要应用程序一直等待，在等待过程中应用程序不能做其他事情，因此资源利用率并不高。为了解决这个问题，有了同步非阻塞，这种模式下，应用程序发起请求后无须一直等待。如图 3-23 所示，当用户向服务端发起请求后，会询问数据是否准备好，如果此时数据还没准备好，也就是数据还没有被复制到应用缓冲区，则内核会返回错误信息给用户空间。用户空间中的应用程序在得知数据没有准备好后，不用一直等待，可以做别的事情，只是隔段时间还会询问内核数据是否准备好，如此循环往复，直到收到数据准备好的消息，然后进行数据处理和计算，这个过程也称作轮询。在数据没有准备好的那段时间内，应用程序可以做其他事情，即处于非阻塞状态。当数据从内核缓冲区复制到用户缓冲区后，应用程序又处于阻塞状态。还是用去饭店吃饭作比喻，同步非阻塞就是指点餐以后不必一直等菜上桌，可以玩手机、聊天，时不时打探一下菜准备好了没有，如果没有准备好，可以继续干其他，如果准备好就可以吃饭了。

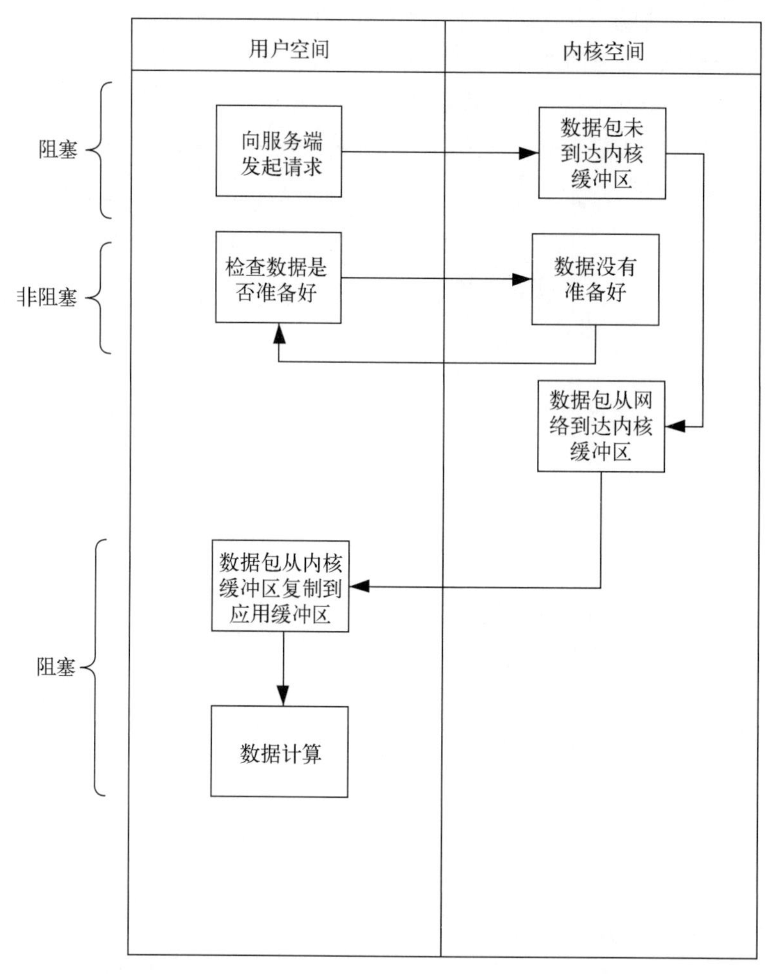

图 3-23　同步非阻塞 IO 模型

3. IO 多路复用（IO multiplexing）

虽然和同步阻塞 IO 相比，同步非阻塞 IO 模式下的应用程序能够在等待过程中干其他活儿，但是会增加响应时间。由于应用程序每隔一段时间都要轮询一次数据准备情况，有可能存在任务是在两次轮询之间完成的，还是举吃饭的例子，假如点餐后每隔 5 分钟查看是否准备好，如果餐在等待的 5 分钟之内就准备好了（例如：第 3 分钟就准备好了），可还是要等到第 5 分钟的时候才去检查，那么一定时间内处理的任务就少了，导致整体的数据吞吐量降低。同时，轮询操作会消耗大量 CPU 资源，如果同时有多个请求，那么每个应用的进程都需要轮询，这样效率是不高的。要是有一个统一的进程可以监听多个任务请求的数据准备状态，一旦发现哪个请求的数据准备妥当，便立马通知对应的应用程序进行处理就好了。因此就有了多路复用 IO，实际上就是在同步非阻塞 IO 的基础上加入一个进程，此进程负责监听多个请求的数据准备状态。如图 3-24 所示，当进程 1 和进程 2 发起请求时，不用两个进程都去轮询数据准备情况，因为有一个复用器（selector）进程一直在监听数据是否从网络到达了内核缓冲区中，如果监听到哪个进程对应的数据到了，就通知该进程去把数据复制到自己的应用缓冲区，进行接下来的数据处理。

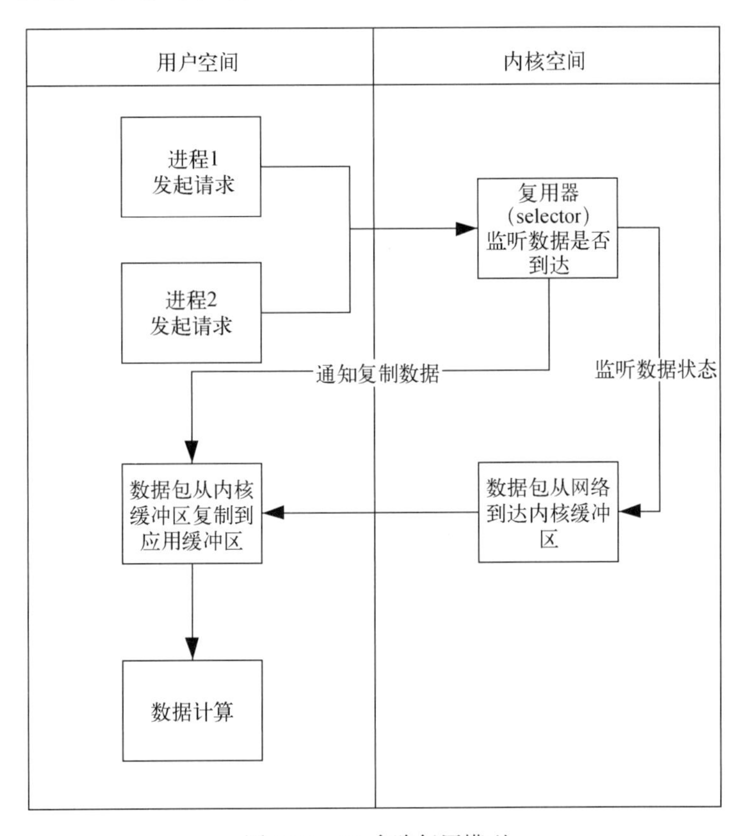

图 3-24　IO 多路复用模型

上面提到的复用器可以注册多个网络连接的 IO。当用户进程调用复用器时，进程就会被阻塞。内核会监听复用器负责的网络连接，无论哪个连接中的数据准备好，复用器都会通知用户空间复制数据包。此时用户进程再将数据从内核缓冲区中复制到用户缓冲区，并进行处理。这里有所不同的是，进程在调用复用器时就进入阻塞态了，不用等所有数据都回来再进行处理，也就是说返回一部分，就复制一部分，并处理一部分。好比一群人吃饭，每个人各点了几个菜，而且是通过同一个传菜员点的，这些人在点完菜以后虽然是在等待，不过每做好一道菜，传菜员就会把做好的菜上到桌子上，满足对应客人的需求。因此，IO 多路复用模式可以支持多个用户进程同时请求网络IO的情况，能够方便地处理高并发场景，这也是RPC架构常用的IO模式。

3.4.6 Netty实现RPC

前面4节分别介绍了RPC的四大功能：动态代理、序列化、协议编码以及网络传输。在分布式系统的开发中，程序员们广泛使用RPC架构解决服务之间的调用问题，因此高性能的RPC框架成为分布式架构的必备品。其中Netty作为RPC异步通信框架，应用于各大知名架构，例如用作Dubbo框架中的通信组件，还有RocketMQ中生产者和消费者的通信组件。接下来基于Netty的基本架构和原理，深入了解RPC架构的最佳实践。

1. Netty的原理与特点

Netty是一个异步的、基于事件驱动的网络应用框架，可以用来开发高性能的服务端和客户端。如图3-25所示，以前编写网络调用程序时，都会在客户端创建一个套接字，客户端通过这个套接字连接到服务端，服务端再根据这个套接字创建一个线程，用来处理请求。客户端在发起调用后，需要等待服务端处理完成，才能继续后面的操作，这就是我们在3.4.5节中介绍的同步阻塞IO模式。这种模式下，线程会处于一直等待的状态，客户端请求数越多，服务端创建的处理线程数就会越多，JVM处理如此多的线程并不是一件容易的事。

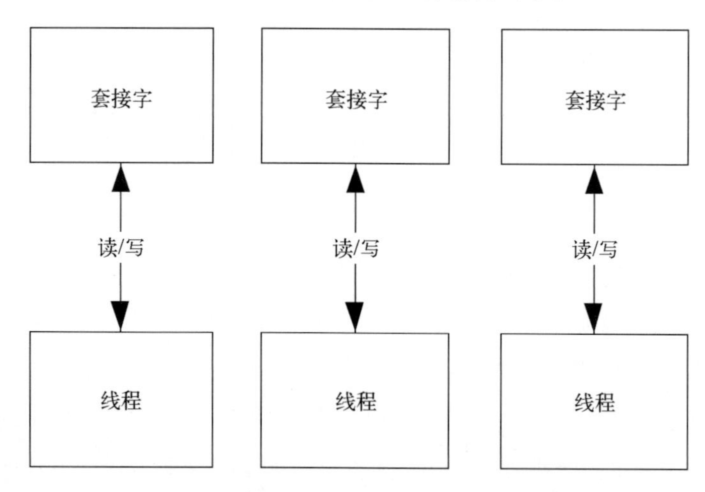

图3-25　使用同步阻塞I/O处理多个连接

为了解决上述问题，使用了IO多路复用模型。正如3.4.5节中提到的复用器机制就是其核心。如图3-26所示，每次客户端发出请求时，都会创建一个Socket Channel，并将其注册到多路复用器上。然后由多路复用器监听服务端的IO读写事件，服务端完成IO读写操作后，多路复用器就会接收到通知，同时告诉客户端IO操作已经完成。接到通知的客户端就可以通过Socket Channel获取所需的数据了。

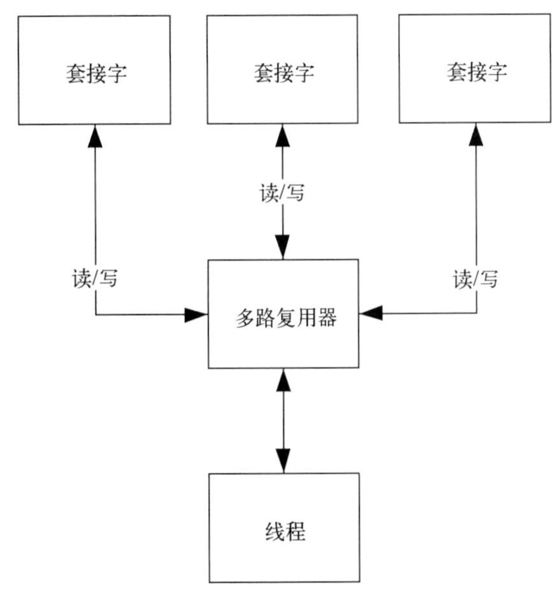

图 3-26　Netty 的多路复用机制

对于开发者来说，Netty 具有以下特点。

- 对多路复用机制进行封装，使开发者不需要关注其底层实现原理，只需要调用 Netty 组件就能够完成工作。
- 对网络调用透明，从 Socket 和 TCP 连接的建立，到网络异常的处理都做了包装。
- 灵活处理数据，Netty 支持多种序列化框架，通过 ChannelHandler 机制，可以自定义编码、解码器。
- 对性能调优友好，Netty 提供了线程池模式以及 Buffer 的重用机制（对象池化），不需要构建复杂的多线程模型和操作队列。

2. 从一个简单的例子开始

学习架构最容易的方式就是从实例入手，这里我们从客户端访问服务端的代码来看看 Netty 是如何运作的，再一次对代码中调用的组件以及组件的工作原理做介绍。假设现在有一个客户端去调用一个服务端，客户端叫 EchoClient，服务端叫 EchoServer，用 Netty 架构实现调用的代码如下。

- **服务端的代码**

下面构建一个服务端，假设它需要接收客户端传来的信息，然后在控制台打印出来。首先生成 `EchoServer` 类，在这个类的构造函数中传入需要监听的端口号，然后执行 `start` 方法启动服务端，相关代码如下：

```
public class EchoServer {
    private final int port;
    public EchoServer(int port) {
        this.port = port;
    }
    public void start() throws Exception {
        final EchoServerHandler serverHandler = new EchoServerHandler();
        EventLoopGroup group = new NioEventLoopGroup();  ①
        try {
            ServerBootstrap b = new ServerBootstrap();   ②
            b.group(group).channel(NioServerSocketChannel.class).  ③
                localAddress(new InetSocketAddress(port)).   ④
                childHandler(new ChannelInitializer<SocketChannel>()  ⑤
                {
                    @Override
                        public void initChannel(SocketChannel ch) throws Exception {
                            ch.pipeline().addLast(serverHandler);
                        }
                    });
            ChannelFuture f = b.bind().sync();   ⑥
            System.out.println(EchoServer.class.getName() +
                    " started and listening for connections on " + f.channel().localAddress());
            f.channel().closeFuture().sync();   ⑦
        } finally {
            group.shutdownGracefully().sync();   ⑧
        }
    }

}
```

在上述代码里，执行 start 方法的过程中调用了一些组件，例如 EventLoopGroup、Channel。这些组件会在 3.6.4.3 节详细讲解，这里有个大致印象就好。接下来是对上述代码的分步解析。

① 创建 EventLoopGroup 对象。

② 创建 ServerBootstrap 对象。

③ 指定网络传输的 Channel。

④ 使用指定的端口设置套接字地址。

⑤ 添加一个 childHandler 到 Channel 的 Pipeline。

⑥ 异步绑定服务器，调用 sync 方法阻塞当前线程，直到绑定完成。

⑦ 获取 channel 的 closeFuture，并且阻塞当前线程直到获取完成。

⑧ 关闭 EventLoopGroup 对象，释放所有资源。

服务端启动以后会监听来自某个端口的请求，接收到请求后就需要进行处理了。在 Netty 中，客户端请求服务端的操作被称为“入站”，可以由 ChannelInboundHandlerAdapter 类实现，具体代码如下：

```
@Sharable
public class EchoServerHandler extends ChannelInboundHandlerAdapter {
    @Override
    public void channelRead(ChannelHandlerContext ctx, Object msg) {
        ByteBuf in = (ByteBuf) msg;
        System.out.println(
            "Server received: " + in.toString(CharsetUtil.UTF_8)); ①
        ctx.write(in);   ②
    }

    @Override
    public void channelReadComplete(ChannelHandlerContext ctx)
            throws Exception {
                ctx.writeAndFlush(Unpooled.EMPTY_BUFFER)
                .addListener(ChannelFutureListener.CLOSE);   ③
    }

    @Override
    public void exceptionCaught(ChannelHandlerContext ctx,
        Throwable cause) {
        cause.printStackTrace();    ④
        ctx.close();  ⑤
    }
}
```

对上述代码的分步解析如下。

① 将接收到的信息记录到控制台。

② 将接收到的信息写给发送者，而不冲刷“出站”信息。

③ 将未决消息冲刷到远程节点，并且关闭该 Channel。

④ 打印异常栈跟踪信息。

⑤ 关闭该 Channel。

从上述代码可以看出，服务端处理接收到的请求的代码包含 3 个方法。这 3 个方法都是由事件触发的，分别是：

(1) 当接收到信息时，触发 channelRead 方法；

(2) 信息读取完成时，触发 channelReadComplete 方法；

(3) 出现异常时，触发 exceptionCaught 方法。

- **客户端的代码**

客户端和服务端的代码基本相似，在初始化时需要输入服务端的 IP 地址和 Port，需要配置连接服务端的基本信息，并且启动与服务端的连接。客户端的启动类 EchoClient 中包括以下内容：

```
public class EchoClient {
    private final String host;
    private final int port;

    public EchoClient(String host, int port) {
        this.host = host;
        this.port = port;
    }
    public void start()
        throws Exception {
        EventLoopGroup group = new NioEventLoopGroup();
        try {
            Bootstrap b = new Bootstrap();   ①
            b.group(group)   ②
                .channel(NioSocketChannel.class)   ③
                .remoteAddress(new InetSocketAddress(host, port))   ④
.handler(new ChannelInitializer<SocketChannel>() {  ⑤
                    @Override
                    public void initChannel(SocketChannel ch)
                        throws Exception {
                        ch.pipeline().addLast(
                            new EchoClientHandler());
                    }
                });
            ChannelFuture f = b.connect().sync();   ⑥
            f.channel().closeFuture().sync();
        } finally {
            group.shutdownGracefully().sync();  ⑦
        }
    }
}
```

对上述代码的分步解析如下。

① 创建 Bootstrap 对象。

② 指定 EventLoopGroup 对象，用来监听事件。

③ 定义 Channel 的传输模式为 NIO（Non-Blocking Input Output）。

④ 设置服务端的 InetSocketAddress 类。

⑤ 在创建 Channel 时，向 Channel 的 Pipeline 中添加一个 EchoClientHandler 实例。

⑥ 连接到远程节点，调用 sync 方法阻塞当前进程，直到连接完成。

⑦ 阻塞当前进程，直到 Channel 关闭。关闭线程池并且释放所有的资源。

客户端完成以上操作后会与服务端建立连接，从而能够传输数据。同样，客户端在监听到 Channel 中的事件时，会触发事件对应的方法，相应代码如下：

```
public class EchoClientHandler
    extends SimpleChannelInboundHandler<ByteBuf> {
    @Override
    public void channelActive(ChannelHandlerContext ctx) {
        ctx.writeAndFlush(Unpooled.copiedBuffer("Netty rocks!",
                CharsetUtil.UTF_8));  ①
    }

    @Override
    public void channelRead0(ChannelHandlerContext ctx, ByteBuf in) {
        System.out.println(
                "Client received: " + in.toString(CharsetUtil.UTF_8));  ②
    }

    @Override
    public void exceptionCaught(ChannelHandlerContext ctx,
        Throwable cause) {  ③
        cause.printStackTrace();
        ctx.close();
    }
}
```

在上述代码中，channelActive、channelRead0 等方法能够响应服务端的返回值，例如 Channel 激活、客户端接收到服务端的消息，或者捕获了异常。代码从结构上看还是比较简单的。服务端和客户端分别初始化，创建监听和连接，然后分别定义自己的 Handler 类来处理对方的请求。

① 客户端当被通知 Channel 是活跃的时候，发送一条信息。

② 客户端记录接收到的信息。

③ 当捕获到异常时，记录并关闭 Channel。

这里对上述代码稍做总结，如图 3-27 所示。使用 Netty 进行 RPC 编程，只需要分别定义 EchoClient 类以及对应的 EchoClientHandler，和 EchoServer 类以及对应的 EchoServerHandler 即可。

图 3-27　客户端/服务端的初始化和事件处理组件

3. Netty 的核心组件

通过上面的简单例子，不难发现有些组件在服务初始化以及通信时经常被用到，下面就来介绍一下这些组件的用途和关系。

- **Channel 组件**

当客户端和服务端连接的时候会建立一个 Channel。我们可以把这个 Channel 理解为 Socket

连接，它负责基本的IO操作，例如bind、connect、read和write等。简单点说，Channel代表连接——实体之间的连接、程序之间的连接、文件之间的连接以及设备之间的连接。同时，Channel也是数据“入站”和“出站”的载体。

- **EventLoop 组件和 EventLoopGroup 组件**

Channel让客户端和服务端相连，使得信息可以流动。如果把从服务端发出的信息称作“出站信息”，服务端接收到的信息称作“入站信息”，那么信息的“入站”和“出站”就会产生事件（Event），例如连接已激活、信息读取、用户事件、异常事件、打开连接和关闭连接等。信息有了，信息的流动会产生事件，顺着这个思路往下想，就需要有一个机制去监控和协调这些事件。这个机制就是EventLoop组件。如图3-28所示，在Netty中，每个Channel都会被分配到一个EventLoop上，一个EventLoop可以服务于多个Channel，每个EventLoop都会占用一个线程，这个线程会处理EventLoop上产生的所有IO操作和事件（Netty 4.0）。

图3-28　Channel与EventLoop的关系

了解了EventLoop组件，再学EventLoopGroup组件就容易了，EventLoopGroup组件是用来生成EventLoop的。如图3-29所示，一个EventLoopGroup中包含多个EventLoop。EventLoopGroup要做的就是创建一个新的Channel，并为它分配一个EventLoop。

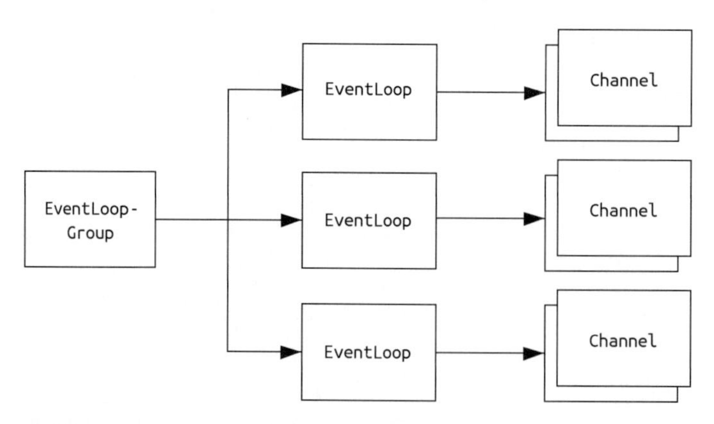

图3-29　EventLoopGroup，EventLoop和Channel之间的关系

- **EventLoopGroup，EventLoop 和 Channel 的关系**

在异步传输的情况下，一个EventLoop可以处理多个Channel中产生的事件，其主要负责发现事件以及通知服务端或客户端。相比以前一个Channel占用一个线程，Netty的方式要合理很

多。客户端发送信息到服务端，EventLoop 发现这个事件后会通知服务端“你去获取信息”，同时客户端做其他的工作。当 EventLoop 检测到服务端返回的信息时，也会通知客户端“信息返回了，你去取吧”，然后客户端去获取信息。在这整个过程中，EventLoop 相当于监视器加传声筒。

- **ChannelHandler，ChannelPipeline 和 ChannelHandlerContext**

如果说 EventLoop 是事件的通知者，那么 ChannelHandler 就是事件的处理者。在 ChannelHandler 中，可以添加一些业务代码，例如数据转换，逻辑运算等。之前的例子中也展示了，服务端和客户端分别有一个 ChannelHandler，用来读取信息，例如网络是否可用，网络异常之类的信息。如图 3-30 所示，“入站”和“出站”事件对应不同的 ChannelHandler，分别是 ChannelInBoundHandler（入站事件处理器）和 ChannelOutBoundHandler（出站事件处理器）。ChannelHandler 作为接口，ChannelInBoundHandler 和 ChannelOutBoundHandler 均继承自它。

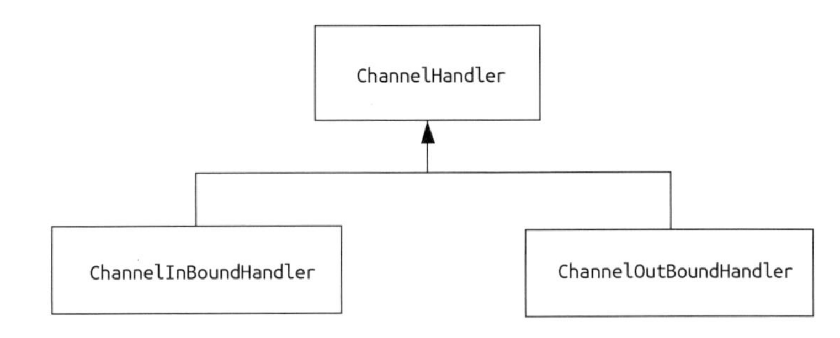

图 3-30 ChannelHandler、ChannelInBoundHandler、ChannelOutBoundHandler 之间的关系

每次请求都会触发事件，ChannelHandler 负责处理这些事件，处理的顺序由 ChannelPipeline 决定。如图 3-31 所示，ChannelOutBoundHandler 处理“出站”事件，ChannelInBoundHandler 负责处理“入站”事件。

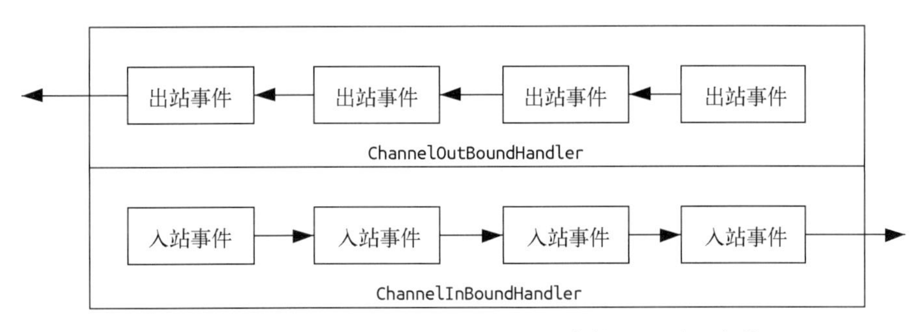

图 3-31 ChannelHanlder 处理“出站”事件/“入站”事件

ChannelPipeline 为 ChannelHandler 链提供了容器。当创建 Channel 后，Netty 框架会自动把它分配到 ChannelPipeline 上。ChannelPipeline 保证 ChannelHandler 会按照一定的顺序处理各

个事件。说白了，ChannelPipeline 是负责排队的，这里的排队是待处理事件的顺序。同时，ChannelPipeline 也可以添加或者删除 ChannelHandler，管理整个处理器队列。如图 3-32 所示，ChannelPipeline 按照先后顺序对 ChannelHandler 排队，信息按照箭头所示的方向流动并且被 ChannelHandler 处理。

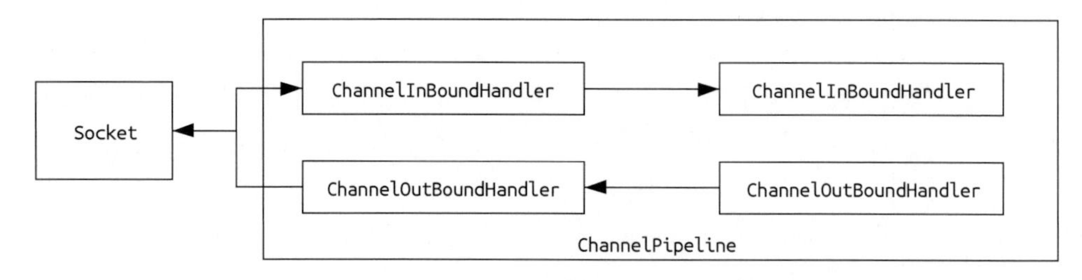

图 3-32　ChannelPipeline 使 ChannelHandler 按序执行

ChannelPipeline 负责管理 ChannelHandler 的排列顺序，那么它们之间的关联就由 ChannelHandlerContext 来表示了。每当有 ChannelHandler 添加到 ChannelPipeline 上时，会同时创建一个 ChannelHandlerContext。它的主要功能是管理 ChannelHandler 和 ChannelPipeline 之间的交互。

不知道大家注意到没有，在 3.4.6.2 节的例子中，往 channelRead 方法中传入的参数就是 ChannelHandlerContext。ChannelHandlerContext 参数贯穿 ChannelPipeline 的使用，用来将信息传递给每个 ChannelHandler，是个合格的“通信使者”。

现在把上面提到的几个核心组件归纳为图 3-33，便于记忆它们之间的关系。

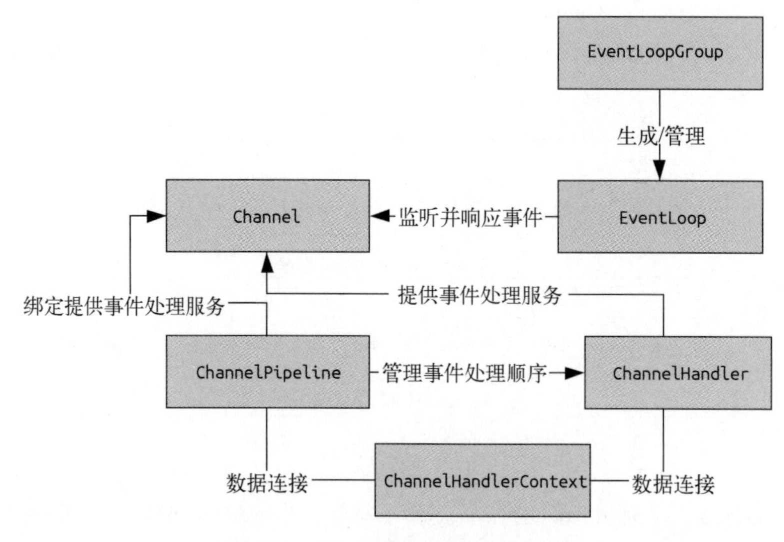

图 3-33　Netty 核心组件的关系图

EventLoopGroup 负责生成并且管理 EventLoop，Eventloop 用来监听并响应 Channel 上产生的事件。Channel 用来处理 Socket 的请求，其中 ChannelPipeline 提供事件的绑定和处理服务，它会按照事件到达的顺序依次处理事件，具体的处理过程交给 ChannleHandler 完成。

ChannelHandlerContext 充当 ChannelPipeline 和 ChannelHandler 之间的通信使者，将两边的数据连接在一起。

4. Netty 的数据容器

了解完了 Netty 的几个核心组件。接下来看看如何存放以及读写数据。Netty 框架将 ByteBuf 作为存放数据的容器。

- **ByteBuf 的工作原理**

从结构上说，ByteBuf 由一串字节数组构成，数组中的每个字节都用来存放数据。如图 3-34 所示，ByteBuf 提供了两个索引，readerIndex（读索引）用于读取数据，writerIndex（写索引）用于写入数据。通过让这两个索引在 ByteBuf 中移动，来定位需要读或者写数据的位置。当从 ByteBuf 中读数据时，readerIndex 将会根据读取的字节数递增；当往 ByteBuf 中写数据时，writerIndex 会根据写入的字节数递增。

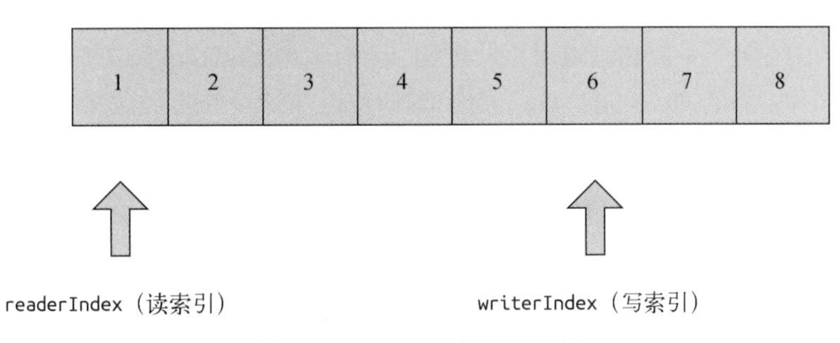

图 3-34 ByteBuf 的读写图例

需要注意，极限情况是 readerIndex 刚好到达 writerIndex 指向的位置，如果 readerIndex 超过 writerIndex，那么 Netty 会抛出 IndexOutOf-BoundsException 异常。

- **ByteBuf 的使用模式**

学习了 ByteBuf 的工作原理以后，再来看看它的使用模式。根据存放缓冲区的不同，使用模式分为以下三类。

- 堆缓冲区。ByteBuf 将数据存储在 JVM 的堆中，通过数组实现，可以做到快速分配。由于堆中的数据由 JVM 管理，因此在不被使用时可以快速释放。这种方式下通过 ByteBuf.array 方法获取 byte[ ] 数据。

- **直接缓冲区**。在 JVM 的堆之外直接分配内存来存储数据，其不占用堆空间，使用时需要考虑内存容量。这种方式在使用 Socket 连接传递数据时性能较好，因为是间接从缓冲区发送数据的，在发送数据之前 JVM 会先将数据复制到直接缓冲区。由于直接缓冲区的数据分配在堆之外，通过 JVM 进行垃圾回收，并且分配时也需要做复制操作，因此使用成本较高。
- **复合缓冲区**。顾名思义就是将上述两类缓冲区聚合在一起。Netty 提供了一个 Compsite-ByteBuf，可以将堆缓冲区和直接缓冲区的数据放在一起，让使用更加方便。

- **ByteBuf 的分配**

聊完了结构和使用模式，再来看看 ByteBuf 是如何分配缓冲区中的数据的。Netty 提供了两种 ByteBufAllocator 的实现。

- PooledByteBufAllocator：实现了 ByteBuf 对象的池化，提高了性能，减少了内存碎片。
- Unpooled-ByteBufAllocator：没有实现 ByteBuf 对象的池化，每次分配数据都会生成新的对象实例。

对象池化的技术和线程池的比较相似，主要目的都是提高内存的使用率。池化的简单实现思路是在 JVM 堆内存上构建一层内存池，通过 allocate 方法获取内存池的空间，通过 release 方法将空间归还给内存池。生成和销毁对象的过程，会大量调用 allocate 方法和 release 方法，因此内存池面临碎片空间的回收问题，在频繁申请和释放空间后，内存池需要保证内存空间是连续的，用于对象的分配。基于这个需求，产生了两种算法用于优化这一块的内存分配：伙伴系统和 slab 系统。

- 伙伴系统，用完全二叉树管理内存区域，左右节点互为伙伴，每个节点均代表一个内存块。分配内存空间时，不断地二分大块内存，直到找到满足所需条件的最小内存分片。释放内存空间时，会判断所释放内存分片的伙伴（其左右节点）是否都空闲，如果都空闲，就将左右节点合成更大块的内存。
- slab 系统，主要解决内存碎片问题，对大块内存按照一定的内存大小进行等分，形成由大小相等的内存片构成的内存集。分配内存空间时，按照内存申请空间的大小，申请尽量小块的内存或者其整数倍的内存。释放内存空间时，也是将内存分片归还给内存集。

Netty 内存池管理以 Allocate 对象的形式出现。一个 Allocate 对象由多个 Arena 组成，Arena 能够执行内存块的分配和回收操作。Arena 内部有三类内存块管理单元：TinySubPage、SmallSubPage 和 ChunkList。前两个符合 slab 系统的管理策略，ChunkList 符合伙伴系统的管理策略。当用户申请的内存空间大小介于 tinySize 和 smallSize 之间时，从 tinySubPage 中获取内存块；介于 smallSize 和 pageSize 之间时，从 smallSubPage 中获取内存块；介于 pageSize 和

chunkSize 之间时，从 ChunkList 中获取内存块；大于 ChunkSize（不知道分配内存的大小）时，不通过池化的方式分配内存块。

5. Netty 的 Bootstrap

回到 3.4.6.2 节的例子，在程序最开始的时候会新建一个 Bootstrap 对象，后面的所有配置都基于这个对象而展开。

Bootstrap 的作用就是将 Netty 的核心组件配置到程序中，并且让它们运行起来。如图 3-35 所示，从继承结构来看，Bootstrap 分为两类，分别是 Bootstrap 和 ServerBootstrap，前者对应客户端的程序引导，后者对应服务端的程序引导。

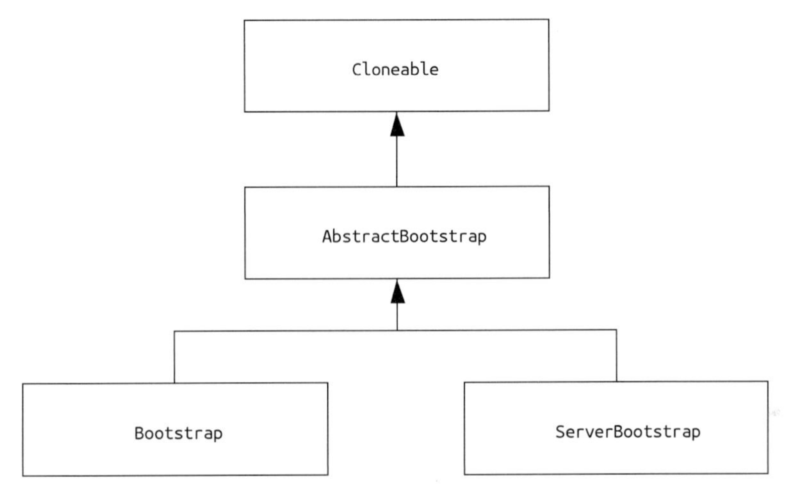

图 3-35 分别支持客户端和服务端的程序引导

客户端的程序引导 Bootstrap 主要有两个方法：bind 和 connect。如图 3-36 所示，Bootstrap 先通过 bind 方法创建一个 Channel，然后调用 connect 方法创建 Channel 连接。

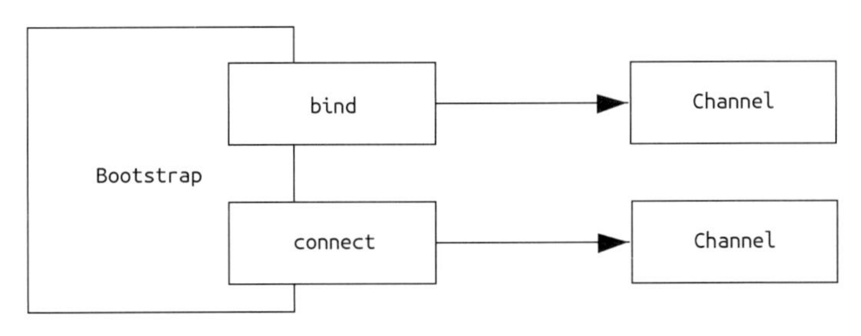

图 3-36 Bootstrap 通过 bind 方法和 connect 方法创建连接

服务端的程序引导 ServerBootstrap 如图 3-37 所示，与 Bootstrap 不同的是，这里会在 bind 方法之后创建一个 ServerChannel，它不仅会创建新的 Channel，还会管理已经存在的 Channel。

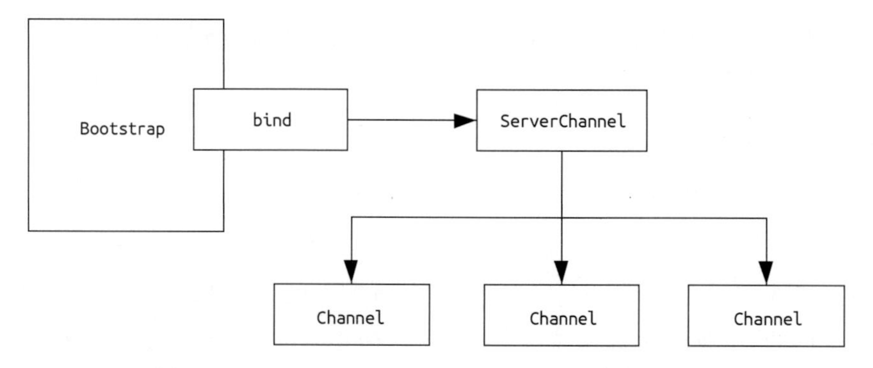

图 3-37　ServerBootstrap 通过 bind 方法创建/管理连接

通过上面的描述，可以发现服务端和客户端的引导程序存在两个区别。第一区别是 ServerBootstrap 会绑定一个端口来监听客户端的连接请求，而 Bootstrap 只要知道服务端的 IP 地址和 Port 就可以建立连接了。第二个区别是 Bootstrap 只需要一个 EventLoopGroup，而 ServerBootstrap 需要两个，因为服务器需要两组不同的 Channel，第一组 ServerChannel 用来监听本地端口的 Socket 连接，第二组用来监听客户端请求的 Socket 连接。

3.5　总结

应用或者服务拆分之后会遇到调用和通信的问题，这章主要介绍了分布式系统是如何解决这些问题的。从外到内看，客户端需要通过负载均衡的方式调用系统中的服务，负载均衡从范围上分为 DNS 负载均衡、硬件负载均衡和软件负载均衡；从算法上来说有 round-robin 算法、weight 算法、IP-hash 算法和 hash key 算法。对于流行的微服务而言，由于服务拆分，会通过 API 网关来解决服务聚合的问题，本章从原理上介绍了协议转换、链式处理、异步请求的内容。请求从客户端进入分布式系统内部后，为了解决系统内服务之间的调用引入了服务注册与发现的机制，我们从原理、可用性和服务保存三方面对此机制展开描述。前面三个方面主要说的是服务应用之间的关系，它们之间的通信需要利用远程调用解决。这里介绍了 RPC 的调用过程，其主要功能包括：RPC 动态代理、序列化、协议编码、网络传输。最后以 RPC 的最佳实践——Netty 作为本章的收尾。

第 4 章

分布式协同

分布式系统引入了应用和服务的分布式部署，会根据需求将应用和服务部署在不同服务器或者不同网络环境中。第 3 章介绍了这些应用和服务是如何相互调用和通信的，本章主要介绍它们是如何协同工作的。当多个应用服务访问同一个资源时会出现互斥现象，为了避免互斥，以及保证数据的一致性，引入了互斥算法；互斥算法是理论基础，在实际工作中我们会利用分布式锁来解决互斥问题；当多个应用服务共同完成一个任务时会出现分布式事务问题，我们会介绍分布式事务的原则和解决方案；应用和服务在集群部署情况下通常会有主从（Master/Slave）之分，主服务器用来写入、读取数据，从服务器（Slave）用来读取数据，当主服务器出现故障时，通常需要选举新的主服务器；最后再看看 ZooKeeper 作为分布式服务协同系统的最佳实践，是如何工作的。总结一下，本章要介绍的内容如下。

- 分布式系统的特性与互斥问题
- 分布式锁
- 分布式事务
- 分布式选举
- ZooKeeper——分布式系统的实践

4.1　分布式系统的特性与互斥问题

想象一下，有两个小孩都想玩玩具，但是玩具只有一个，因此每次只有一个小孩可以玩，且这个小孩玩的时候另一个小孩只能等待。只有当第一个小孩玩完以后，第二个小孩才能得到玩具。在这个例子中，两个孩子争夺的玩具叫作临界资源，他们争夺玩具的动作叫作竞态，每次只有一个孩子能获得玩具的性质叫作互斥。互斥是指每次只允许规定数量的进程进入临界区，超出数量外的进程则无法进入，只能先等待前面的进程完成操作。单机模式下，进程都部署在同一台设备中，但是到了分布式系统中，这些进程部署在不同的网络节点，因此分布式系统的进程互斥需要考虑以下三方面特性。

- **分布式系统的互联网特性**：分布式系统中的各台服务器是通过网络连接起来的，竞争临界资源的进程不一定都部署在同一台服务器上，进程之间的通信依赖于网络，在请求临界资源时会由于网络原因出现延迟、丢包等情况。
- **分布式系统没有统一时钟**：一个进程在请求临界资源时，可能有其他进程正在使用该资源，因此这个进程会进入等待状态。如果等待时间太长，该进程就会因为长时间无法获得临界资源的使用权而饥饿。所以这里有必要记录获取临界资源所需的时长，以保证使用资源和等待资源的时间在一定范围内。可是分布式系统中的进程分布在不同的服务器上，每个服务器都有自己的物理时钟，这样它们之间很难进行时钟同步，因此需要一个全局的时钟机制对分布式系统中的时钟进行统一管理。
- **服务器网络出现故障**：分布式系统中的服务器，以及每台服务器中运行的进程都可能出现故障，当有服务器或进程出现故障时，系统中的其他服务器或进程该如何感知到。针对这个问题，系统提供了检测故障的机制，从而提高了系统整体的稳定性。

鉴于以上多个进程争夺临界资源的互斥操作和分布式系统的特性，就有了分布式互斥算法。在考虑和选择分布式互斥算法时需要遵循以下几个标准。

- **互斥性**：分布式系统中的临界资源在任意时刻，都只能被一个进程访问，不能出现多个进程同时访问同一资源的情况。
- **无饥饿**：每个申请访问临界资源的进程都能够如愿以偿，即便等待也不会出现无限等待的情况，最终肯定能够访问到资源。这里需要考虑资源的访问时长，以及当访问资源的进程出现故障，不能及时释放资源时该怎么办。
- **无死锁**：死锁是指两个进程分别持有两个资源，而又同时等待对方手中的资源，使得双方以及其他进程都无法获取这两个进程持有的临界资源。
- **公平性**：算法应提供一种机制保证所有进程都能请求临界资源，并且有机会获取该资源。

说完了分布式互斥算法的特性以后，下面介绍三类互斥算法。

4.1.1　集中互斥算法

前面例子讲的是两个小孩争夺同一个玩具，当一个孩子玩的时候另一个孩子只能等待，如果此时还有其他几个孩子也都想玩这个玩具，该如何处理？等待的孩子一多，就存在先来后到的关系，谁也说不清谁先谁后，要是有一个老师对等待的孩子们进行排队，然后让孩子们按照排队顺序玩玩具，问题不就解决了吗，这就是集中互斥算法的思想。集中互斥算法的核心是增加一个全局协调者，由该协调者帮助进程访问并使用临界资源。如图4-1所示，当节点进程1和节点进程2都想访问临界资源时，首先向协调者发起申请，协调者会将这两个节点进程放到自己本地的顺序链表中，这个链表就像一个等待队列，节点进程和申请访问资源的时间戳都记录在其中。各节点进程会按照自己在顺序链表中的排列顺序访问临界资源，从而保证了互斥性。另外，如果一个节点进程长时间使用资源而不释放，或者由于内部、网络故障无法正常工作，协调者都可以将其从顺序链表中移除，让后面排队的节点进程得到资源的访问权限，这也保证了进程访问的无饥饿。

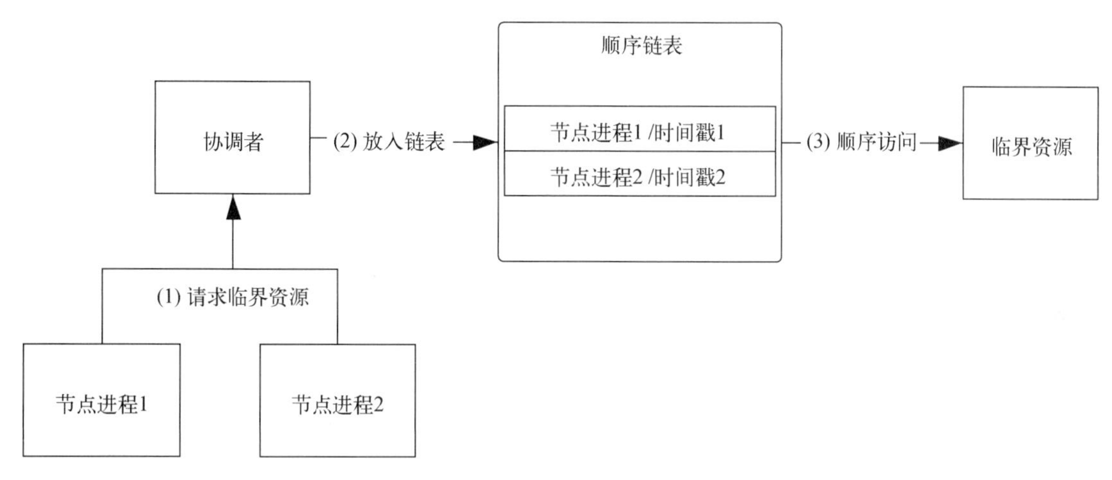

图 4-1　集中互斥算法示意图

了解了集中互斥算法的基本方式以后，再来看看其具体的调用流程。图 4-2 模拟了节点进程 1 和节点进程 2 通过协调者访问临界资源的流程，具体为如下几步。

(1) 节点进程 1 率先向协调者发起访问临界资源的请求，其请求时间戳记作时间戳 1。协调者会在本地维护一个针对此临界资源的链表，其中记录着发出请求的节点进程和请求时间戳。

(2) 此时节点进程 2 也向协调者发出访问临界资源的请求，由于请求时间比节点进程 1 稍晚一点，所以请求时间戳记作时间戳 2，同样协调者会在临界资源访问链表中插入这条请求记录。由于此次请求的时间晚于节点进程 1，因此节点进程 2 排在节点进程 1 后面。

(3) 协调者通过临界资源链表中各节点进程的排列顺序，选择第一个节点，使之获得访问临界资源的权限。这里的第一个节点是节点进程 1，因此就给节点进程 1 返回临界资源。

(4) 节点进程 1 接收到协调者返回的可访问临界资源的消息，就会去访问临界资源。访问完毕后，节点进程 1 主动通知协调者已访问完毕。

(5) 协调者接收到消息后，查看链表，发现节点进程 1 后面排着的是节点进程 2，于是通知节点进程 2 临界资源可用了。

(6) 节点进程 2 接收到协调者的通知后，开始访问临界资源，同样使用完毕后会通知协调者。

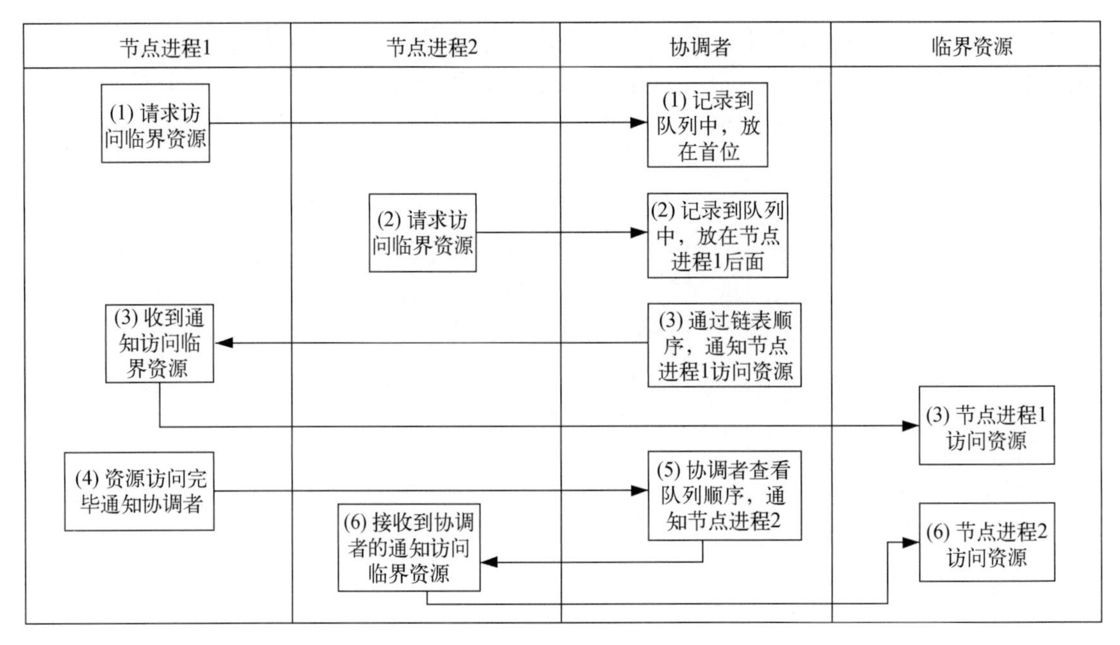

图 4-2　集中互斥算法流程

不难看出，在集中互斥算法中，每个节点进程要想获取一次临界资源的访问权限，都需要进行三次消息交互。

第一次，向协调者发送访问临界资源的请求。

第二次，协调者通过链表中进程的先后次序，选择排在最前面的节点进程，向其发送资源可用的消息。

第三次，节点进程在使用完临界资源后通知协调者。

集中互斥算法引入了协调者，解决资源互斥问题，其中协调者需要面对所有节点进程的资源请求，在高并发系统中有可能成为系统瓶颈，同时可能出现单点故障。因此这种算法需要考虑协调者的可用性和可扩展性。

4.1.2　基于许可的互斥算法

基于许可的互斥算法的思想是当进程访问临界资源时，先向分布式系统中的其他节点发送请求，请求获取临界资源的使用权限，等得到所有节点或者部分节点的同意后，方可访问临界资源。延续前面的例子，就是小孩在玩玩具之前先征求在场所有小朋友的意见，等所有人都同意以后才开始玩。Lamport 算法是许可算法的一种，该算法中提到了逻辑时间戳的概念，解决了分布式系统中没有统一时间戳的问题。由于分布式系统没有统一的时钟，因此无法知道各个进程申请访问临界资源的先后顺序。在集中互斥算法中是通过协调者记录先后顺序的，而在 Lamport 算法中，每个节点进程都会维护一个逻辑时钟，当系统启动时，所有节点上的进程都会对这个时钟进行初始化，每当节点进程向其他节点进程发起临界资源访问申请的时候，就会将这个逻辑时间戳加 1。同样，每个节点进程在接收到来自其他节点进程的申请请求时，也会更新自己的逻辑时钟，具体地，对自己逻辑时钟与发出请求的节点的逻辑时钟进行比较，选出最大值后加 1。在 Lamport 算法中，根据逻辑时钟的大小来选择由哪个节点进程获取临界资源的访问权限：逻辑时钟最小的节点将首先获得临界资源的使用权；如果逻辑时钟相同，就让节点编号较小的进程使用资源。同时每个节点进程都会维护一个请求队列，这个队列按照时间戳的优先级对各节点进程的请求进行排序，时间戳越小的节点进程排在越前面。

Lamport 算法对时间戳的计算过程总结如下：

- 每个节点进程在初始化时，时间戳为 0；
- 当节点进程发起资源使用申请时，将其自带的时间戳加 1；
- 发起申请的节点进程将节点编号和时间戳一起发送给分布式系统中的其他节点；
- 其他节点接收到申请消息以后，更新本地的时间戳，更新公式是 Max（本地时间戳，消息中的时间戳）+ 1。

节点进程对系统中其他节点进程发送请求时，会使用三种消息类型，分别是 REQUEST、REPLY 和 RELEASE。每种消息都包含发送节点的 ID 和逻辑时钟（时间戳）。Lamport 算法的示意图如图 4-3 所示。

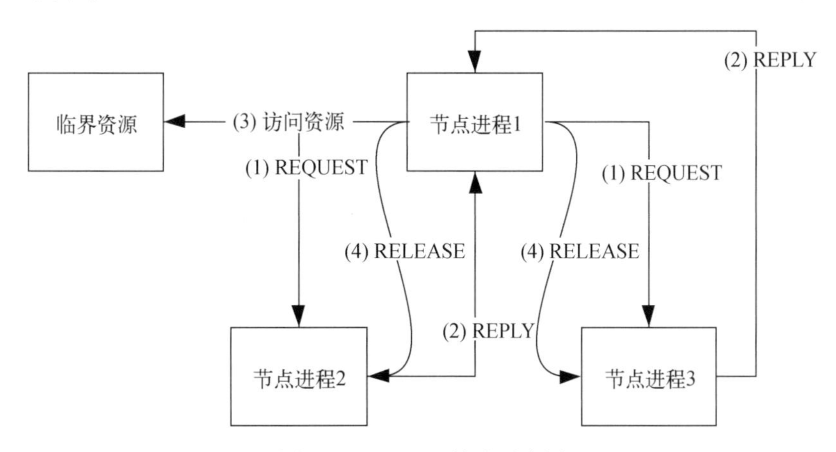

图 4-3　Lamport 算法示意图

具体过程如下。

(1) 节点进程 1 完成对时间戳的初始化以后，需要访问临界资源，于是通过 REQUEST 消息将节点 ID 和时间戳发送给节点进程 2 和节点进程 3。

(2) 节点进程 2 和节点进程 3 接收到请求以后，根据 Lamport 算法更新本地的时间戳，同时将节点进程 1 的请求添加到本地的资源访问链表中。这样做的目的是如果此时还有其他节点也在申请访问资源，那么根据时间戳算法，其他节点的时间戳比节点进程 1 大，因此在链表中排在节点进程 1 后面。排队以后，节点进程 2 和节点进程 3 会发送 REPLY 消息给节点进程 1 ，也就是许可节点进程 1 对临界资源的访问。

(3) 节点进程 1 接到许可信息以后，对临界资源进行访问。

(4) 节点进程 1 访问完资源以后，会向节点进程 2 和节点进程 3 发出 RELEASE 消息，这两个进程接收到消息以后，会把节点进程 1 从链表中删除，此时如果链表中还排列着其他节点进程的请求，则会重复第 (2) 步。

按照 Lamport 算法的思路，在一个含 n 节点的分布式系统中，访问一次临界资源需要发送 $3(n-1)$ 次消息，其中 REQUEST、REPLY 和 RELEASE 消息各发送 $n-1$ 条。发送过多的消息容易导致网络堵塞，因此 Richard&Agrawal 算法对 Lamport 算法进行了改进，将 Lamport 算法中的 RELEASE 消息和 REPLY 消息合并为一个，这样消息的发送次数就从 $3(n-1)$ 降到了 $2(n-1)$。在 Richard&Agrawal 算法中，节点进程访问临界资源时，发送 REQUEST 消息到其他节点进程，其他节点进程接收到请求后做以下动作：如果自己没有访问临界资源，就直接返回 REPLY 消息，允许发送请求的节点进程访问；如果自己正在访问临界资源，就对自己和发送请求的节点的时间戳进行排序，若后者的时间戳排在前面，则不回复任何消息，否则返回 REPLY 消息，允许其访问临界资源。请求节点接收到 REPLY 消息以后对临界资源进行访问，访问完成后向请求访问链表中的请求节点发送 REPLY 消息，链表中的节点根据优先级发送下一轮的资源访问请求。

由上面两个算法的原理可以看出，基于许可的互斥算法是一个会征求每个进程意见的公平算法，但随着系统中访问资源的进程增加，其他通信成本也会变多。因此，这种算法可以用在临界资源使用频率较低且系统规模较小的场景。

4.1.3　令牌环互斥算法

孩子们围坐一圈按照一定方向（顺时针、逆时针）传递一个令牌，拿到令牌的孩子就可以玩玩具，玩完以后将令牌传给旁边的孩子，以此类推。获得令牌的孩子拥有玩玩具的权限，玩完以后将令牌往下传递，这就是令牌环互斥算法的思想。如图 4-4 所示，令牌环互斥算法中的所有节点进程构成一个环结构，每个节点进程都有一个唯一 ID 作为标识，且都会记录对应前驱节点和后继节点的地址。令牌作为访问临界资源的许可证，会按照一定方向（顺时针、逆时针）在节点进程之间传递，收到令牌的节点进程有权访问临界资源，访问完成后将令牌传送给下一个进程；若拿到令牌的节点进程不需要访问临界资源，则直接把令牌传递给下一个节点进程。

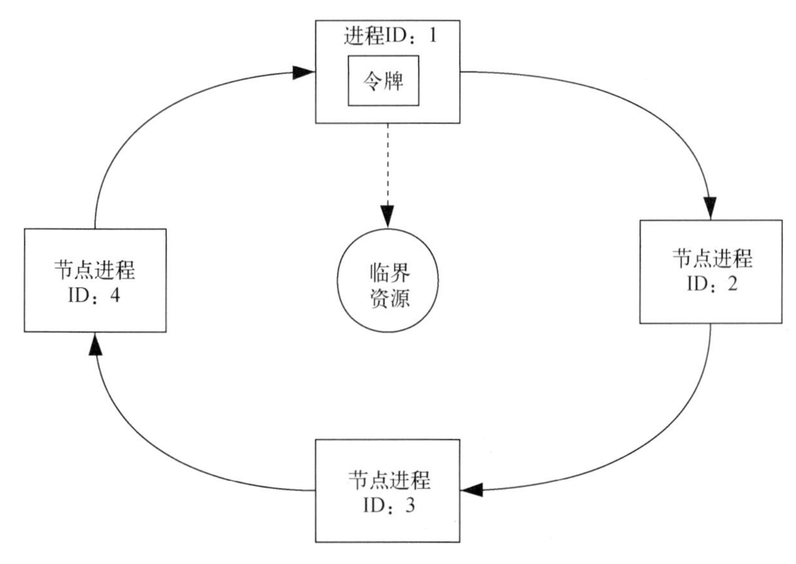

图 4-4　令牌环互斥算法示意图

令牌环互斥算法的优点显而易见：令牌具有唯一性，每个时刻只有一个节点进程可以访问临界资源，能够解决分布式系统中临界资源的互斥问题；由于令牌在环中传递，因此每个节点进程都有获得资源访问权的机会，不会出现饥饿的现象，保证了公平性；在令牌环中，一个进程访问临界资源最多需要 $n-1$ 条消息（n 是环上的节点进程数量），也就是令牌在环内循环一周发送的消息数。不过该算法同样存在缺点，就是令牌一旦丢失，恢复起来会比较困难，令牌的唯一性导致该算法容错性比较低。而且在令牌环中，如果节点进程发生变动（例如有节点进程加入或者退出），则会导致整个令牌环重构，在重构过程中节点进程是不能访问临界资源的。即使环内的节点进程对临界资源访问频率较低，令牌也会不断地在环中传递，这样的行为会造成较大的资源浪费。因此，令牌环互斥算法适用于系统规模较小，系统中临界资源使用频率较高、使用时间较短的场景。

通过 4.1.1 节、4.1.2 节、4.1.3 节对三类分布式系统中互斥算法的描述，相信大家对这种算法的实现原理和应用场景已经有了理解。如表 4-1 所示，我们对三种算法的描述、优点、缺点、应用场景做了一个对比。

表 4-1　对比三种分布式互斥算法

	集中互斥算法	基于许可的互斥算法	令牌环互斥算法
算法描述	协调者负责处理节点进程的请求，请求按照排队顺序访问临界资源	先征求系统中其他节点进程的意见，得到同意以后方可访问临界资源	系统中的所有节点进程组成一个环，通过令牌传递的方式，轮流访问临界资源
优　　点	实现简单、通信高效	可用性高	单个进程通信效率高

（续）

	集中互斥算法	基于许可的互斥算法	令牌环互斥算法
缺　点	依赖协调者的可用性	通信成本高、复杂度高	令牌单点故障、环重构、资源使用频率低导致的无用通信
应用场景	在保证协调者可用性的情况下，广泛适用于分布式场景	临界资源使用频率比较低、分布式系统规模相对较小的场景	分布式系统规模较小、进程对资源访问频率较高的场景

4.2 分布式锁

在 4.1 节中，我们介绍了分布式系统中的节点进程在访问临界资源时，是如何协调多个节点进程对资源的访问顺序的，当具有访问权限的节点进程使用临界资源时，其他节点进程必须等待，直到该进程释放资源。那么在实际开发过程中，如何让节点进程产生顺序？在访问资源时又如何设置节点进程的访问权限？这就是这一节要讲的内容。如果说上一节讲的是分布式互斥的理论，那么这一节就是介绍分布式互斥算法的最佳实践，即如何实现分布式锁。另外，分布式应用面对的多是高并发、大流量场景，因此在实际应用中通常会使用集中互斥算法，同时保证协调者的可用性。

接下来通过一个熟悉的场景带大家进入分布式锁的世界。相信大家都有网上购物的经历，每逢双 11 打折促销季，商家都会推出各种不同的秒杀活动，吸引消费者的眼球。秒杀活动对于消费者而言，秒杀的是商品，而对秒杀系统而言，秒杀的就是商品库存。商品的购买量一旦超过库存量就不能再卖了。在秒杀系统中，为了应对高并发的下单请求，通常会对订单服务进行水平扩展，扩展订单服务和系统能够承载多少下单请求密切相关。但是，无论有多少个订单服务，针对扣减库存的记录都只有一条。假设商品库存量只有 100，秒杀时同时到达了 200 个下单请求，并且都对库存进行扣减，则库存量瞬间就会变成 –100。如果用户的下单量超过库存量后还允许下单，就是“超卖”，在设计系统时需要避免这点。为了保证不出现“超卖”，会在“库存”上加一把锁，每次只有一个进程可以得到这把锁，然后扣减库存。由于订单服务是分布式的，因此加的这把锁又叫作分布式锁。在并发量更高的情况下，也可以对库存记录进行分段，进一步提高并发量。我们将从以下四个方面讲述分布式锁。

- 分布式锁的由来和定义
- 通过 Redis 缓存实现分布式锁
- 通过 ZooKeeper 实现分布式锁
- 分布式分段加锁

4.2.1 分布式锁的由来和定义

通常来讲，在消费者下订单时也会对库存进行扣减，此时订单服务会更新库存变量，其实就是将其值减 1。如果有两个用户同时对同一商品下单，就会造成对同一商品库存进行扣减的情况。我们将库存称作临界资源，扣减库存的动作称为竞态。切换到在进程内，竞态可以理解为两个线程（两个用户请求）争夺临界资源，解决办法是在这个资源上加一把锁。如图 4-5 所示，线程 B 先到达，于是让其持有这把锁，并访问临界资源，之后线程 A 到达时由于没有锁，就进入等待队列，等线程 B 访问完毕并释放锁以后，线程 A 持有锁，可以访问临界资源。

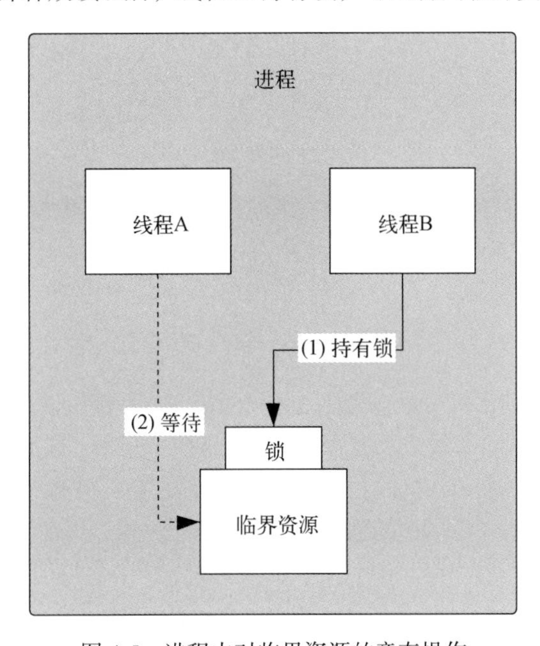

图 4-5 进程内对临界资源的竞态操作

为了面对高并发的下单请求，对订单服务做了水平扩展，因此订单服务通常是分散部署的。原来是进程内的多线程对临界资源产生的竞态，现在变成了分布式应用系统中的多个服务（进程）对临界资源的竞态。如图 4-6 所示，对订单服务进行了水平扩展，将其从原来的一个扩展为两个，分别是订单服务 A 和 B，这两个服务可能会同时扣减库存。由于是不同的服务或者进程，它们不知道对方的存在，因此共同访问的临界资源应该独立于服务，保存在一个公共的存储区域中，让水平扩展的订单服务都可以访问到。另外，可以通过锁机制，保证多服务并发请求时的竞态不会造成超卖情况，这和解决进程内竞态的方式相同。通过给临界资源加上一把锁，可以让并发操作变成串行的方式。这个锁就是分布式锁，其实现方式多种多样，比如通过数据库、Redis 缓存、ZooKeeper 实现。

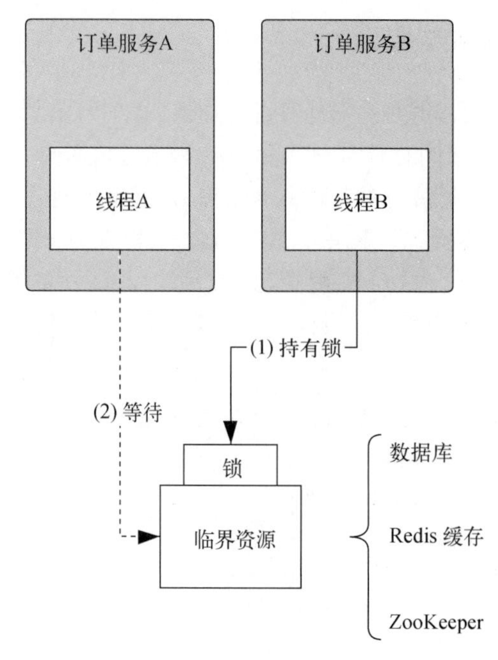

图 4-6　分布式锁示意图

用数据库实现分布式锁比较简单，就是创建一张锁表。要锁住临界资源并对其访问时，在锁表中增加一条记录即可；删除某条记录就可释放相应的临界资源。数据库对临界资源做了唯一性约束，如果有访问临界资源的请求同时提交到数据库，数据库会保证只有一个请求能够得到锁，然后只有得到锁的这个请求才可以访问临界资源。由于此类操作属于数据库 IO 操作，效率不高，而且频繁操作会增大数据库的开销，因此这种方式在高并发、对性能要求较高的场景中使用得并不多，这里不做详细介绍。本书重点介绍的是通过 Redis 和 ZooKeeper 实现分式锁。

4.2.2　通过 Redis 缓存实现分布式锁

前面提到库存作为临界资源会遭遇高并发的请求访问，为了提高效率，可以将库存信息放到缓存中。以流行的 Redis 为例，用其存放库存信息，当多个进程同时请求访问库存时会出现资源争夺现象，也就是分布式程序争夺唯一资源。为了解决这个问题，需要实现分布式锁。

如图 4-7 所示，假设有多个扣减服务用于响应用户的下单请求，这些服务接收到请求后会去访问 Redis 缓存中存放的库存信息，每接收一次用户请求，就将 Redis 中存放的库存量减去 1。

一个进程持有锁后，就可以访问 Redis 中的库存资源，且在其访问期间其他进程是不能访问的。如果该进程长期没有释放锁，就会造成其他进程饥饿，因此需要考虑锁的过期时间，设置超时时间。

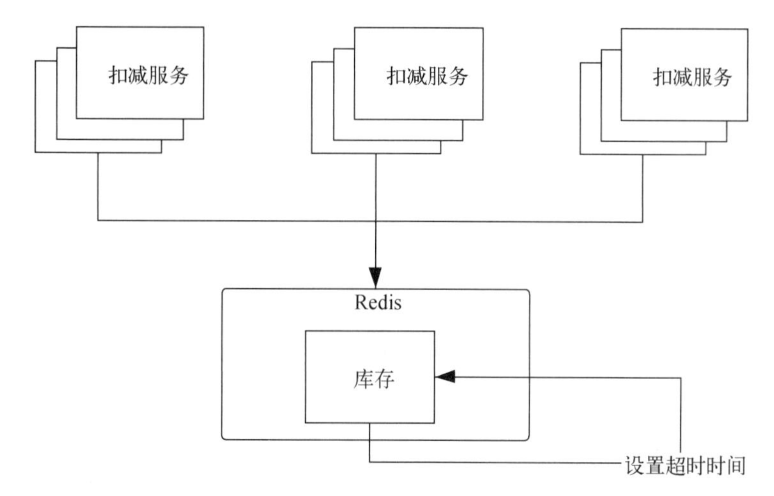

图 4-7 通过 Redis 缓存实现分布式锁

这里的超时时间需要考虑两方面问题。

- 资源本身的超时时间，一旦资源被使用一段时间后还没有被释放，Redis 就会自动释放该资源，给其他服务使用。
- 服务访问资源的超时时间，如果一个服务访问资源超过一段时间，那么不管这个服务是否处理完，都要马上释放资源给其他服务使用。

如何设置两种超时时间需要根据具体情况具体考虑，也有可能只选择其中一种进行设置。由于下单服务中的扣减操作属于核心操作，因此会用到第二种方式。如果到达规定时间，下单服务还没有处理完库存资源，就重新申请资源并且延长持有锁的时间。

说完了通过 Redis 缓存实现分布式锁的原理，再来看看如何实践。

这里以 Redisson 为例介绍如何实现分布式锁，Redisson 是架设在 Redis 基础上的一个 Java 驻内存数据网格（In-Memory Data Grid）。Redisson 在基于 NIO 的 Netty 框架上，充分利用了 Redis 键值数据库提供的一系列优势，在 Java 实用工具包中常用接口的基础上，为使用者提供了一系列具有分布式特性的常用工具类。

下面的代码通过 Redisson 在 Java 中实现 Redis 分布式锁：

```
public void testLock(){
    Config config = new Config();
    config.useClusterServers().addNodeAddress
        ("redis://192.168.1.1:7002");
    RedissonClient redisson = Redisson.create(config);    ①
    RLock lock = redisson.getLock("lockName");    ②
    try{
        //lock.lock(10, TimeUnit.SECONDS);    ③
        boolean result = lock.tryLock(5, 10, TimeUnit.SECONDS);    ④
```

```
        //若返回 true，表示获取锁成功，可以执行后面的业务逻辑
        if(result){
            ⑤
        }
    } catch (InterruptedException e) {
        e.printStackTrace();
    } finally {
        lock.unlock();   ⑥
    }
}
```

下面分析一下上述代码。

① 先配置 Redis Server 的地址信息，然后新建一个 Redisson 的客户端 redisson，让其与 Redis Server 通信。

② redisson 的 getLock 方法需要传入参数 Key。这个 Key 是需要锁住的临界资源，在秒杀系统中就是库存，上面代码中输入的是 "lockName"，可以根据业务将之设置为某商品的库存 ID，例如 "iphoneStock"。

③ 加锁 10 s 以后自动解锁，无须调用 unlock 方法手动解锁。这部分代码被注释起来，如果需要可以使用。

④ 然后通过 lock 中的 tryLock 方法传入几个参数。分别是 watiTime（等待时间）、leaseTime（过期时间）、TimeUnit（时间单位）。我们这里输入的是 5、10 和 TimeUnit.SECONDS，表示尝试加锁，最多等待 5 s，上锁 10 s 以后自动解锁。如果 tryLock 方法的返回值为 true，表示获取锁成功，可以执行后面扣减库存的业务；如果返回 false，表示不可以继续执行下面的逻辑，需过段时间再通过 tryLock 方法访问锁，看其是否释放了（可以加入 While 循环）。

⑤ 这里是获取锁成功后执行的具体业务逻辑，例如扣减库存等。

⑥ 持有锁的进程执行完毕以后通过 unlock 方法释放锁，这时其他进程就可以获取锁了。

这段代码看上去比较简单，由于 Redisson 已经做了很好的封装，因此我们只需要设置临界资源的 Key 以及过期时间就好了。如图 4-8 所示，我们一起来看看 Redisson 内部是如何实现加锁流程的。

- 进程在申请锁时，会先判断“需要锁定的临界资源的 Key 是否存在？”。
- 如果 Key 不存在，就走右边的流程，获取这个 Key 也就是临界资源，并且保存请求 ID，因为会有很多进程来请求这个 Key，为了区别这些进程需要保存访问进程的请求 ID。同时保存 Key 的过期时间，后面就是执行扣减库存业务了。
- 如果存在 Key，说明已经有进程获取了这个 Key 的使用权，也就是有进程正在扣减库存了，那么走左边的流程。判断请求 ID 是否存在，即这次的请求 ID 和已经保存的请求 ID 是否一样。

- 如果一样，说明是同一个进程（客户端）再次请求扣减库存，这种情况会被 Redisson 认作请求重入，也就是同一个请求再次获取同一临界资源，这时 Redisson 会将其请求重入 +1，并且重新设置过期时间，也就是延长这个请求的处理时间。
- 如果不一样，说明是另外一个进程（客户端）发来的请求，由于之前的进程还没有释放临界资源，因此只返回 Key 的生存时间，告诉这个进程前面的进程还有多久才能释放临界资源，也就是还需要等待多久。

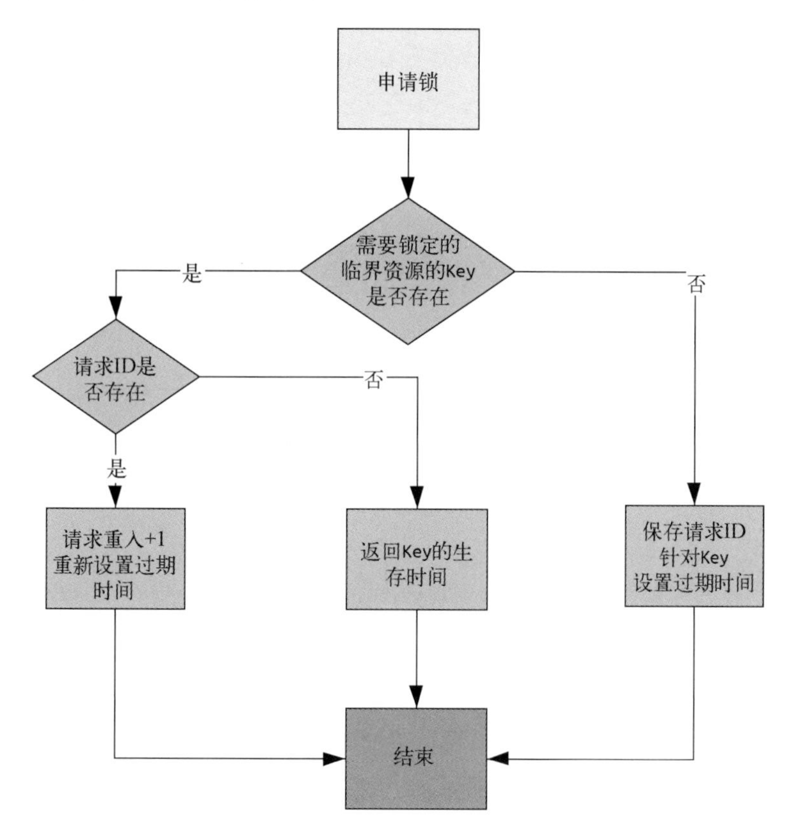

图 4-8　Redisson 内部实现加锁流程

4.2.3　通过 ZooKeeper 实现分布式锁

上面提到了使用 Redis 缓存实现分布式锁，使同时访问临界资源的进程由并行执行变为串行执行。按照同样的思路，ZooKeeper 中的 DataNode 也可以保证两个进程的访问顺序是串行的，两个库存扣减进程会在 ZooKeeper 上建立顺序的 DataNode，DataNode 的顺序就是进程访问临界资源的顺序，这样避免了多个进程同时访问临界资源，起到了锁的作用。这一节我们首先回忆一下 ZooKeeper 实现分布式锁的原理，再从代码实现的角度来分析。

在 ZooKeeper 中建立一个 Locker 的 DataNode 节点，在此节点下面建立子 DataNode 来保证先后顺序。即便是两个进程同时申请新建节点，也会按照先后顺序建立两个节点。细心的朋友会发现这部分内容在第一章提到过，先通过图 4-9 来温习一下整个过程。

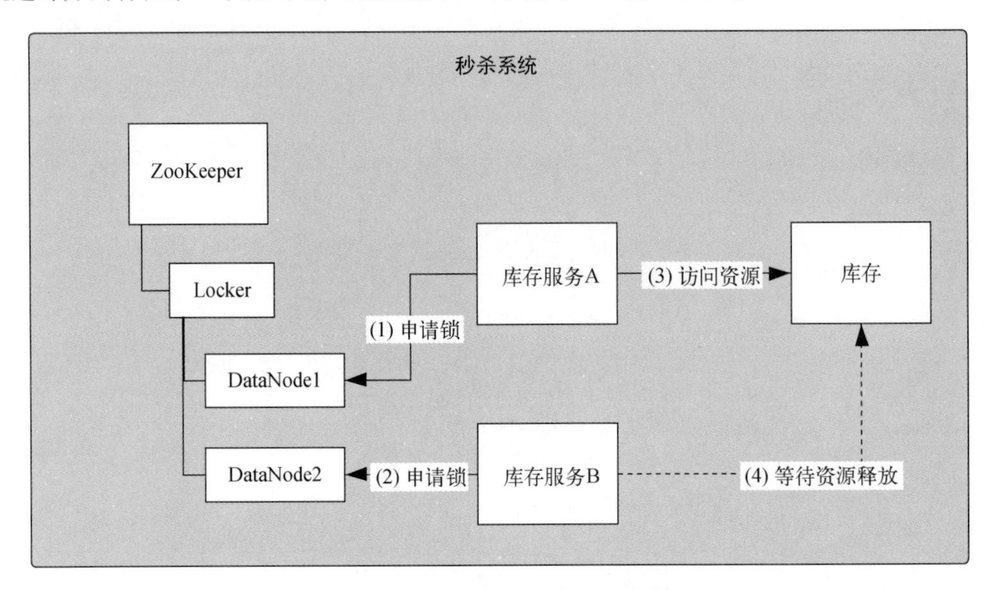

图 4-9　通过 ZooKeeper 实现分布式锁

整个过程具体如下。

(1) 当库存服务 A 想要访问库存时，需要先申请锁，于是在 ZooKeeper 的 Locker 节点下面新建一个 DataNode1 节点，表明可以扣减库存。

(2) 库存服务 B 在服务 A 后面申请库存的访问权限，由于申请锁操作排在服务 A 后面，因此节点会按照次序建立在 DataNode1 下面，为 DataNode2。

(3) 库存服务 A 在申请锁成功以后访问库存资源，并完成扣减。这段时间内库存服务 B 一直等待，直到库存服务 A 扣减完毕，ZooKeeper 中 Locker 下面的 DataNode1 节点被删除。

(4) DataNode1 被删除后，DataNode2 作为序号最靠前的节点，对应的库存服务 B 能够访问并扣减库存。

由图 4-9 可知，ZooKeeper 实现分布式锁的基本原理是按照顺序建立 DataNode 节点。下面来看一下代码实现，本着不重复造轮子的原则，与 4.2.2 节 一样，我们找了 Curator 框架作为代码级别的实施基础。相关代码如下：

```
String connectString = "192.168.1.1:2181,192.168.1.1:2182,192.168.1.1:2183";   ①
String dataNodePath = "/DataNode";   ②
RetryPolicy retryPolicy = new ExponentialBackoffRetry(1000, 4);   ③
```

```
CuratorFramework client = CuratorFrameworkFactory.newClient(connectString,
    60000, 15000, retryPolicy);  ④
client.start();  ⑤
final InterProcessLock lock = new InterProcessSemaphoreMutex(client,
    dataNodePath);  ⑥
new Thread(new Runnable() {
    @Override
    public void run() {
        try {
            lock.acquire();  ⑦
            ⑧
            lock.release();  ⑨
        } catch (Exception e) {
                e.printStackTrace();
            }
        }
    }).start();
CloseableUtils.closeQuietly(client);  ⑩
```

Curator 是 Netflix 公司的一个开源的 ZooKeeper 客户端框架。它对分布式锁做了封装，提供了现成的 API 供我们使用。除了分布式锁之外，它还提供了 leader 选举、分布式队列等常用功能。上述代码实施大致分为两部分：初始化参数配置和锁的应用。下面简要解释一下这些代码。

① 设置 ZooKeeper 服务的地址。地址以“IP 地址：端口号”的形式填写。如果针对的是集群，则通过逗号分割每个地址。

② 填写 DataNode 节点的路径。库存扣减请求会按照顺序存放在该路径下面。

③ 重试策略，设置初始休眠时间为 `1000`（ms），最大重试次数为 `4`。

④ 创建一个客户端，传入 ZooKeeper 服务器的地址和重试策略。设置 session 超时时间为 `60000`（ms），链接超时时间为 `15000`（ms）。

⑤ 创建与 ZooKeeper 的会话，之后可以通过这个会话获取 `dataNodePath` 中的信息，即库存扣减请求。

⑥ 创建锁 `lock`，这是一种不可重入的互斥锁（`InterProcessSemaphoreMutex`），即使是同一个线程，也无法在持有锁的情况下再次获取锁。

⑦ 获取锁，此后就可以进行业务操作了。`acquire` 方法会在 `dataNodePath` 下面创建临时的时序节点，执行该方法时，它会比较创建的临时节点和父节点下面其他节点的时序，如果创建的临时节点的时序最小，临时节点就获得锁，否则启动一个监听器监听排在它前面的节点。监听器线程通过 `object.wait()` 方法等待，当前面一个节点有事件产生时（例如排在前面的库存扣减请求执行完毕，节点会触发删除事件），监听器会收到这个事件通知，然后判断当前节点是不是最小节点。如果是最小的节点，就触发线程 `notifyAll()`，获得锁并且执行后面的扣减操作。

⑧ 获得锁以后执行的扣减库存的具体逻辑，在这里省略了。

⑨ `release()` 方法用于释放锁，删除时序节点，同时排在后面的节点的监听器会被触发，然后查看自己是不是最小的节点，以确定是否可以获得锁。

⑩ 最后，关闭与 ZooKeeper 的连接。

4.2.4 分布式分段加锁

前面讲的是分布式锁的原理与实现。通过 Redis 缓存和 ZooKeeper 实现分布式锁依据的都是把并行执行转换成串行执行的思路。现在假设处理一次下单扣减等逻辑需要 20ms，那么同时有 500 个扣减请求串行执行的话，就需要 20ms×500 =10 000ms，也就是 10 s。如果并发数量再高一点，即使可以将订单服务水平扩展成很多个，使用队列做缓冲，也需要很久才能完成。实际上，有了前几节分布式锁的基础，我们可以将原理中的临界资源——库存由一个分成多个，然后将分得的库存段放到临界资源中，例如库存量为 500，将其分成 50 份，每份放 10 个库存，并从 1 到 50 标号，每个号码中就放 10 个库存。当高并发来临时，订单服务按序或者随机请求 1 到 10 号库存段，如果请求的库存段没有被锁，就获取锁并进行扣减操作；如果请求的库存段被其他请求锁住了，就换一个库存段进行扣减。这样在无形中提高了并发量，可以用在秒杀系统中。

如图 4-10 所示，扣减库存请求 1 获取了库存段 1 的资源后，扣减库存请求 2 再获取库存段 1 时会发现这部分库存资源已经被锁住了，于是找库存段 2 获取资源，发现这部分库存资源并没有被锁住，于是执行扣减操作。

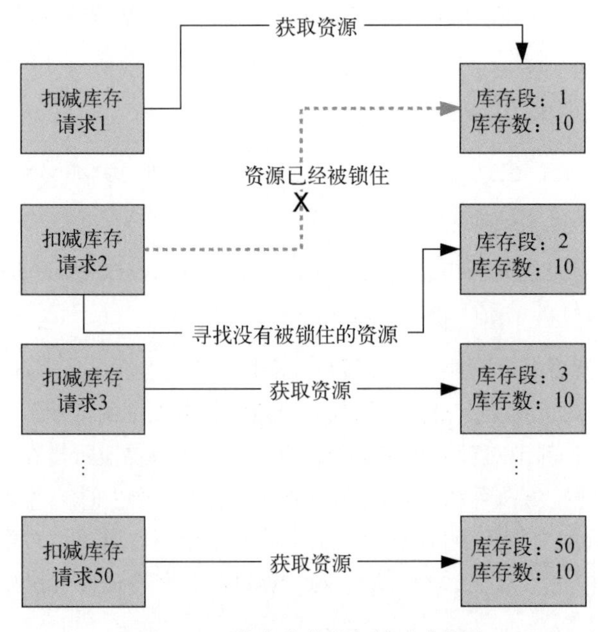

图 4-10　分布式分段加锁示意图

4.3 分布式事务

4.1 节和 4.2 节分别提到了分布式系统中的互斥问题及其解决方案——分布式锁。互斥问题讨论的是多个进程对同一个临界资源进行操作的问题，本节将要讨论的是同一个进程对多个临界资源进行操作的问题。以银行转账为例，从 A 账户中转出 100 元钱，分别转入 B 账户 30 元、C 账户 70 元。这个例子中的转账操作涉及对三个临界资源的操作，分别是 A 账户、B 账户和 C 账户。这个转账操作要么全部成功，也就是 A 账户减少 100 元、B 账户增加 30 元、C 账户增加 70 元，要么就全部失败，即 A 账户的钱没有减少、B 账户和 C 账户中的钱没有增加，并不会出现中间状态。我们把具有这些特性的操作称作事务，事务是指访问和更新数据使所做操作的集合，要么全部成功，要么全部失败，并且保证并发执行的事务彼此互不干扰。

随着分布式系统和微服务的兴起，如何在分布式环境和微服务架构下实现分布式事务成为我们需要解决的问题。如图 4-11 所示，即使在单个服务对单个资源进行操作的单体架构时代，也会遇到单个服务跨多个资源进行操作的现象。

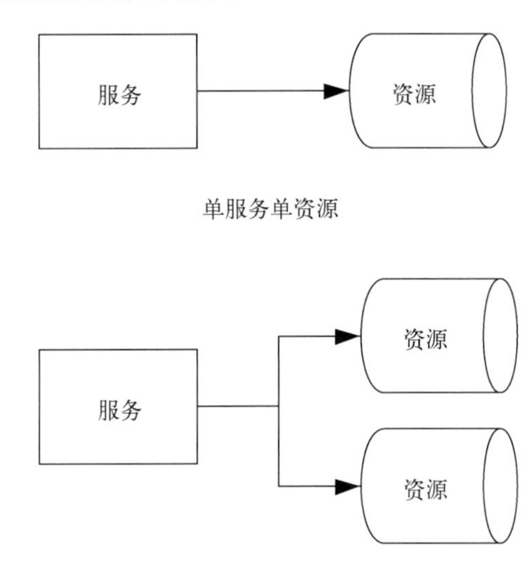

图 4-11 单体架构时代的资源访问

到了分布式系统和微服务时代，除了保留单体服务时代的资源访问方式以外，还引入了跨服务、跨资源的访问方式。如图 4-12 所示，分布式架构时代存在跨服务的资源调用，并且服务之间存在依赖关系，服务对资源也存在一对一或者一对多的调用情况。

本节将从单体架构开始介绍分布式事务，主要介绍单体事务的 ACID 特性：原子性（Atomicity）、一致性（Consistency）、隔离性或独立性（Isolation）和持久性（Durability）。

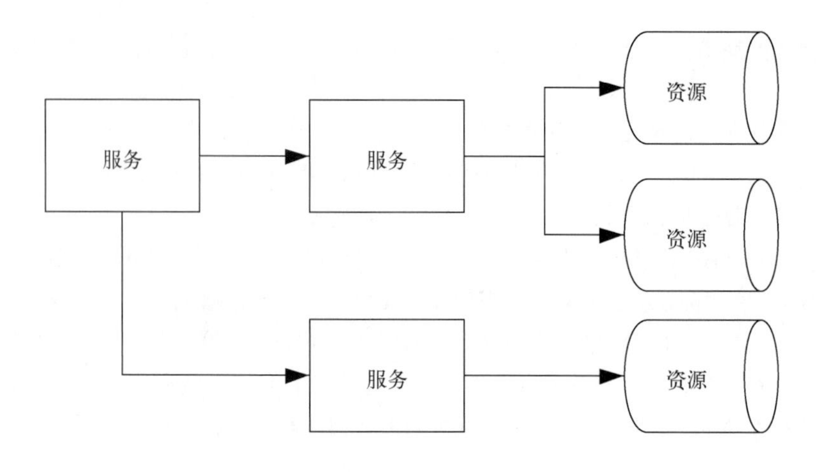

图 4-12　分布式架构时代的资源访问

出现分布式架构以后，服务和应用分布到了不同网络节点上。在这种环境下，要想保证整个系统的 ACID 特性就很难了。于是引入 CAP 理论：一致性（Consistency）、可用性（Availability）和分区容错性（Partition tolerance）。但 CAP 理论同时至多只能支持两个属性，无法三全其美，且高并发系统追求的往往是可用性，因此对 CAP 理论进行进一步扩充，出现了 BASE 理论：基本可用性（Basically Available）、软状态（Soft state）、最终一致性（Eventually consistent）。分布式事务的理论变化过程遵循的核心思想是分布式系统的引入事务无法做到强一致，但每个应用、服务需要根据具体业务达到最终一致性，这也是从 ACID 特性的刚性事务，到 CAP 理论以及 BASE 理论的柔性事务的发展过程。然后，根据分布式事务的原理派生出 DTP 分布式事务模型，在实践中不断打磨后，产生了 2PC 解决方案（两段提交）以及 TCC 解决方案（Try、Confirm、Cancel）。按照以上思路，本节对以下几个方面展开描述。

- ACID 理论
- CAP 理论
- BASE 理论
- DTP 模型
- 分布式事务 2PC 解决方案
- 分布式事务 TCC 解决方案

4.3.1　ACID 理论

正如这节开头提到的，分布式事务的处理源于单机架构的事务处理方式。因此单体事务的特性 ACID 也是分布式事务的基本特性，其具体含义如下。

- **原子性**。就像上面转账例子中提到的，事务的最终状态只有两种：全部执行成功和全部不执行，并不会出现中间状态。事务操作过程中只要有一个步骤不成功，就会导致整个事务操作回滚（取消），相当于事务没有执行。
- **一致性**。一致性是指事务执行前后数据的一致性。正如转账例子中提到的，从 A 账户转出 100 元，B 账户中到账 30 元，C 账户中到账 70 元。完成这个事务操作以后，A 账户减少的钱数与 B、C 账户增加的钱数总和应该是一样的，都是 100 元。这就是所操作数据的大小在操作前后并不会发生变化，只是会从一个状态转变为另一个状态，转账例子中是钱从一个账户转到了其他账户。
- **隔离性**。继续以转账为例，假设系统中同时出现了多个转账操作，隔离性就是指这些操作可以同时进行，并且不会互相干扰。简单来说，即一个事务的内部操作对数据状态进行的更改不会影响其他事务。
- **持久性**。这个特性的字面意思很容易理解，是指事务操作完成以后，此操作对数据状态的更新会被永久保存下来。更新后的数据会固化到硬件存储资源（例如数据库）上，即使系统发生故障或者网络出现问题，只要能够访问硬件存储资源，就一定能够获取这次事务操作后的数据状态。

ACID 中的一致性指的是强一致性，换句话说就是事务中的所有操作都执行成功后，才会提交最终结果，从而保证数据一致性。

4.3.2　CAP 理论

4.3.1 节提到了单体架构中事务处理的 ACID 特性。在出现分布式架构以后，服务和应用分布在不同的网络节点上。在这种环境下，想保证整个系统的 ACID 特性很难，于是引入 CAP 理论。

- **一致性**。分布式系统中的一致性是指所有数据在同一时刻具有同样的值。如图 4-13 所示，业务代码往数据库 01 节点写入 A 记录，然后数据库 01 把 A 记录同步到数据库 02，业务代码之后从数据库 02 中读出的记录也是 A，那么数据库 01 和数据库 02 中存放的数据就是一致的。

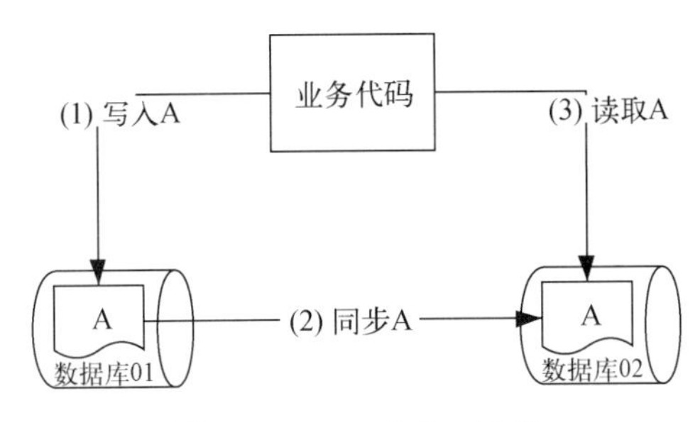

图 4-13　CAP 中的一致性

- **可用性**。可用性是指在分布式系统中，即使一部分节点出现故障，系统仍然可以响应用户的请求。如图 4-14 所示，数据库 01 和数据库 02 中都存放着记录 A，当数据库 01 挂掉时，业务代码就不能从中获取数据了，但可以从数据库 02 中获取记录 A。

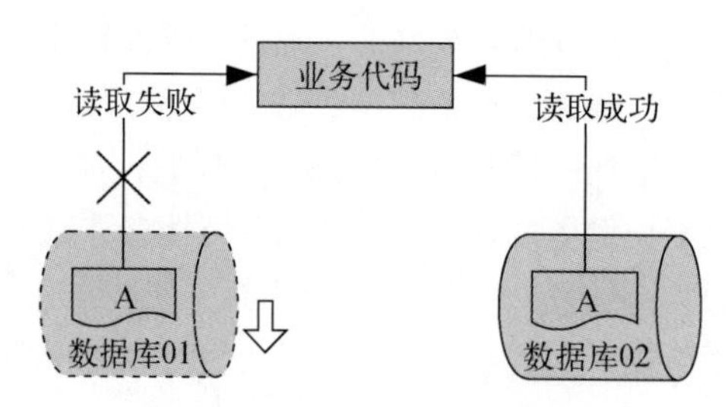

图 4-14　CAP 中的可用性

- **分区容错性**。假设两个数据库节点分布在两个区，而这两个区的通信发生了问题，因此无法达成数据一致，这就是分区问题，此时需要从一致性和可用性之间做出选择。是选择一致性（C），等待两个区的数据同步了再去获取数据，还是选择可用性（A），只获取其中一个区的数据？

如图 4-15 所示，业务代码对两个节点的通信失败，往数据库 01 写入记录 A 时，需要锁住数据库 02 中的记录 A，不让其他业务代码修改此纪录，直到数据库 01 修改完成。一致性和可用性在此刻是矛盾的，不能兼得。

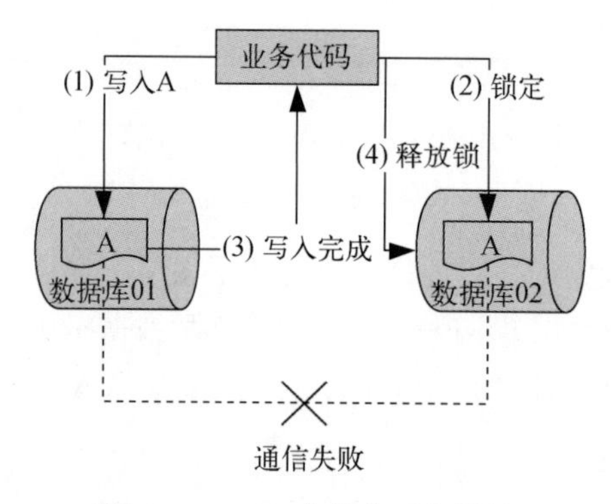

图 4-15　CAP 中的分区容错性

从原则上讲，CAP 理论无法兼顾三个特性，在同一时刻只能保证其中两个，抛弃另一个。下面分别分析三种情况。

- **保证一致性、可用性，放弃分区容错性**。在分布式系统中，服务和应用分布在不同的网络节点中，如果这些网络设施无法做到 100% 稳定，就会出现不同程度的网络不连通情况。因此如果放弃分区容错性，就等于放弃使用分布式系统，这不在本书的讨论范围内。

- **保证一致性、分区容错性，放弃可用性**。保证一致性和分区容错性，说明这个分布式系统对数据一致性的要求比较高，宁可放弃可用性也要保证系统正常工作，这种情况适合应用在金融领域，即使长时间不响应用户，也要保证交易数据的一致性。当网络分区发生问题，导致数据无法同步时，也要牺牲系统的可用性，让用户一直等待，直到完成事务的整个操作。牺牲可用性虽然会给用户带来使用体验上的不满意，但是最大程度地保障了用户数据的一致性。
- **保证可用性、分区容错性，放弃一致性**。保证可用性和分区容错性，说明这个分布式系统非常重视用户体验。这种应用场景多是 ToC 端的应用，例如电商网站。这类应用在承受大流量、高并发的同时，还要保证高可用性。当网络分区发生问题时，允许某些非核心数据暂时不一致，以此换取对用户操作的高响应。

4.3.3 BASE 理论

由于 CAP 理论导致一个应用同时至多只能支持两个特性，无法三全其美，且高并发系统追求的往往是可用性，因此对 CAP 理论进行进一步扩充，产生了 BASE 理论。

- **基本可用性**。基本可用性是指不会因为某个节点出现问题就影响用户请求，即使在流量激增的情况下，也会考虑通过限流降级的办法保证用户请求是可用的。比如电商系统在流量激增时，会将资源向核心业务倾斜，其他业务则降级处理。
- **软状态**。如果一条数据存在多个副本，则允许副本之间数据同步的延迟，能够容忍较短时间内的数据不一致。其中，数据同步正在进行但还没有完成的状态就称为软状态。如图 4-16 所示，业务代码往数据库 01 写入记录 A 后，数据库 02 中的记录 B 并没有立即同步这个记录 A，而是以延迟同步的方式实现。

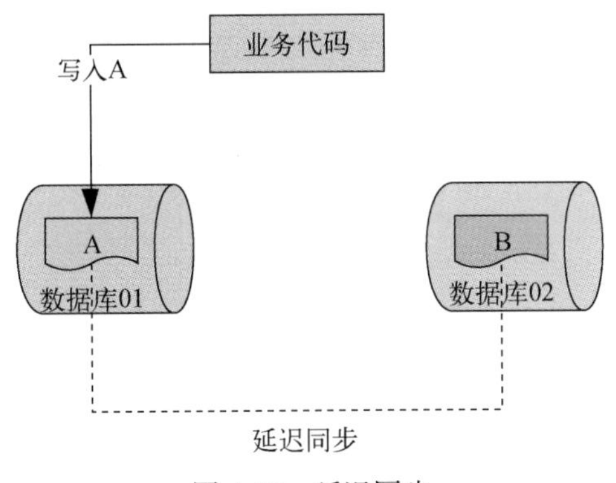

图 4-16　延迟同步

- **最终一致性**。最终一致性是相对于强一致性来定义的，后者是要保证所有的数据都一致，为实时同步，而前者会容忍一小段时间的数据不一致，过了这小段时间后数据保证一致即可。有以下几种一致性。

1. 因果一致性（Causal consistency）

如图 4-17 所示，进程 1 和进程 2 都对变量 x 进行操作，进程 1 写入变量 x，进程 2 读取变量 x，然后计算 x+2。其中进程 1 和进程 2 的操作就存在因果关系，进程 2 的计算依赖于进程 1 写入的变量 x，如果进程 1 没有写入这个 x，进程 2 就无法完成计算。

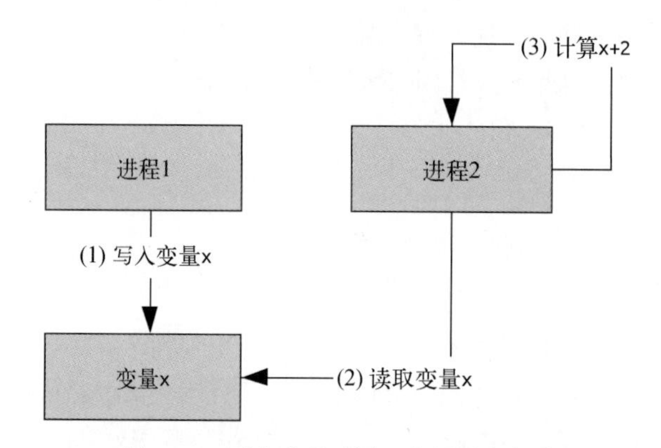

图 4-17　两个进程对同一变量进行操作

2. 读己之所写（Read your writes）

如图 4-18 所示，进程 1 写入变量 x 之后，可以获取自己写入的这个变量值。

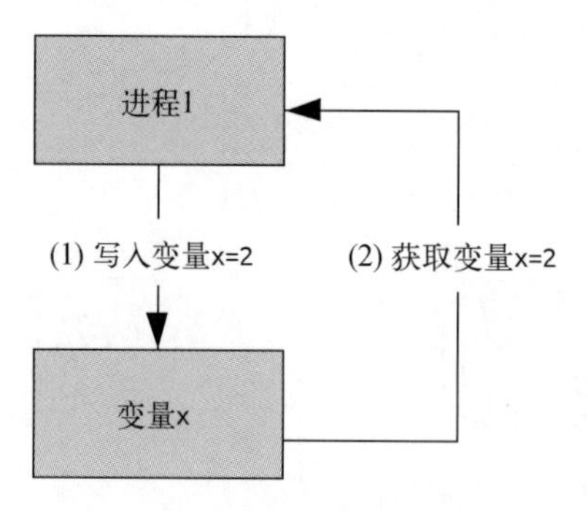

图 4-18　进程写入值的同时获取此值

3. 会话一致性（session consistency）

如图 4-19 所示，如果一个会话实现了读己之所写，那么数据更新后，客户端只要在同一个会话中，就可以看到这个更新的值。

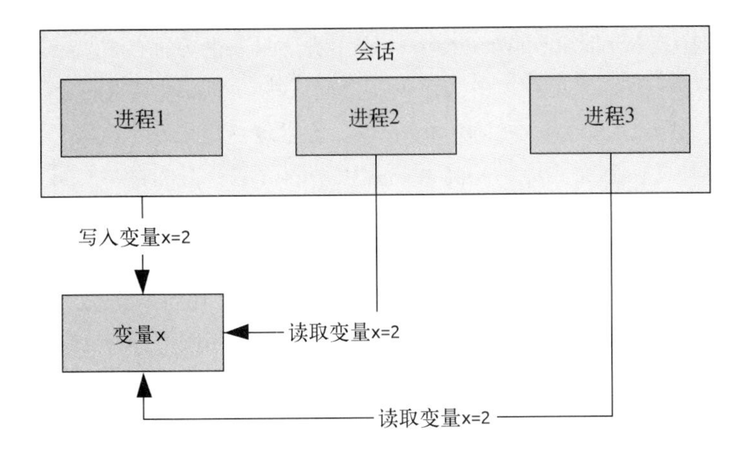

图 4-19 多进程在同一会话中能够看到相同的值

4. 单调写一致性（monotonic write consistency）

如图 4-20 所示，进程 1 有三个写操作，进程 2 有两个写操作。当这两个进程同时请求系统时，系统会保证按照进程中操作的先后顺序来执行。

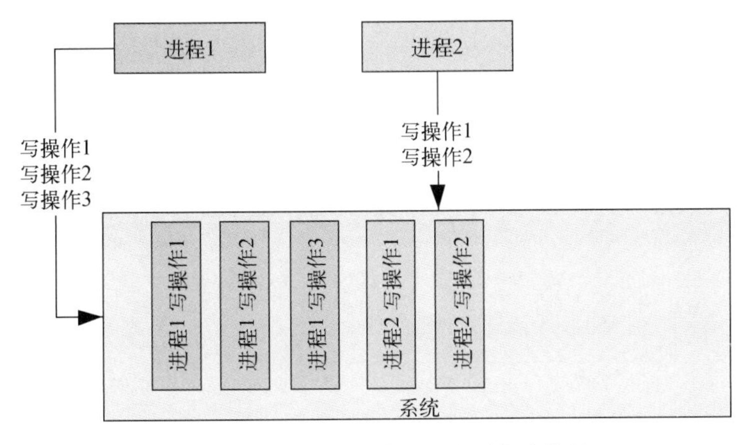

图 4-20 多进程多操作通过队列方式执行

4.3.4 DTP 模型

聊完了分布式事务的理论以后，需要有对应的方式实现这些理论。The Open Group 组织由 X 公司和 Open 公司合并而成，该组织制定了一个叫作 X/Open Distributed Transaction Processing（以下简称 DTP）的模型，也就是分布式事务处理模型。DTP 模型用来定义分布式事务的处理方式，也可以将其称为一种基础软件架构，该架构提供了应用程序处理多个临界资源的标准，定义了多个应用程序协同工作于全局事务的模式。DTP 模型包括下面四部分内容。

- **应用程序（AP，Application Program）**。应用程序具备两方面的功能：定义完成整个事务需要的所有操作（一个或者多个操作）、根据这些操作访问对应的资源。
- **资源管理器（RM，Resource Manager）**。资源管理器用来管理共享资源，例如数据库实例。它同样具备两方面功能：一方面是提供访问资源所需的接口，并且支持对资源进行事务处理；另一方面是配合事务管理器完成全局事务，当应用程序在一个事务中需要操作多个资源时，资源管理器会在事务管理器注册多个事务，然后事务管理器根据注册的这些事务建立一个全局事务。全局事务中的每个事务都对应资源管理器的一个模型实例，通过资源管理器对资源进行操作来实现事务管理器中定义的全局事务信息。
- **事务管理器（TM，Transaction Manager）**。事务管理器为应用程序提供注册事务的接口，针对应用程序的操作注册全局事务，然后在这个全局事务中定义原子事务（原子事务可以理解为应用程序事务中不能再拆分的操作）。同时通过 XA 协议与资源管理器直接通信，根据原子事务告诉资源管理器要操作哪些资源。通过存储、管理全局事务的内容，指挥资源管理器完成提交和回滚操作（commit 和 rollback）。
- **XA（Extended Architecture）**。资源管理器和事务管理器之间通信遵循的协议规范，事务管理器通过它来管理和控制资源管理器上的原子事务访问资源。

DTP 模型的事务处理流程如图 4-21 所示。

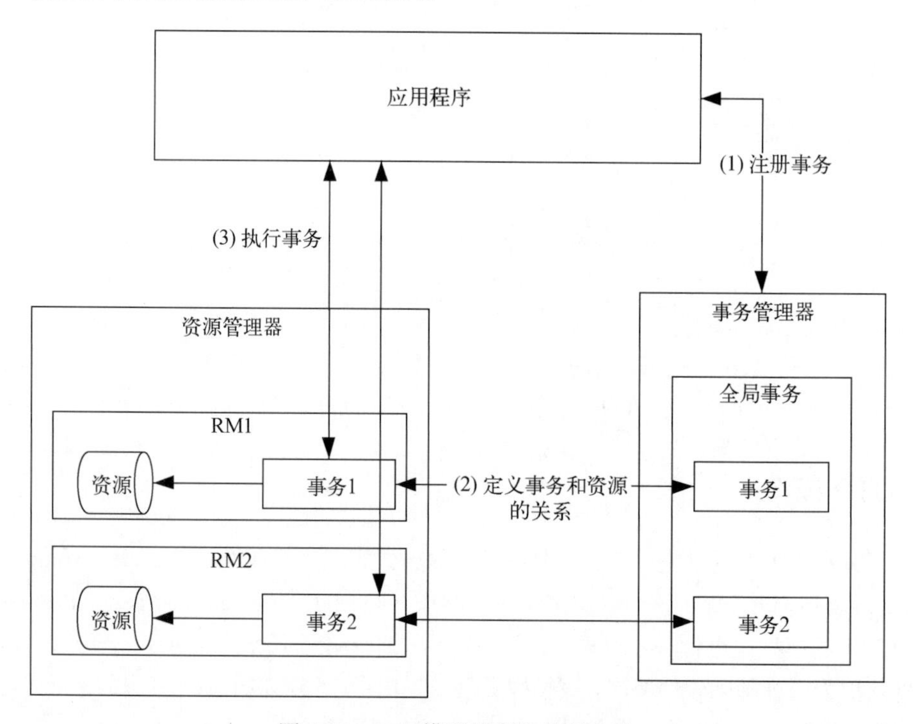

图 4-21　DTP 模型的事务处理流程

其中每个步骤的操作分别如下。

(1) 应用程序针对自身的业务要求在事务管理器中注册对应的操作，图 4-21 中假设应用程序的事务包含两个操作，这两个操作在事务管理器中就显示为两个原子事务，分别是事务 1 和事务 2，这两个原子事务包含在全局事务中被统一管理。

(2) 事务管理器通过 XA 协议将原子事务与资源管理器上的原子事务对应起来。资源管理器有多个，每个资源管理器分别控制 1 个原子事务访问相应的资源。

(3) 完成上面两步操作后，应用程序就可以根据自身业务直接访问资源管理器中的资源了，同时事务管理器中定义的全局事务会判断其原子事务的完成情况，以此决定是提交事务还是回滚事务。

4.3.5 分布式事务 2PC 解决方案

可以看出 DTP 定义了分布式事务的处理模型，可以针对这个模型提出分布式事务的解决方案，2PC 就是其中一种。2PC 的全称为两阶段提交（Two Phase Commitment Protocol），是 DTP 模型的最佳实践，解决了在分布式服务或数据库场景下，同一事务对多个节点进行操作的数据一致性问题。2PC 在一定程度上遵守 ACID 理论的刚性事务的要求，保证了强一致性。2PC 中有两个概念，一个是事务协调者，对应 DTP 模型中的事务管理器，用来协调事务，所有事务什么时候准备好、什么时候可以提交都由它来协调和管理；另一个是事务参与者，对应 DTP 模型中的资源管理器，主要负责处理具体事务、管理需要处理的资源。例如事务参与者可以处理订票业务，扣款业务。

2PC 最佳实践分为两个阶段。

第一阶段（准备阶段）：如图 4-22 所示，事务协调者（事务管理器）给每个事务参与者（资源管理器）发送准备（prepare）消息，目的是询问大家是不是都准备好了，马上就要执行事务了。事务参与者会根据自身业务和资源情况进行检查，然后给出反馈。检查过程根据业务内容的不同而不同，例如订票业务需要检查是否有剩余票、扣款业务需要检查余额是否足够。

只有检查通过，才能返回就绪（ready）信息。否则，事务将终止，并且等待下次询问。由于检查过程需要完成一些操作，因此需要写 redo 日志和 undo 日志，以便事务失败重试，或者失败回滚时使用。

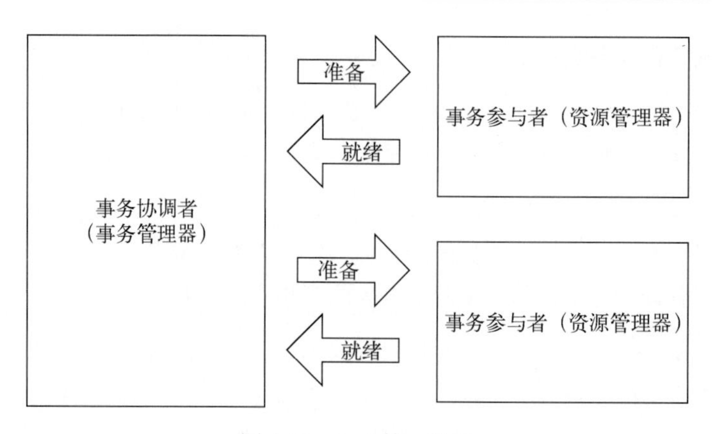

图 4-22　2PC 第一阶段

第二阶段（提交阶段）：如图 4-23 所示，如果事务协调者接收到事务参与者检查失败或者超时的消息，会给其发送回滚（rollback）消息，否则发送提交（commit）消息。

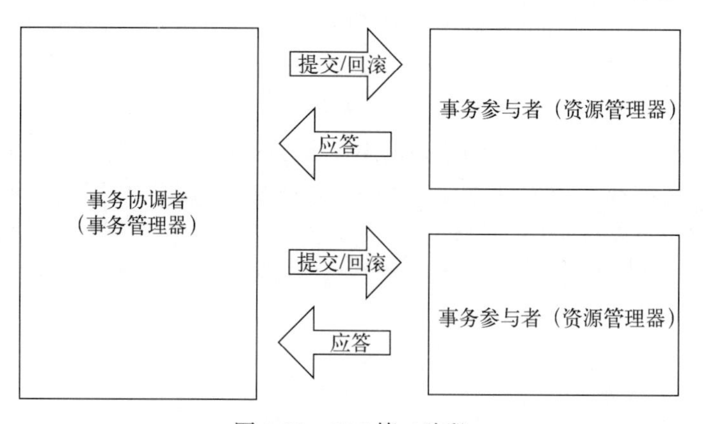

图 4-23　2PC 第二阶段

针对以上两种情况，处理过程分别如下。

情况 1：只要有一个事务参与者反馈未就绪（no ready），事务协调者就会回滚事务。

a) 事务协调者向所有事务参与者发出回滚请求。
b) 事务参与者使用第一阶段中 undo 日志里的信息执行回滚操作，并且释放整个事务期间占用的资源。
c) 各事务参与者向事务协调者反馈应答（ack）消息，表示完成操作。
d) 事务协调者接收到所有事务参与者反馈的应答消息，即完成了事务回滚。

情况 2：当所有事务参与者均反馈就绪（ready）消息时，事务协调者会提交（commit）事务。

a) 事务协调者向所有事务参与者发出正式提交事务的请求。

b) 事务参与者执行提交（commit）操作，并释放整个事务期间占用的资源。

c) 各事务参与者向事务协调者反馈应答（ack）消息，表示完成操作。

d) 事务协调者接收到所有事务参与者反馈的应答（ack）消息，即完成了事务提交。

4.3.6 分布式事务 TCC 解决方案

随着大流量、高并发业务场景的出现，对系统可用性的要求变得越来越高，这时 CAP 理论和 BASE 理论逐渐进入人们的视野，柔性事务成为分布式事务的主要实现方式，TCC 作为补偿事务也位列其中。

TCC（Try-Confirm-Cancel）的核心思想是对于每个资源的原子操作，应用程序都需要注册一个与此操作对应的确认操作和补偿（撤销）操作。其中确认操作负责在原子操作执行成功时进行事务提交，补偿操作负责在原子操作执行失败时对事务进行回滚。TCC 分为三个阶段。

- Try 阶段：负责对业务系统以及要操作的对象进行检测和资源预留。
- Confirm 阶段：负责对业务系统做确认提交。如果 Try 阶段执行成功，表明针对资源的操作已经准备就绪，此时执行 Confirm 便会提交对资源的操作。也就是说当资源准备好时，只用提交该操作执行就好了。
- Cancel 阶段：负责在业务执行错误，需要回滚时执行业务取消操作，此时就需要释放 Try 阶段预留的资源了。换句话说，是在资源操作执行失败的情况下，根据之前预留的资源情况进行回滚。

接下来通过一个例子帮助大家理解。

如图 4-24 所示，假设有一个转账服务，需要把 A 银行中 A 账户的 100 元分别转到 B 银行的 B 账户和 C 银行的 C 账户，这三个银行的转账服务各不相同，因此这次转账服务就形成了一次分布式事务。我们来看看如何用 TCC 的方式完成这个服务。

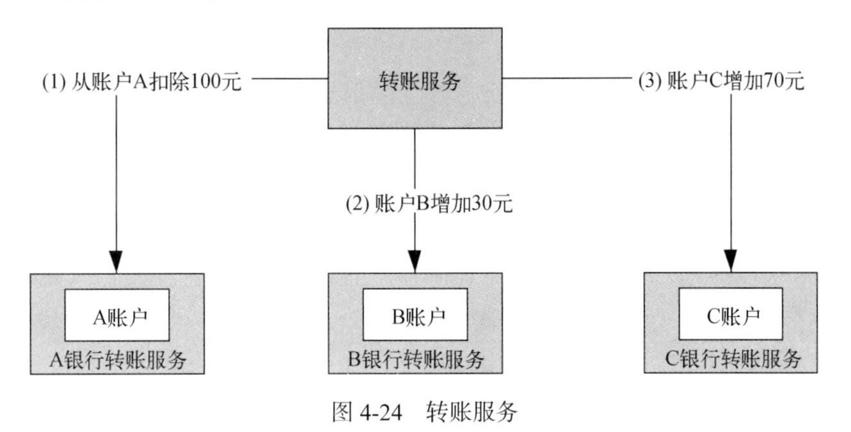

图 4-24 转账服务

首先是 Try 阶段，主要检测资源是否可用，例如检测账户余额是否足够，缓存、数据库、队列是否可用等。这个阶段并不执行具体的转账逻辑。如图 4-25 所示，从 A 账户转出钱之前要检查该账户的总金额是否大于 100，并且记录总金额和转出金额。对于 B 账户和 C 账户，需要知道账户原有的总金额和转入金额，从而可以计算转帐后的总金额。这里的交易数据库除了设有总金额字段，还要有转出金额或者转入金额字段，供 Cancel 阶段回滚时使用。

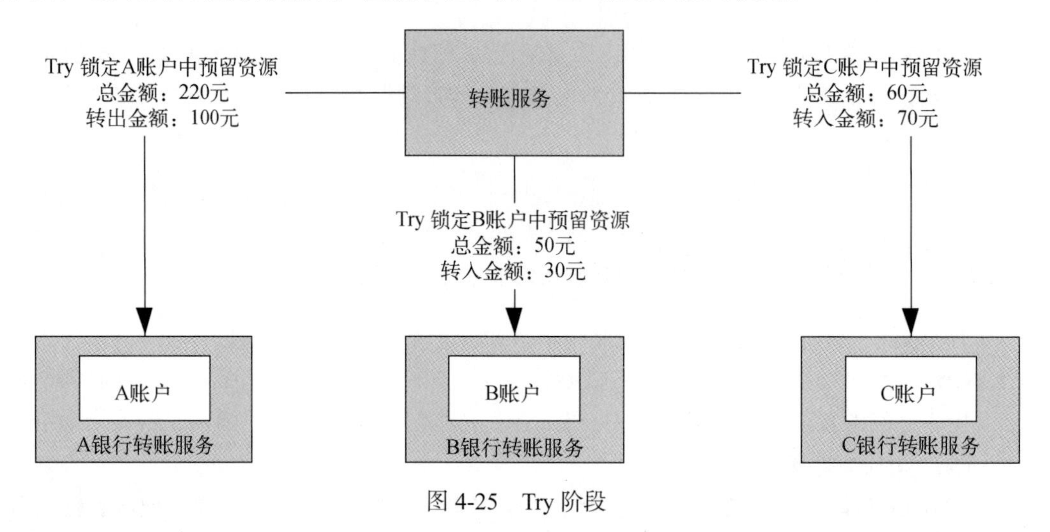

图 4-25　Try 阶段

如果 Try 阶段执行成功，就进入 Confirm 阶段，执行具体的转账逻辑。如图 4-26 所示，从 A 账户转出 100 元成功，剩余金额为 220 – 100 = 120，把这个剩余金额写入总金额中保存，并且把交易状态设置为转账成功。B 账户和 C 账户分别设置总金额为 50 + 30 = 80 和 60 + 70 = 130，也把交易状态设置为转账成功。现在，整个事务完成。

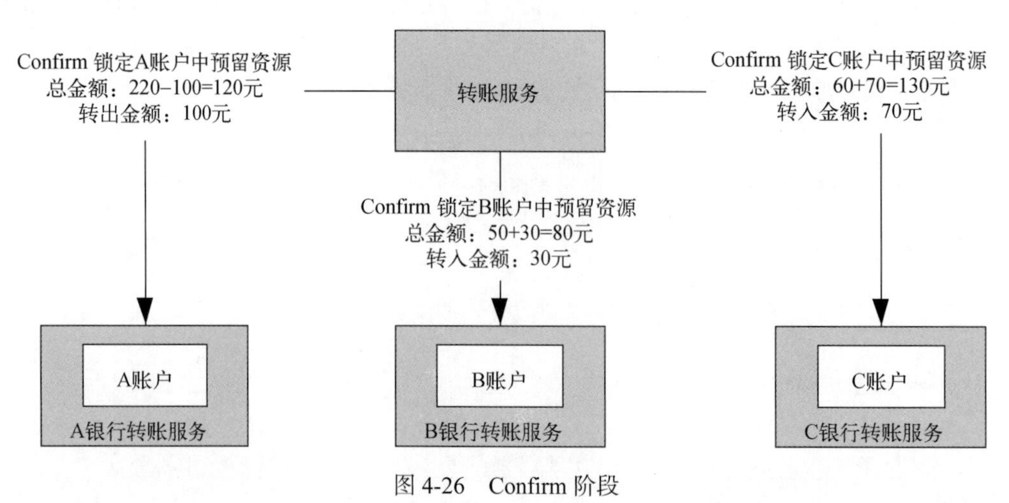

图 4-26　Confirm 阶段

如果 Try 阶段没有执行成功，那么 A、B、C 银行的转账服务都要做回滚的操作。如图 4-27 所示，A 账户需要把扣除的 100 元加回，所以总金额为 120 + 100 = 220。B 账户和 C 账户需要把从总金额中减去入账金额，分别是 80 – 30 = 50 和 130 – 70 = 60。

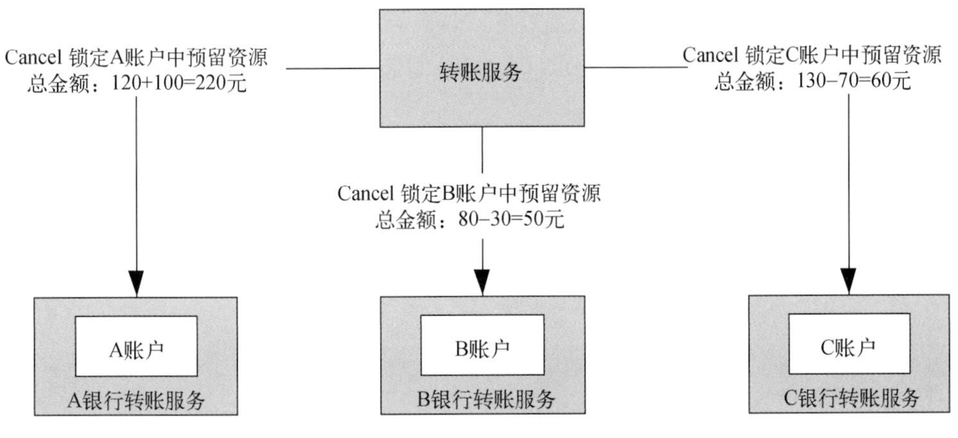

图 4-27 Cancel 阶段

- **TCC 接口实现**

这里应注意，需要针对每个服务分别实现 Try、Confirm、Cancel 三个阶段的代码，例如上面转账服务涉及的检查资源、执行业务、回滚业务操作。如图 4-28 所示，在 A 银行转账服务中需要分别实现 Try、Confirm、Cancel 三种接口，来对应三种不同的阶段。目前有很多开源的架构可以借鉴，例如 ByteTCC、TCC-Transaction。

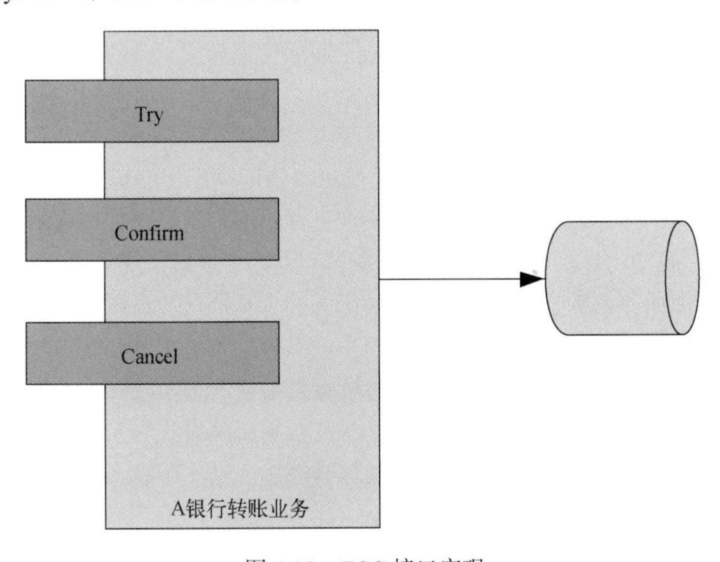

图 4-28 TCC 接口实现

- **TCC 可靠性**

TCC 通过记录事务处理日志来保证可靠性。一旦执行 Try、Confirm、Cancel 操作时服务挂掉或者出现异常，TCC 便会提供重试机制。如图 4-29 所示，A、B、C 银行转账服务在执行 Try、Confirm、Cancel 操作时都会记录日志，当服务或者服务器挂掉进行重启恢复时，就可以从日志中读取对应的操作阶段，对事务操作进行重试。另外如果服务存在异步情况，则可以采用消息队列的方式保持通信事务的一致。

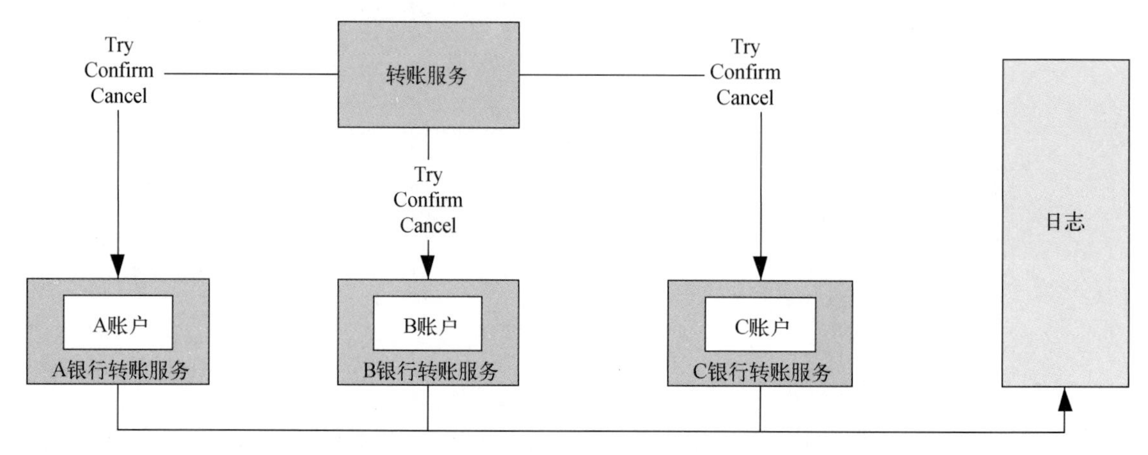

图 4-29　TCC 可靠性

4.4　分布式选举

本章内容主要介绍分布式系统中的协同问题。前面已经介绍了分布式互斥和分布式事务，前者讨论的是多个应用调用单个资源的问题，后者讨论的是单个、多个应用调用不同资源的问题。解决这些问题时，我们介绍了一些对应的算法（例如集中互斥算法、DTP 分布式模型），并在这些算法中引入事务协调者的角色。事务协调者虽然可以协助应用程序访问资源，但也会引出问题，就是事务协调者本身的可用性，一旦由于网络或者自身服务器问题造成事务协调者不可用，算法就无法实现。因此，我们将针对事务协调者搭建对应的集群，采用主从互备的方式增强其可用性。在主从互备中，会选择一个主节点作为信息更新的入口，其他从节点作为信息的读取端。信息的更新在主节点上完成，更新后主节点再将信息同步到其他从节点上，保证从节点上的信息与主节点的一致。一旦由于故障导致主节点下线，就需要在其他从节点中选举一个作为新的主节点，代替旧主节点工作。如果把主节点称为领导者，从节点称为跟随者，那么从多个跟随者中选举领导者的过程就是本节要讲的分布式选举。分布式选择是分布式系统中事务协调者可用性的表现，这一节会介绍分布式选举的几个算法，分别是 Bully 算法、Raft 算法、ZAB 算法。

4.4.1 Bully 算法

Bully算法的原则是在存活的节点中，选取节点ID最大（或者最小）的节点为主节点。当然Bully算法也适用于含主从节点的分布式系统，其分为三种消息类型。

- Election 消息：此消息用于发起选举。
- Alive 消息：对 Election 消息的回复。
- Victory 消息：竞选成功的主节点向其他节点发送的消息，告诉其他节点自己是主节点。

在使用Bully算法的集群中，每个节点都知道其他节点的ID，选举过程分如下几步。

- 集群中所有节点都判断自己的ID是否是存活节点中ID最大的，如果是，就向其他节点发送Victory消息，声明自己是主节点。
- 否则，向比自己ID大的所有节点发送Election消息，并等待回复。
- 在给定的时间范围内，如果当前节点没有接收到其他节点回复的Alive消息，就认为自己是主节点，同时向其他节点发送Victory消息，声明自己是主节点；若接收到比自己ID大的节点回复的Alive消息，就等待其他节点发送Victory消息。
- 若当前节点接收到比自己ID小的节点发送的Election消息，则回复一个Alive消息，告知这些节点，我的ID更大，需要重新选举。

接下来通过例子直观地看看Bully算法是如何实现选举的。如图4-30所示，假设集群中有4个节点，ID从小到大排列分别是1、2、3、4，这四个节点互相连接，并且每个节点都知道其他节点的ID，这里把这四个节点分别称作N1、N2、N3、N4。由于N4节点的ID最大，因此在集群初始化的时候，选其作为主节点，其他三个节点为从节点。

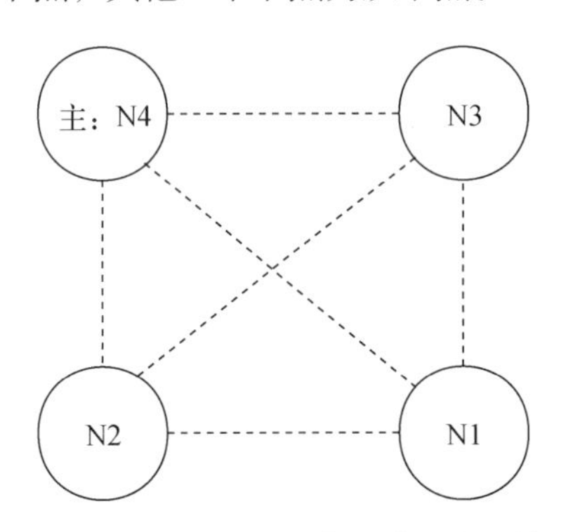

图4-30 四个节点在集群中互相连接

如果N4节点突然遇到故障死机了，最早发现这个情况的是N1节点，那么N1节点会向比自己ID大的节点（N2、N3和N4）发起选举，即发送Election消息，如图4-31所示。

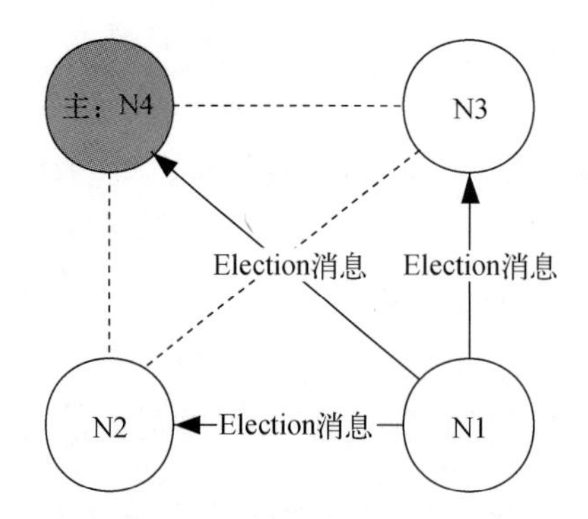

图 4-31 N1 节点向其他三个节点发起选举

由于 N4 节点已经死机，如图 4-32 所示，因此只有 N2 和 N3 节点向 N1 节点回复了 Alive 消息，表示都比 N1 节点的 ID 大，因此需要重新发起选举。

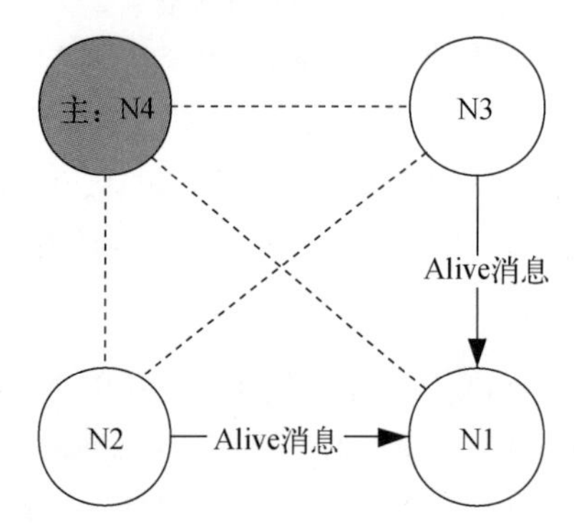

图 4-32 N2 和 N3 节点的 ID 大于 N1 节点

如图 4-33 所示，N2 向集群中比自己 ID 大的两个节点（N3 和 N4）发送了 Election 消息，从而重新发起选举。

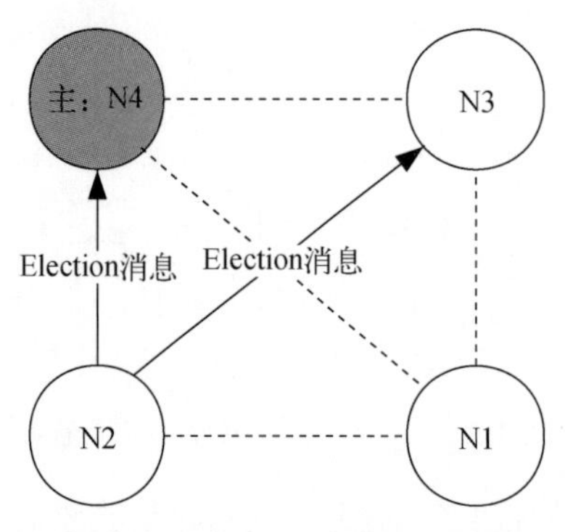

图 4-33 N2 节点重新发起选举

N4 节点由于死机同样无法回复 N2 节点的消息，如图 4-34 所示，N3 节点接收到 N2 节点的消息以后发现自己的 ID 比 N2 节点的大，于是回复 Alive 消息。

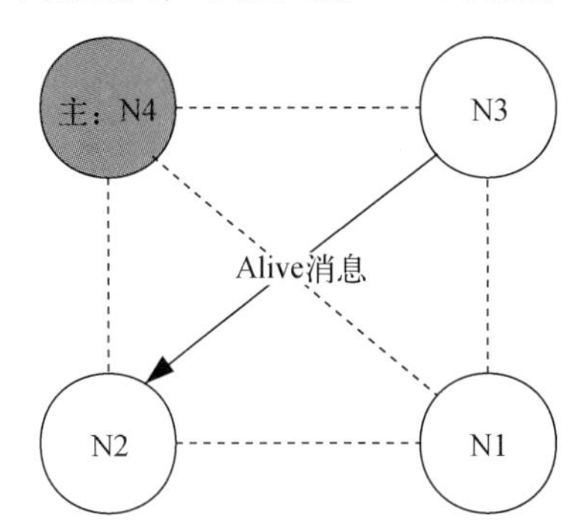

图 4-34　N3 节点回复 Alive 消息

此时，轮到 N3 节点发起选举了，如图 4-35 所示，N3 节点向比自己 ID 大的 N4 节点发送了 Election 消息。很明显 N4 已经死机，无法回复 N3 节点，于是在等待一定时间后 N3 节点顺利成为了主节点。

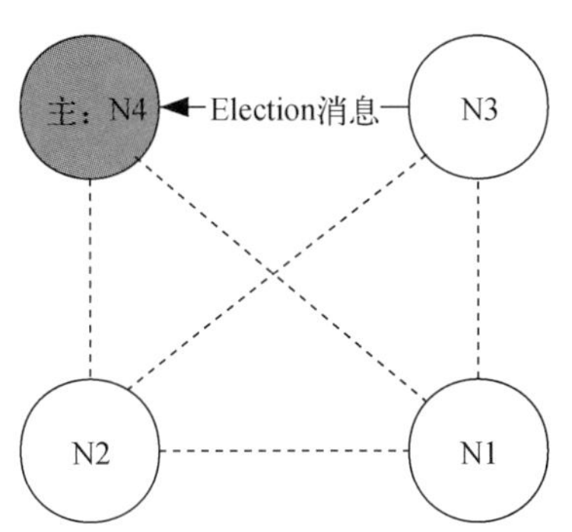

图 4-35　N3 节点向 N4 节点发起选举

作为新主节点的 N3 需要向其他节点声明自己的身份，于是向全网其他节点发送 Victory 消息，如图 4-36 所示。

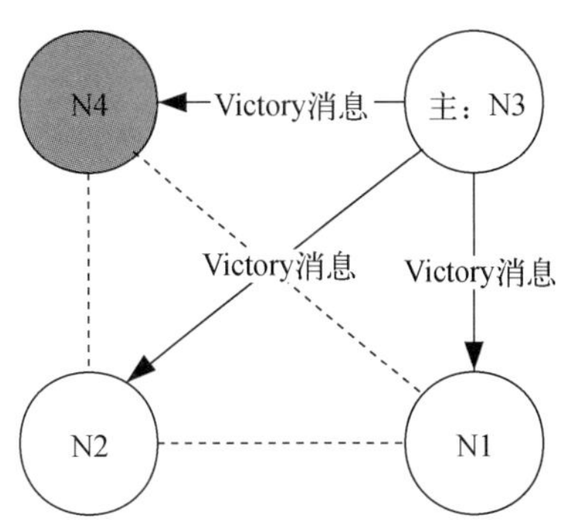

图 4-36　N3 作为主节点向全网其他节点发送 Victory 消息

4.4.2 Raft 算法

Raft 算法是一种投票选举算法，遵从少数服从多数的原则，规定在一个周期内获得票数最多的节点为主节点。该算法将集群节点划分为三种角色。

- Leader：领导者，也就是主节点，在一个集群中同一时刻只能有一个领导者，负责协调和管理其他从节点。
- Candidate：候选者，集群中的每个节点都有可能成为候选者，只有先成为候选者才有机会被选为领导者。
- Follower：跟随者，它会跟随领导者，不可以发起选举。

如图 4-37 所示，集群初始化时，所有节点都是跟随者，在没有领导者的情况下，这些跟随者自然接收不到领导者的消息，经过一定时间后就会转换为候选者。候选者通过投票参与选举，如果接收到半数以上的投票就会转换为领导者。如果由于网络分区，网络中出现了更大任期（Term）领导者，那么旧的领导者会退为跟随者。候选者如果发现了新的领导者或者新的任期，会转换为跟随者。

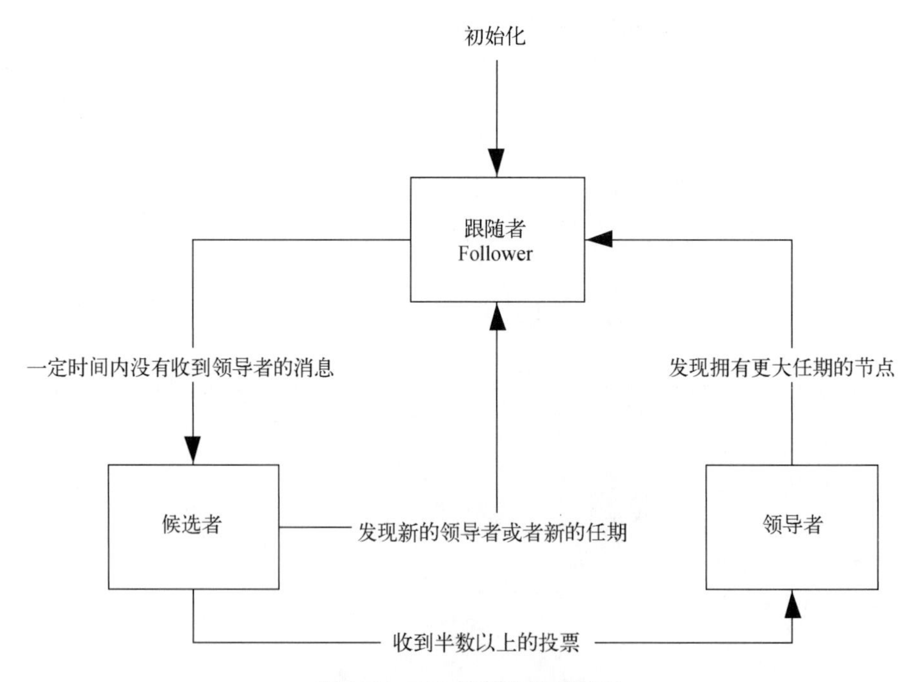

图 4-37　Raft 算法选举状态图

图 4-37 对 Raft 算法的三个角色之间的转换进行了简述，通过下面几步详细描述 Raft 选举的流程。

(1) 在集群初始化阶段，各节点加入集群中，此时所有节点均为跟随者，也就是说在最初是没有领导者的。

(2) 集群中如果存在领导者，就会给每个跟随者发送心跳包表示自己存在，但此时集群中并没有领导者，因此需要进行选举。

(3) 集群中所有节点都从跟随者转换为候选者，同时向其他节点发送选举请求。这里有一个选举超时控制机制（Election Timeout），用来控制节点从跟随者转换为候选者的时间，一般选取150ms和300ms之间的随机值。设置这个值的目的是避免多个跟随者同时转换为候选者。如果跟随者在选举超时控制指定的时间范围内没有接收到来自领导者的心跳包，就转换为候选者发起选举。

(4) 由于选举超时控制的时间是一定范围内的随机数，因此其他节点接收到的选举请求是有先后顺序的，接收请求的节点回复请求发起者，是否同意其成为领导者。需要注意，在每轮选举中，一个节点只能投出一张票。

(5) 如果有候选者获得超过一半节点的投票，那么这个候选者就会成为领导者并且宣布自己的任期。任期可以理解为一个累加的数字，例如集群中第一次选举出来的领导者，其任期为1。领导者宣布任期以后，其他节点会转变为跟随者。领导者节点会向跟随者节点定期发送心跳包，检测对方是否存活。通常来说心跳包会按照一定时间间隔发送，跟随者接收到来自领导者的心跳包以后，会回复一个消息表示已经接收到。

(6) 当领导者出现网络延迟或者死机时，无法发送心跳包，跟随者如果在选举超时控制容忍的时间内没有接收到心跳包就会发起选举。这表明之前领导者节点的任期到了，如果之前的任期为1，那么再选举出来的领导者的任期就是2。当跟随者发起新选举时，当前的领导者节点会降级为跟随者，和其他跟随者一样参与新一轮选举。

注意

在Raft算法中，如果某一次选举时出现了平票的现象，也就是两个节点获得了一样多的票数，就将任期加1并重新发起一次选举，直到某个节点获得更多的票数。

一旦集群中选举出了领导者，客户端的写入操作就会针对领导者展开，领导者再与跟随者同步信息完成最终值的修改。图4-38描绘了客户端通过领导者对集群中其他节点上的信息进行更新的过程。

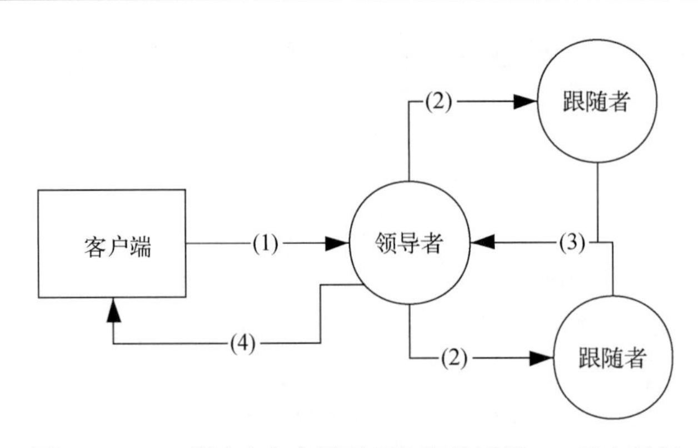

图 4-38　Raft 算法中客户端更新数据的过程——日志复制

具体过程如下。

(1) 客户端将更新信息发送给领导者，此时领导者会在本地的日志中建立一个 Entry，记录这次修改。注意这个 Entry 是未提交（Uncommitted）的，即还没有进行提交操作，也就是说还没有领导者节点更新信息。

(2) 领导者将客户端的更新信息分别提交到两个追随者中，说白了就是将这次修改的日志副本发送给两个跟随者。

(3) 跟随者接收到更新信息后，会给领导者发送确认信息。直到接收到半数以上的确认信息后，领导者才会将客户端更新的 Entry 提交到本地的日志中保存，意思是这次更改已经发送给跟随者，并且得到半数以上的确认。与此同时，领导者还会向集群内的所有跟随者发送广播，声明这次更改已经提交了。上述整个将更新信息通知全网跟随者，并且得到确认的过程称为日志复制。

(4) 最后，领导者告知客户端 Entry 已经提交。

上面介绍的日志复制过程不仅在更新信息时会发生，在集群初始化，选举新领导者时也会进行。领导者会将自身保存的状态信息复制到集群的其他跟随者中，这个状态信息叫作 AppendEntries。值得注意，通常是在领导者向跟随者发送心跳包的时候发送 AppendEntries。

集群中的各个节点可能位于不同的网络中，网络环境不同，就会存在网络分区的情况。如图 4-39 所示，由于网络问题导致集群分成了两个独立的网络，上面一个网络由领导者 1、跟随者 2、跟随者 3 组成，下面一个网络由领导者 4、跟随者 5 组成。这两个网络中的节点由于都感知不到对方的存在，因此分别在自己的网络中选举出领导者 1 和领导者 4。原本处于一个网络的集群，由于网络问题变成了两个独立的网络，并且产生了两个领导者。一个集群出现两个领导者，会破坏数据的一致性。比如当客户端告诉领导者更新信息的时候，两个领导者会分别在自己所处的网络中进行日志复制，这会造成两个网络中的数据不一致，特别是当网络问题解决后，所有节点都能互相感知到对方，此时数据又将如何处理？

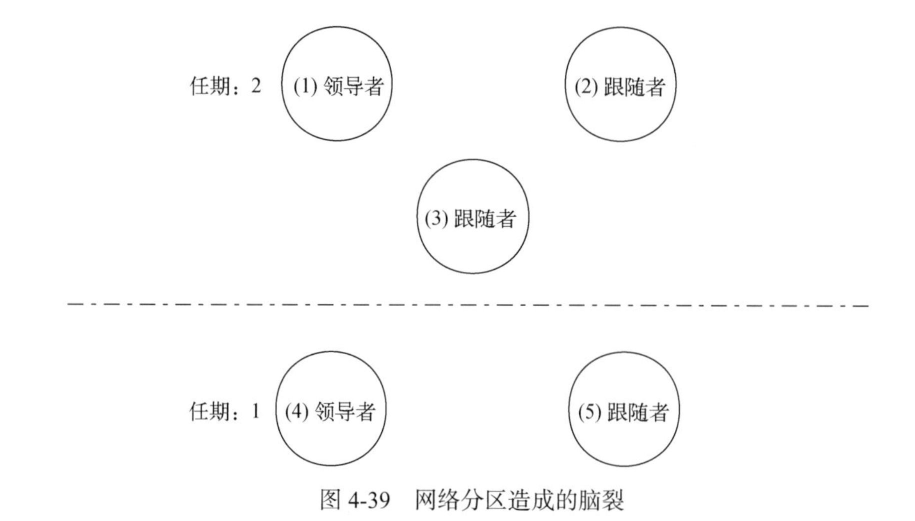

图 4-39 网络分区造成的脑裂

从图 4-39 可以发现，两个分区领导者的选举有先后之分，因此对应的任期是不一样的。领导者 1 对应的任期为 2，而领导者 4 的任期为 1，显然领导者 1 较新。

假设此时有两个客户端，分别是客户端 1 和客户端 2，它们并不知道出现了脑裂的状况，依旧在往集群中更新数据。客户端 1 向领导者 1 更新 Value=5 以后，领导者 1 通过日志复制的方式通知其他跟随者，并获得了超过半数的确认，因此信息为 Committed 状态，Value=5 更新成功。然后客户端 2 向领导者 4 发起 Value=8 的更新信息，由于其无法获得网络中超过半数的节点的支持，因此此次更新一直都处于 Uncommitted 状态，如图 4-40 所示。

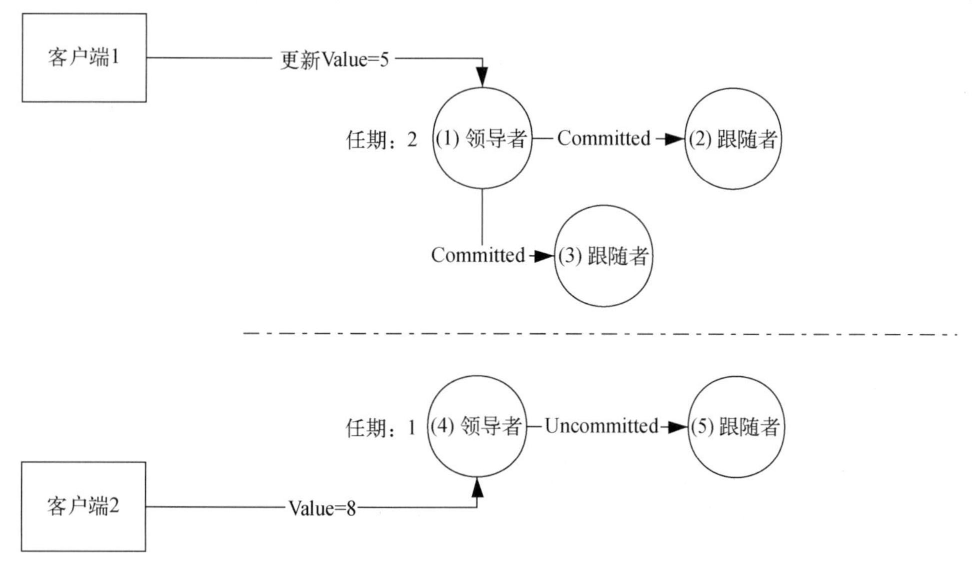

图 4-40 脑裂造成数据更新不一致

如图 4-41 所示，此时网络恢复正常，节点之间均可以互相感知到对方。在做心跳检测的时候，领导者 4 发现另外一个领导者 1 的任期比自己的大，因此转换为跟随者 4，然后跟随者 4 和跟随者 5 同时回滚之前的更新信息 Value=8 。当领导者 1 发送心跳给跟随者 4 和跟随者 5 时，会将 Value=5 的日志复制信息一并发送，在得到确认以后，跟随者 4 和跟随者 5 的信息都修改为 Value=5。通过这种方式解决了脑裂问题。

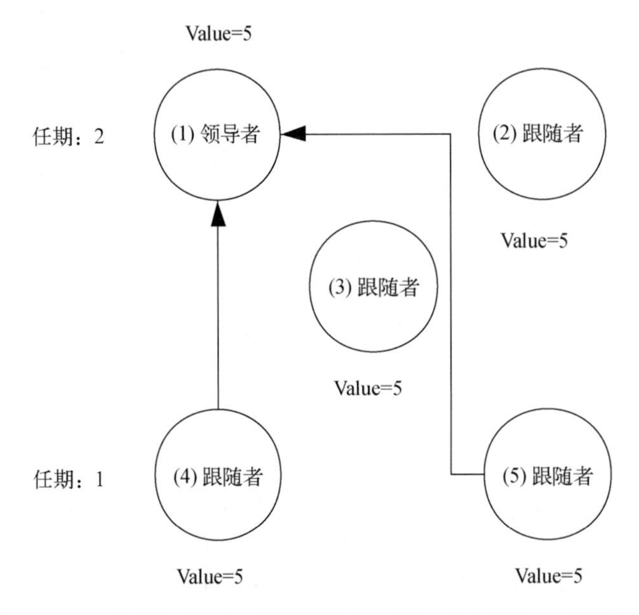

图 4-41 网络恢复以后，根据任期大小找到领导者并且同步数据

4.4.3 ZAB 算法

ZAB（ZooKeeper Atomic Broadcast）是 ZooKeeper 原子消息广播协议，其设计目的是保证集群中数据的一致性。ZooKeeper 使用一个主进程处理客户端的请求，这个主进程和 Raft 算法中的领导者很像；同时还采用 ZAB 的原子广播协议，将数据的状态变化广播给集群中的其他节点，这点和 Raft 算法中的日志复制相类似。

ZAB 算法中所有来自客户端的事务请求都由一个全局服务器来协调处理，这样的服务器叫作领导者，集群中的其他服务器叫作跟随者，此外还引入了观察者（Observer）。领导者负责将客户端的事务请求转换成一个提议（Proposal），并将该提议分发给集群中的所有跟随者，之后领导者需要等待所有跟随者的反馈信息，得到超过半数跟随者的反馈以后，领导者会再次向所有跟随者发布消息，告知提议已经半数通过了，并提交和提议对应的事务请求。

ZAB 算法的选举过程会涉及四种状态，分别如下。

- ❑ Looking 状态：即选举状态，此时集群中不存在领导者，所有节点进入选举状态。
- ❑ Leading 状态：即领导状态，此时集群中已经选出领导者，它可向其他节点广播和同步信息。
- ❑ Following 状态：即跟随状态，此时集群中已经选出领导者，其他节点进入跟随状态并且跟随领导者。
- ❑ Observing 状态：即观察状态，当前节点为观察者，保持观望并且没有投票权和选举权。

说完了四种状态，再来看看选举过程。ZAB 算法在选举投票的过程中，每个节点都会记录三元组信息(ServerID, ZXID, epoch)。其中 ServerID 表示节点 ID；ZXID 表示处理的事务 ID，它越大表示处理的事务越新；epoch 表示选举轮数，一般用逻辑时钟表示，选举的轮数越多这个数字越大。每个节点通过二元组 (vote_serverID, vote_zxid) 来表明投票给哪个节点，其中 vote_serverID 表示被投票节点的 ServerID，vote_zxid 表示投票节点的事务 ID。选举的原则是 ZXID 最大的节点成为领导者，若 ZXID 相同，则 ServerID 大的节点成为领导者。

下面以含 3 个服务器的集群为例，每个服务器就是一个节点，集群初始化的选举过程如下。

- ❑ **第一步**：集群初始化时，由于所有节点都没有感知到领导者的存在，因此发起选举，进行第一轮投票，即 epoch=1。由于此时还没有处理任何事物，因此 3 个节点的 ZXID 都为 0。此时每个节点都会推选自己作为领导者，并向集群中的其他 2 个节点广播投票信息。如图 4-42 所示，按照投票的二元组(vote_serverID, vote_zxid)，所有节点都会将自己的节点 ID 和事务 ID 发送给彼此。

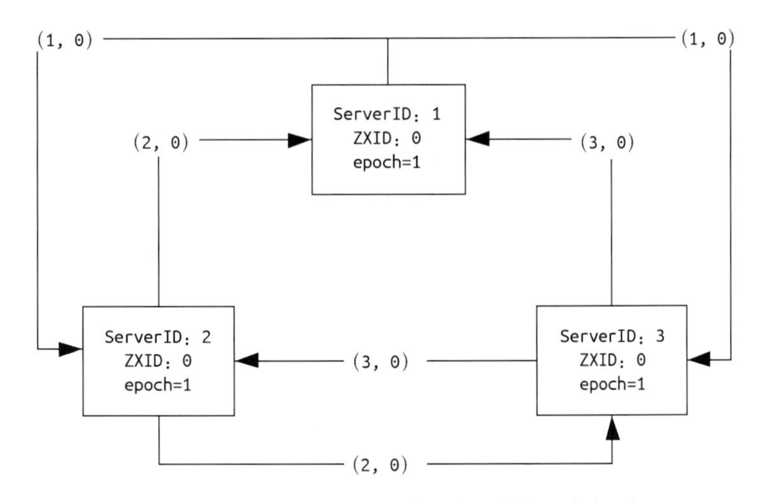

图 4-42 集群初始化，所有服务器节点进行投票

- ❑ **第二步**：三个节点交换信息以后发现，ZXID 都是 0，难分伯仲。于是比较 ServerID，将 ServerID 较大的节点推选为领导者，所以节点 1 和节点 2 会更改投票信息。如图 4-43 所

示，节点1和节点2将票改成(3,0)，然后发送给集群中的其他节点，也就是选举节点3作为领导者。此时节点3的ID是最大的，因此没有参与投票。

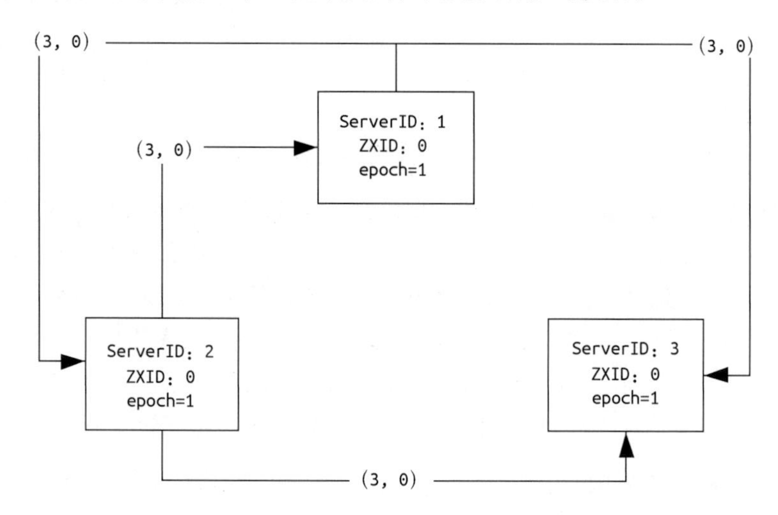

图 4-43　将票投向 ServerID 较大的服务器

- **第三步**：集群中所有服务器都把票投给了节点 3，因此节点 3 当选为集群的领导者。节点3进入Leading状态，节点1和节点2作为跟随者进入Following状态。

完成第三步以后，领导者会向其他服务器同步信息，如果有客户端的事务请求要处理，还会发送提议信息。

从选举的整个过程来看，ZAB算法从开始选举到完成信息同步会经历如下三个阶段。

- **发现阶段**：该阶段要求集群必须选举出一个领导者，这个领导者要维护集群中的可用跟随者的列表，从而保证与跟随者节点之间通信的顺利进行。
- **同步阶段**：既然发现阶段已经能够保证领导者与跟随者之间的通信，那么在这个阶段，领导者就需要同步自身保存的数据与跟随者节点中的数据，这个和Raft算法中的日志复制是一个意思。这个过程会用到4.3.2节的CAP理论。
- **广播阶段**：领导者可以接收客户端需要处理的事务请求，并以提议的形式广播给所有跟随者。

至此，我们介绍了三种选举算法的机制和原理。实际上，选举算法的初衷是解决集群中如何选择领导者的问题。由于在分布式互斥和分布式事务中都会引入事务协调者，来协调分布式进程或者节点之间的关系，在解决协调问题的同时又对事务协调者的可用性提出了要求，因此通过集群的方式提高协调者的可用性。在集群中谁是领导者、谁是跟随者，以及如何选举领导者都是选举算法要解决的问题。这里我们把上面介绍的三种算法做一个总结和比较，如表4-1所示。

表 4-1 总结和比较三种选举算法

	Bully 算法	Raft 算法	ZAB 算法
选举原则	节点 ID 最大的节点作为领导者	少数服从多数，得到票数过半的节点当选领导者	ZXID 最大的节点成为领导者；若 ZXID 相同，则 ServerID 大的节点是领导者
参与节点	主从节点	领导者（Leader） 候选者（Candidate） 跟随者（Follower）	领导者（Leader） 跟随者（Follower）
选举过程	从节点发现领导者无响应就发起选举，选节点 ID 最大的	节点从跟随者转换为候选者参加竞选，每个节点都对候选者进行投票，票数过半的候选者当选为领导者	节点处在 Looking 状态时参与竞选，通过比较 ZXID，ServerID 来选择最佳的节点作为领导者
所需时间	短	较短	较长

4.5 ZooKeeper——分布式系统的实践

本章主要介绍分布式系统中服务以及应用的协同，既有多个服务同时操作同一个资源的情况，也有一个服务操作多个资源的情况。为了保证数据一致性和分布式事务引入了协调者，为了协调者的可用性引入了集群的主从复制机制，当主节点死机的时候会启动选举机制选出新的主节点，保证整个集群的可用性。说完了分布式协同的理论，再来看看分布式系统的最佳实践，ZooKeeper 作为分布式系统的最佳实践在很多项目中被用到。ZooKeeper 是一个分布式的、开放源码的分布式应用程序协调服务，是 Google 公司 Chubby 一个开源实现，也是 Hadoop 和 HBase 的重要组件。作为向分布式系统提供一致性服务的软件，ZooKeeper 的功能包括配置维护、域名服务、分布式同步、组服务等。下面以一个简单的例子作为切入点对 ZooKeeper 进行介绍。

4.5.1 从一个简单的例子开始

在分布式系统中经常会遇到一种情况，就是多个应用程序同时读取一个配置。例如 A、B 两个应用程序都去读取配置 C 中的内容，如果 C 中的内容出现变化，会同时通知 A 和 B。

一般的做法是 A、B 以固定频率询问 C 的变化，或者使用观察者模式来监听 C，等发现变化以后再更新自身。那么 ZooKeeper 如何协调这种场景。

如图 4-44 所示，ZooKeeper 会建立一个 ZooKeeper 服务器，暂且称之为 ZServer，用它来存放 C 的值。另外，分别为 A，B 两个应用程序生成两个客户端，称作 ClientA 和 ClientB。这两个客户端均连接到 ZServer 上，并获取其中存放着的 C。ZServer 中保存 C 值的地方称为 Znode。

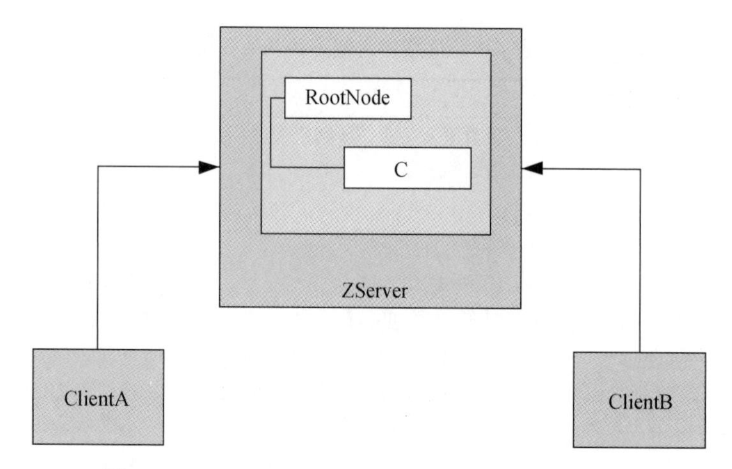

图 4-44　ClientA 和 ClientB 通过 ZServer 获取 C 的值

4.5.2　Znode 的原理与使用

在上面的例子中，ClientA 和 ClientB 需要读取 C 的值。这个 C 作为树的叶子节点存放在 ZooKeeper 的 Znode 中。通常来说，为了提高效率，Znode 是存放在内存中的。

Znode 的数据模型是一棵树（Znode Tree）。就像我们从图 4-44 中看到的一样，树中的每个节点都可以存放数据，并且每个节点下面都可以存放叶子节点。

ZooKeeper 客户端以 / 作为访问路径来访问数据。例如通过路径 /RootNode/C 来访问 C 变量。为了方便客户端调用，ZooKeeper 会暴露一些命令，命令与其含义的对照关系如图 4-45 所示。

命令	含义
Create/path data	创建一个名为/path的Znode节点，并包含数据data
delete/path	删除名为/path的Znode
setData/pathdata	设置名为/path的Znode的数据为data
getData/path	返回名为/path节点的数据信息

图 4-45　ZooKeeper 命令与含义的对照关系

作为存储媒介，Znode 分为持久节点和临时节点。

- **持久节点（PERSISTENT）**：该数据节点自创建后，就一直存在于 ZooKeeper 服务器上，除非执行删除操作（delete）清除该节点。
- **临时节点（EPHEMERAL）**：该数据节点的生命周期和客户端会话（ClientSession）绑定在一起。如果客户端会话丢失了，那么该节点会自动清除。

如果把临时节点看成资源，那么当客户端和服务器产生会话并生成临时节点后，一旦客户端与服务器中断联系，节点资源会从 Znode 中被删除。

- **顺序节点（SEQUENTIAL）**：给 Znode 节点分配一个唯一且单调递增的整数。如果有多个客户端同时在服务器 /tasks 上申请节点，服务器会根据客户端申请的先后顺序，将数字追加到/tasks/task 后面。

此时有三个客户端申请节点资源，就在 /tasks 下面建立三个顺序节点，分别是 /tasks/task1、/tasks/task2、/tasks/task3。

顺序节点对处理分布式事务非常有帮助，当多个客户端协同工作时，可以让这些客户端按一定的顺序执行。如果对前两类节点和顺序节点进行组合，就有产生四种节点类型，分别是持久节点、持久顺序节点、临时节点、临时顺序节点。

4.5.3 Watcher 原理与使用

4.5.1 节说到 ZooKeeper 用 Znode 来存放数据，并且把 C 的值存储在里面。那如果 C 被更新了，该如何通知 ClientA 和 ClientB 呢？

ZooKeeper 客户端会在指定的节点（/RootNote/C）上注册一个 Watcher，当 Znode 上的 C 被更新时，服务端就会通知 ClientA 和 ClientB。

通过以下三步来实现，如图 4-46 所示：

(1) 客户端注册 Watcher；

(2) 服务端处理 Watcher；

(3) 客户端回调 Watcher。

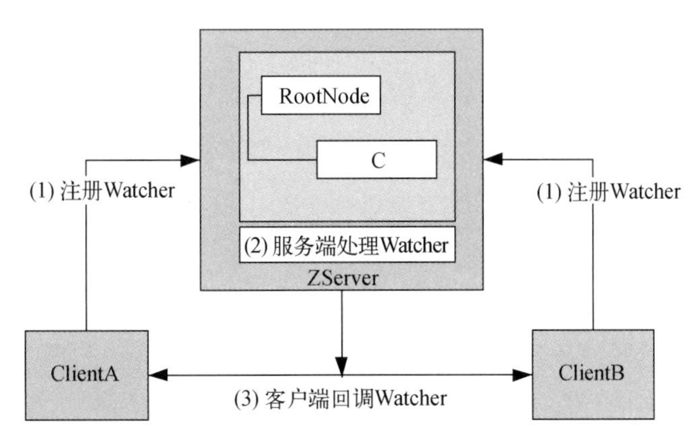

图 4-46　Watcher 的注册、处理、回调

下面详细介绍实现 ZNode 数据更新的三个步骤。

1. 客户端注册 Watcher

ZooKeeper 客户端创建 Watcher 的实例对象。下面的代码使用 ZooKeeper 创建客户端：

```
Public ZooKeeper(String connectString, int sessionTimeout, Watcher watcher);
```

同时这个 Watcher 会保存在客户端本地，一直用于和服务端会话。客户端可以通过 `getData`、`getChildren` 和 `exist` 方法来向服务端注册 Watcher，其中 `getData` 方法的代码如下：

```
Public byte getData(String path, Boolean watch, Stat stat);
```

整个注册过程分为 4 个步骤，如图 4-47 所示。

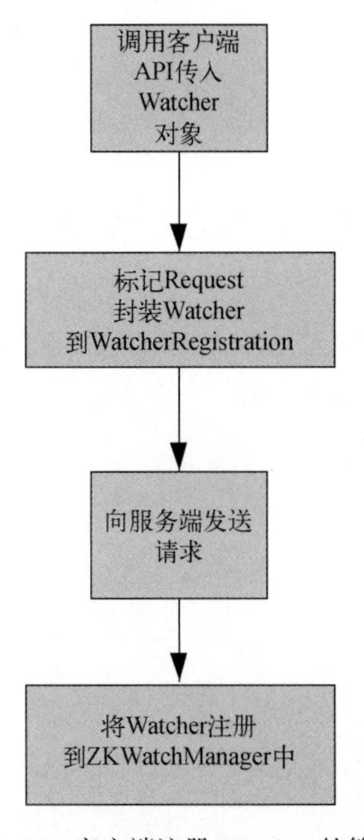

图 4-47　客户端注册 Watcher 的简图

需要注意在客户端发送 Watcher 到服务端进行注册时，会将这个要发送的 Watcher 保存在本地的 ZKWatchManager 中。这样做的好处是服务端注册成功以后，就不用将 Watcher 的具体内容回传给客户端了，客户端只需在接收到服务端响应以后，从本地的 ZKWatchManager 中获取 Watcher 的信息进行处理即可。

2. 服务端处理 Watcher

服务端接收到客户端的请求以后，交给 FinalRequestProcessor 进程处理，这个进程会去 Znode

中获取对应的数据，同时会把 Watcher 加入到 WatchManager 中。这样下次这节点上的数据被更改了以后，就会通知注册 Watcher 的客户端了。图 4-48 展示了服务端处理客户端 Watcher 请求的过程。

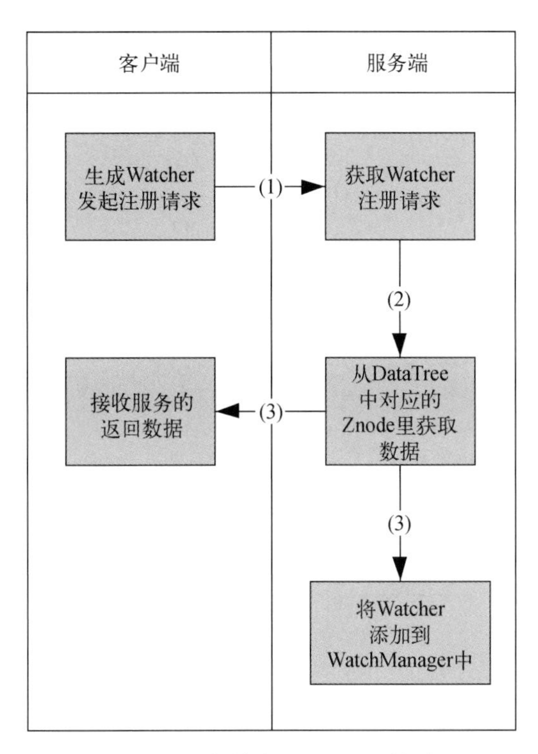

图 4-48 服务端处理 Watcher 的过程

图 4-48 中的过程如下。

(1) 客户端生成 Watcher 发起注册请求。

(2) 服务端获取 Watcher 注册请求，从 DataTree 中对应的 Znode 里获取数据。

(3) 客户端接收服务的返回数据，服务端将 Watcher 添加到 WatchManager 中。

3. 客户端回调 Watcher

客户端在响应客户端 Watcher 注册以后，会发送 WathcerEvent 事件。作为客户端，有对应的回调函数来接收这个消息，这里通过 `readResponse` 方法统一处理：

```
Class SendThread extends Thread{
    Void readResponse(ByteBuffer message) throws IOException{

    }
}
```

SendTread 在接收到服务端的通知以后，会将事件通过 `EventThread.queueEvent` 发送给 EventThread。正如前面提到的，在客户端注册时，就已经将 Watcher 的具体内容保存在 ZKWatchManager 中一份了。所以 EventTread 通过 EventType 就可以知道哪个 Watcher 被响应了（数据发生了变化），然后从 ZKWatchManager 取出具体 Watcher 放到 waitingEvent 队列中，等待处理。

最后，由 EventThread 中的 `processEvent` 方法依次处理数据更新的响应。

4.5.4　Version 的原理与使用

介绍完了 Watcher 机制，回头再来谈谈 Znode 的版本——Version。如图 4-49 所示，客户端 ClientD 尝试修改 C 的值，此时其他两个客户端会接收到通知，然后进行后续的业务处理。

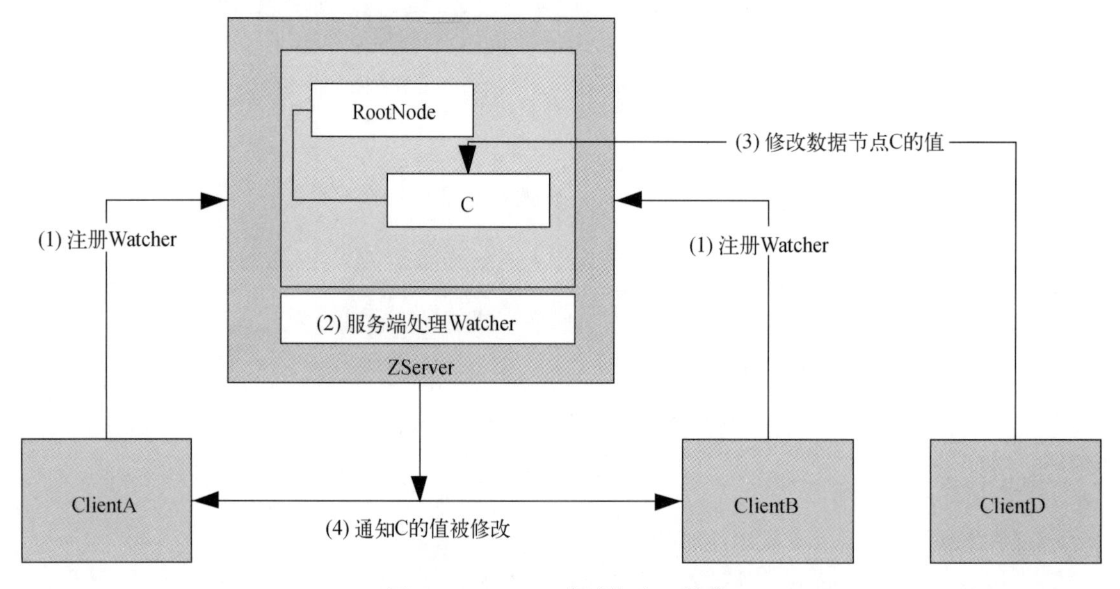

图 4-49　ClientD 尝试修改 C 的值

如图 4-50 所示，在分布式系统中，会出现这么一种情况，在 ClientD 对 C 值进行写入操作的同时，另一个 ClientE 也对 C 进行写入。很明显这两个客户端会去竞争 C 资源，通常这种情况需要对 C 加锁。

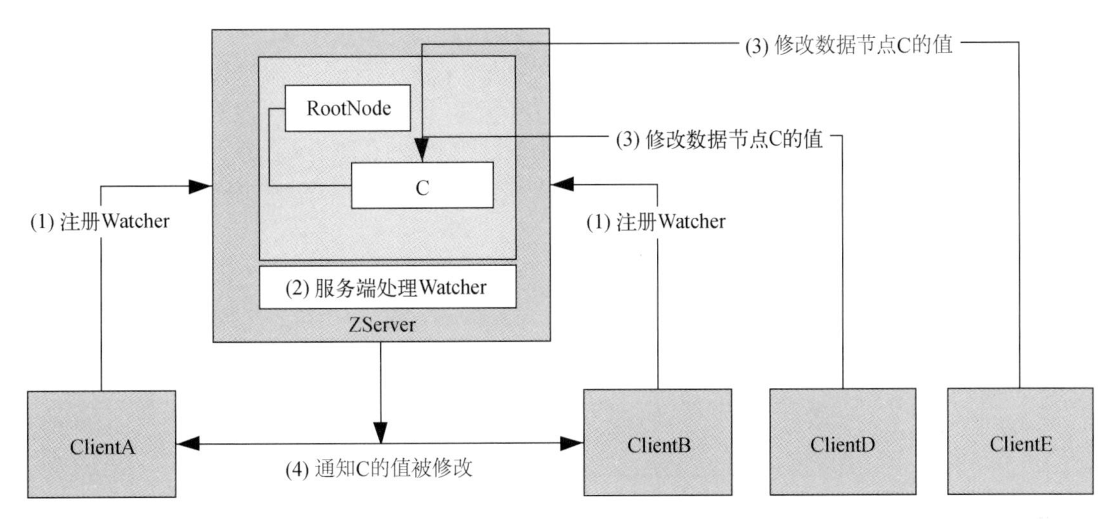

图 4-50 ClientD 和 ClientE 竞争同一个资源

针对上面这种情况，引入 Znode 版本的概念。版本用来保证分布式数据的原子性操作，此信息保存在 Znode 的 Stat 对象中。如图 4-51 所示，有三种版本类型，分别是 Version、CVersion 和 AVersion。

版本类型	说明
Version	数据节点内容的版本号
CVersion	数据子节点的版本号
AVersion	数据节点ACL的版本号

图 4-51 版本类型

本例只关注“数据节点内容的版本号”，也就是 Version。

如果将 ClientD 和 ClientE 对 C 进行写入操作视作一个事务，那么在执行写入操作之前，两个事务会分别获取节点上的值，即节点保存的数据和节点的版本号 Version。

以乐观锁为例，对数据的写入操作会分成三个阶段——数据读取、写入校验和数据写入。假如 C 中保存的数据是 1，Version 是 0。此时 ClientD 和 ClientE 都获取了这两个信息。如果 ClientD 先进行写入操作，那么在进行写入校验时，会发现之前获得的 Version 和节点保存的 Version 是相同的，都是 0，因此直接执行数据写入。

写入以后，Version 由原来的 0 变成了 1。因此当 ClientE 进行写入校验时，发现自己持有的 Version=0 和节点当前保存的 Version=1 不一样。于是，ClientE 写入失败，重新获取节点数据和

Version，并再次尝试写入。

除上述方案外，ClientE还可以利用Znode的有序性。如图4-52所示，在C下面建立多个有序的子节点，每当有客户端准备写入数据时，就创建一个临时的有序节点。节点的顺序根据FIFO算法而定，保证先申请写入的客户端排在前面。每个节点都会有一个序号，序号按照节点的申请次序依次递增。

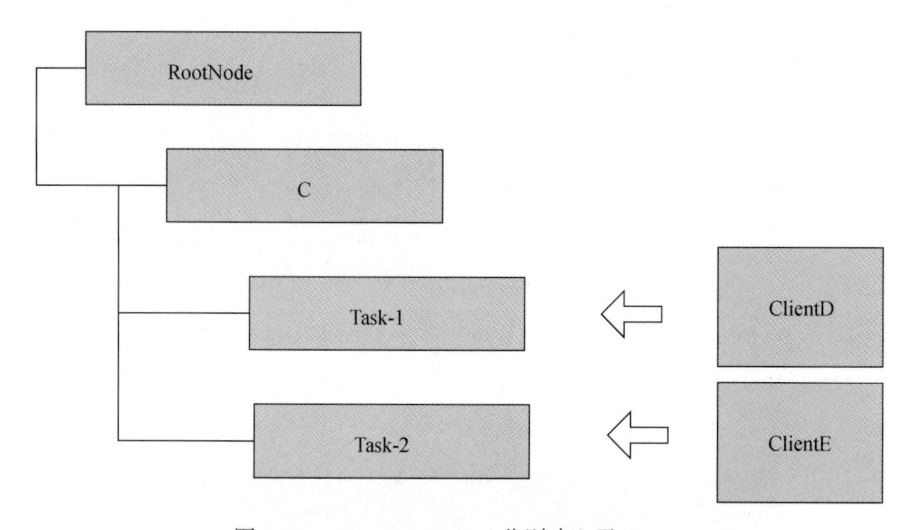

图4-52　ClientD、ClientE分别建立子Znode

在这种方案下，每个客户端在执行修改C的操作时，都要检查有没有比自己序号小的节点，如果有就进入等待状态，直到比自己序号小的节点修改完毕，自己才能修改。这样保证了事务处理的顺序性。

4.5.5　会话的原理与使用

说完Version的概念，例子从原来的ClientA和ClientB扩充到了ClientD和ClientE，这些客户端都会和ZooKeeper的服务端进行通信，或者读取数据，或者修改数据。

我们将客户端和服务端完成通信的连接称作会话。ZooKeeper 的会话有 Connecting、Connected、Reconnecting、Reconnected和Close这几种状态。服务端有专门的进程来管理这些状态，客户端在初始化时就会根据配置自动连接服务器，从而建立会话。客户端连接服务器时，会话处于Connecting状态。

一旦连接完成，会话就进入Connected状态。如果出现延迟或者短暂失联，客户端会自动重连，Reconnecting 和 Reconnected 状态随即产生。如果连接长时间超时，或者客户端断开与服务器的连接，ZooKeeper 就会将会话以及该会话创建的临时数据节点清理掉，并且关闭和客户端的连接。

Session 作为会话实体，用来代表客户端会话，其包括以下 4 个属性。

- `SessionID`：用来全局唯一识别会话。
- `TimeOut`：会话超时时间，客户端在创造 Session 实例时，会设置此属性。
- `TickTime`：下次的会话超时时间点。这在下面要讲的分桶策略中会用到。
- `isClosing`：当服务端如果检测到会话超时失效了，会通过设置这个属性将会话关闭。

会话是客户端与服务器之间的连接，在服务器端由 SessionTracker 管理会话。SessionTracker 的一个工作就是将超时会话清除掉，于是分桶策略登场了。

每个会话在生成时都会定义超时时间，通过计算当前时间 + 超时时间就可以得到会话的过期时间。SessionTracker 并非实时监听会话超时，它是按照一定时间周期来监听的。也就是说，如果没有到达 SessionTracker 的监听时间，即使有会话过期，SessionTracker 也不会去清除。由此，引入会话超时计算公式，也就是 `TickTime` 的计算公式：

`TickTime` =（（当前时间 + 超时时间）/检查时间间隔+1）×检查时间间隔

如图 4-53 所示，将 `TickTime` 值计算出来以后，SessionTracker 会把对应的会话按照这个时间放在对应的时间轴上面，并且在对应的 `TickTime` 检查会话是否过期。

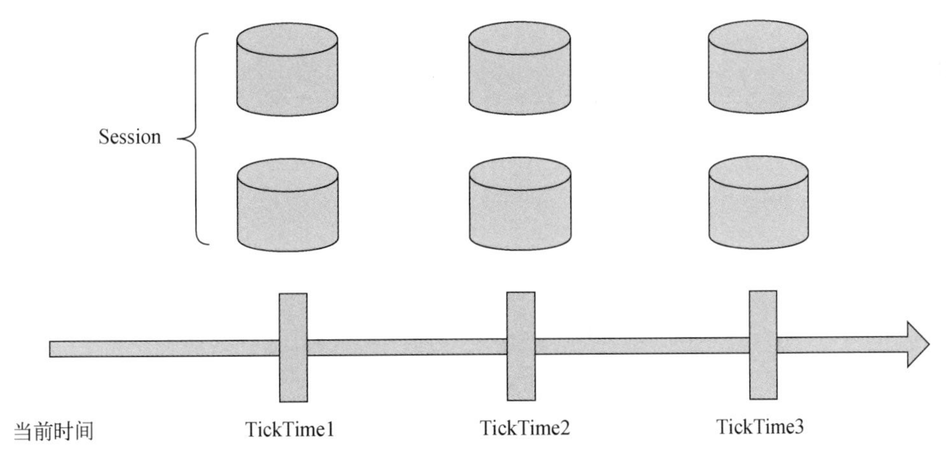

图 4-53 计算会话的下次过期时间点

每当客户端与服务器连接成功时，都会进行激活操作，并且每隔一段时间客户端会向服务器发送心跳检测。如图 4-54 所示，服务器接收到激活或者心跳检测后，会重新计算会话过期时间，根据分桶策略进行重新调整，把会话从老区块放到新区块中去。

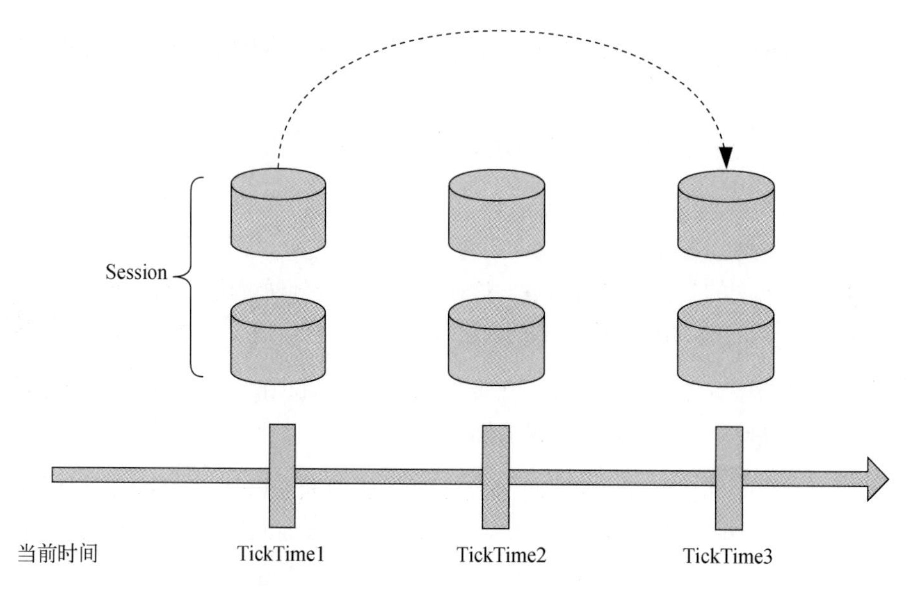

图 4-54　重新计算过期时间并且根据分桶策略调整

对于超时的会话，SessionTracker 会完成如下清理工作。

(1) 标记会话状态为“已关闭”，也就是设置 isClosing 为 True。

(2) 发起“会话关闭”的请求，让关闭操作在整个集群生效。

(3) 接收集需要清理的临时节点。

(4) 添加“节点删除”的事务变更。

(5) 删除临时节点。

(6) 移除会话。

(7) 关闭客户端与服务端的连接。

会话关闭以后，客户端就无法从服务端获取、写入数据了。

4.5.6　服务群组

4.5.5 节讲到了客户端如何通过会话与服务端保持联系，以及服务端是如何管理客户端会话的。我们继续思考一下，那么多服务端都依赖一个 ZooKeeper 服务器，如果服务器挂掉，那客户端岂不是无法工作了。为了提高 ZooKeeper 服务器的可靠性，引入了服务器集群的概念，如图 4-55 所示，从原来的单个服务器，扩充成多个服务器共同提供服务，这样即使其中某一台服务器挂了，其他的也可以顶替其工作。

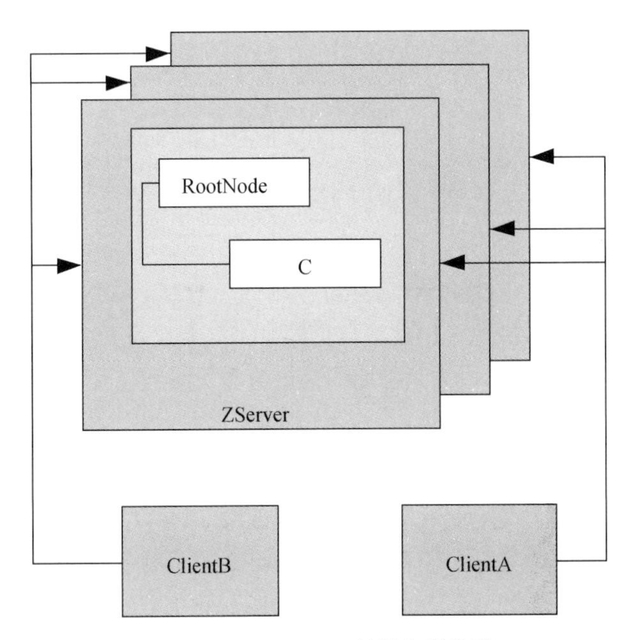

图 4-55 ZooKeeper 的服务器集群

这样看起来效果不错，但又出现了新的问题，此时存在多个 ZooKeeper 服务器，那么客户端请求发给哪个呢？各服务器之间又该如何同步数据？当一个服务器挂掉时其他服务器如何替代？这里引入两个概念：领导者服务器和跟随者服务器。

- 领导者服务器，是事务请求（写操作）的唯一调度者和处理者，保证集群事务处理的顺序性；也是集群内部服务器的调度者，它是整个集群的老大，其他服务器接收到事务请求后都会转交给它，由它协调处理。
- 跟随者服务器，处理非事务请求（读操作），把事务请求转发给领导者服务器。参与选举领导者服务器的投票和事务请求 Proposal 的投票。

领导者作为集群老大，是如何产生的呢？ZooKeeper 有仲裁机制，按照少数服从多数的原则，通过选举产生领导者。因此集群中服务器的个数一般都选奇数，例如 1、3、5，当然这只是个建议。选举和仲裁都有相关的算法，一起来看看吧。

当众多服务器同时启动时，它们都不知道谁是领导者，因此都进入 Looking 状态，在网络中寻找领导者。寻找的过程即投票的过程，每个服务器都会将服务器 ID 和事务 ID 作为投票信息发送给网络中的其他服务器。假设称投票信息为 VOTE，VOTE 表示为 `(ServerID, ZXID)`。

`ServerID` 是服务器注册的 ID，随着服务器的启动顺序自动增加，启动越靠后的服务器 `ServerID` 越大；`ZXID` 是服务器处理事务的 ID，随着事务的增加自动增加，同样靠后提交的事务 `ZXID` 也会大一些。

其他的服务器接收到 VOTE 信息以后会和自己的 VOTE 信息做比较，如果前者中的 ZXID 比自己的大，就把自己的 VOTE 信息修改成接收到的 VOTE。如果两个 ZXID 一样大，就比较 ServerID，将较大的那个 ServerID 作为自己 VOTE 信息中的 ServerID，转发给其他服务器。

下面来个具体的例子，有三个服务器 S1、S2 和 S3，它们的 VOTE 信息分别是 (1,6)、(2,5)、(3,5)。

三个服务器分别把自己的 VOTE 信息发给其他两个，S2 和 S3 接收到 S1 的 VOTE 以后发现 ZXID 为 6，比自己持有的 ZXID 要大，因此将自己的 VOTE 修改为 (1,6) 并投出去，最后 S1 被选为领导者。S1 作为领导者，如果因为某种原因挂掉或者长时间没有响应请求，其他服务器也会进入 Looking 状态，开启投票仲裁模式，寻找下一个领导者。选出的新领导者会通过广播的方式将 Znode 上的数据同步给其他跟随者。

有了领导者，整个服务器集群就有了领袖，它可以处理客户端的事务请求。ZooKeeper 服务器可以将客户端的请求发送给集群中任意一个服务器，无论是哪个服务器都会将事务请求转交给领导者。领导者在将数据写入 Znode 之前，会向 ZooKeeper 集群的其他跟随者发送广播消息。这里的广播用到了 ZAB 协议（ZooKeeper Atomic Broadcast Protocol），这是 Paxos 协议的实践，说白了就是一个两段提交。

如图 4-56 所示，ZooKeeper 通过以下方式实现两段提交。

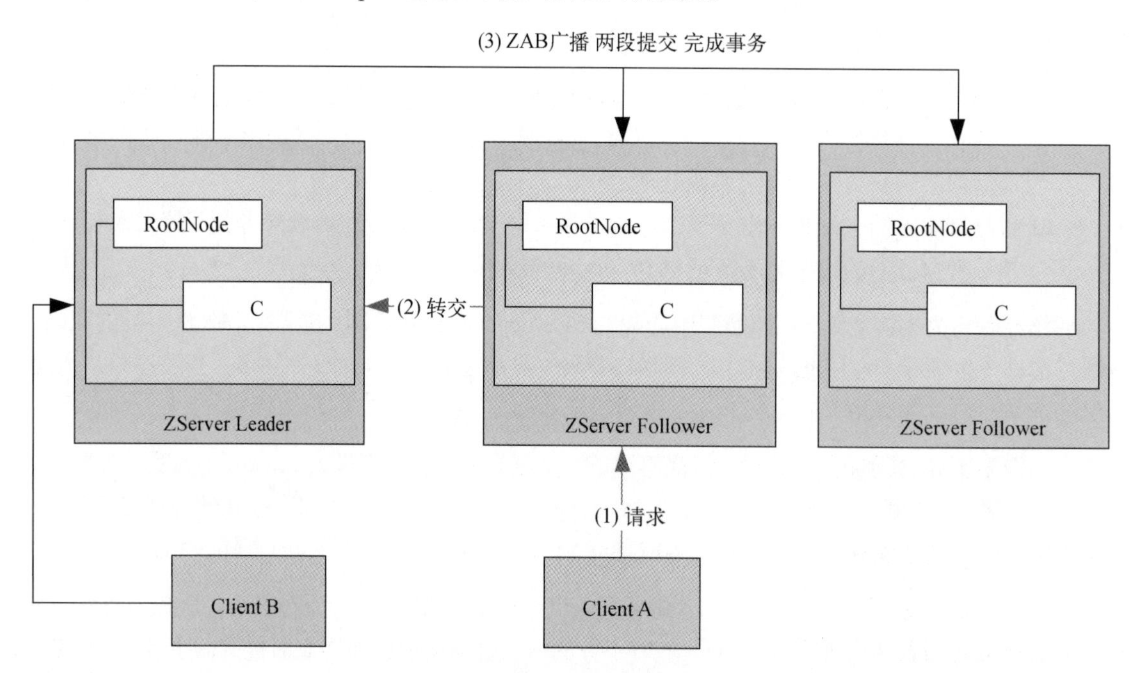

图 4-56 ZooKeeper 实现两段提交

具体方式如下。

(1) 当集群领导者接收到提交信息以后，向所有跟随者发送一个 PROPOSAL。

(2) 当跟随者接收到 PROPOSAL 后，返回给领导者一个 ACK 消息，表示接收到 PROPOSAL，并且准备好了。

(3)领导者进行仲裁，如果接收到数量过半的跟随者发送的 ACK 消息（包括领导者自己），就发送消息通知跟随者进行提交。接下来跟随者开始干活，将数据写入到 Znode 中。

集群选举出了领导者，领导者接收到客户端的请求以后，便可以协调跟随者工作了。

当客户端很多，特别是这些客户端都请求读操作时，ZooKeeper 服务器如何处理这么多的请求呢？由此引入观察者的概念。

观察者和跟随者基本一致，对于非事务请求（读操作），可以直接返回节点中的信息（数据是从领导者中同步过来的）；对于事务请求（写操作），则会转交给领导者做统一处理。观察者的存在就是为了解决大量客户端的读请求，它和跟随者的区别是观察者不参与选举领导者的仲裁投票。最后通过图 4-57 来看看 ZooKeeper 的几个组件，以及领导者、跟随者和观察者之间的关系。

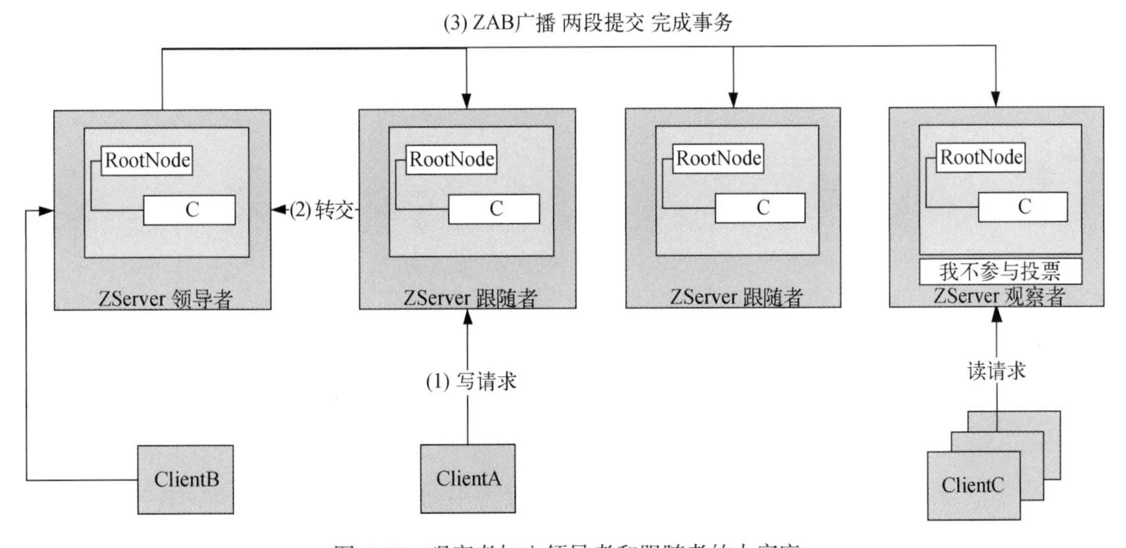

图 4-57 观察者加入领导者和跟随者的大家庭

4.6 总结

分布式系统中应用之间或者服务之间的协同是本章的介绍重点。本章中，我们从分布式系统的特征和互斥问题入手，介绍了分布式互斥的三种算法：集中互斥算法、基于许可的互斥算法和令牌环互斥算法。用分布式锁的方式实现互斥，通过 Redis 缓存和通过 ZooKeeper 是最为普遍的两种实现分布式锁的方式。针对一个应用操作多个资源的情况，提出了分布式事务的概念，由刚性事务到柔性事务提出了 ACID 理论、CAP 理论和 BASE 理论。DTP 作为分布式事务的模型定义了事务的基本处理方式和协议，2PC 和 TCC 两种解决方案就是 DTP 最佳实践的产物。在分布式互斥和事务的实践中引入了协调者的角色，目的是协调和管理资源与进程，为了提高协调者的可用性对其进行集群部署，提供了主从互备。集群中如何选举主服务器，就引出了分布式选举的算法：Bully 算法、Raft 算法和 ZAB 算法。最后通过一个简单的例子给大家简要介绍了实现 ZooKeeper 的基本原理和组件。

第5章
分布式计算

在介绍本章内容之前，先回顾一下前面的内容。分布式系统需要将应用服务分别部署在不同的服务器以及网络中，从而提高整个系统的性能和可用性。第2章介绍了如何拆分应用服务，第3章介绍了拆分以后的应用服务如何相互调用，第4章介绍了应用服务之间如何协同工作。实际上应用服务拆分、调用、协同都是为了交换和计算信息，从而更好地服务客户，而分布式计算是其中非常重要的一部分。由于业务在不断发展，信息系统中积累了大量的数据，为了处理这些数据，计算机需要调动大量的计算资源。在单机时代，这些计算资源集中在单个服务器上，到了分布式时代，单个服务器资源已经无法满足海量数据的计算，因此要通过分布在不同网络节点上的计算资源来完成信息的计算工作。如果把用户输入的数据和想要得到的结果比作一条河的两岸，那么分布式计算就是连接两岸的桥梁，也是计算问题和解决方案之间的桥梁。针对静态数据和动态数据的处理，本章会依次介绍分布式计算的两种模式，分别是MapReduce模式和Stream模式。

5.1 MapReduce 模式

MapReduce 模式起源于 2004 年 Jeff Dean 和 Sanjay Ghemawat 发表的论文“MapReduce: Simplified Data Processing on Large Clusters”。此后，Nutch 系统实现了分布式 MapReduce 框架，但随着时间的推移，Hadoop 从 Nutch 中独立出来，并成为 Apache Foundation 的顶级项目。

5.1.1 MapReduce 的策略和理念

1. MapReduce 的策略

前面提到随着业务量的增加，数据量也在不断增长，一个系统的数据量级从原来的GB扩展到了现在的 TB 甚至 PB。面对这样海量的数据，计算操作势必会消耗大量的系统计算资源，此时如果还是使用单机模式进行计算，显然难以实现，因此产生了分布式计算。分布式计算以分布在网络中的服务器为计算单位，对海量数据进行拆分，然后对拆分后的小块进行计算，这也是MapReduce分而治之的计算策略。这种策略在现实生活中也比较常见，例如学校要统计每个班参加春游的人数，校长将这个统计任务分配给各个年级的各个班，由各个班的班长分别统计，最后这些统计结果汇总到校长手上，校长就知道有多少人参加春游了。

如图5-1所示，MapReduce的具体做法是对大数据集做拆分，将拆分成的小块数据集交给一个个独立的计算任务，这些计算任务分布在不同的服务器上，这些服务器并行执行拆分后的计算任务，最后将所有计算任务的结果合并起来，就产生了最后的计算结果。

上述过程中，拆分数据集的过程称为Map，对计算好的结果进行合并的过程是Reduce。

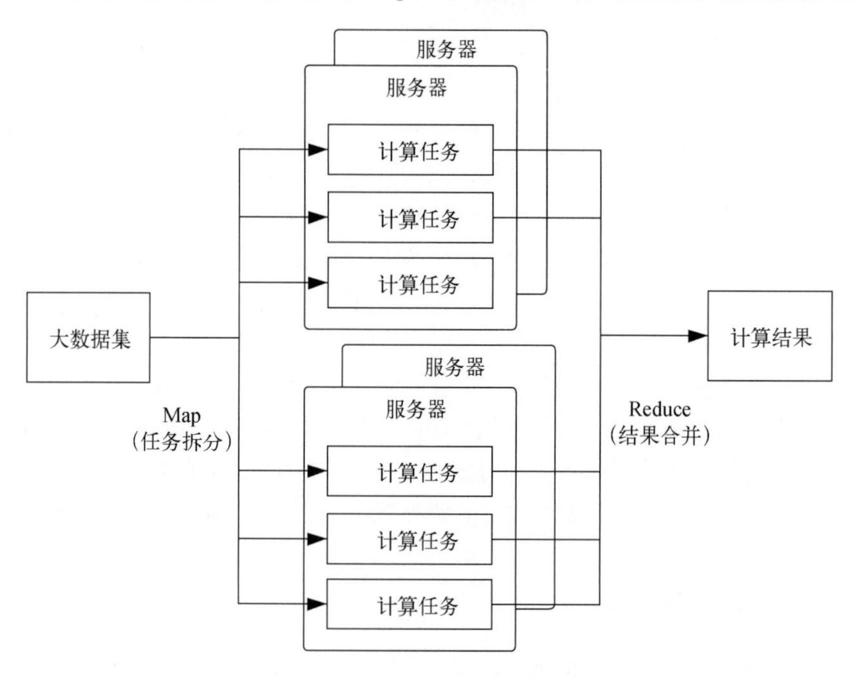

图5-1　MapReduce的拆分策略

2. MapReduce的理念

MapReduce要求计算围绕数据展开，这是什么意思呢？先看看之前的计算方式，假设数据分散在不同的网络节点中，此时要对这些数据进行计算，就需要将这些数据从各网络节点收集到计算节点上，此处提到的计算节点本身也是一个网络节点。这种把数据从一个网络服务器拉取到另一个服务器上进行计算的方式就是计算围绕数据展开的模式。这种模式的核心是计算，数据的拉取和收集都是以计算为目的和核心展开的。但是到了分布式系统中，数据分布在不同的网络节点上，而且随着数据量的增加，对存储空间的要求也变得更多，要想存储这些数据，就得扩充更多的网络节点。此时若是还从那么多网络节点中拉取数据进行计算，将会变得非常低效，因为这么做无疑会涉及大量的网络IO传输，而且计算也无法并行实现。于是根据上面提到的拆分和合并的思路，我们将大块数据集拆分到不同网络节点上存储后，让Map任务和Reduce任务运行在同一个服务器上，这样不但省去了网络传输的时间，还可以做到并行计算每个分块的数据，因此我们把这种做法称为计算围绕数据展开的模式，这是分布式存储和计算发展的产物。

5.1.2 MapReduce 的体系结构

上一节基于 MapReduce 的策略和理念对其概念进行了介绍，说明了为什么要使用 MapReduce 这种分布式计算模式。海量的数据导致数据分布式存储，要对这些分布式数据进行计算就需要遵守拆分、计算、合并的思路，同时要按照计算围绕数据展开的模式进行。本节接着介绍 MapReduce 的构造，要想实现上面描述的分布式计算过程，需要以怎样的组件和结构做支撑。这里以 Hadoop MapReduce 为例给大家介绍其体系结构。

如图 5-2 所示，先从整体上认识一下 MapReduce 的架构以及组件。客户端（Client）将计算命令发送给作业跟踪器（JobTracker），作业跟踪器接收到命令以后交给任务跟踪器（TaskTracker），其中会有专门的 Map 任务、Reduce 任务执行计算操作。在计算期间，各任务跟踪器通过心跳检测（Heartbeat）保持沟通，同时作业调度器（JobScheduler）与作业跟踪器一直保持联系，以获取任务跟踪器的执行进度和资源状况，为作业跟踪器管理资源提供帮助。最后，作业跟踪器在任务跟踪器完成计算以后将结果返回给客户端。

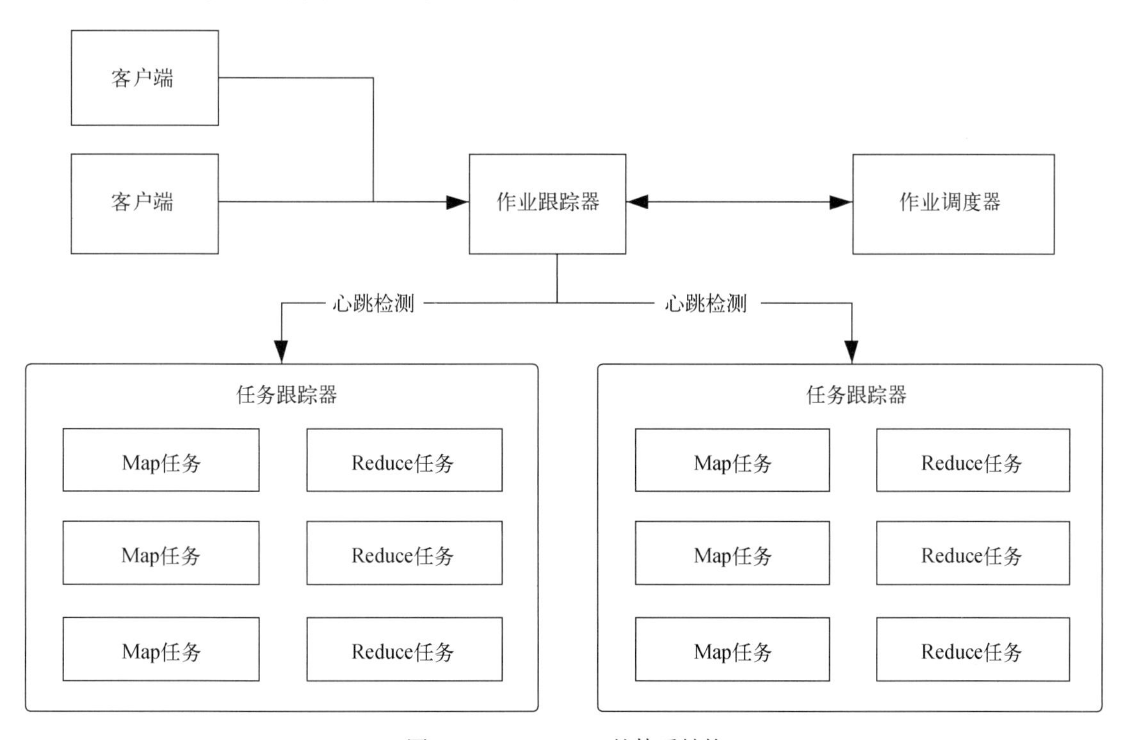

图 5-2 MapReduce 的体系结构

了解了 MapReduce 的整体架构以后，下面对各个组件的功能进行描述。

- **客户端**：提交用户编写的应用程序，例如计算双十一期间，全国每种商品的销量各是多少，由作业跟踪器把应用程序交给任务跟踪器处理。客户端还可以提供一些接口去查看当前正在执行的作业的运行进度和状态。
- **作业跟踪器**：负责监控资源和调度作业。由于拆分后的计算任务需要在不同的网络节点上运行，因此作业跟踪器需要对这些节点上的计算任务进行监控和调度。如果发现其中某个节点出现了问题，就需要将分配到这个节点上的任务转移到其他节点上完成。
- **作业调度器**：协助作业跟踪器完成对任务跟踪器的资源分配和管理。
- **任务跟踪器**：主要负责接收作业跟踪器发出的计算命令，并且根据命令利用所在服务器的资源执行计算任务，同时还要通过心跳检测的方式不断地和作业跟踪器同步命令执行的进度和情况。如图 5-3 所示，任务跟踪器对服务器上的所有计算资源，包括 CPU、内存等进行等分，等分的单位是槽（slot）。也就是说，每个槽上面都包含一小部分 CPU 资源（运算资源）和内存资源（存储资源），而且每个槽的资源都是相等的，这样做的目的是更好地分配和管理资源，这些资源在将来都会被用到数据计算中。槽也分为两种：map 类型的槽和 reduce 类型的槽，分别存放 Map 任务和 Reduce 任务用到的资源。

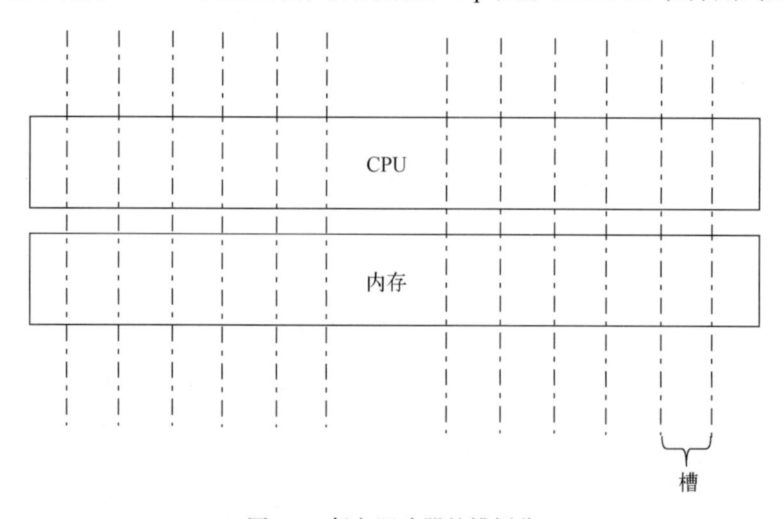

图 5-3　任务跟踪器的槽划分

下面解释一下上述提到的几个名词。

- **任务（task）**：就是执行计算的最小单元。这里分为 Map 任务和 Reduce 任务两类，分别对应 `Map` 函数和 `Reduce` 函数。在实际开发的过程中，也是通过这两个函数实现数据拆分和合并的，这两个函数在帮助实现分布式计算的同时，也屏蔽了并行编程、分布式存储、工作调度、容错处理等棘手的问题。

- Map 函数：其输入格式为 <Key1,value1>，输出格式为 List(<Key2,Value2>)。该函数的输入源头是分布式文件系统的文件块，这些文件块可以是文档或者二进制文件，通过 Map 函数转化以后生成 List(<Key2,Value2>) 格式的输出。假设有这样一句话 "Hello World Good World"，要将其转化为输入格式 <Key1,value1>，则 Key1 可以取这句话的行号，如果这句话是第一行，那么输入可以写成 <1, "Hello World Good World">。由于 Map 函数会记录每个单词出现的次数，因此输入格式就是 <"Hello",1>，<" World ",1>，<" Good ",1>，<" World ",1>，即把每个单词作为 Key2，单词出现的次数作为 Value2，得到一个 List(<Key2,Value2>) 的数组，该数组的长度为 4。通常来说，Map 函数的输出数据会首先放到内存缓冲区中，然后再写到磁盘上，等待 Reduce 函数来获取。
- Reduce 函数：其输入格式是 <Key2,List<Value2>>，输出格式是 <Key3,Value3>。Map 函数的输出会作为 Reduce 函数的输入。继续用上面 Map 函数中的例子，就是将 <"Hello",1>，<" World ",<1,1>>，<" Good ",1> 作为输入送进 Reduce 函数，由于 World 这个单词出现了 2 次，因此根据 <Key2,List<Value2>> 的格式，这项就显示成了 <" World ",<1,1>>。在 Reduce 函数处理完毕以后，数据会以 <Key3,Value3> 的格式输出到分布式文件系统中。这个例子的具体输出为 <"Hello",1>，<" World ",2>，<" Good ",1>，此处同样对" World "做了合并，因此其对应的值为 2。

5.1.3 MapReduce 的工作流程

前面对 MapReduce 的构成和组件做了介绍，我相信各位对其已经有了大致的了解，接下来再来看看 MapReduce 的工作流程。了解了 MapReduce 的工作步骤后，再针对细节进行拆分讲解。如图 5-4 所示，这个图和 MapReduce 体系结构图（如图 5-2 所示）相似，只是加入了数据的处理过程，我们可以从图的左下方开始往右边看，这个方向也是 MapReduce 处理数据的方向。处理的数据一般来源于分布式文件系统。在系统中，数据是以数据块的形式存放的。对于 Map 任务而言，需要先对这些数据块进行分片处理。通过 Map 任务中的 Map 函数处理以后，会生成 Map 结果文件，此文件一般保存在 MapReduce 应用的本地磁盘中，此时要想保存 Map 结果文件，就需要做分区的操作。这里提到的分区是对数据进行逻辑上的划分，其目的是方便 Reduce 函数处理，一个 Map 结果分区文件对应一个 Reduce 任务。Reduce 任务获取本地磁盘上的 Map 结果文件，并交给 Reduce 函数进行后续处理，Reduce 函数处理完毕后会再将结果保存到分布式系统中。

整理了 MapReduce 的工作流程后，可以发现客户端并不能显式地指定由集群中哪一台服务器完成计算操作，请求计算的命令发送以后，由 MapReduce 执行整个计算过程。Map 任务和 Reduce 任务之间是不会通信的，Map 任务从分布式文件系统中获取数据，Reduce 任务计算出的最终结果也会放到分布式文件系统中。不过中间的 Map 结果文件是放在本地磁盘上的，也就是放在运行 Map 任务的服务器的磁盘上。根据 MapReduce 计算围绕数据的原则，Map 任务、Reduce

任务会尽量运行在分布式存储结果文件的服务器节点上或者邻近的节点上。

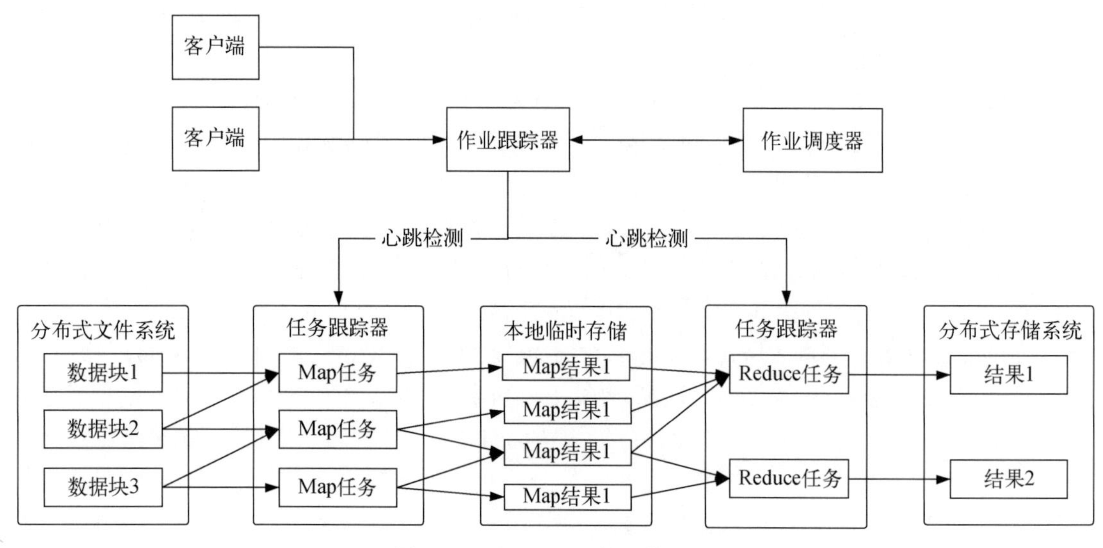

图 5-4　MapReduce 的工作流程

浏览了 MapReduce 的大致工作流程之后，再来看看其经历的几个阶段。

先从 Map 阶段开始，如图 5-5 所示，分为 7 个步骤。

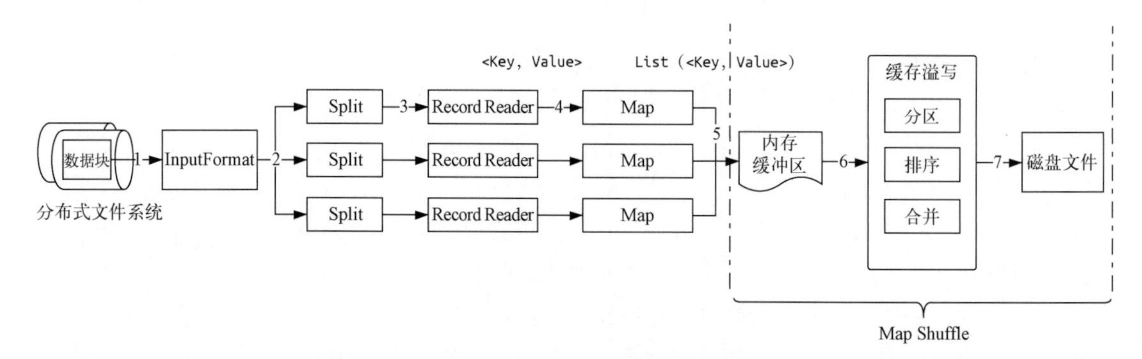

图 5-5　Map 阶段的详细步骤

(1) MapReduce 框架从分布式文件系统中读取数据，需要通过 InputFormat 模块对数据进行预处理。由于分布式文件系统中的数据都是以数据块的物理形式存在的，因此 InputFormat 模块会对其进行逻辑上的划分。

(2) InputFormat 模块进行逻辑划分后，数据块变成 Split，每个 Split 的大小都是数据块大小的整数倍，记录的通常是数据的位置和长度信息。Split 作为 Record Reader 的输入，传到下一个阶段。

(3) Record Reader 的主要工作是将 Split 的内容转化为 <Key,Value> 键值对形式，作为 Map 任务的输入参数。

(4) Map 函数做的事情是将输入的 <Key,Value> 转化为 List(<Key,Value>)。

(5) List(<Key,Value>) 会作为 Map 任务的中间结果文件保存起来，供 Reduce 任务使用。这个中间结果文件会先放到内存缓冲区中保存。

(6) 随着中间结果不断地写入缓冲区，超过一定数量后，就会发生溢写（spill），也就是将 Map 任务的中间结果批量写入磁盘。这种一次性写入的方式减少了频繁访问磁盘的次数，提高了写入效率。

(7) 在把结果文件写入磁盘之前，MapReduce 架构还会完成分区、排序、合并操作，这些由一个单独的线程完成，并不会影响 Map 任务的执行，这会在下面详细介绍。

上述的 (5)、(6)、(7) 三个步骤也称为 Shuffle，由于它们在 Reduce 任务中也有对应的动作，因此这里称为 Map Shuffle。Map Shuffle 除了将 Map 任务的中间结果写入缓冲区，并在缓冲区将满的时候将结果文件溢写到磁盘上，在溢写之前还会执行以下几个操作。

- **分区（partition）**：其目的是让 Reduce 任务能够方便地获取对应的数据，由 Partitioner 完成。主要是采用散列函数对 Key 进行散列运算，然后再对 Reduce 任务数量取模。假设 Reduce 任务的数量是 R，那么公式就是 Hash(Key) mod R。换句话说，存在多少个 Reduce 任务，就要划分多少个分区。
- **排序（sort）**：对于每个分区以后的 <Key,Value>，Map Shuffle 都会进行排序，这是 MapReduce 框架的默认操作，经过这步后，每个分区的 <Key,Value> 都将是有序的。
- **合并（combine）**：在排序完毕后，会对 Key 相同的 <Key,Value> 进行合并。例如将 <" World ",1> 和 <" World ",1> 合并为 <" World ",2>。由于 Map 任务的中间结果需要先写入磁盘，再被 Reduce 任务读出进行后续处理，因此这里合并以后就不用在 Reduce 中再合并了，并且减小了写入文件的大小。如果不选择在 Map 端完成合并操作，那么 Map 端就会对上面的 <Key,Value> 进行归并，得到 <" World ",<1,1>> 的结果，之后 Reduce 任务读取到该数据时再完成合并。另外，是否启动合并操作和写入磁盘的文件的大小有关系。通常来说，系统会设置一个磁盘文件大小的默认值，当读取到的文件大小大于这个默认值时才发起合并操作，否则不发起合并操作，因为合并操作也是有代价的。
- **文件归并（merge）**：在溢写操作完成后，磁盘中会生成新的归并文件，这个文件的内容已经做好了分区。Reduce 任务会按照这个分区拉取数据，并且进行后续的处理。

看完了 Map 任务的执行阶段，再来看看 Reduce 任务的执行阶段，如图 5-6 所示。

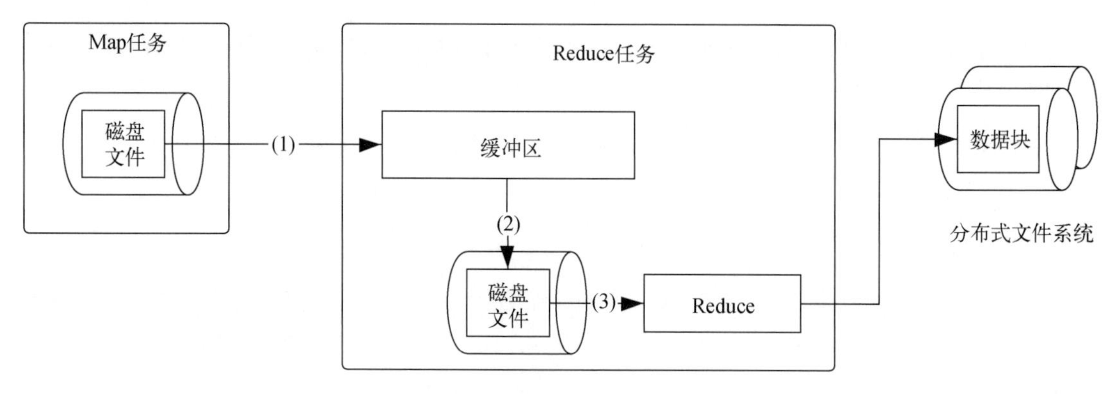

图 5-6 Reduce 阶段的详细步骤

(1) 拉取。Reduce 任务会向作业跟踪器询问自己需要的数据是否已经准备好，同时作业跟踪器会一直检测 Map 任务产生的中间结果，一旦发现中间结果写入磁盘，就通知 Reduce 任务去获取。收到通知后的 Reduce 任务会把 Map 任务所在服务器的磁盘中的文件拉取到自己所在的机器的缓冲区中。根据计算围绕数据的原则，通常作业跟踪器所在的服务器和数据很可能处在同一个网络节点。一个 Reduce 任务可能会同时面对多个 Map 任务产生的中间结果，因此 Reduce 任务会根据 Map 阶段的分区操作产生的数据分区进行拉取。

(2) 归并。在拉取 Map 中间结果的分区数据以后，Reduce 任务会进行归并操作。归并操作在 Map 任务中已经执行过一次了，但那是在单个分区中执行的，此时 Reduce 任务会对多个分区的数据进行再次归并。例如有两个 Map 中间结果，分别来自数据分区 A 和数据分区 B，两者中都存在 `<" World ",1>`，Reduce 任务获取到这两个分区的数据以后就进行归并，生成例如 `<" World ",<1,1>>` 这样的归并集合。如果把这个过程定义为合并，那么数据会被记录为 `<" World ",2>`，且同样会针对 `Key` 相同的 `<Key,Value>` 进行排序。

(3) Reduce。将归并后的数据集丢给 `Reduce` 函数进行处理，整个处理过程都是在缓冲区中进行的。和 Map 任务的 Shuffle 过程类似，当数据集大小超过设定的缓冲区大小时，会存在溢写操作，溢写生成的文件会写到分布式文件系统中去。

5.1.4 MapReduce 的应用实例

上一节介绍了 MapReduce 的工作流程分为 Map 阶段和 Reduce 阶段，我们对这两个阶段进行了详细的讲解，其中 Shuffle 过程在两个阶段中都存在。如果对这两个阶段进行简化，可以将 MapReduce 的工作流程分为 Splitting、Mapping、Shuffling、Reducing 四个步骤，这样做是为了方便记忆，通常来说程序员关注这几个阶段就足够了。下面我们通过一个统计电商平台商品销量的例子带大家看看这几个阶段都做了什么。

假设表 5-1 是电商平台在城市 A、B、C 关于家电、数码、日用品的销量（单位：万台）清单。这个表中的数据作为源数据被 MapReduce 框架调用。

表 5-1　电商平台销量统计　　销量（单位：万台）

日　期	城市	商　品		
		家电	数码	日用品
2020-07-10	A	20	18	12
2020-07-10	B	8	11	7
2020-07-10	C	12	5	4
2020-07-11	A	19	7	10
2020-07-11	B	14	5	11

图 5-7 展示了 MapReduce 工作流程中的几个阶段。

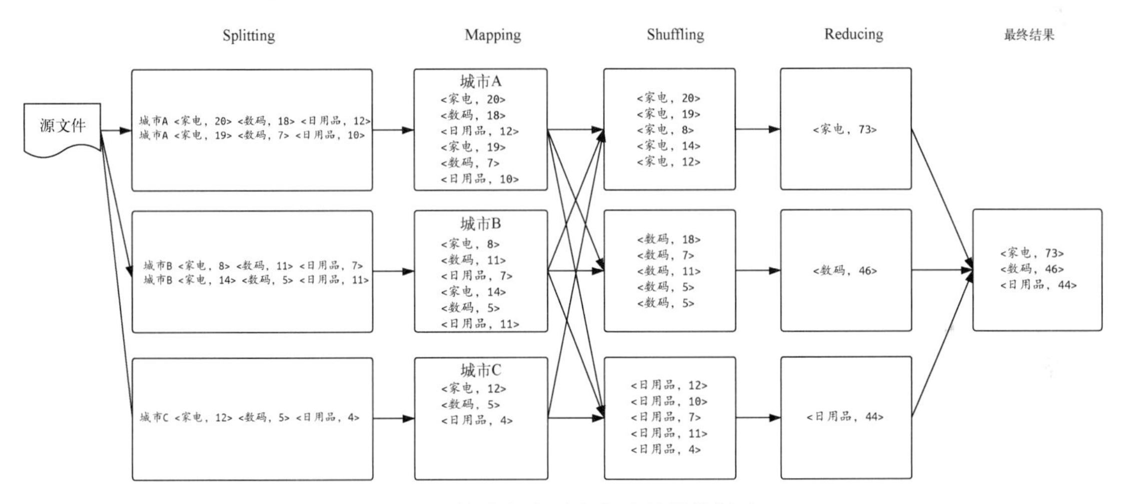

图 5-7　统计电商平台商品销量的例子

下面详细介绍一下各个阶段。

- **Splitting 阶段**：Map 过程中的这个阶段主要是对源数据进行分割。在分布式文件系统中存储的数据，其格式不像关系型数据库中的那么规整，其存储方式千差万别，记录和记录之间、字段和字段之间通常会用特定的分隔符分开。Splitting 过程就是根据某种规则对源数据进行分割，把数据以元组的形式提供给 MapReduce 框架调用。针对本节所讲的例子，假设从 3 个城市的服务器上分别获取了对应城市的家电、数码和日用品销量信息，即表 5-1 中的数据，然后启动 3 个 Map 任务分别处理这 3 部分数据。下面举个例子来展示这个阶段的数据格式：

```
城市 A <家电，20> <数码，18> <日用品，12>
```

- Mapping 阶段：此阶段通过调用 Map 函数，统计每种类型商品的销量情况。这个阶段的输入就是 Splitting 阶段的输出，Key 是商品的分类，Value 是商品的销量数据（单位：万台）。例如：

  <家电，20>。

- Shuffling 阶段：此阶段是对 Mapping 阶段和 Reducing 阶段的 Shuffle 过程的化简，主要完成分区的划分，以及排序、合并、归并等操作。在这个阶段，Map 端的输出会先写到缓冲区，然后通过溢写的方式进入磁盘，再供 Map 函数获取分区数据。这里为了方便展示，我们假设 Map 任务的输出结果根据商品分类（家电、数码、日用品）进行分区，也就是为每类商品分别设置一个分区，每个分区各对应一个 Reduce 任务。同时 Reduce 端会获取这部分分区后的数据进行后续排序、归并操作。由于是按照商品分类进行分区的，因此这个阶段拿到的数据都是分好类的，也就是针对某一分类的元组信息。
- Reducing 阶段：此阶段只需要对 Shuffling 阶段分类的元组信息进行合并，再将合并所得的多个文件归并成一个大文件写入到分布式文件系统中就可以了。

5.2　Stream 模式

在 5.1 节中，我们对 MapReduce 的体系结构和工作流程做了介绍，可以体会到其分而治之的思想，即对大量数据进行拆分、计算然后合并，每个计算任务都是并行且互不关联的，这些数据通常是分布式系统上已经存在的，依据计算围绕数据展开的原则。在计算过程中，数据经过了分布式文件系统、Map 缓冲区、Map 本地磁盘、Reduce 缓冲区、Reduce 本地磁盘，最后又输出到分布式文件系统中。虽然数据是从分布式文件系统中来，再回到分布式文件系统中去的，但是中间经历了磁盘与缓冲区的不断转换，这种计算方式比较适合数据在磁盘中已经存在并且对实时性要求不高的场景。假设 MapReduce 处理的数据都已经存储到了分布式文件系统中，可以将这些数据理解为系统中的历史数据，MapReduce 的计算过程则是对历史数据进行拆分、计算、合并的过程。由于其使用场景对实时性要求不高，因此称为静态数据。随着互联网业务的发展，针对数据的实时性分析越来越普遍，例如电商网站对用户行为的实时采集和分析、IoT 平台对工业设备生产及制造过程的实时监控，这些场景对数据采集和分析的实时性要求都很高，通常需要在短时间内处理大量的数据流信息。这些数据的特点如下。

- 数据如流水般持续流入系统，流入速度快。
- 流入系统的数据量级可达到 TB 甚至 PB。
- 数据的类型繁多，包括结构化数据（关系型数据库）、半结构化数据（JSON、XML）、非结构化数据（文本、图片、音频、视频）。

- 数据处理对实时性的要求较高，数据需要在流入系统的瞬间马上被处理。处理完的数据或是被丢弃，或是存储到数据库中。
- 无法保证数据流入系统的顺序，系统具有处理乱序数据的能力。

我们将具备此类特点的数据称为动态数据。显然对这类数据进行处理的过程和静态数据是不同的。如果说静态数据对应的是批量计算（例如 MapReduce），那么动态数据对应的就是实时计算。动态数据流入系统的速度快、数据量大，这导致实时计算需要在短时间内处理海量数据，这对系统来说是巨大的挑战，Stream 计算（流计算）模式作为实时计算的一种形式便呼之欲出。

5.2.1 Stream 模式的处理过程及特点

Stream 计算又称为流计算，其作用是实时获取来自不同数据源的海量数据，然后实时分析处理，获取有价值的信息。Stream 模式和 MapReduce 模式的区别在于处理数据的实时性，后者是先将数据存放在分布式文件系统中，再通过 MapReduce 框架对数据进行分析和查询，而 Stream 计算是先处理从各个采集端流入的数据，对有价值的数据进行分析和处理以后，再对数据进行归档。

图 5-8 演示了 Stream 模式下的数据处理过程，其中数据从左边流入，从右边流出。

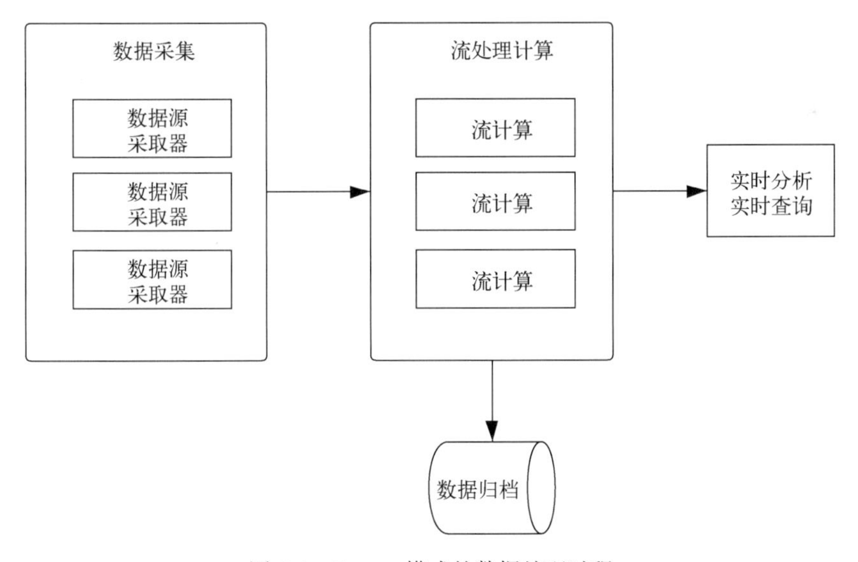

图 5-8 Stream 模式的数据处理过程

下面为图 5-8 中各步骤的具体解释。

- **数据采集**：数据采集端可以对互联网应用、IoT 设备的参数信息、视频监控等不同的信息源进行数据收集。收集的数据包括结构化、半结构化和非结构化数据。来自不同采集源头的数据具有多样性和分布性，这导致采集器需要适配不同的文件格式，并分布在不同的物理空间，各采集器通过网络与流处理计算系统相连。

- **流处理计算**：其功能是实时处理数据采集端采集到的数据信息。传统的数据分析和查询是先存储数据，用户再根据条件对数据进行查询，属于用户找数据。而流处理计算是在数据流入系统的同时，对其进行的分析和查询操作就已经完成，并且结果被推送到了用户面前，属于数据找用户。
- **数据归档**：由于流计算每次处理的信息量都大，处理时间短，难免会存在没有"照顾到"的数据，因此在计算实时数据的同时，会对流入的数据进行归档处理，便于以后进行批量查询。

从上述过程来看，Stream模式更加关注数据处理的实时性，比较适用于注重实时分析结果的场景，例如用户行为分析、IoT设备信息的监控、环境监控、灾难报警等。鉴于Stream模式可以处理大量实时数据，各个公司开发了对应的流计算框架，例如Yahoo开发的分布式流计算系统S4（Simple Scalable Streaming System）、IBM开发的InfoSphere、TIBCO的StreamBase，以及Twitter开源的Apache Storm流计算框架。Storm是一个分布式、可靠、具有容错性的数据流处理系统，下面就以它为蓝本来介绍Stream模式。

5.2.2 Storm的体系结构与工作原理

在介绍Storm的体系结构之前，先对其中的一些技术术语进行介绍，包括Tuple、Stream、Spout、Bolt、Topology。

- **Tuple**：这是Storm处理流数据的最小数据单位，因此也可以称为数据元组。它是一个有序数据列表，结构类似于 `<FieldName,FieldValue>`，其中 `FieldName` 是定义的字段名字，`FieldValue` 可以是任何类型的值，比如动态类型。Tuple支持的字段类型有 `int`、`float`、`double`、`long`、`short`、`string`、`byte`、`binary`（`byte[]`），还支持私有类型、字符串、字节数组等。此外，也可以将序列化的值保存在 `FieldValue` 中。正如其结构，Tuple是一个Key-Value形式的Map，实际上在传输信息时，Tuple的 `FieldName` 字段就已经定义好，只要按照此字段的顺序填入 `FieldValue` 即可，因此最终看到的Tuple是一个关于 `FieldValue` 的列表。
- **Stream**：理解了Tuple以后，再来看Stream。Stream是由Tuple组成的数据序列，Storm就是针对这个数据序列进行数据处理。图5-9进行了直观的展示，Storm需要处理来自数据源头的数据，这些数据以Tuple的形式存在，Stream描述的是这些数据形成的序列。由于数据是源源不断流入系统的，所以形成的序列是一个无限序列。Storm在处理数据的过程中，会根据不同的源头定义不同的Stream，也就是说系统中会存在多个需要被处理的Stream。

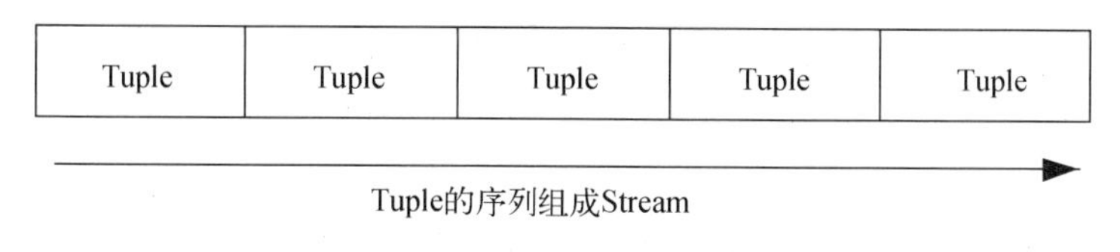

图 5-9 Stream 的组成

- Spout：数据的源头就是 Spout。Storm 体系将数据的源头抽象为 Spout，Spout 从队列、数据库等外部系统获取流数据，然后通过 Stream 传递给 Tuple。Spout 中还有一个 `nextTuple` 函数，每隔一段时间，Spout 就调用一次这个函数，从而生成 Tuple，源源不断地供给 Stream 使用。说白了， Spout 是数据的入口，充当数据采集器的角色，将采集到的数据转换为一个个 Tuple，然后将 Tuple 作为数据流发送出去。需要注意，Spout 并不会处理具体的业务逻辑，只负责采集和转换数据。多了 Spout 后，图 5-9 扩展成了图 5-10，其中形象地展示了 Spout 像水龙头一样不断地为 Stream 序列中的 Tuple 提供数据。因为系统中存在多个 Stream，所以使用 Spout 会为多个 Stream 提供源头数据。

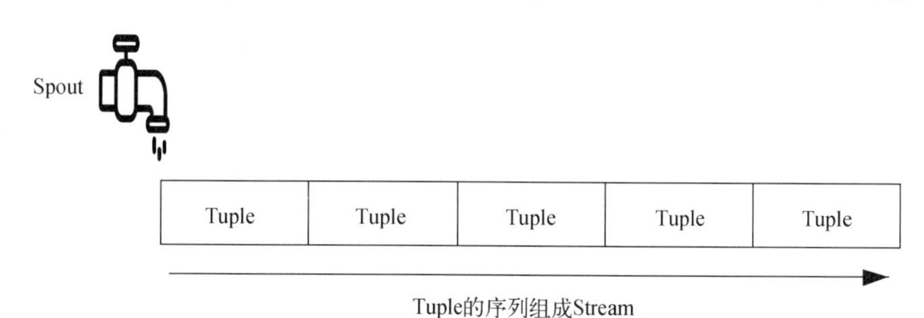

图 5-10 增加了 Spout

- Bolt：有了数据源头和数据序列，接下来要思考的就是如何处理数据了。Bolt 可以理解为对数据进行计算的函数，如图 5-11 所示，它可以将一个或者多个数据流作为输入参数，计算完毕后输出一个或者多个数据流，其中提到的计算包括过滤、连接、聚合以及读写数据等操作。Bolt 负责对 Stream（Tuple 列表）进行处理，因此业务逻辑通常写在这里，它里面存在一个 `execute` 方法，输入参数是 `Tuple`，当有 Tuple 到达 Bolt 时，Bolt 就根据方法中的逻辑对 `Tuple` 进行自动处理。Bolt 的输出也是 Stream（Tuple 列表），这些 Stream 可以作为输入交给下一个 Bolt 进行处理。一般来说，一整套流处理过程都需要经过 Bolt。
- Topology：上面讲到的数据传输载体（Tuple）、数据传输通道（Stream）、数据源头（Spout）以及数据处理模块（Bolt）组成了一个网状的流数据处理网络。Topology 便是 Storm 系统概念层次上的网络结构，是对整个 Storm 体系结构的抽象。其本质是一个有向无环图，如图 5-12 所示，图中的点代表 Bolt，即计算单元；边代表由 Tuple 组成的

Stream，起点是数据入口 Spout。每开启一个流计算任务，就会生成一个 Topology，同时生成这张图。在 Topology 中，Bolt 会分布到不同的机器上执行。图中除了具有前后关系的 Bolt 外，其他 Bolt 都是并行执行的。每个 Bolt 在执行任务时，可以生成多个 Task 与其对应，这些 Task 可以在不同的机器上并行执行。对于 Task 平行度的设置，需要在 Topology 中完成。

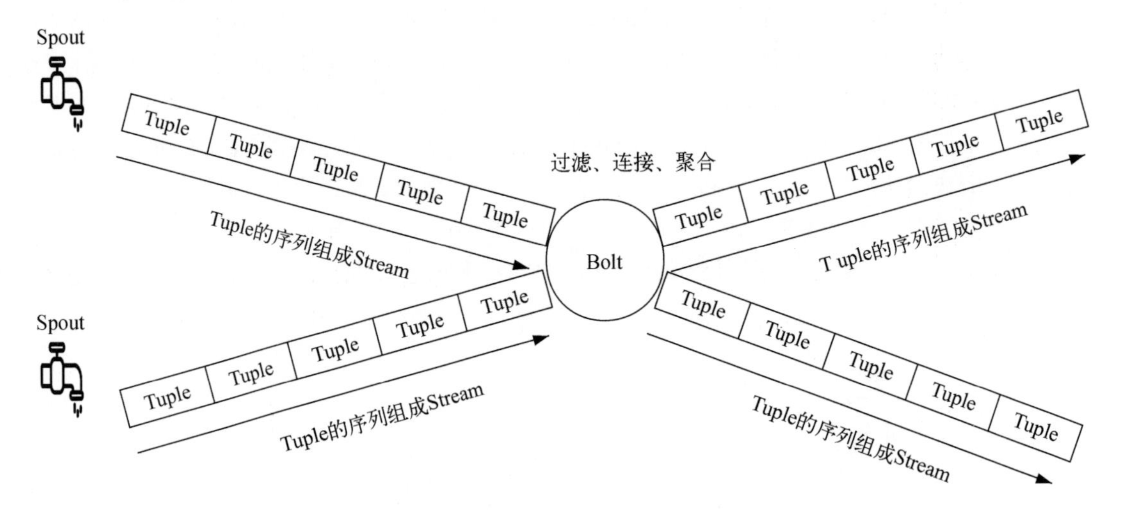

图 5-11 Bolt 处理 Stream 中的数据

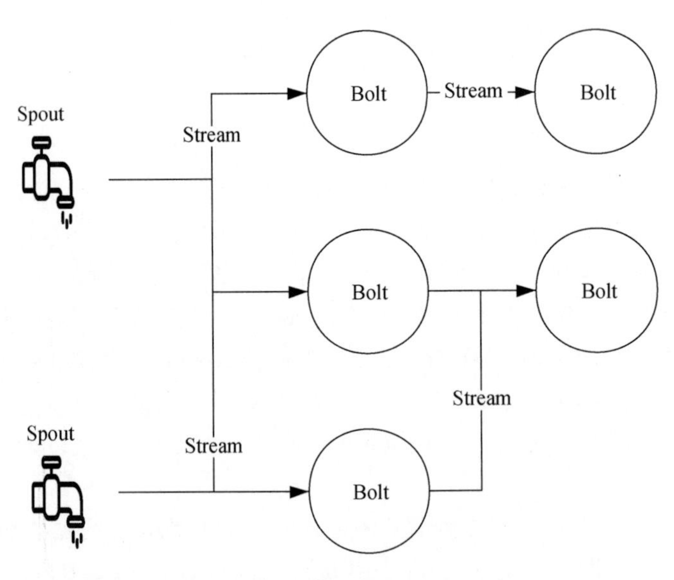

图 5-12 Topology 结构示意图

5.2.3 Storm 的并发机制

经过对上一节内容的学习，我们知道了在 Storm 系统中，数据是如何从源头进入数据流，然后被处理和存储的。回想一下在 MapReduce 模式下，处理大量数据的时候会将 Map 任务和 Reduce 任务分布到不同服务器节点上运行，最后再对计算的结果进行归并。同样，Storm 系统在处理大量并发请求的时候，也需要进行分布式部署，利用其分布式系统的并发特性处理大量并发数据。Storm 系统支持将服务器水平扩展成多个，将流计算切分成多个独立的计算任务，然后在服务器集群中完成这些任务。这里提到的每个任务都可以理解为服务器节点上运行着的 Spout 或者 Bolt。下面介绍 Storm 系统并发计算机制的几个组成部分。

- Node：指的是 Storm 集群中的服务器，它会执行 Topology 的计算任务。一个 Storm 集群包含一个或多个 Node。
- Worker：指在 Node 上面运行着的独立的 JVM 进程，一个 Node 上可以运行一个或者多个 Worker。Worker 是用来执行 Topology 中计算任务的 JVM 进程。
- Executor：指运行在 Worker 进程中的 Java 线程。一个 Worker 进程中可以运行一个或者多个 Executor 线程，每个 Executor 线程中又可以运行一个或者多个 Spout 实例或者 Bolt 实例。
- Task：指 Spout 实例或者 Bolt 实例。它在 Executor 线程中执行，具体地，Executor 线程会调用实例中的 `nextTuple` 和 `execute` 方法。

图 5-13 把上面几个组成部分绘制到了一张图中，以帮助大家更好地理解。每个服务器节点（Node）中包含一个或者多个 Worker 进程。Worker 进程中运行着一个或者多个 Executor 线程，每个 Executor 线程负责执行一个或者多个 Task，这些 Task 包括 Spout 实例和 Bolt 实例。

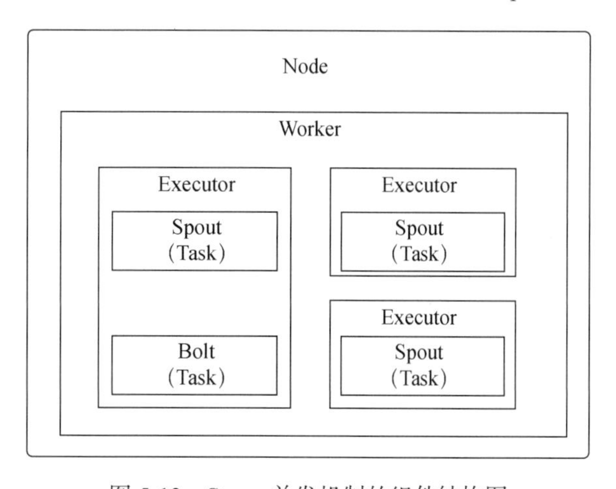

图 5-13 Storm 并发机制的组件结构图

如果说 Topology 是 Storm 系统处理流数据在逻辑层面的表现，那么并发机制就是物理层面的表现。如何将这两个层面的表现打通，帮助我们理解 Storm 系统处理流数据的过程是接下来要探讨的问题。先来看下面这个例子，假设我们的需求是获取文章中的一段文字，然后统计这段文字中有多少个单词，以及每个单词出现的次数，并且汇总起来。

根据上述需求，按如下步骤设计 Topology。

- 建立一个 Spout 作为数据源，用来收集文章中的句子。我们将这个 Spout 命名为 SentenceSpout。
- SentenceSpout 获取句子后，通过 Bolt 对句子进行拆分。我们将这个 Bolt 命名为 SentenceSplitBolt。
- 对拆分得到的单词进行计数，将这里使用的 Bolt 命名为 WordCountBolt，这个 Bolt 输出的单词就是以 <"单词","次数"> 形式展示的元组信息。
- ReportBolt 接收到单词出现次数的信息以后，进行汇总，生成最后的单词出现次数信息。这个过程和 MapReduce 模式中的归并操作比较像。

如图 5-14 所示，一个 Node 下面有一个 Worker 进程，Worker 进程中启动了 4 个 Executor 线程，这些线程依次执行 SentenceSpout、SentenceSplitBolt、WordCountBolt 和 ReportBolt。

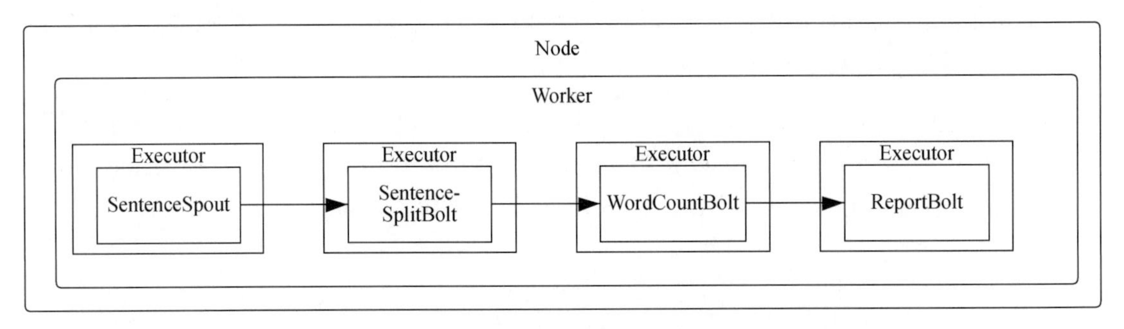

图 5-14　单个 Worker 进程中运行多个 Executor 线程的模式

遇到高并发数据流时，可以提供多个 Worker 进程并行处理。如图 5-15 所示，设置两个 Worker 进程，SentenceSplitBolt 将句子拆分后生成 2 个 Task，分别交给两个不同的 Executor 线程运行。WordCountBolt 负责计算单词数量，它将这个工作拆分成 3 个 Task，其中 1 个在上方的 Executor 中运行，另外 2 个在下方的 Executor 中运行。最后，ReportBolt 在 1 个 Executor 中运行，运行的 Task 数量是 2。

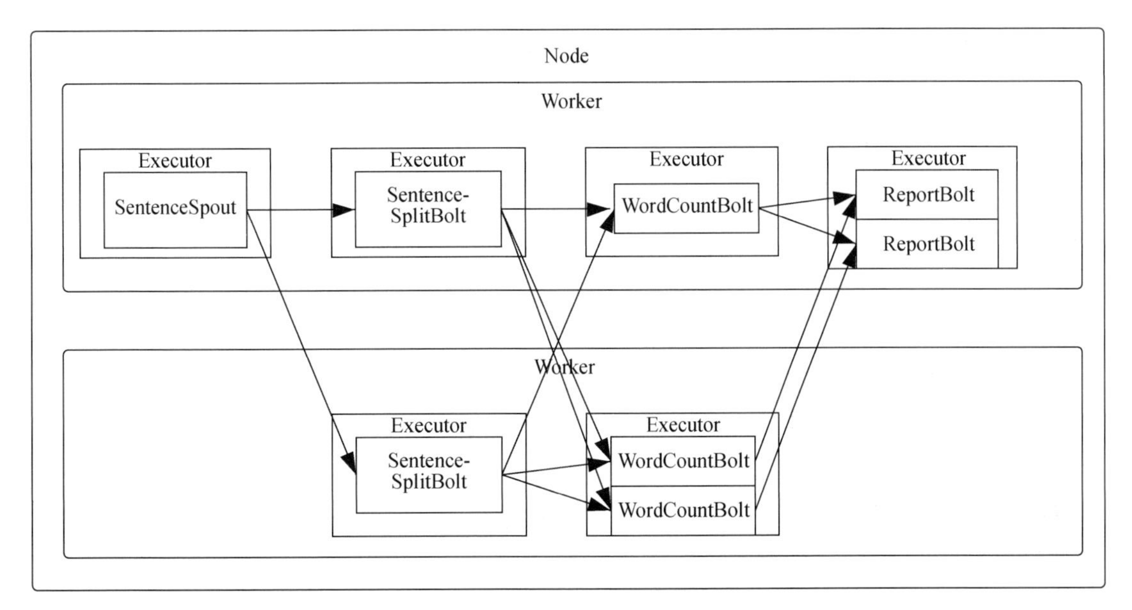

图 5-15　一个 Node 中运行两个 Worker 进程

将图 5-15 转化成如下伪代码：

```
Config conf = new Config();
TopologyBuilder builer = new TopologyBuilder();  ①
conf.setNumWorkers(2);          ②
builder.setSpout({SentenceSpoutID}, SentenceSpout);        ③
builder.setBolt({SentenceSplitBoltID }, SentenceSplitBolt,2);        ④
builder.setBolt({WordCountBoltID}, WordCountBolt,2).setNumTasks(3);        ⑤
builder.setBolt({ReportBoltID}, ReportBolt).setNumTasks(2);        ⑥
```

下面按序号分析一下这段代码。

① 生成 `TopologyBuilder` 的实例 `builder`。

② 通过 Topology 的配置类实例 `conf` 设置 Worker 进程的数量为 2。

③ 通过 `setSpout` 方法设置 `builder` 对应的 Spout，需要在参数中指定 Spout 的 ID 和实例。这步设置的是作为数据源的 SentenceSpout，它在一个 Executor 线程中执行，使用的是默认的 `setSpout` 方法。

④ 通过 `setBolt` 方法设置 `builder` 对应的 Bolt，需要在参数中指定 Bolt 的 ID 和实例，这步设置的是用于拆分句子的 SentenceSplitBolt。同时还需指定执行线程数为 2，也就是开启 2 个 Executor 线程，每个线程分别运行一个 SentenceSplitBolt 实例。

⑤ 通过 `setBolt` 方法设置 `builder` 对应的 Bolt，需要在参数中指定 Bolt 的 ID 和实例，这步设置的是用于统计单词数量的 WordCountBolt。同时还需指定执行线程数为 2，也就是开启 2 个

Executor 线程，每个线程分别运行一个 WordCountBolt 实例。另外，在 Bolt 对象的 `setNumTasks` 方法中传入 3 作为参数，表示运行了 3 个 WordCountBolt。

⑥ 最后通过 `setBolt` 设置 ReportBolt，这步没有定义 Executor 线程的数量，所以默认在一个 Executor 线程中运行。另外，在 `setNumTasks` 方法中传入参数 2，表示 Executor 中共运行 2 个 ReportBolt 实例。

5.2.4　Stream Grouping

正如上一节所示，引入并发请求后，对 Storm 系统中的 Topology 结构进行了水平扩展，Spout、Bolt 根据并发程度部署到不同的 Worker 进程、Executor 线程，甚至是不同的 Node 中。在进行水平扩展之前，Topology 知道每个 Stream 分别在哪两个 Spout、Bolt 之间传递。扩展之后，这种传递过程变得复杂起来，为了解决 Stream 的路由问题，Storm 推出了 Stream Grouping，其目的是告诉 Spout、Bolt 两个组件如何传递 Stream。Stream Grouping 在分布式部署的 Spout、Bolt 环境中非常有用，这里我们介绍以下几种实现方式。

- **Shuffle Grouping（随机路由分配）**。指 Stream 的流动是随机分配的，只需要保证 BoltB 中的每个 Task 接收到的 Tuple 的量基本相等即可。如图 5-16 所示，BoltA 中包含 Task1、Task2 和 Task3，BoltB 中也包含 Task1、Task2 和 Task3，并且两个 Bolt 中的所有 Task 都是完成同样的功能。在路由选择的时候，只需要保证 Task 之间有路径相连，并且连接的数据量大致一致就行了。由于路由是随机选择的，因此 Tuple 在选择对应 Task 的时候代价比较小，Task 之间的负载比较均衡。但随机性也导致上下游 Task 之间的逻辑关系不明确。

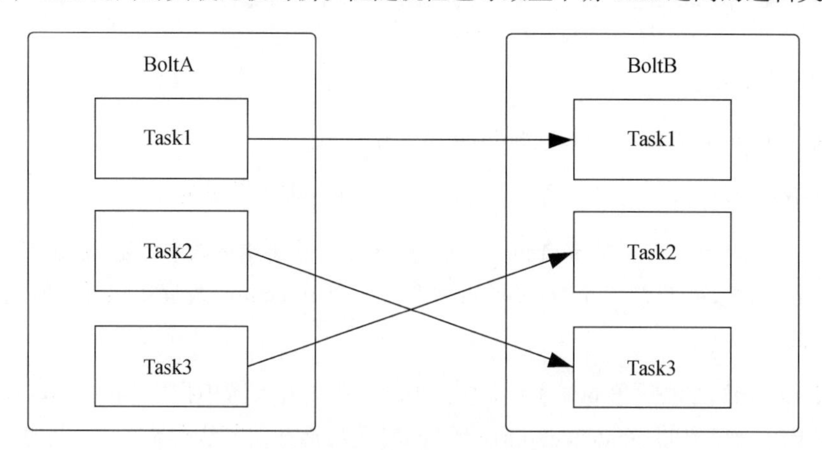

图 5-16　Shuffle Grouping

- **Fields Grouping（按照字段分配）**。鉴于 Tuple 是一个由 `FieldName` 和 `FieldValue` 组成的 Map 对象。对 `FiledName` 取值为 `word` 的 Tuple 进行字段分配，拥有相同 `FieldValue` 取值

的字段被分配给同一个 Task 处理。如图 5-17 所示，BoltA 中的 Task1 处理的是 "good" 字段，分配给 BoltB 中的 Task1 处理，而 BoltA 中的 Task2 和 Task3 处理的是 "morning" 字段，统统交由 BoltB 中的 Task2 处理。由于上下游 Task 是根据字段进行路由分配的，因此它们之间的关系比较明显。不过因为 Tuple 在选择 Task 时，需要根据 FieldValue 的取值来确定，所以会付出一定的选择代价，同时还无法保证下游 Task 的负载是均衡的。

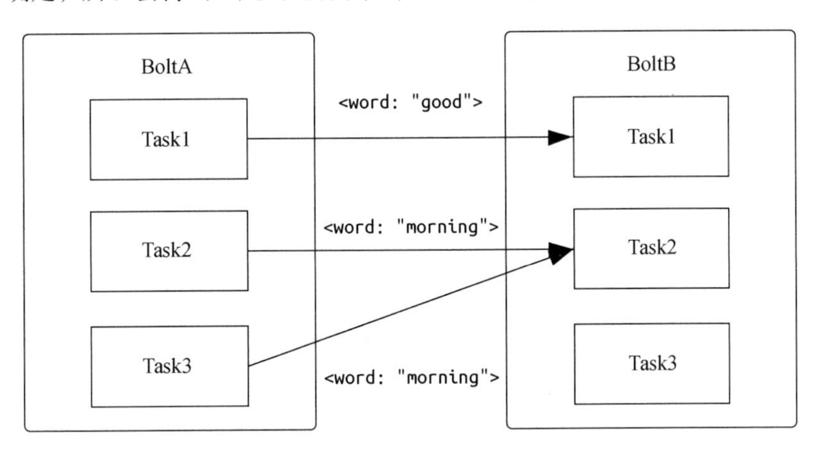

图 5-17 Fields Grouping

- All Grouping（全复制分组路由，也叫广播分组路由）。将所有 Tuple 各复制一份后分发给所有的 Task。如图 5-18 所示，BoltA 中的 Task1、Task2、Task3，会分别被路由到 BoltB 中的 Task1、Task2、Task3。这种模式下，上游 BoltA 发送的所有数据，下游 BoltB 都会接收到，消息不会遗漏。可是缺点也很明显，就是会处理大量冗余数据，增加了系统的性能损耗。实际上，这种路由方式在现实工作中用得很少，只有在上游 Bolt 输出的 Tuple 需要通知到下游的每个 Task，且每个 Task 可能会做出不同的处理时才会用到。

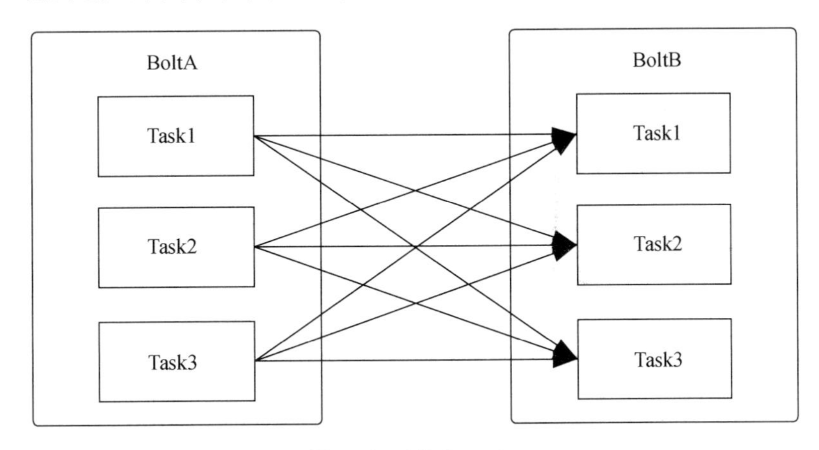

图 5-18 All Grouping

- **Global Grouping（全局分组路由）**。指上游 Spout、Bolt 输出的 Tuple 会由下游 Bolt 中的同一个 Task 处理。如图 5-19 所示，BoltA 中的 3 个 Task 通常会被路由至 BoltB 中 ID 最小的 Task 进行处理，因此 3 个 Task 中对应的 Tuple 都汇总到了 BoltB 中的 Task1。这种方式应用在需要合并、汇总的场景，例如计算文字中数量排名前 10 的单词出现的频率。这种方式会导致计算资源的不平均分配，比如图 5-19 中的 Task1 就承受着过重的计算任务。

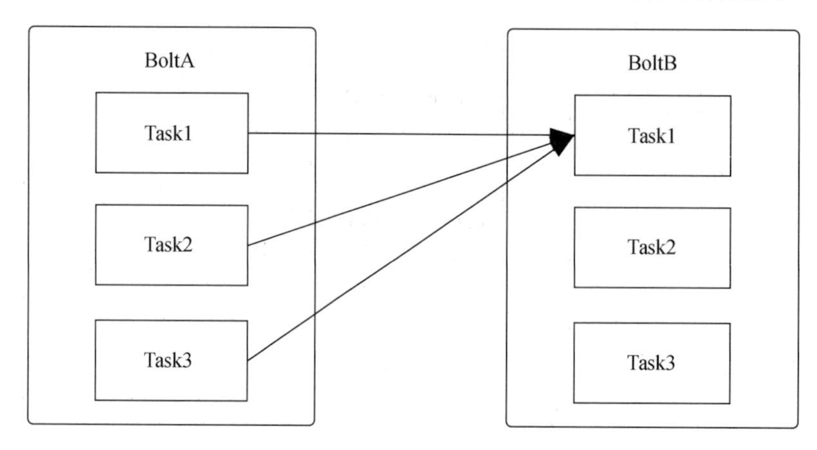

图 5-19　Global Grouping

- **Local Or Shuffle Grouping，这种方式是 Shuffle Grouping 的一种补充**。学习了 5.2.3 节的内容后，我们知道 Spout 或者 Bolt 运行的实例都存在于 Executor 线程中，而 Executor 线程又包含在 Worker 进程的 JVM 中。如图 5-20 所示，Local Or Shuffle Grouping 方式就是让运行在同一个 Worker 进程中的两个实例（BoltA 和 BoltB）进行路由传输，如果同一个 Worker 进程中存在多个 Bolt，就按照随机原则对 Task 进行路由。这种路由方式的好处是让 Tuple 的传输尽量在一个进程内完成，避免网络传输带来的损耗。

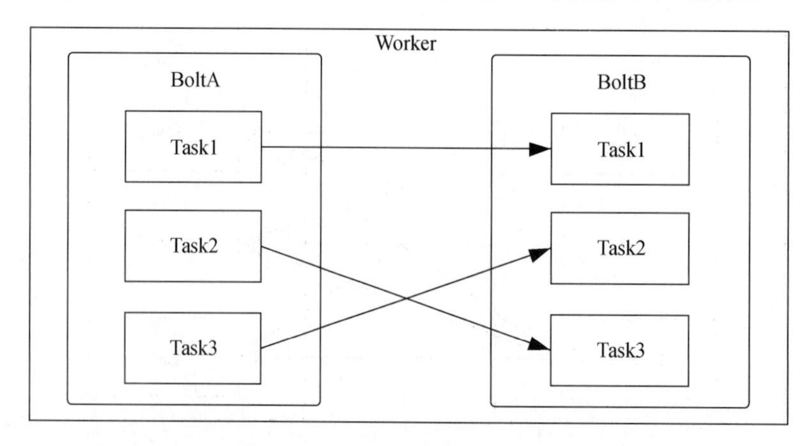

图 5-20　Local Or Shuffle Grouping

- Direct Grouping（指向型路由分配）。上游 Spout 或者 Bolt 中的 Task 可以通过调用 `emitDirect()`方法来指定输出的 Tuple 由下游哪个 Task 处理。如图 5-21 所示，BoltA 中的 Task1、Task2 和 Task3 分别由 BoltB 中对应的 Task1、Task2 和 Task3 来处理。这种路由模式下，Topology 路由的可控性很强，上下游的 Task 路由调用是完全可控的。但这样会使代码变复杂，还会导致实际负载与预估不符。

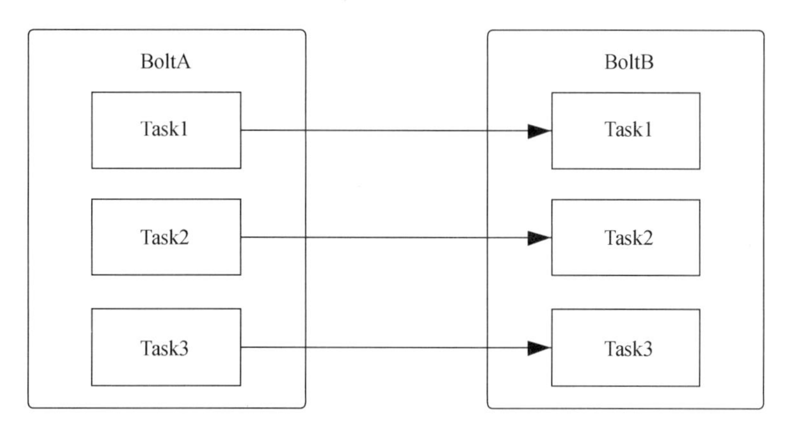

图 5-21 Direct Grouping

5.2.5 Storm 集群架构

我们已经知道了 Stream 模式的处理过程和原理，并且以 Strom 为例介绍了如何对流数据进行处理，通过 Tuple、Stream、Spout、Bolt 组成了数据源获取、数据传输、数据处理的 Topology 架构。为了处理并发流数据，通过 Storm 的并发机制对数据源单元和计算单元进行了水平扩展，从而引出 Node、Worker、Executor、Task 的概念，以及这些概念之间的包含关系。为了实现 Storm 的并发机制，需要将数据源单元和计算单元部署到不同的 Worker 进程，甚至是不同的网络节点（Node）中。那么这些分布式部署的数据源单元和计算单元如何协调工作就是本节将要介绍的内容。由于 Storm 并发机制需要同时管理多个 Node、Worker、Executor 和 Task 资源，以承载并发的流数据，因此需要一套管理机制。

如图 5-22 所示，Storm 通过主/从（Master/Slave）方式来管理整个集群中的节点和进程。Storm 集群有一个主节点 Nimbus 和多个从节点 Supervisor（工作节点）。Nimbus 作为主节点进程，负责管理、协调和监控运行在集群上的 Topology 计算实例，包括 Topology 的发布、任务指派，以及计算出现问题时的任务重新指派。Supervisor 作为从节点进程，需要等待 Nimbus 分配计算任务，再到 Node 上生成 Worker 进程，然后由 Worker 进程执行 Executor 线程，完成 Spout 和 Bolt 的任务。Nimbus 和 Supervisor 都是以进程的方式存在于一个或者多个 Node 节点上，它们之间有主从区别，需要互相传输数据以及协调工作。因此，引入 ZooKeeper 作为分布式协调组件，负责 Nimbus

和 Supervisor 之间的协调和选举工作。

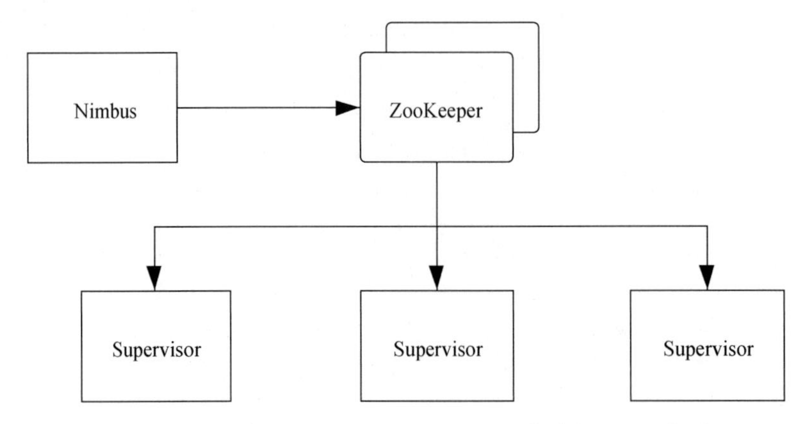

图 5-22　Nimbus、Supervisor、ZooKeeper 构成的 Storm 集群

接下来看看 Nimbus、ZooKeeper、Supervisor 组成的 Storm 集群架构是如何工作的。如图 5-23 所示，整个工作流程分为 4 部分。

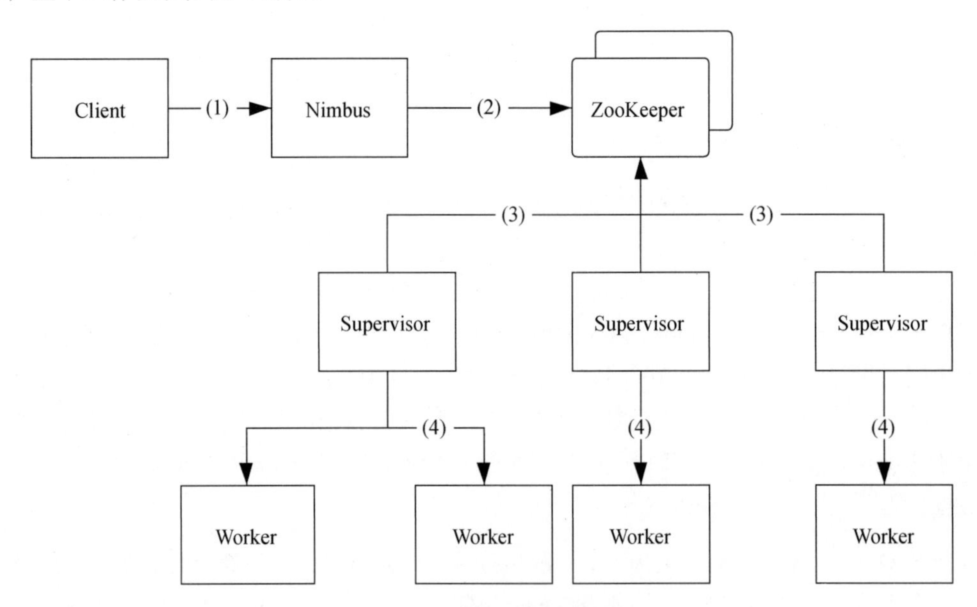

图 5-23　Storm 集群工作流程

如下为 4 部分的具体解释。

(1) 我们知道每个计算任务都是一个 Topology，Topology 会描述 Spout（数据从哪里来）、Tuple（数据使用什么格式）以及 Bolt（如何处理数据）信息。客户端会将 Topology 打包成 jar 文件，和配置信息一并提交给 Nimbus。

(2) Nimbus 接收到 Topology 的计算任务以后，会将任务分配给对应的 Supervisor 完成。由于 Topology 中已经指定了 Worker、Executor 的数量，因此 Nimbus 只需要下达命令即可，让 Supervisor 去完成计算任务。但命令并不是直接发送给 Supervisor 的，会先通过 ZooKeeper 保存，再由 Supervisor 主动监听并获取。需要注意的是，ZooKeeper 管理着集群中的所有节点，如果发现某个 Supervisor 出现故障便会告知 Nimbus，Nimbus 会重新对 Supervisor 分配任务。Nimbus 并不会处理具体的计算任务，只负责任务的分发与监控，是一个单点进程。一旦出现问题，ZooKeeper 就会发起选举，用其他的进程替换它。

(3) Supervisor 主动从 ZooKeeper 中获取任务的分配信息，接到任务以后，生成对应的 Worker 进程去执行。这里的 Supervisor 和 Worker 都是独立的 JVM 进程，前者由 ZooKeeper 进行监控和管理，而后者由 Supervisor 生成和管理。

(4) Worker 进程接收到 Supervisor 分配的任务以后，会生成 Executor 线程，由此线程执行 Spout 和 Bolt 实例等。

至此，整个 Stream 模式就介绍完了，最后我们来一起总结一下。Stream 模式处理动态数据与静态数据的过程不同，处理动态数据对实时性有要求，体现在实时采集、实时处理、实时获得结果。为了了解流数据的处理过程，我们以 Storm 系统为例，介绍了流计算的组件结构 Topology。Topology 可以称为流计算逻辑方案，其包括 Spout（数据采集）、Tuple（数据格式）、Stream（数据流动通道）和 Bolt（数据处理单元）。为了使 Topology 应对并发场景，增加了网络节点（Node），其上通过运行 Worker 进程、Executor 线程以及 Spout、Bolt 实现其具体的运算过程。由于引入了并发场景，需要对计算组件进行水平扩展，水平扩展以后引出了 Tuple 数据路由选择的问题，为此介绍了 Stream Grouping 的 6 种方式，解决了 Tuple 与 Spout、Bolt 的路由问题。最后，从网络集群结构的角度考虑了 Storm 集群是如何工作的。Storm 集群实际上就是 Storm 并发机制的具体实践，使用了 Master/Slave（主/从）架构，通过 ZooKeeper 来协调管理 Nimbus、Supervisor 和 Worker 进程的工作。

5.3 总结

由于资源的分布式存储，分布式系统在处理高并发、大流量数据时需要将计算任务拆分成多个子任务，然后并行处理这些子任务，最后再汇总结果。分布式计算在扩展整个系统计算大量并发数据的能力的同时，也带来了一些问题，例如任务拆分、任务并行处理、任务协调以及协调者的可靠性问题。本章以静态数据和动态数据作为切入点，分别介绍了 MapReduce 模式和 Stream 模式的原理和实践方法。对于批量静态数据的处理，以 MapReduce 为例展开介绍，从结构上看，由 JobTracker 跟踪作业完成情况，由 TaskTracker 执行具体计算任务，而 JobScheduler 完成作业调度工作；从处理流程上看，经历了格式化预处理、数据块拆分、数据读取与转换、Map、Shuffle、

Reduce以及归并过程。对于实时动态数据的处理，引出了 Stream 模式，它分为数据采集、流处理计算、数据归档、实时分析和查询几个阶段，此外还以 Storm 系统为例，从三个方面进行了详细介绍，首先是计算的逻辑结构 Topology，它包含 Tuple、Spout、Bolt；其次讲了 Storm 如何处理并发数据，介绍了 Node、Worker、Executor 以及 Task 之间互相包含的关系，还有 Stream Grouping 是如何处理并发场景下数据路由问题的；最后，将计算的逻辑结构 Topology 与计算的并发机制落地到集群的实现，介绍了集群架构中的 Nimbus、ZooKeeper、Supervisor、Worker 之间如何通过控制、监督、协调完成并发计算任务的数据处理。

第6章

分布式存储

本书从第2章到第5章，分别介绍了分布式系统的拆分、调用、协同和计算。这几章都是按照从概念到实施、从系统外到系统内的过程推进的。无论计算静态数据还是计算动态数据，都是在内存中完成的，在计算完毕后，除了要把结果展示给用户以外，还需要对数据归档，也就是将数据存储起来。随着业务量的不断增加，数据作为业务的最直观表现，同时作为企业资产，其面临的存储容量、读写速度、数据可靠性等问题越来越得到人们的关注。本章将通过RAID讲解单机如何存储海量数据、提高读写时间、保证数据的可靠性。然后从RAID中得到启发，单机磁盘阵列的扩展能力是有限的，因此需要从数据的跨磁盘存储过渡到跨服务器存储。为了在存储海量数据的情况下实现高性能和可靠性，引入了数据分片和数据复制，这里会描述数据的使用者如何根据分片规则对数据进行读写，以及数据如何通过主从复制机制保证可靠性。期间还会引入分布式存储的三要素：数据的使用者、数据的存储者、数据的索引者。介绍完分布式存储的思想以后，会展开说明分布式存储的实践，从数据类型入手介绍如何实现结构化数据、半结构化数据、非结构化数据的分布式存储，与这些相对应的存储结构是分布式数据库、分布式键值对系统、分布式文件系统。根据上述思路，本章将会介绍如下内容。

- 数据存储面临的问题以及解决思路
- 分布式数据库
- 分布式缓存

6.1 数据存储面临的问题以及解决思路

IT系统的工作总结一下就是获取数据、计算（处理）数据、存储数据。业务复杂度在提升，系统用户在扩张，因此IT系统中存储的数据也在不断增加。随着物联网以及人工智能的发展，数据的源头从之前的交易数据扩展到了用户行为数据、从系统内数据扩展到了其他应用以及互联网数据，人们需要对更多数据进行分析，这驱动着业务不断发展。在单机系统时代，如果数据量不断增加，以致撑满了数据库磁盘，最简单的解决办法就是扩大磁盘容量。但是，从磁盘中读写数据始终是IO操作，为了提高读写速度，会将数据分成几部分，并分别写入不同的数据库磁盘上，此外还提供冗余的数据库磁盘进行备份。如果说数据的存储或者读写需要消耗系统资源，那么增加其性能的办法就是扩展这部分系统资源。对资源进行扩展的方式分为垂直扩展和水平扩展。垂直扩展是增强单个服务器的处理能力，例如提升 CPU、内存、磁盘的性能。水平扩展是用多个相对廉价的服务器代替单个服务器存储、响应数据。本节先会介绍 RAID 的垂直扩展，看看 RAID 是如何解决存储空间、速度、可用性问题的。从中得到启发以后再推广到水平扩展，即分布式存储。

6.1.1　RAID 磁盘阵列

RAID（Redundant Array of Independent Disks）即独立磁盘冗余阵列，通常简称为磁盘阵列，是由多个独立的高性能磁盘驱动器组成的磁盘子系统，提供比单个磁盘更高的存储性能和数据冗余技术。它是一类多磁盘管理技术，向主机环境提供成本适中、数据可靠性高的高性能存储，主要能够改善磁盘的存储容量、读写速度，增强磁盘的可用性。在 RAID 出现之前，要想使用大容量、高可用、高速访问的存储系统，需要有专门的存储设备，但是存储设备容量再大，也会有装满的一天，于是出现了 RAID 方式，可以提供更大的存储空间。在 RAID 中，不仅可以将数据分别存放到不同磁盘上，还可以将相同数据存放到不同的磁盘空间中，即冗余存储，起到备份的作用。若其中某个磁盘存放的数据出现了问题，可以通过复制冗余数据的方式重建问题数据。

为了解决存储空间、读写速度、可用性的问题，RAID 使用了三个技术，分别是镜像、数据条带和数据校验。

- **镜像**（mirroring），就是将数据复制到多个磁盘中，一方面提高系统的可靠性，另一方面可使数据的读操作并发进行，也就是同时从多个磁盘副本中读取数据，从而提高读写性能。这里需要注意的是镜像的写性能稍低，因为确保数据正确地写入到多个磁盘中是一个耗时的操作。
- **数据条带**（data stripping），对一整块数据分片，并保存在多个不同的磁盘空间，就是将大块数据拆分存放。遇到并发读写请求时，可以同时对处于不同磁盘上的数据进行操作，从而提升 I/O 性能。
- **数据校验**（data parity），正是由于上面的镜像存储，同一份数据被存放到多个磁盘空间。这种冗余存储数据的方式有助于数据的错误检测和修复。冗余数据通常采用海明码、异或操作等算法生成。数据校验能够提高 RAID 的可靠性和容错能力。

聊完了 RAID 使用的技术，再来看看其等级。SNIA、Berkeley 等机构定义了 RAID0、RAID1、RAID2、RAID3、RAID4、RAID5、RAID6 等几个等级，这里我们不全部阐述，仅挑选几个比较有代表性的等级了解一下，看能否给分布式存储带来一些启发。

RAID0 是一种简单、无数据校验的数据条带化技术（数据分片），由于没有利用镜像技术，所以不提供任何冗余策略。RAID0 将整块数据分成 n 份存储到不同的磁盘空间中，访问数据时需要根据存放数据的磁盘分别进行读写操作，由于可以并发执行 IO 操作，总线带宽得以充分利用。如图 6-1 所示，整个数据集由 A1~A6 六个数据块组成，根据 RAID0 的存放原则对这些数据块进行拆分，A1、A3、A5 存放在磁盘 1 中，A2、A4、A6 存放在磁盘 2 中。

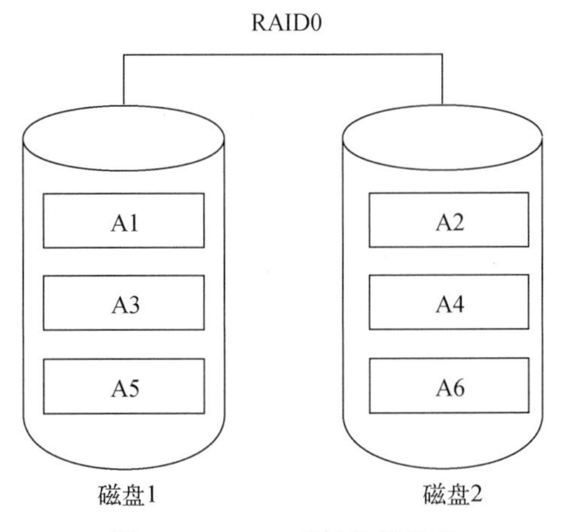

图 6-1　RAID0 的结构示意图

RAID1 完全实现了镜像技术，把数据集全部复制一份，然后将原数据集和副本分别存放在两个磁盘上，因此其磁盘空间利用率为 50%。读取数据时可以从任一磁盘上获取数据，在写入数据时由于需要写入两块磁盘，因此响应时间会有所影响。RAID1 模式大大提高了数据的可靠性，如果一块磁盘发生故障，用户可以从镜像磁盘读取数据，不会影响工作。如图 6-2 所示，RAID1 模式将数据集中的数据块 A1、A2、A3 在两块磁盘中分别存放了一份，无论哪块数据出现问题都可以在镜像磁盘中获取数据。

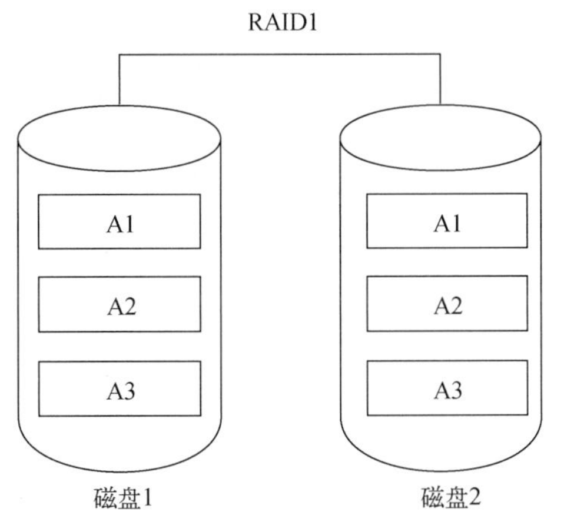

图 6-2　RAID1 的结构示意图

RAID01 由 RAID0 和 RAID1 两种模式组合而成。它将大数据集分成多份，分别写入不同的磁盘，然后再将每份数据镜像存储在另一个磁盘中，说白了就是数据分片+数据镜像。这种方式不仅提高了读写效率，也增加了数据的可靠性。不过 RAID01 用一半磁盘来备份数据，这对磁盘利用率是一个挑战。如图 6-3 所示，RAID01 将一个数据集分为 A1~A6 六个数据块，分别在磁盘 1 和磁盘 2 中存放 A1、A3、A5 和 A2、A4、A6。作为镜像，将磁盘 1 和磁盘 2 中的数据块分别复制到磁盘 3 和磁盘 4 中。需要注意这里是先进行的条带（分片）用的是 RAID0 模式，再进行的镜像用的是 RAID1 模式，所以这种模式叫作 RAID01。如果先进行镜像（RAID1）再进行条带（RAID0），就应该叫作 RAID10。从数据存储和读写性能的角度看来看，RAID01 和 RAID10 是完全一样的，两者没有区别。但当某磁盘出现故障时，RAID10 的读性能要优于 RAID01，由此看来在安全性方面 RAID10 比 RAID01 要强。

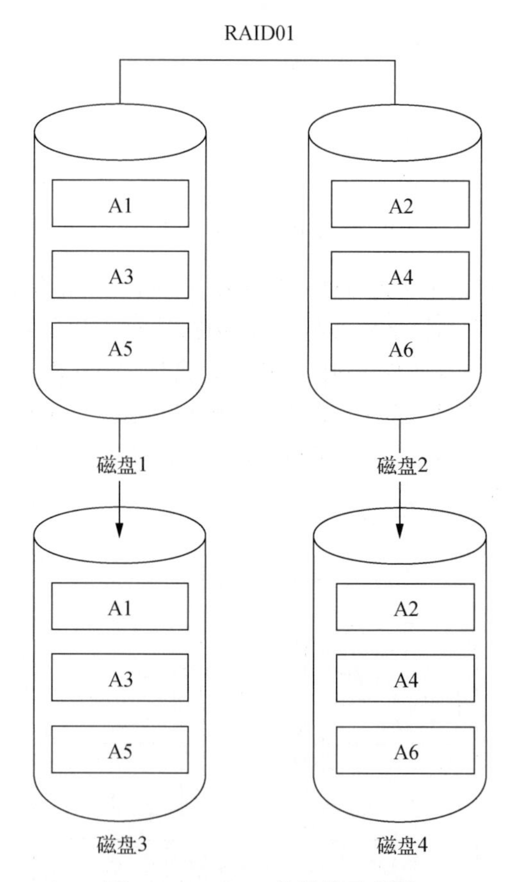

图 6-3　RAID01 的结构示意图

上面介绍了 RAID 的几种技术方案，从处理的数据量、读写效率和可靠性角度考虑，使用了数据镜像和分片技术。RAID 主要聚焦于单机服务器的扩容，通过增加磁盘数量提高数据的读写效率和可靠性。但单机磁盘的扩容毕竟是有尽头的，如果数据的存储容量持续增大、并发读写量持续增大、对数据可靠性的要求持续提高，简单的垂直扩容就无法再满足以上需求。此时分布式存储进入了我们的视野，下面一节就来其思路和组成要素。

6.1.2 分布式存储的组成要素

如果说 RAID 是单机垂直扩展，分布式存储就属于集群水平扩展。随着业务的不断发展，系统数据量和访问量与日俱增，单机已远远不能满足用户需求，分布式集群存储逐渐进入人们的视野。分布式存储将数据分布在多台服务器节点上，为大规模应用提供大容量、高性能、高可用、高扩展的存储服务。受 RAID 的启发，分布式存储就是将数据以分片或者副本的方式存储在不同的服务器节点上，存储过程遵循某种规律，之后在读取数据的时候也需要遵循这个规律。从整个分布式系统的读写过程来看，分布式存储由三个要素组成，分别是数据的使用者、数据的索引者、数据的存储者。

- **数据的使用者**：顾名思义就是使用数据的用户，从分布式存储系统写入和读取数据。数据分为三类，分别是结构化数据、半结构化数据和非结构化数据。结构化数据指关系型数据库，每个字段都有严格的类型定义，多个字段组成表，多张有关联的表组成库。半结构化数据有固定的结构模式，数据之间的关系相对简单，并不符合关系型数据严谨的数据类型和强关联的数据模型，而是通过标记对语义元素进行分隔，对记录和字段进行分层，因此它也被称为自描述的结构，例如 HTML、JASON、XML 等。非结构化数据没有固定的数据结构，例如文档、图片、视频等，这类数据相互之间的关联性不强。
- **数据的索引者**：在分布式系统中，需要找到正确路径，才能完成数据的读写操作，比如往哪个服务器的哪个库中写入数据、如何读取这些数据，这些工作都需要数据索引者完成。分布式特点使得一个数据集分布存储在不同服务器上，需要通过算法才能找到，算法有 Hash 算法、一致性 Hash 算法等。
- **数据的存储者**：存储者将数据使用者产生的数据保存起来，相当于容器。通常来说数据有放到磁盘上面的，也有存放到内存中的。结构化数据、半结构化数据、非结构化数据对应的存储容器分别是分布式数据库、分布式键值系统、分布式文件系统。

使用者对结构化数据、半结构化数据、非结构化数据进行读写操作。索引者将使用者与存储者连接到一起，并作为数据存储的媒介保存数据。正如 RAID，对数据使用复制和分片的技术，将数据分别存放到不同的服务器中。本章后面从存储数据的结构入手，重点讨论分布式数据库（结构化数据）和分布式缓存（半结构化数据），这两个也是目前应用架构中使用最多的分布式存储系统。

6.2　分布式数据库

分布式数据库存储针对的是结构化数据，这里主要讲解关系型数据库，例如 SQL Server、MySQL 等。单机时代的关系型数据库就是使用单表单库存储业务数据，但随着业务的发展，数据量和并发量不断增多，再加上物理服务器的资源（CPU、磁盘、内存、IO 等）有限，数据库所能承载的数据量、数据处理能力终将遭遇瓶颈。当然通过前面对垂直扩展的介绍，可以使用 RAID 的方式缓解这一问题，但这始终只是缓兵之计，对分布式数据库进行水平扩展才是正道，因此需要对关系型数据库进行合理的架构设计，这便是分表分库的设计初衷，分表分库之后的数据库可以跨服务器节点，存放在网络的任意节点中，目的就是缓解数据库压力，最大限度地提高数据操作效率。

6.2.1　分表分库

1. 数据分表

如果单表存储的数据量过大，例如达到千万级甚至更多，那么在操作表的时候就会大大增加系统开销，每次查询都会消耗数据库的大量资源，要是需要多表联合查询，这种劣势就更加明显了。以 MySQL 为例，在插入数据的时候，会对表进行加锁，锁定方式分为表锁定和行锁定。无论哪种方式，都意味着请求在操作表或者行中数据的时候，后面的请求需要排队等待，访问量增加后，势必会影响效率。

既然一定要分表，那给每张表分配多大的数据量比较合适呢？这里建议根据业务场景和实际情况具体分析。一般情况是 MySQL 数据库中的单表记录最好控制在 500 万条，这是个经验数字，根据硬件资源和数据结构得不同会有偏差，这里只做参考。将数据从一个表分放到多个表中，有下面两种分表方式。

- **垂直分表**

垂直分表是指根据业务把一个表中的字段（Field）分到不同表中。分出去哪部分数据通常需要根据业务进行选择，例如分出去一些不是经常使用的字段、长度较长的字段。

一般被拆分的表中字段数比较多，主要是避免查询时因为数据量大出现“跨页”问题。这种拆分在设计数据库之初就应该考虑，尽量在系统上线之前做调整，已经上线的项目做这种操作是需要经过慎重考虑的。

- **水平分表**

水平分表对一个表中的数据，按照关键字（例如 ID）进行 Hash 计算以后，以得到的值作为分表依据。计算出的 Hash 值可读性并不强，这里为了简化计算过程，以及方便理解，假设 Hash

计算是对一个具体的数字取模，得到的余数就是数据存放到新表中的位置。假设数据表中有4条记录，ID分别是01~04，如果把它们分配到3个表中，那么对ID做模3运算得到的结果和记录存放的新位置分别如下，新旧表的对应关系如图6-4所示。

01对3取模之后，结果为1，存到表1。

02对3取模之后，结果为2，存到表2。

03对3取模之后，结果为0，存到表0。

04对3取模之后，结果为1，存到表1。

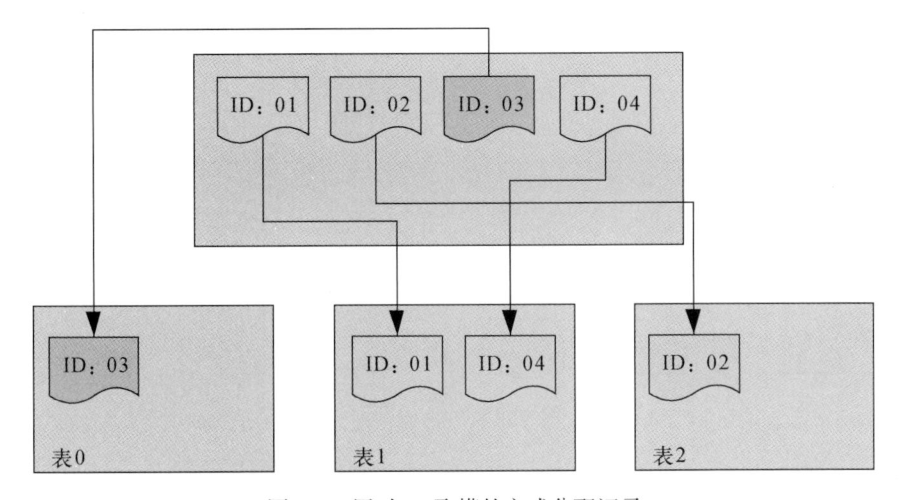

图6-4 用对ID取模的方式分配记录

当然这只是一个例子，实际情况中需要对ID做Hash运算。水平分表还可以根据不同表所在的不同数据库中的资源，来设置每个表存储多少数据，为每个表所在库中的资源设置权值。

回到刚刚的那个例子，用这种方式存放数据以后，在访问具体数据时需要通过Mapping table获取要响应的数据来自哪个数据表。目前比较流行的数据库中间件已经帮助我们实现了这部分功能，也就是说不需要自己去建立 Mapping table，在查询的时候中间件已经帮忙实现了 Mapping table的功能，这里我们只需要了解Mapping table的实现原理就可以了，如图6-5所示。

水平分表的另一种情况是根据数据的产生顺序来拆分并存放表。如图6-6所示，主表只存放最近1~2个月的数据，其他比较老旧的数据则拆分到其他表中。这个例子是通过时间区分数据的，更有甚者通过服务的地域来区分。

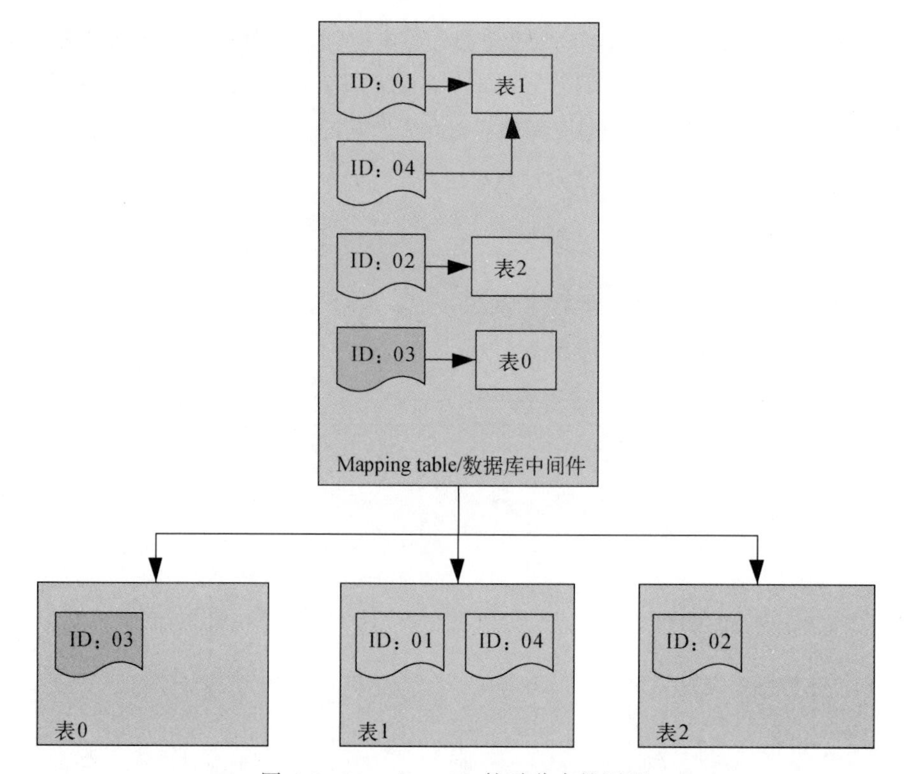

图 6-5　Mapping table 协助分表的原理

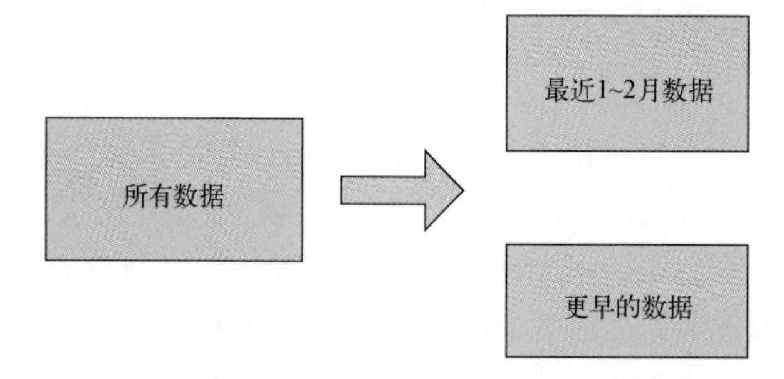

图 6-6　按照时间拆分数据表

需要注意分表会造成一系列记录级别的问题，例如跨表数据之间的 Join 、ID 生成、事务处理，也需要考虑跨数据库的情况。针对这些问题，会采取以下应对办法。

- **跨表（库）数据之间的 Join**：需要做两次查询，在应用层把这两次查询的结果合并在一起。这种做法是最简单的，在设计应用层的时候需要考虑。
- **跨表（库）数据生成 ID**：可以用 UUID 或者一张表存放生成的 Sequence，不过效率都不算高。UUID 实现起来比较方便，但是占用的空间比较大。Sequence 表的方式节省了空间，可是所有 ID 都依赖于单表。这里介绍一个大厂用的方式——snowflake。如图 6-7 所示，snowflake 是 Twitter 开源的分布式 ID 生成算法，结果是一个 long 类型的 ID，其核心思想是使用 41 个 bit 位作为毫秒数，10 个 bit 位作为机器 ID（其中前 5 个 bit 位代表数据中心，后 5 个 bit 位代表机器），12 个 bit 位作为毫秒内的序列号（意味着每个节点在每毫秒产生 4096 个 ID），还有一个符号位永远是 0。

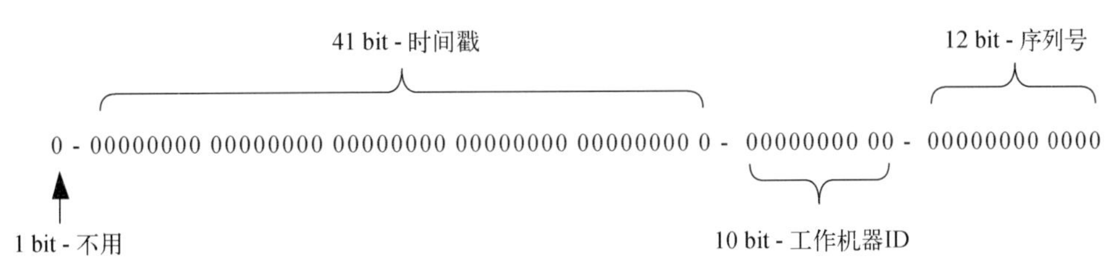

图 6-7 snowflake 示意图

- **跨表（库）数据的排序/分页**：由于一个表的数据量过于庞大，因此需要将数据分配到其他几个表中，但是这些数据在业务上又是一个整体，如果对这个整体数据进行排序、分页或者一些聚合操作（求和、求平均），就需要跨多张表操作。这里根据经验介绍两种方法：对分表中的数据先排序、分页、聚合，再合并；对分表中的数据先合并，再排序、分页、聚合。
- **跨表（库）事务**：存在分布式事务的可能，需要考虑补偿事务或者由 TCC（Try Confirm Cancel）协助完成，这部分内容我们在 4.3.6 节中介绍过。

2. 数据分库

说完了分表，接下来谈分库。每个物理数据库能支持的数据量都是有限的，每一次数据库请求都会产生一个数据库连接，当一个库无法支持更多访问请求的时候，需要把原来的单个数据库分成多个，分担压力。

这里有几类分库的原则，可以根据具体场景具体选择。

- 根据业务分库，这种情况一般会把主营业务和其他业务区分开，划分结果如订单数据库、核算数据库、评价数据库。
- 根据冷热数据进行分库，用数据访问频率来划分冷热数据，例如一个月以内的交易数据划分为高频数据，2~6 个月以内的交易数据划分为中频数据，大于 6 个月以前的数据划分为低频数据。
- 根据访问数据的地域、时间范围进行分库。

如图 6-8 所示，表 1 由表 1-1 和表 1-2 组成，分库时将表 1-1 分配到库 1 中，将表 1-2 分配到库 2 中。

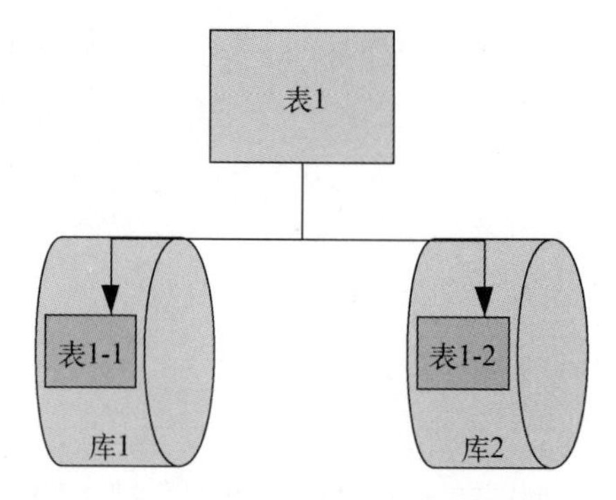

图 6-8　单个表分配到不同数据库中

通常数据分库之后，每一个数据库中均包含多个数据表。如图 6-9 所示，多个数据库组成一个集群（Cluster/Group），应用通过负载均衡代理访问两个集群中的数据库，这样不仅提高了数据库的可用性，还可以把读写操作分离开。

图 6-9 中，主库主要负责写操作，从库主要负责读操作。应用访问数据库时先经过一个负载均衡代理，通过判断请求的是读还是写操作，把用户请求路由到对应的数据库，如果是读操作，会平均分配请求或者根据数据库设置的权重分配。另外，数据分库还设有健康监控机制，定时发送心跳包，检测数据库的健康状况。如果从库出现了问题，就启动熔断机制停止对其的访问；如果主库出现问题，则通过选举机制选出新的主。

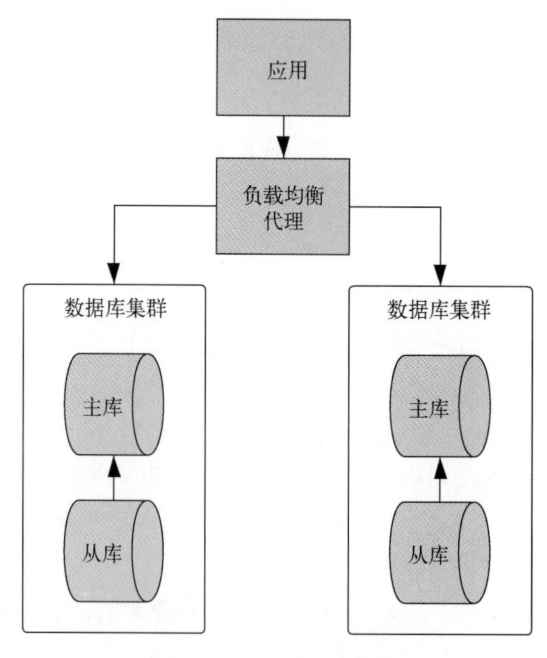

图 6-9　主从数据库简图

6.2.2　主从复制

由于读写数据库属于 IO 操作，因此会对系统的性能产生影响，特别是在高并发的情况下，单一数据库根本无法承载海量的读写请求。通过分析业务，我们可以将读、写同一份数据的操作分别放在不同数据库中执行。比如在秒杀系统中，读的频率相对较高（如查看商品详情），写针对的主要是更新订单和库存，所操作的数据量没有读的大。将负责读写的数据库分离开，会涉及数据同步，负责读的库需要从负责写的库那里同步最新的数据，这样就引出了主从复制以及主从库的可用性问题，当主库挂掉以后通过何种方式从剩下的从库中选举新的主库。沿着上述思路，本节将要介绍的内容如下。

- 读写分离的架构设计
- 数据复制

1. 读写分离的架构设计

我们的应用服务通常只对应一个数据库，根据应用逻辑对数据库进行读写操作，但是随着业务量的增加，会对应用服务进行扩展。特别是面对高并发访问的时候，会针对个别应用进行水平扩展。可即使应用服务做了扩展，对应的依旧是一个数据库服务，此时数据库就会变成系统的瓶颈，于是就需要扩展数据库，将一个库扩展成多个，那么按照什么扩展呢？根据业务系统中读操作和写操作的数量，对数据库进行读写分离。也就是把同一个数据库复制成多个，某些库负责写，某些库负责读。如图 6-10 所示，图左边显示的是读写集中的场景。应用服务 1、2、3 对同一个数据库读写，一旦读写压力增大，单一的数据库很难支撑住，瓶颈在于数据库。顺着蓝色箭头往右看，读写集中改造成了读写分离，此架构将原来的一个数据库扩展成了两个。一个用来处理写操作，称为主库，另一个用来处理读操作，称为从库。这样从库就可以分担主库的压力了，毕竟在真实的生产环境中，读数据的比例还是要高些。当读数据的压力增加以后，还可以通过扩展从库的方式分担压力。

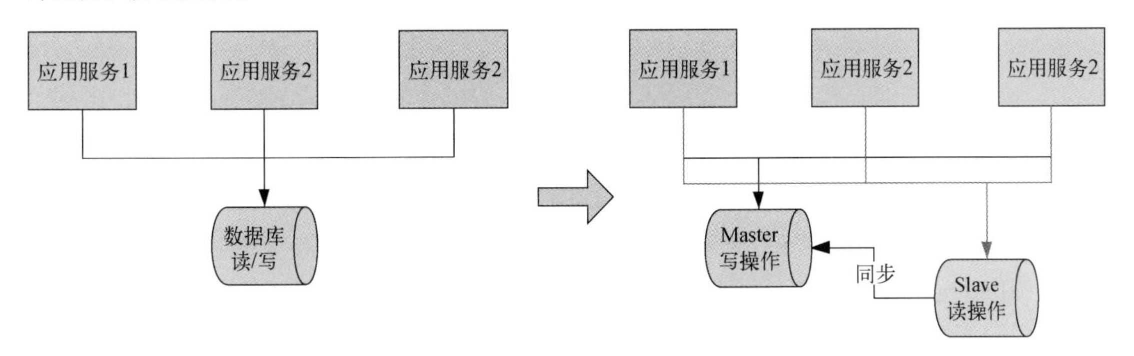

图 6-10　从读写集中到读写分离

2. 数据复制

读写分离的架构帮助我们增强了数据库的能力，把针对同一份数据的读写压力分担给不同的数据库。可这样的设计也引出了新的问题，由于从库（负责读）是不知道写入信息的，因此需要定时从主库中同步最新的数据信息，这种同步操作就叫作数据复制。说白了，这就是一种数据备份技术。比如有 A 和 B 两个数据库节点，A 上存储了 100MB 数据，数据复制技术就是将这 100MB 数据复制到 B 上，从而保证两个节点存储着相同的数据，当 A 出现故障后，由于 B 中有相同的数据，因此可以马上替代 A，保证了数据库的可用性。下面介绍几种数据复制方式。

- **同步数据复制**

同步数据复制是指应用服务请求对主库进行写操作时，主库要先将数据同步到从库，再给用户返回结果。在没有同步到从库之前，应用服务将一直等待同步结果，此时应用服务的写操作会一直阻塞。虽然这种方式保证了主从库数据的一致性，但牺牲了可用性，导致用户体验很差。如图 6-11 所示，是同步数据复制的处理过程。

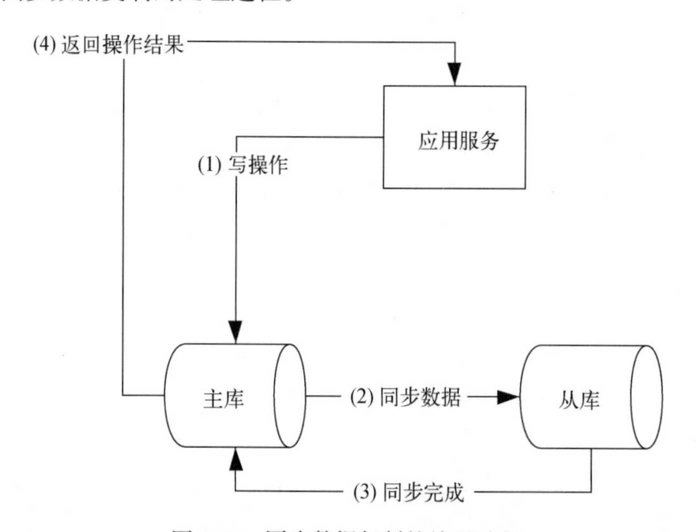

图 6-11　同步数据复制的处理过程

(1) 应用服务对主库发起写操作。

(2) 主库服务器更新了操作的这部分数据以后，将数据同步到从库，也就是对从库发起数据同步请求。

(3) 从库接收到数据同步的请求，完成数据同步，同时给主库发送同步完成的响应信息。

(4) 主库收到从库的数据同步响应信息后，向应用程序返回操作结果。

从上述步骤也能发现应用服务在发起写操作以后，就一直等待，直到主库返回操作结果。

- **异步数据复制**

异步数据复制是指应用服务请求主库进行写操作，主库处理完以后直接返回操作结果给应用服务，不必等待从库完成数据同步，此时从库异步完成数据复制。应用服务的写操作不会因为从库未完成数据同步而阻塞。可如果有应用服务访问从库，读取刚刚写入的数据，而从库还未完成同步，那么这个应用服务是无法成功获取数据的。总结一下，异步数据复制保证了系统的可用性，但是牺牲了数据的一致性。如图 6-12 所示，是异步数据复制的处理过程。

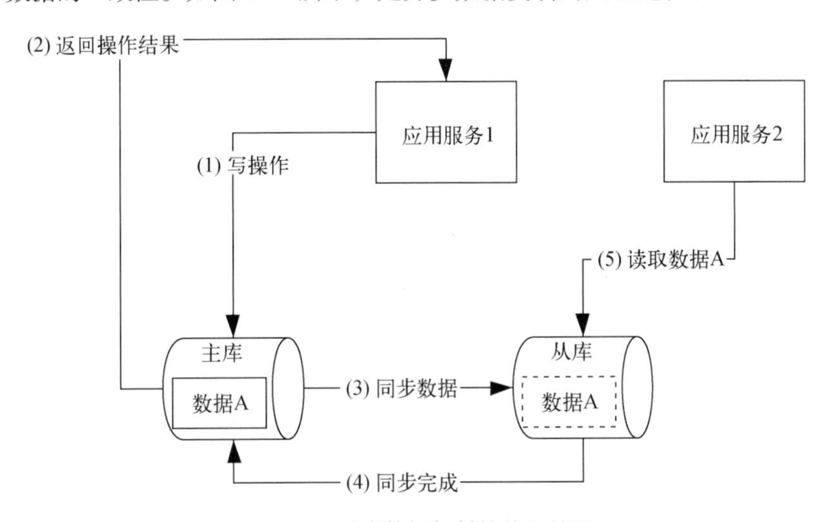

图 6-12 异步数据复制的处理过程

(1) 应用服务 1 对主库发起写操作请求，要写入数据 A。

(2) 主库接收到操作请求，更新数据 A，并且马上给应用服务 1 返回响应结果。

(3) 主库对从库发起数据同步的请求。

(4) 从库完成数据同步后，返回结果给主库。

(5) 应用服务 2 访问从库，获取数据 A。此时会遇到两种情况，第一种是数据 A 同步到从库了，此时应用服务 2 拿到的就是最新的数据 A；第二种是数据 A 还没有同步到从库，此时应用服务 2 是无法拿到最新的数据 A 的，这就会造成应用服务 1 和应用服务 2 获取的数据不一致。

- **MySQL 实现主从复制**

在高并发的秒杀系统中，数据量大、并发高，在设计架构时通常会把可用性和高性能摆在第一位，在一定程度上放宽对数据一致性的要求，因此大多数情况下会采用异步数据复制的方法。下面就来看看在 MySQL 中是如何实现主从复制的。如图 6-13 所示，是 MySQL 实现主从复制的处理过程。

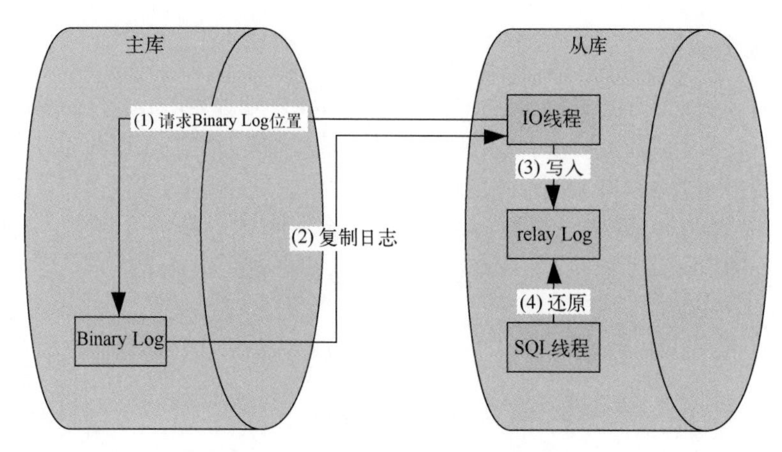

图 6-13　MySQL 实现主从复制流程

(1) 从库的 IO 线程主动连接到主库上，目的是获取 Binary Log 的指定位置。因为对 MySQL 中每一条数据的更新都会记录在 Binary Log 中，所以从库和主同步数据时，Binary Log 就是重要的参考依据。从库的 IO 线程需要知道应该同步主库中的哪个 Binary Log，以及从这个 Binary Log 的什么位置开始读取数据，完成同步，提到的这个位置就是 Binary Log 的偏移量。

(2) 从库连接上主库之后，主库就知道了有从库会同步自己的信息。一旦主库的数据更新了，Binary Log 里的记录就会增加，主库把这个更新通知从库，从库获取 Binary Log 的名字，并开始读取日志信息的位置。由于在第 (1) 步中已经获取了初始的 Binary Log 和位置，因此这次获取的就是更新后的 Binary Log 和位置，作用是同步信息增量。

(3) 从库中的 IO 线程获取到主库上的日志信息后，放到 realy Log 中保存起来，等待从库中的 SQL 线程前来获取并解析。同时还会将日志的文件名和位置记录到 master-info 文件中，以便下次做增量更新的时候，知道从什么地方开始更新。

(4) 从库中的 SQL 线程会定时检查 relay log 里的内容，并和 master-info 文件中记录的做匹配，要是发现 relay Log 里有新内容，就将 Binary Log 中的内容还原成主库中执行的 SQL 语句，并且在从库上执行该语句，从而实现数据复制。

MySQL 提供了两种实现主从复制的方式，可以根据 Row Level 也就是行记录的方式复制，也可以根据 Statement Level 也就是语句的方式复制。

- Row Level，Binary Log 会记录每条数据被修改的方式，并根据这个记录修改从库中的数据。这种复制方式的好处是不需要记录执行的 Query 语句的上下文相关信息，只需要记录哪条数据被修改过、修改结果是什么即可。可缺点也很明显，只要更新数据，就会记录所有数据的变化，这样无疑会增大 Binary Log 的容量。特别是 `alter table` 之类的操作会更改很大的记录量。

- Statement Level，记录的是对数据进行修改的 Query 语句，从库完成复制以后，会将 Query 语句再执行一遍。优点是不用记录每条数据的变化，节省了 Binary Log 的空间，以及 IO 操作的成本。缺点是重新执行 Query 语句就好像重新播放一遍电影，播放的功能需要一致才能达到同样的效果，换句话说如果两个电影院的设备不同，那么即便是播放同样的影片，观影感受也不一样。如果主从数据库的版本有差异，特别是从库不支持一些新功能的时候，执行 Query 语句就会报错。因此建议在这种复制方式下，主库部署的 MySQL 版本要低于从库的版本。

- **MySQL 主从复制的实践**

上面聊到了通过 MySQL 的主从复制达到读写分离、提高数据库性能的目的。现在我们来具体演示一下如何在 MySQL 中配置主从复制，主要是分别在两个服务器上安装 MySQL，然后配置主库和从库，再通过主从链路将两个服务器连接起来，实现同步。

先准备两个服务器，分别承担主、从的角色。操作系统我这里使用的是 CentOS 7。两个服务器的配置信息分别如下：

主服务器：192.168.0.252

从服务器：192.168.0.253

数据库使用 MariaDB 5.5.64，这实际是 MySQL 完全兼容的版本，由开源社区维护，和 MySQL 完全画等号。

(1) 在两个服务器上面分别安装 MySQL，并尝试启动。然后设置 MySQL 的 root 用户名和密码，以及尝试登录 MySQL：

```
Yum install mysql*
Yum install mariadb-server
#启动 MySQL
Systemctl start mariadb.service
#查看 MySQL 是否启动
Ps -ef | grep mysql
Netstat -anp | grep 3306
#重置 MySQL 中 root 用户的密码为 root
Mysqladmin -u root password root
#登录 MySQL
Mysql -uroot -proot
Show databases;
```

(2) 修改主 MySQL 上的 server.cnf 文件，在 `[mysqld]` 下加入 `server-id` 和 `log-bin` 配置信息：

```
Vi /etc/my.conf vi /etc/my.cnf.d/server.cnf
#BINARY LOGGING#
server-id = 252
log-bin = mysql-bin
```

其中，server-id 是 MySQL 集群中服务器的唯一标识，log-bin 用来配置存放 Binary Log 的目录，从库需要从这个目录中同步日志文件，完成数据复制。

(3) 在主服务器上通过 show master status; 命令登录 MySQL，查看主库的状态。如图 6-14 所示，其中最重要的是日志文件的名字 File 和读取位置 Position，后面建立主从链路的时候需要用到这两个参数。

```
MariaDB [(none)]> show master status;
+------------------+----------+--------------+------------------+
| File             | Position | Binlog_Do_DB | Binlog_Ignore_DB |
+------------------+----------+--------------+------------------+
| mysql-bin.000003 |      245 |              |                  |
```

图 6-14　主库状态

(4) 在主库中创建用户，用来访问从库，并授予该用户复制权限。这里我们建立一个叫 repl 的用户，用来同步主从数据库之间的数据。由于两个服务器都是配置在 192.168.0 这个网段，因此赋予 repl 用户访问这个网段的权限，并且设置密码。注意在配置完毕以后要刷新权限，退出 MySQL 命令行的时候顺手关闭防火墙，否则会影响主从数据库之间的同步。最后记得重新启动 MySQL 服务。相关代码如下：

```
create user 'repl'@'192.168.0.%' identified by '123456';
grant replication slave on *.* to 'repl'@'192.168.0.%';
flush privileges;
exit
systemctl stop firewalld
systemctl restart mariadb
```

(5) 配置从 MySQL 的 server-id。同样在配置文件 server.cnf 中的 [mysqld] 下加入 server-id 和 log-bin 配置信息：

```
vi /etc/my.cnf.d/server.cnf
#BINARY LOGGING#
server-id = 253
log-bin = mysql-bin
```

(6) 在从库中创建与主库中一样的用户 repl，也是用于同步：

```
create user 'repl'@'192.168.0.%' identified by '123456';
grant replication slave on *.* to 'repl'@'192.168.0.%';
flush privileges;
exit
systemctl stop firewalld
systemctl restart mariadb
```

(7) 在从库上建立主从连接。这里指定 `MASTER_HOST` 为主服务器的地址，用户 `MASTER_USER` 为 `repl`，密码 `MASTER_PASSWORD` 为 `123456`。比较重要的是 `MASTER_LOG_FILE` 和 `MASTER_LOG_POS` 是从主库中获取的信息，也就是将第 (3) 步在主服务器上使用 `show master status;` 命令获取的信息，添加在这里，表示从哪个文件的哪个位置开始做复制。之后执行 `start slave;` 命令，启动从库，并且通过 `show slave status\G` 命令查看主从连接的情况：

```
CHANGE MASTER TO MASTER_HOST='192.168.0.252', MASTER_USER='repl', MASTER_PASSWORD='123456',
MASTER_LOG_FILE='mysql-bin.000003', MASTER_LOG_POS=245;
Start slave;
show slave status\G
```

如图 6-15 所示，从服务器正在连接主服务器，对应的日志文件是 mysql-bin.000003、位置是 245。

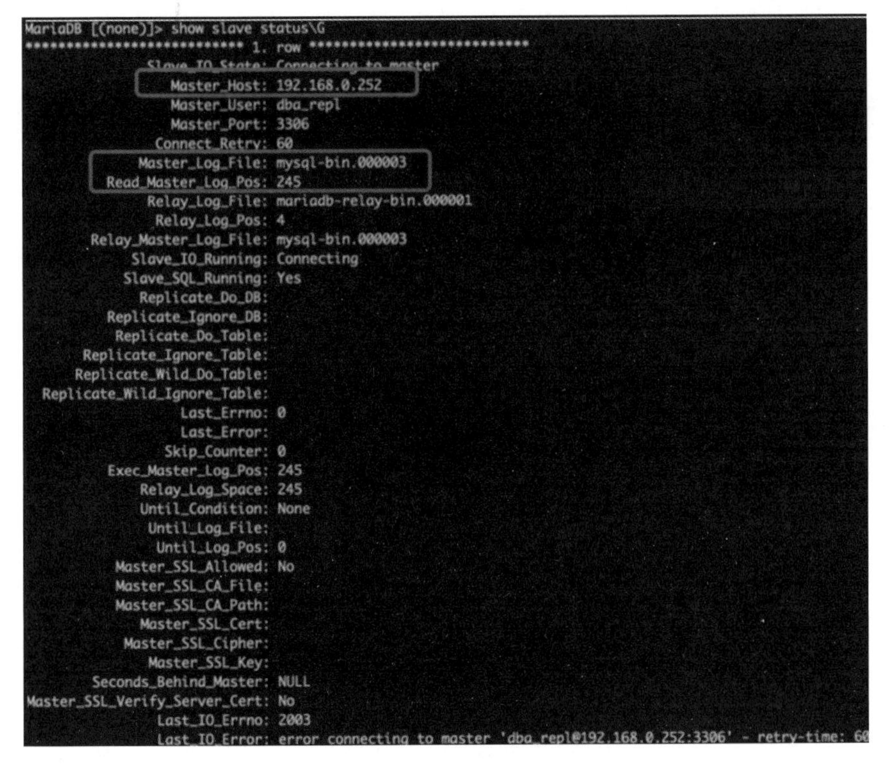

图 6-15　主从连接情况

通过上面 7 步就完成了主从复制的配置，此时到主库中建立一个数据库 repl_test_db_1：

```
create database repl_test_db_1;
```

如图 6-16 所示，执行 `show databases;` 命令切换到从库中，就能查看到这个数据更新。

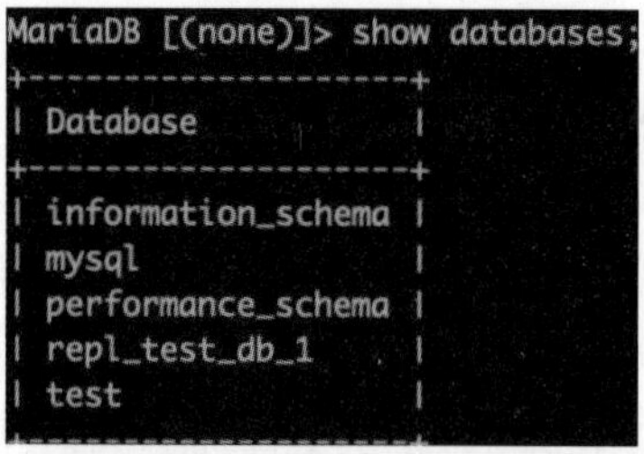

```
MariaDB [(none)]> show databases;
+--------------------+
| Database           |
+--------------------+
| information_schema |
| mysql              |
| performance_schema |
| repl_test_db_1     |
| test               |
+--------------------+
```

图 6-16　主从服务器同时增加了数据库 repl_test_db_1

- **MySQL 主主切换和选举**

除了上面介绍的 MySQL 实现主从复制以外，还有主主模式（也就是双主模式，Dual Master）、级联复制架构以及双主结合级联复制架构等。当主从架构中的主服务器出现问题时，并不能马上将从服务器切换为主服务器，这对运维来说是一个挑战，这时可以使用主主模式，一个主服务器负责写入另外一个主服务器，另一个主服务器负责复制第一个主服务器上的数据，同时将这些数据复制给其他的从服务器。我们将提到的两个主服务器依次记作 A 和 B，当 A 出现故障以后，B 直接成为主服务器，处理写入操作，这时如果 B 也出现了故障，依旧由 A 来承担写入和数据同步的责任。这种保证高可用的方案就是主主切换，两个主服务器对外只会暴露一个 VIP（Virtual IP，虚拟 IP），这个 VIP 可以指向 A，也可以指向 B，根据两个服务器的健康状况做切换，这个过程对于使用者来说是透明的。

除了主主切换这种模式以外，还可以通过其他中间件实现高可用。例如使用 MyCat 和 ZooKeeper 的组合，通过 ZooKeeper 中的 DataNode 在剩余节点中发起选举，选择新的主服务器替换挂掉的那个。

MyCat 是目前最流行的、基于 Java 语言编写的数据库中间件，协助我们实现分布式数据库系统。它实现了遵循 MySQL 协议的服务器，核心功能是分表分库以及完成主从模式下的读写分离。

如图 6-17 所示，主节点配置为 writeHost，负责写入操作，从节点配置为 readHost，负责读取操作。图中上方的 MyCat 数据库中间件会通过 ZooKeeper 定期向两个节点服务器发起心跳检测（虚线部分）。图中的实线部分描述了 MyCat 开启读写分离模式之后，中间件接收到请求时，会通过 SQL 解析，将写入请求的 DML（Data Manipulation Language）SQL 发送给 writeHost 节点；将读取请求的 Select SQL 发送给 readHost 节点。writeHost 在完成写入信息以后，会和 readHost 进行数据同步，也就是主从复制。由于存在心跳检测机制，因此当 writeHost 挂掉时，如果在默认的 n 次心跳检测后（可以配置）仍旧没有恢复，MyCat 就发起选举，选出一个服务器作为 writeHost，新的 writeHost 负责处理写入数据和同步数据。当之前的 writeHost 恢复以后，会成为从节点 readHost，并且接收来自 writeHost 的数据同步。

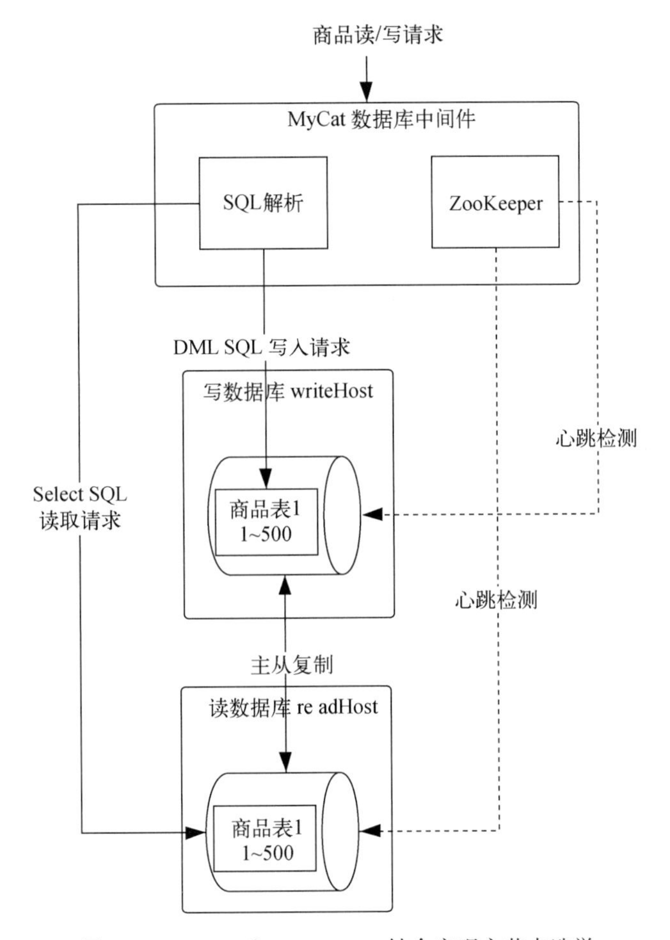

图 6-17 MyCat 和 ZooKeeper 结合实现主节点选举

选举机制有两种，都是利用 ZooKeeper 中的 DataNode 节点的添加顺序来实现。每个 MySQL 上都会配置 ZooKeeper 的 Agent，当这些 Agent 启动的时候，会到 ZooKeeper 中名为 Leader 的节点下面建立自己的数据节点。ZooKeeper 如果监测到节点对应的 MySQL 服务器挂掉了，就把对应的数据节点删除，其他 Agent 发现数据节点被删除后有两种策略选出新的主节点。

第一种是从剩下的节点中随机选择一个，其他节点全部成为从节点，跟新的主节点同步数据。

第二种是根据节点的序号，选择序号最小（排在最前面）的节点作为主节点。

6.2.3 数据扩容

无论是分表分库策略还是主从复制策略，数据量增加后，都需要面对数据扩容。这里以主从数据库扩容为例，给大家讲解数据扩容的过程。

如图 6-18 所示，假设有两个数据库集群，它们中分别有 M0、S0 和 M1、S1 作为主备。回顾 6.2.1.1 节数据分表中讲的水平分表知识，对数据库中记录的 ID 进行取模操作，依据操作结果将数据存放到数据库集群中。这里提供了 2 个数据库集群，于是对 ID 做模 2 运算，将数据按照运算结果分别放到两个数据库集群中，取模结果为 0 的数据放到 M0 和 S0 所在的集群中，取模结果为 1 的数据放到 M1 和 S1 所在的集群中。根据 6.2.2 节提到的，数据写入主库 M0（M1）后，从库 S0（S1）会主动同步 M0（M1）写入的数据，保证最终 M0（M1）和 S0（S1）中的数据是一致的。

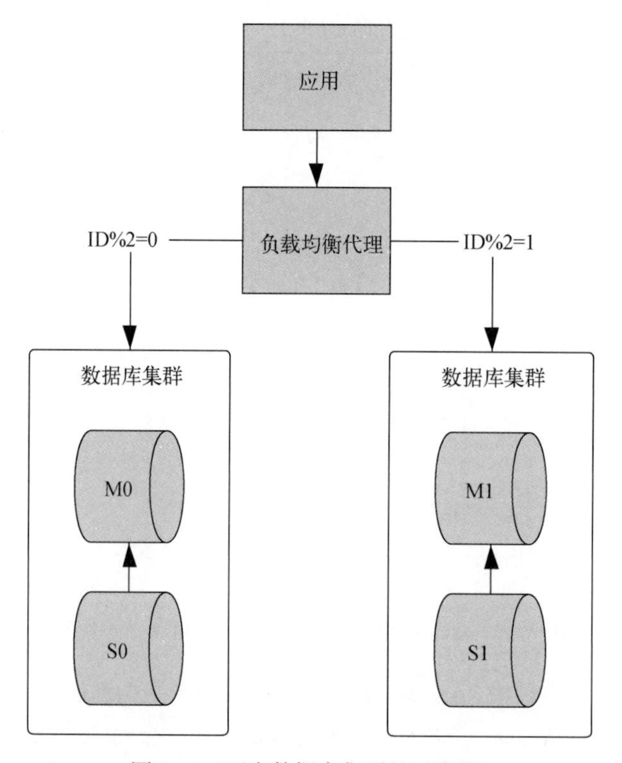

图 6-18　两个数据库集群的示意图

由于取模运算的目的是实现分表，因此如果将原来的 2 个集群扩展为 4 个，就需要调整取模方式，也就是将模 2 运算切换成模 4 运算。

如图 6-19 所示，原来 2 个集群中作为从库的 S0 和 S1 变成了主库，负责写入数据。负载均衡器根据取模算法 ID%4，将部分数据路由到 S0 和 S1 上（图中虚线部分），同时 S0 和 S1 停止与 M0 和 M1 的数据同步，单独作为主库（写操作）存在。

以上修改不需要重启数据库服务，只需要修改代理配置就可以。4 个数据库中存在一些冗余数据，可以用后台服务将这些数据删除掉，这并不会影响数据使用。

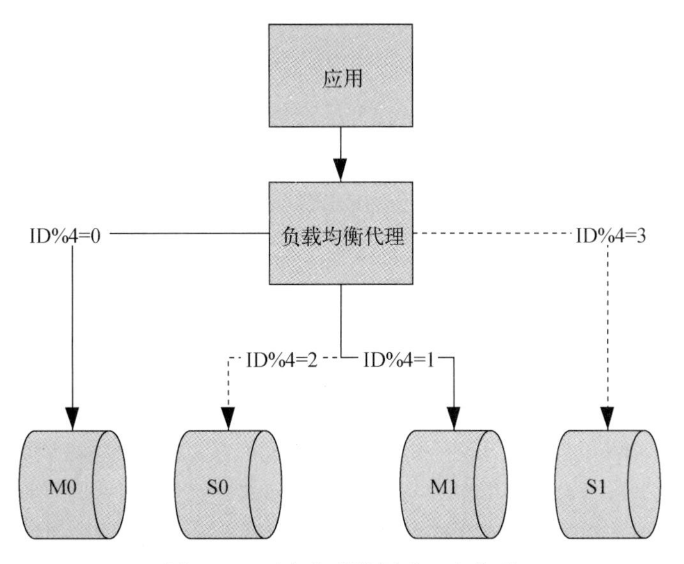

图 6-19 两个集群扩展成四个集群

完成数据库扩容以后，再来考虑一下数据库可用性。如图 6-20 所示，对扩展得到的 4 个主库进行主从复制，针对每个主库分别建立对应的从库，主库负责写操作，从库负责读操作。下次如果需要扩容，也可以参照此操作进行。

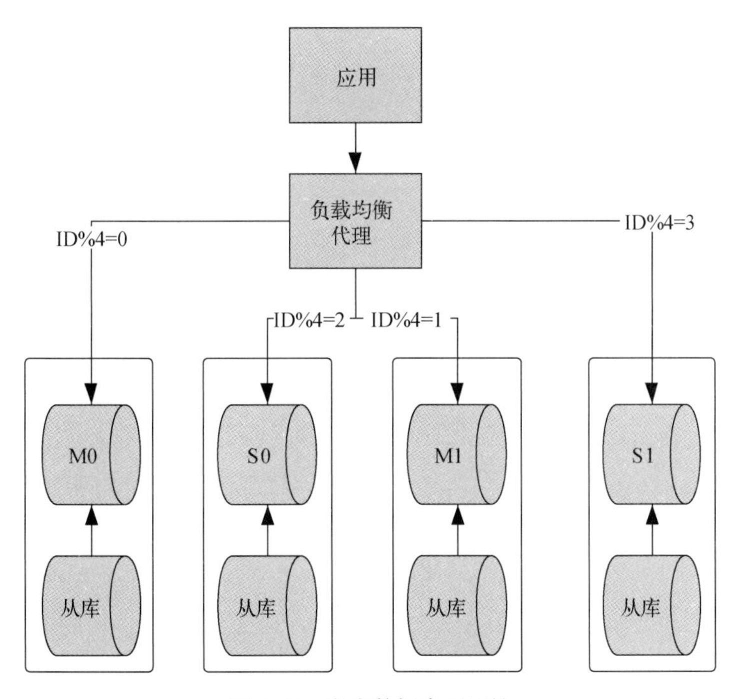

图 6-20 考虑数据库可用性

6.3 分布式缓存

经常使用的信息通常会以键值对的形式被存放到缓存中，这一节以分布式缓存为例介绍分布式键值对系统。缓存又可分为进程内缓存和进程外缓存。进程内缓存运行在 JVM 中，缓存量受单机 JVM 大小的限制。进程外缓存独立于应用程序的 JVM，部署在单独的缓存服务器中，一般来说一个缓存服务器就已经能够满足日常使用了，针对高并发的应用场景，为了提高处理性能和可用性会对缓存服务器进行水平扩展，将缓存信息分放到多个服务器节点上，也就是我们所说的分布式缓存。

分布式缓存是与应用程序相分离的缓存服务，其最大的特点是自己本身是一个独立的应用/服务，与本地应用相分离，多个应用可直接共享一个或者多个缓存应用/服务。

如图 6-21 所示，缓存数据分布在不同的缓存节点上，注意每个缓存节点缓存多少数据通常是有限制的。由于数据被缓存到不同的节点中，为了能够方便地访问这些节点，引入了缓存代理，比如 twemproxy、Redis 集群。缓存代理的作用是帮助请求找到对应的数据缓存节点，如果新增了缓存节点，这个代理只能识别并把新的缓存数据分片给新节点，做横向扩展。为了提高缓存的可用性，会在原有的缓存节点上加入主从节点的设计。在把缓存数据写入主节点的同时，也要同步一份给从节点。这种情况下一旦主节点失效，可以通过代理直接切换到从节点，这时从节点就变成了主节点，保证了缓存的正常工作。缓存节点还会提供缓存过期机制，并且把缓存内容定期以快照的方式保存到文件中，以便缓存崩溃之后，启动预热加载。

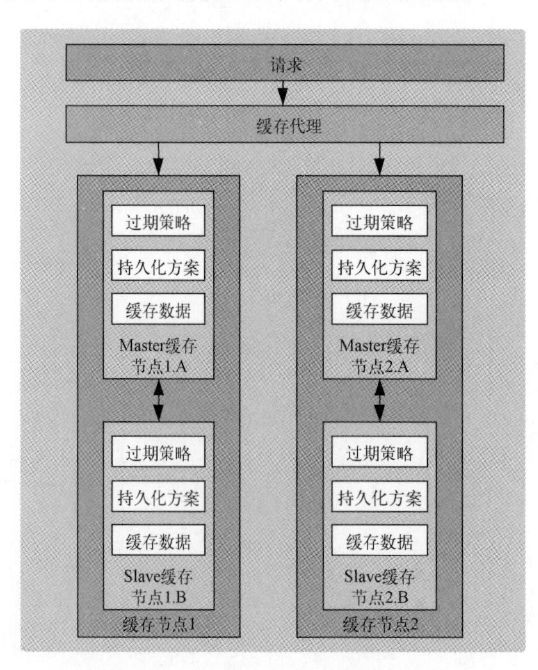

图 6-21　分布式缓存的结构示意图

6.3.1 缓存分片算法

将缓存实现成分布式后，数据会根据一定的规律被分配到每个缓存应用/服务上，我们把这些缓存应用/服务称作缓存节点，每个缓存节点只能缓存一定容量的数据，例如 Redis 集群中的一个节点可以缓存 2GB 数据。当需要缓存的数据量比较大时，就需要扩展多个缓存节点，面对这么多节点，客户端请求怎么知道该访问哪个呢？缓存数据又如何放到这些节点上？缓存代理服务已经帮助我们解决了这些问题，这里介绍两种缓存分片算法，缓存代理根据这两种算法可以方便地找到分片数据。同时也可以将缓存理解为内存中的数据库，缓存分片算法就是将同一类数据分别存放到不同的存储空间中，这里的分片算法同样适用于关系型数据库中的数据分片。下面就来看看算法的具体内容。

- **Hash 算法**

Hash 表是一种常见的数据结构，其实现方式是对数据记录的关键值进行 Hash 计算，然后再对需要分片的缓存节点个数进行取模，根据取模结果分配数据。此算法在 6.2.1 节中提到过，如图 6-22 所示，有 10 条数据，ID 依次为从 1 到 10 的数字，我们将根据 Hash 算法把这些数据存放到 3 个缓存节点（也就是 3 个缓存服务器）中。为了使数据均匀放置在 3 个缓存节点中，我们对 ID 进行模 3 运算，得到每条数据分别应该存放到哪个节点（这里是为了简化计算过程，把模 3 运算当作 Hash 算法）。如图 6-22 所示，数据 3、6、9 由于 ID 对 3 取模的结果是 0，因此被放置到缓存节点 0 所在的服务器上，依此类推，数据 1、4、7、10 放置到缓存节点 1，数据 2、5、8 放置到缓存节点 2。

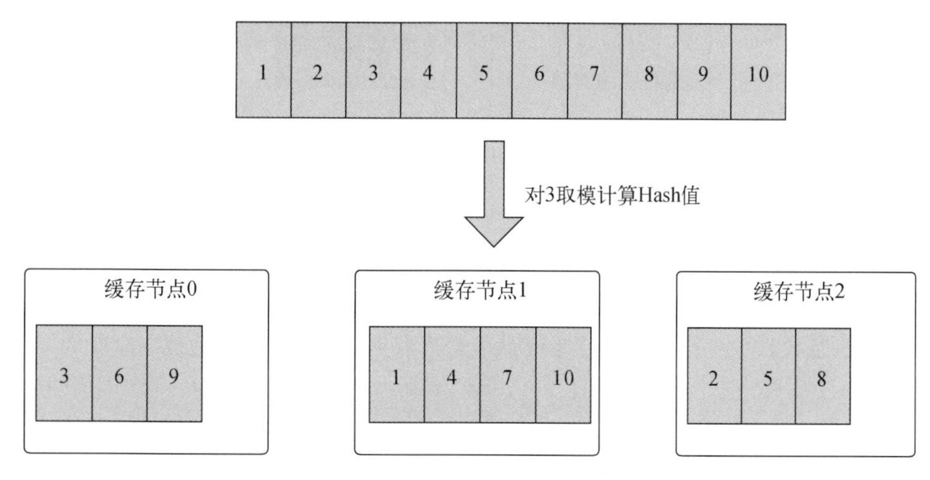

图 6-22 Hash 算法

Hash 算法在某种程度上算是平均放置，较为简单，如果新增了缓存节点，那么已经存在的数据会产生较大的变动。

- **一致性 Hash 算法**

一致性 Hash 算法是将数据按照特征值映射到一个首尾相接的 Hash 环上，同时将缓存节点也映射到这个环上。为什么要这么放呢？我们先看看上面讲的 Hash 算法会带来什么问题。顺着刚才的例子继续说，如果 3 个缓存节点已经无法满足缓存要求了，需要增加 1 个缓存节点，那么缓存服务器的数量就由 3 变成了 4。对数据 ID 取模的数字也由原来的 3 变成了 4，意味着数据对应的缓存节点也发生了变化。如图 6-23 所示，原来的缓存节点 0、1、2 变成了缓存节点 0、1、2、3，多出一个缓存节点 3。而数据还是 10 条，并且 ID 也不变，Hash 计算变成了 ID 对 4 取模，每条数据存放的缓存节点发生了变化。数据 4、8 由于对 4 取模的结果是 0，被放置到缓存节点 0 所在的服务器上，数据 1、5、9 放置到缓存节点 1 上，数据 2、6、10 放置到缓存节点 2 上，数据 3、7 放置到缓存节点 3 上。对比图 6-22 与图 6-23，我们将各缓存节点中存放位置没有变化的数据用绿色标出，有变化的数据则用红色标出，会发现有 8 条数据变换了存放位置，只有 2 条没有。

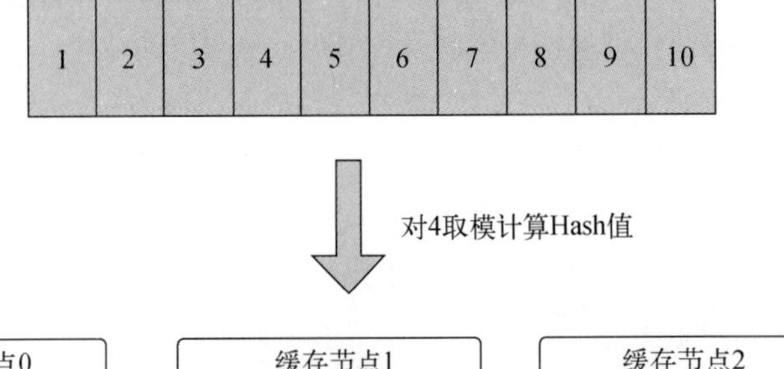

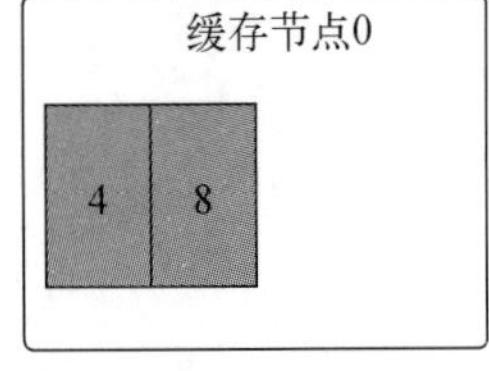

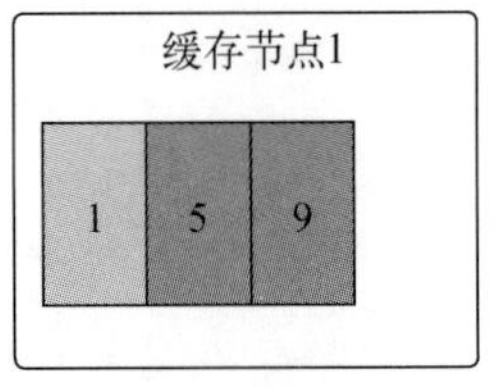

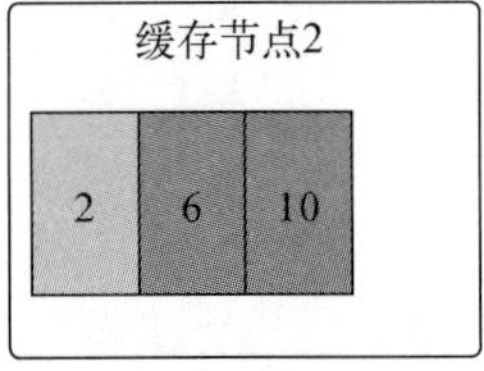

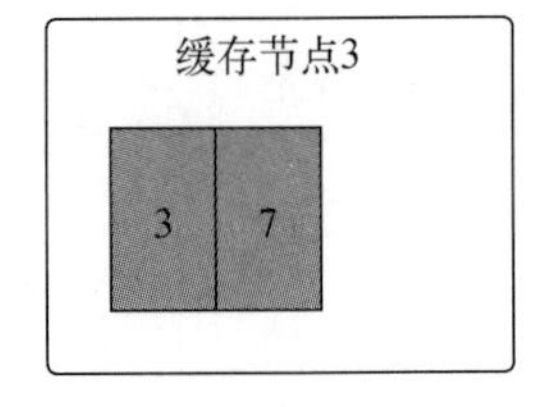

图 6-23　增加缓存节点后，Hash 算法出现缓存迁移

缓存节点的增加，使有些数据的缓存位置发生了改变，这样会导致部分缓存数据（指图 6-23 中红色的部分）失效，至少在应用程序第一次访问这些数据的时候会失效。假设发生缓存迁移后，请求第一次从原来的缓存节点中获取缓存信息，那么标红色的那部分数据是无法命中的，而且这个未命中的范围还比较大，这种情况会导致大量的请求到数据库中获取数据。众所周知，对数据库的读写属于 IO 操作，不仅请求时间长，效率也不高，大量请求集中到一起访问数据库会导致数据库压力瞬间增大，甚至造成数据库服务器崩溃。以上是增加缓存节点后的情况，同理减少缓存节点也会遇到同样的情况。原来有 3 个缓存节点，假设现在有 1 个缓存节点出现了故障，无法正常工作，因此将其移除，缓存节点从 3 个变成了 2 个。同样 Hash 算法也发生了改变，由 ID 对 3 取模变成对 2 取模，这会引起大量的缓存数据迁移，并给数据库服务器带来压力。为了解决上述问题，一致性 Hash 算法出现了。

一致性 Hash 算法的基本思路也是对被缓存的数据 ID 进行取模操作。只不过 Hash 算法是对缓存节点的个数取模，而一致性 Hash 算法是对 2^{32} 取模。我们把一个圆平均分割为 2^{32} 份，为了便于操作和展示，这里只简单得把圆分为 8 等份，如图 6-24 所示。

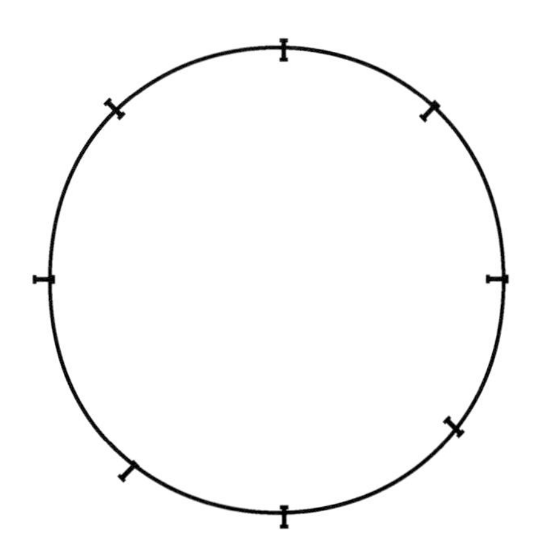

图 6-24 将圆平均分割为 8 份

然后对缓存节点的 IP 进行模 2^{32} 运算，得到的结果就是对应缓存节点存放的位置。如图 6-25 所示，将缓存节点 0、1、2 根据取模结果放入环中。

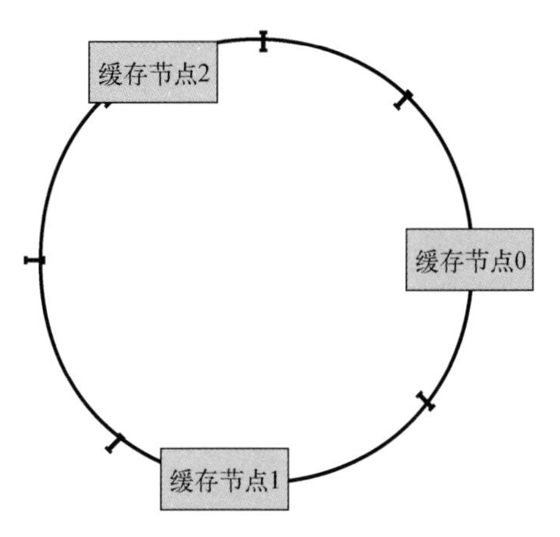

图 6-25 将缓存节点放入环中

将缓存节点放入环中后，再对需要缓存的数据的 ID 进行模 2^{32} 运算，根据运算结果将缓存数据放到环中对应的位置。如图 6-26 所示，我们放了 4 条数据，ID 分别为 1、2、3、4。然后，按顺时针方向找到离每条数据最近的一个缓存节点，并将数据放到对应的节点中去。例如数据 3 放入缓存节点 0，数据 1 放入缓存节点 1，数据 2、4 放入缓存节点 2。注意图 6-26 中四条数据的摆放只是举例，实际位置以取模结果为准。

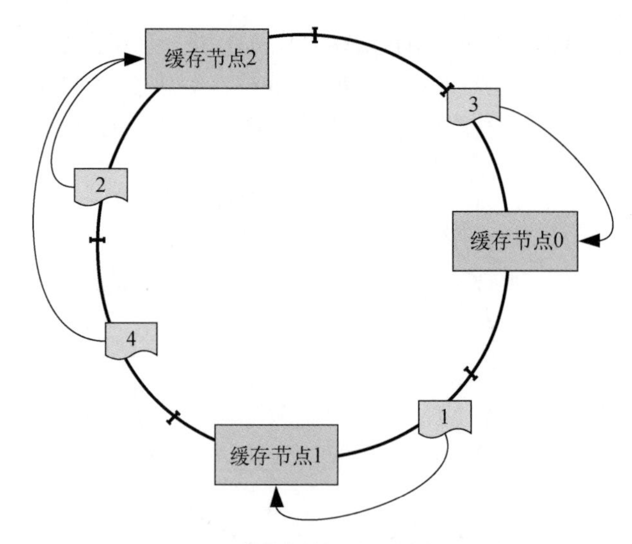

图 6-26　将缓存数据放入缓存节点中

现在加入一个缓存节点 3，如图 6-27 所示。这样原来指向缓存节点 2 的数据 4，现在指向了新加入的缓存节点 3，而其他记录依旧存放在原来的缓存节点中。这也是一致性 Hash 算法的优势，在缓存节点发生变化（增加、减少）时，只需要迁移部分数据。

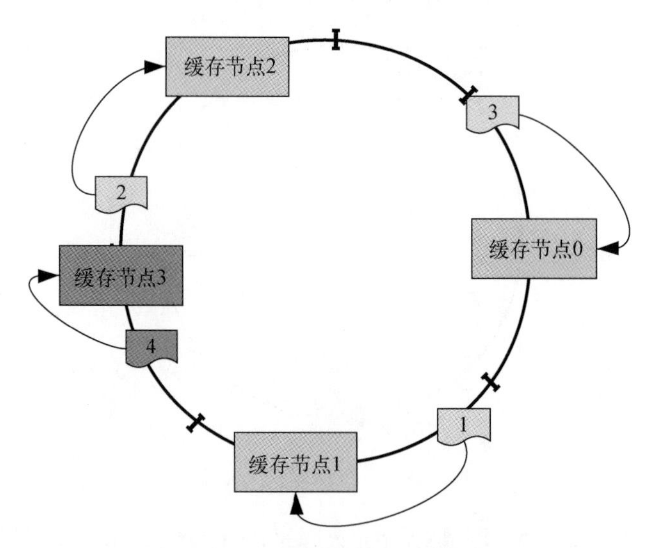

图 6-27　一致性 Hash 算法的优势

和 Hash 算法比起来，一致性 Hash 算法在缓存节点变更时，减少了缓存数据的迁移、保证不会出现大量缓存数据失效的情况，从而减少了大规模请求访问数据库时的尴尬场面，保证了系统的稳定性。秒杀系统在使用分布式缓存时，多数情况下会使用这种数据分片策略。

6.3.2 Redis 集群方案

正如前面提到的，分布式数据库就是将整块数据按照规则分配给多个缓存节点，解决单个缓存节点处理大量数据的问题，会使用一定的分片算法，例如Hash算法和一致性Hash算法，还要让访问者知道数据具体存放的位置。Redis 是一个高性能的键值对（key-value）缓存数据库，这里以它为例介绍分布式缓存方案。Redis 分布式缓存方案实际是用集群方式实现的，也就是 Redis 集群。Redis 集群采用 Hash 算法对数据进行分片，采用了槽（Slot）这一概念。槽是存放缓存信息的单位空间，Redis 将存储空间分成 16 384（2^{14}）个槽，也就是说 Redis 集群中槽的 ID 范围是 0~16 383。缓存信息通常以键值对的形式存放，在存储信息的时候，集群会对键进行 CRC16 校验，并对 16 384 取模（slot = CRC16(key)%16 384），得到的结果就是键值对要放入的槽，这样就可以自动把数据分配到不同的槽上，再将这些槽分配到不同的缓存节点中保存。

如图 6-28 所示，假设有 3 个缓存节点，标号分别是 1、2、3。Redis 集群将用于存放缓存数据的槽分别放入这 3 个节点中。缓存节点 1 存放的是槽为 0~5000 的数据，缓存节点 2 存放的是槽为 5001~10 000 的数据，缓存节点 3 存放的是槽为 10 001~16 383 的数据。假设此时 Redis 客户端要根据一个键获取对应的值，则首先通过 CRC16(key)%16 384 计算出槽的值，然后根据槽和缓存节点的对照表得到缓存节点，最后从缓存节点中获取值。假设根据公式计算出的槽是 5002，将这个数据传送给 Redis 集群，集群接收到后去对照表中查看 5002 属于哪个缓存节点，因此得到缓存节点 2，于是顺着红线所指的方向调用缓存节点 2 中存放着的键值对内容，并且返回给 Redis 客户端。

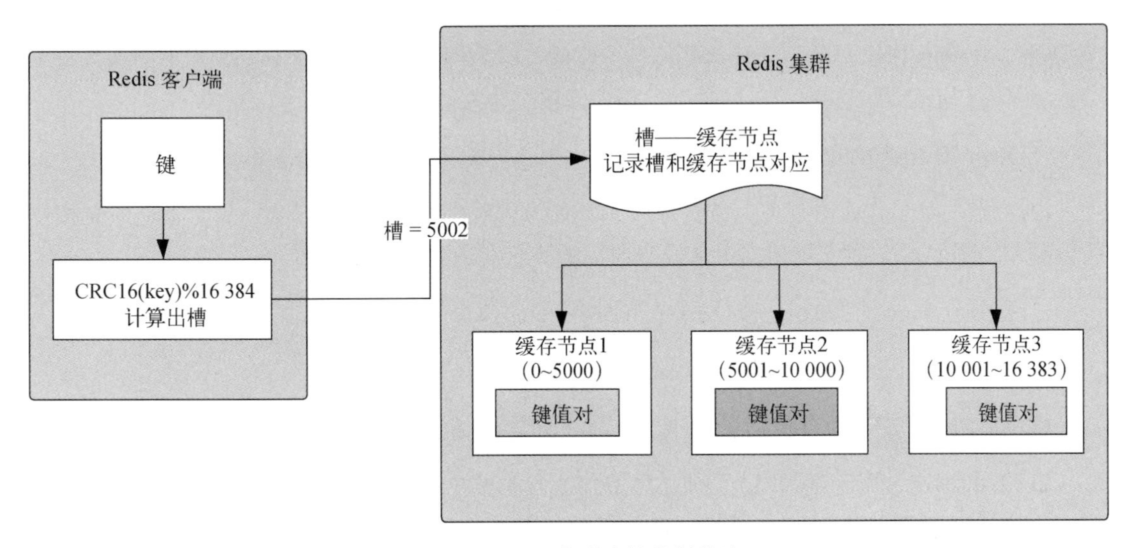

图 6-28 Redis 集群中的数据分片

6.3.3 缓存节点之间的通信

如果说Redis集群的虚拟槽算法解决的是数据拆分和存放问题，那么各缓存节点之间是如何通信的呢？接下来我们讨论这个问题。在Redis集群中，缓存节点会被分配到一个或者多个服务器上，还可能根据缓存的数据量和支持的并发量扩展缓存节点的数目。如图6-29所示，假设Redis集群中本来只有缓存节点1，此时由于业务扩展，新增了缓存节点2。缓存节点2会通过Gossip协议向老节点，也就是缓存节点1发送一个meet消息。收到消息以后，缓存节点1礼貌性地回复一个Pong消息。此后缓存节点2就会定期给缓存节点1发送Ping消息，同样地，缓存节点1每次都会回复Pong消息。

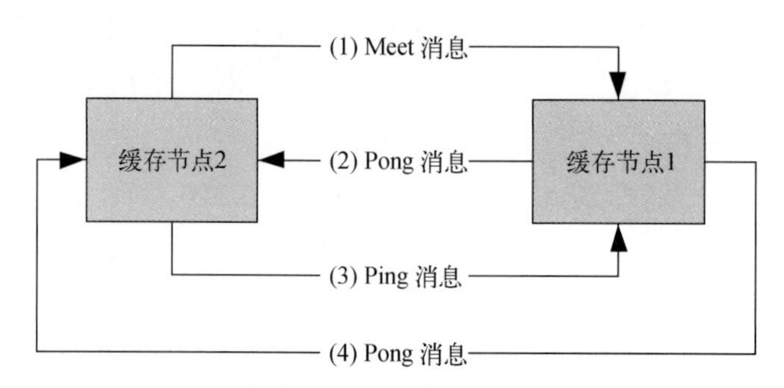

图6-29 新上线的缓存节点2和缓存节点1通信

上面这个例子说明，Redis集群中的缓存节点是通过Gossip协议相互通信的。节点之间通信的目的是维护彼此保存的元数据信息，元数据就是每个节点包含哪些数据、是否出现了故障。各节点通过Gossip协议不断地交互这些信息，就像一群人围坐在一起各种八卦，用不了多久每个节点就都会知道集群中所有节点的情况。整个传输过程大致分为以下几步。

(1) Redis集群中的每个缓存节点都会开通一个独立的TCP通道，用于和其他节点通信。

(2) 存在一个节点定时任务，负责每隔一段时间从系统中选出发送节点。这个发送节点按照一定频率（例如5次/秒）随机向最久没有通信的节点发送Ping消息。

(3) 接收到Ping消息的节点向发送节点回复Pong消息。

(4) 不断重复上述步骤，让所有节点保持通信。

Gossip协议中有如下4种消息。

- **Meet消息**：用于通知旧节点加入了新节点。比如上面例子中提到的，缓存节点2上线后会给老节点1发送Meet消息，表示有新成员加入。
- **Ping消息**：这个消息使用得最为频繁，其中封装了节点自身和其他节点的状态数据，被有规律地发给其他节点。

- Pong 消息：节点在接收到 Meet 消息和 Ping 消息以后，需要将自己的数据状态发送给对方，需要用到 Pong 消息。节点也可以对集群中所有的节点广播此信息，告知大家自己的状态。
- Fail 消息：当一个节点发现另外一个节点下线或者挂掉时，会向集群中其他节点广播这个消息。

Gossip 协议的结构如下所示：

```
typedef struct
{   char sig[4];          /* 信号标识 */
    uint32_t totlen;      /* 消息总长度 */
    uint16_t ver;         /* 协议版本 */
    uint16_t port;        /* TCP 端口号 */
    uint16_t type;        /* 消息类型，包括 Meet、Ping、Pong、Fail 等消息 */
    uint16_t count;       /* 消息体包含的节点数 */
    uint64_t currentEpoch;  /* 当前发送节点的配置纪元 */
    uint64_t configEpoch;   /* 主从节点的配置纪元 */
    uint64_t offset;      /* 复制偏移量 */
    char sender[CLUSTER_NAMELEN]; /* 发送节点的节点名称 */
    unsigned char myslots[CLUSTER_SLOTS/8]; /* 发送节点的槽信息 */
    char slaveof[CLUSTER_NAMELEN];
    char myip[NET_IP_STR_LEN];     /* 发送节点的 IP */
    uint16_t flags;       /* 发送节点标识，区分主从角色 */
    unsigned char state; /* 发送节点的集群状态 */
    unsigned char mflags[3]; /* 消息标识 */
    unionclusterMsgData data; /* 消息正文 */
} clusterMsg;
```

其中 `type` 定义了消息的类型；`myslots` 数组定义了节点负责的槽信息，每个节点通过 Gossip 协议与其他节点通信时，最重要的就是将该数组发送给其他节点。另外，消息体通过 `clusterMsgData` 对象传递消息正文。

6.3.4 请求分布式缓存的路由

分布式缓存系统中的节点对内通过 Gossip 协议互相发送消息，保证彼此之间都了解对方的情况。那么对外，一个 Redis 客户端如何通过分布式节点获取缓存数据，就是分布式缓存路由需要解决的问题了。上节提到 Gossip 协议会将每个节点管理的槽信息发送给其他节点，其中用到了 `myslots` 这样一个存放每个节点槽信息的数组。

`myslots[CLUSTER_SLOTS/8]` 是一个二进制位数组（bit array），其中 `CLUSTER_SLOTS` 的取值是 `16384`，表示这个数组的长度是 16 384/8=2048B，由于 1B=8bit，所以数组共包含 16 384 个 bit 位（二进制位）。每个节点分别用 1 个 bit 位来标记自己是否拥有某个槽的数据。如图 6-30 所示，这个图表示缓存节点所管理的槽的情况，如果下标对应的二进制值是 1，表示该节点负责存放 0、1、2 三个槽的数据；如果下标为 0，就表示该节点不负责存放对应槽的数据。图中 0、1、2 三个数组下标对应的二进制值是 1，表示它们分别存放 0、1、2 三个槽的数据。

数组下标	0	1	2	3	4	……	16382	16383
二进制值	1	1	1	0	0		0	0

图 6-30　通过二进制数组存放槽信息

用二进制数组存放槽信息的优点是判断效率高，例如对于编号为 1 的槽来说，节点只要判断二进制序列的第二位是否为 1 就能知道是否存放了 1 号槽的数据，为 1 的时候表示存放了 1 号槽的数据，为 0 的时候表示没有存放 1 号槽的数据，判断槽数据存放的时间复杂度为 $O(1)$。

如图 6-31 所示，当收到发送节点的槽信息以后，接收节点会将这些信息保存到本地的 `clusterState` 结构中，其中的 `slots` 数组用于存放每个槽分别对应哪些节点信息。`clusterState` 结构如下：

```
typeof struct clusterState{
    clusterNode *myself; /* 节点自身。ClusterNode 节点结构体 */
    clusterNode *slots[CLUSTER_SLOTS]; /* 16384 个槽点映射的数组，数组下标代表对应的槽 */
}
```

如图 6-31 所示，`ClusterState` 中保存的 `slots` 数组里面，每个下标分别对应一个槽，一个槽信息对应一个 `clusterNode`，即缓存节点。缓存节点对应一个实际存在的 Redis 缓存服务，其中包括 IP 地址和 Port 信息。

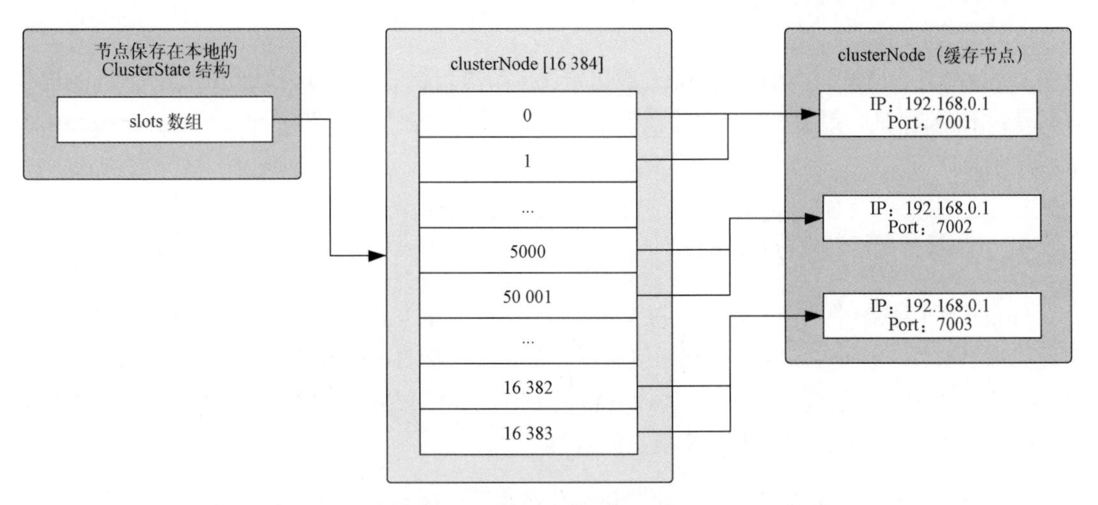

图 6-31　`ClusterState` 的结构以及槽与缓存节点的对应

Redis 集群的通信机制实际上保证了每个节点都清楚集群中其他节点和槽数据的对应关系。Redis 客户端无论想访问集群中的哪个节点，都可以通过路由规则找到该节点，因为每个节点中都有一份 `ClusterState`，其中记录着所有槽和节点的对应关系。下面来看看 Redis 客户端是如何通过路由调用缓存节点的。

如图 6-32 所示，Redis 客户端根据 CRC16(key)%16 383 计算出槽的值，得知需要找缓存节点 1 读、写数据，但是由于缓存数据迁移或者其他原因，这个对应的槽数据迁移到了缓存节点 2 上，此时 Redis 客户端就无法从缓存节点 1 中获取数据了。而缓存节点 1 中保存着集群中所有缓存节点的信息，因此它知道这个槽的数据在缓存节点 2 中保存着，于是向 Redis 客户端发送了一个 MOVED 的重定向请求。这个请求会告诉客户端应该访问的缓存节点 2 的地址，客户端根据拿到的地址访问缓存节点 2，并且拿到数据。

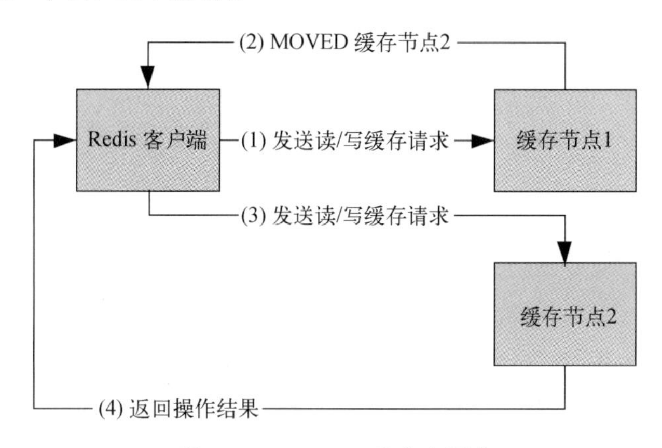

图 6-32　MOVED 重定向请求

上面的例子说明槽数据从一个缓存节点迁移到另一个缓存节点后，客户端依然可以找到想要的数据。那么如果 Redis 客户端访问的时候，两个缓存节点正在做数据迁移，此时该如何处理呢？如图 6-33 所示，Redis 客户端向缓存节点 1 发出请求，此时缓存节点 1 正向缓存节点 2 迁移数据，如果没有命中对应的槽，缓存节点 1 会给客户端返回一个 ASK 重定向请求，并且告诉它缓存节点 2 的地址。收到返回消息后，客户端向缓存节点 2 发送 Asking 命令，询问需要的数据是否在缓存节点 2 上，缓存节点 2 接收到消息以后返回数据是否存在。

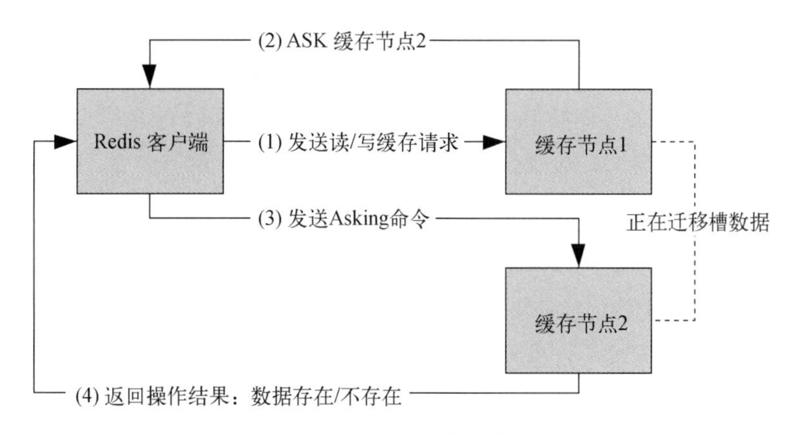

图 6-33　ASK 重定向请求

6.3.5 缓存节点的扩展和收缩

分布式部署的缓存节点总会因为扩容和故障问题，而上线和下线。由于每个缓存节点中都保存着槽数据，因此当缓存节点出现变动时，系统会根据对应的虚拟槽算法将此节点保存的槽数据迁移到集群中其他缓存节点上。如图 6-34 所示，集群中本来只存在缓存节点 1 和缓存节点 2，此时缓存节点 3 上线，并且加入了集群中，根据虚拟槽算法，缓存节点 1 和缓存节点 2 中的槽数据会迁移到新加入的缓存节点 3 上。

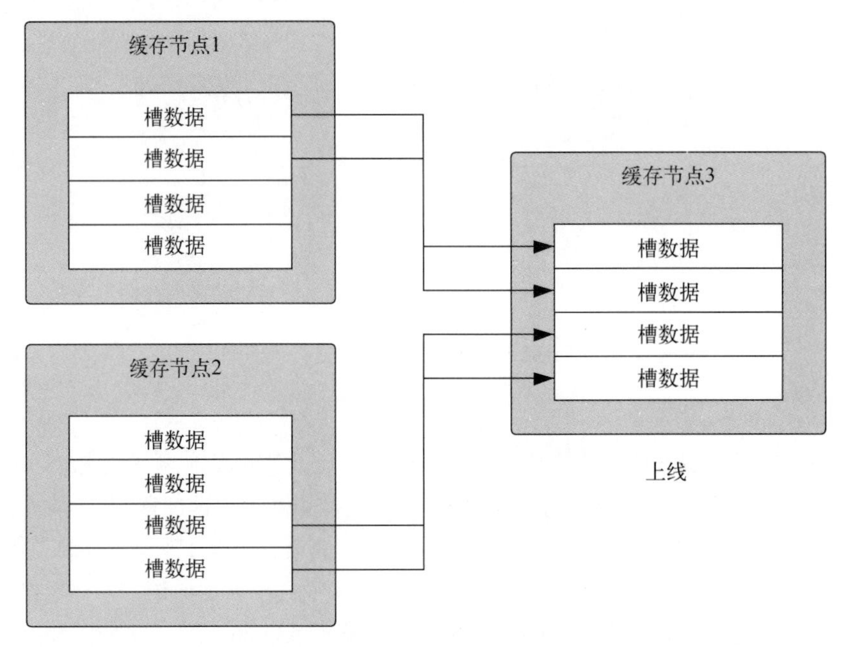

图 6-34　分布式缓存扩容

对于节点扩容问题，由于新加入的节点需要运行在集群模式下，因此其配置最好与集群内其他节点的配置保持一致。新节点刚加入集群时，作为孤儿节点是无法和其他节点通信的，因此它会执行 `cluster meet` 命令加入集群中（在集群中执行 `cluster meet` 命令的作用是加入新节点）。假设新节点是 192.168.1.1 5002，老节点是 192.168.1.1 5003，运行以下命令让新节点加入集群中：

```
192.168.1.1 5003> cluster meet 192.168.1.1 5002
```

这个命令是由老节点发起的，类似于老成员欢迎新成员加入。新节点刚加入，自然还没有建立槽及对应的数据，也就是说还没有缓存任何数据。如果这个节点是主节点，需要对其进行槽数据的扩容；如果是从节点，则需要同步主节点上的数据。总之就是要同步数据。

如图 6-35 所示，由客户端发起节点之间的槽数据迁移，数据从源节点往目标节点迁移。

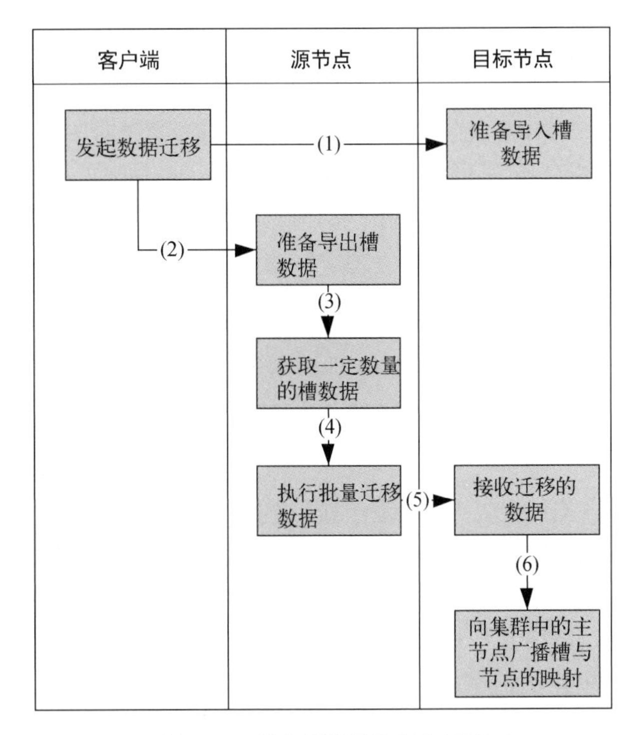

图 6-35 节点迁移槽数据的过程

(1) 客户端对目标节点发送准备导入槽数据的命令，让目标节点准备好。这里使用的命令是 `cluster setslot {slot} importing {sourceNodeId}`。

(2) 客户端对源节点发送命令，让其准备迁出对应的槽数据。这里使用的命令是 `cluster setslot {slot} importing {sourceNodeId}`。

(3) 此时源节点准备迁移数据了，在迁移之前把要迁移的数据获取出来。使用的命令是 `cluster getkeysinslot {slot} {count}`，其中 `count` 表示迁移的槽个数。

(4) 在源节点上执行 `migrate {targetIP} {targetPort} "" 0 {timeout} keys{keys}` 命令，把获取的键通过流水线批量迁移到目标节点。

(5) 重复 (3) 和 (4) 两步，一点点将数据迁移到目标节点。目标节点接收迁移的数据。

(6) 数据迁移结束后，目标节点通过 `cluster setslot {slot} node {targetNodeId}` 命令通知对应的槽被分配到哪个目标节点，并且把这个信息广播给全网的其他主节点，更新自身的槽节点对应表。

缓存节点既然能上线，就会有下线。下线操作和上线操作正好相反，是把要下线的缓存节点中的槽数据分配到其他缓存主节点中。数据迁移的过程也与上线操作相类似。不同之处在于下线时需要通知全网的其他节点忘记自己，此时用到的命令是 `cluster forget{downNodeId}`。节点收到 `forget` 命令以后，会将下线节点放到仅用列表中，之后就不用再向这个节点发送 Gossip 协议的 Ping 消息了。不过这个仅用列表的超时时间是60秒，超过这个时间，节点还是会对刚下线的节点发送 Ping 消息。可以使用 `redis-trib.rb del-node{host:port} {donwNodeId}` 命令帮助我们完成下线操作，尤其是在下线节点是主节点的情况下，会安排对应的从节点接替主节点。

6.3.6　缓存故障的发现和恢复

上一节提到，缓存节点收缩时会有一个下线的动作。有些时候是为了节约资源或者计划性的下线，但更多时候是节点出现了故障导致下线。针对故障导致下线这种情况，有两种确定下线的方式。

第一种是主观下线，当缓存节点1向缓存节点2例行发送 Ping 消息的时候，如果缓存节点2正常工作，就返回 Pong 消息，同时记录缓存节点1的相关信息。接收到 Pong 消息以后，缓存节点1也会更新最近一次与缓存节点2通信的时间。如果某时刻两个缓存节点由于某种原因断开了连接，那么过一段时间，缓存节点1会主动连接缓存节点2，要是一直通信失败，缓存节点1就无法更新与缓存节点2的最后通信时间了。当缓存节点1的定时任务检测到与缓存节点2的最后通信时间超过 `cluster-node-timeout` 设置的值时，就更新本地保存的节点状态，将缓存节点2更新为主观下线。这里的 `cluster-node-timeout` 是节点挂掉被发现的超时时间，如果超过这个时间还没有获得节点返回的 Pong 消息，就认为该节点挂掉了。这里的主观下线是指 缓存节点1主观地将缓存节点2未返回 Pong 消息视作缓存节点2下线，这只是缓存节点1的主观认识而已，真正原因可能是缓存节点1与缓存节点2之间的网络断开了，其他节点依旧可以和缓存节点2正常通信，因此主观下线并不等于某个节点真的下线。

与主观下线相对应的是客观下线。由于 Redis 集群中的节点都在不断地与集群内其他节点通信，因此下线信息也会通过 Gossip 消息传遍集群，集群内的节点会不断地收到下线报告，当半数以上持有槽的主节点标记某个节点是主观下线时，便会触发客观下线的流程。也就是说当集群内半数以上的主节点认为某个节点主观下线时，才会启动客观下线流程。这个流程有一个前提，就是直针对主节点，忽略从节点。接下来具体阐述集群中的节点每次接收到其他节点的主观下线报告时都会做哪些事情。

将收到的主观下线报告保存到本地的 `ClusterNode` 结构中，并检查报告的时效性，如果报告从发送到接收的时间超过 `cluster-node-timeout*2`，就忽略这个报告；否则记录报告内容，并且比较被标记下线的主观节点的报告数量与持有槽的主节点数量，当前者大于等于后者时，将前者标记为客观下线，同时向集群中广播一条 Fail 消息，通知所有节点将故障节点标记为客观下线，这个消息只包含故障节点的 ID。此后，集群内所有的节点都会标记这个故障节点为客观下线，如果这个故障节点存在从节点，还需要通知它的从节点进行故障转移，也就是故障的恢复。说白了，客观下线就是整个集群中只要有一半的节点认为某节点是主观下线，那么这个节点就被标记为客观下线。

主节点被标记为客观下线后，需要从它的从节点中选出一个节点替代它，此时下线主节点的所有从节点都担负着恢复义务。从节点会定时监测主节点是否下线，一旦发现下线便执行如下恢复流程。

(1) 资格检查。所有从节点都检查自己与主节点断开的时间，如果这个时间超过 `cluster-node-timeout*cluster-slave-validity-factor`（从节点有效因子，默认取 10）的值，意味着对应的从节点没有故障转移的资格。也就是说这个从节点和主节点断开的时间太久了，已经很久没有和主节点同步数据了，而成为主节点后，其他从节点会同步自己的数据，显然这个从节点不适合成为新主节点。

(2) 触发选举。通过上面资格检查的从节点都可以触发选举，而且触发选举是有先后顺序的，这里按照复制偏移量的大小来排序。复制偏移量记录了执行的字节数。主节点每向从节点发送 n 个字节，就将自己的复制偏移量加 n，从节点在接收到主节点发送的 n 字节命令时，也将自己的复制偏移量加 n。复制偏移量越大，说明从节点延迟越低，也就是和主节点沟通得更频繁，保存的数据也更新一些，因此由复制偏移量大的从节点率先发起选举。

(3) 发起选举。首先每个主节点都去更新配置纪元（`clusterNode.configEpoch`），此值是一个不断增加的整数。各节点交互 Ping、Pong 消息时，也会更新这个值，它们都会将最大的值更新到自己的配置纪元中。这个值记录着各个节点和整个集群的版本，每当发生重要事件（例如出现新节点、从节点竞选）的时候，都会增加全局的配置纪元并且赋给相关的主节点，用来记录这个事件。说白了，更新这个值目的是保证所有主节点对“大事”的记录保持一致。大家的配置纪元都统一成一个整数的时候，就表示大家都知道这个“大事”了。更新完配置纪元以后，向集群内广播发起选举的消息（`FAILOVER_AUTH_REQUEST`），注意要保证每个从节点在一次配置纪元中只能发起一次选举。

(4) 投票选举。参与投票的只能是主节点，从节点没有投票权，当超过半数的主节点把票投给一个从节点时，该从节点成为新的主节点，投票完成。如果在 `cluster-node-timeout*2` 的时间内，从节点没有获得足够数量的票数，意味着本次选举作废，进行下一轮选举。在这一步中，每个候选的从节点都会收到其他主节点投的票，复制偏移量大的从节点因为触发选举的时间更早一些，通常会获得更多的投票。

总结一下上述过程，先选择满足投票条件的从节点，由这个从节点触发替换主节点的操作，从而选择新主节点。当新主节点选出后，删除原主节点负责的槽数据，把槽数据添加到新主点上，同时向其他从节点发送广播消息：“新的主节点诞生了”。

6.4 总结

本章主要介绍分布式存储技术。从单机时代遇到的问题入手，引出了在业务量激增、请求并发量日益增长的情况下，数据存储需要解决大数据量、读写效率和可靠性的问题。为了解决这些问题，提出了数据库存储的垂直扩容和水平扩容。以 RAID 为代表的垂直扩容在单机时代崭露头角。以分布式数据库和分布式缓存为代表的水平扩容通过集群方式出色地完成任务，其中分布式数据库利用分表分库的方式进行水平扩展，在可靠性方面利用读写分离的架构实现主从复制。分布式缓存中介绍了缓存分片的算法，以 Redis 集群为例介绍了缓存集群的实现原理，包括集群中节点的通信、路由、扩展收缩以及故障恢复。

第 7 章

分布式资源管理和调度

第 5 章和第 6 章都讲到了对计算任务以及存储单元做拆分，目的是高效处理并发请求和海量数据。无论是计算任务还是数据存储都免不了分配资源这一步，其中的资源指硬件资源，包括CPU、内存、硬盘、网口。在单机环境中，资源管理相对简单，而分布式环境中，资源分布相对分散，如何协调资源应对计算任务和数据存储就是亟待解决的问题。这一章讲的内容解决的就是如何匹配资源与计算任务，并对资源进行有效管理。本章首先会介绍分布式资源管理和调度的概念，包括分布式资源调度的由来、要素和内容。然后聚焦资源的划分和调度，介绍任务队列与资源池以及三大资源调度策略。之后引出分布式资源调度的三类架构，即中心化调度器、两级调度器和共享状态调度器。分布式资源调度除了应用于计算任务，在微服务部署领域也起到了重要作用，本章也会通过一个应用部署的例子，介绍 Kubernetes 的各个组件以及实现原理。总结起来，本章会讲解以下内容。

- 分布式资源调度的由来与过程
- 资源划分和调度策略
- 分布式调度架构
- Kubernetes——资源调度的实践

7.1 分布式资源调度的由来与过程

相较于分布式系统的资源调度，操作系统的工作可以视为一种微观的资源调度。操作系统将要处理的计算任务抽象成一个个进程，在最初只有单个 CPU 的情况下，同一时间只能处理一个进程，也就是一个计算任务。如果需要同时处理多个计算任务，就需要用到操作系统的进程调度算法，例如时间片轮转调度算法，这种算法中 CPU 会在多个计算任务之间快速切换，使计算任务交替执行，这也是最早处理计算任务并发执行的方式。对于并发的计算任务而言，好像自身独占 CPU 一样。随着业务的发展，需要在同一时刻支持更多计算任务，于是诞生了多核 CPU。和单核 CPU 一样，多核 CPU 也需要用到调度算法。推而广之，分布式系统为了处理更高并发的计算任务，对硬件资源进行了水平扩展。就像 CPU 从单核扩展到多核一样，服务器被扩展成多台并且分布在不同的网络节点上，每个节点都包含 CPU、内存、硬盘、网口等系统资源。如何管理好这些资源，并且将计算任务分配给它们就是我们要解决的问题。

7.1.1　资源调度可以解决什么问题

从前面的分析可以得出，资源管理和调度是将计算任务分配到资源的过程，为了处理并发的计算任务，系统会通过集群的方式组织资源。集群中的资源可以按照服务器或者虚拟机的方式划分。在资源管理和分配初期，会将对应的计算任务分配给对应的资源执行。如图 7-1 所示，有 3 个计算任务，分别是 Spark、MapReduce 和 Storm，系统将它们分配到资源节点 1~9 上，分别把每个计算任务分配给 3 个资源节点，这里的资源节点指的是服务器或者虚拟机，也就是 CPU、内存、硬盘、网口等资源。这些资源节点负责运行计算任务，并且输出计算结果，我们称这种资源分配方式为静态资源分配。通俗点说就是一个萝卜一个坑，资源节点只处理指定的计算任务，例如资源节点 1~3 专门处理 Spark 计算任务。

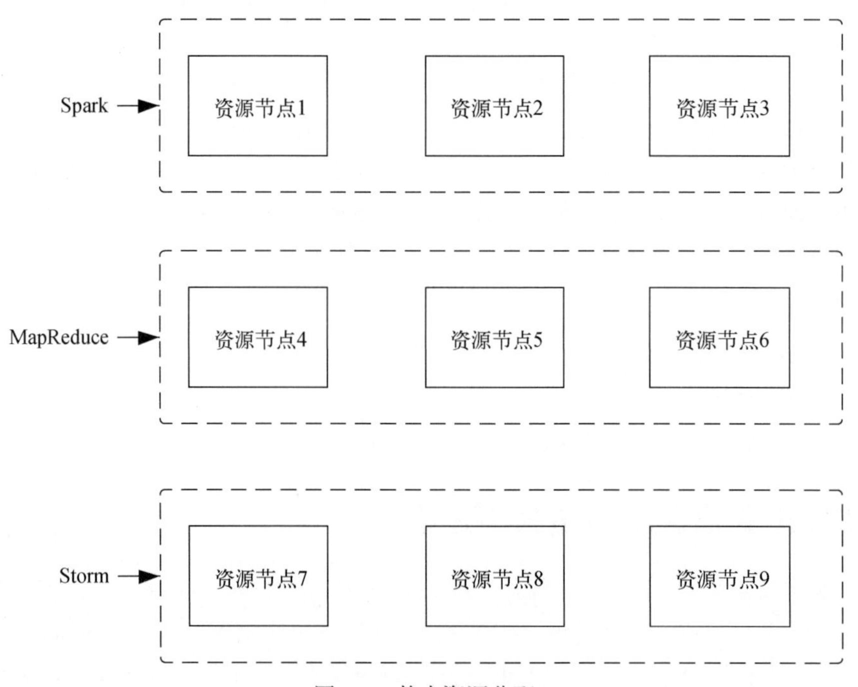

图 7-1　静态资源分配

顺着这个思路继续推理，静态资源分配其实没什么不好的，每种计算任务都有对应的资源节点可利用。可如果遇到资源不可用的状况，该如何处理？如图 7-2 所示，Storm 计算任务对应的资源节点 8 和资源节点 9 由于某种原因不可用了，因此它只能运行在资源节点 7 上面，如果此时并发执行更多的 Storm 任务，是没有资源节点可以使用的，即使 Spark 和 MapReduce 计算任务并没有占用全部的资源节点 1~6，这些资源也无法共享给 Storm 计算任务使用，这就是静态资源分配存在的弊端。

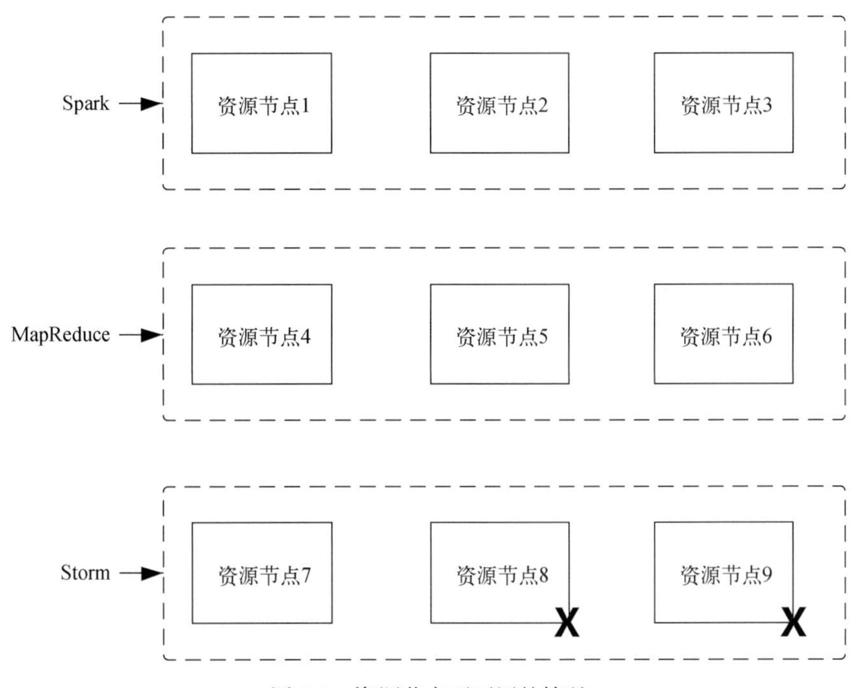

图 7-2 资源节点不可用的情况

除了资源节点不可用引发的弊端，在进行资源扩容的时候也会产生问题，即有些资源节点会因为没有被分配计算任务，从而造成浪费，同时还可能存在一些计算任务需要资源，却得不到资源的支持。我们换个角度来分析这个问题，静态资源分配是对计算任务和资源做匹配，那如果加入一层资源调度器，是不是会让任务和资源的匹配变得更加灵活呢？如图 7-3 所示，Spark、MapReduce 和 Storm 计算任务分别对资源调度器发起执行任务的申请。资源调度器根据各资源的使用情况，将这 3 个计算任务分配给资源节点 1~9。这个资源分配的过程遵循一定的分配策略，从结果来看，任务和资源不再具有固定的匹配关系，这是根据资源使用情况进行的动态资源分配。例如 Spark 计算任务被分配给了资源节点 1 和 7，MapReduce 计算任务被分配给了资源节点 2，Storm 计算任务对应的是资源节点 5。当这些计算任务全部执行完毕后，资源调度器会释放相应的资源，从而让其他计算任务有机会获取资源。同时，如果有部分资源节点不可用了，也不会影响整个集群的正常使用，所有资源节点都会在资源调度器的安排下完成计算任务。即便是对整个集群进行扩容，也只需把注意力放到资源节点的扩充上即可，任务与资源的动态匹配过程由资源调度器完成，实现了计算任务和资源的解耦。

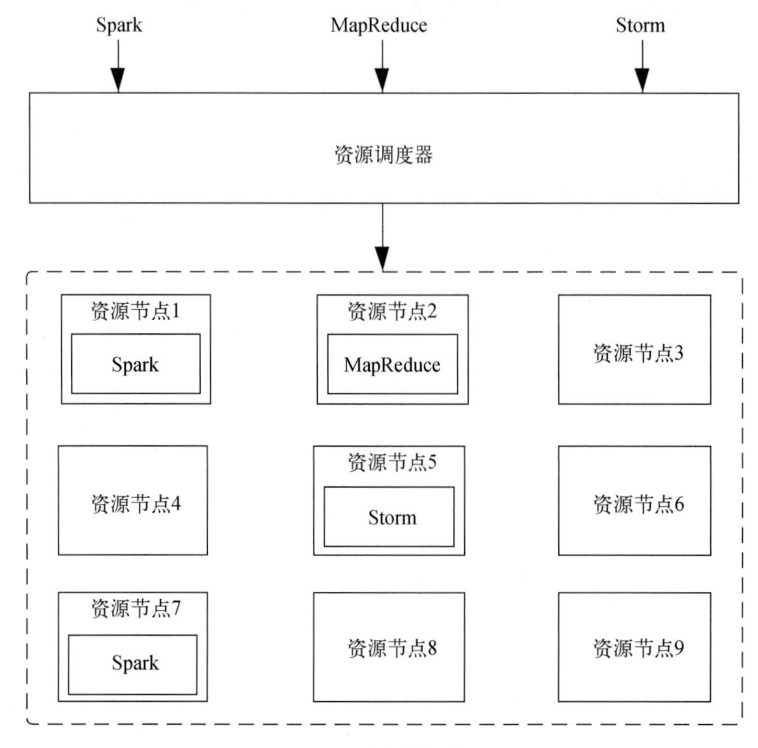

图 7-3　动态资源分配

在介绍完静态资源分配和动态资源分配之后，动态资源分配明显具有如下优势。

- 动态资源分配会根据计算任务实时分配资源，通常不会出现资源闲置的情况，只要没有达到资源的使用上限，是不会出现任务匹配不到资源的情况的。总体来说，资源利用率较高，硬件成本较低，有良好的扩展性。
- 由于动态资源分配需要收集资源的整体信息，形成资源池以便调配，因此增加了数据共享功能，所有计算任务的请求都可以共享资源。
- 最重要的一点是在多类型计算框架盛行的今天，动态资源分配方式同时支持如 Spark、Storm、MapReduce 等计算框架。让计算框架和资源利用得以完全解耦，使资源管理和调度平台实现平滑切换。

7.1.2　资源调度过程

本节介绍资源调度器的内容和要素。资源调度指的是根据调度策略对资源和计算任务做匹配。从参与者的角度讲，涉及资源、资源调度器和计算任务三部分。如图 7-4 所示，先看最上面的“任务的组织和管理”，任何请求调度资源的计算任务在申请调度之前都需要服从统一组织和管理，例如构建任务队列、按照一定顺序对计算任务进行资源匹配。再看最下面的“资源的组织和管理”，分布在网络中的资源节点上一般都会安装一个节点管理器，其会不断收集节点的资源使用情况，然后向资源收集器汇报，从而实现对资源的组织和管理。最后看中间的“调度策略”，在获得计算任务和资源的情况以后，会通过一些策略对它们进行匹配，例如 FIFO 策略、公平策略、能力策略、延迟策略等。

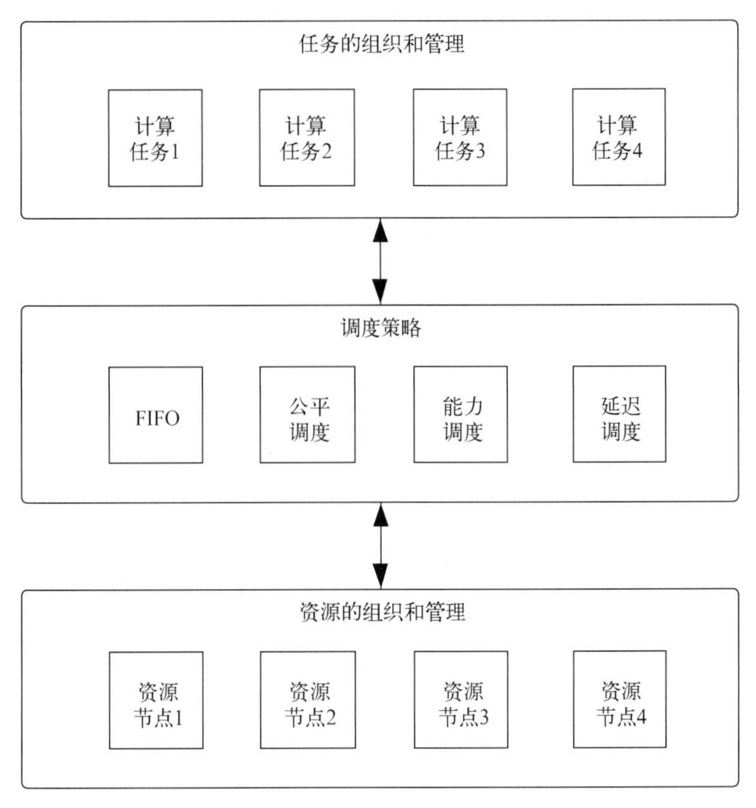

图 7-4　计算任务、调度策略和资源

实际上，计算任务、调度策略和资源的关系就是根据调度策略对计算任务和资源进行“配对”。这整个过程中，资源调度器起到了“红娘”的作用，通过动态分配的方式对计算任务和资源做匹配，下面就详细描述这一调度过程。资源调度流程图如图 7-5 所示，从上到下分别是计算任务、资源调度器和资源节点三大部分。资源调度器中包含工作队列、调度策略、资源池和资源收集器。工作队列既是用来存放计算任务的容器，也是资源调度器组织和管理计算任务的一种形式。调度策略包含所需的任务调度策略，也就是对资源和计算任务进行匹配的算法。资源池是对收集起来的硬件资源进行存储和管理的地方。资源收集器，顾名思义就是对资源节点上报的资源进行收集和汇总。

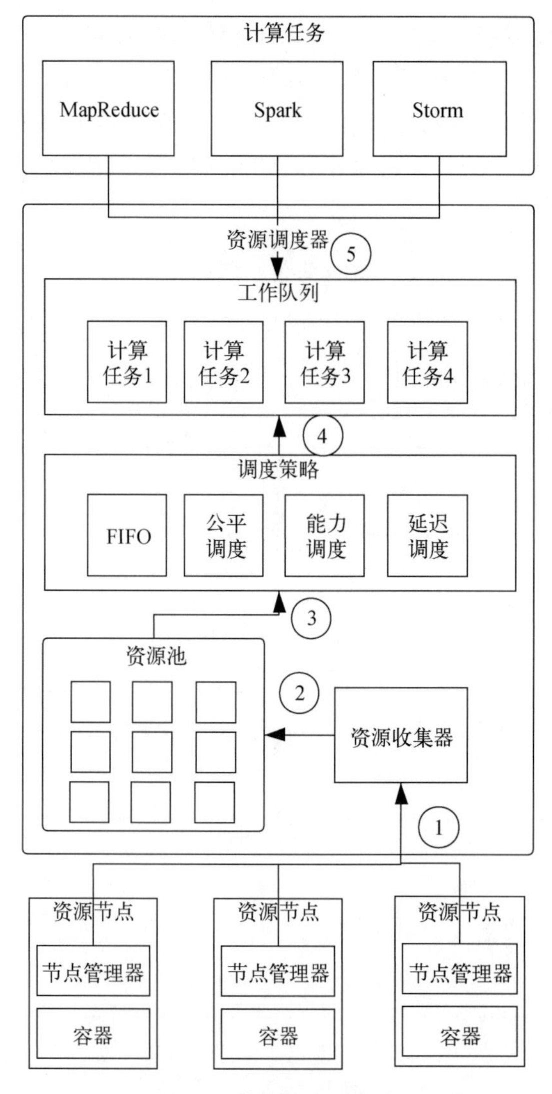

图 7-5　资源调度流程图

下面就来看看资源调度的整个过程，我们顺着序号从下往上看，虽然一些操作有可能是同时进行的，但为了方便理解，我通过顺序的方式来讲解。

① 硬件资源（CPU、内存、硬盘、网口）分布在不同的网络节点上，为了让资源调度器能够更好地组织和管理它们，在每个资源节点上都安装了节点管理器。节点管理器主要负责不断地向资源收集器汇报资源节点上的资源情况。管理资源的时候，需要按照规则对资源进行分割，这里暂且将这些分割后的资源称为容器。设置容器的目的是将资源隔离，每个容器中都会运行指定的计算任务，隔离的做法使得计算任务的执行互不影响。节点管理器负责管理这些容器，并且将

容器的运行情况和资源使用情况汇报给资源收集器。

② 资源收集器接收到节点管理器上报的资源使用情况以后，将这些资源放入资源池中实施管理。这里的资源池是一个逻辑概念，其实际存放的是目前可用的资源信息。这些信息会提供给调度策略使用，当有计算任务到来时，通过调度策略在资源池中选择资源分配给它。

③ 同理，资源池的信息也会上报到调度策略中。调度策略中维护着 FIFO、公平调度、能力调度、延迟调度等分配算法。在实际的调度场景中，可以选择其中的 1 种或者多种策略。

④ 调度策略会不断监控工作队列中的计算任务，并依次处理这些任务——使用调度策略对计算任务与资源做匹配，让计算任务在具体的容器中执行。当计算任务执行完毕以后，资源调度器会回收资源，并通过节点管理器将空闲资源上报给资源收集器，使其重新回到资源池中等待被分配。

⑤ 当有计算任务请求资源调度器的时候，会将这些任务放到工作队列中以便管理。资源调度器在这里起到承上启下的作用。承上是对接计算任务框架并对其进行组织；启下是获取资源信息并对其进行抽象；最后，对计算任务和资源按照策略进行匹配。同时这也是一个动态资源分配的过程，这种方式可用支持不同的计算框架，例如 MapReduce、Spark、Storm 等。真正做到了计算任务和资源的解耦。

7.2 资源划分和调度策略

从 7.1.2 节中介绍的资源分配过程可以看出，为了匹配资源与计算任务，需要针对资源进行划分，并且按照调度策略将其分配给计算任务。因此本节以资源划分和资源调度作为切入点，进行进一步讲述。

7.2.1 Linux Container 资源是如何划分的

正如在第 5 章中提到的，MapReduce 模式会对计算资源按照 Slot 的方式进行分割。在分布式资源调度中，为了完成计算任务，也会对资源进行分割，7.1.2 节中我们把分割后的资源称为容器（container）。目前，最常见的资源分割方式是 Linux Container（LXC），这是一种内核虚拟化技术，可以提供轻量级的虚拟化，以便隔离进程和资源。YARN、Mesos 等资源调度系统都是利用这种方式进行的资源分割。LXC 将物理节点上的资源（例如 CPU、内存等）分割成若干个相互隔离的容器，每个容器分别完成资源调度器分配给自己的计算任务。这种方式保证计算任务的进程之间互不干扰，每个计算任务都有固定的资源空间，其运行范围也被限制这个空间内。

如图 7-6 所示，左边是基于操作系统的传统应用模式，APP1~APP3 基于操作系统的 Kernel（核心），会同时使用操作系统中的所有资源。顺着箭头向右过渡到容器应用，这种模式在操作系统的 Kernel 之上建立了一层容器引擎（Container Engine），用来对操作系统的资源进行划分，让 APP1~APP3 的应用基于容器引擎而非操作系统，每个容器分配的资源服务于独立的应用程序，这里的容器引擎也就是 LXC。

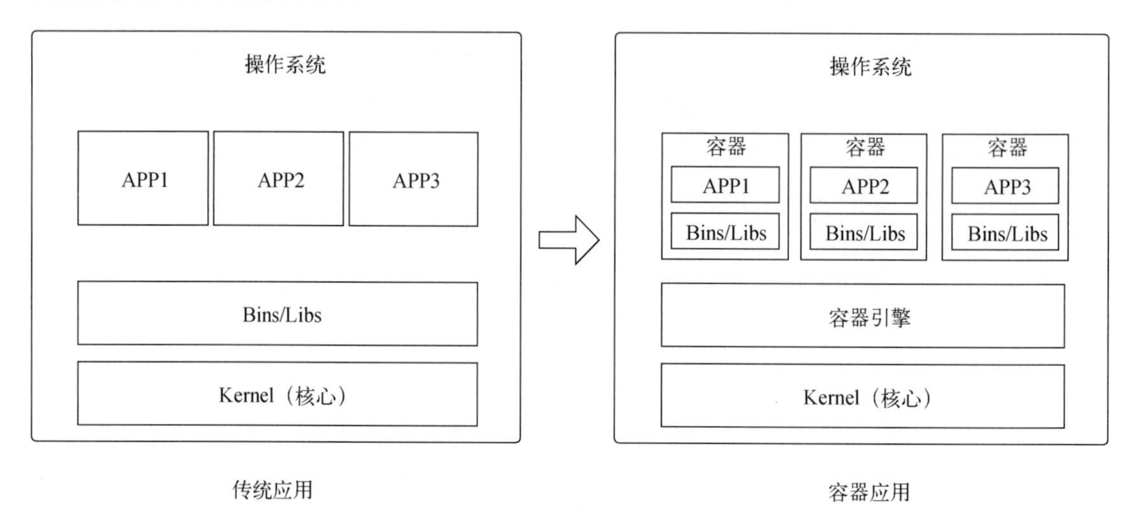

图 7-6 从传统应用到容器应用

这种用容器划分操作系统资源的方式具有以下几个优点。

- **隔离性**。显而易见，容器的部署方式允许在一台物理机器上部署多个应用。每个应用被分配到单独的容器中，以独占的方式获取容器中的资源。
- **安全性**。可以针对各个容器，设置对应的安全级别，这种做法能够弥补安全漏洞以及由安全问题造成的损害。即便是容器中遭到黑客攻击，其危害范围也只在本容器之内，不会危及到其他容器以及操作系统内核。
- **透明性**。容器机制只是对操作系统的资源进行抽象，将这些资源以虚拟化的方式重新组织在一起。对于应用程序而言，不需要了解更多的操作系统以及硬件级别的信息，只是使用分配给自己的虚拟化资源就好。
- **扩展性**。正是良好的隔离性和透明性，让容器本身具有良好的扩展性，容器可以根据操作系统的资源情况以及整个集群的资源情况进行扩展。特别是在高并发、大流量的应用场景中，容器的扩展性会发挥特有的作用。

除了具有以上优点，采取这种资源划分的模式也会引发新问题，就是如何进行资源的隔离和限制。资源的隔离解决的是如何划分资源，资源的限制解决的是如何对资源进行限制。简单来说，前者负责隔离资源，后者负责管理资源，即容器如何划分是科学的，以及如何合理地管理容器。这两部分功能在 LXC 中分别由 Namespace 和 Cgroup 实现，下面就分别讲述两部分的功能。

1. LXC 的 Namespace 机制

Linux Namespace，即命名空间机制，是一种资源隔离方案，它按照特定的命名空间对系统资源进行划分。每个命名空间中的资源对其他命名空间都是透明的。

命名空间给容器化提供了轻量级形式，也就是图 7-6 中提到的操作系统级别的容器化。一般来说，Linux 系统中的每个进程都有一个唯一的 PID 作为标识，操作系统内核会维护一个 PID 列表。每个 Linux 用户都有唯一的 UID 作为标识，操作系统内核同样会维护一个 UID 列表。全局唯一 ID 的模式能够帮助内核管理整个系统中的资源。这种分配方式虽然可以对 PID 和 UID 进行匹配，可以设置用户对应的执行进程，可以针对用户执行的进程设置权限。但是用户之间还是可以感知对方的存在，例如用户 A 知道用户 B 执行进程的状态，对于对隐私性要求较高的服务而言，这显然是不够的。

为了解决上述类似的问题，在系统内核之上提供了隔离的用户空间，这种隔离面向目标就是用户运行的进程。目的是使在隔离空间中运行的进程不受其他空间中进程的干扰，每个进程只能看到自己用户空间内的信息，而无法感知其他空间中进程的状态。简单来说，这么做不只是为了运行进程，更是为了隔离。如图 7-7 所示，父命名空间中管理着进程 1~4，同时父命名空间可以分别查看两个子命名空间，其中子命名空间 1 中运行着进程 1 和 2，子命名空间 2 中运行着进程 3 和 4。但是，站在两个子命名空间的角度，它们都只能看到在自己空间中运行的进程，无法感知对方的存在，更无法改变对方的运行状态。

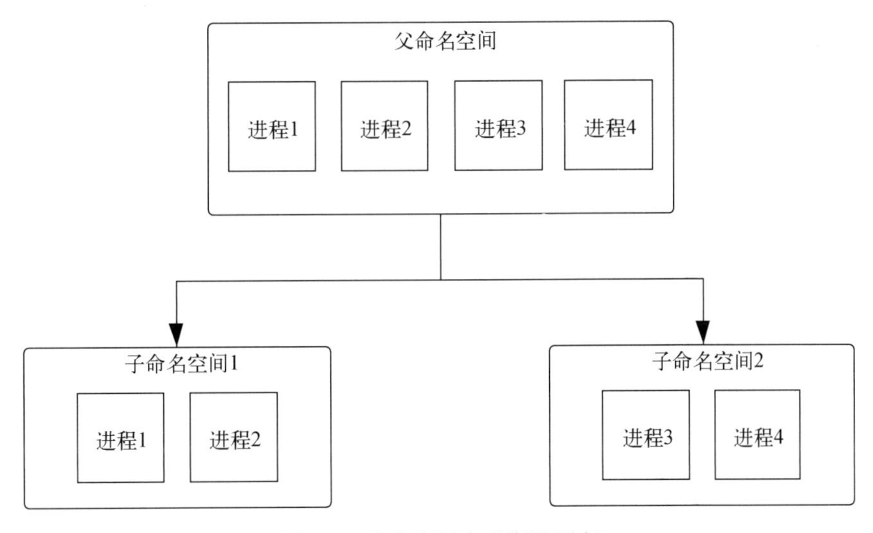

图 7-7 命名空间实现资源隔离

上面提到了 LXC Namespace 内核级别隔离的机制，接下来介绍几种常见的隔离模式。这里分别从主机名、磁盘、进程以及进程通信、用户和网络的角度讲解。

- **UTS Namespace**

UTS Namespace（UNIX Time-sharing System Namespace，主机名隔离），提供了主机名和域名的隔离，使进程能够独立运行于主机名和域名。可以想象，有多个容器运行在同一主机上，从资源隔离的角度来看，这若干个容器就好像多台独立运行的主机。既然是可以独立运行的主机，就必须拥有自己的主机名。UTS Namespace 就提供了对主机名和域名的隔离，它会给每个容器设置默认的 ID 作为主机名。当然这个 ID 也可以在容器启动的时候进行设置。

- **Mount Namespace**

Mount 是 Linux 系统中的挂载命令，因此 Mount Namespace（文件系统隔离）是为进程提供独立的文件系统，也就是从文件系统层面实现隔离。Mount Namespace 会为容器分配指定的文件系统，使其拥有 /、/bin、/sbin、/etc 等目录，换言之就是隔离文件系统的挂载点，使运行在容器中的进程只能看到自己的文件系统挂载点。同理，在容器中对文件系统进行操作，也不会影响到主机内核以及其他容器中的文件系统。

- **IPC Namespace**

IPC（Inter-Process Communication，进程间通信）是 Linux 系统中进程间通信的一种方式，其中包含共享内存、信号量、消息队列等方法。系统中的每个 Namespace 都拥有自己的 IPC，设置 IPC 的目的是保证处在同一用户空间的进程之间可以通信，跨用户空间的进程之间则无法通信，这就是 IPC 隔离。另外，每个用户空间都会维护一个全局的 ID，这个 ID 对除自己外的其他用户空间隔离。

- **PID Namespace**

PID 是 Process ID 的缩写，即进程 ID。Linux 系统中会一直维护进程树和文件系统树，init 进程作为初始进程，就是进程树的根节点。在系统中运行的进程都需要由对应的父进程创建，除非这个进程本身就是 init 进程，这是 Linux 系统管理进程的方式。在进行 PID 资源隔离的时候，一个独立的用户空间，就相当于一片小天地，这片小天地里面同样需要有自己的 init 进程。但是整个系统中的 init 进程只能有一个（真的），因此每个用户空间都会创建一个假的 init 进程，可以将之理解为系统指派的用来管理这个容器的 init 进程。这个特殊进程只针对用户空间而言，它如果消失就意味着用户空间的消失，但是并不会影响其他用户空间以及 Linux 系统的真 init 进程。这也是为什么需要对 PID 进行隔离的原因。

- **User Namespace**

和 PID Namespace 的原理相似，Linux 系统会维护一个用户树，在系统内核中只能有一个 root 用户，也就是用户树的根节点，所有用户都要基于这个节点进行挂接。对于隔离的用户空间而言，也需要一个 root 用户节点，于是如法炮制，给用户空间生成一个假的 root 用户。这个 root 用户下面可以挂接其他用户，并且只作为这个空间的 root 用户存在，对于整个 Linux 系统而言，它是真正 root 用户下面的一个普通用户。通过这种方式实现了用户隔离。

- **Network Namespace**

顾名思义，Network Namespace（网络隔离）是让容器拥有独立的网卡、IP、路由等资源，同时实现容器之间的网络通信。由于资源隔离的原因，每个用户空间都认为自己是唯一存在的空间，拥有独立的 IP 以及端口、TCP/IP 协议栈。这里完全可以将两个容器想象为两个独立的计算机，它们之间可以通过网络协议完成通信。

2. LXC 的 CGroup 机制

通过对 LXC 中命名空间机制的介绍，我们了解到该机制的主要工作就是对操作系统管理的资源进行划分，使运行在不同用户空间（容器）中的进程互相隔离。那么有了对资源的划分后，又该如何管理运行在划分的资源中的进程呢？这就是 CGroup 需要解决的问题。CGroup 即 Control Groups，是 Linux 内核提供的一种资源管理机制，包括资源限制、记录等。Namespace 是负责资源隔离的，CGroup 是负责管理运行在隔离资源中的进程的。CGroup 先对进程进行分组，然后针对分组后的进程进行 CPU、内存、磁盘等资源的限制和管理。它会将具有相同资源限制要求的进程放到一个组里，通过设置 CGroup 子系统的方式对进程组进行资源限制。下面来介绍 CGroup 中的几个概念。

- 任务（Task）。这里可以理解为计算任务，也可以理解为进程，说白了就是执行计算的基本单元。每个用户空间中都存在多个任务，CGroup 就是对任务占用的资源进行限制和管理。
- 控制族群（Control Group）。就是进程的集合，多个进程会被划分到同一个控制族群中。也可以将控制族群理解为进程组，即若干个进程的集合。一个进程可以加入到任意一个控制族群中，也可以从一个控制族群移动到另一个控制族群。
- 层级（Hierarchy）。它是由多个控制族群组成的，表现为一个树形结构。层级结构通常有一个根节点，根节点本身就是一个控制族群，可以根据这个根节点生成子节点，同样子节点也是一个控制族群，最终形成一个树状结构。子节点会继承父节点的属性。
- 子系统（subsystem）。它的作用是针对控制族群进行资源限制。例如：配置某一控制族群中的进程 CPU 利用率不得超过 20%，最多可以使用 64KB 内存。子系统必须附加（attach）到一个层级上才能起作用，也就是针对这个层级进行资源限制。当子系统附加到某个层级后，这个层级上的所有控制族群都会受到这个子系统的控制。下面我们将利用子系统进行资源限制的细节通过表 7-1 展示出来。

表 7-1　CGroup 子系统功能列表

子系统名称	描　述
cpu 子系统	限制进程的 CPU 使用率
cpuacct 子系统	统计 CGroup 中进程的 CPU 使用报告
cpuset 子系统	为 CGroup 中的进程分配单独的 CPU 节点
memory 子系统	限制进程的内存使用量
blkio 子系统	限制进程的块设备 IO 访问量
devices 子系统	限制进程能够访问的设备
net_cls 子系统	标记 CGroup 中进程的网络数据包，并使用 traffic control 模块对数据包进行限制
net_prio 子系统	设置网络流量的优先级
freezer 子系统	挂起或者恢复 CGroup 中的进程
ns 子系统	针对不同 CGroup 中的进程，使用不同的命名空间

上面介绍了 CGroup 的概念，接下来对其工作方式做进一步的了解。我们通过一个小例子来了解 CGroup 的运行原理，原理图如图 7-8 所示。

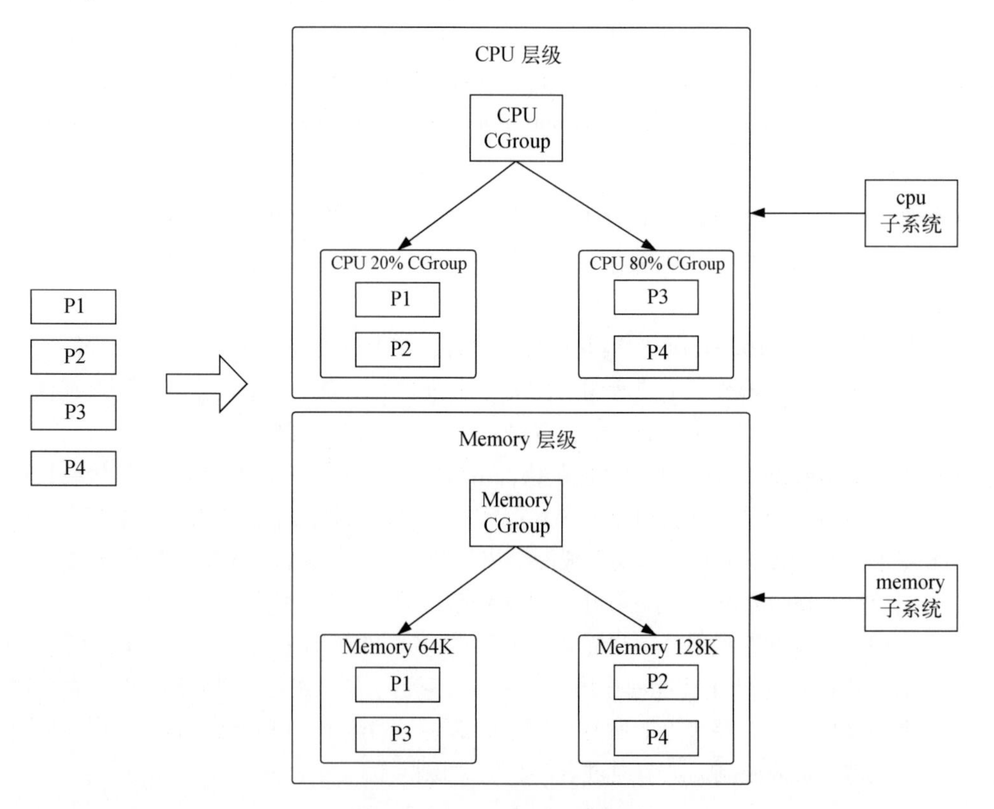

图 7-8　CGroup 运行原理图

从左往右看图 7-8。假设用户空间中有四个计算任务，分别是 P1~P4，正在等待执行。CGroup 会将它们分配到右边的层级中去，这里假设需要对计算任务的 CPU 和内存做限制，于是相应建立了两个层级，分别是 CPU 层级和 Memory 层级。每个层级都对应一个或者多个子系统，这个例子里的两个层级分别对应 cpu 子系统和 memory 子系统，这一点可以从图中右侧看出。回到两个层级，CPU 层级中有一个根节点叫作 CPU CGroup，这个根节点下面有两个子节点，一个叫作 CPU 20% CGroup，这是一个控制族群，其中存放着 P1 和 P2 两个进程。这些配置的含义是通过 cpu 子系统对 CPU 层级中的进程进行资源限制，而对 CPU 层级中的 CPU 20% CGroup 节点的限制条件是 CPU 的使用率不超过 20%。同理，另外一个节点 CPU 80% CGroup 也是一个控制族群，它包含进程 P3 和 P4，对这两个进程做出的资源限制是 CPU 使用率不超过 80%。一个进程可以同时属于多个层级和控制族群，在看 Memory 层级的时候会发现，针对这个层级使用了 memory 子系统，也就是限制进程的内存资源。Memory 层级中，同样出现了 P1~P4 四个进程的身影，Memory 64K（进程的运行内存不超过 64KB）控制族群中包括 P1 和 P3，Memory 128K（进程的运行内存不超过 128KB）控制族群中包括 P2 和 P4。很明显，P1 进程在资源限制方面存在于 CPU 20% 和 Memory 64K 两个族群，其他三个进程的情况也是类似。

上面这个例子描述了 CGroup 是如何进行资源限制的。在特定的用户空间中，由于每个进程都具有特殊性，因此对它们的资源限制要求是不一样的，这便需要对用户空间中的进程进行分类，然后使用子系统实现资源限制。这里提到的进程分类方式就是层级，一个层级中包含具有同一类型的资源限制要求的进程。针对每个层级，可以附着一个或者多个子系统，用来执行资源限制。层级中维护着一个树形结构，其每个节点称作控制族群，控制族群包含一个或者多个进程，针对具体的控制族群还会进行更加具体的资源限制，例如限制 CPU 的使用率为 20%，限制内存的使用量不超过 64KB 等。

至此，LXC 中的 Namespace 和 CGroup 的概念就介绍完了，最后稍加总结。LXC 是用来进行资源划分的机制，其主要功能包括 Namespace，即资源的隔离，和 CGroup，即对隔离的资源做限制。可以通过一个通俗的例子加以记忆，假设学校对学生进行分班，给每个班级分别分配了教室、桌椅板凳、黑板和粉笔等，这个分配的过程就可以理解为资源隔离。每个班上都有各式各样的学生，针对这些学生可以设置不同的兴趣小组，例如画画小组、篮球小组、舞蹈小组，每个小组都可以有一个或者多个学生参加。可以把学生理解为一个个进程，设置的小组就可以理解为层级结构。每个兴趣小组根据具体情况，可以把自己组内的学生划分为高中低三个档次，学校会为每个兴趣小组分配指定用品供其活动，例如为画画小组提供彩笔、颜料棒等；为篮球小组提供篮球和场地；为舞蹈小组提供服装和音响等。这个过程就可以理解为子系统对层级中的控制族群限制资源。另外，根据小组内部学生的不同档次，还可以进行用品的精确分配，例如分配 10 只画笔、2 个篮球、3 套服装等。LXC 做的事情实际上就是面向进程进行合理的资源分配和限制，为分布式资源调度提供坚实的基础。例如流行的容器系统 Docker，就是基于 LXC 进行的封装，本书主要介绍分布式技术的原理和实践，故不针对 Docker 展开描述。可以通过了解 Docker 与 LXC 的区别来获知 LXC 都为容器技术提供了哪些基础服务，以及 Docker 又是如何在这个基础上将容器思想发扬光大的。

7.2.2 任务与资源如何匹配

上一节讲到了如何划分资源。对系统资源按照一定规律进行划分的目的是分配给计算任务使用，这一节就来介绍计算任务与资源是如何相匹配的，主要从计算任务与资源的组织形态和资源调度策略两方面展开。

1. 任务队列与资源池

资源的划分就好像对资源进行切割，通常来说，被切割的资源会被放到资源池中等待调度器分配计算任务。这里的资源池是逻辑上的概念，可以根据计算任务、用户、场景以及需求的不同进行相应调整。

试想一个公司有两个部门，分别是开发部门和数据分析部门，如图 7-9 所示。两个部门虽然从事的业务各不相同，但是都需要使用公司提供的资源才能进行应用的开发。公司为了满足它们应用的需要，在服务器集群中动态划分出了两个资源池，也就是图 7-9 中显示的开发部门资源池和数据分析部门资源池。当开发部门有计算任务的时候，调度系统会用这些任务组成一个任务队列，就像图 7-9 中的 P1~P6 计算任务形成的队列一样，并将其分配到对应的资源池中进行计算。同样，数据分析部门的资源池中也有 P7~P12 计算任务组成的任务队列。

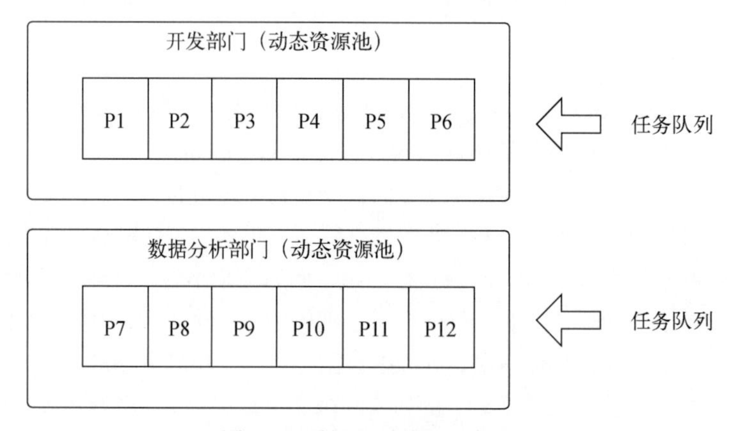

图 7-9　平级队列的组织方式

上述这种资源分配的方式被称为平级队列的组织方式，在资源分配的初期，业务场景比较简单时可以采取这种方式。但是，随着业务变复杂，分配方式也产生了变化，例如开发部门需要分别针对 Storm 和 MapReduce 两类应用进行计算处理，数据分析部门则需要分析业务数据和日志数据。此时就需要采用多层级队列来组织计算任务，如图 7-10 所示，针对开发部门和数据分析部门处理的业务情况，分别在 Root 资源节点下面建立了两个资源节点：开发部门和数据分析部门。假设 Root 资源节点占有整个系统 100%的资源，并按照 60%和 40%的比例将资源分配给了两个部门对应的资源池，这里的资源池可以理解为资源划分中的用户空间或者资源容器。在开发部门的资源池下面，又建立了 Storm 计算（50%）和 MapReduce 计算（50%）两个资源池，从资源分配的比例来看，这两类计算任务平分了开发部门从 Root 节点获取的资源。开发部门的计算任务则会根据计算类型的不同，生成 Storm 计算的队列（P1~P3）和 MapReduce 计算的队列（P4~P6），这两个队列分别使用相应资源池里的资源。再来看数据分析部门，它获取了 Root 节点（整个系统）的 40%的资源，业务数据分析和日志数据分析分别获得了 60% 和 40% 的数据分析部门的资源。同样，数据分析部门的计算任务会生成业务数据分析的计算队列（P7~P10）和日志数据分析的计算队列（P11 和 P12）。

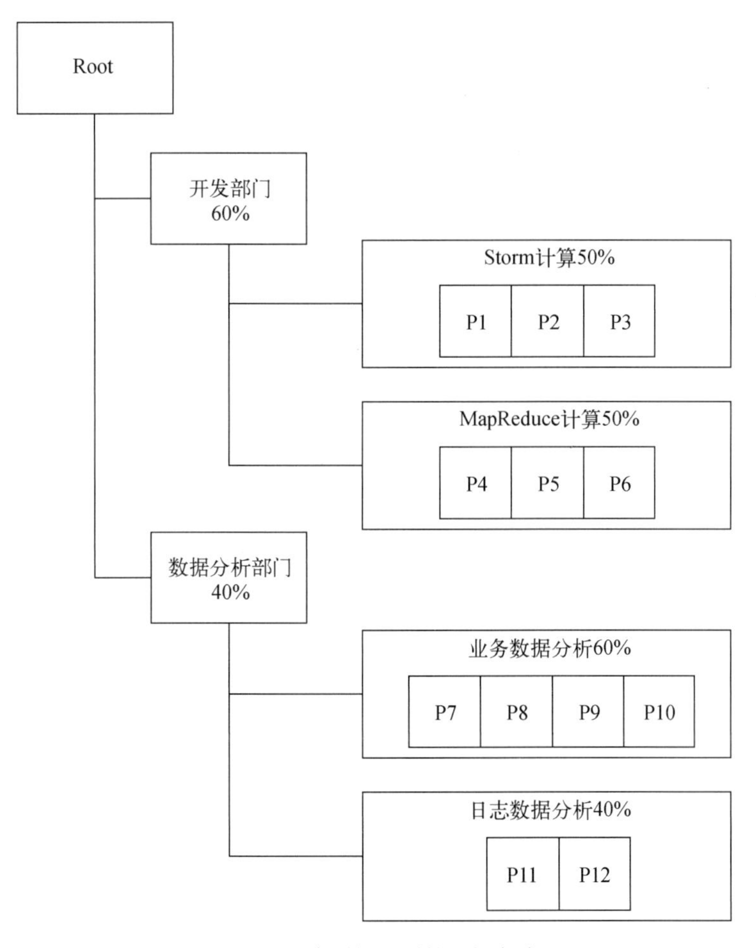

图 7-10　多层级队列的组织方式

多层级队列的组织方式具有以下特点。

- **子队列**。资源节点可以嵌套，每个节点下面还可以拥有子节点。用户会将计算任务（应用程序）形成队列，并提交给叶子节点。
- **容量限制**。每个层级的资源节点都有容量限制，表现为一个比例，这个比例表示该资源节点可以使用父节点的多少资源，该节点的计算任务不能超过这个资源的使用限制。需要注意的是，当资源节点上的计算任务没有使用到节点的最少容量时，系统会将剩余没有使用的容量分配给同级的其他节点使用。当该节点需要更多资源的时候，会去回收这部分借出去的资源容量，再为己所用。
- **用户权限**。根据图 7-10 例子中的描述，不同部门参与资源的分配时，一定会针对部门不同的用户。这些用户权限也需要和资源节点相映射。例如，开发部门只有负责 Storm 运算小组的成员才能使用 Storm 计算对应的资源，运行对应的应用程序。这里系统允许用户和用户组对应一个或者多个计算任务队列。

2. 三大资源调度策略

至此，就说完了计算任务和资源是如何匹配的，需要注意的是，计算任务是以队列的形式存在，分布式调度系统会为这个队列划分一块资源以便使用。但是无论怎样分配，资源都不可能同时满足队列中的所有任务，换句话说就是队列中的计算任务需要按照一定的规则获取硬件资源，这种规则被理解为资源的调度策略。接下来就介绍三种调度策略器，分别是 FIFO 调度器、Capacity 调度器和 Fair 调度器。

- **FIFO 调度器（先进先出）**

对于队列，会把先提交的任务放在前面，因此先提交的任务理所当然会被优先执行。在分配资源的时候，会先给排在队列前面的任务分配，当满足前面任务的资源需求以后，才能轮到后面的计算任务。如图 7-11 所示，在一个平面坐标轴上，横轴表示时间，纵轴表示任务对资源的占用量。假设在一个 FIFO 队列中，任务 1 首先提交到队列，队列会将所有资源都分配给任务 1，保证其运行。从虚线的部分可以看出，过一段时间后任务 2 也提交了，但是此时任务 1 仍然在运行中，因此任务 2 还不能运行。直到任务 1 运行完毕并且释放资源后，任务 2 才能接着运行。FIFO 调度器执行起来比较简单，不需要额外的配置，所有的调度策略都按照任务的提交次序来决定，这就可能出现排在后面的小任务一直等待前面的大任务，从而被大任务阻塞这种情况。

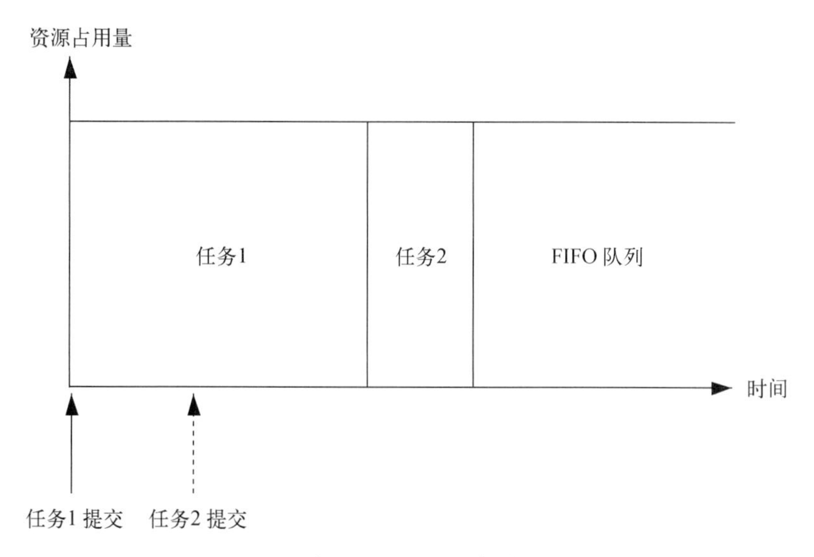

图 7-11　FIFO 调度器

- **Capacity 调度器（能力）**

Capacity 调度器是 Yahoo 为 Hadoop 开发的多用户调度器，适合用户较多的应用场景。这种调度器允许用户和任务共享整个集群资源，会为每个用户和队列分配专门的队列，为每个队列设置资源使用的最低保障和使用上限。在队列内部，资源的调度是采用的是 FIFO 策略。

当队列资源有剩余时，可以将这部分资源分配给其他队列中的任务使用。在进行调度的时候，调度器会优先将资源分配给资源使用率最低的队列，也就是队列已经使用的资源量占分配给队列的资源量之比最小的队列。正常情况下，Capacity 调度器不会强制释放资源，当一个队列资源不够用时，可以获得其他队列释放的资源。这里需要给队列设置最大资源使用量，以免队列占用过多的空闲资源，导致其他队列无法使用这些空闲资源。在 Capacity 调度器的应用中，可以设置一个专门的队列用来运行小任务，这种设置不像在 FIFO 调度器中提到的，小任务必须等待大任务运行完毕以后才能执行。如图 7-12 所示，Capacity 调度器根据每个任务队列的能力，为它们设置了不同的资源限制。其中位于下方的大任务队列占有更大的资源量，位于上方的小任务队列则占用较小的资源量。在时间轴的开始位置，任务 1 提交了，调度器将其分配到了大任务队列中执行。此时任务 1 并没有占用小任务队列中的资源，过一会儿任务 2 提交了，调度器将其分配到了小任务队列中，此时任务 2 进入运行状态。执行了一段时间以后，任务 2 完成。这整个过程中，小任务队列和大任务对列都维持着各自的资源空间。

假设小任务队列一直占用一定的资源，但是又没有小任务被执行，那么这部分资源也不能被大任务利用，就会导致大任务的执行时间远多于 FIFO 策略下大任务的执行时间。为了解决这个问题，引入了 Fair 调度器。

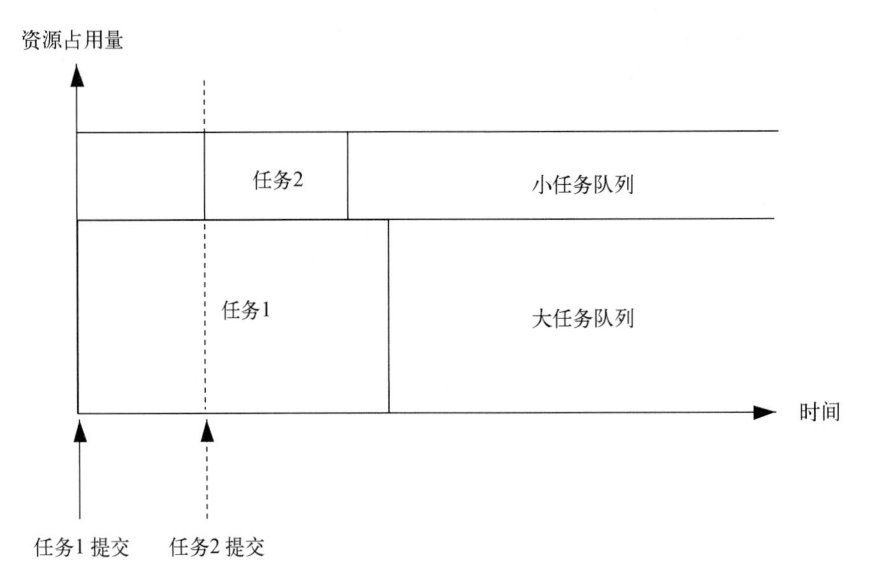

图 7-12　Capacity 调度器

- **Fair 调度器（公平）**

Fair 调度器是 Facebook 为 Hadoop 开发的多用户多作业调度器，可以将用户需要执行的任务分配到资源池中。每个资源池中都会维护用户的任务队列，并且为任务队列设置资源分配的上限和下限。Fair 调度器还可以设置资源池的优先级。优先级高的资源池会获得更多的资源，倘若一个资源池中有剩余资源，是可以临时共享给其他资源池的。

如图 7-13 所示，假设在单用户单资源池（队列）的场景下，在时间轴的开始位置，任务 1 首先提交。此时，任务队列中并没有其他任务在运行，预算任务 1 获得全部的队列资源。过了一会，任务 2 提交了，系统会分配一半资源给任务 2 以使其运行，从而任务 1 让出了一半的运行资源。当任务 2 运行完毕并释放使用的资源后，任务 1 重新获取全部的资源，继续执行。

如图 7-14 所示，是多用户多资源池（队列）的场景。假设有两个用户分别将计算任务分配到了队列 A 和队列 B 上，在时间轴的开始位置，队列 A 中的任务 1 提交并且运行了，队列 B 中并没有任务运行，因此任务 1 暂时占用着队列 A 和队列 B 中的资源。过了一会儿，队列 B 中的任务 2 提交了，于是任务 2 获取队列 B 中的资源，同时任务 1 让出队列 B 中的资源且仅使用队列 A 中的资源。又过了一会儿，队列 B 中的任务 3 提交了，此时任务 2 还在运行中并没有完成，所以任务 3 和任务 2 平分了队列 B 里的资源。当任务 2 运行完成后，任务 3 获取了队列 B 里全部的资源，继续执行。任务 2 和任务 3 的交替执行在图中形成了两个 L 型（一正一倒）的资源占用。

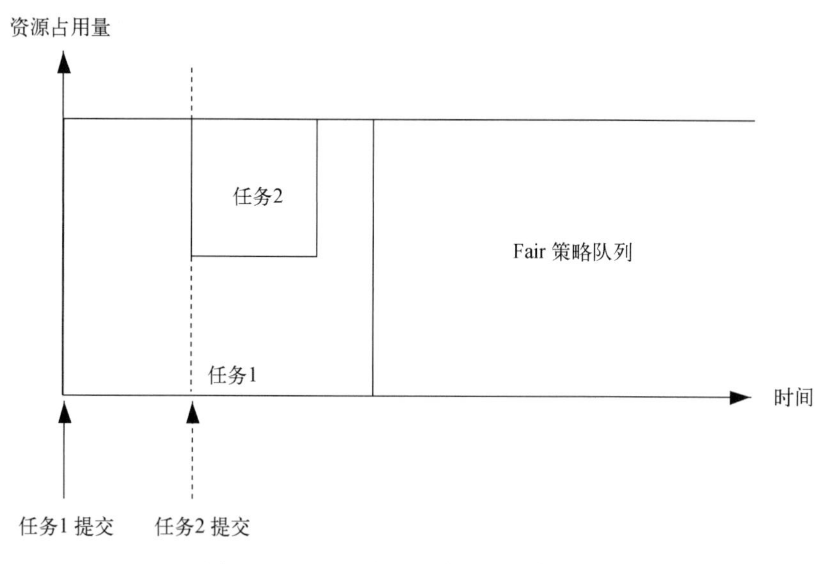

图 7-13 Fair 调度器（单用户单资源池）

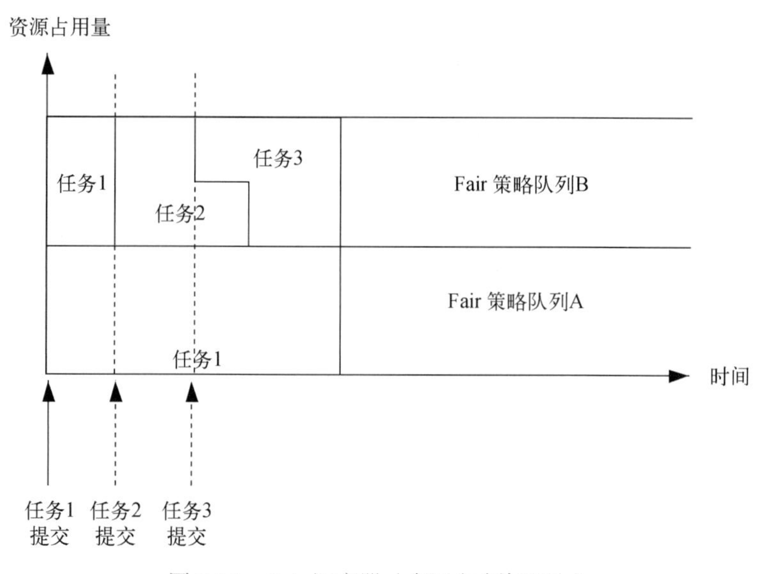

图 7-14 Fair 调度器（多用户多资源池）

7.3 分布式调度架构

我们知道了资源是如何划分的，计算任务又是如何通过调度策略与资源相匹配的，以及三类调度策略是如何工作的。通过 7.2 节的介绍发现，调度器在分布式调度中占有非常重要的位置，它就是任务和资源之间的纽带。本节就来介绍一下分布式调度架构，也就是如何构建分布式调度器。在 Malte Schwarzkopf 的关于集群调度架构演进过程的论文中，提到了调度器的架构经历了中央式调度器、两级调度器和共享状态调度器，这里我们也基于这三部分进行介绍。

7.3.1　中央式调度器

中央式调度器（Monolithic Scheduler），是指在集群中只有一个节点能够运行调度程序，要保证该节点对集群中的其他节点都有访问权限，该节点可以获取其他节点的状态信息和资源，并且管理这些节点。中央式调度器同时也作为用户请求执行任务的入口，每当用户发起计算任务时，调度器就会对请求任务与自己管理的资源进行匹配，然后将计算任务分配给指定的资源节点，这就完成了调度工作。从这个过程描述来看，中央式调度器需要维护资源列表和任务列表，以便对资源和任务进行约束并执行全局调度策略。有很多集群管理系统采用了中央式调度器的设计，例如 Google Borg、Kubernetes 等。与分布式资源调度的架构相似，中央式调度器一边接收计算任务的申请，一边对管理资源，同时通过任务调度策略将两者匹配在一起。如图 7-15 所示，图中上方的调度器就是中央式调度器，其位于单个网络节点上，由资源状态管理和任务调度策略量两大模块组成。

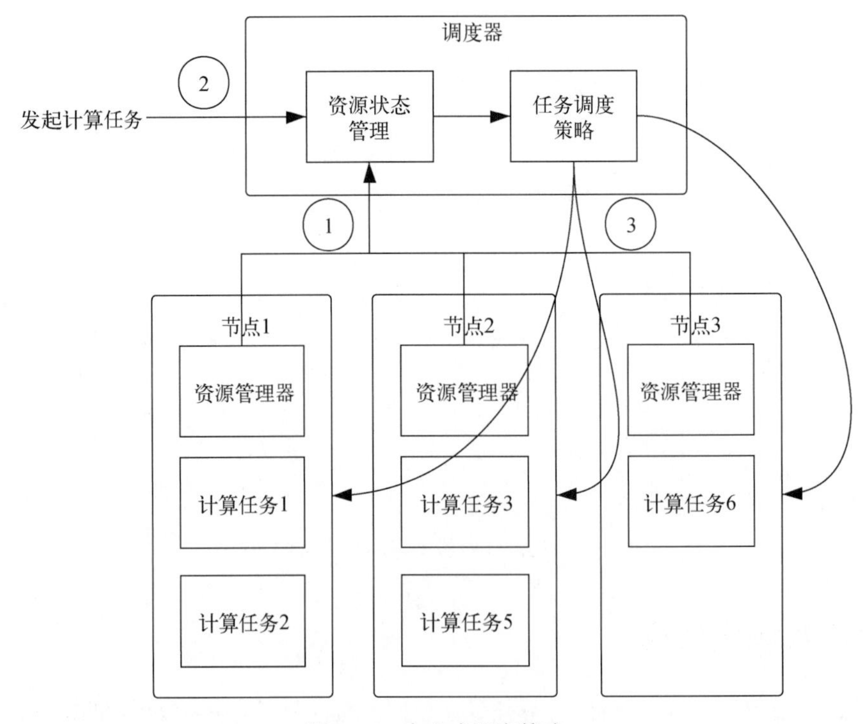

图 7-15　中央式调度策略

从图 7-15 也可看出，中央式调度器的调度过程分为以下三个步骤。

① 调度器的资源状态管理模块通过集群中节点上的资源管理器收集节点的资源信息。位于节点 1~3 上的资源管理器会将节点本地的资源信息汇集给调度器。

② 调度器的资源状态管理模块会接收用户发起的计算任务，并通过对集群中节点的资源掌握情况，将任务交由任务调度策略模块处理。

③ 任务调度策略模块根据具体的调度策略将任务分配给集群中的节点，使其运行。

要说中央式调度器的最佳实践，Borg 算得上是比较经典的一款了。Borg 是 Google 内部的集群资源管理系统，其上可以运行十万级的作业以及上千级的应用程序，同时还管理着数万级的服务器资源。Borg 的优势在于能够隐藏资源管理的细节，让用户聚焦于应用开发；支持应用的高可靠和高可用；管理数万节点，使其有效运行作业。在 Borg 系统中，用户以作业（Job）的形式向 Borg 提交任务并且请求运行，每个作业包含一个或多个任务（Task）。它们之间的关系如图 7-16 所示，多个作业运行在同一个 Borg 单元（Cell）中，这里说的单元是一组机器的集合。一个集群包括一个大单元和若干个小单元，大单元主要用来运行作业，小单元用来做测试和运行其他特殊应用。

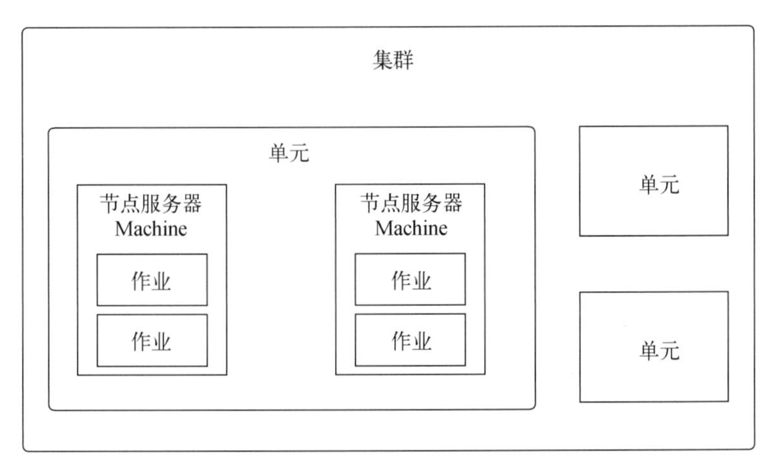

图 7-16 Borg 中集群、单元、节点服务器与作业的关系

一旦有作业提交，Borg 便会将其记录下来，并将作业中的所有任务加入执行队列中。调度器会去扫描这些任务，当有足够资源且符合作业限制条件的时候，就将任务部署到服务器节点上。这里的作业具有约束（Constraint）能力，能够强制任务在特定的服务器节点上运行，例如约束处理器架构、OS 版本、IP 地址等。之所以有这样的约束，是出于对资源异质性和工作负载异质性的考虑。

从资源异质性的角度看，集群中的各个服务器并无法保证硬件配置的一致性，会出现有些服务器配置较高，有些配置较低的情况。因此在进行资源分配的时候，需要考虑这种由硬件资源不均衡带来的差异性，需要对资源分配单位做进一步的拆分，然后针对较小的资源单元进行资源限制，以解决问题。

从工作负载异质性的角度看，用户申请的计算任务各异，有的是计算密集型任务，有的是 IO 密集型任务；有的任务需要实时响应，有的任务需要长时间处理。同时，计算任务使用的框架和占用的资源也各有不同，因此对资源的需求也是有差异的。这也是为什么在调度的时候需要对资源匹配做限制的原因。

交代了 Borg 架构的基本概念以后，下面来看看其架构原理。如图 7-17 所示，是一张经典的 Borg 系统架构图。

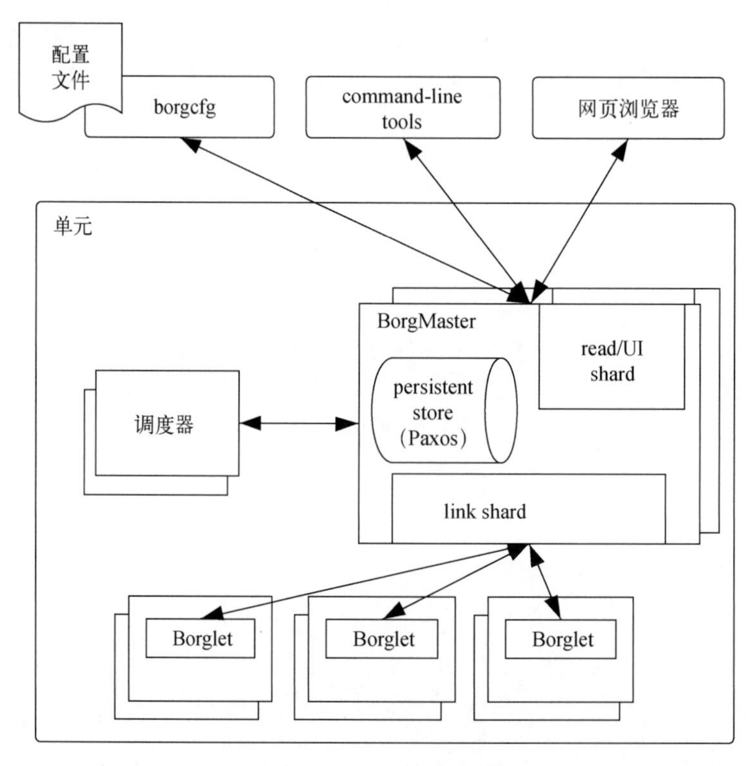

图 7-17　Borg 系统架构图

正如上面提到的，Borg 的单元（Cell）是包含一组服务器的集合。单元中包含一个 BorgMaster，是逻辑中央控制器，其主要责任是处理客户的计算任务请求，管理系统对象的状态。这里的系统对象包括服务器节点、作业、任务。从图中的上方可以看到，BorgMaster 负责读取 borgcfg 文件中的配置信息，接收来自 command-line tools 的命令，以及与网页浏览器进行沟通。从下方可以看到，BorgMaster 还需要与 Borglet 保持通信，以随时获取服务器节点的信息。这里的 Borglet 是一个类似于资源管理器的角色，负责不断收集服务器上的资源情况，并且将收集结果汇总给 BorgMaster。

BorgMaster 拥有 5 个副本，每个副本都维护着单元状态的一份内存副本，从而实现了 Borg 系统的高可用。当有作业提交时，persistent store（Paxos）中会增加一条记录，persistent store 就是图 7-17 中类似数据库模样的组件。同时，作业中的任务会被增加到等待队列中。此时调度器，也就是图中左边的矩形组件会浏览该任务队列，并将任务分配给对应的服务器。

图 7-17 中调度器的调度算法包括可行性检查和打分。

可行性检查做的动作就是找服务器。这里会根据计算任务的情况找到满足任务约束、具备足够资源的服务器，结果可以是一个服务器也可以是多个。可行性检查之后，就是打分了，也就是通过打分的方式从可行性检查找到的服务器中选择、找寻最合适的那一个。在这里，Borg 使用了不同的打分策略。其中一种是 worst fit，这种策略会把任务分散到不同的服务器上执行，造成的问题是在服务器集群中留有大量碎片资源。相反，另一种叫作 best fit 的分配策略，会尽全力把任务塞到服务器中，以减少资源碎片，这样就可以空出未被作业占用的服务器，这些服务器可以用来存放大型任务。

再往下看图 7-17，每个服务器节点上都有一个 Borglet，它是用来管理本地的任务和资源的。BorgMaster 会周期性地向每个 Borglet 拉取任务和资源的状态。为了处理 BorgMaster 与 Borglet 之间的通信，每个 BorgMaster 副本都会运行一个 link shard。当 Borglet 多轮没有响应资源查询时，BorgMaster 就会把这个 Borglet 所在的服务器资源标记为 down，并且将运行在这个服务器上面的任务重新分配给其他服务器。一旦出故障的 Borglet 恢复与 BorgMaster 的通信，BorgMaster 就会通知新服务器上的 Borglet 杀死已经重新调度的任务，从而保证任务执行的一致性。

7.3.2　两级调度器

上一节给大家介绍了中央式调度器，其核心思想是由同一服务器管理和调度集群中所有的节点资源以及计算任务。好处是实现起来容易，缺点是负责管理和调度的服务器会成为性能瓶颈，限制调度规模和服务类型。为了解决这个问题，需要将资源管理和任务调度分开，也就是说一层调度器负责资源管理，一层调度器负责任务与资源的匹配。于是，两级调度（Two-Level Scheduler）应运而生。

将原来中心化的单个调度器分成两级，目的是更好地应对复杂的计算框架和高并发的计算任务。一级调度器的任务原来是管理资源和任务的状态，而面向不同的计算架构扩展出多个二级调度器后，一级调度器的主要任务就是匹配任务与资源，也就是执行调度策略。二级任务调度器又称为框架调度器，是面向不同类型的计算框架对一级调度器的扩展，假设调度架构需要处理 Spark、MapReduce、Storm 三类不同的计算任务，就可以在二级任务调度器中对调度框架进行扩展，既起到了与调度策略解耦的效果，又可以应对高并发的计算任务。下面就来看看两级调度器的结构和工作原理。两级调度器的结构如图 7-18 所示。

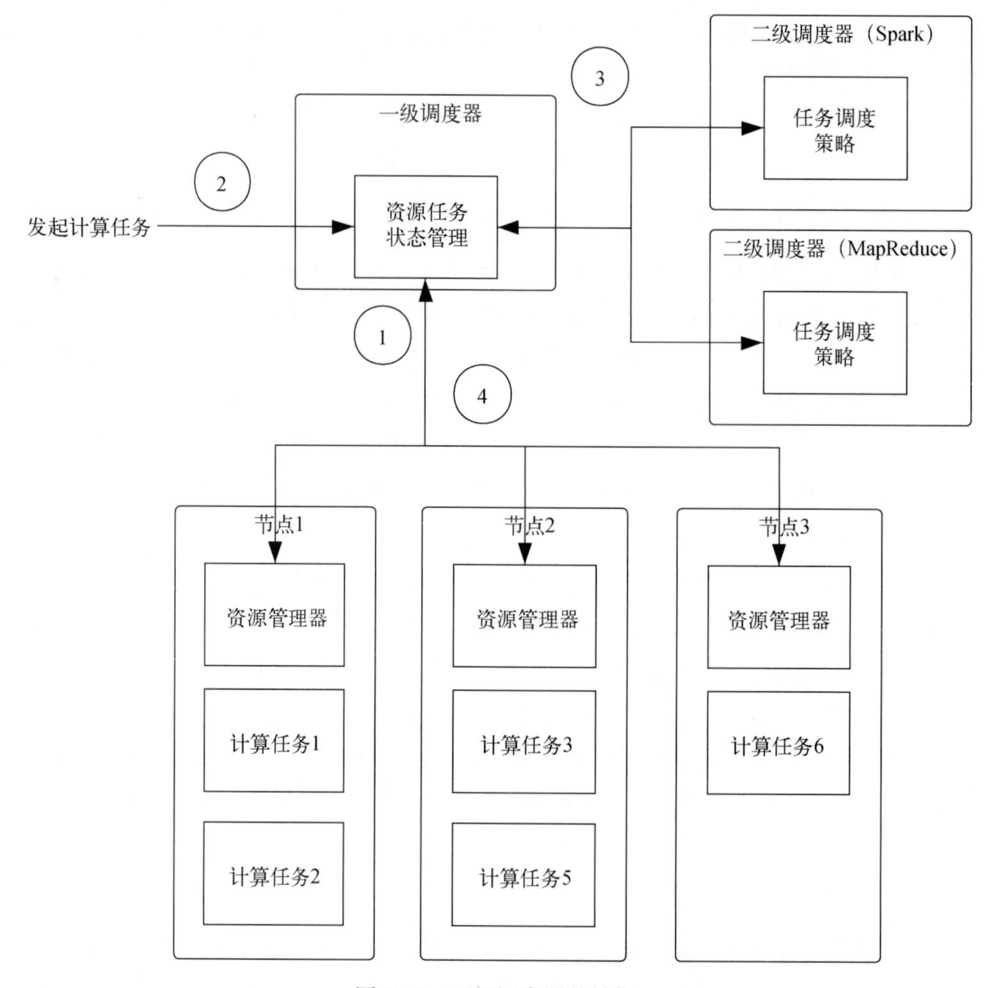

图 7-18　两级调度器的结构

这张图与图 7-15 的不同之处在于原来的中央式调度器被拆成了两级。一级调度器负责管理资源和任务的状态。根据计算框架的不同，对一级调度器做拆分，就得到了二级调度器，图 7-18 中是拆分成了 Spark 计算框架调度器和 MapReduce 计算框架调度器。同样是针对三个服务器节点进行任务和资源的匹配工作，这里分四步来完成。

① 一级调度器的资源任务状态管理模块通过集群中节点上的资源管理器收集各节点的资源信息，位于节点 1~3 中的资源管理器会将节点本地的资源信息汇集到一级调度器上。这个过程和中央式调度器是一样的，管理资源信息的工作依旧是由一级调度器完成。

② 一级调度器的资源任务状态管理模块会接收用户发起的计算任务，通过对集群中节点的资源掌握情况，将计算任务交由二级调度器对应的任务调度策略器处理。

③ 二级调度器接收到任务调度请求后，根据计算框架的调度策略对资源和任务进行匹配。通常来说，这也是两级调度器和中央式调度器的最大区别。图中创建了 Spark 计算框架调度器和 MapReduce 计算框架调度器，会针对这两种计算框架对计算任务进行分类。在高并发的场景下，二级调度器也可以起到水平扩展的作用，提高节点的处理能力。

④ 二级调度器在处理完任务调度以后，会将结果返回给一级调度器，然后根据调度策略的结果将任务分配到对应的服务器节点上运行。同时，一级调度器会不断地监控资源和任务运行情况，保证任务的顺利运行。

Hadoop YARN 是两级调度架构的经典代表，下面就来看看它是如何实现两级调度框架的吧。

早在 Hadoop MapReduce 1.0 的时候，是通过中央式调度的方式对任务和资源做匹配。而从上面的介绍很容易知道，中央式调度器具有局限性，包括扩展性差、可靠性差、资源利用率低以及对无法支持多种计算框架等。YARN（Yet Another Resource Negotiator，另一种资源协调者）是 Hadoop 2.0 中的资源管理系统，其通用的资源管理模块为计算任务提供了统一的资源管理和调度。这一点从 MapReduce 2.0 的设计思路就可见一斑，它主要是将 JobTracker 的两个主要功能，即资源管理和作业控制，拆分成了两个进程，使得资源管理与作业运行无关。资源管理进程只负责集群资源的管理工作，作业的运行工作则由作业控制进程负责。这种拆分的方式正好与两级调度的思想相符合，不仅减轻了 JobTracker 的负载，还可以支持更多的计算框架。

从这个角度看，MapReduce 2.0 框架的变迁衍生出了资源管理系统 YARN。那么就从 YARN 的组成结构和工作流程两方面来了解它的运行机制吧。YARN 总体上是 Master/Slave（主/从）结构，其中 Resource Manager 作为全局资源的管理者，位于 Master（主服务器）上；Node Manager 作为节点资源的管理者，位于 Slave（从服务器）上。Resource Manager 负责管理和调度 Node Manager 上的资源。当用户通过客户端提交计算作业的时候，会通过 Resource Manager 启动一个 Application Master（单任务管理器），Application Master 会跟踪并管理这个计算作业，同时会向 Resource Manager 申请资源，并通过 Node Manger 分配资源并且启动计算任务。这里简单描述了一下 YARN 的资源调度过程，其中提到了 YARN 的一些基本组件，这些组件构成了整个 YARN 系统，下面就逐个介绍它们。

- **Resource Manager**

Resource Manager 顾名思义是 YARN 架构中的资源管理器，负责资源管理和作业分配。它由一系列组件组成，例如 Client Service、Administration Service、Application Master Service、Application Manager、Scheduler 等。其中后面两个组件尤为主要，即应用程序管理器和调度器。

Scheduler 会根据资源容量、作业队列等条件，将资源分配给各个作业。它只负责调度，不负责作业的监控和跟踪以及作业状态的更新，具体作业运行失败之后的重启工作也不关注，这些工作都会交由 Application Master 完成。YARN 提供了多种 Scheduler，例如 FIFO Scheduler、Fair Scheduler 和 Capacity Scheduler 等，用户也可以根据具体的要求自定义 Scheduler。

Application Manager 主要负责管理系统中提交的作业，包括作业提交、与调度器协商资源以及启动 Application Master、监控 Application Master 的运行状态并在运行失败时重新启动它等相关操作。

- **Application Master**

Application Master 负责管理和监控单个应用程序/作业。用户每提交一个应用程序/作业，就需要注册生成一个 Application Master。其主要功能包括：与 Resource Manager 协商，以获取资源，这里的资源以 Container 的形式获取；将作业拆分成任务运行；与 Node Manger 联系，从而启动或者停止具体的任务；监控所有任务的运行状态，在任务运行失败时为其重新申请资源。

- **Node Manager**

每个服务器节点上都存在一个 Node Manger（节点管理器），用来管理节点上的资源和任务。它会定时向 Resource Manager 获取节点上资源的状况和 Container 的运行状态。同时，接收来自 Application Master 的请求，启动或者停止对应的 Container。

- **Container**

Container 是对 YARN 系统中资源做的抽象，在 7.2.1 节中，我们详细讲解了资源划分的原理，这里 Container 对服务器节点上的资源（例如 CPU、内存等）进行了封装。当 Application Master 向 Resource Manager 申请资源时，Resource Manager 会根据 Application Master 申请的作业情况，返回对应的资源容器，也就是 Container。针对不同的任务，Resource Manager 会分配不同的 Container。从资源隔离的原理可以知道，每个任务只能使用自身 Container 中的资源。YARN 中的 Container 使用了动态资源划分，是根据应用程序/作业的需求动态生成的。其资源隔离的机制来源与 CGroup 理论基本相同。

YARN 分两个阶段运行应用程序：第一个阶段是启动 Application Master；第二个阶段是由 Application Master 创建应用程序，并为它申请资源以及监控它的整个运行过程，直到运行结束。如图 7-19 所示，上方是 Resource Manager，下方是服务器节点以及 Node Manager、Application Master 和 Container。

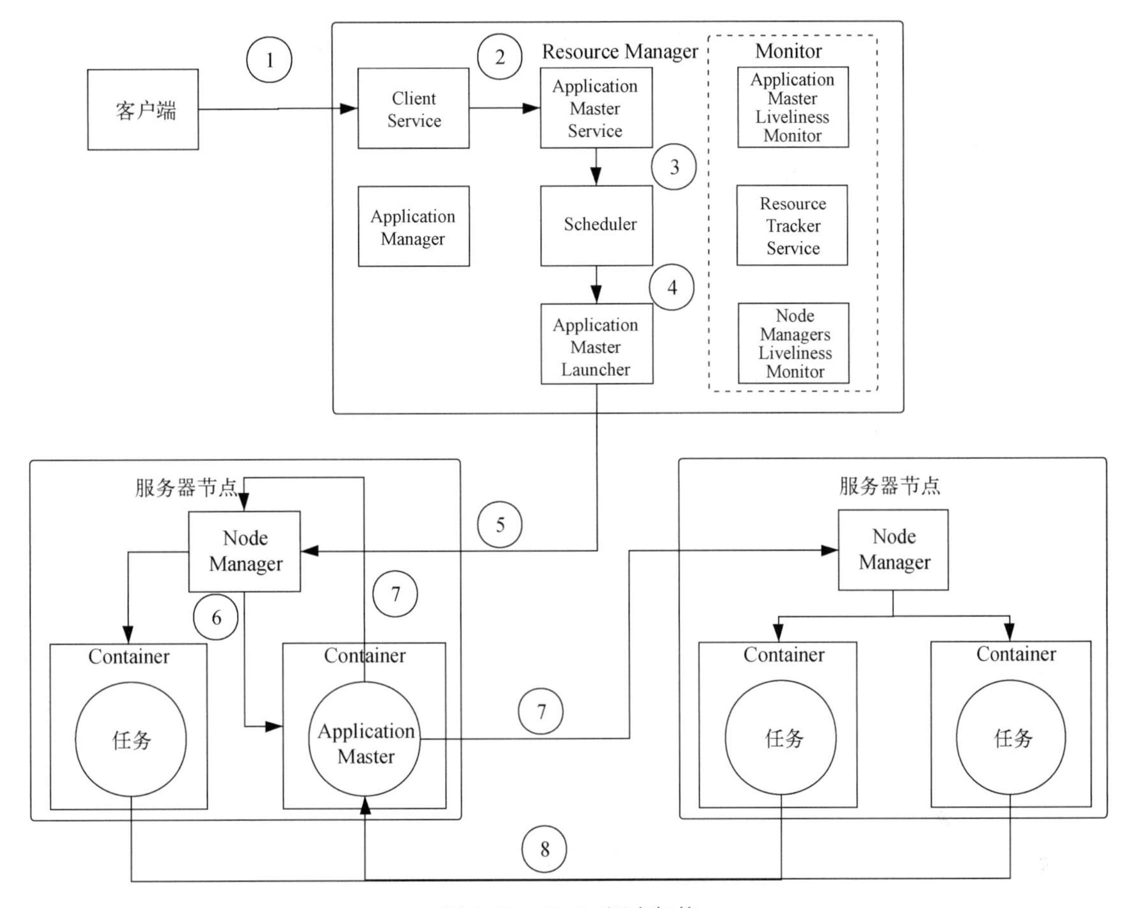

图 7-19 YARN 调度架构

沿着图 7-19 中的序号，YARN 的工作流程分为以下几个步骤。

① 客户端向 YARN 系统提交需要计算的应用程序/作业。客户端会生成 Application Master 程序、启动 Application Master 的命令等信息，交由 Resource Manager 中的 Client Service 处理。

② Client Service 在接收到客户端提交的信息后，产生应用队列等信息，交给 Application Master Service 进行注册。

③ Application Master Service 根据接收到的 Application Master 信息完成注册操作，同时异步传送给 Scheduler，以便进行后续的资源调度工作。

④ Scheduler 主要负责应用与资源的匹配，依据的调度策略有 FIFO、Fair、Capacity 等。在 Scheduler 完成匹配以后，由 Application Master Launcher 执行分配资源以及运行 Application Master 的操作。

⑤ Application Master Launcher 获取应用的调度信息后，负责通知 Node Manager，告知其需要分配的资源，并且加载 Application Master。

⑥ Node Manager 作为服务器节点上的管理者，接到资源调度的请求后，根据要求建立并启动 Container，同时根据 Application Master 管理应用运行时需要的依赖包，以及相关配置文件。

⑦ 此时，Application Master 已经顺利在 Container 中运行了，由于每个作业都可能会被拆分成多个任务运行，就好像 MapReduce 作业需要拆分成多个 Map 任务和 Reduce 任务一样。此时，Application Master 会向集群中的 Node Manager 申请执行的任务，Node Manager 会在每个服务器节点上分配对应的 Container 以及在节点上运行的任务。

⑧ 分布在不同服务器节点上的任务会不断将自己的状态信息同步到 Application Master 上，直到任务执行完毕。同样，当作业执行完毕以后，Application Master 会向 Resource Manager 发起注销申请，并且关闭自己。

除了 YARN 的整个调度流程之外，在图 7-19 的右上方还有一个用虚线框出的部分，这是 YARN 架构的监控机制，其中的组件都属于 Resource Manager，下面是对这几个组件的介绍。

- Application Master Liveliness Monitor 负责接收 Application Master 发送的心跳消息，倘若 Application Master 在规定时间内没有发送心跳信息，就判定作业运行失败，其资源将会被回收。然后 Resource Manager 会重新分配一个 Application Master 运行该作业。
- Resource Tracker Service 用来注册节点，节点在上线的时候会主动到 Resource Tracker Service 中注册自己的信息，告诉它自身的资源持有情况。
- Node Managers Liveliness Monitor 负责监控服务器节点的心跳消息，与 Node Manager 进行通信。同其他的 Monitor 一样，如果规定时间没有收到心跳消息，则认为该节点无效。由于每个节点上都存在多个 Container，因此当认为某节点无效时，会将次节点上所有的 Container 都标记成无效，从而不会调度任何作业到该节点上运行。

上面通过 YARN 调度系统，深入了解了两级调度器的实现原理，虽然两级调度器解决了调度器扩展和处理大数据量任务请求的问题，但是作为调度器来说，还是无法看到系统的所有资源。说白了，调度器没有全局视角，无法知道作业可以被分配到哪个服务器节点上运行，仅能感知资源管理器收集并提供的资源，以及资源管理器分配给应用程序/作业的部分资源。此问题可以总结为以下两点。

- **无法进行全局优化**

这点是站在优化角度看的，一般在任务开始运行的时候，并不需要知道系统资源的分配情况，但是会发生一种情况，即在集群资源紧张的时候，其中一个任务运行失败了，此时调度器需要做出是更换运行任务的资源节点还是继续在当前节点运行任务的选择？如果选择换一个资源节点运行任务，比如执行这个任务需要 4GB 资源空间，恰好此时其他节点的空间由于被分配出去，还剩下 2GB 资源空间，不够该任务运行，就会导致这个任务进入等待状态，从而任务的运行效率不高。如果此时调度器能够获取整个系统的资源情况，就不会将该任务分配给其他资源节点，而是继续在本节点上运行这个任务，这样可以优化资源调度。

- **悲观锁导致并发量受限**

在匹配任务与资源的时候，为了避免资源抢占冲突，也就是避免不同的作业抢占同一个资源，通常会对资源做加锁操作。两级调度器采用的是悲观锁并发调度，也就是事前预防资源抢占的情况。具体地，在任务运行之前首先检查是否存在资源冲突的情况，如果不存在冲突就继续运行，否则等待或者进行回滚操作。在调度过程中，会将所有资源依次推送给每个计算框架，让这些框架依次匹配资源，从而保证不会出现多个计算框架使用同一块资源的情况。这种做法虽然避免了资源抢占冲突，但同时也减少了系统任务的处理并发量。

7.3.3 共享状态调度器

针对两层调度系统存在的全局优化和并发调度受限问题，推出了共享状态调度器（Shared-State Scheduler）。它提供了两点措施以完善二级调度器，第一，让集群全局资源对每个调度器均可见，也就是把资源信息转化成持久化的共享数据（状态），这里的共享数据就等于集群资源信息；第二，采取多版本并发访问控制（multi-version concurrency control）的方式对共享数据进行访问，也就是常说的乐观锁。乐观锁并发调度，强调事后检测，会在任务提交的时候检查资源是否存在冲突，如果不存在冲突就继续运行，否则进行回滚操作或者重新运行。也就是说，它是在执行匹配调度算法之后进行冲突检测，优点是能够处理更高的并发量。

共享状态调度的理念最早是 Google 针对两层调度器的不足而提出的。其典型代表有 Google 的 Omega、微软的 Apollo，以及 Hashicorp 的 Nomad 容器调度器。

这里就以 Google 的 Omega 架构为例给大家介绍，内容的主要思想来自于论文“Omega flexible, scalable schedulers for large compute clusters”，有兴趣的读者可以参考阅读。

Omega 由于使用了共享状态调度的思想，因此将资源分组、限制资源使用量、限制用户资源使用量等功能都交由调度器进行管理和控制，只是将优先级限制放到了共享数据的验证代码中，也就是说当多个作业同时申请同一份资源时，优先级最高的作业将获得该资源，其他资源限制全部下放给各个调度器执行。

Omega 架构

Omega 架构中没有中心资源分配器，所有资源分配决策都由应用的调度器自己完成。与 Borg 架构类似，Omega 中也有一个单元（Cell）的概念，每个单元分别管理集群中的一部分服务器节点，一个集群由多个单元组成。单元中资源的状态由 Cell State 记录，同时 Omega 会在 State Storage 里维护 Cell State 的主复制，每个调度器中都会维护一个 Cell State 的备份信息，用来和 State Storage 保持同步，从而保证每个调度器都能够获得全局的资源信息。Omega 调度架构如图 7-20 所示。

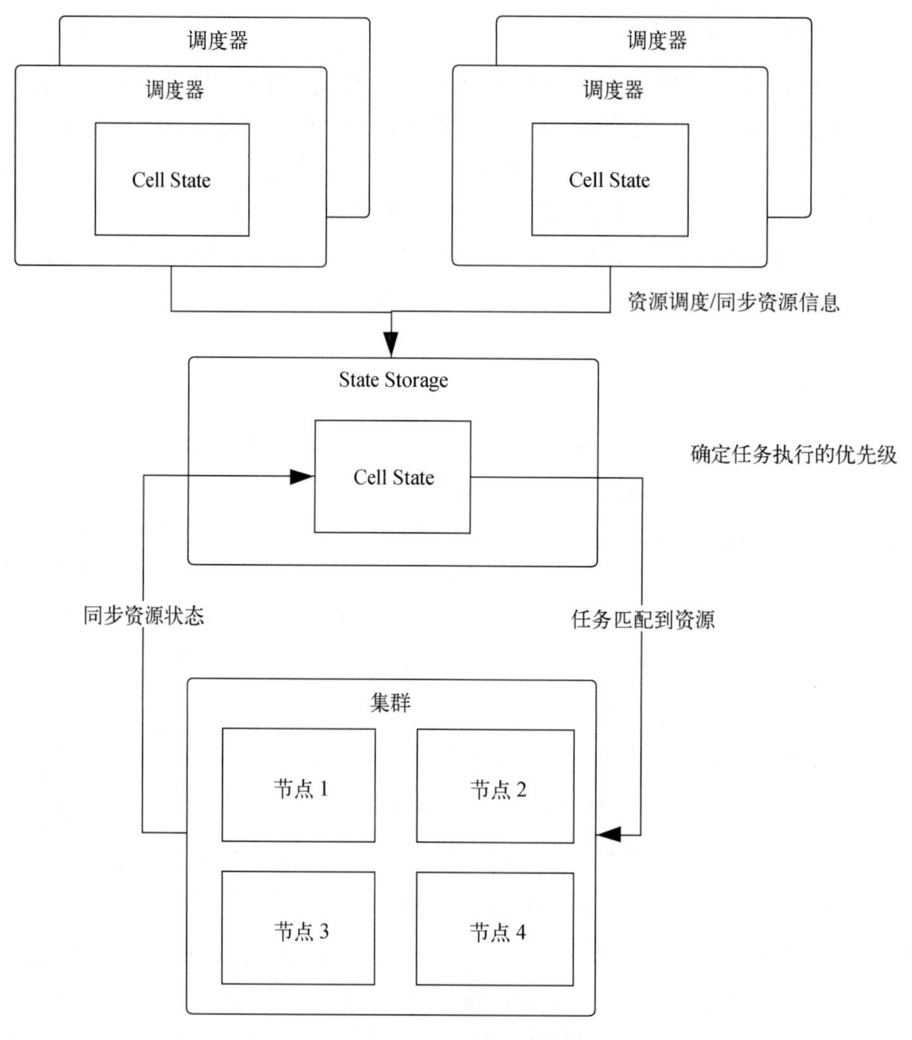

图 7-20　Omega 调度架构

图中上面的部分是多个调度器，主要负责作业和资源的调度工作，会和图中间的 State Storage 同步 Cell State 的主复制，通过不断地同步可以获得集群中所有节点的资源情况。State Storage 会不断地从集群中搜集 Cell State 信息，用作调度器同步。当调度器确定了作业与资源的分配方案后，会通过原子的方式更新共享的 Cell State，也就是通过乐观锁的方式将分配方案提交给 Cell

State。之后，调度器会重新同步本地的 Cell State 到 State Storage 的 Cell State 中，此时其他调度器可以通过同步 State Storage 中的 Cell State，得知全局资源的使用情况。

在分布式架构中，往往会将一个较大的计算任务拆分成多个小的任务并行处理。Omega 架构的资源调度也是如此，在执行应用程序或者计算作业时，调度器会将这个作业拆分成多个任务，然后对这些任务和资源进行匹配。由于根据任务复杂度和分配资源情况的不同，各任务完成的时间也不尽相同，因此先完成的任务会释放资源，让其他任务使用该资源。这也造就了任务与资源之间多对多的关系。再由于一个作业的完成依赖全部任务的完成，因此调度器会设置多个 Checkpoint 来检测资源是否都已经被占用，当作业的所有任务都匹配到可用资源的时候，才能调度该作业。

这里的作业相当于一个事务，也就是说，当所有任务都匹配成功后，这个事务就会被成功提交，如果存在匹配不到可用资源的任务，这个事务就需要执行回滚操作，作业调度失败。Omega 作业调度的示意图如图 7-21 所示。

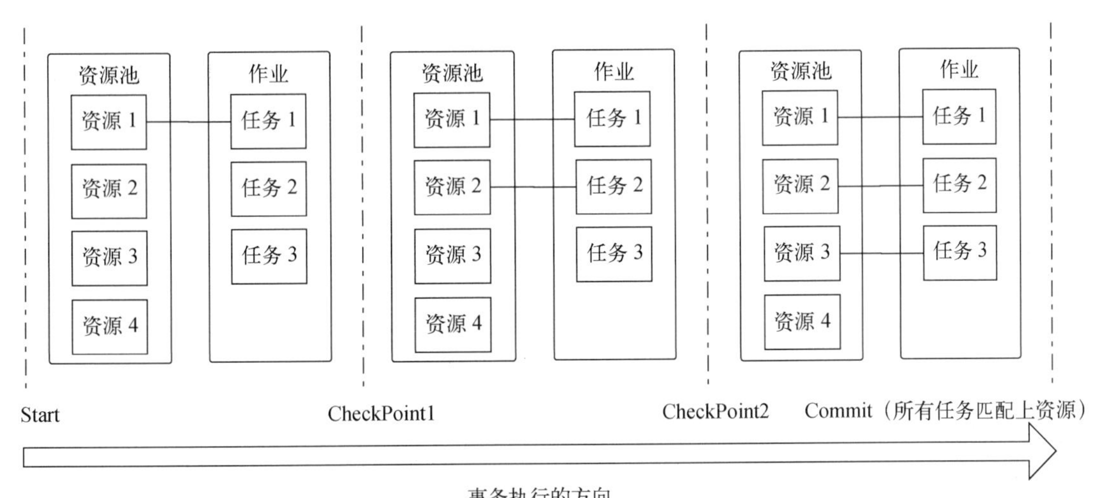

图 7-21 Omega 作业调度

图 7-21 中，从左往右是 Omega 作业调度执行的方向。从最左边开始看，在虚线 Start 之后，Omega 开始进行作业的调度工作。可以看到资源池中已经收集好了集群中各资源的信息，作业也分成了三个任务（Task1~3）。在开始调度之后，资源 1 和任务 1 匹配在了一起，完成资源匹配以后会设置 CheckPoint1 作为检查点，用来检查资源 1 是否有被其他任务占用，如果没有，就将资源 1 分配给任务 1，继而进入后面的资源分配。如果说无法获取资源 1，或者在资源 1 执行任务 1 的时候失败了，就会回滚到上一个状态，也就是回滚到 Start 状态，重新开始资源分配工作。以此类推，在 CheckPoint1 之后，调度器继续进行资源分配，让资源 2 与任务 2 相匹配，并且设置

CheckPoint2 作为检查点。如果资源 2 被占用或者任务 2 执行失败，就会回滚到 CheckPoint1 继续进行资源调度。如果成功，则进入第三步，让资源 3 和任务 3 相匹配，并且同样设置检查点。如果上述匹配都完成，就提交整个作业的调度结果，表示整个作业调度完成。

上述这个例子相对来说较为理想化，其实在整个调度过程中可能会出现资源的占用和释放，任务和资源之间有多对多的对应关系，以及其他一些情况，例如当任务 1 执行失败的时候，再次分配给它的资源可能是资源 2，而非先前的资源 1。又例如，在 CheckPoint1 之后，为任务 2 分配资源的时候，有其他任务释放了资源 5，此时将资源 5 分配给了任务 2。这里 Omega 调度使用了乐观锁，也就是说在申请资源的时候不会立刻将资源加上排他锁，只有在真正分配资源或者执行任务的时候才上锁，同时检查资源是否被占用。只有发现资源被占用或者任务执行失败，相关的 CheckPoint 才会被回滚。只有当作业中的所有任务都被分配了资源，才认为整个作业被成功提交了，这里借助了数据库中事务的设计思路。

到此为止，我们介绍了分布式调度架构中的三种调度方式，分别是中央式调度、两级调度和共享状态调度，这里做一个小结。

- 中央式调度，由中央调度器管理整个集群的资源和任务，资源的管理和任务的调度集中于单个调度器中心。优点是中央调度器拥有整个集群的资源，能够实现调度的全局优化。缺点是面对大量并发任务的时候，存在单点瓶颈问题，所有的任务请求和调度都需要由一个调度器处理，导致这种方式受限于并发量小的集群调度场景。
- 两级调度，是将资源管理和任务调度分为两层。一层调度器负责管理集群资源，将资源信息发送给调度层。另一层调度器负责任务调度，接收第一层发送过来的资源信息，然后进行具体的任务调度工作。这种模式增加了任务的并发量，缺点是调度层对全局资源不可见，导致调度算法无法实现全局最优。这种调度模式适合于中等规模的集群调度。
- 共享状态调度，每个调度器都可以获取集群中所有的资源信息，进行调度。可以实现资源与任务匹配的算法最优，由于任务与节点匹配具有多对多的关系，会出现资源竞争的状况，因此引入乐观锁的方式协助调度。这种调度方式更适用于大规模的集群调度。

7.4　Kubernetes——资源调度的实践

分布式的资源调度在软件开发领域应用得很广泛，除了前面提到的大数据计算的 MapReduce、Spark 等总被使用到以外，分布式应用部署在微服务时代也有被用到。特别是高并发的应用场景使得微服务架构成为了各个公司的标配。微服务以容器形式发布，随着业务的发展，系统中遍布着各种各样的容器。于是，容器的资源调度、部署运行、扩容缩容就变成了我们要面临的问题。Kubernetes 作为容器集群的管理平台，得到了广泛应用，下面就来看看 Kubernetes 的架构及其各组件的运行原理，作为对本章分布式资源调度理论的补充。

7.4.1 Kubernetes 架构概述

Kubernetes 是用来管理容器集群的平台。既然是管理集群，就一定存在被管理的节点，针对每个 Kubernetes 集群，都有一个负责管理和控制集群节点的 Master，Master 可以向每个节点发送命令。简单来说，Master 是管理者，节点就是被管理者。节点可以是一个服务器或者一个虚拟的资源容器。在节点上面，可以运行多个 Pod，Pod 是 Kubernetes 管理的最小单位，每个 Pod 可以包含多个资源容器。图 7-22 为 Kubernetes 的架构简图，通过这张图可以看到 Master 和节点的关系。

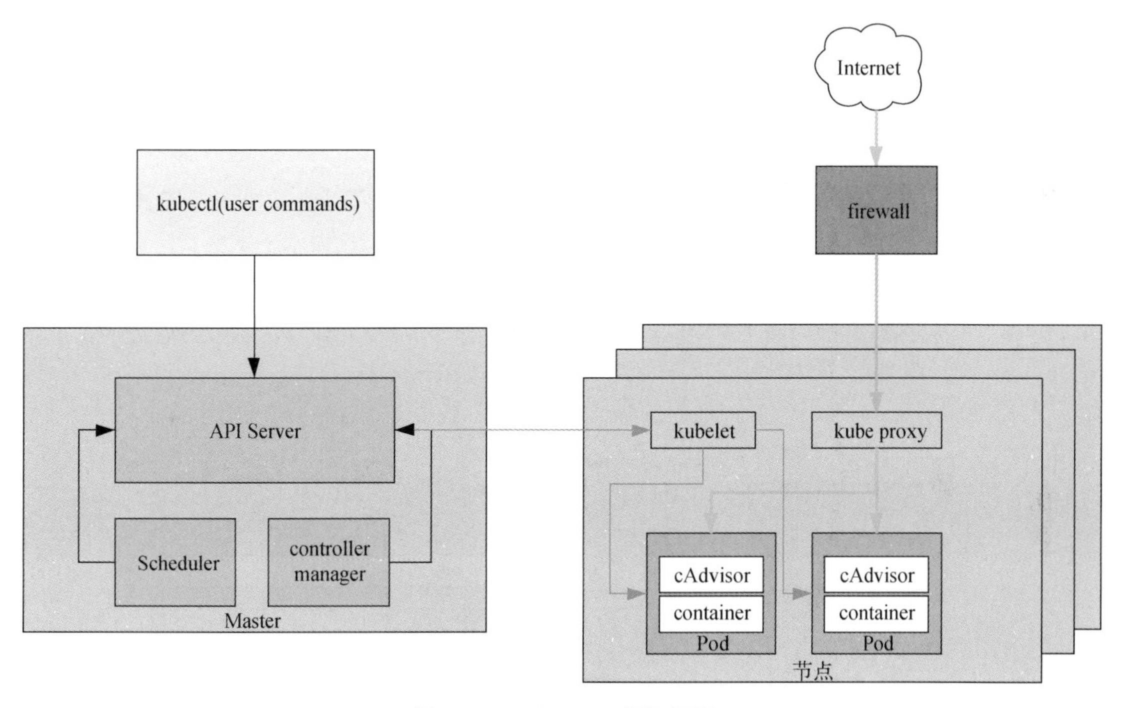

图 7-22 Kubernetes 架构简图

如图 7-22 所示，用户通过图左上方的 kubectl 对 Kubernetes 下命令，kubectl 通过 API Server 调用各个进程，来完成对集群中节点（图右边部分）的部署和控制。API Server 的核心功能是对核心对象（例如 Pod、Service）做增删改查操作。API Server 同时也是集群内模块之间数据交换的枢纽，包含常用的 API、访问（权限）控制、注册和 etcd（信息存储）等功能。在它的下面，我们可以看到 Scheduler，它负责将待调度的 Pod 绑定到节点上，并将绑定信息写入 etcd 中。etcd 是用来存储资源信息的。接下来是 controller manager，如果说 Kubernetes 是一个自动化运行的系统，那么就需要一套管理规则来控制这个系统，controller manager 就是这个管理者，或者说控制者。controller manager 包括 8 个 controller，分别对应副本、节点、资源、命名空间、服务等。紧接着，Scheduler 会把 Pod 调度到节点上，调度完后就由 kubelet 来管理节点了。kubelet 用于处理 Master 下发到 Node 上的任务（即 Scheduler 的调度任务），同时管理 Pod 及 Pod 中的容器。在完成资源调度以后，kubelet 进程也会在 API Server 上注册节点信息，定期向 Master 汇报节点信息，并通过 cAdvisor 监控容器和节点资源。由于微服务的部署都是分布式的，所以对应的 Pod 以及容器的部署也是分布式的。为了能够方便地找到这些 Pod 或者容器，引入了 Service（kube proxy）进程，负责反向代理和负载均衡的实施。

以上就是对 Kubernetes 架构的简易说明，涉及一些核心概念以及简单的信息流动。图 7-22 简单介绍了 Kubernetes 的工作原理和架构，其中涉及一些组件和工作方式，为了更加清楚 Kubernetes 的运行过程和工作原理，我们后面会用一个简单的例子把这些组件串起来。

7.4.2　从一个例子开始

假设要使用 Kubernetes 把 Tomcat 和 MySQL 应用部署到两个节点上。如图 7-23 所示，其中 Tomcat 应用生成了两个实例，也就是两个 Pod，用来对 Tomcat 应用做水平扩展。这里的 Pod 是资源容器的最小单位，作为容器用来承载应用程序。MySQL 应用只部署了一个实例，包含在一个 Pod 中。可以通过外网访问 Tomcat 应用，而 Tomcat 应用可以在内网访问 MySQL 应用。

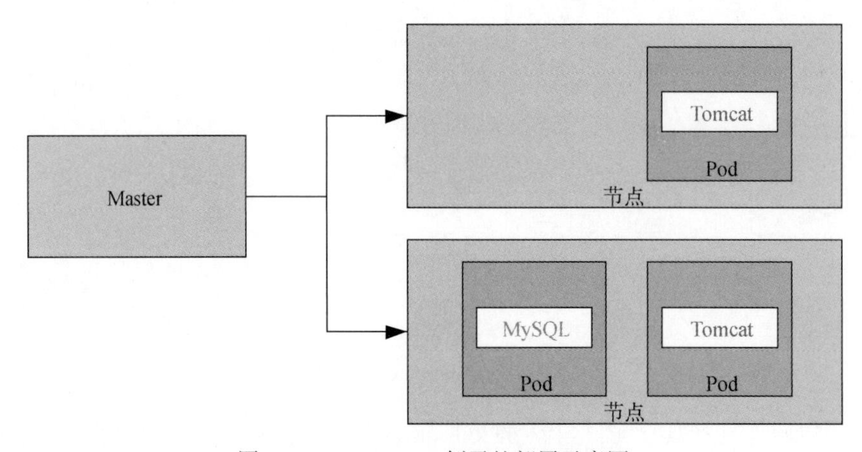

图 7-23　Kubernetes 例子的部署示意图

上图为了介绍部署和资源调用的过程，对部署过程做了简化。下面重点看 Kubernetes 是如何部署和管理容器的。

7.4.3　kubectl 和 API Server

既然我们要完成 7.4.2 节的例子，就要先部署两个应用。

首先，根据要部署的应用建立 Replication Controller（后面会简称为 RC）。RC 用来声明应用副本的个数，也就是 Pod 的个数。按照上面的例子，Tomcat 应用的 RC 就是 2，MySQL 应用的 RC 就是 1。kubectl 作为用户接口，负责向 Kubernetes 下发命令，命令是通过名称后缀为 .yaml 的配置文件编写的。在下述代码中，我们定义一个名为 mysql-rc.yaml 的配置文件，来描述 MySQL 应用的 RC：

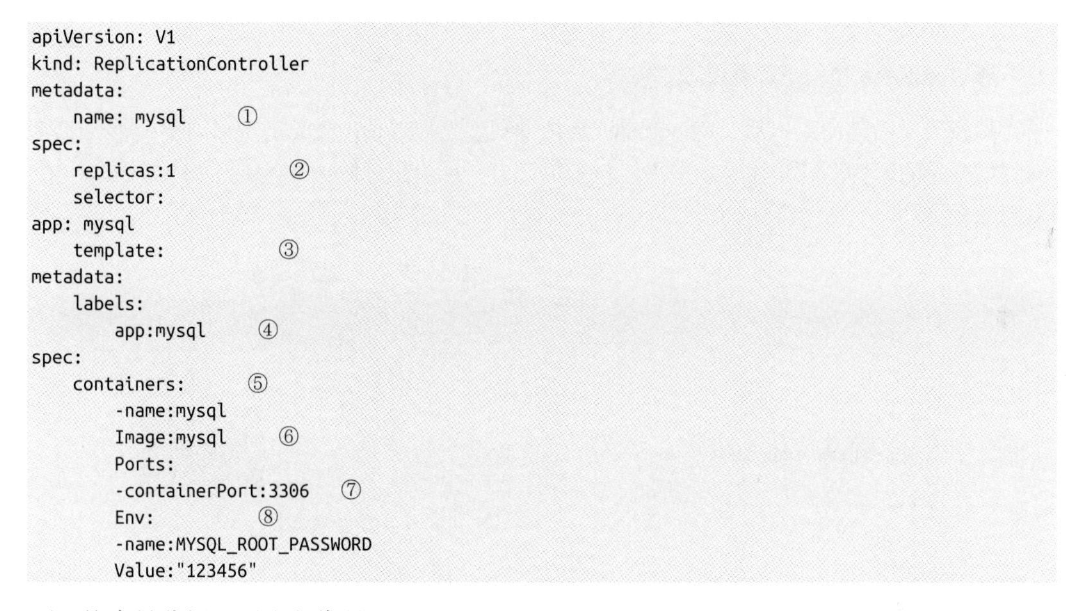

```
apiVersion: V1
kind: ReplicationController
metadata:
   name: mysql     ①
spec:
   replicas:1           ②
   selector:
app: mysql
   template:           ③
metadata:
   labels:
       app:mysql      ④
spec:
   containers:       ⑤
       -name:mysql
       Image:mysql     ⑥
       Ports:
       -containerPort:3306  ⑦
       Env:           ⑧
       -name:MYSQL_ROOT_PASSWORD
       Value:"123456"
```

下面按序号分析一下这段代码。

① RC 的名称，这个也是 RC 在集群中的唯一名称。

② 定义期待的 Pod 副本的数量，由于这里是配置 MySQL 的 RC，所以根据前面的介绍配置为 1。

③ 配置 Pod 的模板，这里可以通过模板的方式创建 Pod，只不过在这个例子中暂时为空。

④ 针对 Pod 副本设置标签。

⑤ 对容器进行具体的定义。

⑥ 定义容器对应的具体镜像的名称。如果使用 Docker 作为镜像，这里就填写 Docker 镜像的名称。

⑦ 配置容器应用监听的端口号。

⑧ 注入容器的环境变量，例如容器访问的用户名、密码等。

从上面的配置文件可以看出，需要为这个 RC 定义一个名字，期望的副本数，以及容器中的镜像文件。如图 7-24 所示，以 kubectl 作为客户端的 cli 工具，执行这个配置文件。

```
# kubectl create -f mysql-rc.yaml
replicationcontroller "mysql" created
```

图 7-24　利用 kubectl 命令执行 yaml 文件

通过 kubectl 执行 RC 配置文件

执行了上面的命令以后，Kubernetes 会帮助我们把副本 MySQL 的 Pod 部署到服务器节点。回到最开始的架构图，如图 7-25 中虚线包围的部分，可以看到 kubectl 会向 Master 中的 API Server 发起命令。

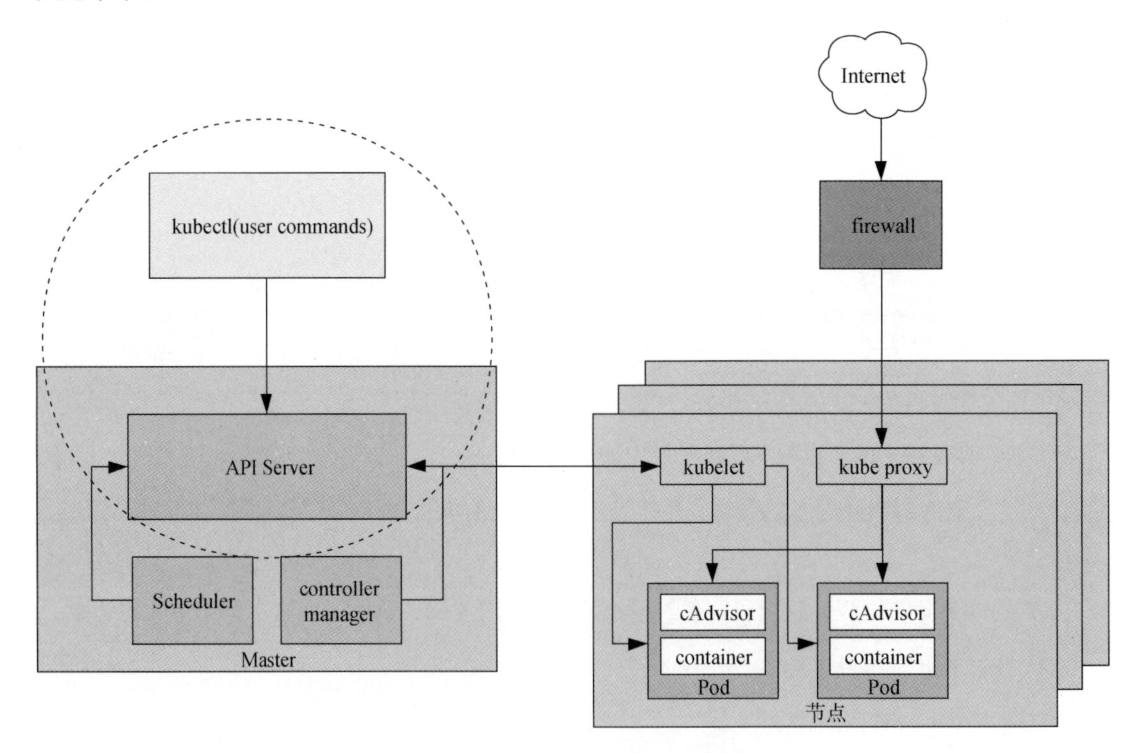

图 7-25　kubectl 与 API Server 部分

Kubernetes API Server 通过一个名为 kube-apiserver 的进程提供服务，该进程运行在 Master 上。可以通过 Master 的 8080 端口访问 kube-apiserver 进程，该端口提供 REST 服务，因此可以通过命令行工具 kubectl 来与 Kubernetes API Server 交互，它们之间的接口是 RESTful API。

如图 7-26 所示，API Server 的架构从上到下分为四层。

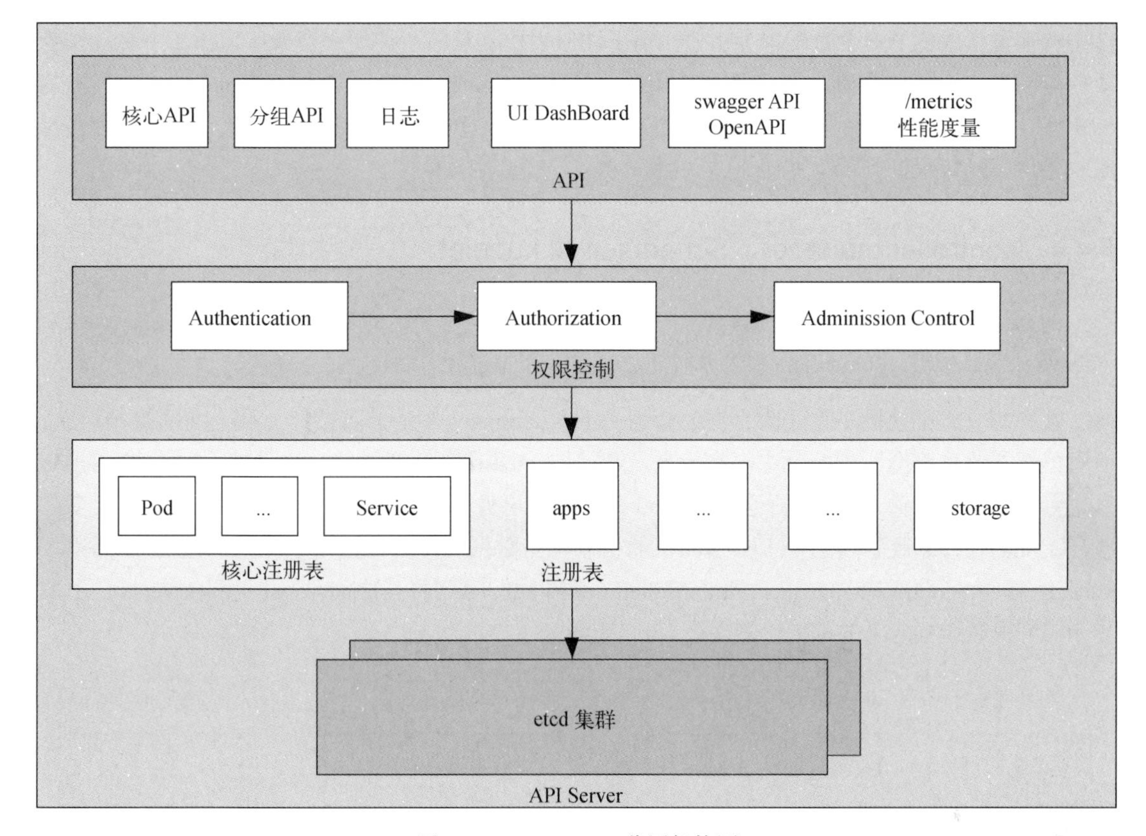

图 7-26 API Server 分层架构图

- **API 层**：主要以 REST 方式提供各种 API 接口，有针对 Kubernetes 资源对象的 CRUD（增删改查）和 Watch（监听）等主要 API，以及健康检查、UI、日志、性能指标等与运维监控相关的 API。
- **权限控制层**：负责身份鉴权（Authentication），核准用户对资源的访问权限（Authorization），设置访问逻辑（Admission Control）。
- **注册表层**：选择要访问的资源对象。注意：Kubernetes 把所有资源对象都保存在注册表（Registry）中，例如 Pod、Service、Deployment 等。
- **etcd 集群**：保存所创建副本的信息，是用来持久化 Kubernetes 资源对象的 Key-Value 数据库。

当 kubectl 利用 Create 命令建立 Pod 时，先通过 API Server 中的 API 层调用对应的 REST API 方法，然后进入权限控制层，通过 Authentication 获取调用者的身份，通过 Authorization 获取权限信息。在 Admission Control 中可以配置权限认证插件，通过插件来检查请求约束。例如：在启动容器之前，需要下载镜像，或者检查具备某命名空间的资源。还记得我们在 mysql-rc.yaml 文件中将需要生成的 Pod 个数配置为 1 吧，到了注册表层会从核心注册表资源中取出 1 个 Pod 作为要创建的 Kubernetes 资源对象。之后将 Node、Pod 和 Container 的信息保存到 etcd 中去。这里的 etcd 可以是一个集群，由于里面保存着集群中各个 Node、Pod、Container 的信息，因此在必要时需要备份，或者保证其可靠性。

7.4.4　controller manager、Scheduler 和 kubelet

前面讲了 kubectl 和 API Server。实际上还没有真正地开始部署应用，这里需要 controller manager、Scheduler 和 kubelet 的协助才能完成整个部署过程。

在介绍它们的协同工作之前，需要介绍一下 Kubernetes 中的监听接口。从上面的操作知道，所有的部署信息都会写到 etcd 中保存下来。实际上，etcd 在存储部署信息的时候，会给 API Server 发送 Create 事件，而 API Server 会监听 etcd 发过来的事件，其他组件会监听 API Server 发出来的事件。Kubernetes 就是用这种 List-Watch 的机制保持数据同步。如图 7-27 所示，图上面列出了 kubectl、kube-controller-manager、kube-scheduler 和 kubelet 组件，中间是 kube-apiserver，最下面是 etcd。由虚线框起来的部分代表 3 个 List-Watch。

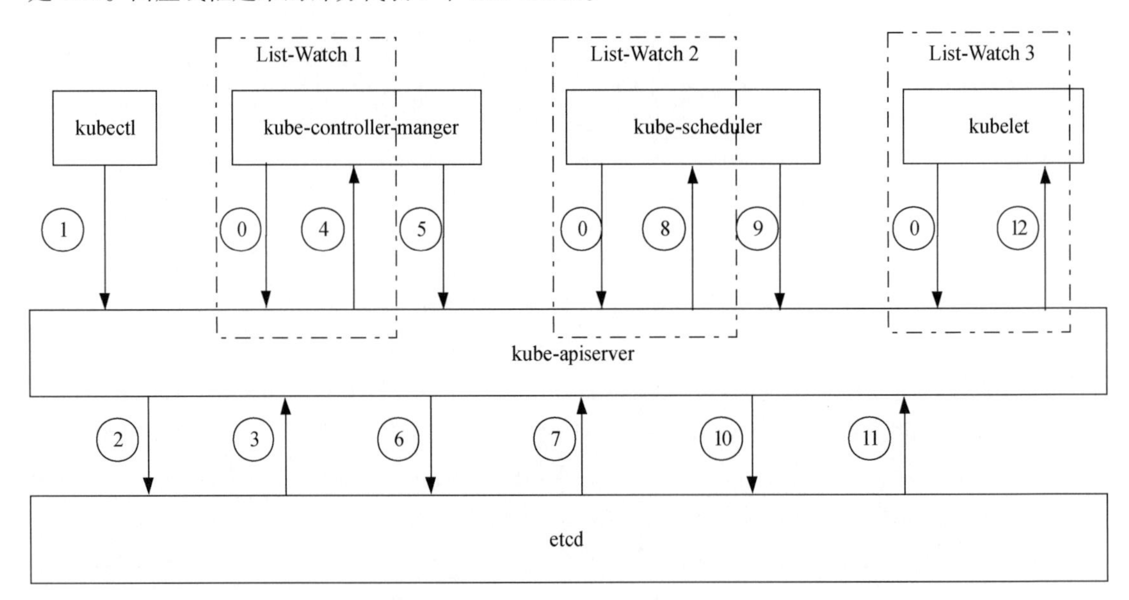

图 7-27　kubectl、kube-controller-manager、kube-scheduler、kubelet、kube-apiserver、etcd 之间的调用关系

这里有三个 List-Watch（1~3），分别是 kube-controller-manager（运行在 Master 上），kube-scheduler（运行在 Master 上），kublete（运行在服务器节点上）。进程一启动，它们就会监听 API Server 发出来的事件。让我们跟随图中线段上的数字标号来看看几个组件之间的调用过程吧。

① kubectl 通过命令行工具，在 API Server 上建立一个 Pod 副本。

② 这个部署请求被记录到 etcd 中并保存起来。

③ 当 etcd 接收到创建 Pod 的信息后，会发送一个 Create 事件给 API Server。

④ 由于 kube-controller-manager 一直在监听 API Server 中的事件，因此 API Server 接收到 Create 事件后，又会发送给 kube-controller-manager。

⑤ kube-controller-manager 在接到 Create 事件后，会调用 replication controller 来保证服务器节点上需要创建的副本数量。在上面的例子里，MySQL 应用的副本数量是 1 个，Tomcat 应用的副本数量是 2 个。一旦副本数量少于 RC 中定义的数量，replication controller 就会自动创建副本。总之，replication controller 是用来保证副本数量的控制器（扩容缩容的担当）。

⑥ kube-controller-manager 创建 Pod 副本以后，API Server 会在 etcd 中记录这个 Pod 的详细信息。例如 Pod 的副本数量是多少，Container 的内容是什么。

⑦ 同样地，etcd 会将创建 Pod 的信息以事件形式发送给 API Server。

⑧ kube-scheduler 在监听 API Server，并且它在系统中起“承上启下”的作用，“承上”是指它负责接收创建的 Pod 事件，为其安排服务器节点；“启下”是指安置工作完成后，由服务器节点上的 kubelet 服务进程接管后继工作，负责 Pod 生命周期中的“下半生”。换句话说，kube-scheduler 的作用是将待调度的 Pod 按照调度算法和策略绑定到集群中的服务器节点上，并将绑定信息写入 etcd 中。

⑨ kube-scheduler 调度完毕以后，会更新 Pod 的信息。此时的信息更加丰富了，我们除了知道 Pod 的副本数量、Container 的内容，还知道 Pod 部署到了哪个节点上。

⑩ 同样，将上面的 Pod 信息更新到 etcd 中，保存起来。

⑪ etcd 将信息更新成功的事件发送给 API Server。

⑫ 注意，这里的 kubelet 是在服务器节点上运行的进程，它也会通过 List-Watch 的方式监听 API Server 发送的 Pod 更新事件。实际上，创建 Pod 的工作在第 ⑨ 步就已经完成了。为什么 kubelete 还要一直监听呢？原因很简单，假设这个时候 kubectl 发命令，要把原来的 MySQL 的 1 个 RC 副本扩充成 2 个，那么这个流程又会触发一遍。作为服务器节点的管理者，kubelet 也会根据最新的 Pod 部署情况调整节点端的资源。又或者 MySQL 应用的 RC 个数没有发生变化，但是其中的镜像文件升级了，kubelet 也会自动获取最新的镜像文件并加载。

通过上面对 List-Watch 的介绍，大家可以发现除了之前引入的 kubectl 和 API Server 以外，又引入了 controller manager，Scheduler 和 kubelet。回到 Kubernetes 的架构图，下面聚焦于图 7-28 中的虚线部分，介绍这三个组件的作用和原理。

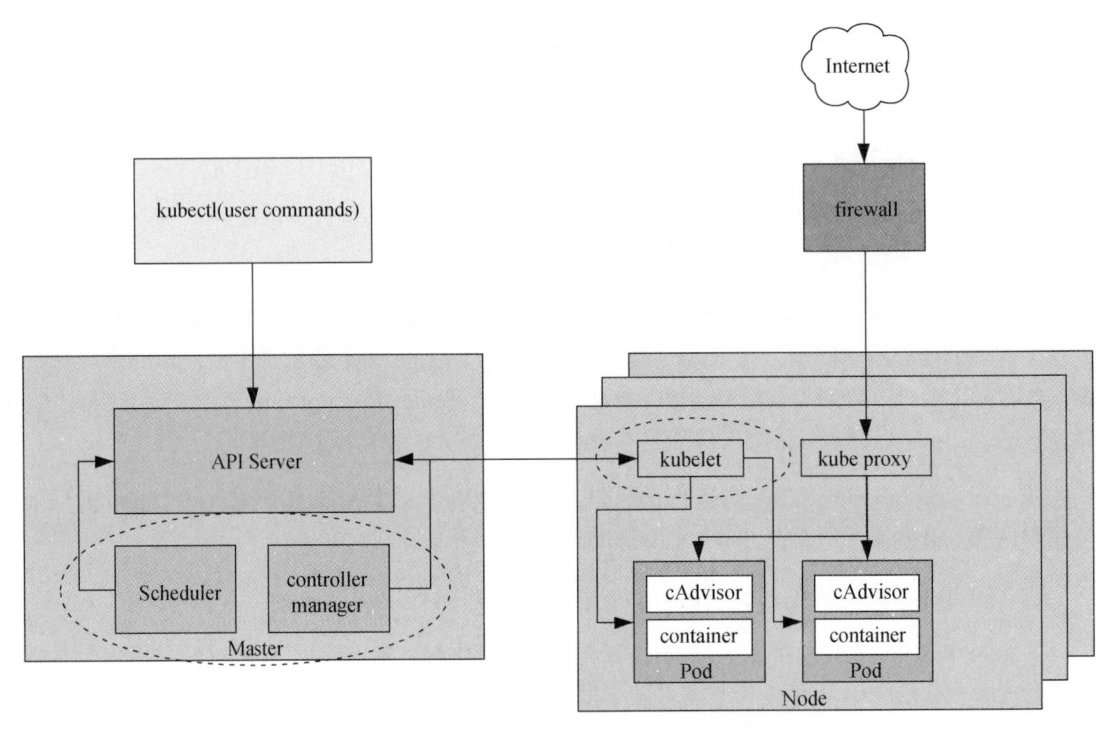

图 7-28　controller manager、Scheduler、kubelet

1. controller Manager

Kubernetes 需要管理集群中的不同资源，所以针对不同资源建立了不同的控制器。每个控制器都是利用监听机制获取 API Server 中的事件（消息），它们通过 API Server 提供的（List-Watch）接口监控集群中的资源，并且调整资源的状态。可以把 controller manager 想象成一个尽职的管理者，负责随时管理和调整资源。比如 MySQL 应用所在的节点意外死机了，controller manager 中的 Node Controller 就会及时发现故障，并执行修复流程。在部署着成百上千个微服务的系统中，这个功能极大地减轻了运维人员的负担。从此可以看出，controller manager 是 Kubernetes 的资源管理者，是运维自动化的核心。

2. Scheduler 与 kubelet

Scheduler 的作用是按照算法和策略将待调度的 Pod 绑定到服务器节点上，同时将信息保存在 etcd 中。如果把 Scheduler 比作调度室，那么它需要关注的事情有三件：待调度的 Pod、可用的服务器节点、调度算法和策略。简单地说，就是根据调度算法和策略把 Pod 放到合适的服务器节点中去。此时，服务器节点上的 kubelet 通过 API Server 监听到 Scheduler 产生的 Pod 绑定事件，然后通过 Pod 的描述装载镜像文件，并且启动 Container。也就是说 Scheduler 负责思考把 Pod 放在哪个 Node 中，然后将决策告诉 kubelet，kubelet 负责把 Pod 加载到服务器节点中。说白了，

Scheduler 就是老板，kubelet 则是干活的工人，它们通过 API Server 交换信息。如图 7-29 所示，Scheduler 与 kubelet 通过 4 个步骤进行资源调度。

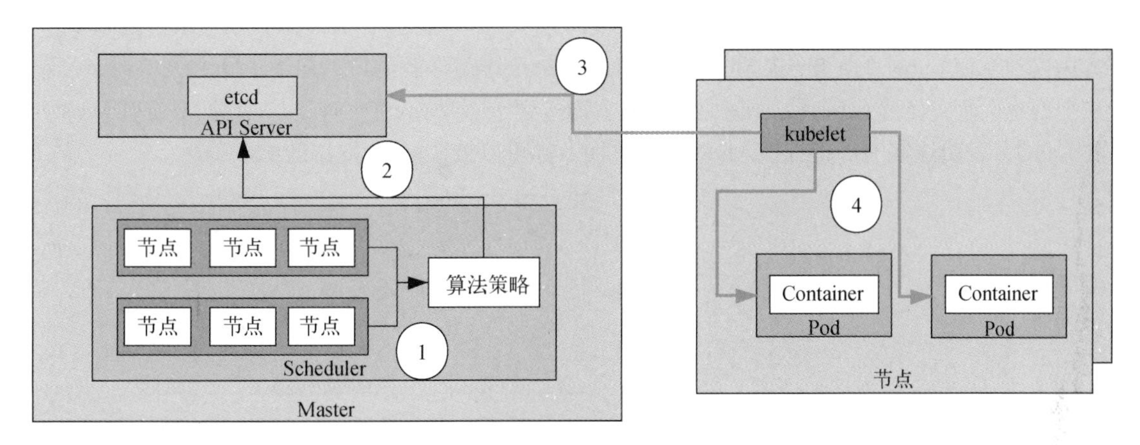

图 7-29 Scheduler 和 Kubelet 的协同工作图

下面是对 4 个步骤的详细阐述。

① Scheduler 收集 Pod 和节点信息，并且将信息交给算法策略。

② 算法策略进行资源匹配，把 Pod 与节点的匹配结果保存到 etcd 中，这个过程也叫绑定信息。

③ kubelet 作为节点上的管理者，通过 API Server 获取 Pod 的分配信息。

④ kubelet 接收到资源调度信息后，在节点上对 Pod 信息进行分配，完成 Container 的装载。

7.4.5 Service 和 kubelet

至此，我们介绍了通过 kubectl 向 API Server 下达部署指令，由 controller manager 管理集群中的资源，Scheduler 负责对资源与部署的应用进行匹配，通过 API Server 告知 kuebelet，从而部署应用。如图 7-30 所示，正如本节开始提到的部署 MySQL 应用和 Tomcat 应用的例子，Kubernetes 已经按照上面的流程将 MySQL 应用部署到对应的节点上了。

我们如法炮制，还是按照这个流程，将 Tomcat 应用部署到节点的 Pod 中。假设现在 Tomcat 应用需要访问 MySQL，在 Kubernetes 中该如何实现呢？实际上可以把这个问题抽象成一个 Pod 中的应用如何访问其他 Pod 中的应用？对此，Kubernetes 提供了 Service 机制，可以帮助 Pod 相互访问。Kubernetes 中的 Service 机制定义了一个服务的访问入口地址，也就是 IP 地址和端口号，Pod 中的应用可以通过这个地址访问一个或者一组 Pod 副本。Service 与后端 Pod 副本集群之间通过 Label Selector 连接在一起。Service 访问的一组 Pod 会有同样的 Label，通过这样的方法就能知道哪些 Pod 属于同一个组。在 Pod 中可以实现服务的水平扩展，如果对多个 Pod 打上相同的

Label，实际上就表示它们提供相同的服务。如图 7-31 所示，图中最左边是 Tomcat 应用的 Pod，顺着向右的箭头看，Pod 调用了 Service，并且在调用的时候带上了 Label 为 MySQL 的信息，说明要调用 MySQL 应用的 Pod。箭头经过 Service 以后，指向了 Label Selector 框，Label Selector 负责描述和管理 Label。由 Replication Controller 中的 replica=3 我们可以知道，MySQL 的 Label 有三个副本。箭头经过 Label Selector 之后，向右连接到了三个 MySQL Pod 上，它们都带有 MySQL 的 Label，表明这些 Pod 都提供 MySQL 的应用，都可以被 Tomcat 应用的 Pod 调用。

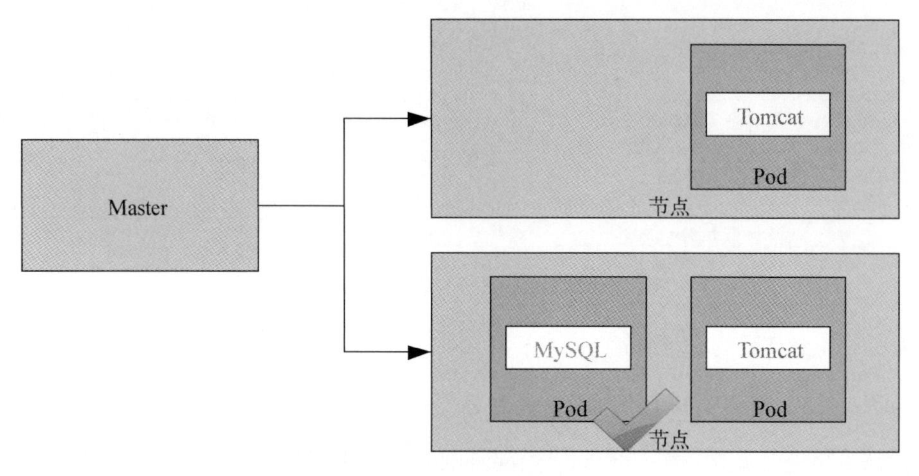

图 7-30　MySQL 部署成功

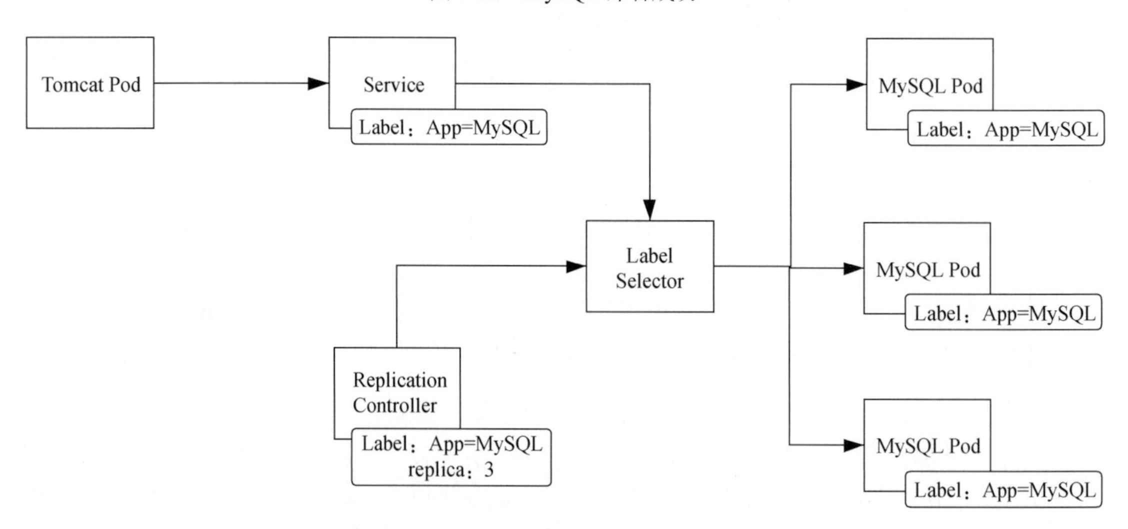

图 7-31　一个 Pod 通过 Service 访问其他 Pod

上面将 Tomcat 应用调用 MySQL 应用的过程描述了一遍，可知 MySQL 需要以 Service 的方式暴露给其他应用并被调用，因此这里对 MySQL 应用的配置文件做一个声明，具体如下：

```
apiVersion : v1
kind: Service      ①
metadata:
    name: mysql     ②
spec:
    prots:
-port: 3000       ③
targetPort:3306
    selector:            ④
        app: MySQL
```

下面按序号分析一下这段代码。

① 在配置文件中，声明类型为 `Service`，这也是所创建的资源对象的类型。

② 为服务起一个全局的名字 `mysql`。

③ 设置 Service 对外暴露的端口号，也就是在集群内调用 Service 的端口号，这里是 `3000`。`targetPort` 是 Service 对应调用的 Pod 的端口号，这里是 `3306`。回到 7.4.3 节，注意看代码中的第 ⑦ 步，会发现这里定义的端口号和 MySQL 定义的 RC 的 `containerPort: 3306` 是一样的。也就是说，Service 通过对外的 3000 端口将请求转接给了 MySQL Pod 的 3306 端口。

④ 定义 Service 对应的 Pod 标签，用来对 Pod 分类。拥有相同标签的 Pod 能够提供相同的应用服务，这里设置标签为 `MySQL`。

运行 kubectl，创建 Service，并且显示服务创建成功。通过 `create` 命令行，以上面定义的 mysql-svc.yaml 作为参数。回车以后显示 `service "mysql" created`。相关代码如下：

```
# kubectl create -f mysql-svc.yaml
service "mysql" created
```

创建完服务以后，通过 `get svc` 命令查看 Service 的信息，如下面的代码所示：

```
# kubectl get svc
NAME     CLUSTER-IP       EXTERNAL-IP         PORT(S)          AGE
mysql    192.168.1.1      <none>              3000/TCP         20s
```

在命令行返回的信息中，`Cluster-IP 192.168.1.1` 和 `PORT 3000` 是由 Kubernetes 自动分配的。也就是说，集群内的 Pod 可以通过地址 192.168.1.1 和端口号 3000 访问 MySQL 服务。这里的 `Cluster-IP` 和 `Port` 是 Kubernetes 集群的内部地址，是提供给集群内的 Pod 相互访问时使用的，外部系统无法通过这个 `Cluster-IP` 来访问 Kubernetes 中的应用。这一点可以从 `EXTERNAL-IP` 为 `<none>` 看出来。

上面提到的 Service 只是逻辑概念，真正将 Service 落实的是 kube-proxy 进程。只有理解了 kube-proxy 的原理和机制，才能真正理解 Service 背后的实现逻辑。

上面提到，一组 Pod 通过 Label 的方式抽象成一个 Service，Service 会提供统一接口对外提供服务。因此每个 Service 都会有一个虚拟 IP 地址和端口号，供客户端访问。kube-proxy 就是运行在各个节点上，作为 Service 功能的具体实现，实现的场景分为两种：第一种，集群内的客户端 Pod 访问 Service；第二种，集群外的主机通过 NodePort 等方式访问 Service。在 Kubernetes 中，kube-proxy 默认使用的是 iptables 模式，由于 kube-proxy 进行运行在集群中的各个节点上，因此要对每个节点配置 iptables 的规则，从而实现 Service 的负载均衡。可以说 Kube-proxy 就是 Kubernetes 集群的负载均衡器。

如图 7-32 所示，节点上运行着一个 kube-proxy 服务进程，别的节点既可以通过内部的 Pod 访问 kube-proxy，也可以通过节点之外的客户端访问。无论通过哪种方式访问，都需要通过集群自动分配的 `Cluster IP` 和 `Port`，然后通过 iptables 规则做 DNAT（Destination Network Address Translation）的转换，也就是将地址转换为 Pod 的真实 IP 和端口号。通过这种方式让请求传递到真实的 Pod 上面，完成整个调用过程。

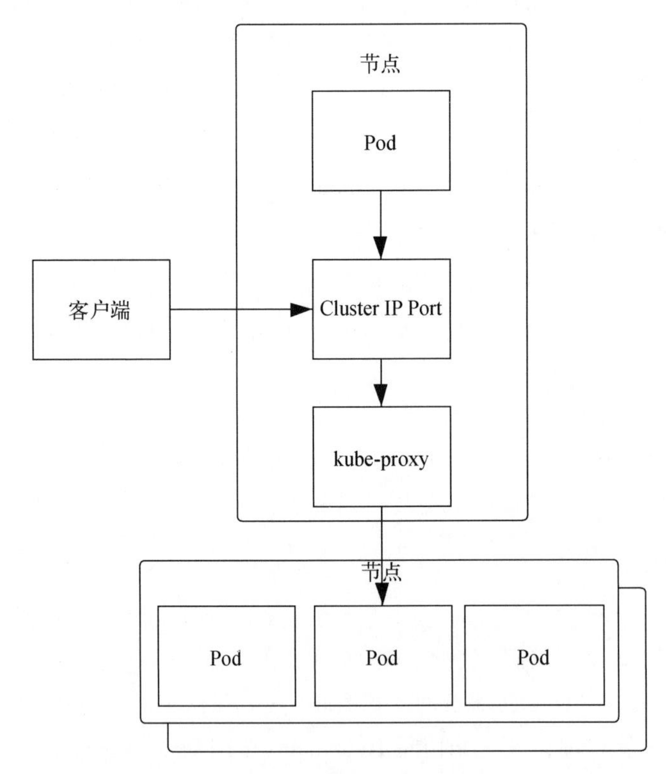

图 7-32 通过 kube-proxy 访问 Pod

图 7-31 的例子说明了集群内部的 Tomcat Pod 如何调用同处集群内部的 MySQL Pod。这属于集群内部 Pod 之间的调用，那么集群外部的客户端如何调用 Pod 呢？首先肯定要生成对应的 RC 文件，具体的操作步骤和生成 MySQL 的 RC 文件相似，这里我们把关注点放到 Service 文件的编写上：

```
apiVersion : v1
kind: Service
metadata:
    name: myweb
spec:
    prots:
-port: 8080
nodePort: 30001      ①
    selector:
        app: myweb
```

注意观察 ① 标记的部分，Tomcat 的 Service 中多了一个 nodePort 的配置，值为 30001。也就是说，外网通过 30001 这个端口和 Node IP 的组合就可以访问 Tomcat 了。由于例子中我们部署了两个 Tomcat 应用，如果要在集群之外访问它们，需要通过 Kubernetes 集群的 IP 地址，我们称之为 Cluster-IP，这是一个虚拟的 IP，仅供 Kubernetes 内部的 Pod 之间相互通信。节点作为一个物理节点，需要使用节点 IP 地址和 nodePort 的组合来从 Kubernetes 外面访问内部应用。如图 7-33 所示，Kubernetes 集群之外的外部网络用户需要通过负载均衡器（Load Balancer）访问集群内部的 Pod 资源。

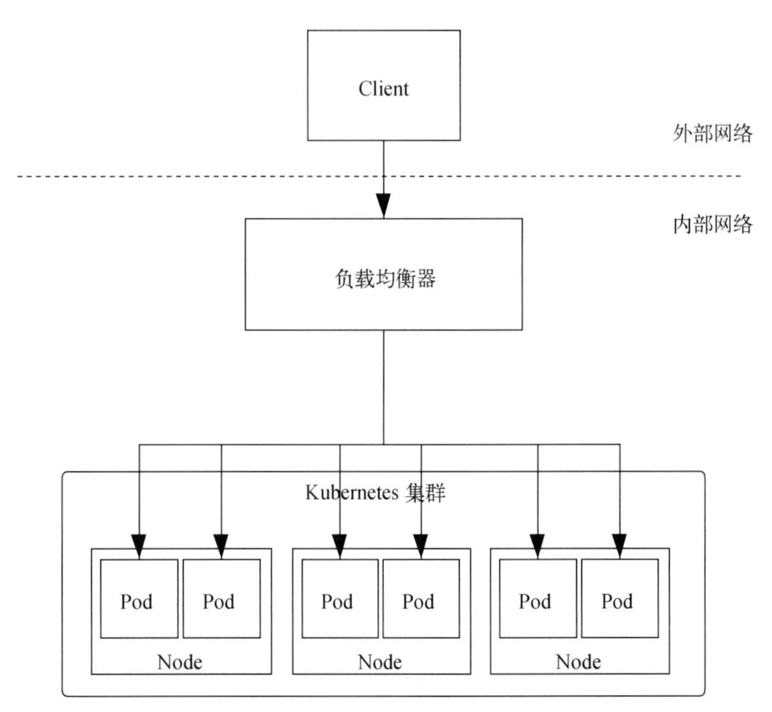

图 7-33 外部网络与 Kubernetes 集群之间的负载均衡器

如图 7-34 所示，MySQL（RC 1）和 Tomcat（RC 2）已经部署在 Kubernetes 里了。并且，Kubernetes 内部的 Pod 之间是可以互相访问的，从外网也可以访问到 Kubernetes 内部的 Pod。

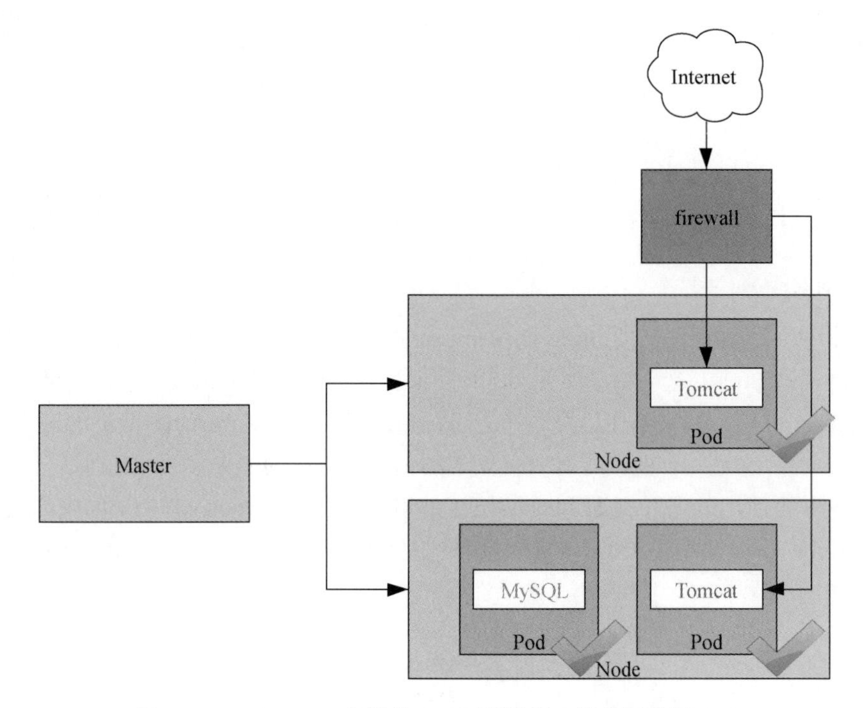

图 7-34　Kubernetes 内部的 Pod 互相访问，从外网访问 Pod

由于这一节提到了几个 Port 的概念，大家容易弄混，因此这里做一个统一的解释。

- nodePort。为集群外部的客户端提供了访问 Service 的端口，也就是外部的客户端需要通过节点 IP 和节点端口号的方式访问集群中的资源。
- Port。是 Cluster IP 上的端口，也就是集群内部用户通过集群 IP 和端口的方式访问集群中的资源。
- targetPort。是 Pod 上的端口，通过 Port 和 nodePort 的方式，经过 kube-proxy 进程流入对应 Pod 的 targetPort 上，从而实现访问资源。

本节从一个简单的创建应用副本的例子入手，介绍了各个重要组件的概念和基本原理。Kubernetes 是用来管理容器集群的，Master 作为管理者，包含 API Server、Scheduler、controller manager 组件。Node 作为副本部署的载体，包含多个 Pod，每个 Pod 又包含多个 container。用户通过 kubectl 给 Master 中的 API Server 下达部署命令，命令主体是以 .yaml 为结尾的配置文件，包含副本的类型、副本个数、名称、端口、模板等信息。API Server 接收到请求以后，会依次进行以下操作：权限验证（包括特殊控制），取出需要创建的资源，保存副本信息到 etcd。API Server 和 controller manager，Scheduler 以及 kubelete 之间通过 List-Watch 的方式通信（事件发送与监听）。controller manager 通过 etcd 获取需要创建资源的副本数，交由 Scheduler 进行策略分析，最后 kubelet 负责最终的 Pod 创建和容器加载。

7.5 总结

本章从资源调度的原理切入，提出了资源调度需要解决的问题。介绍了静态资源调度和动态资源调度，以及动态资源调度的优势。分布式资源调度的内容包括任务的组织和管理，调度策略和资源的组织和管理，从过程上主要分为资源划分和调度策略（任务与资源的匹配），因此以这两点为起点展开讨论任务和资源是如何匹配的。资源划分以 Linux Container 为基础，说明了其隔离性、安全性、透明性、扩展性。而后通过介绍 Linux Container 的实现机制了解了多种隔离模式，包括主机隔离、文件系统隔离、进程间通信隔离、进程隔离、用户隔离、网络隔离。还介绍了处在隔离资源内部的进程是如何管理的，这里主要讲了 CGroup 的实现机制。花开两朵，各表一枝，说完了资源的划分，接着聊了一下调度策略，这里主要从任务队列和资源池切入，介绍了三大资源调度策略，包括 FIFO 调度、Capacity 调度和 Fair 平调度。有了资源划分和调度策略以后，使用什么样的框架让它们协同工作呢？于是引出了分布式调度的三个框架：中央式框架调度框架、两级调度框架和共享状态调度框架。分布式调度不仅仅是用在计算任务的资源调度中，也用在微服务的部署和调用中。最后，通过一个应用部署的例子，介绍了 Kubernetes 是如何实现分布式部署和管理的，分别介绍了 kubectl、API Server、controller manager、Scheduler 等 Kubernetes 组件的实现。

第8章

高性能与可用性

前面 7 章的内容基本囊括了分布式系统的核心技术，如果把这些内容比作分布式技术的大菜，那么本章要讲的就是分布式技术的甜点。众所周知，分布式就是通过技术手段，让廉价的服务器集群提供高性能、稳定的服务，因此这个技术本身就已经实现了高性能和可用性。在大数据、高并发的应用场景中，都会用到分布式技术，为了提高用户体验和增加系统的并发量，还会用到缓存技术。本章我们会以缓存技术作为高性能的切入点，从客户端的 HTTP 缓存，到 CDN 缓存，再到负载均衡缓存以及进程内缓存和分布式缓存，层层递进地给大家讲解缓存的应用。另外在可用性方面，会从故障的检测、处理以及恢复三个方面展开说明分布式架构是如何保证可用性的。沿着上述思路，本章主要会介绍如下内容。

- 缓存的应用
  - HTTP 缓存
  - CDN 缓存
  - 负载均衡缓存
  - 进程内缓存
  - 分布式进程缓存
- 可用性

8.1 缓存的应用

分布式架构就是将应用或者服务分散部署到多个不同的网络节点中，从而可以通过水平扩展的方式使系统承载更多并发请求，也就是说分布式架构本身已经具备了高性能。本节将会介绍整个分布式系统中，应用在各个不同环节的缓存，从 HTTP 缓存、CDN 缓存、负载均衡缓存、进程内缓存一直到分布式进程缓存。这些缓存虽然实现在不同的应用层次，但目的都相同，就是让用户更快地拿到业务数据，从而提高用户体验。讲到的这些缓存既可以在不同场景中选择使用，也可以在整个架构中同时使用。

8.1.1 处处皆缓存

想必每个开发者都对缓存相当熟悉，使用缓存技术是为了提高程序性能和用户体验，那么缓存的具体使用场景和使用方式又是怎样的呢？例如刚构建了一个网站，需要提高性能，此时就可以把缓存放在浏览器、反向代理服务器或者应用程序进程内，还可以放在分布式缓存系统中。如图 8-1 所示，描述了用户请求从浏览器端到数据库的整个请求链。从上往下顺着箭头来看，用户可以在请求的各个层级加入缓存，无论在哪一层级的缓存中找到自己想要的数据，都可以直接返回结果。

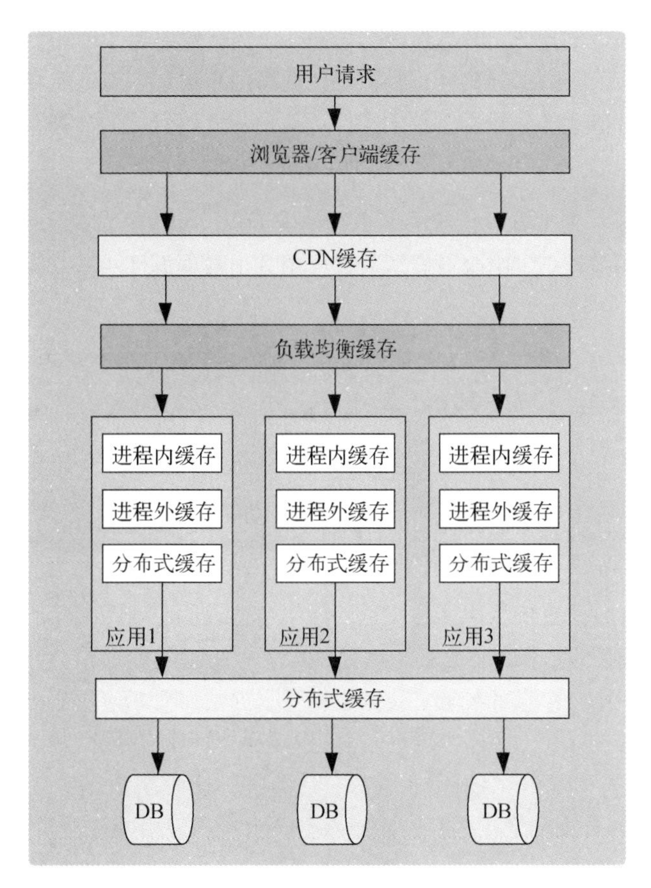

图 8-1 缓存策略图

用户请求经过浏览器的配合，从 CDN 缓存中获取一些静态数据，然后通过代理服务器到应用层获取动态数据，应用服务器中包含进程内缓存、进程外缓存，如果这两个都没有命中，就去请求分布式缓存，如果还是没有命中，再去请求数据库。其中提到的各个层次和环节都可以加入缓存技术。

当所有缓存都没有命中数据时，才会回源到数据库进行查找。请求各缓存的顺序为 HTTP 缓存 → CDN 缓存 → 负载均衡缓存 → 进程内缓存 → 进程外缓存 → 分布式缓存 → 数据库。

下面分别看看每层缓存的原理及实现。

8.1.2　动静分离

分布式系统架构需要快速地响应高并发请求，因此快速将响应信息返回给用户就是设计分布式系统的目的。那么如何更快返回响应信息呢？总结下来可以通过两点：使传输的数据尽量小、把数据存放在离用户最近的地方。沿着这两个思路往下想，要想减小传输数据的容量就要对数据做分离，把静态数据和动态数据分离开；要想让数据离用户更近一点，就要将数据存放到离用户最近的服务器中，同时把这部分数据缓存下来，对于没有发生变化的静态数据，就可以直接返回给用户。

什么是动静分离呢？先来看看传统的客户端请求流程。如图 8-2 所示，客户端发起请求，通过负载均衡找到应用服务器，应用服务器从数据库中拿出数据返回给客户端，这个请求路径相对较长。

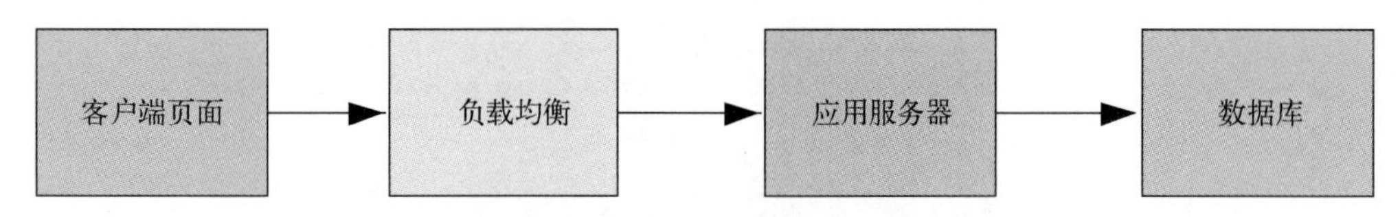

图 8-2　传统的客户端请求流程

为了减小请求路径的长度，减小用户请求的大小，和让数据更快地返回给客户端。需要对数据进行动静分离，静态数据直接从离客户端近的网络节点返回，需要返回动态数据的时候才请求应用服务器。通过观察发现，图片、CSS、JS 这些数据在短时间内是不会频繁变化的，因此称之为静态数据。另外一些用户信息的校验、业务逻辑等数据则需要和应用服务器进行交互，因此称之为动态数据。如图 8-3 所示，将客户端页面中的静态数据和动态数据分离开。然后在请求通过负载均衡的时候，根据请求资源的不同完成不同操作，让静态数据请求指向 CDN（Content Delivery Network，内容分发网络）缓存，动态数据请求指向应用服务器。

动静分离的方式，一方面让静态资源不用经过应用服务器和数据库，直接从 CDN 缓存中就能获取，然后到达客户端，减少了请求的访问路径；另一方面对于整个客户端页面来说，只有一部分动态数据需要从应用服务器获取，也算减小了获取数据的大小。可以说从路径变短和数据减小两个方面对客户端请求进行了优化。

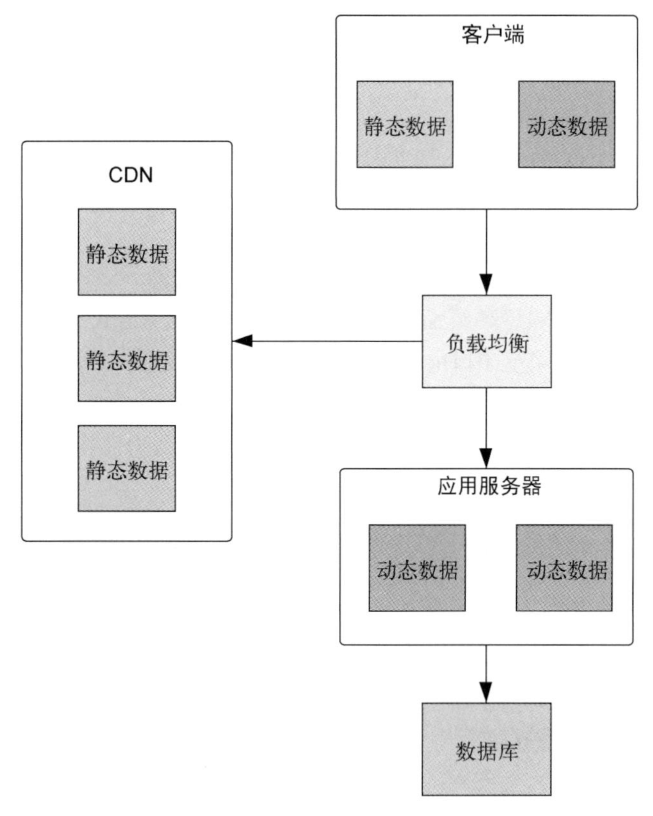

图 8-3　动静分离的设计

1. 如何识别动态或者静态数据

既然动静分离能够带来这些好处，那么如何识别动态数据和静态数据呢？下面以电商平台秒杀商品场景为例来具体分析。

一般而言，我们会为参与秒杀的商品生成专门的商品页面和订单页面。这些页面以静态的 HTML 为主，包含的动态信息能少则少。从业务角度来说，这些商品的信息早就被用户所熟识，在秒杀的时候，他们更关心如何快速下单。既然商品的详情页面和订单页面都是静态生成的，那么就需要定义一个 URL，在即将开始秒杀时，把这个 URL 开放给用户访问。为了防止“程序员或者内部人员”作弊，可以通过时间戳和 Hash 算法生成商品秒杀页面的 URL 地址，也就是说只有系统才知道这个地址，快到秒杀的时候系统再把地址发布出去。有人会问如果浏览器/客户端存放的都是静态页面，那么控制“开始下单”的按钮，以及发送“下单请求”的按钮，也是静态的吗？答案是否定的，下单、验证用户权限和验证秒杀开始的时间都属于动态数据的范畴。静态页面是方便客户端缓存和下单的，对下单时间的控制在服务器端完成。倒计时功能可以通过 JS 方式在客户端实现，这样就不用每次都请求服务器获取时间信息了，只要在用户请求下单的时候再对比本地时间与服务器时间就可以了，这样能够避免“通过修改本地时间提前下单”的作弊行为。倒计时信息在秒杀快开始之前（10 ~ 15 分钟）以 JS 文件的方式发送给客户端，客户端负责把这部分 JS 文件下载下来。倒计时功能包含的业务逻辑很少，基本只有时间、用户信息、商品信息等。所以，其对网络的要求不高。同时在网络设计中，我们也会将 JS 文件和 HTML 文件同时缓存到 CDN 缓存中，让用户从离自己最近的 CDN 服务器上获取这些信息。

通过上面的分析，这里总结一下秒杀页面的动静分离。

- **静态数据**：商品详情和订单页面的 HTML，包括图片、CSS、基本功能和样式的 JS 文件。页面的 URL 需要提前用 Hash 算法生成，并在秒杀前发布。
- **动态数据**：验证用户权限、下单、验证秒杀开始的时间。这些动态数据中可能包含一些 JS 异步请求，虽然实现这些功能是需要请求应用服务器的，但是承载这些功能的 JS 文件可以作为静态资源缓存起来。

如图 8-4 所示，在秒杀之前可以通过应用服务器生成上面提到的信息，例如包含商品信息页面的 HTML 和下单需要的 JS 文件。把这些文件提前放到 CDN 缓存服务器上，在秒杀开始的时候用户就可以从最近的网络节点拿这些资源了。

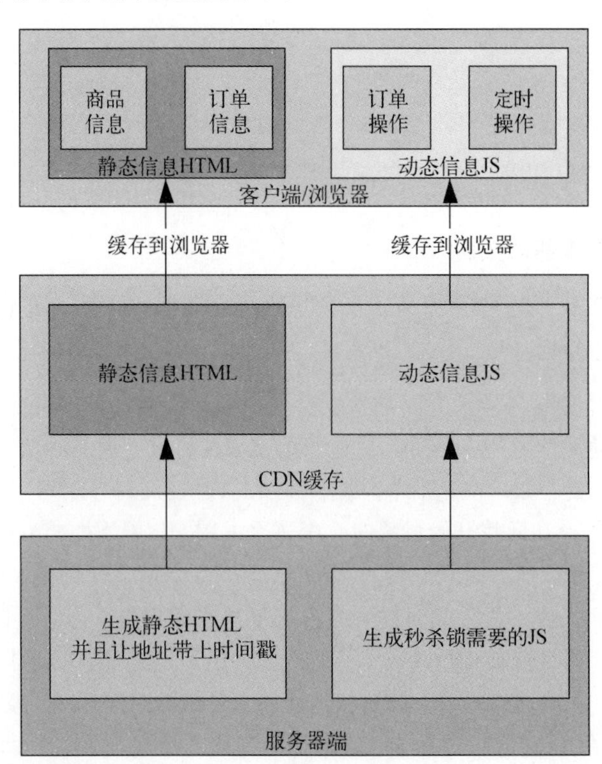

图 8-4　静态 HTML 和动态 JS 可以事先缓存起来供客户端使用

2. Nginx 实现动静分离

清楚了动静分离的定义，知道了如何识别动静数据，我们来看如何通过负载均衡器实现动静分离。Nginx 是目前使用比较多的负载均衡器，这里就以它为例进行讲解。假设有一个 HTML 页面，其中静态数据和动态数据都有。用户通过修改页面向服务器发送请求后，Nginx 会把请求拦截下来，然后把静态数据和动态数据分别路由到不同的服务器上。在下述代码中，我们假设有一个 JSP 页面，其中动态数据的部分是通过 `Random` 函数请求服务器，静态数据只是显示一张图片——picture.png：

```
<%@ page language="java" import="java.util.*" pageEncoding="utf-8"%>
    <html>
      <head>
        <title>TestPage</title>
      </head>
      <body>
          <%
            Random rand = new Random();
            out.println("<h2>我是动态数据</h2>");
            out.println(rand.nextInt(99));
        %>
        <h2>我是静态数据</h2>
        <img src="picture.png" />
      </body>
    </html>
```

下面是通过修改 Nginx 的配置文件 Nginx.conf 实现分别路由，具体是找到 `server` 节点，修改其中的 `location`，代码如下：

```
server {
    listen 80;
    server_name ds.com;
    location / {        ②
        proxy_pass http://127.0.0.1:8000;
    }
    location ~*\.(png|jpg) {        ①
        root / staticResource;
    }
}
```

从 ① 处可以看到，在 `location` 标签后面配置了正则表达式 `~*\.(png|jpg)`，功能是匹配后缀是 .png 和 .jpg 的文件，将匹配到的文件路由到 `root / staticResource` 地址上（当然也可以配置 `proxy_pass`，将这个地址指向对应的静态资源服务器）。从 ② 处可以看到，其他动态请求会通过匹配 `/` 被路由到地址为 http://127.0.0.1:8000 的应用服务器。因此当用户请求静态数据的时候，Nginx 从 root/staticResource 路径获取数据并且返回；当 `Random` 函数请求的时候，从地址为 http://127.0.0.1:8000 的服务器返回。

8.1.3 HTTP 缓存

动静分离以后，可以从缓存中获取静态数据，减小了数据的请求量和请求路径的长度。顺着这个思路，下面我们来介绍实现静态数据缓存的方式，HTTP 缓存就是其中之一。

用户借助浏览器请求服务器的时候，会发起 HTTP 请求，如果能把每次的 HTTP 请求都缓存下来，那么应用服务器的压力就可以减少。在用户第一次发出 HTTP 请求的时候，浏览器的本地缓存库中还没有缓存数据，因此会到应用服务器中获取数据，拿到数据后也会往浏览器的本地缓存库中放一份，这样下次再请求同样数据的时候，根据缓存策略来读取本地缓存库中的数据即可。如图 8-5 所示，客户端请求数据时，先看本地缓存中是否有这部分数据，如果有，则由本地缓存提供数据并直接返回客户端使用；如果是第一次请求，那本地还没有想要的数据，于是向应用服务器发起请求，应用服务器接收请求后提供相应的数据给客户端，客户端接收数据，完成数据获取的操作。

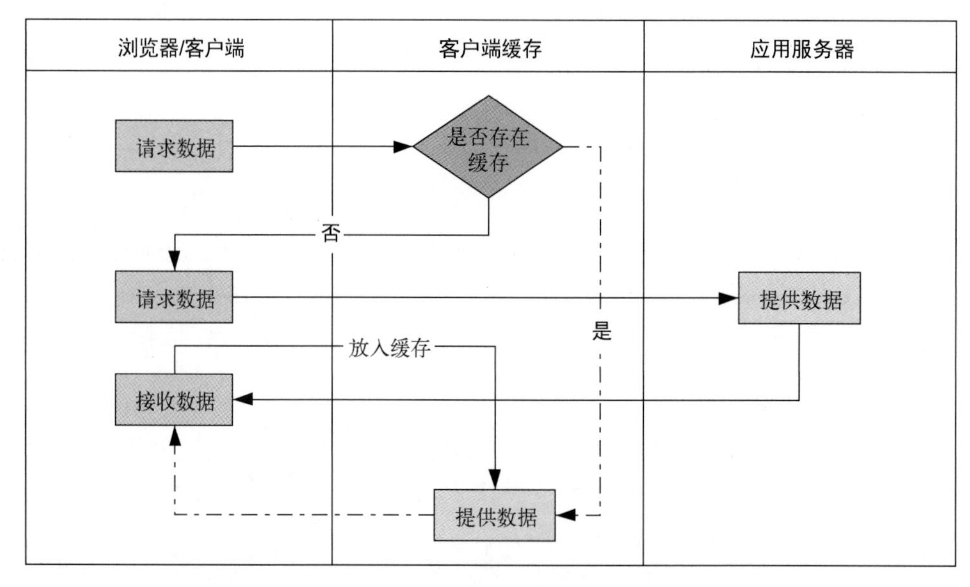

图 8-5　有了 HTTP 缓存后的请求流程图

信息一般通过 HTTP 请求头来传递。目前比较常见的 HTTP 缓存方式有两种，分别是强制缓存和对比缓存。

1. 强制缓存

当浏览器的本地缓存库中保存了缓存信息，而缓存数据又未失效时，是可以直接使用缓存数据的。否则就需要重新获取数据。这种缓存机制看上去比较直接，那么如何判断缓存数据是否失效呢？这里需要关注 HTTP 请求头中的两个字段：`Expires` 和 `Cache-Control`。`Expires` 是服务器端返回的过期时间，客户端第一次请求应用服务器时，服务器会返回资源的过期时间。客户端再次请求相同资源的时候，会对请求时间和资源过期时间做比较，如果前者小于后者，说明缓存没有过期，可以直接使用本地缓存库里的数据；反之说明数据已经过期，必须从应用服务器中重新获取信息，获取完毕后把过期时间更新为最新的。这种方式在 HTTP 1.0 用得比较多，HTTP 1.1 开始使用 `Cache-Control` 来替代它。`Cache-Control` 中有个 `max-age` 属性，单位是秒，用来表示缓存内容在客户端的过期时间。例如 `max-age` 的取值是 `60` 表示当前的本地缓存库中没有数据，客户端第一次请求完应用服务器后，将数据放入本地缓存，那么客户端如果在 60 秒以内再次发送请求，就不会请求应用服务器了，而是直接从本地缓存中返回；如果客户端两次请求的相隔时间超过了 60 秒，就需要去应用服务器中获取了。

2. 对比缓存

这种缓存方式需要对比前后两次的缓存标识，来判断是否使用缓存中的数据。客户端第一次向应用服务器请求数据时，应用服务器会将缓存标识与数据一并返回，之后浏览器将二者备份至本地缓存库中。当客户端再次发出 HTTP 请求时，将备份的缓存标识发送给应用服务器。

应用服务器根据缓存标识对数据是否发生变化进行判断，如果判断没有发生变化，就把 HTTP 状态码 304（表示判断成功）发送给浏览器。这时浏览器才可以使用缓存中保存的数据。此处应用服务器返回的就只是响应头，不包含响应体。下面介绍两种标识规则。

- **`Last-Modified` / `If-Modified-Since` 规则**

如图 8-6 所示，客户端第一次发出请求的时候，应用服务器会返回资源的最后修改时间，记作 `Last-Modified`。客户端将这个字段连同资源一并缓存下来，在下次请求的时候把保存的 `Last-Modified` 当作 `If-Modified-Since` 字段发送。

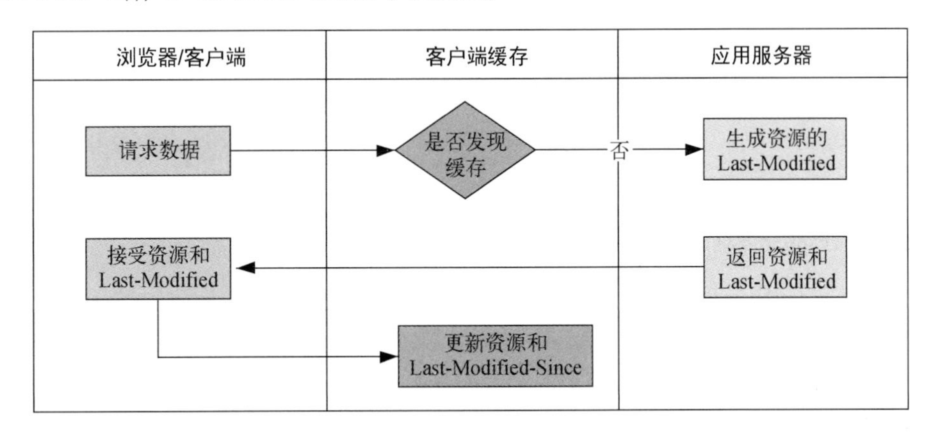

图 8-6 `Last-Modified/If-Modified-Since` 规则下的第一次请求服务器

接着来看图 8-7，当客户端再次请求服务器时，会把 `Last-Modified` 连同请求的资源一起发给服务器，这时的 Last-Modified 会被命名为 If-Modified-Since，两者存放的内容都是一样的。

服务器接收到请求，会对 If-Modified-Since 字段与自身保存的 Last-Modified 字段做比较。若后者的最后修改时间大于前者，则说明资源被修动过，于是服务器会把资源（包括请求头、请求体）重新返回给浏览器，同时返回状态码 200。

若后者的最后修改时间小于或等于前者，则说明资源没有修动过，因此只会返回 Header，并且返回状态码 304。浏览器接收到这个消息后，就可以使用本地缓存库中存放的数据了。

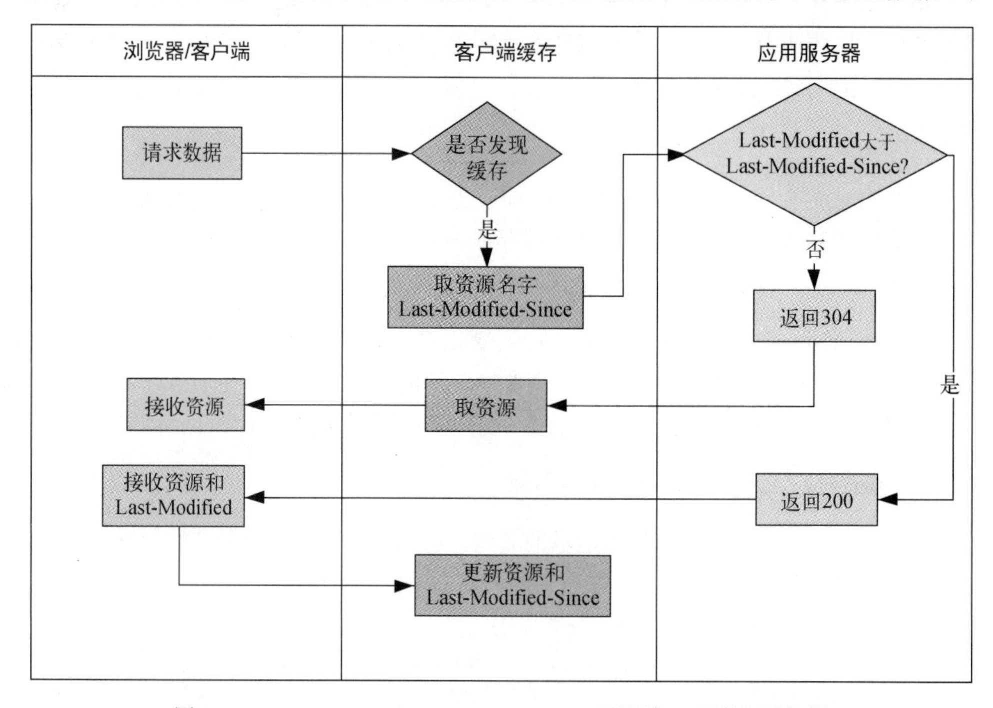

图 8-7　Last-Modified/If-Modified-Since 规则第二次请求服务器

注意，Last-Modified 和 If-Modified-Since 指的是同一个值，只是在客户端和服务器端的叫法不同。

- **ETag / If-None-Match 规则**

客户端第一次向服务器请求资源的时候，服务器会给每个资源分别生成一个 ETag 标记（ETag 是根据每个资源生成的具有唯一性的 Hash 串，资源如果发生变化，ETag 也会随之更改），然后将这个 ETag 返回给客户端，客户端会把请求到的资源和 ETag 一起缓存到本地。客户端在下次请求资源的时候会把保存下来的 ETag 当作 If-None-Match 字段发送出去。如图 8-8 所示，客户端在请求服务器之前先判断客户端缓存是否存在，如果不存在再去请求应用服务器；服务器在获取资源的同时给资源打上 ETag，这个 ETag 连同资源一起返回给客户端，并且客户端将二者一并保存起来。另外，客户端也会缓存资源和 `ETag` 信息。

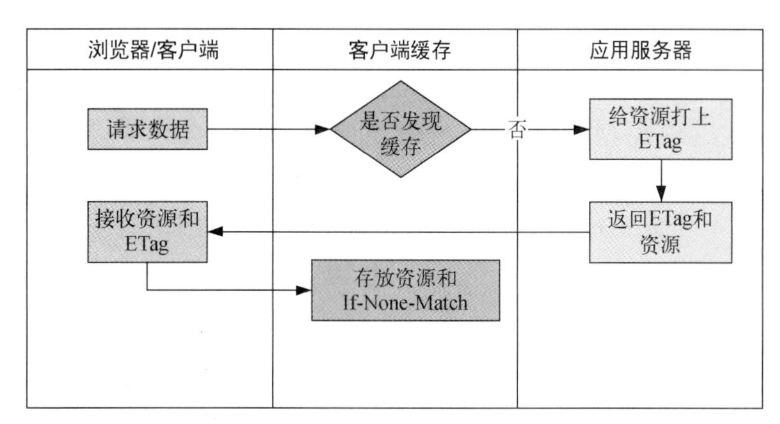

图 8-8 `ETag/If-None-Match` 第一次请求服务器

客户端在第二次向服务器请求相同的资源时，会把资源对应的 `ETag` 一并发送给服务器。在请求时，`ETag` 会转化成 `If-None-Match`，但内容不变。

如图 8-9 所示，由于是第二次请求服务器，客户端中已经存在资源的名字和 `If-None-Match`。客户端请求资源时，把这两个信息一并发给应用服务器，当应用服务器接收到请求后，会对 `If-None-Match` 与自身保存的资源的 `ETag` 做比较。比较结果分不一致和一致两种情况，分别如下。

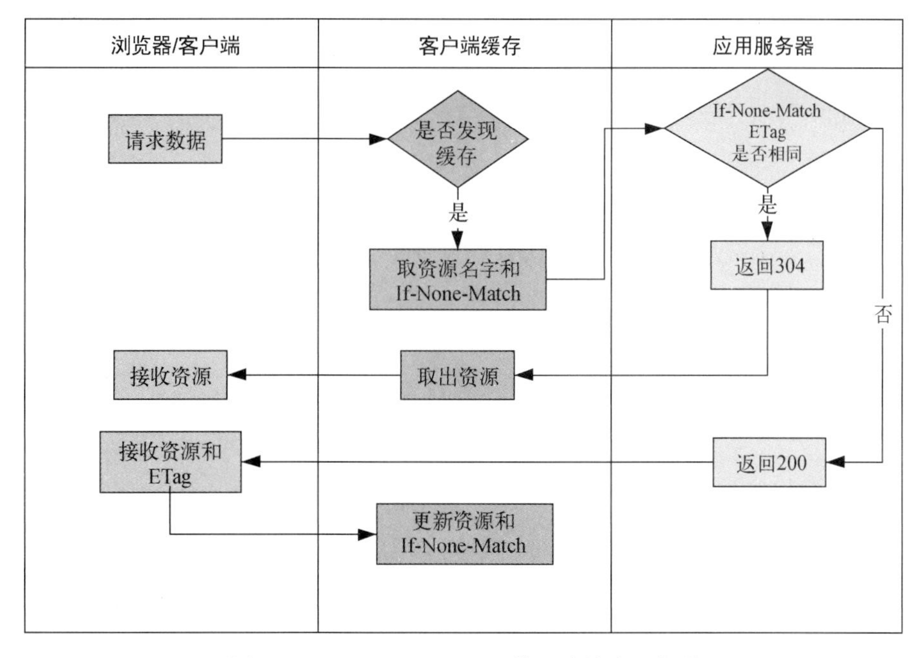

图 8-9 `ETag/If-None-Match` 第二次请求服务器

如果不一致，则说明资源被修动过，于是返回资源（Header+Body），以及状态码 200。由于资源被修动过，应用服务器还会重新获取资源，将资源和 `ETag` 信息都返回给客户端，此举动无疑会增加网络传输。

如果一致，说明资源没有被修改过，于是返回 Header，以及状态码 304。客户端接收到这个消息就可以使用本地缓存库的数据，而不用从应用服务器获取新的数据，从而减少了网络传输这一步。

注意，`ETag` 和 `If-None-Match` 指的是同一个值，只是在客户端和服务器端的叫法不同。

8.1.4　CDN 缓存

HTTP 缓存中存放的主要是静态数据，就是把从服务器中拿出的数据缓存到客户端/浏览器。如果在客户端和服务器之间加上一层 CDN（Content Delivery Network，内容分发网络），就可以让 CDN 为应用服务器提供缓存了，有了 CDN 缓存，客户端就不用再请求服务器了。8.1.3 节讲到的两种策略同样可以应用于 CDN 服务器。

CDN 缓存解决了资源访问的延迟问题，适用于网络应用加速等场景；使得访问网络应用的用户能从离自己最近的网络节点中获取信息；同时解决了网络拥挤问题，并且提高了用户访问网络应用的响应速度和成功率。CDN 缓存通过尽量缩短信息的传输路径，正如前面讲的动静分离那样，把静态数据存放在 CDN 网络中，保证用户能够以最短的网络路径获取资源，而不用回源到更深层次的应用服务器，甚至数据库。为了方便大家理解客户端访问 CDN 网络的整个过程，我们下面从 CDN 请求流程入手，分 5 个步骤给大家展开说明。CDN 工作简图如图 8-10 所示。

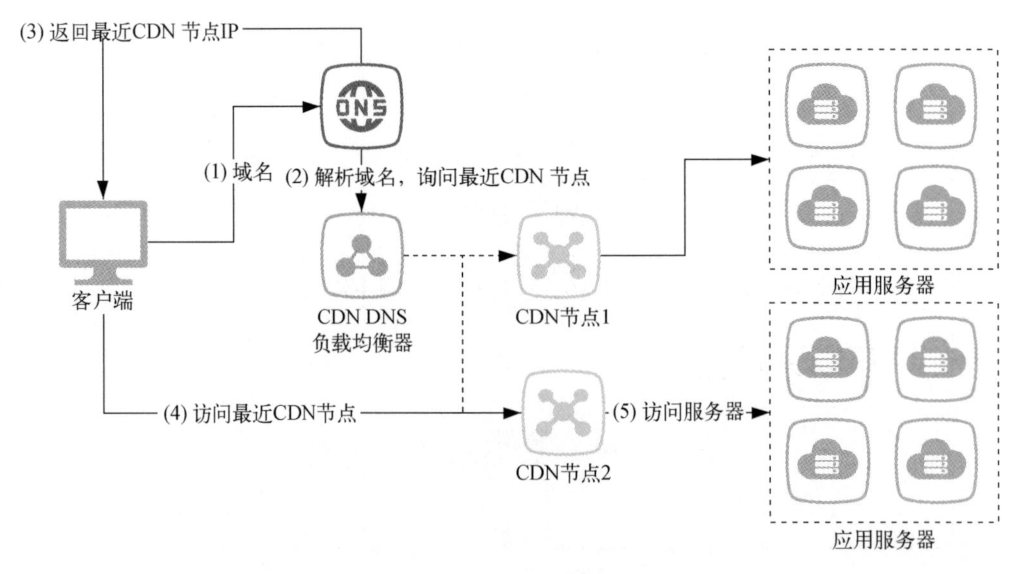

图 8-10　CDN 工作简图

CDN 节点负责接收客户端的请求，它就是离客户端最近的服务器，后面会连接多个服务器，起到了缓存和负载均衡的作用。

(1) 客户端发送 URL 地址给 DNS 服务器。这个 URL 中包含所请求资源的信息。

(2) DNS 服务器通过域名解析，把请求指向 CDN 网络中的 DNS 负载均衡器。

(3) DNS 负载均衡器将最近的 CDN 节点的 IP 地址告诉 DNS 服务器，DNS 服务器再告知客户端。

(4) 客户端向最近的 CDN 节点请求资源。

(5) CDN 节点从应用服务器获取资源返回给客户端，同时将静态信息缓存下来。注意，客户端下次互动的对象就是 CDN 缓存了，CDN 可以和应用服务器同步缓存信息。

8.1.5 DNS 结构与访问流程

8.1.4 节讲了客户端请求如何通过 CDN 网络访问到静态资源，在请求流程的 5 个步骤中反复出现了 DNS 服务器和 DNS 负载均衡器的身影。为了让大家对这个访问流程有更加深入的理解，这里将对 DNS 结构和访问流程展开说明。要点包括两个方面：DNS 的定义和结构、DNS 解析客户端请求的原理。

1. DNS 的含义和结构

互联网使用 IP 地址来唯一标识一个服务器。虽然 IP 地址能代表一台设备，但其记忆起来比较困难，所以人们把它替换成了一个易于理解和识别的名字，这个名字叫作域名，例如 www.ituring.com 就是一个域名。域名后面会定义一个 IP 地址，用来指向网站服务器。那么问题来了，谁来实现这个从域名到 IP 地址的映射关系呢？答案是 DNS。

DNS（Domain Name System，域名系统）是互联网的一项服务，它维护着一个分布式数据库，数据库中保存着域名和 IP 地址的对照关系，能够让人们更方便地访问互联网。

DNS 从结构上来说，最顶层是根域名服务器（ROOT DNS Server），里面存储着 260 个顶级域名服务器的 IP 地址。对于 IPv4 来说，全球有 13 个根域名服务器，这些服务器存储了每个域（如.com、.net、.cn）的解析和域名服务器的地址信息。简单点讲，根域名服务器就是用来存放顶级域名服务器地址的。

根域名服务器的下一级是顶级域名服务器，顶级域名又称一级域名。例如 .com 域名服务器中存储的是一些一级域名（如 ituring.com）的权威 DNS 服务器地址。顶级域名可以分为三类：gTLD、ccTLD 和 New gTLD。

- gTLD：国际顶级域名，例如 .com、.net、.org 等；
- ccTLD：国家和地区顶级域名，例如中国的域名是.cn，日本的域名是.jp；
- New gTLD：新顶级域名，例如 .xyz、.top、.red、.help 等。

顶级域名服务器就是根据上面三类保存域名或者 IP 地址的对应数据。

顶级域名服务器的下一级是本地域名服务器（Local DNS Server），一般是运营商的 DNS，主要作用是代理用户进行域名分析。

如图 8-11 所示，DNS 服务器分为三级，从上到下分别是根域名服务器、顶级域名服务器和本地域名服务器。

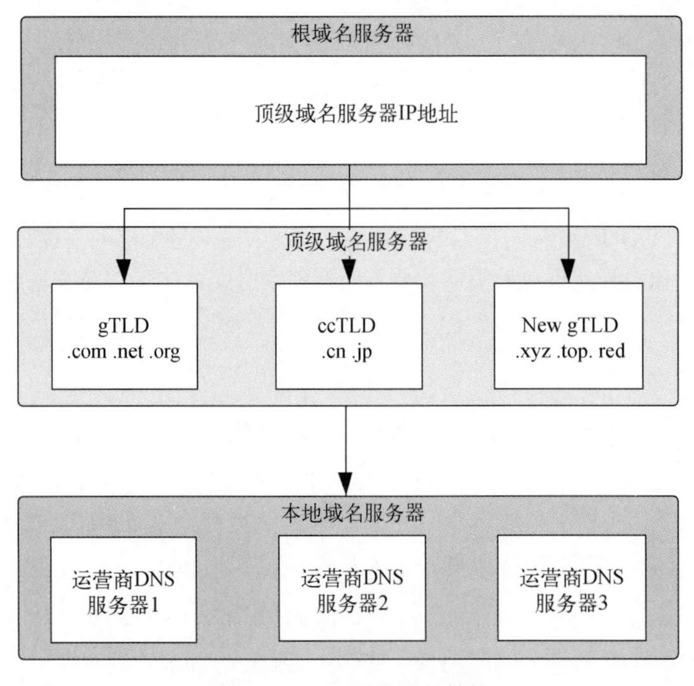

图 8-11 DNS 服务器的结构

2. DNS 解析客户端请求的原理

这部分将以客户端访问网页的过程为例，描述 DNS 解析以及从获取 URL 到将之映射为 IP 地址的整个过程。过程比较复杂，存在信息的来回传递。因此画图时，我们会简化信息来回传递的线段，将重点放在信息传递的路径上，如图 8-12 所示。

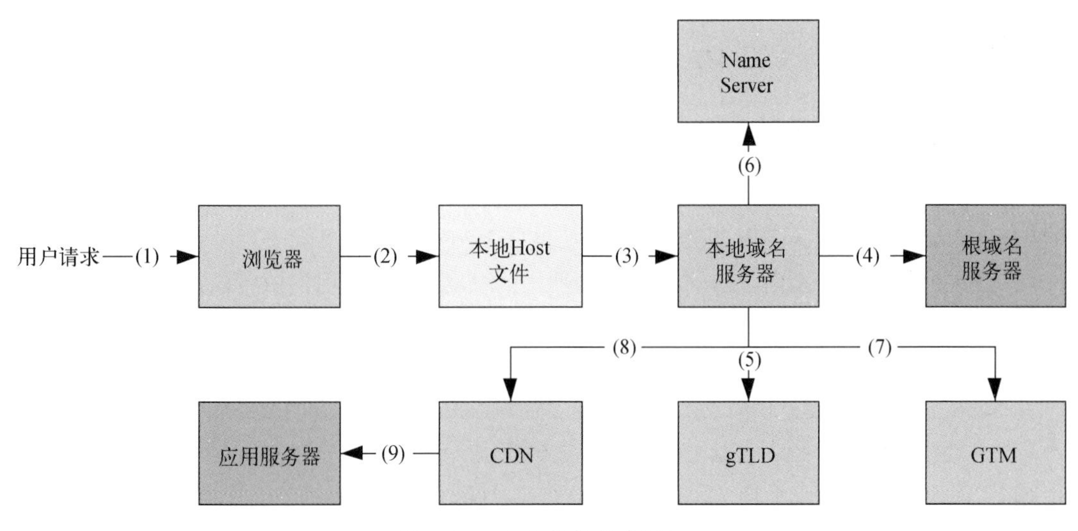

图 8-12 DNS 解析的全过程

图 8-12 通过 9 步来诠释 DNS 解析的过程。

(1) 客户端通过浏览器输入要访问网站的地址，例如：www.ituring.com。浏览器会在自己的缓存中查找此 URL 对应的 IP 地址。如果客户端之前访问过这个地址，那么缓存中就会保存这个 URL 对应的 IP 地址，此时客户端可以直接访问 IP 地址。如果没有缓存，则进入第 (2) 步。

(2) 通过配置计算机本地的 Host 文件，可以设置 URL 和 IP 地址的映射关系。例如 Windows 系统下是配置 C:\windwos\system32\driver\etc\hosts 文件，Linux 系统中是配置 /etc/named.confg 文件。这里查找本地的 Host 文件，是看有无 IP 地址的缓存。如果在此文件中依旧没有找到映射关系，就进入第 (3) 步。

(3) 请求本地域名服务器，通过本地运营商获取 URL 和 IP 地址的映射关系。如果用的是校园网，那么 DNS 服务器就在学校；如果用的是小区网络，则 DNS 服务器是由运营商提供的。总之，本地域名服务器在物理位置上离发起请求的计算机是比较近的。本地域名服务器中缓存了大量的 DNS 解析结果，由于性能较好，在物理上又与发起请求的计算机的距离比较近，因此它通常在很短的时间内就可以返回针对指定域名的解析结果。这一步可以满足 80%的 DNS 解析需求，如果这一步还是没有完成 DNS 解析，则进入第 (4) 步。

(4) 通过根域名服务器进行解析，根域名服务器会根据请求的 URL，把顶级域名服务器的地址返回给本地域名服务器。例如查询的是 .com 的域名，就查询 gTLD 对应的域名服务器的地址。

(5) 收到顶级域名服务器的地址以后，本地域名服务器就去访问对应的顶级域名服务器（gTLD、ccTLD、New gTLD），顶级域名服务器会返回 Name Server 的地址。这个 Name Server 就是网站注册的域名服务器，上面包含网站 URL 和 IP 地址的对应信息。你在哪个域名服务提供商那里申请的域名，这个域名就由这个服务商对应的服务器来解析。Name Server 是由域名提供商维护的。

(6) Name Server 会把指定域名的 A 记录或者 CNAME 返回给本地域名服务器，并且设置一个 TTL。

- A（Address）记录：用来指定主机名（或域名）对应的 IP 地址记录。用户可以将该域名下的网站服务器指向自己的 Web 服务器，同时也可以给自己的域名设置二级域名。
- CNAME：别名记录。这种记录允许将多个名字映射到同一个域名，通常用于同时提供 WWW 和 MAIL 服务的计算机。例如有一台同时提供 WWW 和 MAIL 服务的计算机名为 host.mydomain.com（A 记录）。为了便于用户访问服务，也方便服务商维护，一般建议用户使用 CNAME 别名记录方式。如果主机使用了双线 IP，显然 CNAME 更方便一些。
- TTL（Time To Live）：用于设置 DNS 解析在本地域名服务器上的过期时间。超过这个过期时间后，URL 和 IP 地址的映射关系就会被删除，之后如果需要获取，还要请求 Name Server。

(7) 如果第 (6) 步获取的是 A 记录，就可以直接访问网站的 IP 地址了。但大型网站通常会返回 CNAME，然后将其传给 GTM 服务器。GTM（Global Traffic Manager）即全局流量管理，基于网宿智能 DNS、分布式监控体系，实现实时故障切换以及全球负载均衡，保障应用服务的持续高可用性。传给 GTM 服务器的目的是希望通过 GTM 的负载均衡机制，帮助用户找到最适合自己的服务器，也就是离自己最近、性能最好、服务器状态最健康的服务器。而且大多数网站会实现 CDN 缓存，此时就更需要让 GTM 帮忙找到网络节点中适合自己的 CDN 缓存服务器了。

(8) 找到 CDN 缓存服务器以后，可以直接从上面获取一些静态资源，例如 HTML、CSS、JS 和图片。对于动态资源，例如商品信息和订单信息，则需要走第 (9) 步。

(9) 对于没有缓存下来的动态资源，需要从应用服务器上获取，应用服务器与互联网之间通常有一层负载均衡器负责反向代理，由它将客户端请求路由到应用服务器上。

8.1.6　负载均衡实现动态缓存

动静分离的设计思想是将静态数据放到客户端和 CDN 中缓存起来。那么除了缓存静态数据，动态数据该如何缓存呢？通常而言，动态缓存指的是缓存一些业务数据，也就是和用户使用的业务场景相关的数据。还是以秒杀业务为例，用户请求会把用户 ID、商品 ID 传给服务器，进行验证操作。实际上这个验证操作不需要在服务器中完成，有些数据相对于秒杀而言是固定的。例如秒杀商品在秒杀之前就已经确定好了、系统中的用户信息也早就存在了。这些信息完全可以在秒杀之前就放到缓存服务器（Redis）中。用户请求在进入服务器集群前都会经过代理层，因此验证操作其实可以在代理层完成。换句话说，验证操作可以在经过负载均衡器的时候完成，这样就省去了调用服务器的环节，能够更快地响应用户。如图 8-13 所示，从接入层来的用户请求，通过 Nginx 代理层。

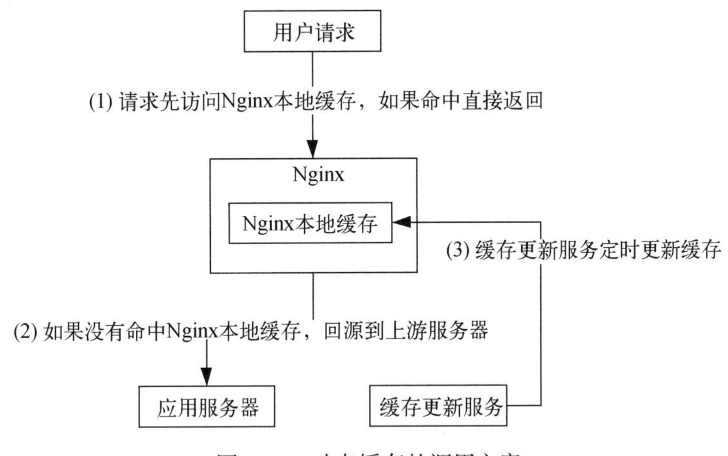

图 8-13 动态缓存的调用方案

下面为图 8-13 中的三个步骤。

(1) 用户请求应用服务器时，如果请求的数据在 Nginx 本地保存着，就直接返回给用户。

(2) 如果没有 Nginx 本地缓存，则需要回源到上游的应用服务器。

(3) 还有一部分不会经常变动的动态数据（用户信息、商品信息），Nginx 可以直接调用缓存服务器（Redis）获取，因此不用回源到应用服务器。需要注意的是这部分动态数据虽然不经常变化，但不等于不发生变化，一旦其发生变化，是需要更新缓存服务器的。

图 8-13 所示的方案，无非是减少了调用的步骤，因为服务器有可能存在其他的调用，存在数据转换和网络传输成本。同时这个方案还包含一些业务逻辑和访问数据库的操作，影响响应时间。从代理层调用的缓存数据具有如下特点。

- 这类数据变化不太频繁，例如用户信息。
- 业务逻辑简单，例如验证用户是否有资格参加秒杀活动、验证商品是否在秒杀活动范围内。
- 此类缓存数据需要专门的进程对其进行刷新，如果无法命中，还是需要请求服务器。

实现这种方案一般需要加入少许代码脚本。以 Nginx 为例，需要加入 Lua 脚本协助实现。针对 OpenResty Lua 的具体开发，在这不展开。我会举一个例子帮助大家理解，最重要的目的是打开思路。例子描述的是客户端发送 `userId`（用户 ID）信息，有些 `userId` 事先已经放到了缓存服务器（Redis）中，表示对应的用户可以参与秒杀活动。Nginx 对比用户请求的 `userId` 和缓存的 `userId` 是否一致，如果一致，就让客户端进行后续的访问，否则拒绝其请求。这只是一个例子，在实际操作中，这个 `userId` 也可以是商品 ID，对应的操作是验证商品是否参与秒杀活动；或者是客户端的 IP 地址，对应的操作是判断这个请求是否为来自黑名单的恶意请求。这个例子的示意图如图 8-14 所示。

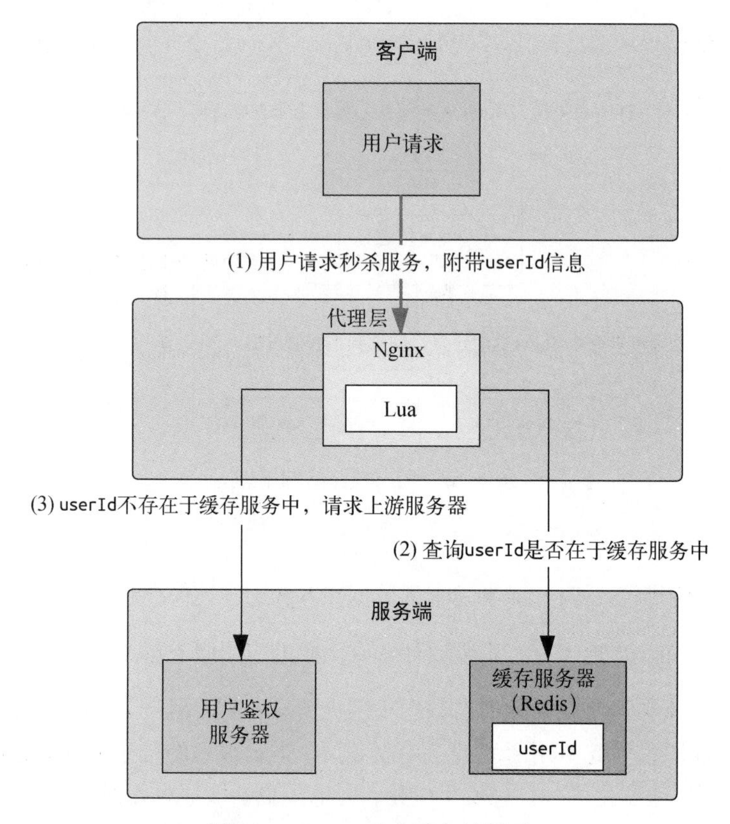

图 8-14　Nginx 动态缓存的例子

(1) 用户请求秒杀服务的时候，会附带 `userId` 信息。

(2) 系统需要确认用户的身份和权限。于是先通过 Nginx 上的 Lua 脚本查询缓存服务器（Redis）。缓存服务器事先已经缓存了用户的鉴权信息，因此如果能从中获得 `userId` 相关的信息，就可直接返回用户拥有的权限，进行后面的操作。

(3) 如果从缓存服务器中获取不到，再去请求上游的用户鉴权服务器，并进行后面的业务流程。

上面提到的 Lua 脚本是一种轻量小巧的脚本语言，由标准 C 语言编写，以源代码的形式开放，嵌入到 Nginx 中，为其提供灵活的扩展和定制功能。它负责调用缓存服务器（Redis）和上游服务器。接下来我们看看 Lua 的具体实现和 Nginx 的配置。

先建立 Lua 脚本，实现如下功能。

(1) 创建 Redis 连接。以 `userId` 为键读取缓存服务器中的信息，看 `userId` 是否存在于缓存服务器中。实现这一功能的函数是 `get_redis`，输入参数是 `userId`，返回值是 `Reponse`，若返回值不为空，则说明 `userId` 存在于缓存服务器中。

(2) 关闭 Reids 连接。对应的函数是 close_redis，输入参数是 redis 对象。

(3) 连接上游的服务器。对应的函数是 get_http，输入参数是 userId，主要是获取 userId 对应的访问权限。

脚本的执行过程如下。

初始时，Nginx 获取用户的 URL 请求，截取 userId 参数并传给 Lua 脚本。Lua 脚本建立与 Redis 的连接，查询对应的 userId 是否存在缓存中。如果存在就直接返回结果，完成后续操作。如果不存在，则调用 get_http 函数请求上游的用户鉴权服务器。最后，调用 close_redis 函数关闭与 Redis 的联机。

限于篇幅，这里只简单介绍函数 get_redis 的主要代码，其部分代码如下：

```
local redis = require("resty.redis")      ①
local cjson = require("cjson")              ②
local ngx_var = ngx.var                       ③

local function get_redis(userId)           ④
local localredis = redis:new()        ⑤
localredis:set_timeout(2000)
local ip = "192.168.1.1"
local port = 8888
local ok, err = localredis:connect(ip, port)    ⑥
local response, err = localredis:get(userId)  ⑦
close_redis(localredis)
return resp
end

local userId = ngx_var.userId           ⑧
local content = get_redis(userId)      ⑨

if not content then                       ⑩
content = get_http(userId)
end
   return ngx_exit(404)
end
```

下面简要介绍其中的代码。

① 引用 Lua 的 redis 模块，此后就可以对其进行操作，例如产生 Redis 实例。

② 引用 Lua 的 cjson 模块，用来实现 Lua 值与 Json 值之间的相互转换。

③ 定义 ngx_var，用来获取 Nginx 传入的请求参数，下面的步骤中需要用它接收传入的用户信息。

④ 定义函数 get_redis，其主要作用是通过用户 ID（userId）从缓存中获取对应的用户信息。如果其返回值不为空，说明缓存中存在用户信息。

⑤ 利用 Lua 的 redis 模块，新建 redis 对象，从而可以调用缓存信息，并设置缓存的超时时间。

⑥ 设置 Redis 缓存服务器的 IP 地址和端口号，并打开 Redis 连接。

⑦ 输入 userId 获取对应的值，并将结果存放到 response 和 err 变量中。在 response 为空的情况下，可以返回 null，并且关闭 Redis 连接。最后返回请求缓存的结果。

⑧ 描述完 get_redis 函数以后，程序从这里开始执行，首先从请求的参数变量 ngx_var 中获取 userId。

⑨ 调用 get_redis 函数，传入 userId，把返回的结果放到 content 变量中。

⑩ 如果缓存中不存在 userId，就去请求上游的用户鉴权服务器。使用 HTTP 请求调用上游的用户鉴权服务器，如果这个服务器里还没有，就返回 404。

上面的 Lua 脚本主要是通过 get_redis(userId) 传入 userId，再从缓存中获取信息的过程。将这个脚本保存在 /usr/checkuserid.lua 下面。它如何与 Nginx 协同工作呢？配置 Nginx 的代码如下：

```
location ~ ^/userid(\d+)$ {
    default_type 'text/html';
    charset utf-8;
    lua_code_cache on;
    set $userId $1;
    content_by_lua_file /usr/checkuserid.lua;
}
```

假设用户通过 URL（http://192.168.1.1/userid/123）访问秒杀系统。其中传入的用户 ID 为 123，通过 Nginx 中 location 配置的正则表达式 location ~ ^/userid(\d+)$ 与 Lua 命令 content_by_lua_file 绑定到一起，这个命令后面的参数就是 Lua 脚本的地址。传入的参数 userId 是 123，于是 Lua 脚本中的 get_redis(userId) 就会执行后面的查找操作了。这种动态缓存的方式，不仅缓存了用户信息，还起到了过滤的功效，可以过滤一些不满足条件的用户。注意，这里用户信息的过滤和缓存只是一个例子。主要想表达的意思是，可以将一些变化不频繁的数据，提到代理层来缓存，从而提高响应的效率。同时，还可以根据风控系统返回的信息，过滤一些疑似机器人或者恶意请求的信息。例如从固定 IP 地址发送过来的、频率过高的请求。最重要的就是，在代理层可以识别来自秒杀系统的请求。如果请求中带有秒杀系统的参数，就要把该请求路由到秒杀系统的服务器集群，这样才能将秒杀业务和正常业务系统分割开来。

8.1.7　进程内缓存

先来介绍进程内缓存的定义和原理，应用服务器上部署着一个个应用，这些应用以进程的方式运行着，那么进程内的缓存是怎样的呢？进程内缓存又叫托管堆缓存，以 Java 为例，这部分缓存放在 JVM 的托管堆上，会受托管堆回收算法的影响。

进程内缓存是受限于内存大小的。由于缓存运行在本地，因此进程内缓存更新后，其他进程内的缓存是无法知道的，例如对订单更新服务进行水平扩展，将之扩展成两个完全一样的服务。假如其中一个服务在本地更新了订单状态，那么另一个服务是无法知道这个更新的，此时若用户向另一个服务请求数据，就无法获取更新状态后的缓存。因此进程内缓存适用于以下场景。

数据量小，更新频率低。例如订单状态更新场景只需要在付款完成之后，更新一下订单状态即可，而且更新频率也不高；使用 Caffeine 作为本地缓存，将 `size` 设置为 `10000`、过期时间设置为 30 分钟，基本能在解决高峰期的问题。如果更新频繁高的场景也想使用进程内缓存，则需要设置较短的过期时间，或者较短的自动刷新时间。

进程内缓存由于不涉及序列化和反序列化操作，因此缓存速度较快。缺点上面也提到了，就是缓存的空间不能太大，会对垃圾回收器的性能产生影响。目前比较流行的进程内缓存的实现有 ehcache、Caffeine、GuavaCache。这些架构很容易就能把一些热点数据放到进程内缓存中。由于这个缓存的大小有限，因此其中缓存的数据会面临缓存回收的问题。进程内缓存通过回收那些不经常使用的数据，把空间腾出来，给那些使用较多的数据使用。缓存的回收策略根据具体的架构实现会有所不同，这里我们需要关注两个回收策略，大致思路都是一样的。

1. 缓存回收算法

LRU（Least Recently Used，最近最少使用算法）的思想是移除缓存中最久没有被使用过的数据。这种算法认为最近被访问过的数据将来被访问的几率也会高。其实现方式是把缓存数据保存在一个双向链表中，新加入的缓存数据和被访问次数较多的数据被放到链表的头部。也就是说，链表的头部存放着被高频访问的数据。按照这个方式，那些被访问较少的数据逐渐积累到了链表的尾部。因此一旦缓存被填满，首先从链表的尾部开始淘汰数据。这种算法在遭遇突发流量时表现不俗，流量爆发通常是因为热点数据的访问量激增，使用这种算法一定不会释放这部分热点数据。

如图 8-15 所示，使用 LRU 算法的缓存在内部维护着一个双向链表，链表中每个节点都有两个指针，分别指向自己上面和下面的节点。可以看出，左边的链表由三个节点组成，从上到下分别是缓存数据 A、B、C，每个节点都向上、下伸出两个黑色箭头，所有节点通过这种方式实现首尾相连。另外，定义缓存数据 A 为链表头部，定义缓存数据 C 为链表尾部，这样一个有头有尾、节点之间互相连接的链表就形成了。顺着添加新缓存的箭头往右看，当新缓存数据 D（虚线框）加入时，会自动被放到链表的头部，同时缓存数据 A 和 D 之间用双向箭头连接到一起，此时新缓存数据 D 代替 A 成为链表头部。

如图 8-16 所示，缓存数据 B 由于被访问次数较多，从而成为热点数据，于是被移动到链表的头部。假设此时有新的缓存数据要加入链表中，而链表的容量已满，为了存放新的数据就会将表尾的缓存数据 C 淘汰。

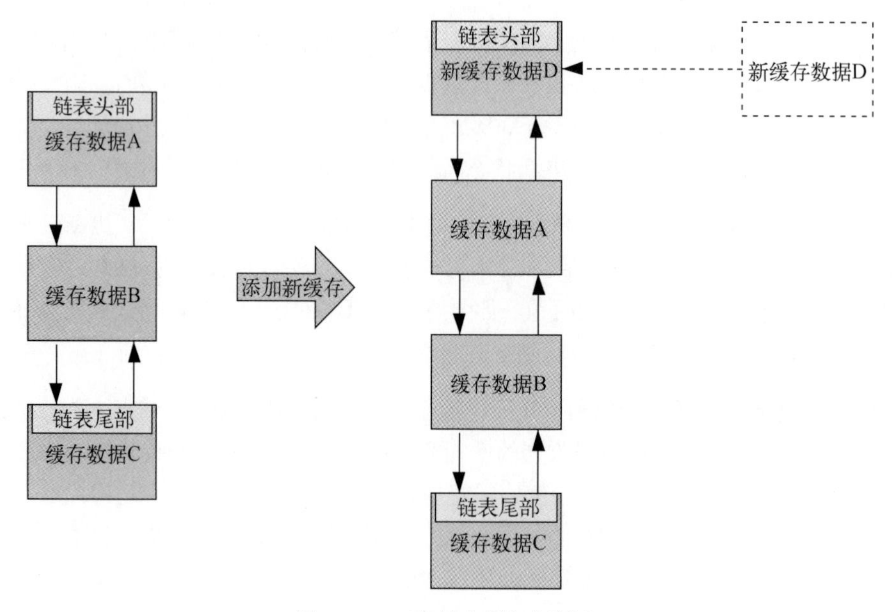

图 8-15　双向链表添加新缓存

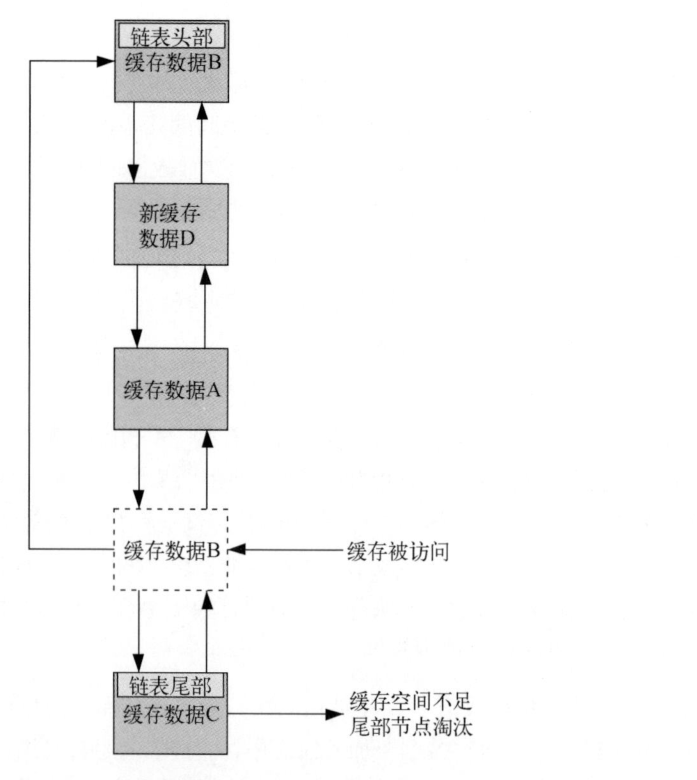

图 8-16　热点数据移动到表头，淘汰表尾数据

LFU（Least Frequently Used，最不常用算法）算法的思路是移除缓存中一段时间内使用频率最小的数据。该算法会记录缓存数据的被访问次数，并以这个访问次数作为淘汰数据的依据。算法用一个列表保存访问次数，并对次数从大到小进行排列，说白了就是要明确哪些数据的被访问次数比较多，认为被访问次数越多的数据越是重要，越会留在缓存中继续使用。根据这个思想，需要开辟一个存储列表来存每个数据的被访问次数，这会消耗本来就不多的内存资源。而且容易考虑不到一些特殊情况，例如刚刚上架一个秒杀商品，它的访问次数显然没有其他商品多，如果一加入缓存中，就因为被访问次数少被淘汰掉，那这是我们不希望看到的情形。

如图 8-17 所示，左边的数据列表中存放着数据 A~G，并且每个节点上都标注着数据被访问的次数。可以看出“数据 E”的被访问次数为 17，给它增加 10 次访问之后，它在列表中的位置就会上移。上移之后形成了右边新的队列，如果此时有其他缓存数据加入，导致缓存空间不足需要释放数据，依旧是从列表的尾部释放被访问次数最少的缓存数据。此时数据 G 由于在整个列表中的被访问次数是最少的（1 次），因此会被淘汰。

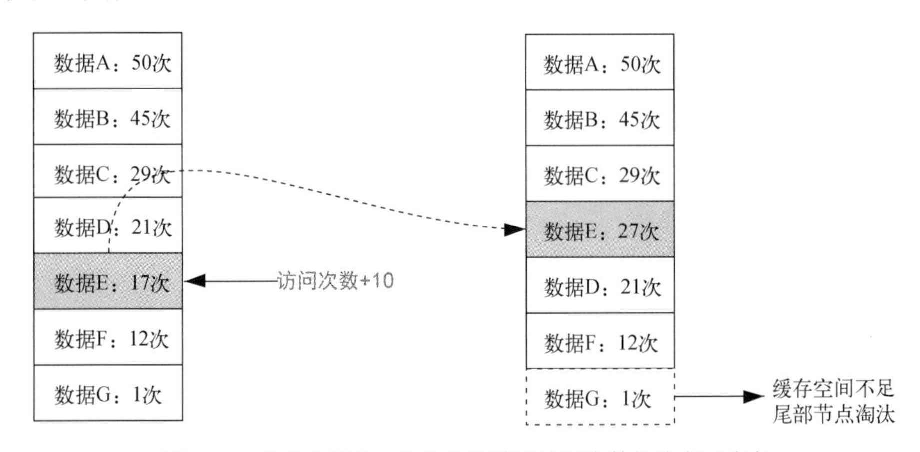

图 8-17　节点在列表中的位置随着被访问次数的改变而改变

2. Caffeine 针对进程内缓存的最佳实践

8.1.7 节开头提到目前比较流行的进程内缓存有 ehcache、GuavaCache、Caffeine 等。这里以最流行的 Caffeine 为例，给大家介绍一下进程内缓存的用法。Caffeine 是基于 JAVA 8 的高性能缓存库，使用其提供的进程内缓存时可参考 Google Guava Cache 的 API。Caffeine 是基于 Google Guava Cache 的设计经验，改进而得的成果。在性能方面，Caffeine 是比较强的，并发性测试的结果明显优于 Guava Cache。下面我们就从缓存加载策略、缓存过期策略和缓存淘汰策略三方面来看看 Caffeine 是如何实现进程内缓存的。

- **缓存加载策略**

Caffeine 的缓存加载有三种方式，分别是手动加载、同步加载和异步加载。以下面的代码为例，首先通过 Caffeine 中的 newBuilder 对缓存进行初始化，这里可以定义缓存大小、过期方式、过期时间等参数，在后面的例子中会具体讲解这些参数。首先介绍的是手动加载方式：

```
public class CaffeineTestMain {
    public static void main(String[] args) {
        Cache<String, Object> caffeineCache = Caffeine.newBuilder().build();   ①
        String key = "cacheKey";   ②
        caffeineCache.put(key,"cacheValue");  ③
        System.out.print("key="+key+";value="+ caffeineCache.
                    getIfPresent(key)); ④
    }
}
```

下面简要解释一下上述代码。

① 通过 Caffeine 的 newBuilder 初始化缓存，这里以 build 方法作为入口，初始化一个缓存。

② 缓存中的数据都是以键值对形式存放的，因此定义一个 key 为 cacheKey，这里的定义需要根据具体业务来确定，如果存放的是订单状态，就定义为 orderStatus。

③ 定义好 key 以后，通过 caffeineCache.put(key,"cacheValue"); 语句将 cacheValue 这个缓存值存放到缓存中，也就是定义的 cacheKey 中。

④ 最后，通过 caffeineCache 中的 getIfPresent 方法，传入对应的 key，获取 value 的值。这步看上去比较简单。

通过 key 获取缓存数据的时候，会遇到同步加载情况。同步加载指在第一次获取缓存数据的时候，缓存中没有 key 对应的值，因此需要去数据库或者其他地方获取这个值。相关代码如下：

```
private static void loadingCache(){
    LoadingCache<String, Object> loadingCache = Caffeine.newBuilder()
        .build(key -> createObject(key));   ①
    String key = "cacheKey";
    Object object = loadingCache.get(key);         ③
    System.out.print("key="+key+";value="+ object);
}

private static Object createObject(String key) {      ②
    return "data for "+ key;
}
```

下面简要解释一下上述代码。

① loadingCache 是用来获取同步加载缓存的 Cache 对象，通过对应的 newBuilder 中的 build 方法对同步加载缓存进行初始化，使用 createObject 方法创建缓存数据。

② createObject 方法的返回值中，在 key 前面加上了 data for 的字样，在实际操作中可以把这里当成获取缓存数据的方式，例如从数据库中获取。

③ 在初始化缓存以后，没有像手动加载方式那样使用 put 方法将缓存值放入缓存，因此在运行 loadingCache 中的 get 方法获取缓存数据时，发现 key 对应的 value 为 null，此时会通过 createObject 方法获取缓存信息，也就是返回的 data for cacheKey 信息。

同步加载会通过 key 获取缓存的内容，当 key 对应的 value 为空时通过指定的同步方法获取缓存内容，既然是同步，那么方法这里会一直等待，直到 value 返回以后，程序才往下执行。

说完了同步加载，异步加载就比较好理解了，示例代码如下：

```
private static void asyncLoadingCache(){
    AsyncLoadingCache<String, Object> asyncLoadingCache = Caffeine.newBuilder()
        .buildAsync(key -> createObject(key));
    String key = "cacheKey";
    Object object = asyncLoadingCache.get(key);
    System.out.print("key="+key+";value="+ object);
}
```

它与同步加载的区别在于，这里是通过 AsyncLoadingCache 进行定义，并且使用 buildAsync 方法定义初始化填充方法。其他的使用方法几乎和同步加载一样。异步加载在获取值的同时，程序不会阻塞可以继续往下执行。

- **缓存过期策略**

由于缓存空间有大小限制，因此会为每个进入缓存的数据设置一个过期策略。对于 Caffeine 来说，有三类清除缓存的策略，分别是基于容量大小的过期策略、基于使用时长的过期策略和基于引用的过期策略。

基于容量大小的过期策略，这里有两种定义方式，分别如下面的 ① 和 ② 所示：

```
LoadingCache<String, Object> loadingCache3 = Caffeine.
    newBuilder().maximumSize(1000).build(key -> createObject(key)); ①

LoadingCache<String, Object> loadingCache4 = Caffeine.newBuilder().
    maximumWeight(1000).weigher((key,value) -> 5).
    build(key -> createObject(key));  ②
```

这里简要介绍上面的两种方式。

① 通过 maximumSize 定义缓存能存放数据的最大个数，如果数据量超过了设置的缓存最大个数，会释放最近或者经常未使用的数据。

② 定义缓存的 maximumWeight，表示释放缓存的最大权重。这里假设缓存数据占用的内存是不同的，可以通过 weigher 函数设置缓存的权重，换句话说占用不同内存大小的数据所持有的权重也不同。如果缓存中累积的权重超过 maximumWeight，就释放最近或者经常未使用的数据。

下面的代码为了方便，将所有缓存的权重都设置为了 5，具体情况可以根据业务逻辑进行设置。

基于使用时长的过期策略，使用 newBuilder 对缓存进行初始化：

```
LoadingCache<String, Object> loadingCache1 = Caffeine.newBuilder().
    expireAfterAccess(10, TimeUnit.MINUTES).build(key -> createObject(key));  ①

LoadingCache<String, Object> loadingCache2 = Caffeine.newBuilder().
    expireAfterWrite(5, TimeUnit.MINUTES).build(key -> createObject(key));  ②

LoadingCache<String, DataObject> cache = Caffeine.newBuilder().
    expireAfter(new Expiry<String, DataObject>() {  ③
      @Override
      public long expireAfterCreate(String key, DataObject value, long currentTime) {
          return 1000;
      }
      @Override
      public long expireAfterUpdate(String key, DataObject value, long
                              currentTime, long currentDuration) {
          return currentDuration;
      }
      @Override
      public long expireAfterRead(String key, DataObject value, long currentTime,
                              long currentDuration) {
          return currentDuration;
      }
}).build(k -> DataObject.get("Data for " + k));
```

这里简要解释上述代码的作用。

① 第一个初始化使用了 expireAfterAccess 方法，该方法的第一个参数表示时间长度、第二个参数表达时间单位，意思是在访问缓存 10 分钟以后，该缓存过期。

② 第二个初始化使用了 expireAfterWrite 方法，同样其第一个参数表示时间长度、第二个参数表示时间单位，意思是在写入缓存 5 分钟以后，该缓存过期。

③ 第三个初始化使用了 expireAfter 方法，需要重写其中的 expireAfterCreate（创建缓存后过期）、expireAfterUpdate（更新缓存后过期）、expireAfterRead（访问缓存后过期）方法，以自定义基于使用时长的过期策略。

基于引用的过期策略，这类策略是根据数据对象的引用类型来设置缓存过期策略，示例代码如下所示：

```
LoadingCache<Key, DataObject> loadingCache5 = Caffeine.newBuilder().softValues().
    build(key -> DataObject.get("Data for " + key));  ①

LoadingCache<Key, DataObject> loadingCache6 = Caffeine.newBuilder().weakKeys().
    weakValues().build(key -> DataObject.get("Data for " + key));  ②
```

这里简要解释上述代码的作用。

① 第一个缓存初始化方法中使用了 `softValues`，也就是“软引用”过期策略。如果一个数据对象使用了软引用，那么在内存空间足够的情况下，垃圾回收器是不会回收它的；但内存空间不足时，还是会回收该数据对象的内存。

② 第二个缓存初始化方法中使用了 `weakKeys` 和 `weakValues` 方法，分别指 `key` 的弱引用和 `value` 的弱引用，也就是定义了“弱引用”过期策略。当垃圾回收器线程扫描内存时，一旦发现了使用弱引用的数据对象，无论内存空间足够与否，都会回收它的内存。

- **缓存淘汰策略**

由于进程内缓存占用的内存空间有限，因此会定期清除不需要的缓存。上面讲的缓存过期策略是在初始化缓存时就制定好的策略，暗含主动淘汰缓存数据的意思，那么在缓存数据并未满足过期条件的情况下，整个内存空间又不足时，Caffeine 如何淘汰缓存数据呢？意味着有些数据即便没有满足淘汰条件，也会因为内存不足而被动淘汰。

实际上，Caffeine 是使用 W-TinyLFU 算法实现的缓存淘汰策略。算法中会设计一个过滤器，新加入的缓存数据只有在访问频率高的时候才能通过这个过滤器，继而被 Caffeine 缓存接纳。为避免刚进入缓存的数据由于还未被使用，因此在没有预热的情况下就被淘汰掉，Caffeine 提供了 Eden 队列（伊甸园队列），刚进入缓存的数据会被放到这里，并不会因为访问次数的问题被淘汰掉。这个队列的容量大约占整个缓存容量的 1%，特别适合秒杀场景使用。另外，还有一个队列叫作 Probation 队列，也就是“缓刑队列”，用于存放访问次数比较少的冷数据，或者说即将被淘汰的数据。除了放到这两个队列的数据，其他数据存放在 Protected 队列中，也就是“保护队列”。这里的数据暂时不会被淘汰，如果队列放满了，也会转移一些数据到 Probation 队列中，面临被淘汰的局面。不过处在 Probation 队列中的数据如果被再次访问了，就又会移回 Protected 队列。这几个队列是由 LFU 实现的，即分段（Segmented）的 LFU，也就是将实现 LFU 算法的缓存分成一段一段的。如果记得 4.2.4 节讲到的分段加锁的概念，那么这里会比较好理解。多个线程访问同一缓存数据的时候会出现锁的情况，这样会造成大量线程处于等待状态。如果将这些缓存数据分成段，那么每个线程来了以后，就可以选择锁住不同的段缓存，从而避免了等待的情况。

如图 8-18 所示，新数据会被保存到 Eden 队列中，暂时不会被淘汰。这个存放是暂时的，随着 Eden 队列中数据量、访问量的增加，Caffeine 实现的 Hash 过滤器会将访问量高的那些数据升级到 Protected 队列中。这里的数据是不会被淘汰的。Eden 队列中那些依旧没有访问量的数据，会被降级到 Probation 队列中，这里的数据会被淘汰出 Caffeine 缓存。Probation 队列中的数据如果被访问了，使得访问量上升，也会被升级到 Protected 队列中。Protected 队列中的数据虽然永远不会被淘汰，但如果访问量减少，一样会被降级到 Probation 队列中。

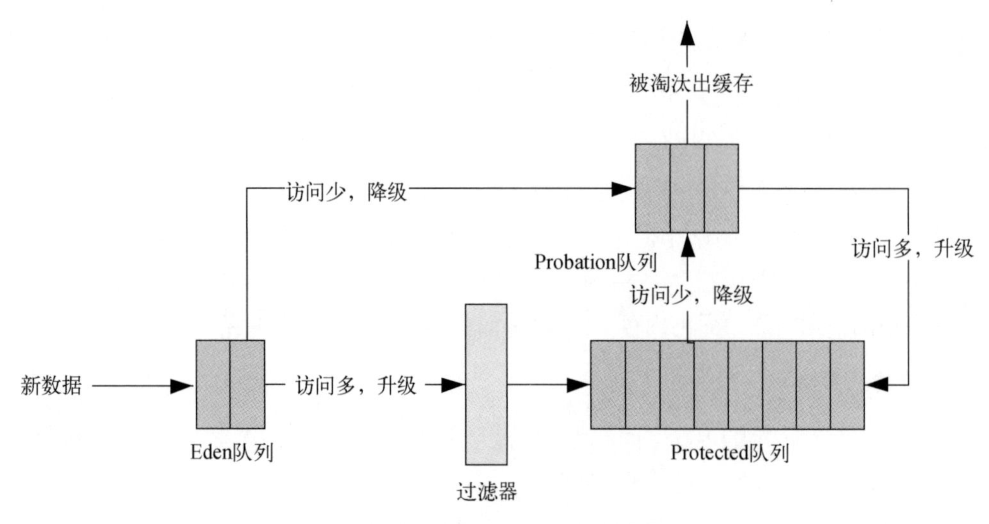

图 8-18　Caffeine 内部缓存淘汰策略的原理

8.1.8　分布式进程缓存

前面提到的是单机状态下的缓存访问，适用于在某个服务内部对缓存进行操作的情形。在分布式架构盛行的今天，如果在多应用特别是微服务中采用进程内缓存，就会存在数据一致性的问题。就拿订单更新服务来说，它会在订单更新完毕以后在本服务的进程内维护订单的更新信息。如果有多个订单更新服务，其中一个服务更新了订单的内容后，只能将数据缓存在本地的缓存中，该如何通知其他订单服务去更新它们本地缓存中的内容呢？

这里推荐两种方案：消息队列修改方案和 Timer 修改方案。

先说消息队列修改方案。由于应用程序分别部署在不同的进程或者网络节点上，彼此之间无法同步信息，因此需要通过消息队列的方式实现消息同步。一旦某个应用程序修改了缓存数据，便会通过消息队列通知其他应用程序更新缓存信息。

如图 8-19 所示，最上面是消息队列，负责同步缓存信息，它下面是三个应用程序以及数据库。

(1) 由于业务原因，应用程序 1 修改了本地缓存信息。

(2) 应用程序 1 将此次修改同时保存到数据库中。

(3) 然后将缓存信息的修改发送给消息队列。

(4) 由于应用程序 2、应用程序 3 都订阅了消息队列中缓存更新的通知，因此当应用程序 1 修改缓存信息以后，应用程序 2、3 都会接收到这个通知，然后修改本地的缓存数据，从而达到缓存数据同步的目的。

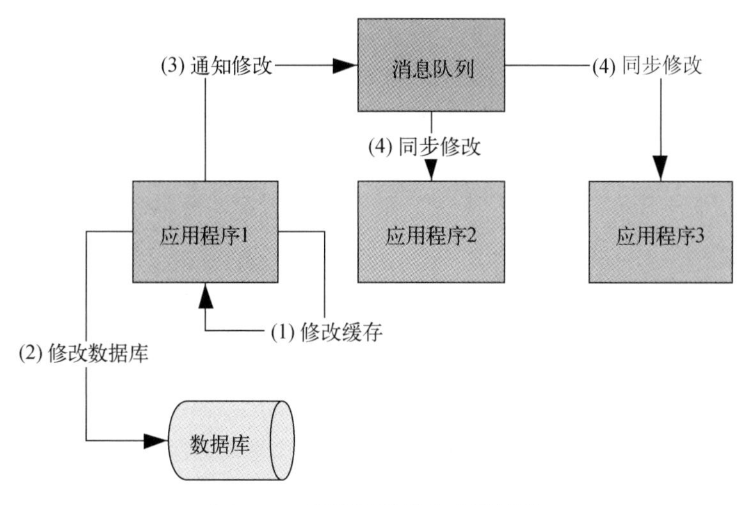

图 8-19　消息队列修改方案简图

再说 Timer 修改方案。此方案适用于对实时一致性不敏感的场景，每个应用程序中都会内置一个 Timer 时钟，定时从数据库同步最新的数据信息，从而完成对缓存信息的刷新。

如图 8-20 所示，存在三个应用程序，分别是应用程序 1、2、3，每个应用程序中都启动了一个 Timer 时钟，负责定时从数据库拉取最新的数据，并更新缓存。这里需要注意的是，从应用程序更新数据库，到其他节点通过 Timer 时钟获取数据这期间，用户会读到脏数据，因此使用这种方案需要控制好 Timer 的同步频率。这种方案多应用于对实时性要求不高的场景。

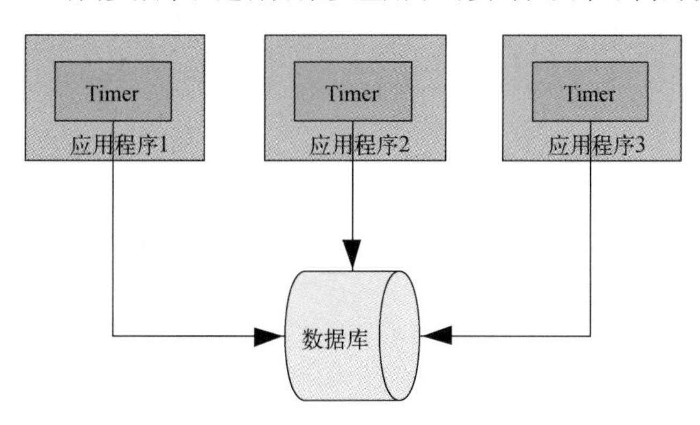

图 8-20　Timer 修改方案简图

缓存在分布式架构中的应用介绍完了，这里我们稍加总结。8.1 节我们按照“HTTP 缓存 → CDN 缓存 → 负载均衡缓存 → 进程内缓存 → 分布式进程缓存 → 数据库”的思路介绍了数据请求的过程。HTTP 缓存和 CDN 缓存存储的是静态数据，负载均衡缓存、进程内缓存、分布式缓存缓存的是动态数据。HTTP 缓存包括强制缓存和对比缓存；CDN 缓存和 HTTP 缓存是好搭档；负载均衡缓存中会存放变化不大的资源（用户信息），需要服务协助缓存的更新；进程内缓存虽然效率高，但受容量限制；分布式进程缓存可以通过队列和时钟的方式进行缓存同步。注意，这里没有对分布式进程缓存进行深入讲解，因为在 6.3 节已经有了详细的介绍，这里不再赘述。

8.2 可用性

8.1 节从缓存的角度介绍了分布式系统的高性能，本节要讲可用性是分布式系统已经具备的性质。将应用或者服务分布式部署本身就是在保证系统的可用性，当某一个节点上的服务挂掉时，其他节点上的水平扩展服务仍旧会提供相同的服务，提高用户的使用体验。在高并发、大数据的应用场景中，分布式系统的可用性体现得尤为明显。可用性需要保证在遭遇高并发时，整个系统中的应用程序依旧保持可用，如果从服务可用、服务部分可用和服务完全不可用三方面来看待这个问题，那么分别对应的是请求限流、服务降级和服务熔断。请求限流是从流入系统的请求角度，看如何限制单位时间内的请求数，来保证系统的稳定性。服务降级是从服务的角度，定义服务等级并且针对服务等级实施降级策略。服务熔断是对无法正常提供服务的应用程序采取特定的干预措施，保证其不会影响到其他应用程序。下面展开介绍这三个问题。

8.2.1 请求限流

随着业务量的增加，常常会遇到高并发场景，即便是并发处理能力很强的架构，也会因此遇到瓶颈。为了保证业务系统能够正常运行，在请求量超出系统承受范围的时候，就需要对流入系统的请求进行限制了。保证现有系统正常运行就是限流的意义。

系统的流量通常通过 QPS 来衡量。QPS（Queries-per-second，每秒查询率）是衡量系统每秒能够处理多少查询次数的标准，其数值越大，表示系统能够处理的并发查询数越高。这个数值如果过高，就会影响系统的处理效率，特别是秒杀系统瞬间迎来高并发时，对系统是一个挑战。为了保证系统的平稳运行，需要对流量进行限制。由于流量从客户端出发，先流经接入层，再到应用服务器，最后到应用服务，会经历几个过程，因此每个层次都需要考虑限流的问题。下面将展开讲解限流算法、接入层限流、单点限流、集群限流几方面。

1. 限流算法

漏桶算法：有一个容量固定的桶，数据报按照固定的速度从中流出，但可以按照任意的速度流入桶中，如果数据报的量超过了桶的容量，那么再流入的数据报将会被丢弃。按照这个规则，需要设置限流的区域、桶的容量，以及是否延迟。这种算法的如图 8-21 所示。

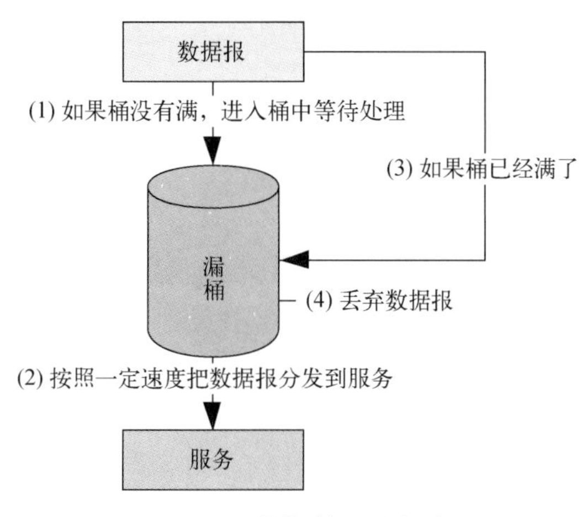

图 8-21 漏桶算法示意图

其中各步分别如下。

(1) 数据报流入漏桶的时候，先判断桶是否满了。如果桶没有满，则进入桶中等待处理（桶中的数据会按照一定的速度被处理）。

(2) 漏桶按照一定速度把数据报分发到各个目标服务。

(3) 随着数据报不断加入，漏桶会被装满。

(4) 如果漏桶被装满了，再流入的数据报就会被丢弃，那么请求这些数据的用户就会收到错误信息。

令牌桶算法：这里也有一个容量固定的桶，并以固定的速度往这个桶里放置令牌，桶满之后，就无法再添加令牌。当数据报到来时，先从桶中取令牌，如果桶中有令牌，那么数据报就凭借令牌处理请求，处理完毕后，令牌销毁；如果桶中没有令牌，那么该请求将被拒绝。请求在发往令牌桶之前，需要经过过滤器（分类器），目的是对报文进行分类，例如某类报文可以直接发往应用服务器、某类报文需要经过令牌桶获取令牌以后才能发，又例如 VIP 请求可以直接发往服务器，无须经过令牌桶。令牌桶算法的示意图如图 8-22 所示。

漏桶算法能够限制数据报的传输速度，使数据报按照平滑的速度流入桶中，对突发流量不做额外处理；令牌桶算法通过放置令牌的方式限制数据报的流入速度，可以应对流量突然增大的情况，当请求流量增大时，可以加快放入令牌的速度，使两个速度相匹配。

因此，漏桶算法和令牌桶算法最明显的区别在于对突发流量的处理，这方面令牌桶略占上风。

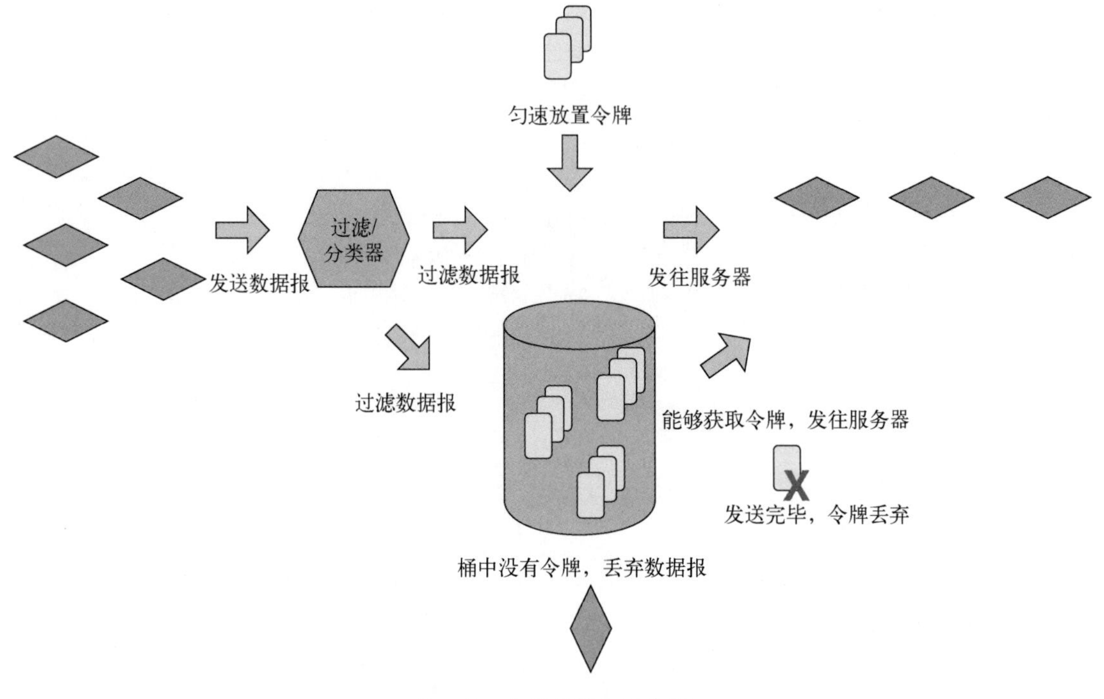

图 8-22 令牌桶算法示意图

2. 接入层限流

限流算法只是实现限流功能的基础，具体限流操作的实践是多种多样的。Nginx 作为接入层，是应用服务与客户端之间的中介者，负责反向代理和负载均衡工作。接入层把客户端请求路由到不同的服务器上，这些服务器再分别响应请求。在这一层可以对整个系统进行限流操作，这里我们来看看 Nginx 是如何应用限流算法的。

- **限制访问频率的 ngx_http_limit_req_module 模块**

ngx_http_limit_req_module 模块的功能是根据每个客户端的 IP 地址，限制客户端每秒发出的请求数，并且定义一块内存空间作为缓冲区，将超过请求频率的客户端请求暂时缓存起来。

下面来看看对应的参数定义，Nginx 配置文件如下：

```
http{
    limit_req_zone $binary_remote_addr zone=limit:10m rate=2r/s;        ①
}
server {
    location / {
        limit_req zone=limit burst=5 nodelay;       ②
        proxy_pass http://192.168.1.1:8888
    }
}
```

从上述配置内容可以看出以下两点。

① http 中的 limit_req_zone 表示限制请求的区域，后面跟着的 $binary_remote_addr 表示发出请求的客户端 IP 地址。zone=limit 用来定义一个名为 limit 的缓冲区，此缓冲区用于存放服务器无法即时处理的请求。10m 的意思是缓冲区的大小是 10MB。在并发量高的情况下，大多数请求会由于没有得到响应而被放在这个缓冲区，可以考虑适当扩大其空间。对于 64 位系统来说，这里的 10MB 缓冲区可以存放约 16 万个 IP 地址。

再后面的 rate=2r/s 表示每秒处理来自同一个 IP 地址 2 个请求。这里可以根据 IP 地址设计用户的请求频率，rate 配置的就是漏桶的流出速度。

② location 中的 limit_req zone=limit，对应第 ① 步中 http 里定义的缓冲区。burst=5 用来配置如何处理超额请求，假设一秒内，有 7 个来自同一 IP 地址的请求，那么服务器只处理其中 1 个，另外有 5 个放在缓冲区中等待处理，这 5 个请求既不会被拒绝也不会被丢弃，还剩下 1 个请求则失败。配置的这个 busrt 就是桶的大小，如果配置为 0，表示桶中不会存放任何请求，请求以一定的速度漏出桶外；如果配置具体的值，那么当同时到达多个请求时，会暂存相应数量的请求。最后的 nodelay 表示超过 rate 配置的流出速度的请求不会被延迟处理。

- **限制并发数的 ngx_stream_limit_conn_module 模块**

与 ngx_http_limit_req_module 模块不同，ngx_stream_limit_conn_module 模块是通过控制资源的连接数来限制请求的。例如支持同一个 IP 地址与 Nginx 之间有 *n* 个连接。

下面来看看对应的参数定义：

```
http{
    # 分别通过 IP 和 server 来限制同时连接的个数，在 zone 中配置缓存的大小
    limit_conn_zone $binary_remote_addr zone=perip:10m;       ①
    limit_conn_zone $server_name zone=perserver:10m;
}
server {
    location / {
        limit_conn perip 20;            ②
        limit_conn perserver 100;    ③
    }
}
```

从上述配置内容可以看出以下三点。

① http 中的 limit_conn_zone 表明限制请求的区域，后面跟着的 $binary_remote_addr 表示发出请求的客户端 IP 地址，这个定义和 ngx_http_limit_req_module 模块的配置是一样的。通过 zone=perip:10m 来指定缓冲区的大小。同理，下面的一条规则是通过 server_name，即服务器名字实现的限制，通过 zone=perserver:10m 来指定缓冲区的大小。

② limit_conn perip 20 对应的 key 是 $binary_remote_addr，表示限制单个 IP 地址同时最多能持有 20 个连接。

③ limit_conn perserver 100 对应的 key 是 $server_name，表示虚拟主机同时能够处理的并发连接总数。注意，只有当请求头被后端服务器处理后，这个连接才能参与计数。

从 Nginx 的配置文件可以看出，两个模块的配置基本相似。下面总结一下。

ngx_http_limit_req_module 模块限制了同一个 IP 地址在同一时间访的问频率。

ngx_stream_limit_conn_module 模块限制了同一个 IP 地址在同一时间的连接总数。

3. 单点限流

Nginx 实现的是接入层限流，那到了应用层，针对单个应用服务又该如何实现限流呢？这些有很多最佳实践，例如 Sentinel、Guava 等工具都提供限流功能。思路和接入层一样，我们以 Sentinel 为例给大家介绍单点限流如何实现。Sentinel 是阿里巴巴开源的一套工具集，以流量为切入点，从流量控制、熔断降级、系统负载保护等多个维度保证服务的稳定性。这里我们着重介绍 Sentinel 的限流功能，内容分两个部分：规则定义和规则应用。

先来看规则定义。

- Resource：限流规则针对的资源名称，这个资源可以是某个服务、方法或者代码段。在 Sentinel 中，资源被抽象出来执行具体的限流操作，可以限流代码和服务。这种方式使得 Sentinel 屏蔽了复杂的逻辑，用户只需要为受保护的代码或者服务定义资源，然后定义规则就可以了，剩下的事情由 Sentinel 完成。并且资源和规则是解耦的，甚至可以在运行时动态修改规则。
- Grade：限流类型。例如 QPS（FLOW_GRADE_QPS）、线程数（FLOW_GRADE_THREAD）。
- Count：限流阈值。例如限流类型填写的是 FLOW_GRADE_QPS，那么这里填写 20 指的是 QPS 若为 20，就达到了阈值。
- LimitApp：限流来源，指具体的服务或者方法，可以用逗号分割。取值为 default 的时候，表示所有调用请求都要参与限流统计。这里可以填写具体调用方，之后会针对这个具体的调用方进行限流。
- Strategy：限流策略，是基于调用关系的流量控制策略。其包括三种限流模式，STRATEGY_DIRECT 对于所有调用者进行限流；STRATEGY_RELATE 表示关联流量限流，给两个资源设置关联关系后，可以避免两个资源之间的过度争抢；STRATEGY_CHAIN 表示根据链路入口限流，假设有两个不同的请求都调用了资源，可以指定其中一个请求进行限流，而对另一个不限流。

- ControlBehavior：限流行为。CONTROL_BEHAVIOR_DEFAULT 表示满足条件以后直接拒绝，例如 QPS 超过 20，就拒绝请求；CONTROL_BEHAVIOR_WARM_UP 表示排队等待，在流量突然增加的时候通过缓慢提高系统请求量的方式让请求通过，不至于因为流量瞬间猛增而压垮系统，也就是慢慢预热；CONTROL_BEHAVIOR_RATE_LIMITER 表示按照一定的速度让请求通过，类似漏桶算法。

把上面配置资源与规则的过程总结一下，结果如图 8-23 所示。

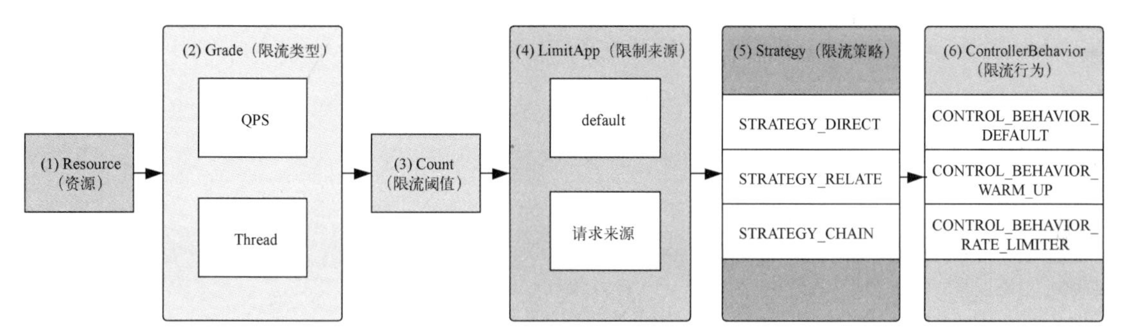

图 8-23 单点限流的配置过程图

下面的代码块通过 initFlowRules 方法设置限流规则：

```
private static void initFlowRules(){
    List<FlowRule> rules = new ArrayList<>();
    FlowRule rule = new FlowRule();
    rule.setResource("HiResource");        ①
    rule.setGrade(RuleConstant.FLOW_GRADE_QPS);    ②
    rule.setCount(20);    ③
    rule.setStrategy(STRATEGY_DIRECT);       ④
    rule.setControlBehavior(CONTROL_BEHAVIOR_DEFAULT)    ⑤
    rules.add(rule);
    FlowRuleManager.loadRules(rules);        ⑥
}
```

下面按照标号简要介绍上述代码的含义。

① 设置 HiResource 作为限流资源。

② 设置限流类型为 QPS。

③ 设定限流阈值为 20。

④ 设置限流策略 Strategy 为 STRATEGY_DIRECT。

⑤ 设置限流行为是 CONTROL_BEHAVIOR_DEFAULT。

⑥ 通过 FlowRuleManager 中的 loadRules 方法加载规则。

再来看规则应用，相关代码如下：

```
public static void main(String[] args) {
    initFlowRules();         ①
    while (true) {
        Entry entry = null;
        try {
            entry = SphU.entry("HiResource");     ②
            /*你的业务逻辑 - 开始*/
                System.out.println("hello world");
            /*你的业务逻辑 - 结束*/
        } catch (BlockException e1) {
            /*限流逻辑处理 - 开始*/
                System.out.println("block!");
            /*限流逻辑处理 - 结束*/
        } finally {
            if (entry != null) {
                entry.exit();
            }
        }
    }
}
```

下面按照标号简要介绍上述代码的含义。

① 调用业务逻辑之前先通过 `initFlowRules` 方法加载限流规则。

② 执行 `entry` 方法指定限流的资源 `HiResource`。在执行 `SphU.entry()` 后，会返回一个 `Entry`，`Entry` 表示一次资源操作。这段代码默认有一个上下文环境，也就是 `Context`，每个资源操作，即对 `Resource` 进行的 `entry`、`exit` 操作，都必须对应一个 `Context`。如果程序中未指定 `Context`，就会创建 `name` 为 `sentinel_default_context` 的默认 `Context`。一旦满足了限流条件，便会进入 `try catch`，所做的限流处理就是对资源进行保护。注意这里的限流逻辑是通过 `try catch` 硬编码的方式实现的，还可以用注释等其他方式完成。

4. 集群限流

接入层限流和单点限流介绍完后，自然而然出现了一个问题。接入层和单点服务能否合作实现限流呢？例如接入层限制 QPS 为 100，单点服务有 10 个，就可以让每个服务分别限制 QPS 为 10；又或者让其中 5 个服务每个限制 QPS 为 12，另外 5 个每个限制 QPS 为 8。针对这种情况，我们就可以使用集群限流了。当然，集群限流可以通过接入层限流和单点限流相结合的方式完成。为了更加方便地执行集群限流，我们先介绍 Sentinel 的集群限流方案，当然使用 Nginx+Lua 的解决方案也可以搞定。由于各个服务节点是分散部署的，在实现单点限流的同时还要兼顾整体的流量，因此需要在独立于集群的地方开辟一个存储空间，让单点在进行流量限制的时候记录流过自身的流量，以便限制集群的整体流量。下面是 Sentinel 的集群限流方案，Sentinel 集群限流由两部分组成。

- token server：集群流控服务端，用来存放限制整个集群的流量数，例如集群限流100QPS，单点1限流50QPS，单点2限流50QPS。同时它还用来处理来自token client的请求，token client每次处理请求之前都会找token server获取一个token。token server根据token client配置的限流QPS给它发放token。当请求节点的请求数超过单点配置的请求数时，或者接入层传入集群的请求数超过集群中节点配置请求数之和时，token server会拒绝发放token。同样地，token client每次处理完一个请求以后，都会归还token。
- token client：集群流控客户端，安装在单点应用上。每当有请求到达的时候，它就会主动向token server请求获取token。拿到token以后才能处理请求，如果没拿到就拒绝处理请求。

由于token server是单点设计，因此一旦它挂掉，集群限流便会退化成单点限流模式。Sentinel的集群限流方案如图8-24所示。

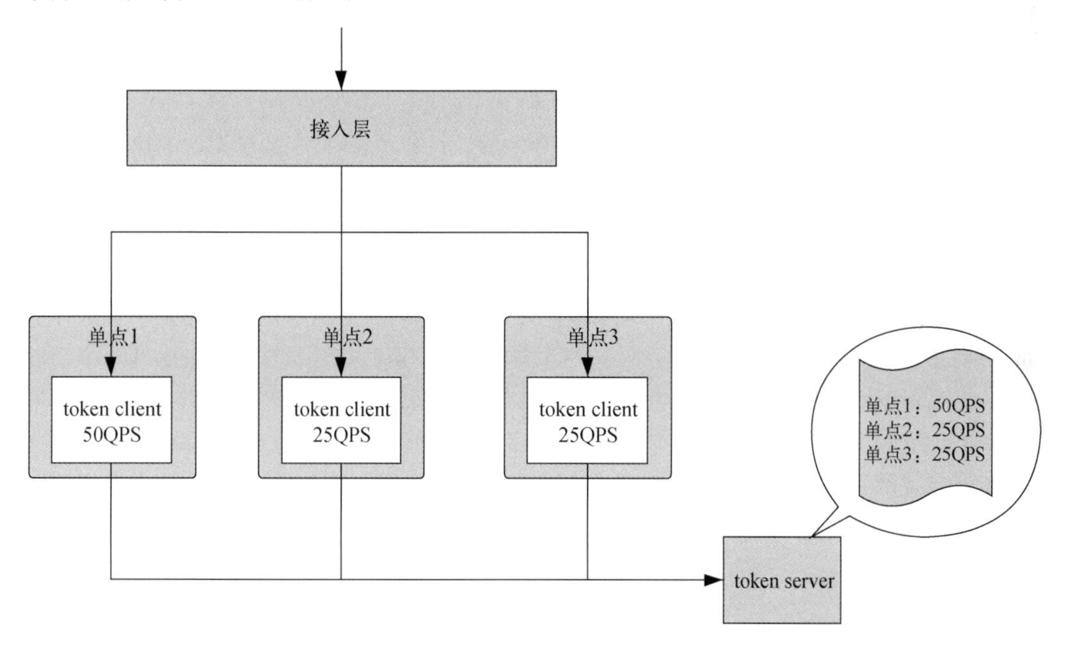

图8-24 Sentinel的集群限流方案

由图8-24能够看出，token server负责配置整个集群和单点的限流情况。当接入层接收到客户端请求并交给单点进行处理的时候，单点先从token server上获取token。如果不超过单点QPS和不超过集群QPS这两个条件都满足，token server就会给单点发送token，继而单点可以处理请求。否则token server不给单点发送token，单点拒绝处理客户端请求。

在实现集群限流时，限流规则的定义会在第三方配置中心（例如Consul、Redis、Spring Cloud Config、Nacos等）实现。token client和token server会主动注册到配置中心设置、拉取配置信息。

同时，FlowRule 添加了两个字段用于配置集群限流。

- clusterMode 用于标识是否是集群限流配置。
- clusterConfig 是与集群限流相关的配置项，其中 flowId 代表全局唯一的规则 ID，由集群限流管控端统一分配；thresholdType 代表阈值模式，可以设置单机均摊阈值和全局阈值；fallbackToLocalWhenFail 表示在 token client 连接失败或通信失败时，是否退化到本地的限流模式。

至此，请求限流的相关内容已经全部介绍完毕，这里做一个小小的总结。限流的目的是保护系统不会因为大流量的冲击而出现故障。对于限流的实践，基于的都是漏桶算法和令牌桶算法。接入层作为流量的入口，通过 Nginx 对客户端的请求频率和并发数进行限流。应用服务作为单点，也可以进行限流操作，具体通过 Sentinel 的限流规则定义和限流规则应用来实施。服务器集群限流的实现则需要依赖 Sentinel 的 token server 和 token client。

8.2.2　服务降级

请求限流可以提高系统对高并发请求的可用性，然而如何保证整个系统架构的可用性呢？众所周知，一个复杂的业务系统由大大小小多个应用服务组成，这些服务根据业务的重要性被分为核心服务和非核心服务。在面临高并发请求的时候，系统如何保证所有服务都正常运行是一个巨大的挑战。一旦请求量到达系统的承受极限，势必要放弃一些非核心服务，以保证核心服务的正常运行。系统这种弃卒保车的行为被称为服务降级。为了保证核心服务能够正常运行，选择暂停运行一些非核心服务，或者关闭非核心服务的部分功能、只返回部分数据等。考虑到整个系统的稳定性，需要对服务降级进行预判，也就是对有可能出现问题的地方设置降级方式。具体的方式就是开关机制，这个开关可以配置在本地文件中，也可以配置在 Redis、ZooKeeper 或者数据库中。鉴于分布式部署以及微服务的应用，开关的配置得到了广泛应用。接下来会依次介绍降级等级与分类、降级开关分类与设计、降级开关实现策略。

1. 降级等级与分类

如果把降级理解为应对系统异常的处理方式，那么具体的降级行动就是对异常做出的响应。在设计降级之前，我们需要对异常处理进行规划，针对不同的异常情况采取不同的降级等级。降级等级有以下几种。

- **一般**：服务出现网络抖动，或者服务刚刚上线还没有预热的时候就遭遇了比较大的访问量。
- **警告**：在一段时间内出现服务访问错误的情况，这种情况虽然会返回错误，但是不影响服务的整体运行，此时可以发出警告信息，运维人员会通过网络、系统、应用的参数分析如何对服务进行处理。这里可以设置一个出错率，例如 5%~10%。

- **错误**：当服务的出错率增加，例如20%~30%，或者在某一时间段出现大量超时问题的时候，就需要分析监控数据，查看是哪个服务或者数据库出现了瓶颈。这里需要人为干预，进行服务的暂停和切换。
- **严重**：服务完全不可用。需要人为干预，进行服务的替换、自动导流，甚至服务器重启。

降级等级是告诉我们如何有针对性地处理不同情况下的系统异常，接下来降级分类是告诉我们在哪些地方需要考虑实施降级。

- **页面降级**：如果某些页面出现了访问无效的问题，就需要对其进行降级处理。例如多人同时下单导致商品下单页面处于不可用的状态时，需要对此页面进行降级处理，可以返回一个“友好”的写着订单正在处理中的简单页面（可以把这个页面设置成一个完全静态的页面，然后放在CDN缓存中作为兜底页面）。又例如用户点击下单以后，服务没有响应，那么此时就需要将下单按钮设置为失效，不让用户再点击使用这个按钮，以免更多请求涌入服务器。
- **读降级**：在高并发场景下，数据库会成为瓶颈，当数据库的响应时间变长时，可以不去读取数据库中的数据，转而读取缓存中的数据。当分布式缓存服务器的响应时间变长时，可以读取本地缓存中的数据。如果本地缓存都出现了问题，还可以读取 CDN 缓存中保存的兜底数据。总之，无论哪一层数据读取出现了问题，都不能给用户返回冷冰冰的错误代码，而是尽量返回用户可以理解的、与业务相关的数据。
- **写降级**：在写入数据，在更新库存的时候，会出现数据库瓶颈。此时可以先在缓存中扣减库存，然后通过队列将数据同步到数据库中。

2. 降级开关分类与设计

降级能够保障系统正常运行，其实现手段就是开关机制。在日常的使用中，有两种降级开关，分别是自动降级开关和手动降级开关，它们分别应用在不同场景中。

• 自动降级开关

系统在运行时根据运行状态或者条件自动触发降级开关，此类开关的降级等级并不高，都处在一般和警告级别。

- **超时降级开关**：远程调用非核心服务时，如果服务响应过慢，就自动降级，先停止调用。例如在调用商品详情服务的时候，需要调用商品推荐服务或者商品评价服务，如果此时后两个服务出现调用超时的情况，就暂时停止调用，不返回相关信息，或者起用兜底数据做替代。这里需要根据超时的规则，配置好超时时间以及超时次数，只有达到条件才会触发降级开关。

- **失败降级开关**：当服务调用一些不稳定的服务时，这些服务在某些时候会返回失败信息。例如付款的时候会调用第三方支付接口，如果调用不成功，通常会收到失败信息，系统便会再次调用。如果调用一定次数以后，依旧无法获得正确响应，就需要果断进行降级处理，甚至采用熔断机制。在关闭服务的时候，也需要发送通知，让运维团队介入调查。当然，如果失败一定次数之后，服务又恢复了，则需要关闭降级开关，让服务继续接受访问。
- **故障降级开关**：故障表示对应的服务或者服务器已经无法正常工作。例如服务或者服务器挂掉了、完全不可用了，需要立即进行降级处理，此时果断使用兜底数据，或者由其他服务替代其工作。这种降级的等级比较高，需要人为参与才能解决问题。
- **限流降级开关**：这类降级通常设置在接入层或者 API 网管上，负责不断监控流入系统的流量。在秒杀高峰到来的瞬间，流量会激增，对秒杀系统造成巨大的压力，此时就可以打开限流降级开关。针对整个系统，这个开关可以显示访问流量的进入量，或者指定一定流量的数据可以进入到系统，其他的流量则会被拒绝。单个服务能够处理的流量也是有限的，当此开关打开的时候，多出的流量会被拒绝。秒杀系统通常会使用限流机制作为保护，当达到限流阈值时，后续请求就自动被降级，例如将用户导流到排队页面，提示过会儿重试，或者直接告知用户没货了。

- **手动开关降级**

设计自动降级是为了减缓运维压力，让一些日常规则性的降级处理由降级规则决定，同时由于压力测试在之前就已经进行过，因此运维人员对系统的瓶颈心知肚明，可以根据系统的最大承载能力设计这个降级规则。除了自动开关降级，还有一些手动开关降级，会用在一些特殊场景中。例如即便系统暂时没有出现问题，也还是想降级某些服务。特别是秒杀将要开始的时候，可以大致预知访问量。此时，可以慢慢调整降级开关，把流量放进来，以预热系统。还有做灰度测试的时候，不清楚新业务会对系统造成什么影响，也可以先通过降级开关把业务指向新服务。如果出现问题，也可以通过开关把业务指向老服务，保持整个系统交付的稳定性。

3. 降级开关实现策略

无论是自动降级开关还是手动降级开关，都需要在代码中加入对应的开关。在单机模式下，通常将这个开关写到配置文件中，然后在代码中监控配置文件中对应值的改动。程序中原有的流程会受这个配置开关的影响，分别调用不同的服务或者数据。这种方式对于单机应用来说是实用的，但在分布式系统中，服务做了水平扩展，此时对配置的读取就不能通过本地配置文件来实现。一般来说，每个服务的配置信息可以存放到分布式的配置文件系统、数据库、Redis、ZooKeper 等地方，然后通过某种机制进行同步操作。分布式系统中还会有一个配置中心，对整个系统中的降级开关进行集中管理，并且提供 Web UI 界面便捷用户的操作。目前有一些开源方案可以选择，例如 ZooKeeper、Diamond、Etcd 3、Consul。降级开关在分布式系统中的实现方案如图 8-25 所示。

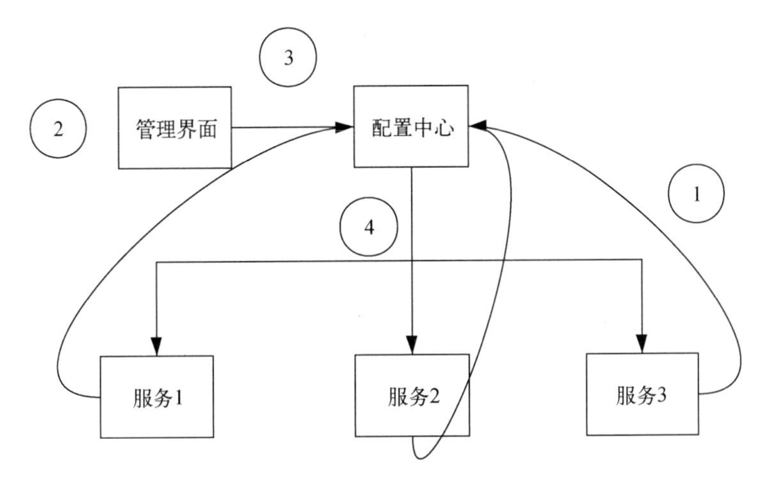

图 8-25 降级开关在分布式系统中的实现方案

图中上半部分是管理界面和配置中心，下半部分是三个服务。

① 分布式服务（1~3）启动的时候，从配置中心获取最新的配置信息，并把这些配置信息作为降级开关加载到服务中。

② 打开或者关闭降级开关，例如规则被触发（自动）、手动打开或者关闭降级开关（手动）。注意这里是通过管理界面触发的降级开关，也可以通过规则触发开关，总而言之是满足一定条件以后把开关打开或者关闭。无论哪种方式，都会把这个更改操作通知给配置中心。

③ 配置中心收到更改开关的信息。

④ 配置中心将开关的更改信息发送给各个在配置中心注册过的服务。服务收到这个信息以后，会改变自身内部的业务流程，实现降级开关对应的业务逻辑。

需要注意的是，从配置中心获取降级开关信息的操作有很多种方式。这里列举两种。

- **主动拉取配置**。服务会根据配置中心的地址信息，按照一定的时间周期主动到配置中心获取降级开关的更改信息。这种方式会对服务端的性能造成损耗，因为服务端需要不断地请求配置中心，检查降级开关的值，即使这个开关没有变化也要定期访问。
- **发布订阅配置**。服务端会订阅配置中心对于降级开关的消息，配置中心接收到更改开关的命令时，就触发发布消息事件，服务端接收到消息后再从配置中心获取相应的信息。这种方式对服务端比较友好，使得服务端只在需要更新的时候去获取降级开关的信息即可。

这里我们以 Consul 作为配置中心，来看看作为服务来说是如何从配置中心获取配置信息的。通过 `startWatch` 方法实现定时获取 Consul 中定义的降级开关配置信息，该方法的代码如下：

```
pulic void startWatch() {
        final String system = "switchs";
        Consul consul = Consul.builder().withHostAndPort(HostAndPort.
            fromString("192.168.0.1:8588")).withConnectTimeoutMillis(1000).
            withReadTimeoutMillis(30 * 1000).
            withWriteTimeoutMillis(5000).build();    ①
        final KeyValueClient keyValueClient = consul.keyValueClient();    ②
        final AtomicBoolean needBreak = new AtomicBoolean(true);
        Thread watchThread = new Thread(() -> {          ③
            BigInteger index = BigInteger.ZERO;
            while (true) {
                Properties _properties = new Properties();
                try {
                    List<Value> values = keyValueClient.getValues(system,
                        QueryOptions.blockSeconds(30, index).build());     ④
                    for (Value value : values) {
                        _properties.put(value.getKey().substring(system.length()
                            + 1), value.getValueAsString());
                        logger.info("key:{}, value:{}",value.getKey().
                            substring(system.length() + 1),value.
                            getValueAsString().get());
                        index = index.max(BigInteger.valueOf(value.
                            getModifyIndex()));    ⑤
                    }
                    properties = _properties;          ⑥
                } catch (ConsulException e) {

                }
                if (needBreak.get()) {
                    break;
                }
            }
        });
        watchThread.run();
        needBreak.set(false);
        watchThread.setDaemon(true);
        watchThread.start();
    }
```

下面简要介绍上述代码的含义。

① 连接 Consul，需要指定 IP 地址和 Port，并设置连接超时时间、读超时时间和写超时时间。

② 通过 `KeyValueClient` 访问 Consul 中的 `Key`、`Value` 信息。

③ 启动线程，用于定时访问 Consul。

④ 每隔三十秒从 Consul 里对应的 `Key` 中获取 `Value`。这里的 `index` 从 `0` 开始不断累加，直到获取到 `Key` 对应的所有的 `Value`。

⑤ 记录 `index` 的位置，以便下次获取值的时候从上次的最后获取位置继续获取。

⑥ 更新服务中的 `properties` 配置。

上面代码实现的就是主动拉取配置，服务端每隔一段时间就主动向 Consul 配置中心拉取降级开关的数据。

降级的目的是保证核心服务顺利执行，以及整个系统的稳定性，于是本节针对问题的严重程度对降级进行了分级，并且针对问题发生的不同位置对降级进行了分类。为了达到降级的目的，需要通过开关的方式控制服务行为，例如访问数据库还是缓存、在流量为多少的时候拒绝访问。于是针对不同的场景，对自动降级开关和手动降级开关进行了描述和定义。开发分布式系统时，为应对高并发的场景，需要通过配置中心来更改降级开关配置的信息，还通过 Consul 的例子展示如何具体实施降级开关信息的更改。

8.2.3 服务熔断

本节我们把视角从整个系统聚焦到单个服务商，一个复杂的分布式系统往往由无数个服务组成，各服务之间存在千丝万缕的联系。服务之间互为依赖、共同依存，必然免不了相互调用。一旦系统中有一个服务因为各种原因无法继续工作，那么依赖于这个服务的其他服务也有可能受阻，这种情况会导致其他服务的调用无法顺利完成。服务熔断机制就是在服务无法正常提供调用的时候，断开与其他服务的连接，以保证其他服务不受自己的影响。下面我们会讲到：服务不可用的现象和原因、应用隔离、熔断模式、熔断工作流、Hystrix 实现熔断。

1. 服务不可用的现象和原因

分布式系统中的服务都不是独立存在的，服务之间会相互调用。作为服务提供者的服务如果本身出现问题，是会拖垮其他服务调用者的。如图 8-26 所示，商品详情服务会调用商品描述服务、商品价格服务和评论服务。评论服务作为服务的提供者如果出现故障，导致无法提供服务，就会影响商品详情服务的调用。

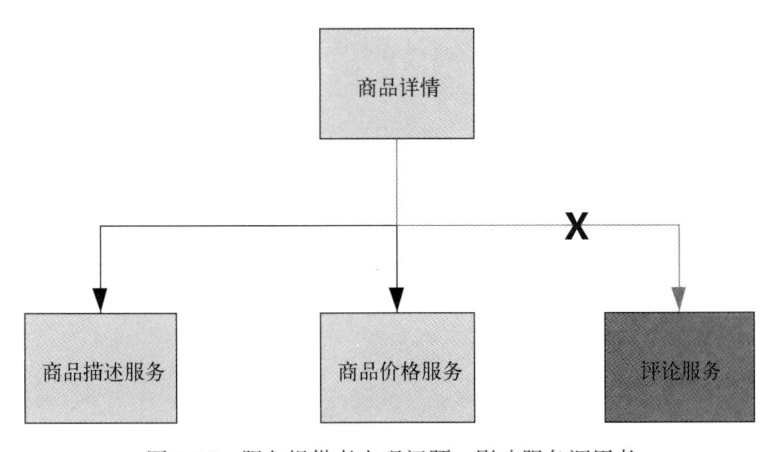

图 8-26 服务提供者出现问题，影响服务调用者

即便我们对秒杀系统中的部分核心服务进行了高可用处理，实现了水平扩展，核心服务还是可能由于一些非核心服务的故障而出问题。如图 8-27 所示，为了应对高并发，对商品详情服务进行了水平扩展，作为非核心服务的评论服务虽然访问量不大，但是一旦出现异常就会影响商品详情服务的业务。

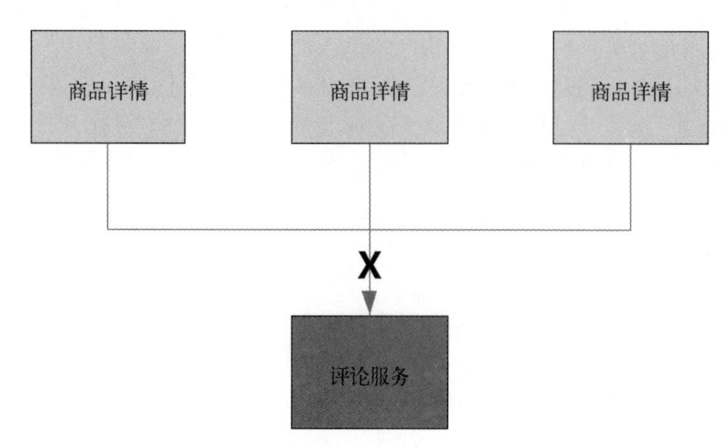

图 8-27　经过水平扩展之后的核心服务调用非核心服务

服务提供者无法正常提供工作的原因有多种。

- **硬件故障**。部署服务的硬件服务器出现问题，导致服务调用者无法获得响应。
- **缓存问题**。多数服务都会使用缓存，如果遇到缓存击穿、缓存雪崩、缓存穿透的情况，导致请求无法命中缓存，而从数据库中直接获取数据，就会造成响应缓慢。这样的缓慢会使服务调用者的大量请求处于等待状态，服务提供者一边要获取数据库的信息，一边还要处理服务调用者的请求，此时会导致服务不可用。
- **重试流量**。无论是从用户请求还是服务请求的角度，如果请求以后没有得到响应，都会进行重试操作。好比用户在发现页面没有返回值时，不断刷新页面一样，服务调用者在没有得到服务提供者的响应时，也会启动重试机制。在高并发场景下，服务提供者如果没有及时响应调用者的请求，就会被重试流困扰。本来服务提供者对大流量的处理就捉襟见肘，现在迎来了重试的流量，更是变得雪上加霜。
- **调用者资源耗尽**。如图 8-28 所示，服务调用者使用同步调用，而服务提供者又无法给予及时的响应，因此服务调用者这端会产生大量等待线程，这些线程会占用系统资源。一旦线程资源被耗尽，服务调用者就会进入不可用状态，以此类推，这种现象会影响整个调用链条的服务，这就是服务雪崩。

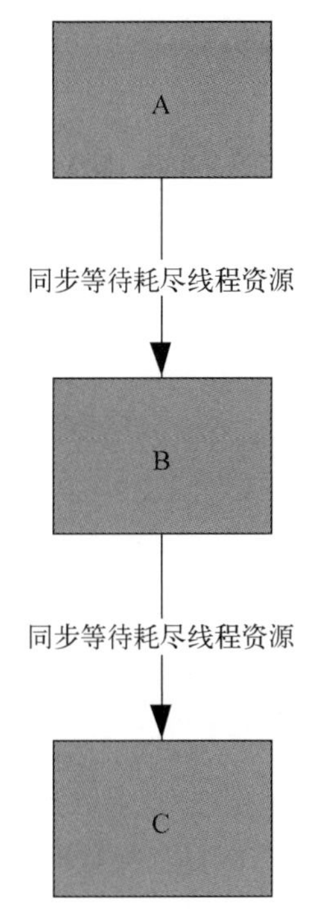

图 8-28 同步等待耗尽线程资源

2. 应用隔离（线程池隔离和信号量隔离）

针对上面提到的问题，是有多种解决方案的，例如前面讲过的缓存、限流。但是如果这些办法都想过，也都采用了，依然存在不可用的服务，该如何处理？我们的想法是假如有部分服务不可用了，绝不能让这些服务影响其他服务的正常运行，特别是那些核心服务。因此需要对不可用的服务和其他服务进行隔离，也就是应用隔离。这里推荐使用“舱壁隔离”模式，我们以 Spring Cloud 搭建 Hystrix 为例，来看看这种模式是如何实现的。先使用舱壁隔离模式实现线程池的隔离，它会为每个服务提供者分别创建一个独立的线程池，之后就算某个服务提供者出现延迟过高的情况，也只是影响自己的服务调用，而不会拖累其他服务。如图 8-29 所示，Hystrix 在商品详情服务和评论服务之间加入了线程池，这个线程池可以设置大小。当商品详情服务发起请求时，这些请求会通过线程池中的线程访问评论服务，每完成一次访问就释放一个线程。当评论服务无法立即响应时，请求会在线程池中等待处理。一旦线程池填满，后面的请求将被立即拒绝，不会继续等待，服务调用者会在第一时间获得反馈。这种设计不会让服务调用者进入无休止的等待，直到耗尽自身资源。

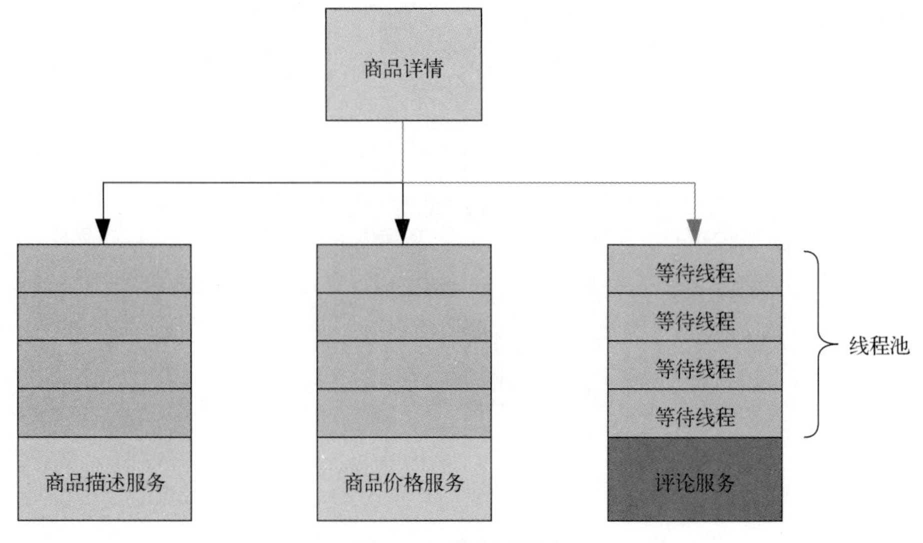

图 8-29　线程池隔离

线程池隔离支持同步和异步操作，由于请求线程和处理线程不是同一个，因此会出现线程上下文切换情况。Hystrix 中还有一种隔离方式是信号量隔离，其提供一个计数器来限制并发的线程数，这里的请求线程和处理线程是同一个，所以不存在线程的上下文切换。如图 8-30 所示，当多个商品详情服务并发调用评论服务时，每个请求都需要获得一个信号量后才能调用，这里由一个计数器来维护信号量的个数（默认是 10 个，可通过 `maxConcurrentRequests` 配置）。如果并发请求数大于信号量个数，那么多余的请求进入队列排队。如果多余的请求数量超出队列上限，则直接拒绝超过数量的那些请求。

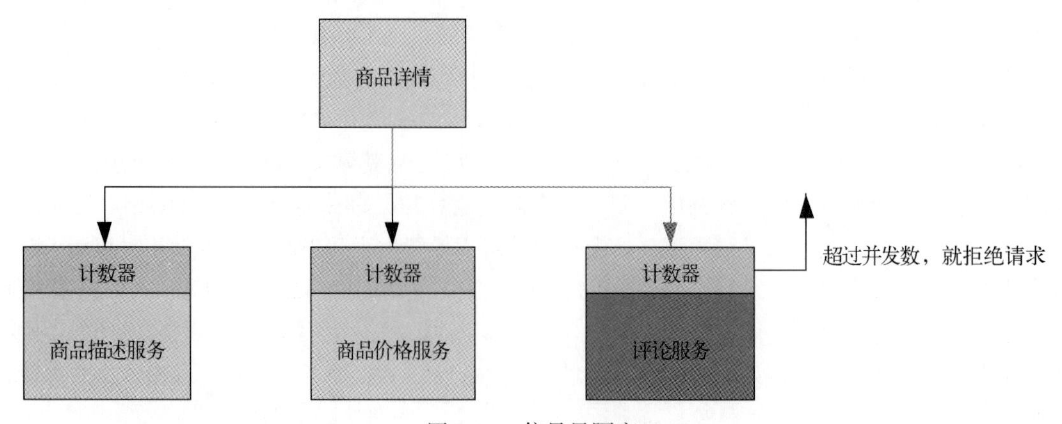

图 8-30　信号量隔离

有了线程池隔离和信号量隔离，就可以把不可用的服务和可用的服务分离开，这个思路正好和秒杀系统中的应用隔离不谋而合。

3. 熔断模式

得益于隔离，针对服务不可用，我们可以说是进可攻、退可守，如果服务不可用，便启动隔离机制，让它不要影响其他服务；如果服务可用，再重新开放，让其他服务访问。说白了就是如果你正常，就让你工作；如果你不正常，就让你与世隔绝。这个就是熔断模式要做的事情，它是在隔离的基础上执行具体的操作，或者可以理解为，以应用隔离为基础设置熔断开关。这个熔断开关好像服务之间调用的开关。如图 8-31 所示，熔断模式其实是在原来的应用隔离上加了一层开关，Hystrix 负责监控服务的健康状态，然后决定开关是打开、关闭还是半打开。当这个开关打开的时候，说明服务已经隔绝访问了，也就是已经被熔断了。

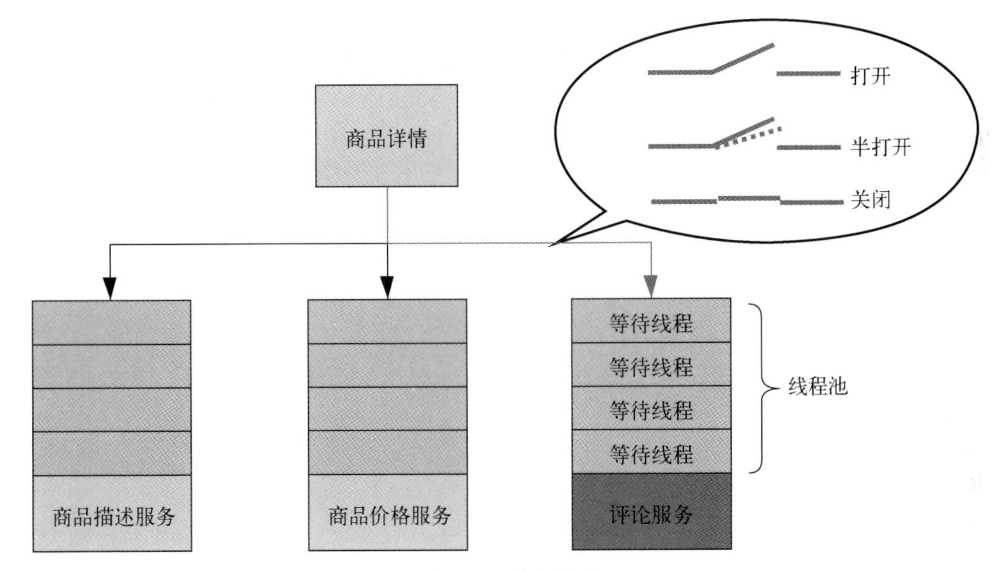

图 8-31 熔断模式

如图 8-32 所示，一起来看看熔断模式的状态变迁都经历哪几个步骤。

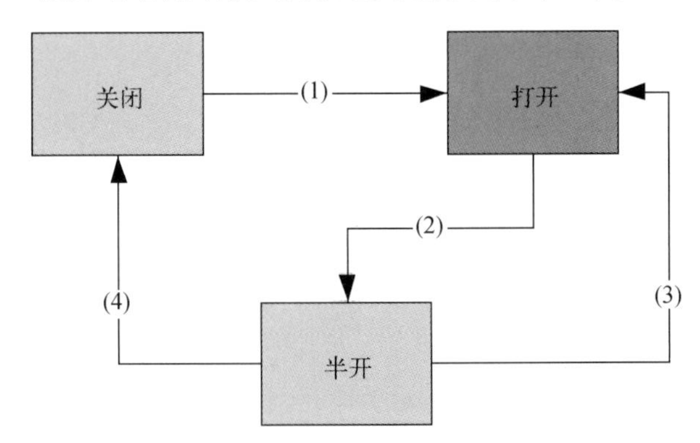

图 8-32 熔断模式的状态变迁

(1) 关闭 → 打开。在熔断模式下，熔断器开关默认是关闭的，并且会判断以下两个参数的值。

- requestVolumeThreshold：熔断的最少请求数，默认值是 10。只有当一个统计窗口内处理的请求数量达到这个阈值时，才会判断是否进行熔断。也就是当一段统计时间内的请求数量达到 10 的时候，才会进行熔断与否的判断。
- errorThresholdPercentage：熔断的阈值，默认值是 50。表示当一个统计窗口内有 50% 的请求处理失败时，就会触发熔断。

当上面两个参数同时达到阈值时，触发熔断，将关闭的熔断器开关打开。

(2) 打开 → 半开。熔断器打开之后，可以通过 sleepWindowInMiliseconds 设置一个休眠期，默认值是 5 秒。在这 5 秒内，熔断器处于开启状态，也就是说这 5 秒内的服务请求都会被拒绝。5 秒到了，熔断器暂时进入半开状态，这个状态的意思是熔断器发送一个命令给服务提供者，尝试和它连接，看看是否可用了，此时依旧会检查第 1 步提到的两个参数。

(3) 半开 → 打开。如果在半开状态下，熔断器发送命令给服务提供者以后，仍然收到超时或者访问异常的响应信息，就会返回打开状态，等待 5 秒后再进入半开状态。

(4) 半开 → 关闭。在半开状态下，熔断器发送命令给服务提供者以后，发现服务访问正常，同时那两个阈值也没有都达到。就说明服务提供者能够正常工作，于是关闭（闭合）熔断器，允许流量正常流入。

4. 熔断工作流

这里我们来看看在 Hystrix 中，熔断模式是如何处理请求的。Hystrix 官网上有一张看起来比较复杂的流程图，我对其进行了优化，化简以后的流程图如图 8-33 所示。

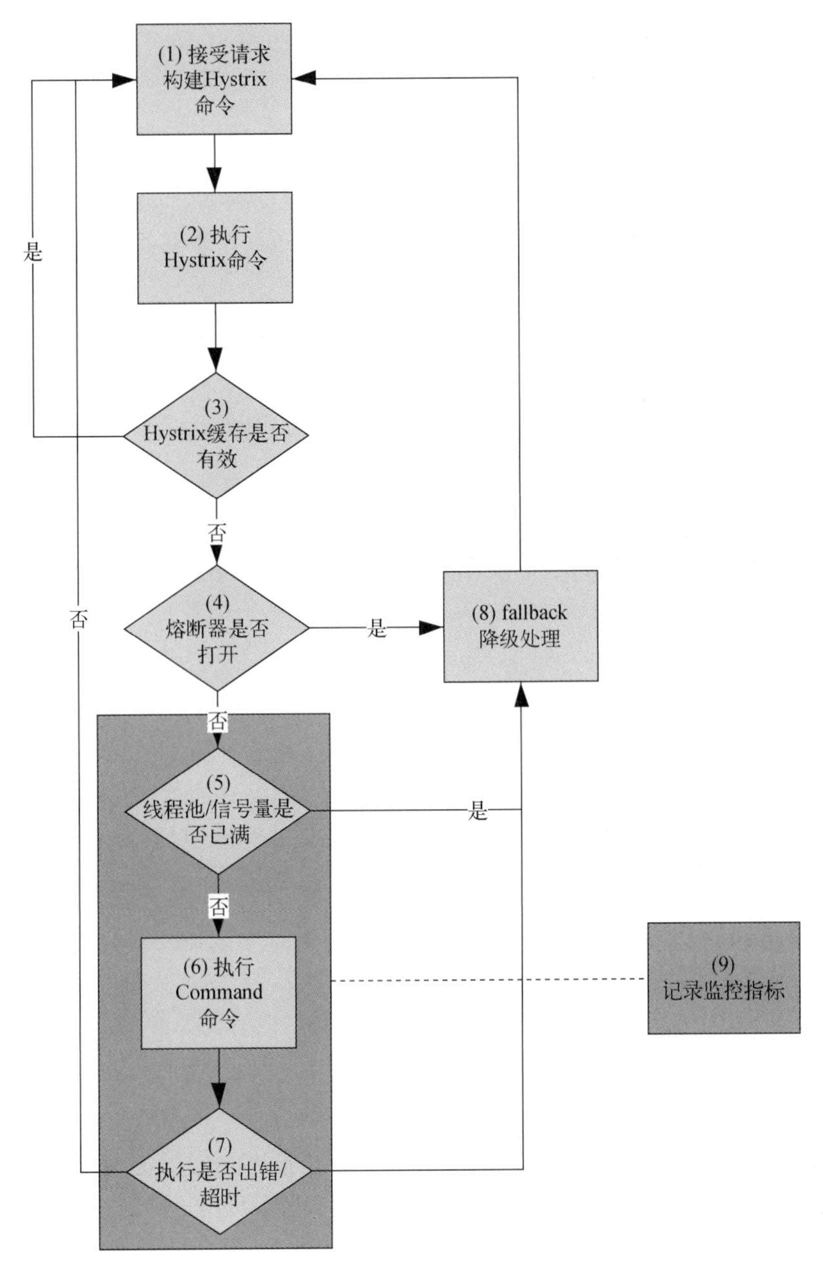

图 8-33 熔断工作流

下面顺着步骤给大家讲解这个流程图。

(1) 构建命令。构建一个 `HystrixCommand` 或 `HystrixObservableCommand` 对象（表示向服务提供者发送的请求），同时传递所有需要的参数。从命名方式就能知道，这里采用命令模式实现对服务调用操作的封装。命令模式把来自客户端的请求封装成一个对象，从而使不同请求参数化，实现了行为请求者与行为实现者的解耦。

(2) 执行命令。Hystrix 中存在 4 种执行命令的方式，会在执行时根据 `Command` 对象以及具体情况从中选择。`HystrixCommand` 对象实现了下面两种执行方式。

- `execute()`：同步执行，调用程序所依赖的服务并返回结果对象，若发生错误，就抛出异常。
- `queue()`：异步执行，返回一个 `Future` 对象，其中包含服务执行结束时要返回的结果对象。

`HystrixObservableCommand` 对象实现了另外两种执行方式。

- `observe()`：返回 `Observable` 对象，代表操作的多个结果，这里返回的 `Observable` 对象是一个 `Hot Observable`，意思是无论是否有订阅者，都会发布事件。
- `toObservable()`：同样会返回 `Observable` 对象，也代表操作的多个结果，不过这里的 `Observable` 对象是一个 `Cold Observable`。表示在没有订阅者时，不会发布事件，而是等待，直到发现订阅者。

(3) 缓存是否有效。在高并发情况下，服务提供者会被频繁调用，为了提高响应速度，Hystrix 通过命令的方式提供了缓存模式。`HystrixCommand` 对象或 `HystrixObservableCommand` 对象可以重载 `getCacheKey()` 方法来开启请求缓存模式。开启以后，如果 Hystrix 命令命中缓存，就直接返回缓存中的数据，而不再去请求服务器。这里需要注意的是，读操作可以直接从缓存中获取数据，写操作则需要在更新服务器中数据以后同时更新缓存中的内容。

(4) 熔断器是否打开。由于熔断模式中的熔断器会根据服务提供者的具体情况，而打开、关闭或者半开。因此在客户端请求访问服务提供者的时候，需要判断其状态。如果是打开，则说明服务有异常，无法提供服务，此时进入降级处理阶段，直接拒绝请求或者返回兜底数据。如果是没有打开，说明服务运行正常，访问可以继续进行。

(5) 线程池/信号量是否已满。8.2.3.2 节曾提到，可以分别从线程池和信号量的角度对高并发请求进行限制，并且熔断器是放在应用隔离之前的。因此判断完熔断器是否打开后，就迎来了应用隔离，此时如果线程池和信号量都被占满了，则表示服务不可用，需要进行降级处理。

(6) 执行命令。如果前面 5 步都没有出现问题，说明服务是可用的，因此这里执行命令，可以返回服务提供者的信息。

(7) 命令执行是否出错/超时。命令执行如果出错，需要通过降级处理给服务调用者返回出错消息，并让其终止调用。如果命令执行没有问题，就向服务调用者返回正确信息。

(8) fallback 降级处理。针对第 (4)、(5)、(7) 步中出现的服务异常或者命令执行异常情况，这里统一使用 Hystrix 中的 fallback 进行降级处理，降级处理的方式有很多种。例如返回错误信息、返回服务不可用，或者使用兜底数据代替服务提供者返回的信息。

(9) 记录监控指标。这一步 Hystrix 会计算熔断器的健康度。第 (5)、(6)、(7) 步中出现的调用成功、失败、拒绝、超时等信息都会记录到这里。记录的信息就是监控指标，监控指标是决定打开或者关闭熔断器的依据。如果健康度不达标，就会对服务提供者进行熔断（打开熔断器）。恢复期（半开）过去后，如果服务提供者恢复了正常的健康度，就关闭开关，允许调用服务提供者，否则再次熔断（打开）。

5. Hystrix —— 服务熔断的最佳实现

这里看看熔断流程中提到的 Hystrix 命令是如何执行请求操作的。相关代码如下：

```
public class CommandHystrixDemo extends HystrixCommand<String> {     ①
    private final String name;
    protected CommandHystrixDemo(String name) {
        super(HystrixCommandGroupKey.Factory.asKey("GroupName"));      ②
        this.name = name;
    }
    @Override
    protected String run() throws Exception {
        //处理的业务逻辑    ③
        int a= 1/0;
        return "Hello" + name ;
    }

    @Override
    protected String getFallback() {          ④
        return "降级处理";
    }
    public static void main(String[] args) throws Exception{        ⑤
        CommandHystrixDemo commandHystrixDemo = new CommandHystrixDemo(
            "hystrix-demo");
        String s = commandHystrixDemo.execute();
        System.out.println(s);
        System.out.println("主函数" + Thread.currentThread().getName());
    }
}
```

下面顺着序号给大家讲解上述代码。

① 首先通过继承 `HystrixCommand` 类实现自己的 `Command` 类 —— `CommandHystrixDemo`。

② 通过 `HystrixCommandGroupKey.Factory` 中的 `asKey` 方法定义命令的组名。

③ 在重写的 `run` 方法中编写需要处理的业务逻辑。为了演示服务不可用的情况，这里使用 `int a=1/0;` 产生一个异常。`run` 方法中如果产生异常，是会进入 `getFallBack` 方法中进行降级处理的。

④ getFallBack 方法直接返回降级处理这四个字。也可以直接返回错误码，把服务提供者不可用的消息告诉服务调用方。

⑤ 在 main 函数中，通过 new CommandHystrixDemo 传入命令组名，然后直接调用 execute 方法执行调用服务提供者的请求。这里使用的是同步调用的方法，当然也可以使用异步调用。

8.2 节主要围绕着请求限流、服务降级和服务熔断三方面展开。请求限流是以流入系统的请求为出发点，通过限制流量保证系统的可用性。其中介绍了限流算法、接入层限流、单点限流和集群限流。服务降级是站在整个系统的角度，根据业务的重要性将服务分为核心服务和非核心服务，立足于保证核心服务的可用性，放弃部分非核心服务的功能。服务熔断关注的点要更细一些，主要关注那些被依赖的服务，当这些服务出现问题时，通过熔断的方式保证其他服务不受影响、正常工作。总体脉络是从流入系统的请求开始，到整个系统的可用性，再到单个服务可用性，是按照从外到内、从大到小的顺序进行描述的。

8.3　总结

本章的主旨是分布式系统的高性能和可用性，这两方面的内容实际在前面的章节中都有介绍，这里单独提炼为一章是为前面的内容做补充。本章的两大节内容已分别在节尾做了总结，这里不再赘述。

第 9 章

指标与监控

部署的分布式系统上线以后，如何知道其是否运行正常？我们需要得到系统的反馈信息，从而确保其正常运行，同时可以根据反馈不断提升系统的性能。监控系统就是最好的反馈手段，它就像一双眼睛，我们通过这双眼睛来“观察”系统。对于分布式系统来说，由于服务和应用分散部署在不同的网络节点，因此监控应用间的调用以及服务器间的关系都相对复杂。本章内容围绕分布式系统的监控展开，首先介绍为什么需要监控系统以及有哪些监控指标。接着对监控系统的功能、分类和分层展开讲解，介绍监控分布式系统的一般过程，并且将监控系统分为日志类、调用链类和度量类。在监控系统的分层中，从下到上有 5 层，分别是网络层、系统层、应用层、业务层、客户端。最后，根据监控系统的不同层次讲述不同的最佳实践，包括 Zabbix（网络层、系统层）、Prometheus（网络层、系统层、应用层、业务层）的原理与实现。总结一下，本章将介绍以下内容。

- 为什么需要监控系统
- 监控系统的指标
- 创建监控系统的步骤
- 监控系统的分类
- 监控系统的分层
- Zabbix 实现监控系统
- Prometheus 实现监控系统

9.1 为什么需要监控系统

从字面意思理解，监控就是对系统产生的数据进行收集、处理和汇总，并且将这些数据通过某种途径以量化的形式展示出来。一旦系统出现问题，就可以通过报警的方式通知系统维护人员，从而保证系统稳定运行。

开发任何一个分布式系统的目的都是为客户提供高质量和高稳定性的应用。应用不可用、服务器死机、服务调用缓慢都会影响客户体验，所以我们要快速收集、汇总、分析信息，从而定位并解决问题。既然是分布式系统，就会面临以下问题。

- **应用服务的分散性**。由于应用服务部署在不同的网络节点，导致产生的日志也是四处分散，因此需要从不同的服务器中收集和分析日志信息。比起单机时代，分布式时代的日志收集实现起来更加困难。
- **业务流程的复杂性**。在对业务了解得越来越深入的同时，对业务所做的抽象也越来越多，对业务进行拆分和复用便成为家常便饭。微服务就是一个典型的例子，某一个业务流程通常需要多个服务协同完成，如何协调好服务之间的关系也是需要考虑的问题。
- **调用关系的烦琐性**。正如上一条提到的，通常由多个服务协同完成一个流程，此时服务之间的调用关系其实也是错综复杂。一次响应用户请求的过程可能需要调用几个甚至十几个服务，这种调用形成了一个调用链，为了更好地跟踪服务调用，就需要跟踪调用链上的每个环节。
- **事故反应的及时性**。在对系统故障进行定义以后，一旦出现问题就需要第一时间通知运维工程师，进行故障排查，及时性是不容小觑的。

上面提到的问题导致分布式系统是分散、复杂、烦琐的，系统出现任何问题都需要及时进行修复。从长远发展来看，分析系统的运行数据可以帮助我们优化系统，从而提高系统性能、用户体验和运行稳定性。从当前来说，通过系统异常报警能够发现并解决当下的问题。因此，一个合格的监控系统应该包括以下几个因素。

- **数据收集**。每个网络节点或者应用节点都需要配有信息收集机制，在收集运行数据的同时建立传输通道，保持与服务器连接的畅通，从而将数据收集汇总起来。必要时还需进行过滤、分类、聚合等操作，并且提供展示平台，把数据以图形（例如柱状图、饼状图、雷达图、曲线图等）或表格的方式展示出来。
- **数据分析**。对获取到的数据进行数据趋势分析。例如分析数据库记录的增长趋势、用户数的增长趋势。这些是硬件扩容和服务扩展的重要参考依据，也是每年制定服务器预算的重要依据。对比实施新技术或者架构前后，系统性能是否得到提升，例如对比加入缓存机制之后，响应请求的速度是否提升了。
- **异常报警**。实时监控服务的运行情况和技术指标，提供异常反馈与修复机制。或者对指标设定阈值，在问题发生之前进行预见性的维修。

9.2　监控系统的指标

上一节讲了为什么需要监控系统，说明了在分布式系统监控中会面临的4个问题，并且有3个因素需要我们关注。那么监控系统主要监控什么内容呢？说到这里，很容易让人联想到服务器指标，诸如CPU利用率、内存利用率、应用响应时间、数据库读写速度等。如果推广到应用层，还有可能是服务的调用链情况，到业务层可以是用户访问某个业务模块的 QPS 数。估计大家能够说出很多需要监控的指标。本书引用 Google SRE（Site Reliability Engineering，站点可靠性工程）手册中关于分布式监控指标的描述，将监控指标抽象为4个黄金信号，代表衡量系统的重要指标。我们接下来将讨论这 4 个特征。

- **延迟**

延迟（latency）用来衡量完成某一具体操作所需的时间。这个具体操作有可能是用户请求，也有可能是服务之间的调用，还有可能是一次数据库请求。衡量方式取决于具体的使用场景，通常有处理时间、响应时间、传输时间等。延迟通常还和组件（如服务、数据库等）息息相关，因此获取组件的延迟信息可以构建整个系统的性能特征模型。如果知道了整个系统调用链上所有组件的延迟信息，就可以找到系统的瓶颈，了解每个组件或者资源的访问时间，并且获知哪些组件花费的时间超出了预期，进而提出改进意见。

需要注意，计算延迟的时候要区分请求成功的延迟和请求不成功的延迟。比如数据库如果连接错误，就会触发调用失败，很快便会返回错误信息，所以响应延迟很低。可是这种情况并不属于请求成功的延迟，所以在统计服务延迟的时候需将其区分。特别是微服务时代提倡“快速失败”，更要注意那些延迟较大的错误请求，错误请求的延迟越长，越会更多地消耗系统资源，影响系统性能，因此追踪错误请求的延迟也显得很重要。

- **流量**

流量（traffic）度量的是系统负载，一般指流入系统的请求数量，能够获取系统的容量需求，推而广之也可以理解为获取系统中各个组件的容量需求。对于不同类型的组件而言，流量或许代表不同的含义，比如对 Web 服务器来说，流量指每秒的 HTTP 请求数。可以通过流量来衡量组件和系统的繁忙程度。如果在单位时间内，流量一直较高，则表示这段时间内的用户请求数在持续增加，系统需要提供更多资源进行响应。因此，在系统设计之初，就需要评估其能够承受多少流量。一定量资源能够承受流量的上限是一定的，当检测到流量超过或者接近上限的时候，需要考虑进行限流，从而保证系统的可用性。

- **错误**

通过监控分布式系统中发生错误的请求数量，从而得到单位时间内的错误发生频率。这里的错误（error）分为显式错误和隐式错误，前者如返回HTTP状态码500表示错误，后者如返回HTTP状态码200表示成功，但是对应的业务却并未完成。不仅需要获取显式错误，还要通过日志或者服务调用链获取隐式错误。

通过跟踪错误能够了解系统的运行状况，以及系统中的组件是否都能正常响应请求。正如上面提到的错误分为显式和隐式，有些服务器会通过现成的接口抛出错误信息，也有一些服务器是不提供类似的错误接口的，因此需要付出额外的心血来收集。最后，需要对错误进行分类，针对不同类型的错误设置报警级别，当发生某类错误时需要通知相应的运维人员去处理。

- **饱和度**

饱和度（saturation）衡量的是当前系统资源的使用量，通常用百分比表示，例如 CPU 利用率为 90%。因此对饱和度的监控主要聚焦于资源信息，这些资源需要支撑上层服务或者应用，使它们能够正常运行。说白了就是监控能够影响服务运行状态，且受限制的资源，如果服务需要占用更多的内存，就要关注内存的饱和度；如果系统受限于磁盘 I/O 的读写速度，就要关注磁盘 I/O 的饱和度。一旦这些受限制的资源达到或者即将达到饱和度，对这些资源有依赖的服务的性能就会明显下降。

9.3　创建监控系统的步骤

前面两节回答了监控分布式系统的意义和需要监控的内容，那么如何获得监控指标呢？通过哪些步骤实现对系统的监控呢？我们将在这一节介绍这部分内容。

应用一旦被部署到实际的生产环境，程序员对此应用的控制就会受限，不能再随意地升级或者回滚。由于分布式的发展，特别是微服务开发模式带来了服务应用的多样性，并且针对同一服务还可以做水平扩展，这些都使平台和系统变得异常复杂。

在 IT 运维过程中，常会遇到这样的情况：某个业务模块出现了问题，但运维人员不知道，等发现的时候问题已经很严重了；系统出现瓶颈了，CPU 占用率持续升高，内存不足，磁盘被写满；网络请求突增，超出网关承受的压力。

以上这些问题一旦发生，将会对我们的业务产生巨大影响，因此每个公司或者 IT 团队都会针对这些情况建立自己的 IT 监控系统。下面将创建监控系统需要完成哪些步骤做一个梳理，如图 9-1 所示。

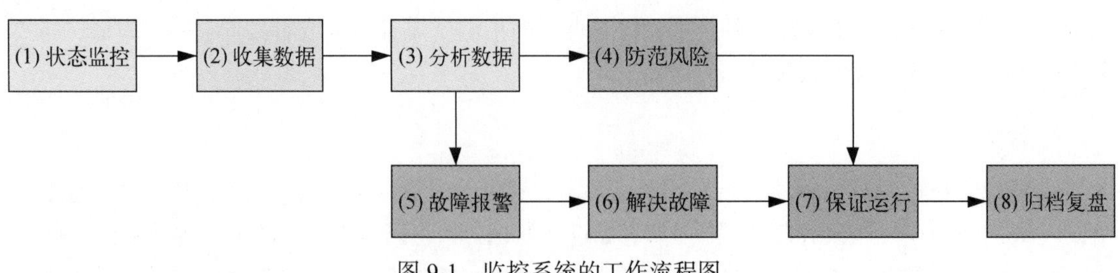

图 9-1　监控系统的工作流程图

每个步骤的具体描述如下。

(1) 实时监控服务、系统、平台的运行状态。

(2) 收集服务、系统、平台的运行数据。

(3) 分析收集到的信息，预知存在的故障和风险，并采取行动。

(4) 评估和防范风险。

(5) 对故障进行预警，一旦故障发生，第一时间发出告警信息。

(6) 通过监控数据，定位故障，协助生成解决方案。

(7) 保证系统持续、稳定、安全运行。

(8) 使监控数据可视化，这样便于统计，并且按照一定周期将数据导出、归档，用于数据分析和问题复盘。

9.4 监控系统的分类

上一节介绍的监控系统的步骤为创建监控系统提供了思路，在实际工作中针对不同的组件和场景，会使用不同的监控手段。这里根据组件和场景的不同列举三类不同的监控分类，分别是日志类、调用链类、度量类。

9.4.1 日志类监控

这种方式比较常见，程序员会在业务代码中加入一些日志代码，记录异常或者错误信息，方便在发现问题的时候进行查找。这些信息会与具体事件相关联，例如用户登录、下订单、浏览某件商品，近一小时的网关流量、用户的平均响应时间等。

这类记录和查询日志的解决方案是比较多的，比如 ELK 方案（Elasticsearch + Logstash + Kibana）。下面我们用 ELK 和 Redis、Kafka、RabbitMQ 来搭建一个日志系统。如图 9-2 所示，系统内部通过 Spring AOP 记录日志，通过 Beats 收集日志文件，然后用 Redis、Kafka、RabbitMQ 将日志文件发送给 Logstash，Logstash 再把日志写入 Elasticsearch。最后使用 Kibana 将存放在 Elasticsearch 中的日志数据可视化呈现出来，形式可以是实时数据图或表。

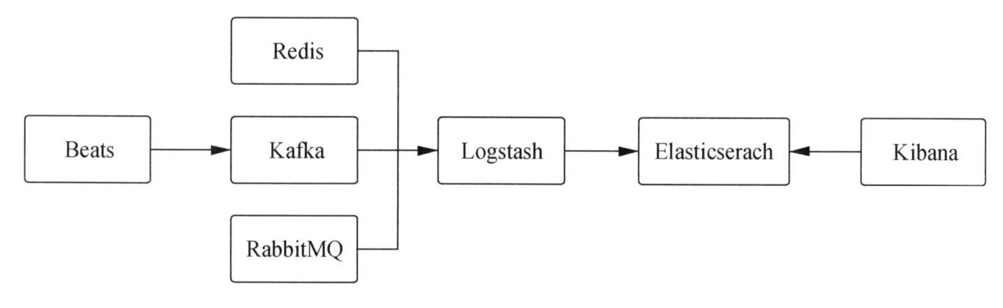

图 9-2 ELK 结合 Redis、Kafka、RabbitMQ 实现日志类监控

1. ELK 的系统架构

上面提到以 ELK 架构作为日志类监控方案，因此这里有必要把它的整体结构梳理一次。ELK 是 Elasticsearch、Logstash、Kibana 的缩写，这三个都是开源软件。

Elasticsearch 是一个开源分布式搜索引擎，提供收集数据、分析数据、存储数据三大功能，其特点有分布式、零配置、自动发现、索引自动分片、索引副本机制、RESTful 风格接口、多数据源和自动搜索负载等。主要负责将建立日志索引并把日志存储起来，以便业务方检索查询。

Logstash 是一个用来收集、过滤、转发、分析日志的中间件，支持大量获取数据的方式。其一般工作模式是 C/S 架构，客户端安装在需要收集日志的主机上，服务端负责过滤、修改接收到的各节点日志，再将结果一并发往 Elasticsearch 进行下一步处理。

Kibana 也是一个开源且免费的工具，可以为 Logstash 和 Elasticsearch 的日志分析提供友好的 Web 界面，帮助汇总、分析和搜索重要的数据日志。

上述三个工具的组合将收集、过滤、搜索、展示日志的过程融为一体，提供了一套良好的监控系统。现在在原有架构的基础上，新增一个 Filebeat，这是一个轻量级的日志收集处理工具（Agent），占用的资源少，适合在各个服务器上收集日志后传输给 Logstash，官方也推荐此工具。Filebeat 组件属于 Beats 系列，针对日志文件进行收集和传输。值得一提的是在 Beats 系统中，还有 Metricbeat（指标数据）、Packetbeat（网络数据）、Winlogbeat（Windows 日志）、Auditbeat（审计数据）等组件，能够涵盖网络层、系统层、应用层的监控。引申一下就是可以覆盖 Zabbix 完成的功能，只是 Zabbix 产生得更早，用它的企业也较多，我们在 9.6 节会单独提出来介绍。

从功能上来说，Filebeat 和 Zabbix 这两种工具是有交集的。如图 9-3 所示，Filebeat 通过服务或者服务器收集日志文件，由于服务可能分布在不同服务器上，因此在收集日志的时候会造成高并发，需要利用 Kafka 减轻这个压力。收集好的日志文件会交给 Logstash 进行过滤和分析，Logstash 分析完毕后把结果传递给 Elasticsearch，作为日志搜索的依据。最后，由 Kibana 把日志可视化展示给用户。

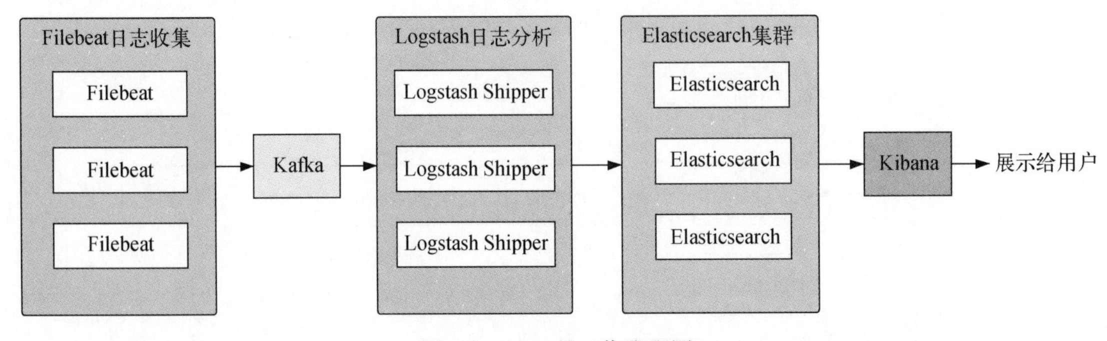

图 9-3　ELK 的工作流程图

2. FileBeat 体系结构详解

由于 ELK 由多种工具和组件共同实现，限于篇幅无法一一介绍，因此这里将重点放到日志收集部分。本节分别以 Filebeat 和 Logstash 为切入点介绍日志收集和日志分析过滤的实现原理。

- **Filebeat**

Filebeat 包含 Input 和 Harvester 两个组件，它在启动时生成一个或多个 Input，由 Input 定位需要收集的日志文件。如图 9-4 所示，左边的大框就是 Filebeat，大框中的 Input1 和 Input2 是 Filebeat 在启动时生成的两个 Input 组件，为这两个组件制定日志路径，分别是 /var/log/*.log 和 /var/log/apache，作用是让两个组件监控这两个目录下的日志文件。针对每个日志，Filebeat 都会启动一个与之对应的 Harvester，Harvester 会管理日志文件中的内容。假设图 9-4 中 Input1 组件监控的目录下面有两个文件，分别是 system.log 和 wifi.log，因此对应有两个 Harvester 对文件进行读取。Harvester 负责聚合日志文件中的数据和事件等信息，并将聚合以后的信息输出给外部应用，例如 Elasticsearch、Logstash、Kafka、Redis 等。

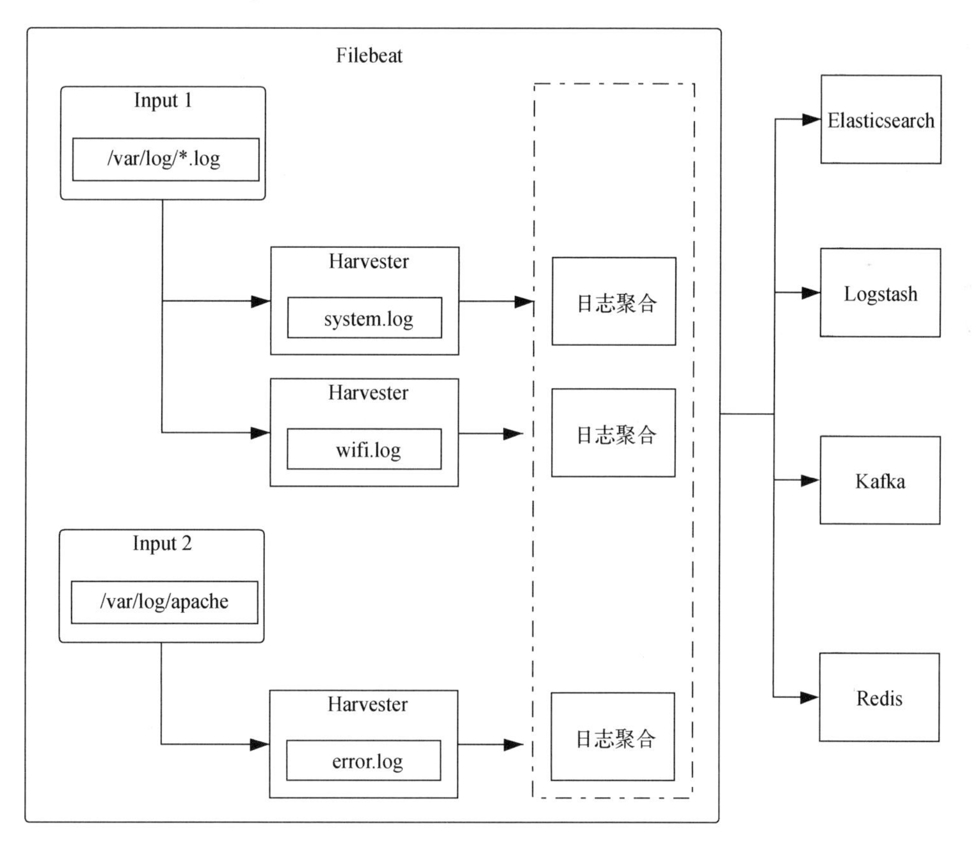

图 9-4 Filebeat 处理日志文件的原理

上文提到了 Input 和 Harvester 两个组件，它们协同工作将文件变动发送到指定的输出中，下面看看它们是如何定义的。

- Input：负责发现和管理 Harvester 将要读取的资源。Input 会找到指定目录下的所有日志文件，并为每个文件各启动一个 Harvester。Input 会检查每个文件，看对应的 Harvester 是否已经启动。简单点讲，Input 负责发现要读取的日志文件，并启动 Harvester 对其进行读取。在 Filebeat 中可以设置 Input 的类型，这里设置的 Input 类型是 Log，因此 Input 会搜索所有磁盘上对应目录的文件。当然也可以将监控内容设置为不同的类型，例如 Azure Event Hub、Docker、HTTP JSON 等。
- Harvester：负责读取文件内容。每个文件都会对应一个 Harvester，在 Harvester 运行的时候，文件描述符处于打开状态，在 Harvester 关闭之前，磁盘不会被释放。默认情况下 Filebeat 会保持文件打开的状态，直到达到 `close_inactive`（启用此选项后，如果在指定时间内未收获文件，Filebeat 将关闭文件句柄）规定的值。一旦到达 `close_inactive` 规定的值，Filebeat 在指定时间内就不会再更新文件。如果文件被关闭，就认为该文件发生了变化，会为其启动一个新的 Harvester。

Filebeat 将文件状态记录在 /var/lib/filebeat/registry 里，记录的是 Harvester 收集文件的偏移量。如果某时连接不上输出目标，例如 Elasticsearch、Filebeat，就会记录发送前的最后一行，当再次连接上 Elasticsearch 的时候便可以继续发送文件。Filebeat 还会将每个事件的传递状态都保存在文件中，如果未得到输出目标的确认，Filebeat 就会主动发送请求，直到得到响应。

3. Logstash 体系结构详解

Logstash 是一个开源的数据收集引擎，通过实时管道功能动态地收集来自不同数据源的数据，将这些数据标准化之后传输到目的地。如图 9-5 所示，Logstash 收集和处理数据的流程分三个阶段，依次是 Input → Filter → Output。这个三个阶段形成了一个 PipeLine，也就是 Logstash 的管道，数据就在这个管道中流动。

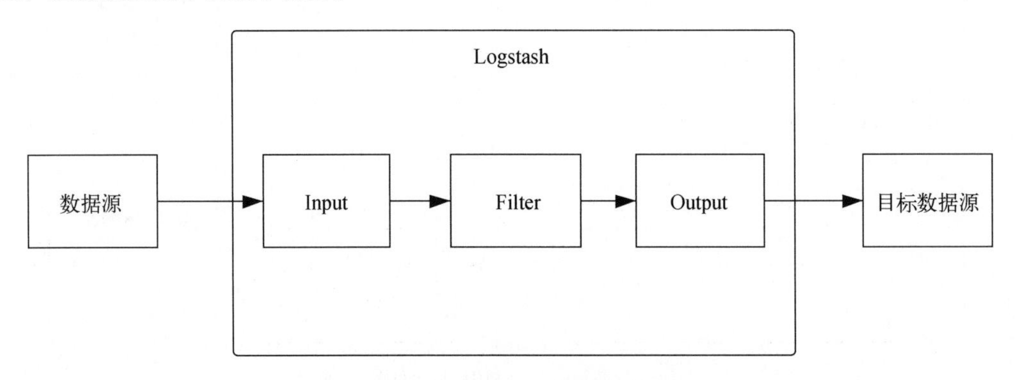

图 9-5　Logstash 处理流程

- Input：负责接收输入数据到 Logstash。数据的源头多种多样，有文件、系统日志、Redis 等。这个流程通过 Logstash 的插件实现，包括 Stdin（标准输入）、File（读取文件）、TCP（网络数据）、Generator（测试数据）等。
- Filter：负责对接收到的数据进行处理，其实就是一些过滤和分析工作。例如转换文本格式、对数据进行结构化处理、删除、替换、修改字段等。Filter 的插件包括 Grok（正则表达式）、Date（时间处理）、Mutate（字符串的类型转换处理）、GeoIP（IP 地址查询）、JSON 解码、Split（拆分事件）等。
- Output：负责将数据输出到目标数据源。同样也是通过插件的方式实现，包括 Stdout（标准输出）、File（保存成文件）、输出到 Elasticsearch、输出到 Redis、输出到网络 TCP。

如果把一次 Logstash 数据处理流程理解为一个 Event，那么数据在进入 Input 的时候就会被转换成一个 Event，完成 Output 以后，这个 Event 又会被转换成目标数据格式，这个过程经历了 Event 的整个生命周期。由于分布式系统中的数据源可能多种多样，因此 Logstash 在采集数据环节可能会面对多种类型的数据，为了让这些数据都能在 Logstash 的 Pipeline 中顺利传递，需要将它们转化成统一的 Logstash Event。如图 9-6 所示，将图 9-5 中的 Input、Filter 以及 Output 三个步骤做了进一步拆解。数据源 1、2、3 提供给 Input 不同类型的 Raw Data（原始数据），Input 通过 codec-decode 模块对这些数据进行解码，将它们统一构建成 Logstash Event，再交由 Filter 进行过滤。最后通过 Output 中的 codec-encode 模块将过滤以后的 Event 编码成目标数据需要的格式，并输出到目标数据中。

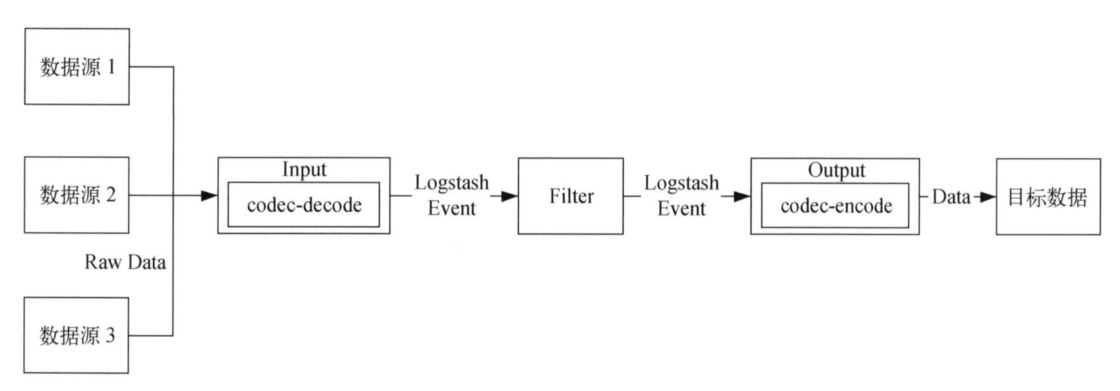

图 9-6 改进后的 Logstash 处理流程

由图 9-6 可知，Logstash 在采集日志信息的时候，会定义需要处理的数据源信息，并将其交给 Input 模块进行编码操作，再将生成好的 Event 信息交给 Filter 进行筛选，最后交给 Output 模块根据目标数据的格式完成输出。整个流程可以理解为对 Input、Filter 和 Output 进行定义和执行的过程。我们继续对这个流程进行拆解，如图 9-7 所示。Logstash 通过配置文件来定义 Input、Filter 和 Output，然后通过 Logstash 命令执行配置文件中的内容。

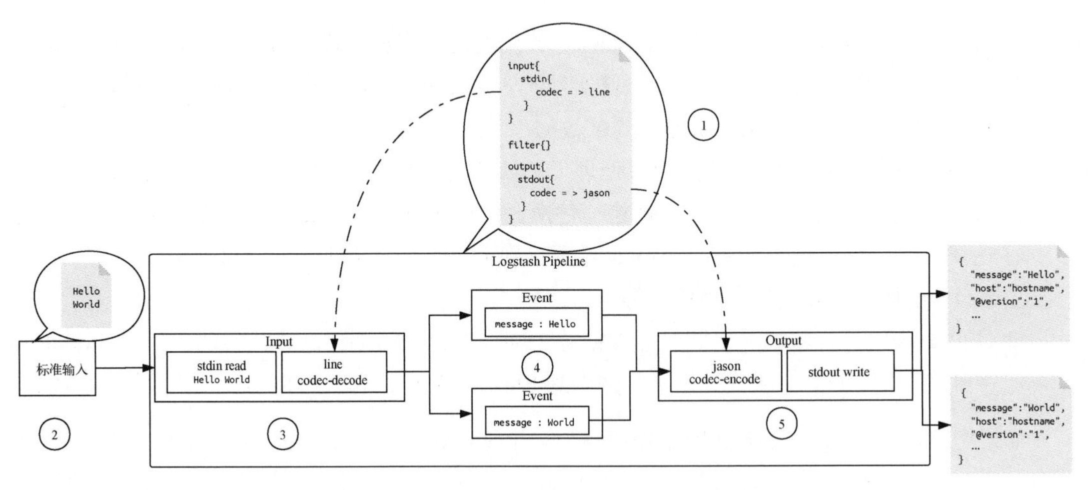

图 9-7　Logstash 通过配置文件处理日志流程

下面简单介绍一下图 9-7 中的各步骤。

① 配置文件将 `input` 的内容定义为 `stdin`（标准输入），也就是通过控制台输入需要采集的日志内容，在 `codec` 定义的部分选择 `line`，意思是通过行的方式对输入内容进行解析；`filter` 部分为空，也就是不做任何过滤和筛选操作；`output` 部分使用的是 `stdout`（标准输出），其格式为 Jason 文件。顺着从配置文件发出的虚线方向可以看到，该配置文件影响着 Input 和 Output 组件编码和解码的配置。

② 定义完 Logstash 的配置文件以后，在控制台输入 `Hello\nWorld` 字符串，注意两个单词之间有一个回车符 `\n`。

③ 输入的字符串先通过 Input 模块的 stdin 组件，再根据 codec-decode 组件的行读取方式，被分为 `Hello` 和 `World` 两条记录。

④ 针对 `Hello` 和 `World` 两条记录，会分别生成两个 Event，每个 Event 分别记录一行日志的内容。将这两个 Event 交给 Filter 模块处理，由于本例中的 Filter 模块为空，因此直接转交给 Output 模块。

⑤ Output 模块接收到两个 Event 后，根据配置的输出格式 Jason，对 Event 进行编码，然后以 stdout 的标准输出将数据以 Jason 格式打印到控制台。

讲完 Logstash 的详细处理流程之后，再来看看同时处理多个 Input 的情况。分布式架构下的日志收集会在不同的终端进行，因此会有多个 Input 操作，产生的大量日志需要通过队列以及批处理的方式进入 Filter 中，处理完后输出到 Output 中。如图 9-8 所示，左边有 3 个 Input 模块，Logstash 为每个 Input 都申请了单独的 Input 线程。假设这 3 个 Input 同时完成了日志采集工作，并将 Event 消息发送给 Filter 模块处理。为了让 Event 消息能够发送到对应的 Filter 中，首先要将这些 Event 放到队列中，然后针对每个 Filter 分别启动一个 Batcher，它负责从队列中批量获取 Event 数据，同时根据时间和收集的 Event 数目两个参数进行判断，如果达到预期的值（比如达到 5 分钟或者 10 个 Event），就将 Event 发送到 Filter 中去。Output 模块处理完毕以后会通知队列已经处理了哪些 Event，队列会对这些 Event 进行标记。这里需要注意的是 Batcher、Filter 和 Output 模块都是在 Pipeline worker 线程中实现的，所以启动的 Pipeline worker 线程越多，能够处理的 Event 就越多，也越能面对高并发的日志收集。

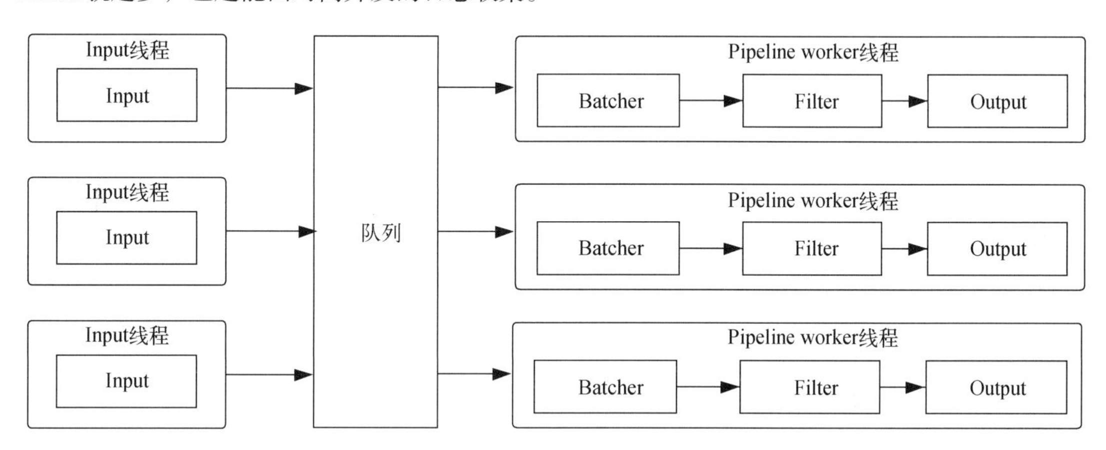

图 9-8 多线程下 Logstash 的工作流程

9.4.2 调用链监控

上一节讲的日志类监控是一种比较传统的监控方式。在微服务时代，由于服务关系的复杂性增加了服务之间的调用，一个服务既可能依赖别的多个服务，也可能被别的多个服务所依赖，因此一次服务调用有可能涉及多个服务，从而形成调用链。例如调用 A 服务就需要调用 B 服务，调用 B 服务又需要调用 C 服务。

调用链用于记录一个请求经过所有服务的过程：从请求开始进入服务，然后经过不同的服务节点，再返回给客户端。通过调用链参数来追踪全链路行为能够明确请求在哪个环节出了故障，以及系统的瓶颈在哪儿。调用链监控可以通过两种方式实现，分别是字节码增强和请求拦截，下面针对这两种方式展开说明。

1. 字节码增强，Java 探针：ASM

在介绍这种方式之前，我们先来复习一下 Java 代码的运行原理，如图 9-9 所示。

① 我们通常会把 Java 源代码文件传给 Java 编译器进行编译操作。

② Java 编译器把 Java 源代码编译成 .Class 文件，也就是字节码文件。

③ 把 .Class 文件对应的 Java 字节码发送给 Java 类装载器进行字节码的验证。

④ 把验证过后的字节码发送给 Java 解释器和及时解释器，生成可以执行的程序。

⑤ 在 Java 虚拟机（JVM）加载 .Class 二进制文件/在把 Java 字节码传入 Java 类装载器的时候，利用 ASM 动态地修改加载的 .Class 文件，在所监控的方法前后添加需要监控的内容。

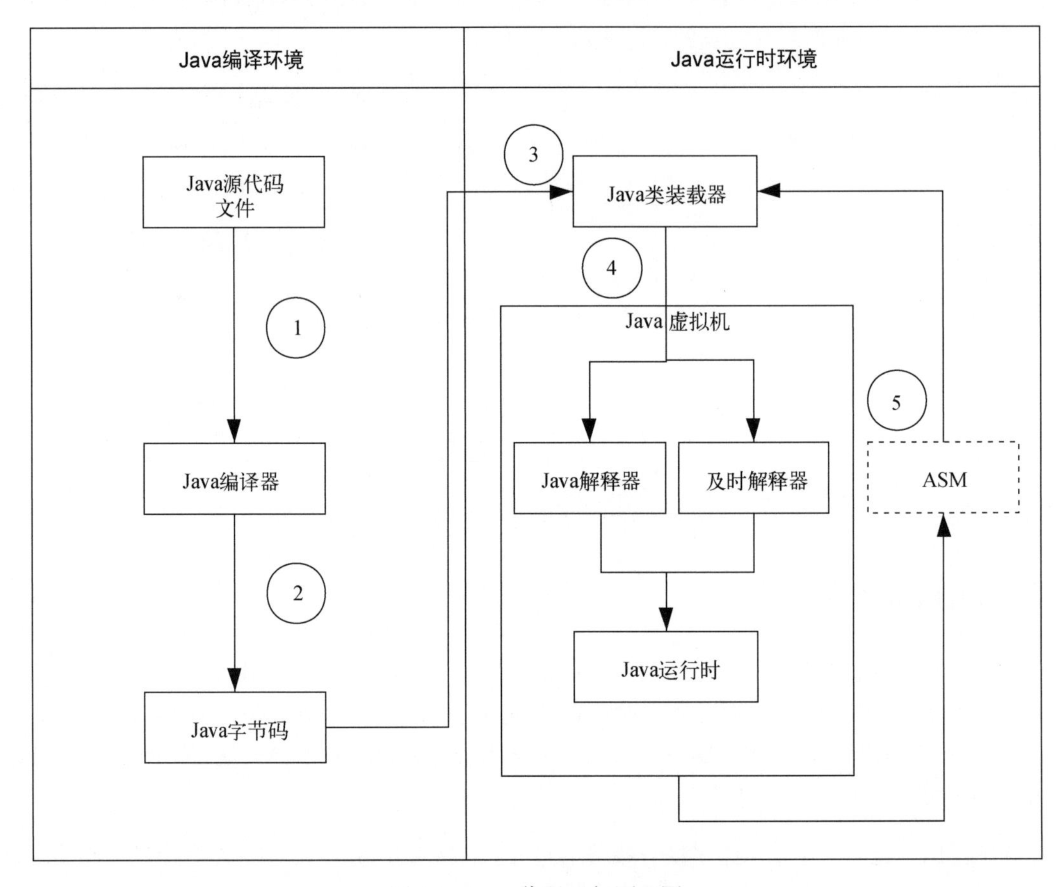

图 9-9　Java 代码运行原理图

字节码增强，Java 探针的方式利用的就是 Java 代理，这个代理是指运行方法前面的拦截器。图 9-9 中是在第 ⑤ 步进行的方法拦截，例如添加计时语句记录方法耗时，然后将方法耗时存入处理器，利用栈先进后出的特性处理方法调用顺序。

根据 ASM Guide 文档给出的定义，ASM 这个名称不代表任何含义，只是对 C 语言中 __asm__ 关键字的引用，它允许使用汇编语言实现某些功能。ASM 是一个 Java 字节码操纵框架，具有动态生成类或者增强既有类的功能。ASM 可以直接产生 .Class 二进制文件，也可以在类被载入 Java 虚拟机之前改变类的行为。Java 类存储在 .Class 文件里，在 .Class 文件中包含元数据，这个元数据用来定义类中的元素：类名称、方法、属性以及 Java 字节码（指令）。ASM 从类文件中读出信息后，能改变类行为，分析类信息，甚至生成新类。针对日志类监控，是在对应的方法上打上日志，具体是截获对应的方法，然后在该方法执行前或者执行后的位置加入需要的日志内容。那么下面就进一步看看 ASM 是如何处理 .Class 文件的。如图 9-10 所示，.Class 文件从左边进入 `ClassReader`，然后交给 `Visitor` 进行处理，最后通过 `ClassWriter` 生成修改以后的 .Class 文件，从而被装载到 Java 虚拟机中。

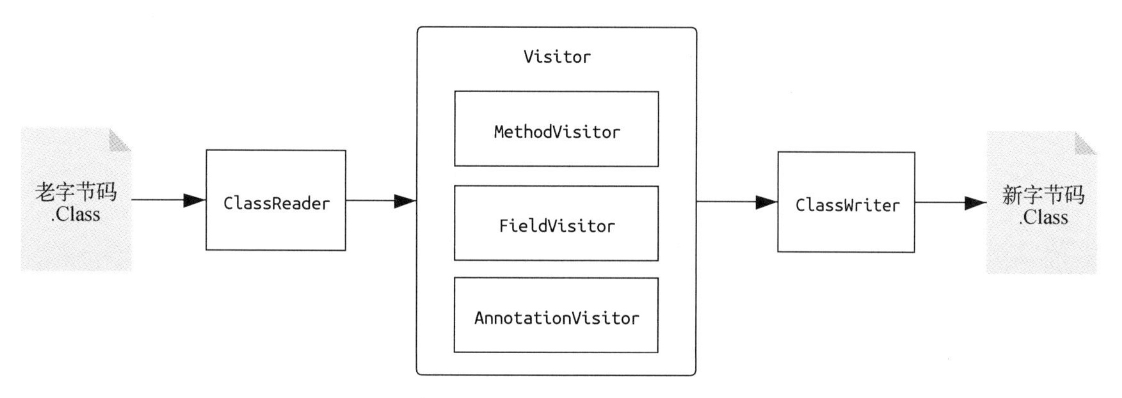

图 9-10 ASM 处理 .Class 文件

下面看看图 9-10 中几个 ASM 核心 API（`ClassReader`、`Visitor`、`ClassWriter`）的功能。

- `ClassReader`：用于读取编译好的 .Class 文件。
- `Visitor`：从上到下依次处理生成的 .Class 文件，由于这些文件是 Java 源代码文件编译所得的产物，因此其中也会包含 `Method`（方法）、`Field`（字段）、`Annotation`（注释）等信息。针对这些信息，会有不同的 `Visitor` 与之对应，例如使用 `MethodVisitor` 访问 `Method`、使用 `FieldVisitor` 访问 `Field`、使用 `AnnotationVisitor` 访问 `Annotation`。在日志类监控中，会有更多种方法，因此对 `MethodVisitor` 的使用会多一些。
- `ClassWriter`：它的工作比较简单，只需要将 `Visitor` 处理过的文件写到新.Class 文件中即可，也就是生成新的字节码文件。

上面讲解了 ASM 是如何处理 .Class 文件的，其中使用了访问者模式中获取 .Class 文件的方法，并且对文件进行了修改。这里对访问者模式不做展开描述，只通过一个修改日志方法的例子帮助大家体会这种用法。如图 9-11 所示，从左往右一共有三条泳道，代表这个例子中的三个类：第一条泳道中的 `TestClass` 是我们的目标类，我们会对该类生成的 .Class 文件进行修改；`ASMGenerator` 是我们自己写的类，用来读取 .Class 文件，我们会将其关联上 `ASMClassVisitor` 类，并且通过 `ClassWriter` 写到新 .Class 文件中；`ASMClassVisitor` 也是我们的自建类，它通过 `MethodVisitor` 来访问 `TestClass` 对应的方法，并且修改方法的内容。

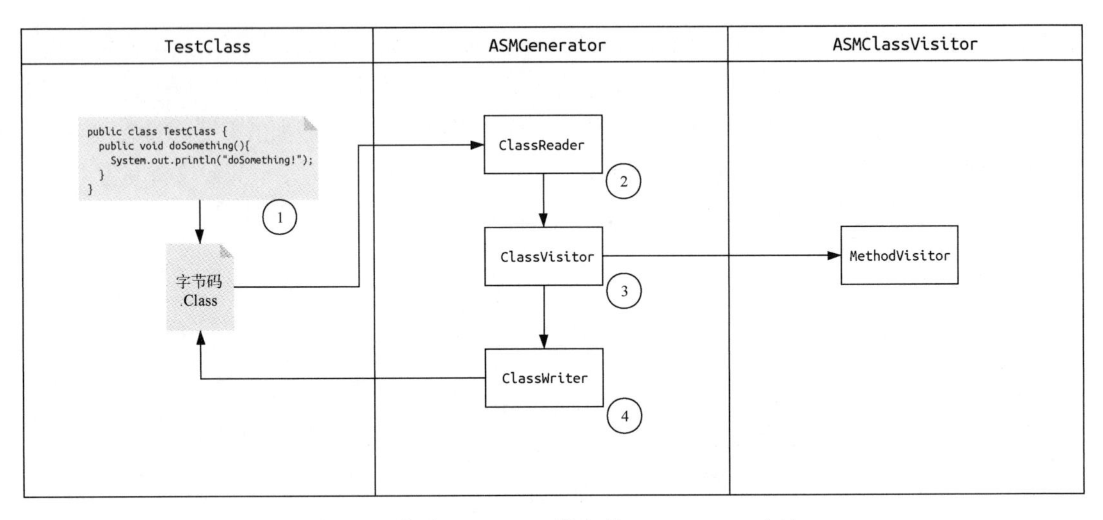

图 9-11　修改 TestClass 类中的 doSomething 方法

图 9-11 中的具体步骤如下。

① TestClass 类中有一个方法叫作 doSomething，其功能是在控制台打印出字符串 doSomething。这一步先将 TestClass 类编译成 .Class 文件。

② 在 ASMGenerator 类中初始化 ClassReader，由 ClassReader 读取 TestClass 类的字节码文件，然后交给 ClassVisitor 处理。

③ ClassVisitor 接收到 .Class 文件以后，交给 MethodVisitor 处理，对要修改的 doSomething 方法进行修改。

④ 通过 ClassWriter 把修改的结果写入到新 .Class 文件中，运行这个文件显示修改后的结果。

下面将以上四步实现为代码，TestClass 类里只有一个方法 doSomething，且已经呈现在图 9-11 中，因此我们主要把目光放到 ASMClassVisitor 类和 ASMGenerator 类上。ASMClassVisitor 类的代码如下：

```
public class ASMClassVisitor extends ClassVisitor implements Opcodes {
    public ASMClassVisitor(ClassVisitor cv) {
        super(ASM5, cv);
    }
    @Override
    public void visit(int version, int access, String name, String signature,
                      String superName, String[] interfaces) {
        cv.visit(version, access, name, signature, superName, interfaces);
    }
    @Override
    public MethodVisitor visitMethod(int access, String name, String desc, String
                                     signature, String[] exceptions) {
        MethodVisitor mv = cv.visitMethod(access, name, desc, signature, exceptions);
```

```
        if (name.equals("doSomething") ) { ①
            mv = new ASMMethodVisitor(mv);
        }
        return mv;
    }
    class ASMMethodVisitor extends MethodVisitor implements Opcodes { ②
        public ASMMethodVisitor(MethodVisitor mv) {
            super(Opcodes.ASM5, mv);
        }

        @Override
        public void visitCode() {
            super.visitCode();
            mv.visitFieldInsn(GETSTATIC, "java/lang/System", "out",
                              "Ljava/io/PrintStream;");
            mv.visitLdcInsn("start log");
            mv.visitMethodInsn(INVOKEVIRTUAL, "java/io/PrintStream", "println",
                              "(Ljava/lang/String;)V", false);
        }
        @Override
        public void visitInsn(int opcode) {    ③
            if (opcode == Opcodes.RETURN) {
                mv.visitFieldInsn(GETSTATIC, "java/lang/System", "out",
                                  "Ljava/io/PrintStream;");
                mv.visitLdcInsn("end log");
                mv.visitMethodInsn(INVOKEVIRTUAL, "java/io/PrintStream", "println",
                                  "(Ljava/lang/String;)V", false);
            }
            mv.visitInsn(opcode);
        }
    }
}
```

这里的 ASMClassVisitor 类继承于 ClassVisitor 类，并且实现了 Opcodes 接口。上述代码大致分为以下 3 个步骤。

① 首先需要重写 ClassVisistor 类中的 visitMethod 方法。这里需要明确两件事情，第一是针对哪个方法进行修改，通过 name.equals("doSomething") 这句可以看出要修改的是 doSomething 方法；第二是使用哪个 MethodVisitor 对方法进行修改，再深入一点就是要明确修改的具体内容是什么，因此这里新建了一个 ASMMethodVisitor 类与之对应，这个类在第 ② 步中定义。

② 此步定义的 ASMMethodVisitor 类继承于 MethodVisitor 类，重写了其两个方法：visitCode 和 visitInsn。visitCode 方法包含 visitFieldInsn、visitLdcInsn、visitMethodInsn 这三条语句，分别对应三条字节码指令，字节码指令是在栈上操作。visitFieldInsn 对应的 GETSTATIC 操作是取出变量的值然后放入栈中；visitLdcInsn 实际是 Ldc 指令，用来访问运行时常量池中的值，后面跟的 start log 就是这里访问的字符串常量；visitMethodInsn 对应的是调用方法，参数 INVOKEVIRTUAL 代表要调用的方法，这里的方法就是控制台的 println。总结一下这三句字节码指令，要表达的意思就是 System.out.println("start log!");。我们通过重写 visitCode 方法，

将这句指令加到了 doSomething 方法中“System.out.println("doSomething");”的前面。

③ 最后，在 visitInsn 方法中在 doSomething 方法返回之前加入代码段，这里通过判断 RETURN 获取方法的返回点。和在 visitCode 中加入打印 start log 指令的操作一样，这里也是使用 visitFieldInsn、visitLdcInsn、visitMethodInsn 这三句，只不过打印的是 end log 字符串。

ASMClassVisitor 用于继承 ClassVisitor 类和 MethodVisitor 类，目的是修改类中的方法。而 ASMGenerator 类主要是让 ReadClass、ClassVisitor、ASMClassVisitor 协同工作的，该类的代码如下：

```
public class ASMGenerator {
    public static void main(String[] args) throws Exception {
        ClassReader classReader = new ClassReader("com/asm/TestClass");   ①
        ClassWriter classWriter = new ClassWriter(ClassWriter.COMPUTE_MAXS);  ②
        ClassVisitor classVisitor = new ASMClassVisitor(classWriter);  ③
        classReader.accept(classVisitor, ClassReader.SKIP_DEBUG);
        byte[] data = classWriter.toByteArray();
        File file = new File("/Users/demo3/com/asm/TestClass.class");  ④
        FileOutputStream fout = new FileOutputStream(file);
        fout.write(data);
        fout.close();
        TestClass testClass = new TestClass();   ⑤
        testClass.doSomething();
    }
}
```

ASMGenerator 类执行的内容大致分为以下 5 个步骤。

① 通过 ClassReader 初始化要修改的目标类，这里的目标类就是 TestClass，在传入参数中输入类名。注意传入参数要包括 namespace 部分，而且要使用字节码格式，因此把 . 替换成 /。目的是读取 .Class 文件（字节码文件），并传给 ClassVisitor 类进行后续的修改工作。

② 初始化 ClassWriter 类，此类用于在 ClassVisitor 修改类文件之后，输出 .Class 文件。

③ 初始化 ClassVisitor 类，这里使用我们编写的 ASMClassVisitor 类将 ClassWriter 作为初始化参数传入。对 TestClass 类中 doSomething 方法的修改就是在 ASMClassVisitor 类中完成的。

④ 在这里确定要写的文件，通过初始化文件地址的方法设置，能够将最终的 .Class 文件输出到对应的目录下。

⑤ 初始化 TestClass 类，并且调用 doSomething 方法查看结果。

分析完以上代码后，运行 ASMGenerator 类中的 main 函数，调用 TestClass 类中的 doSomething 方法，此时的 doSomething 方法已经是 ASMClassVisitor 类修改过的，并且覆盖了之前的 .Class 文件。所以会得到如图 9-12 所示的结果，doSomething 字符串的前面和后面分别多了 start log 和 end log 字符串，也就是我们修改类方法时插入的打印语句。

```
/Library/Java/JavaVirtualMachines/jdk1.8.0_73.jdk/Contents/Home/bin/java ...
start log
doSomething!
end log
```

图 9-12 调用 ASM 修改后的方法

2. 拦截请求：Zipkin

业界有许多分布式服务跟踪的架构，例如 Twitter 的 Zipkin、大众点评的 CAT，这些最佳实践的理论基础主要来自于 Google 的一篇论文“Dapper, a Large-Scale Distributed Systems Tracing Infrastructure”。拦截请求就是在调用链的各个节点上，通过拦截调用请求的方式记录调用过程，以及调用结果。

如图 9-13 所示，记录了分布式服务跟踪系统中由一次用户请求引发的服务调用过程，涉及一个用户请求和若干个服务调用。从上往下看，用户对服务 A 发起调用请求，而服务 A 对服务 B 有依赖，因此服务 A 需要对服务 B 发起一次 RPC 请求，服务 B 返回对应的结果，这次服务调用被记作 RPC1。同时服务 A 还对服务 C 有依赖，因此对其发起了请求 RPC2。在调用服务 C 的时候发现 C 依赖于服务 D 和服务 E，因此服务 C 分别发起 RPC3 和 RPC4 两次请求。这里需要注意在请求服务 A 的时候，服务 A 会同时发起 RPC1 和 RPC2 两个请求，分别请求服务 B 和服务 C，服务 B 会马上响应 RPC1 请求，因为它不依赖其他服务，而服务 C 不会马上返回结果，因为它依赖服务 D 和服务 E。服务 C 只能等服务 D 和服务 E 分别返回 RPC3 和 RPC4 的请求结果以后才能响应服务 A 的 RPC2 请求。

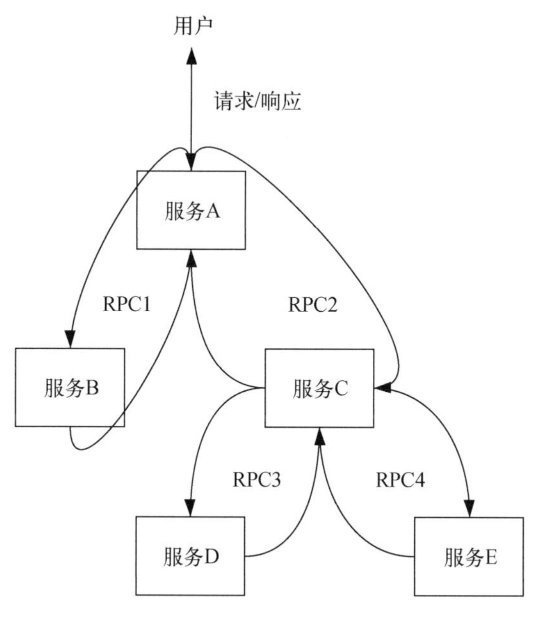

图 9-13 服务之间的调用链

拦截请求说白了就是记录服务节点每次发送的信息和接收的信息中的标识符和时间戳。由于一个请求可能涉及多个服务之间的调用，而这种调用往往呈链式结构，经过层层调用以后才会返回请求结果，因此常使用拦截请求的方式追踪整个调用过程，以便厘清服务间的调用关系。我们把分布式调用链路称作 Trace，可以这么理解，每次请求都会生成一个 Trace，针对这个 Trace 会有一个 `TraceID` 作为唯一标识。一次请求可能会调用很多不同的服务或者方法，我们把每次调用分别称作一次 Span，用来跟踪服务或者方法的调用轨迹，同样用 `SpanID` 来唯一标识一个 Span。这里可以把 Span 看作最小的调用单元，每个 Span 调用都有对应的请求源头和依赖目标，即 Span 的调用方和被调用方，它们之间通过 `ParentID` 连接起来。为了能把这部分表述清楚，我们对图 9-13 做进一步的拆解，如图 9-14 所示，依旧是用户向服务 A 发起请求，服务 A 根据依赖情况分别调用服务 B、C、D、E。由于服务跟踪系统的介入，在调用过程中会记录 `TraceId`、`SpanId` 和 `ParentId` 的信息，下面就根据调用的步骤来看看它们是如何工作的吧。

① 先看服务 A 的表格。用户对服务 A 发起请求，因此生成一个 Trace，服务 A 中便会定义 `TraceId：1`，作为这一次请求的标识，后面只要是与这次请求相关的链路调用都会沿用这个标识。由于这里产生了一次方法的调用，因此对应产生一个 Span，同理服务 A 中会定义 `SpanId：1`。再看服务 A 表格的下方，由于服务 A 依赖服务 B 和服务 C，因此需要对这两个服务分别发起 RPC 请求，针对这两次服务调用会生成两个 Span。表格中左下角记录了 `TraceId：1`、`ParentId：1` 和 `SpanId：2`，其中 `TraceId` 没有发生变化，说明还是同一次用户请求引起的调用；`ParentId：1` 说明这个 Span 对应的调用方是服务 A 表格中上方的第一次 Span 调用，图中通过一条虚线连接 `SpanId：1` 表示调用关系；`SpanId：2` 表示的是服务 A 调用服务 B，产生的一次服务调用。同理，表格中右下角记录了 `TraceId：1`、`ParentId：1`（同样通过虚线连接 `SpanId：1`）和 `SpanId：3`。其中和左下角内容唯一不同之处在于 `SpanId：3`，说明这是一次新调用，调用目标是服务 C。综上，服务 A 通过定义三个 Span，清楚说明了用户向服务 A 发出调用请求（`TraceId：1`、`SpanId：1`），以及服务 A 调用服务 B 和 C（`SpanId：2` 和 `SpanId：3`），还通过 `ParentId：1` 将两个 Span 调用进行了关联。

② 服务 A 调用服务 B 和服务 C，服务 B（`SpanId：2`）立即就返回了响应。而服务 C（`SpanId：3`）由于依赖服务 D 和 E，因此先向这两个服务发起调用，于是服务 C 中又有了三个表格。其中上方的表格表示服务 A 向服务 C 发起的调用，`TraceId：1` 表示这次调用依然在同一次用户请求中、`ParentId：3` 表示这次调用的发起方是服务 A 中的 `SpanId：3` 这个调用、`SpandId：4` 表示服务 C 对服务 D 和服务 E 发起的调用。

③ 服务 C 中左下角的 `SpanId：5` 用来调用服务 D，`TraceId` 还是和之前保持一致，`ParentId：4` 通过虚线和 `SpanId：4` 关联起来。由于服务 D 不依赖其他服务，因此服务 C 直接就得到了响应，继续通过 `SpandId：6` 调用服务 E。

④ 右下角的 `SpanId：6` 用来调用服务 E。服务 E 是调用链中最终的一个服务，不会再调用其他服务，因此只有一个 Span 的定义。其中 `TraceId` 依旧不变，`ParentId：6` 用来和服务 C 中的 `SpanId：6` 进行关联，最后一个是服务 E 自身的调用 `SpanId：7`。服务 E 调用完成以后，会响应服务 C，服务 C 获得响应以后响应服务 A，服务 A 接着响应用户请求，这样就完成了整个调用链的监控。

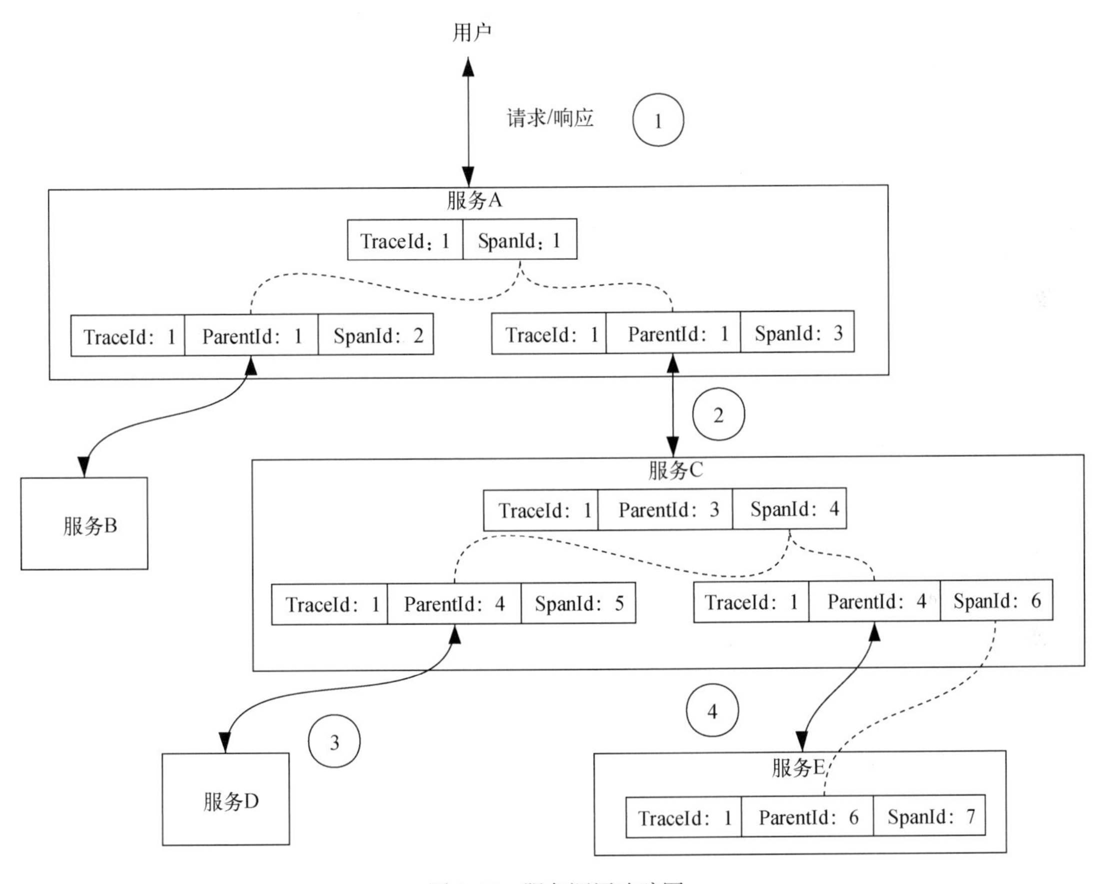

图 9-14　服务调用追踪图

注意，为了简化图例，没有画服务 B 和服务 D 的 Span，可以参考服务 E 中的 Span 记录。

上面介绍了分布式服务之间的调用过程，以及如何通过拦截请求的方式获取调用链上每个服务点的信息，下面通过最佳实践——Zipkin，来看看如何收集监控信息。

Zipkin 是一款开源的分布式实时数据追踪系统，它就是根据 Google Dapper 的论文设计而来，主要用于收集来自各个应用服务的实时监控数据。其架构相对简单，这里还是通过上面服务 A、B、C、D、E 的例子给大家展开说明。如图 9-15 所示，图中左边是我们要监控的分布式应用系统，包含 5 个服务。

Zipkin 会在每个服务中都安装一个 Trace Instrumentation 作为跟踪器，跟踪器会根据服务的调用情况生成追踪信息，例如上面提到的 TraceId、ParentId 和 SpanId，并且将这些信息通过中间的传输层发送至右边的 Zipkin 系统。

右边的 Zipkin 系统包含好几个组件，首先是 Collector，这是 Zipkin 服务端的信息收集器，以守护进程的形式存在。当 Trace Instrumentation 收集的信息传递到 Collector 以后，Collector 会对数据进行验证，同时将需要存储的信息通过 Storage 组件保存到存储介质中，并且为存储的信息创建索引以便查询。Storage 作为存储组件，可以将数据存储到内存或者磁盘数据库中，支持 Cassandra、Elasticsearch 和 MySQL 等存储方式。Storage 组件的上方是 Search API，这是为外部提供的一个查询监控信息的接口，可以通过 JSON API 的方式对其进行调用，它会返回对应的监控数据信息。Web UI 作为 Zipkin 的前端展示平台，位于 Search API 的上方，通过调用 Search API 以图表形式展示链路信息。

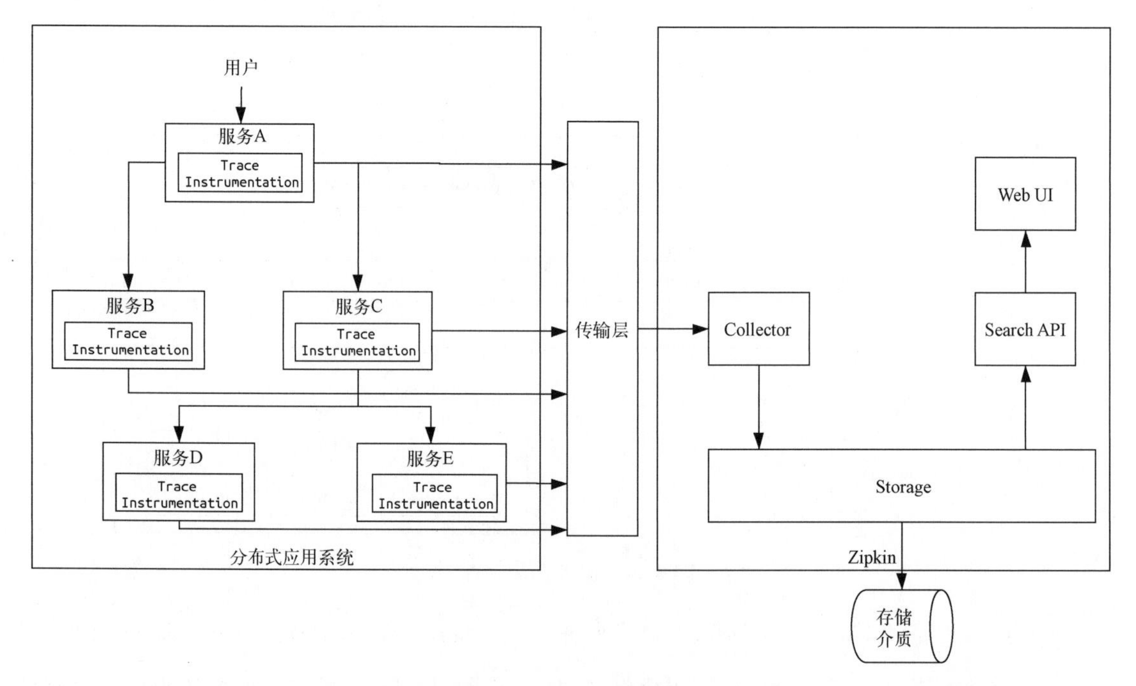

图 9-15　Zipkin 架构图

上面大致描述了 Zipkin 架构的组成部分，以及如何通过 Zipkin 的几个组件对监控信息进行收集、存储、展示。想必大家一定好奇 Zipkin 具体是如何收集监控信息的，如图 9-16 所示，这里以服务 A 调用服务 B 为例，通过 4 个简单的步骤说明如何在调用过程中记录监控信息。

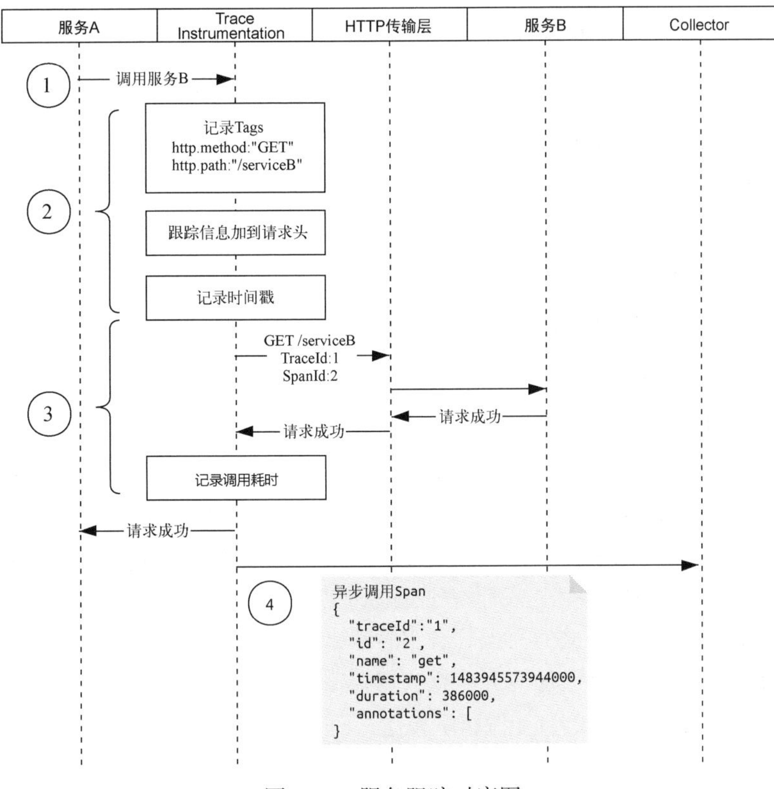

图 9-16 服务跟踪时序图

正如图 9-15 中提到的，为了跟踪服务间的调用关系，Zipkin 会在每个服务中安装跟踪器 `Trace Instrumentation`，通过这个跟踪器记录服务调用相关的信息。当服务 A 向服务 B 发起调用的时候，就会触发 `Trace Instrumentation`，收集相关数据。

① 服务 A 调用服务 B 之前，先通过 `Trace Instrumentation` 记录相关的调用信息，这里假设使用 HTTP 传输层对服务 B 发起 GET 请求。

② `Trace Instrumentation` 会通过记录 Tags 的方式将 HTTP 的请求方式 GET 和请求服务 B 的路径一起记录下来，并且将跟踪信息放入 HTTP 的请求头中，这里的跟踪信息包括 `TraceId` 和 `SpanId`，根据图 9-14 中的描述，此时是 `TraceId: 1` 和 `SpandId: 2`。此外还会加入时间戳信息。

③ 保存完上面的调用信息以后，服务 A 就开始调用服务 B 了，假设调用成功，则 `Trace Instrumentation` 中会记录调用耗时信息。

④ 请求成功的信息返回给服务 A 以后，`Trace Instrumentation` 会用上面记录的所有关于调用服务 B 的 Span 信息生成 Jason 格式的文件，并传给 Zipkin 系统的收集器 `Collector`，从而完成这次服务调用的收集工作。之后面流程就和图 9-15 描述的一样了，进行存储、查询、展示等操作。

9.4.3　度量类监控：LSM Tree 和 LevelDB

度量类监控是从事件的发生时间和指标的取值角度来监控系统信息的，通过对时间或者取值信息进行聚合汇总，来表现所监控信息的走势。度量类监控的代表是时序数据库（Time Series Data，TSD）的监控方案，其实就是记录一串以时间为维度的数据，然后通过聚合运算查看指标数据和指标趋势，说白了就是描述某个被测主体在一段时间内的测量值变化（度量）。

按理来说，时序数据库本质上也是用于存放数据的，和其他数据库的区别在于使用场景不同。特别是在监控系统中，其数据量大、并发承担高等特点尤为突出，下面总结几点。

- **并发量高、写入频率一定**：时序数据的写入依赖于监控系统要采集的数据点，一般这些数据点的数量是一定的，采集频率也一定，例如每分钟采集一次，因此把监控数据写入时序数据库的频率也是一定的。但是由于采集点众多，可能多个采集点会在同一时间写入时序数据库，产生高并发，因此需要考虑如何提高写数据的效率。
- **写入场景多于读取场景**：作为保存监控数据的时序数据库，应用场景多数是与写操作相关的，读取数据的场景多是展示报表或者显示趋势图，因此是典型的写多读少型数据库。
- **实时追加数据**：时序数据的写入具有实时性，数据随时间的推移不断产生，因此数据量会持续增大，于是通过追加的方式将数据顺序保存在数据库中。换句话说，即便是针对同一字段的描述信息，也只能做新增操作，而不能更新。

鉴于 IT 基础设施、运维监控和互联网监控的特性，时序数据库的存储方式方式得到了广泛应用。聊完其特点后，再来看看其数据结构，这里将时序数据分别为主体、时间点和测量值。我们通过一个监控服务器平均进、出流量的例子来看一下时序数据库的数据模型，如图 9-17 所示。

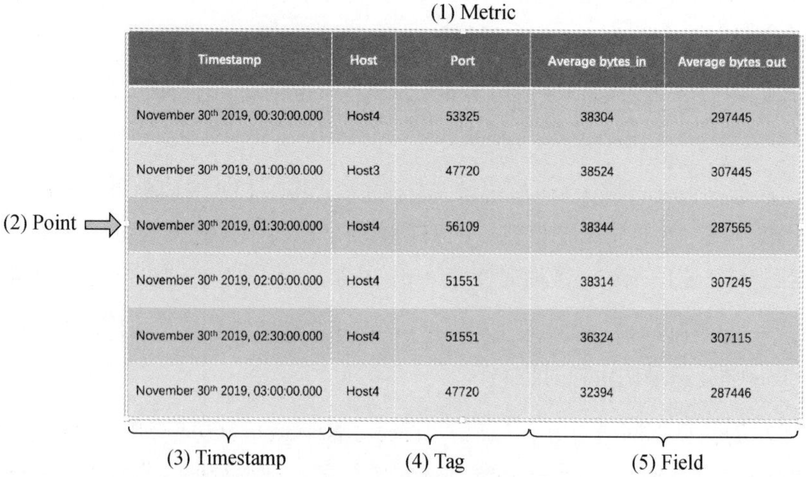

(1) Metric

Timestamp	Host	Port	Average bytes_in	Average bytes_out
November 30th 2019, 00:30:00.000	Host4	53325	38304	297445
November 30th 2019, 01:00:00.000	Host3	47720	38524	307445
November 30th 2019, 01:30:00.000	Host4	56109	38344	287565
November 30th 2019, 02:00:00.000	Host4	51551	38314	307245
November 30th 2019, 02:30:00.000	Host4	51551	36324	307115
November 30th 2019, 03:00:00.000	Host4	47720	32394	287446

(2) Point

(3) Timestamp　(4) Tag　(5) Field

图 9-17　时序数据库数据模型图例

下面顺着图中的编号来看看时序数据库的组成结构和各自代表的含义。

(1) 监控的整个数据库称为Metric，它包含所有需要监控的数据，类似于关系型数据库中的Table。

(2) 每条监控数据分别称为 Point，类似于关系型数据库中的 Row。

(3) 每个 Point 都会定义一个 Timestamp（时间戳），其作为 Point 的索引，表明数据的采集时间。

(4) Tag 作为维度列，表示监控数据的属性。这里的 Tag 是 Host（主机）和 Port（端口），可以根据实际需要监控的目标自定义 Tag。

(5) Field 表示指标列，也就是测量值，可以理解为测量的结果。

接下来讲解时序数据库的存储原理，众所周知关系型数据库存储采用的是 B Tree，虽然能够降低查询数据时的磁盘寻道时间，但是无法提高写入大量数据时的磁盘效率。而监控系统经常会大批量地写入数据，所以我们选择 LSM Tree（Log-Structured Merge-Tree）来存储时序数据库。

LSM Tree 从字面意义上理解，就是把记录的数据按照日志结构（Log Structured）追加到系统中，然后通过合并树（Merge Tree）的方式合并这些数据。这里有一个前提是假设内存足够大，监控数据每次先写入到内存中，等积累到一定程度时，再通过归并排序的方式合并，并且追加到磁盘中。由于 LSM Tree 的数据是连续写入磁盘中的，而对于磁盘来说，连续写入的效率要高于随机写入，因此 LSM Tree 的数据写入速度往往高于 B Tree，其非常适合需要大量写入数据的应用场景。不过查询的时侯因为涉及多个磁盘中数据的合并操作，所以 LSM Tree 的数据查询速度一般低于 B Tree，于是会使用 Bloom Filter。如图 9-18 所示，图中右边 C_0 tree 保存的数据在 Memory（内存）中，而 C_1 tree 保存的数据在 Disk（磁盘）中。当 Memory 中 C_0 tree 的数据达到一定阈值需要合并的时候，就将其叶子结点上的数据与磁盘中 C_1 tree 叶子结点上的数据合并到一起。

图 9-18 中的 C_0 tree 常驻内存中，可以是任何方便通过键值查找的数据结构，如红黑树、MAP 之类等。C_1 tree 则常驻在磁盘中，具体结构类似于 B Tree。

当监控系统插入一条新纪录到 LSM 时，在把这条记录插入到内存之前会先插入到日志文件中。目的是防止内存崩溃，以及数据的恢复。日志记录是以追加的方式插入的，所以速度非常快。与此同时，还要将新纪录的索引插入到 C_0 tree 的叶子结点中，这个操作是在内存中完成，不涉及磁盘的 IO 操作。当 C_0 tree 的容量达到某一阈值时或者又过了指定的一段时间时，LSM 会将 C_0 tree 中的记录合并到磁盘的 C_1 tree 中。随着 C_1 tree 的容量慢慢变大，可以将其合并到 C_2、C_3 甚至是 C_K 中。

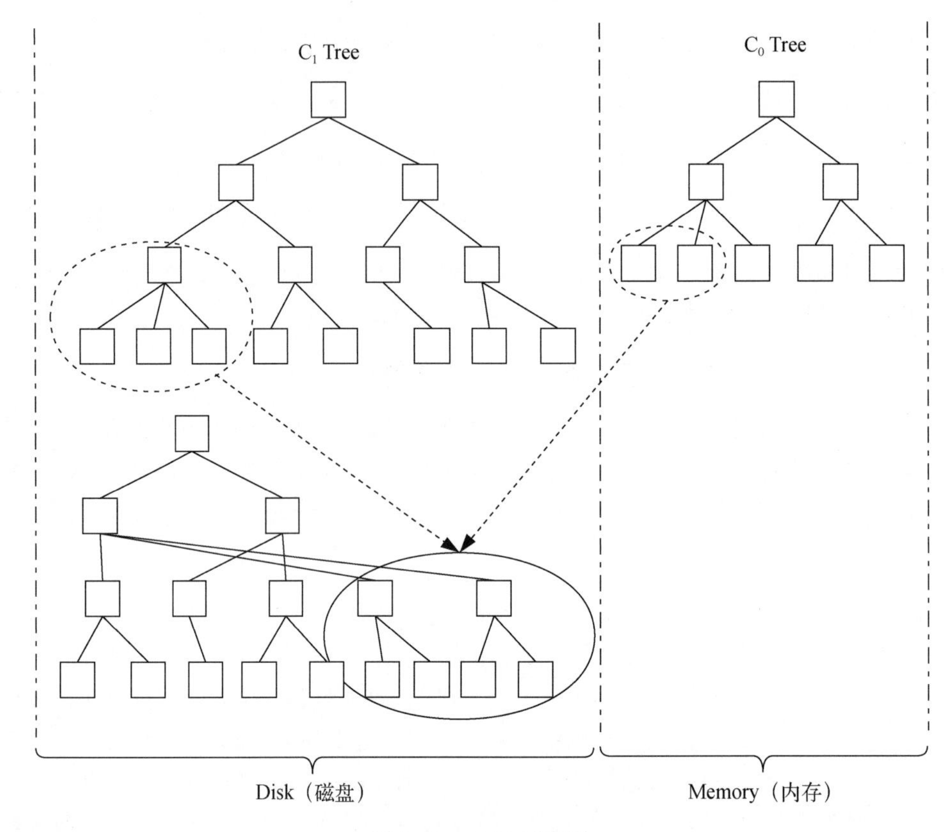

图 9-18 LMS 原理图

很多数据库采用了 LSM Tree 的存储思想，包括 LevelDB、HBase、Google BigTable、Cassandra、InfluxDB 等。下面以 LevelDB 为例来介绍如何实现 LSM Tree 的设计思想。

LevelDB 是专注于写数据的存储引擎，是典型的 LSM Tree 实现，我们首先了解它的组成结构。LevelDB 包括六个主要构成部分：内存中的 MemTable 和 Immutable MemTable 以及磁盘上的 Current 文件、Manifest 文件、Log 文件和 SSTable 文件。如图 9-19 所示，顺着 LevelDB 处理写数据请求的步骤把这六个组成部分仔细过一遍。

① 由于在 LevelDB 中存储的数据都是以键值对形式存在，因此当写入一条 `Key:Value` 记录时，LevelDB 会先将保存到 Log 文件中，保存成功后再将记录插进 MemTable 中，这样才算完成了写入操作。从这个过程可以看出一次写入操作包括一次磁盘写入和一次内存写入，其中写入 Log 文件属于磁盘写入，由于是通过追加的方式写入到磁盘中，因此速度较快。LevelDB 设计 Log 文件的目的是方便系统崩溃后快速恢复，假如记录只是保存到了内存中，内存中的数据还未保存到磁盘，而此时系统崩溃了，如果没有 Log 文件，便会造成数据的丢失。所以在 LevelDB 把数据写入到内存之前，需要先将记录保存到 Log 文件中。

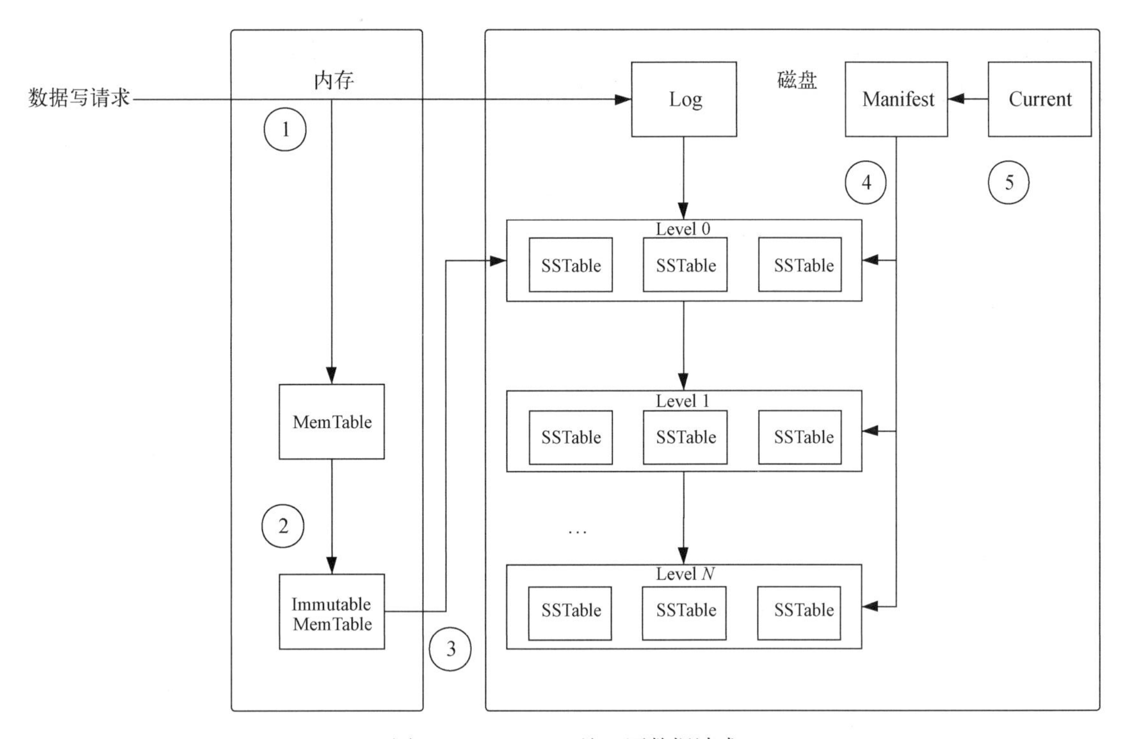

图 9-19 LevelDB 处理写数据请求

② Log 文件保存成功以后，就将数据插入到 MemTable 中，当内存中的数据量达到一个界限或者过一定时间后，LevleDB 会生成新的 Log 文件和 MemTable，原先的 MemTable 则转化为 Immutable Memtable。Immutable MemTable 中保存的内容是不可更改的，只能读取不能写入或者删除。如果有新的数据写入，只能被保存到 Log 文件和 MemTable 中。

③ LevelDB 的后台调度器会将 Immutable MemTable 中的数据导出到磁盘，形成一个新的 SSTable 文件（Sorted String Table），也就是一个有序字符串表，这个有序的字符串就是数据的键。SSTable 文件是不断地将内存数据合并到磁盘后形成的，而且所有 SSTable 文件形成了一种层级结构，从上到下依次为 Level 0、Level 1 到 Level *N*。越往下层级越高，存放的文件容量也越大。

④ SSTable 文件保存了级别信息，并且本身是一个有序的字符串表，因此需要用一个文件去描述这些信息。这便是 Manifest，它保存着 SSTable 所在的层级（Level）、对应的 SSTable 文件名（以 sst 为后缀），以及文件中的起始 Key 值和结束 Key 值。这些说白了就是 SSTable 文件的 metadata 信息。

⑤ 最后轮到了 Current 文件，它用来记录 Manifest 文件名。前面提到每个层级由于文件容量的阈值问题会定期进行合并，合并后的文件会保存到下一层中（Level 加 1）。这些合并操作会使

SSTable 文件发生变化，Manifest 文件中记录的内容也会随之发生变化，此时会产生新生成 Manifest 文件来记录这种变化，Current 文件则用来记录 Manifest 文件的。

上面通过 LevelDB 的处理数据写请求的过程，描述了其包含的几个组件。接下来看看 LevelDB 是如何读取数据的，如图 9-20 所示，LevelDB 读取数据分为三个部分，我们顺着序号进行讲解。

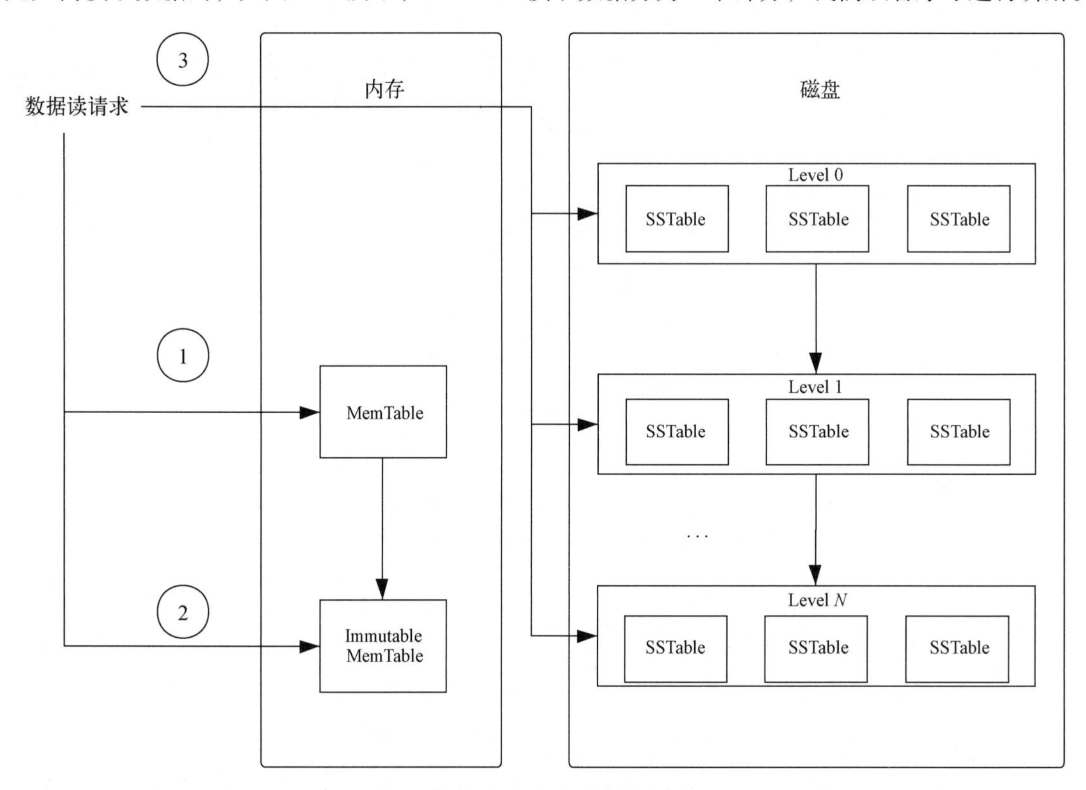

图 9-20　LevelDB 处理读数据请求

① MemTable 作为数据写入的入口，里面存放着最“新鲜”的数据，又由于 LevelDB 中数据是以键值对形式存放的，因此最开始要在 MemTable 中查找与键对应的值信息。如果能够找到，就可以直接返回给用户。

② Immutable MemTable 中的信息是由 MemTable 合并形成的，如果第 ① 步在 MemTable 中无法找到对应的值，就去 Immutable MemTable 中查找。换个角度来讲，MemTable 和 Immutable MemTable 都在内存中，数据内容相对较新，离用户也是最近的，所以根据就近原则也应该先从这两个文件开始查找。

③ 假设在 Immutable MemTable 文件中依旧无法命中信息，就需要到磁盘中查找了，也就是从 Level 0、Level 1 到 Level *N* 层级中的 SSTable 文件中查找。由于层数太多，SSTable 文件的数

量较大，因此查找过程会相对曲折。还是根据就近原则，首先从最上层的 Level 0 开始，如果其中的 SSTable 中保存着对应的键，就返回其值，否则继续往下（Level 1）查找。如此循环往复，直到在某层的 SSTable 文件中找到键对应的值。如果遍历完所有的层级，都无法找到数据，那么直接返回无数据的信息。

上述读数据的过程，遵循的原则有逐级向下；优先读取内存中的数据，再读取磁盘上的数据；先读取合并之前的数据，再读取合并之后的数据。隐含意思都是读取新鲜的数据，假设把数据 `{key="hello"  value="world"}` 保存到了 LevelDB 中，由于数据量在不断增加，这条数据会不断往下层合并。一段时间之后，插入数据 `{key="hello"  value="space"}`，这条数据和上一条数据具有同样的键，值的内容由 `"world"` 变为了 `"space"`。理论上后一条数据是通过插入的方式添加到 LevelDB 中的，而且 `"space"` 那条数据应该位于 `"world"` 那条的上层。换句话说，LevelDB 中现在存在两条数据，它们的键都是 `"hello"`，值是不相同的。在读取数据的时候，会先遍历上层数据集合，因此较新的数据 `"space"` 会首先被查找到，并且返回。在实时监控的场景中，我们也希望返回更及时的信息。

需要注意 Level 0 层的 SSTable 文件可能存在键重合情况，此时应该先搜索文件编号大的 SSTable。文件编号越大，其中存放的数据越新。非 Level 0 层的 SSTable（Level 1~*N*）文件，不会出现键重合现象，可以通过 Manifest 文件获取 SSTable 的 metadata 信息，该文件中保存着最小和最大的 `Key`，这种定位方式有助于快速找到对应的键。

9.5 监控系统的分层

监控系统的分类谈完了，我们换个角度，通常任何架构都会分层，在架构的各个层级中都能找到监控的身影。分布式系统也是一样，为了实现全链路的监控，将其分为如下五层。

- **客户端监控**：例如用户行为信息、业务返回码、客户端性能、运营商、版本、操作系统等。
- **业务层监控**：核心业务的监控，例如登录、注册、下单、支付等。
- **应用层监控**：相关的技术参数，例如 URL 请求次数、Service 请求数量、SQL 执行的结果、Cache 的利用率、QPS 等。
- **系统层监控**：物理主机，虚拟主机以及操作系统的参数，例如 CPU 利用率、内存利用率、磁盘空间情况。
- **网络层监控**：网络情况参数，例如网关流量情况、丢包率、错包率、连接数等。

从分层可以看出，监控系统包含的范围是很广的。网络、系统、应用、业务、客户端都是监控的对象，那么如何着手，使用什么工具对这些对象展开监控就是接下来要面对的问题。通过观察监控系统的分层可以发现，应用层、系统层、网络层针对的主要是一些通用硬件、系统和应用，对它们的监控和业务是毫无关系的，主要偏向于系统应用参数，因此可以使用度量类监控平台。而客户端、业务层的监控以业务为主，需要我们根据实现的业务场景编写对应日志，所以比较适合日志类监控。经过分析可以发现，每层关心的内容不尽相同，但都需要通过监控的方式获取信息，从而实现监控和优化。

针对不同的层级涌现出了不同的监控系统，例如网络层、系统层有 Zabbix、Prometheus；应用层有 Prometheus、CAT、ELK；业务层有 Prometheus；客户端有听云等优秀的产品。后面两节会就其中两个使用比较广泛的监控架构展开讲解：Zabbix 作为老牌监控平台被一直使用至今，Prometheus 作为新晋的时序数据库监控平台势头正猛。

9.6　Zabbix 实现监控系统

众所周知，Zabbix 是一款优秀的监控系统，可以监控互联网中的设备和应用。在详细介绍其实现方式之前，先来看看它的结构图，如图 9-21 所示。图中左侧“被监控设备”中包含的设备类型可以是服务器、交换机或者网络打印机，以下将这些被监控设备称作 Host，设备的分组称作 Host Group，分组时可以依据地域、机房、应用。从“监控方式”部分可以看出，Zabbix 会为每个 Host 安装 Zabbix Agent，这是 Zabbix 在 Host 上的客户端，负责将 Zabbix 需要监控的信息上传到 Zabbix Server 进行分析和处理。但并不是所有网络设备都能够安装 Zabbix Agent，对于那些无法安装的设备来说，要是支持 IPMI（Intelligent Platform Management Interface，智能平台管理接口）或者 SNMP（Simple Network Management Protocol，简单网络管理协议），也是可以被 Zabbix 监控到的。另外，如果是监控 Java 应用程序，也可以通过 JMX 实现。从“监控内容”部分可以看出，Zabbix 通过 Zabbix Agent 监控应用信息、通过 IPMI 监控设备硬件信息、通过 SNMP 监控网络信息。

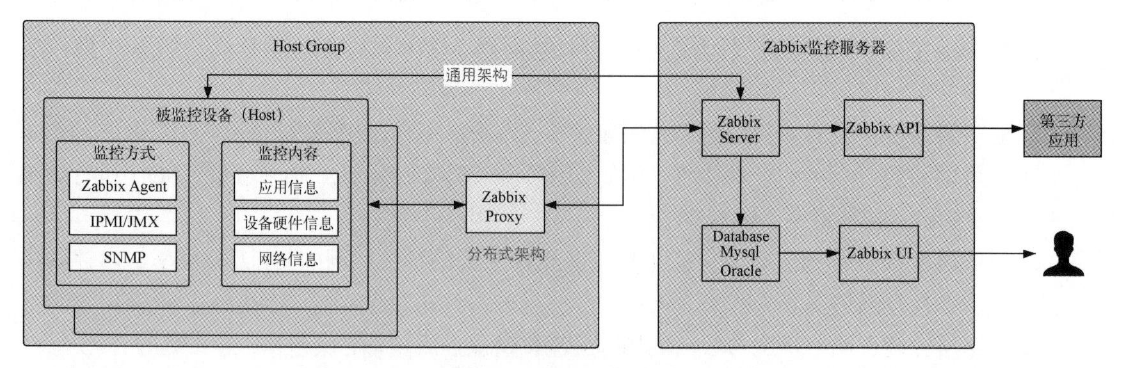

图 9-21　Zabbix 架构图

图中的 Host 区域与右边 Zabbix Server 之间有一个双向箭头，这种由 Host 直接连到 Zabbix Server 的方式叫作通用架构，类似于常说的 C/S 架构。可在实际应用中使用更多的是分布式架构，也就是 Host 先连接 Zabbix Proxy，Zabbix Proxy 再连接右边的 Zabbix Server，从而构成一条信息通路。在“Zabbix 监控服务器”区域，包含几个监控服务器，其中“Zabbix Server”主要负责配置和接收/发送监控信息。处理完毕的信息会存储到 Database 中，这里的 Database 可以指定 MySQL 或 Oracle 以及其他数据库源。另外， Zabbix UI 负责展示配置信息和监控信息。不仅如此，Zabbix 还为第三方应用提供了 Zabbix API，通过它来客制化 Zabbix 规则，当然出于对稳定性的考虑，可以通过 keepalived 之类的软件建立含有 Master、Slave 节点的 HA（High Availability，高可用）机制。

9.6.1 Zabbix 构建监控系统过程

通过图 9-21，想必大家已经对 Zabbix 的工作原理有了基本了解。现在趁热打铁来看看 Zabbix 架构的安装和配置步骤，图 9-22 已经直观展示出来了。泳道图将架构分为“Host”（被监控的主机）和“Zabbix 监控服务器”，步骤从左到右、从上到下顺着箭头的方向依次是：安装 Zabbix Agent → 配置信息 → 安装 Zabbix Server/UI → 配置 Host → 配置监控项（Items）→ 配置触发器（Trigger）→ 配置处理动作（Action）。

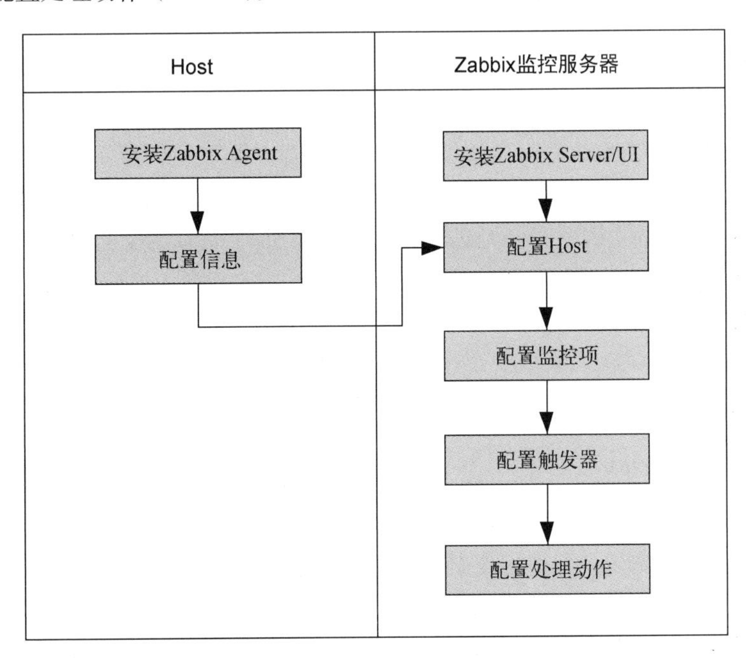

图 9-22 Zabbix 架构安装和配置示意图

下一节会以图 9-22 中的流程为主线推进，主要目的是通过分析 Zabbix 的安装和配置流程，了解分布式监控需要准备哪些工作，为上面的理论做实践方面的扩展。

9.6.2 Zabbix 架构的安装和配置

本节会详细介绍 Zabbix 架构的整个安装和配置过程，这里都没有标注具体命令。如果有需要安装和配置过程的同学，可以下载 Zabbix 用户手册，这里因为篇幅不展开描述。

- **安装 Zabbix Server 和 Zabbix Agent**

首先在 Zabbix 监控服务器上，安装 Zabbix Server 和 Zabbix UI（Web）。前者用来接收和发送监控信息，后者用来配置 Zabbix Server 的各项功能。

在 Host 上安装 Zabbix Agent，安装完毕后，需要配置 zabbix_agentd.conf 文件中的 `Server` 和 `ServerActive` 参数。Zabbix Agent 分被动模式和主动模式。被动模式下，是 Zabbix Server 从 Zabbix Agent 上获取数据。主动模式下，是 Zabbix Agent 主动将信息上传到 Zabbix Server。因此，这两个参数的内容都是 Zabbix Server 的 IP 地址。参数 `Server` 配置的是被动模式下 Zabbix Server 的 IP 地址，`ServerActive` 配置的是主动模式下 Zabbix Server 的 IP 地址。当然，除了配置参数，还需要更新防火墙配置，并打开 Zabbix 的访问端口（10050 和 10051）。最后给 Host 起一个主机名（Hostname），这个名字在下面配置 Zabbix Server 的时候会用到。

- **配置 Zabbix Server 和 Host**

搞定 Zabbix Agent 以后，对 Zabbix Server 进行配置。Zabbix Server 和 Zabbix UI（Web）已经安装完毕，可以通过 Zabbix UI（Web）访问配置界面，如图 9-23 所示。前面曾提到每个被监控的设备都是一个 Host，对多个 Host 按照地理位置、业务单位、机器用途、系统版本等方式分组，就得到了 Host Group。因此我们先建立一个 Host Group，再在其中建立一个 Host，这个 Host 就是刚才安装 Zabbix Agent 的设备在 Zabbix Server 上的概念设备。在配置 Host 的时候，注意要让这里的“主机名称”和上一段中定义的主机名保持一致，以便辨识。图 9-23 中配置了“主机名称”，定义了 Host 对应的“群组”（Groups），在“agent 代理程序的接口”中配置的 IP 是被监控设备 Host 的 IP，给“端口”（Port）配置的值是 Zabbix 的主动访问端口 10050。

- **配置监控项（Items）**

配置完 Host 之后，需要告诉 Zabbix 监控 Host 中的哪些数据，这部分数据叫作监控项。监控项包括以什么方式监控数据、取值的数据类型、获取数值的时间间隔、历史数据的保存时间、趋势数据的保存时间、监控键的分组等信息。配置监控项时，要先选择“类型”，具体是要监听的 Zabbix 客户端的类型。一般安装 Zabbix Agent 以后，这个类型就是“Zabbix 客户端”，当然也可以选择 SNMP、IMPI 或者其他类型。如图 9-24 所示，在“类型”的下拉框中展示了全部监控项所需的类型。

主机

主机 模板 IPMI 标记 宏 资产记录 加密

* 主机名称 zabbix_server

可见的名称

* 群组 database groups 选择

在此输入搜索

* 至少存在一个接口。

agent代理程序的接口 IP地址 DNS名称 连接到 端口 默认

127.0.0.1 IP地址 DNS 10050 移除

添加

SNMP接口 添加

JMX接口 添加

IPMI接口 添加

描述

由agent代理程序监测 (无agent代理程序)

已启用

添加 取消

图 9-23 在 Zabbix Server 上配置 Host

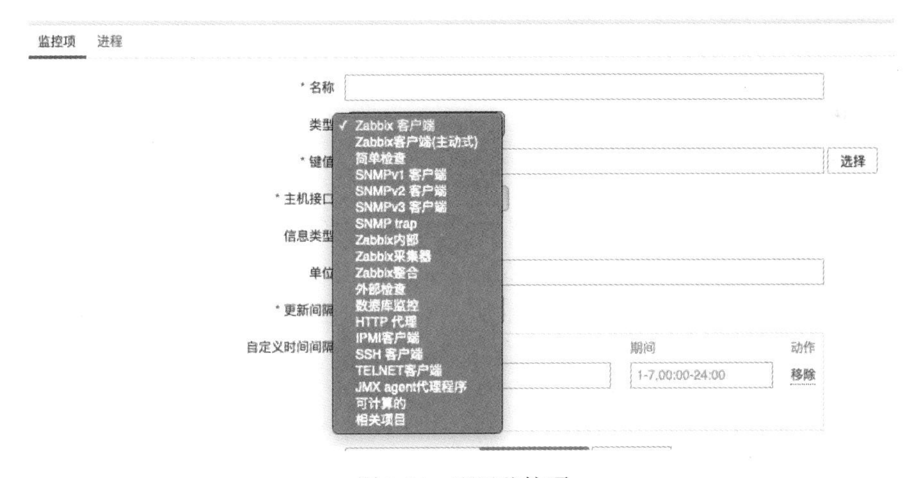

图 9-24 配置监控项

其次要注意“键值”（Key）的选择，键是来确定具体监控项的，对于同一个 Host 来说，键具有唯一性。Zabbix 自带一些默认键值以供选择，例如 `vm.memory.size[total]`，表示获取内存大小的键。然后由于是针对 Host 进行配置的，因此也会指定对应的 Host IP 和 Port，即“主机接口”。另外，还需配置其他一些数据，包括信息类型、单位、更新间隔、历史数据保留时长、趋势存储时间，如图 9-25 所示。

图 9-25 监控项的配置全景图

细心的读者会发现图 9-25 中有一个应用集（Applications）选项，这实际是监控项的集合，例如要监控 MySQL，就可以定义一个 MySQL 的应用集，把相关的监控项，包括 availability of MySQL、disk space、processor load、transactions per second、number of slow queries 全部放到这个应用集中，方便选择和管理操作。

- **配置触发器（Trigger）**

前面提到，监控项是用来配置监控哪些数据的，并不判断数据是否正常。触发器的作用就是对采集到的数据进行判断。通常会设置判断规则或者阈值，一旦数据满足某种规则或者超过对应的阈值，就产生一个事件，同时处理动作（Action）对满足触发条件的数据执行操作。其中提到的规则通常使用正则表达式来定义。如图 9-26 所示，沿着箭头的方向从左往右，Host 通过 Zabbix agent 连接到 Zabbix Server 并注册以后，会指定对应的监控项作为要监控的内容，然后通过触发器定义规则，当监控项对应的规则触发后，就执行对应的处理动作。

图 9-26 从接收消息到触发动作

采集到的数据经过表达式判断，会产生两种触发器状态：OK（正常）和 PROBLEM（异常）。每个触发器都会对应一个监控项，每个监控项又都对应多个触发器。同时，触发器可以设置不同的事件级别，并且根据这些级别设置多重告警。如图 9-27 所示，列举了 5 类触发器事件级别。

触发器事件级别	
Not classified	位置安装等级
Information	一般信息
Warning	警告信息
Average	一般故障
High	高级别故障
Disaster	知名故障

图 9-27 触发器事件级别示意图

配置触发器主要是添加正则表达式。Zabbix 会根据和监控项对应的函数生成相应的正则表达式。如图 9-28 所示，触发器是检测登录 Linux 系统的人数，选择“监控项”为 Template OS linux: Number of logged in users（`Last()` - 最后(最近) 的 `T` 值），对应的函数是 `Last(most recent) T value is = N`。意思是获取最近登录 Linux 系统的人数 `T`，当 `T` 值和 `N` 相等的时候触发触发器。这个 `N` 就是需要我们配置的值，比如填写 `2`，意味着登录人数等于 2 的时候触发触发器。当你配置完毕后，就会生成正则表达式，类似于 `{Template OS Linux:system.users.num.last()}=2`。上述整个过程不需要你输入表达式，只通过选择和配置就可以完成。

图 9-28 触发器配置监控项表达式

图 9-28 中有一个 Tab 项叫依赖关系（Dependencies），这是触发器的告警依赖，在实际场景中非常有用。它被使用在特殊场景中，例如当整个 IDC 机房的路由出现故障时，机房里所有机器的网络状态都会出现异常，Zabbix Server 会收到大量异常报警，运维人员会被报警信息淹没，而且不知道故障的真正原因。此时就可以在依赖关系中选择对应规则，并且勾选 Multiple PROBLEM events generation 选项。之后，会收到一条报警信息某 IDC 机房路由器 X 发生故障，这是聚合其他报警信息得到的结果。

- **配置处理动作（Action）**

触发器用于定义触发事件的规则，此处的处理动作就是触发事件后所做的事情。也就是说当触发器条件为真时，处理动作会执行一些操作。比如发送事件通知（短信、钉钉、邮件）、远程执行命令（重启服务）。配置处理动作需要遵从图 9-29 中的几个步骤：选择事件来源 → 基本信息 → 条件设置 → 操作设置。

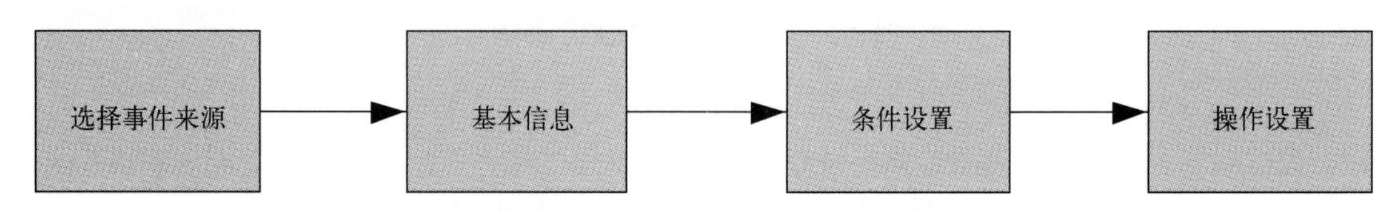

图 9-29 配置处理动作的步骤

Zabbix 中有多种事件类型，触发器只是其中一种，例如自动发现监控设备、自动注册监控设备等。如图 9-30 所示，在“新的触发条件”的下拉框中可以选择诸如触发器名称、触发器、应用集、主机之类的选项。

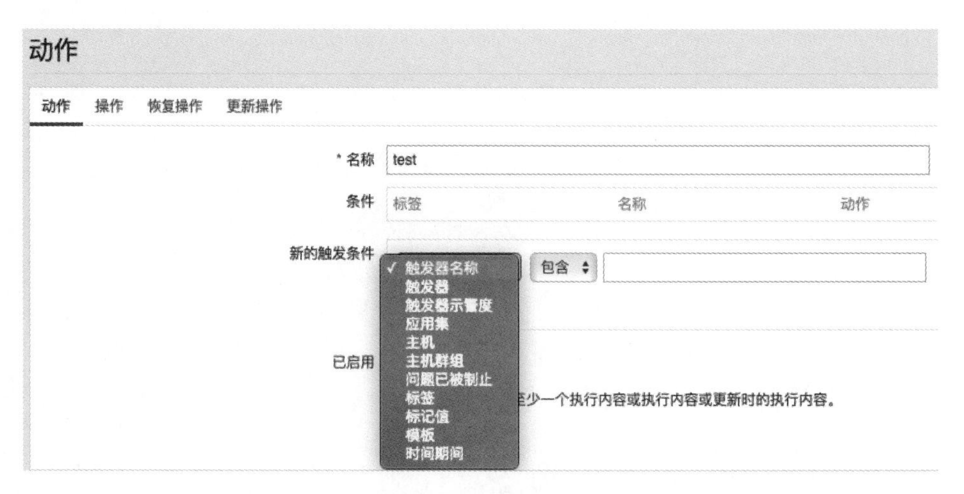

图 9-30 选择触发条件

然后，填写处理动作的基本信息，例如名字、主题、默认发送的消息内容、异常恢复主题及其对应的消息内容。这些信息可以填写字符串，但更多时候会使用宏，其实就是替换字符，比如填写 `{EVENT.NAME}` 表示事件名字、`{EVENT.TIME}` 表示触发事件的条件。把这些字符串或者宏拼接起来，就形成了最终的信息。如图 9-31 所示，在“默认标题”和“消息内容”中都是使用宏填写了一些与触发事件有关的信息。

动作

动作 操作 恢复操作 更新操作

* 默认操作步骤持续时间 1h

默认标题 Problem: {EVENT.NAME}

消息内容 Problem started at {EVENT.TIME} on {EVENT.DATE}
Problem name: {EVENT.NAME}
Host: {HOST.NAME}
Severity: {EVENT.SEVERITY}

Original problem ID: {EVENT.ID}
{TRIGGER.URL}

暂停操作以制止问题 ✓

图 9-31 处理动作操作内容

接下来配置条件（Condition），由于处理动作可以面对一个或者多个触发器，每个触发器又都有一个或者多个条件，因此为了保证灵活性，使用 AND（和）、OR（或）、AND/OR（和/或）对条件进行组合。如图 9-32 所示，使用 AND（和）将条件 A 和条件 B 组合起来，意为当这两个条件同时满足时触发后续操作。

动作

动作 操作 恢复操作 更新操作

* 名称 test

计算方式 和（同时满足） A and B

标签	名称	动作
A	触发器 等于 *Template OS Linux: Configured max number of opened files is too low on Template OS Linux*	移除
B	触发器 等于 *Template OS Linux: Hostname was changed on Template OS Linux*	移除

新的触发条件 触发器 等于 在此输入搜索 选择
添加

已启用 ✓

* 必须设置恢复时的至少一个执行内容或执行内容或更新时的执行内容。

添加 取消

图 9-32 配置条件

当然处理动作的目的是在事件触发以后进行操作（Operation），也可以对操作进行定义，包括执行操作的时间间隔、执行操作的次数、每次执行的时间、操作类型（发送消息、执行命令）、发送给哪些用户/用户组等。

- **配置模板（Template）**

如果有多个监控设备需要配置，那么运维人员将面对巨大的工作量。于是，Zabbix 会将相同的监控项、触发器、应用集等规则项放到一起，于是产生了模板（Template）。例如当需要配置监控项的设备都是同类型时，就可以选择现成的监控项模板，这样便减少了运维人员的工作量。在创建模板的时候，需要输入模板名字，以及对应的分组。

如果需要继承模板，可以在 Linked template 中进行配置。模板继承可以理解为模板嵌套，例如事先定义了一个基础模板，监控项（CPU、内存、硬盘、网卡等）也配置好了，如果需要在这个基础模板上扩展其他模板，比如 MySQL 监控模板或者 WEB 监控模板，那么在配置的时候，就可以继承基础模板，而不需要重新定义。模板创建完毕后，就可以添加监控项、触发器、应用集等信息，具体的添加方式和前面所讲内容类似。

至此 Zabbix 构建监控系统的过程已经讲述完毕。为了方便记忆，这里做个总结。Zabbix 构建监控系统时，先安装 Zabbix Agent 到 Host 上收集信息，Zabbix Server 用来获取信息，Zabbix UI（Web）用来展示和配置信息。Zabbix Agent 在 Host 中配置好监控服务器的 IP 地址和 Port 之后，回到 Zabbix Server 上，通过 Zabbix UI（Web）对要监控的 Host 进行配置，依次配置监控项（监控什么数据）、触发器（故障触发条件）和 Action（故障触发后的动作）。

9.6.3　Zabbix 监控方式

9.6.1 节曾提到 Zabbix Agent 监控，这只是 Zabbix 监控方式的一种。针对不同情况，Zabbix 还提供了 SNMP、IPMI、JMX 等多种方式。即使是 Zabbix Agent 方式，也分为主动和被动两种。如图 9-33 所示，处在图中间的 Zabbix Server 通过 TCP 协议与左上角的 Zabbix Agent 连接起来，根据主动和被动两种监控方式，Zabbix Server 占用两个不同的端口号。针对 Java 应用程序，Zabbix Server 通过 JMX 方式和左下角的 Zabbix Java Gateway 连接起来。另外，Zabbix Server 通过 SNMP 协议连接右上角的网络设备，通过 IPMI 协议连接右下角的硬件设备。

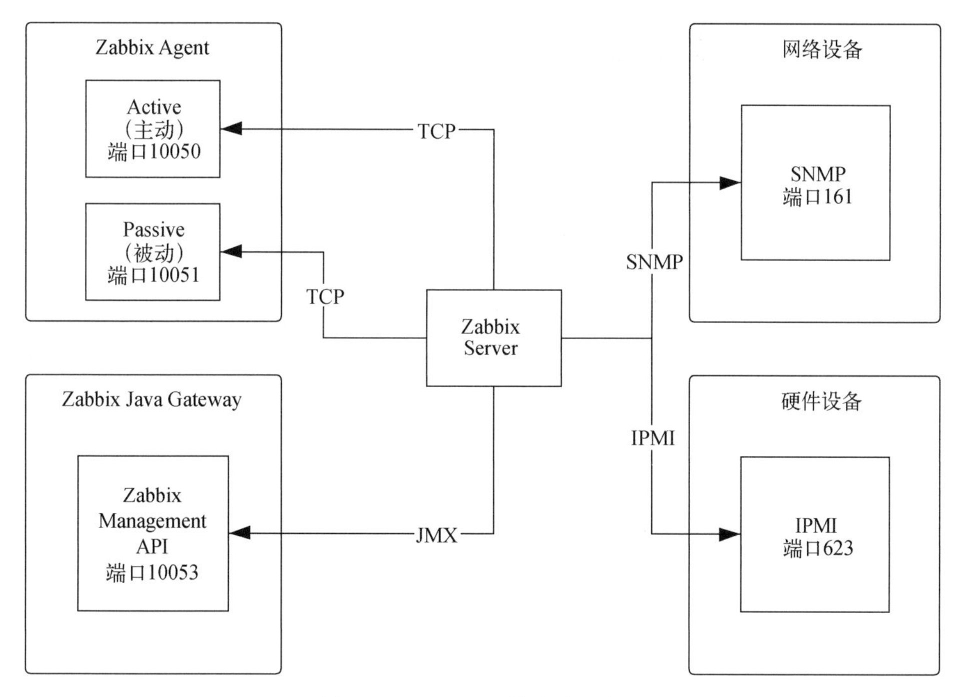

图 9-33 Zabbix 监控方式逻辑图

上图集中介绍了 Zabbix 的几种监控方式，下面展开进行说明。

- **Zabbix Agent 监控方式**

该方式分为主动模式（Active）和被动模式（Passive）。Zabbix Server 和 Zabbix Agent 之间的通信是通过 Zabbix 专用协议完成的，数据格式为 JSON。

Zabbix Agent 默认工作在被动模式下，由 Zabbix Server 向 Zabbix Agent 获取信息。安装完 Zabbix Agent 以后，通过修改 zabbix_agentd.conf 文件中的 `Server` 参数设置 Zabbix Server 的 IP 地址。被动模式下，Zabbix Agent 与 Zabbix Server 的通信流程如图 9-34 所示。

图中的各步骤如下。

(1) Zabbix Server 打开一个 TCP 连接。

(2) Zabbix Server 发送一个 Key（`agent.ping\n`）给 Zabbix Agent。

(3) Zabbix Agent 接收到请求，然后响应请求，返回信息 `<HEADER><DATALEN>` 给 Zabbix Server。

(4) Zabbix Server 接收客户端返回的数据，并进行处理。

(5) Zabbix Server 关闭 TCP 连接。

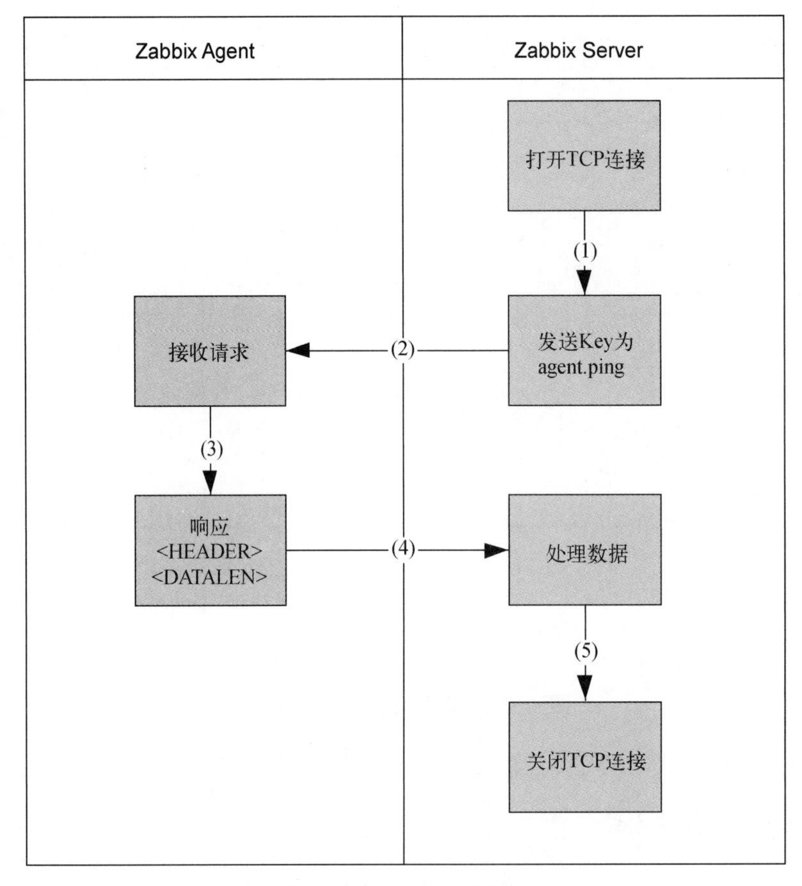

图 9-34　被动模式流程图

接着再来看看主动模式下，Zabbix Agent 与 Zabbix Server 的通信。

这种模式下，Zabbix Agent 会主动上报监控信息给 Zabbix Server。通过修改 zabbix_agentd.conf 文件中的 `ActiveServer` 参数配置 Zabbix Server 的 IP 地址。还需配置 Zabbix Server 上的监控项类型，设置为 Zabbix 客户端（主动式）即可。依旧来看看流程图，如图 9-35 所示。

图中的各步骤如下。

(1) Zabbix Agent 向 Zabbix Server 建立一个 TCP 连接。

(2) Zabbix Agent 请求需要监控的数据列表。

(3) Zabbix Server 响应 Zabbix Agent，发送一个监控项列表，包括 `Item key` 和 `delay`。

(4) Zabbix Agent 响应 Zabbix Server 的请求。

(5) Zabbix Server 接收请求数据，关闭 TCP 连接。

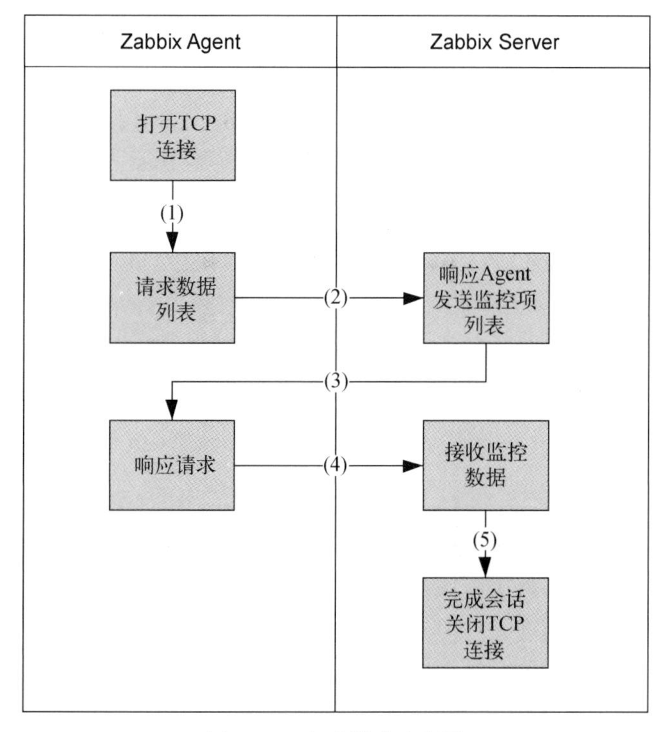

图 9-35 主动模式流程图

- **SNMP 监控方式**

SNMP（Simple Network Management Protocol，简单网络管理协议）是一个标准的管理 IP 网络设备的协议，包括路由器、交换机、UPS、打印机等。尤其是当 Host 无法安装 Zabbix Agent 的时候，会使用这种监控方式。先来一起看看 SNMP 的架构，如图 9-36 所示。

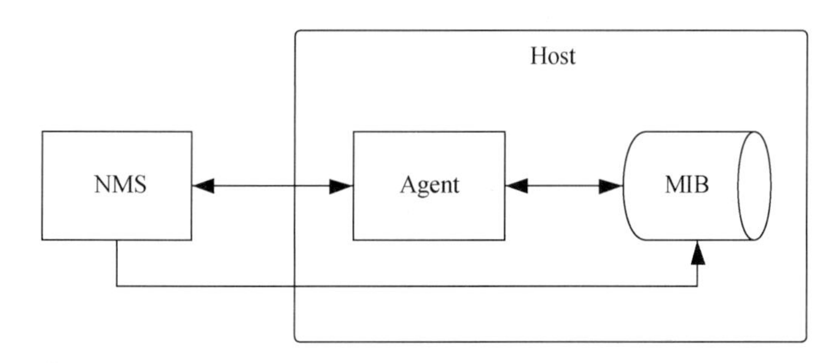

图 9-36 SNMP 架构图

NMS 是 Network Management System（网络管理系统，又名网络管理站）的缩写，集成在 Zabbix Server 中，采用 SNMP 协议管理和监控网络设备。NMS 既可以发送请求给 Zabbix Agent，查询或修改监控的具体参数值，也可以接收 Zabbix Agent 主动发来的信息，得知所管理设备的状态。

Agent是SNMP访问Host的代理，为设备提供使用SNMP协议的能力，负责Host与NMS之间的通信。SNMP Agent是Host上运行的一个代理进程，用来维护Host的信息数据，以及响应来自NMS的请求，并把管理数据汇报给发送请求的NMS。Agent接收到NMS的请求信息后，通过MIB表完成相应指令，然后把操作结果响应给NMS。当Host发生故障时，Agent会主动发消息通知NMS，报告Host的状态变化。

MIB（Management Information Base）是一个数据库，保存Host维护的变量信息，例如内存空间、磁盘大小。变量结构包含对象的名称、对象的状态、对象的访问权限和对象的数据类型等。MIB通常以树结构形式存在，每个叶子结点各保存一条数据，数据以OID（Object Identifier）作为唯一标识。也可以把MIB看作NMS和Host之间的接口，NMS通过它对Host维护的变量进行查询、设置。

- **IPMI监控方式**

IPMI（Intelligent Platform Management Interface）即智能平台管理接口，原本是Intel架构中企业系统的周边设备采用的一种工业标准，后来成为了业界的通用标准。用户可以通过IPMI监视服务器的物理特征，例如温度、电压、电风扇工作状态、电源供应等。IPMI独立于CPU BIOS和操作系统存在，也就是说即使在缺少操作系统和管理软件的情况下，依旧可以监控硬件信息。IPMI在Zabbix中的具体配置，这里不展开描述。

- **JMX监控方式**

JMX（Java Management Extensions）框架用于为Java应用程序植入管理功能，是一套标准的代理和服务，用户可以在任何Java应用程序中使用它。在Zabbix中，JMX通过专门的代理程序获取监控数据，即Zabbix Java Gateway，它负责采集数据，通过和JMX的Java应用程序通信来获取数据。Zabbix Server和Zabbix Java Gateway的关系如图9-37所示。

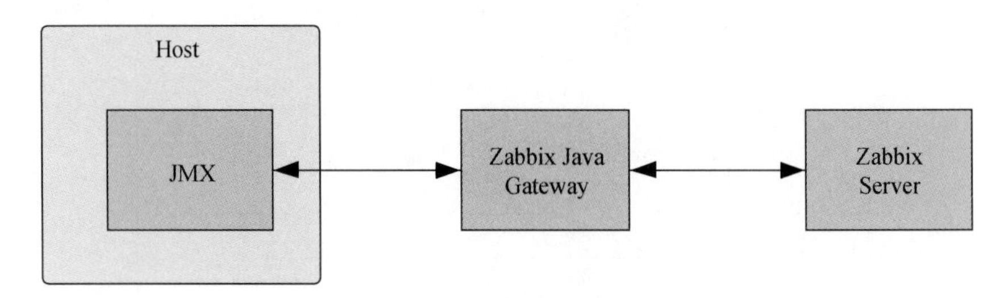

图9-37　JMX调用流程

JMX在Zabbix中的具体配置过程如下。

(1) 选择一个单独的服务器安装Zabbix Java Gateway，最好和Zabbix Server安装在不同服务器上。

(2) 在安装 Zabbix Java Gateway 的服务器上，针对 zabbix_java_gateway.conf 文件进行参数配置。主要是配置 Gateway 监听的服务器的 IP 地址和 Port，目的是让 Gateway 找到要监听的设备。

(3) 在 Zabbix Server 上配置 zabbix_server.conf 文件中的参数。主要是配置 Gateway 的 IP 地址和 Port，以及 Java 监控的进程数，目的是让 Zabbix Server 找到 Gateway。

(4) 在 Host 上，针对 Java 应用程序开启 JMX 协议。

(5) 回到 Zabbix UI（Web），配置由 JMX 监控的 Java 应用程序。

9.7 Prometheus 实现监控系统

Prometheus 是一套基于时序数据库的系统监控报警框架，由 SoundCloud 的工程师（前 Google 工程师）建立，其受 Google 公司 Borgmon 监控系统的启发而产生。

9.7.1 Prometheus 系统架构

和其他监控系统一样，Prometheus 也是由若干个组件组成，这些组件合作完成监控、存储、查询、报警、展示等工作。这里我们来看看其架构是怎样设计的，如图 9-38 所示，这是 Prometheus 官网的架构图，直观起见，我们给图中关键的组件交互标上数字。

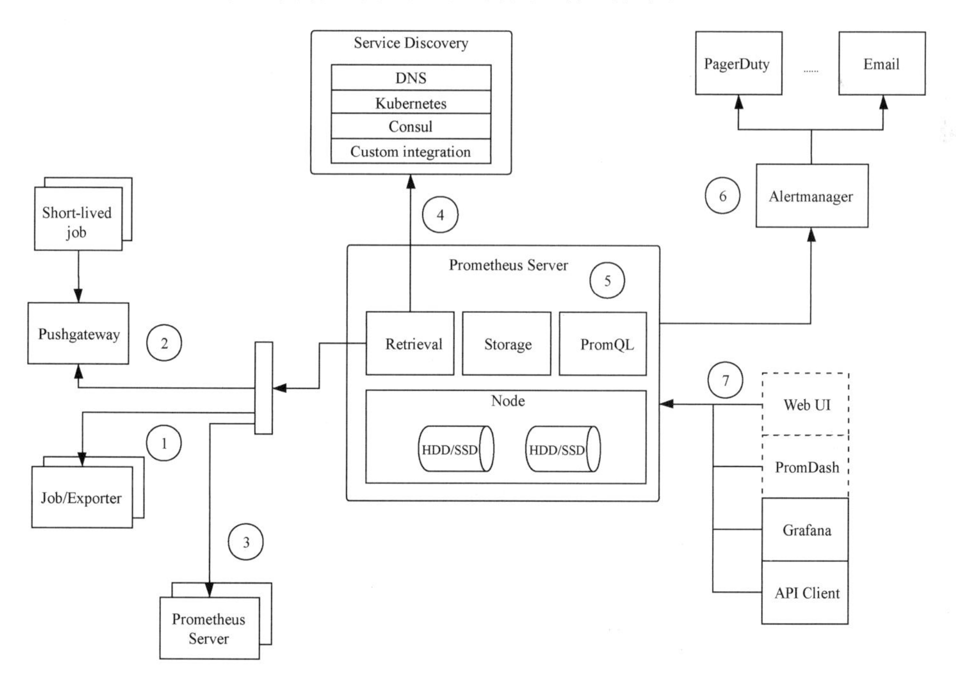

图 9-38　Prometheus 的架构图

下面跟着图中的数字记号来了解一下整个系统是如何运作的。

① Prometheus 属于时序数据库，其数据结构以 Metric 方式存在，为了获取这些 Metric 中的数据，Prometheus 会在系统或者应用上安装对应的 Exporter 去拉取数据。尽管有些系统会自带一些 Metric 的数据接口，但是对于那些未提供此接口的系统或者应用，就需要 Prometheus 为其提供对应的 Exporter，例如 MySQL server exporter、InfluxDB exporter、AWS CloudWatch exporter 等。

② Exporter 提供的是 Pull（拉）的方式，意思是由 Prometheus 主动请求系统或者应用，从而拉取它们上面的数据。但是一些周期性运行的服务，特别是短时间运行的作业（Short-lived jobs），就不能采取 Pull（拉）的方式了，它们需要主动把数据 Push（推）到 Prometheus Server 上，这个过程中会经过 Pushgateway，Pushgateway 会暴露 Metric 端点，由此端点将收集的数据传递到 Prometheus Server 中。

③ Prometheus 可以建立集群，这样单个 Prometheus Server 也可以拉取其他 Prometheus Server 上的 Metric 数据。

④ 由于 Prometheus 是主动拉取系统或者服务的数据，因此会涉及服务发现问题，也就是说从哪些服务上获取 Metric 信息，搞清楚这点在分布式微服务场景中尤为重要。因此这里引入了 Service Discovery 机制，通过它注册的服务去拉取信息，目前 Prometheus 支持 DNS、Kubernetes、Consul 等服务发现方式。

⑤ 说完了 Prometheus 外围的几个组件以后，回到 Prometheus Server 内部的几个核心模块。Retrieval 是负责数据拉取的模块，它通过配置信息或者服务发现机制获取 Metric 信息。Storage 模块将 Retrieval 模块获取的信息存储到本地的磁盘上（HDD/SSD）。如果需要查询存储的信息，则可以通过 PromQL，也就是 Prometheus 查询语言，它能够通过外部 Web UI 或者第三方接口的方式查询磁盘中存储的监控信息。

⑥ 右上角的 Alertmanager 顾名思义是告警模块。Prometheus Server 会定义告警规则，一旦其规则被满足，就会触发告警事件，从而通知 Alertmanager 告警模块发起消息告警。这里的 Alertmanager 可以对接多个外部的告警接口，例如 Email（邮件）等，同时它还对告警信息起到去重、分类、路由的作用。

⑦ 右下角的部分是 Prometheus 的展示模块，虚线包围的是 Prometheus 自带的展示模块，例如 Web UI、PromDash。实线包围的是 Prometheus 对接的第三方展示模块，例如 Grafana。同时，Prometheus 还可以通过 API 的方式与其他展示平台做对接。

9.7.2 时间序列与 Metric 数据模型

由于 Prometheus 属于度量类监控系统，因此会使用时序数据库保存监控信息。其存储数据的模型与图 9-17 相似，只是在具体实现上有所不同，如图 9-39 所示。

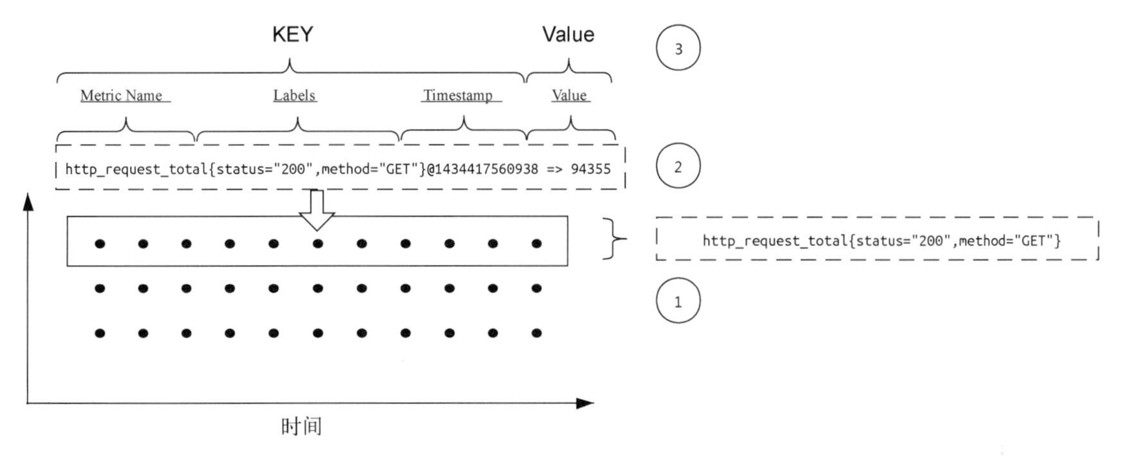

图 9-39　Prometheus 时间序列与 Metric 数据模型

下面跟着图 9-39 中的序号来看看 Prometheus 数据模型的构成。

① 图中画了一个坐标轴，横轴表示时间，从左往右意味着时间的流逝。图中每一个黑点都表示对应时间点的监控值或者采样样本。被框起来的第一行黑点组成的序列就是时间序列，这个时间序列监控的内容由其右边虚线框中的 Metric 描述。此描述中的 `http_request_total` 就是 Metric Name，用来描述对应时间序列监控的内容是请求数，`status="200"` 和 `method="GET"` 是 Label 或者 Tag，作用是对监控内容进行条件约束，具体是采集请求状态为 200，并且请求方式为 GET 的 HTTP 请求的数量。

② 时间序列由一连串描述监控目标的点组成，其中每个监控点的内容更为具体。聚焦到单个监控点，我们会发现其内容中除了第 ① 步里 Metric 描述中的 Metric Name 和 Labels（多个 Label），还包含用来描述采集时间的 Timestamp（时间戳），以及用来描述具体监控值的 Value，这 4 部分元素组成了单个监控点的完整内容。

③ 时序数据库通过键值对的方式保存数据，Prometheus 也不例外，Metric Name、Labels 和 Timestamp 组成了键，用来唯一标识监控点，再加上具体监控值 Value，便组成了键值对。而且这里和 9.4.3 节中描述的一样，时序数据最开始是放到内存中的，随着时间的推移和阈值的设置，会被合并保存到磁盘中。

从数据模型或者存储结构的角度讲，Prometheus 中的 Metric 描述结构都相同，但其实不同场景下的 Metric 描述是存在差异性的。例如 `node_load1` 用于反映当前系统的负载状态，其值会随着系统负载的不同而上下变化，且变化方向不定；而 `node_cpu` 反映的是 CPU 的累计使用时间，随着 CPU 的使用，这个值是持续增大的，或者说是只增不减的。

为了方便识别监控指标，Prometheus 将 Metric 描述分为四类，分别是 Counter、Gauge、Histogram、Summary。

- Counter：计数器，特点是只增不减。常见的 Counter 类监控指标如 `http_requests_total`（HTTP 请求数）、`node_cpu`（CPU 累计使用时间）。为这种类型的指标定义名称时，大多会以 `_total` 作为后缀。
- Gauge：仪表盘，可增可减，用于反映系统的当前状态。常见的 Gauge 类指标如 `node_memory_MemFree`（节点空闲内存）。
- Histogram：直方图，用于展示一段时间内的数据采样，并对指定区间内的数据进行统计，通常以直方图的形式展示。例如 `prometheus_local_storage_series_chunks_persisted`（每个时序需要存储的 chunk 数量）。
- Summary：摘要，用于展示一段时间内的数据采样结果，常用于跟踪事件发生的规模，例如请求耗时、响应大小。提供计数和求和功能，并且支持计算分位点，能够以百分比的形式划分跟踪结果。

9.7.3 Exporter 采集数据与服务发现

明确了采集内容，就需要有采集机制去实施采集，本节要讲的就是 Prometheus 提供的用来监控样本数据的程序——Exporter，它会运行在各个不同的系统或者应用上。由于 Prometheus 是通过 Pull（拉）的方式获取监控信息的，因此 Exporter 的运行实例称为 Target，同时 Prometheus Server 通过轮询的方式定期从 Target 上获取样本数据。

Exporter 作为数据采集的重要组件，有两个实现来源。

- **社区提供**：Prometheus 社区提供了丰富的 Exporter 实现，包括数据库、硬件、消息队列、存储、HTTP 服务、API 服务、日志、对接其他监控系统等。
- **用户自定义**：用户可以通过 Prometheus 提供的 Client Library 创建自己的 Exporter 程序。目前 Prometheus 社区官方提供对 Go、Java/Scala、Python、Ruby 等语言的支持。

Exporter 的运行方式可分为如下两类。

- **独立式**：由于系统或者应用本身并不支持 Prometheus，因此为了实现与 Prometheus Server 的信息交互，就需要在监控的机器上安装 Export。Export 通过独立运行的方式，将系统的运行数据样本转换为可供 Prometheus Server 读取的数据。MySQL Exporter、Redis Exporter 等都属于这种方式。这种 Exporter 可以理解为代理、Carside，起到了转换器（adapter）的作用。

- **集成式**：有些系统架构对 Prometheus 比较友好，同时也为了能够更好地监控系统运行状态，会通过 Prometheus 中的 Client Library，在代码中实现对 Prometheus Server 信息格式的转换和传输。例如 Kubernetes 就在代码中集成了对 Prometheus 的支持。说白了就是通过客制化的方式，让应用程序直接将运行数据暴露给 Prometheus。

可以使用 Exporter 采集系统、应用（数据库、缓存等）中的静态资源。由于 Prometheus 采用的 Pull 模式获取这些数据，因此需要在 Prometheus Server 上配置 static_configs 文件，以获得对应系统服务的 IP 地址和 Port，从而让 Prometheus Server 发现要监控的资源。这种方式需要手动在配置文件中添加监控信息，适用于监控资源不多的情况，随着监控的节点数量的增加，特别是对于拥有成百上千个节点的集群，手动方式就不太理想了。Prometheus 为这种场景提供了一套服务发现功能，这种方式能够自动识别新增节点和变更节点。特别是在通过容器部署的环境或者云平台中，服务发现功能可以自动发现并监控节点或更新节点，动态地与监控节点和应用建立联系。目前 Prometheus 已经支持多种服务发现模式，其中使用较多的是 sd_config、DNS、Kubernetes、Consul 等。

Prometheus 的服务发现模式的原理实际上和 3.3 节服务发现与注册的原理如出一辙，核心都是引入服务发现中心充当代理。把原来从静态文件 static_configs 中获取服务信息的方式，转换为从这个代理中获取，这个代理中包括服务的所有信息。Prometheus 要拉取信息时，只需要从代理这里获取服务的访问方式就可以了。如图 9-40 所示，这里通过四步完成服务信息的拉取。

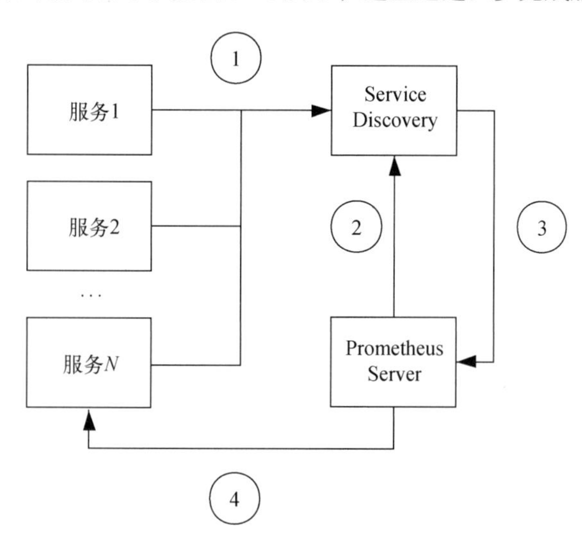

图 9-40 Prometheus 的服务发现模式

图中的 4 个步骤分别如下。

① 服务一旦上线，就将自身的信息（访问方式）注册到 Service Discovery 中，因此 Service Discovery 中保存着所有服务的信息列表。

② 同时，Prometheus Server 会找 Service Discovery 订阅服务的信息。

③ Service Discovery 一旦检测到服务的上线、下线或者变更，就会通知 Prometheus Server 更新服务列表。

④ 在获取了服务的具体访问方式以后，Prometheus Server 会主动地定期到具体服务上拉取监控数据。

前面提到 Prometheus 的服务发现和注册是一个抽象概念，它作为代理，在不同场景下会有不同的实现。例如在 Kubernetes 容器管理平台中，Kubernetes 管理所有的容器以及服务信息，那么此时 Prometheus Server 就需要与 Kubernetes 通信，才能发现容器和服务信息。又如在微服务架构中，会通过 Consul 完成服务发现与注册。除此之外，Prometheus 还支持基于 DNS 以及文件的方式动态发现监控目标，从而减少了在云原生与微服务模式下实施监控的难度。

9.7.4　报警规则的定义和报警路由的分发

正如上一节讲的，Prometheus 会在监控节点上安装 Exporter，Exporter 的运行实例是 Target，Prome-theus 通过 Pull 的方式获取 Target 采集的 Metric 信息。监控的目的其实是获取数据，及时发现异常，然后进行报警或者数据分析。其中报警机制是监控系统非常重要的组成部分，在 Prometheus 中，报警由两部分组成：报警规则的定义和报警路由的分发。Prometheus 报警架构如图 9-41 所示。

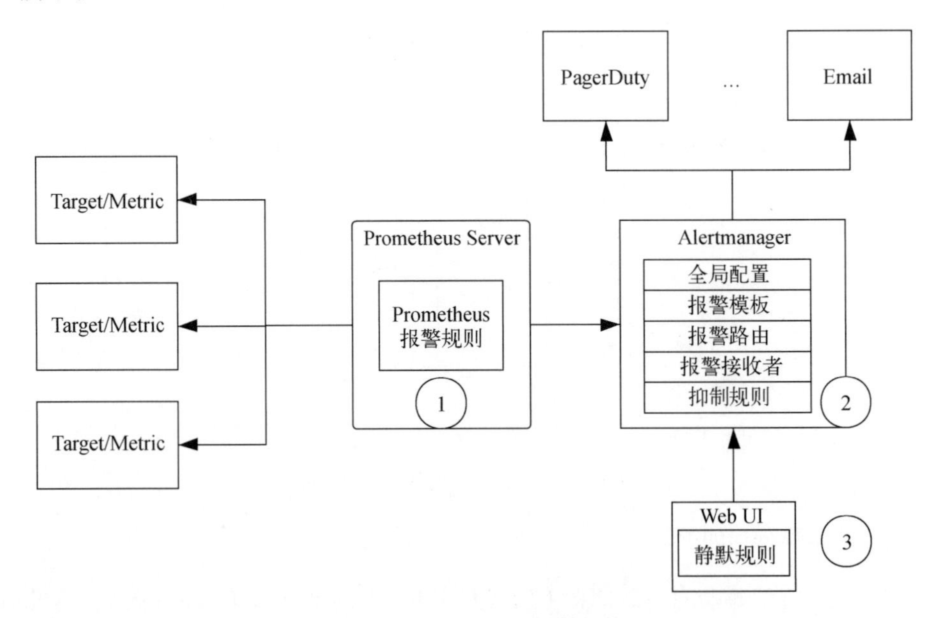

图 9-41　Prometheus 报警架构

下面看看 Prometheus 报警架构中的各部分。

① Prometheus Server 通过 Target 拉取分布式节点上的 Metric 信息，在拉取的同时会根据“报警规则”文件中定义的内容触发报警。一旦触发报警，就会通知 Alertmanager 执行具体报警信息的路由和发送。

② Alertmanager 会对报警信息进行分组，通过报警路由（Route）将报警信息发送给对应的报警接收者（Receiver），方式包括 Email 等。Alertmanager 会对全局配置、报警模板、报警路由、报警接收者、抑制规则等展开具体配置。

③ 由针对静默规则的配置需要 Web UI 和 amtool 来完成，因此静默规则被放到 Alertmanager 之外。

图 9-41 描述的是 Prometheus 报警的架构和流程，下面给大家展开介绍报警规则的定义和报警路由的分发两方面内容。

- **报警规则的定义（Prometheus Server）**

在讲解图 9-41 的时候我们提到，Prometheus Server 会通过文件的方式配置报警规则，我们截取该文件的一个片段，其中就定义了一个报警规则：

```
groups:
- name: node_alert
rules:
- alert: HighCPURate  ①
expr: 100 - avg(irate(node_cpu_seconds_total{job="node", mode="idle"}[5m])) by (
    instance) *100 > 80    ②
for: 10m   ③
labels:
severity: page
annotations:    ④
summary:  CPU rate latency
```

下面我们通过代码中的序号来看看都有哪些内容。

① 在报警规则文件中，可以将一组具有相关性的规则定义在一个 `groups` 下，每个 `groups` 中都可以定义一个或者多个报警规则。定义一个报警首先就是定义报警规则的名称。这个例子是监控 CPU 使用率，因此将名称起为 CPURate，于是有了 `alert: HighCPURate` 的定义。

② 设置好报警名称后，就是设置具体的报警规则了，在 `expr` 后面加上一串 PromQL 的表达式来定义触发报警的条件。PromQL 是 Prometheus Query Language 的缩写，是 Prometheus 查询数据的一种方法。具体到这块代码中，`expr` 后面跟着的表达式的意思是每 5 分钟查询一次节点上的 CPU 使用率是否大于 80%，如果满足这个条件就会触发报警。在了解完配置文件后，我们会详细分析这里提到的 PromQL。

③ `for` 参数的含义是评估等待时间，意思是在满足触发条件持续一段时间后再发送报警信息。这里设置的参数值是 `10m`，也就是当节点上的 CPU 使用率持续 10 分钟都大于 80% 后，才会发送报警信息。这种限制一方面是为了避免误报，一方面是考虑到某些参数可能存在暂时状态。

④ `annotations` 下面的 `summary`，顾名思义，用于添加一段附加信息，例如报警详情，这段信息会和报警消息一同发送给 Alertmanager。

以上只是众多报警规则文件中的一个，在 Prometheus 全局配置文件中可以定义 `rule_files`，使之对应多个报警规则文件的访问路径，Prometheus 启动后便会自动扫描这些路径下的规则文件，从而实现对多个报警规则的加载和应用。

现在补充一下 PromQL 的知识，这里就拿上述代码中出现的那段 PromQL 表达式进行讲解。如图 9-42 所示，将 PromQL 语句拆解成四层。

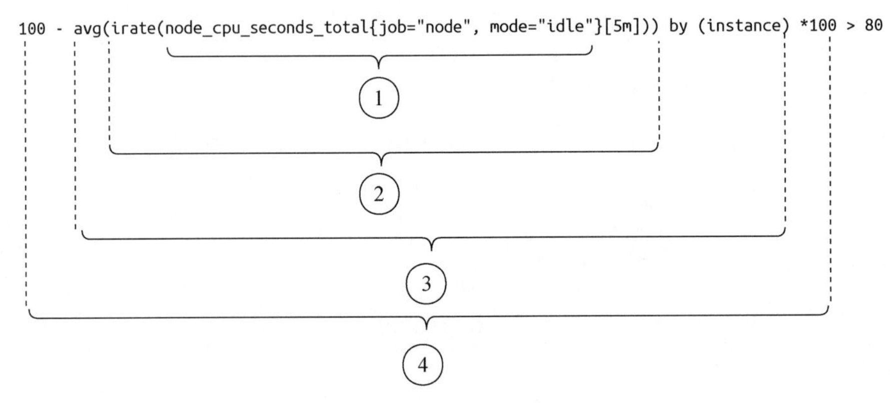

图 9-42 拆解 PromQL 语句

① `node_cpu_seconds_total` 函数是计算节点上 CPU 运行时间的 Metric，这里是计算 CPU 的总共运行时长（单位是秒）。这里在其参数中加入了两个 label 作为条件，`job="node"` 指定的是作业名称，描述具有同样监控实例的集合；`mode="idle"` 指的是 CPU 的空闲状态。将整个语句合起来，意思就是查询节点上 CPU 的空闲时间。

② 在 `node_cpu_seconds_total` 函数外边包裹了 `irate` 函数，用来计算一定时间范围内 Metric 增加的速率，因此在函数的后面加入 `[5m]` 作为参数，意思是计算五分钟内节点的 CPU 空闲率是多少。

③ `irate` 函数外面包裹着一个 `avg` 聚合函数，该函数通过 `by(instance)` 的方式获得集群中节点 CPU 的平均空闲率。实际就是对多个节点的 CPU 空闲率求平均值。

④ 通过前三步获得了集群中节点 CPU 的平均空闲率，用 1 减去这个值就得到了 CPU 的使用率。对使用率和 80% 做比较，如果 CPU 使用率大于 80%，就触发报警。这里的 PromQL 语句

是先给空闲率乘以 100，将其转换成整数做的比较。

- **报警路由的分发（Alertmanager）**

报警规则的定义负责按照规则触发报警，报警路由的分发则把关注点放到如何处理报警信息，以及将这些信息发给谁上。和定义报警规则时一样，Alertmanager 的路由分发规则也是通过配置文件实现的，路由配置文件是一个基于 label 匹配的树状结构。Alertmanager 在接收到报警信息以后，会根据配置文件中的处理规则进行处理。配置文件中的内容分为以下几个部分。

- `global`：全局配置。用于定义全局的公共参数，例如全局的 SMTP 配置、邮箱地址、邮箱的用户名、密码。
- `templates`：报警模板。这是定义报警通知时的模板，可以通过替换字符和固定字符串的方式配置出想要发送的信息。例如 HTML 模板、邮件模板等。
- `route`：报警路由。根据 label 匹配，确定应该如何处理当前的报警。
- `receivers`：报警接收者。也就是谁来接收报警，可以是邮箱、微信、Slack、Webhook 等。通过配置路由将报警指向对应的接收人。
- `inhibit_rules`：抑制规则。通过设置该规则，可以屏蔽一些不必要产生的报警信息。

由于篇幅有限，无法逐个讲述以上配置内容，这里挑选 `route` 和 `receivers` 的部分给大家讲解，相关代码如下：

```
route:
receiver: 'default-receiver'   ①
group_by: ['instance']   ②
group_wait: 30s       ③
group_interval: 5m  ④
  routes:
  - match:
        severity: critical  ⑤
        receiver: 'database-team'
  -match_re:
        severity: ^( information|warning)$
        receiver: 'support-team'
receivers:      ⑥
-name: 'database-team'
 email_config:
 -to: 'database-team@sample.com'
-name: ' support-team'
 email_config:
 -to: 'support-team@sample.com'
```

下面我们逐条看看其中的内容。

① 配置文件中的 `route` 节点定义了 `receiver`，对应的值是 `default-receiver`。在默认情况下，所有的报警信息都会发送给集群管理员 default-receiver。

② group by 后面紧跟着 instance，意思是针对 label 是 instance 的报警信息进行分组。分组的意思就是把多条报警信息合并到一条中。假设在生产环境中，有 100 台具有 instance 标签的设备同时发出报警信息，这样在没有做分组的情况下就会收到 100 条报警信息，但如果做了分组，这 100 条信息就会汇集成 1 条，说白了就是将同类型的报警信息合并到一起。

③ 设置 group_wait，这相当于缓冲，意思是将分组报警信息发出之前，先等待一段时间，利用这段时间把分组的报警信息全部收集完毕。这里设置的 30s 就是 30 秒的意思，也就是同组信息并且在 30 秒内出现相同报警，作为一条信息发送。

④ 设置 group_interval，作用是在分组报警信息发出以后，如果接收到的新报警信息也来自该分组，就先等待指定的一段时间（这里设置的是 5m，也就是 5 分钟），再发送新报警信息。

⑤ 以上几步定义的 route 标签作为默认路由对报警信息进行处理，这里的 routes 节点是对路由进行进一步的细分，细分的依据是对报警信息进行匹配。这里提供两种匹配方式：字符串验证和正则表达式验证。match 对应的是字符串匹配，需要对报警信息和 severity 标签为 critical 的字符串进行匹配，匹配成功后把这条报警信息转发给接收者 database-team 做处理。与此不同，match_re 对应的是正则表达式匹配，依旧是与 severity 对应的标签做匹配，由于使用了正则表达式，因此这里只要匹配到 information 或者 warning 的标签值，就把报警信息发送给对应的 support-team。

⑥ 说完了 route，再来看看 receivers。receivers 节点中定义了接收者的名称和发送邮件的地址。此处设置的意思是在把报警消息发送给接收者 database-team 的同时，会将具体信息通过电子邮件发送到它对应的邮箱：database-team@sample.com。同理 support-team 对应的报警信息会被发送到邮箱 support-team@sample.com。

9.8　总结

本章围绕着分布式监控系统的主题展开，按照为什么、是什么、怎么做的思路推进讲解。在为什么部分，提出了分布式应用和服务的分散性、复杂性、烦琐性、及时性，引出分布式监控的本质就是数据收集、分析、异常报警。既然监控系统如此重要，那么哪些数据是需要关注的，本章列举了 Google SRE 手册中的四大监控指标，即延迟、流量、错误和饱和度，并且阐明了创建监控系统的步骤。在是什么部分，对监控系统按照类型和层级进行区分。在监控分类中，讲解了日志类监控（ELK、FileBeat、Logstash）、调用链类监控（ASM、Zipkin）和度量类监控（LSM Tree、LevelDB）。在监控系统分层中，将其从下往上依次分为：网络层、系统层、应用层、业务层、客户端。最后是怎么做，通过介绍 Zabbix 和 Prometheus 这两个监控架构，为本章画上圆满的句号。

第 10 章

架构设计思路和要点

前 9 章介绍了分布式系统对于应用服务的拆分、调用、协同、计算、存储、调度、监控等，让我们从整体上对分布式系统有了了解。当我们遇到分布式系统相关的问题时，可以根据前面讲到的原理和实践去处理。不过对于分布式架构设计而言，除了需要了解这些原理和实践以外，还需要对架构设计的思维有所涉猎。比如一个合格的架构师如何看待架构设计，哪些常用的设计模型能够帮助我们思考，在面对现成架构体系时如何实现代码重构、性能测试与压力测试，以及如何规划自己的学习和发展线路，这些都是架构师在成长之路上会遇到的问题。本章就围绕着这几个问题展开，希望能对前 9 章的学习内容起到锦上添花的作用。本章将会讲解以下内容。

- 架构设计思维方式
- 重构与测试
- 学习与发展

10.1 架构设计思维方式

说起架构设计，想必大家都能侃侃而谈，都有自己的一套看法。实际上设计思维早在软件还没有出现的时候就已经存在了，比如建筑设计、艺术设计等。这里我们想探讨一下，设计模型的思维是否能给我们的架构设计带来一些帮助和启发。在思考架构设计之初，我花了大量时间回忆之前搭建架构的经历，并尝试从这些经历中总结出有价值的东西，直到阅读了《设计原本》这本书，发现其中的一些观点很有借鉴价值。后面的讲解以架构师的设计模型为切入点，先介绍设计模型的由来，然后逐步介绍过程设计模型、协作式设计模型和扩展立方设计模型。

10.1.1 架构师的设计模型

Frederick P. Brooks. Jr. 在其《设计原本》一书中对设计进行了定义，他将设计分为 3 个阶段，如图 10-1 所示，其内容按照顺序分别如下。

- **构想**：这是根据目标形成的概念，它虽然看不见摸不着，却可以满足我们的产品或者服务需求，而且这个概念往往存在于设计者的大脑中。
- **实现**：真实存在的产品或者服务。这个东西看得见摸得着，是一个真实的交付物，能够为人们提供产品或者服务，满足人们的需求。
- **交互**：人们与实现的具体产品或者服务进行互动，并产生一些使用体验。例如产品经理提交产品原型给客户，客户根据与原型的交互结果提出修改意见。又例如一个真实的 App 上线后，用户会对其功能评头论足。通过交互形成反馈以后，又会进入构想阶段。如此这般周而复始，可以看出设计是一个不断迭代的过程，其 3 个阶段本身具有先后顺序，又互为依赖。

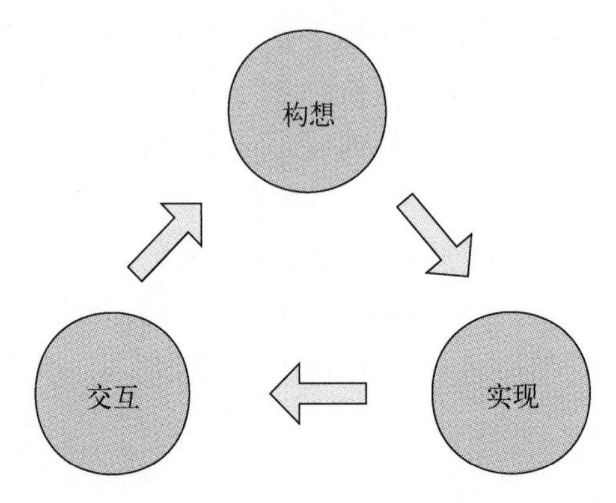

图 10-1　设计包括构想、实现和交互这三个阶段

了解了设计的定义，再来看看其价值。很多项目在获取用户需求以后，架构师想到的是先建立数据库，再把功能实现起来。结果几个“大神”就开始了牛仔式的编码之路，这种开发方式看上去高效快捷，让人不禁联想到“敏捷”一词。但是随着项目的推进和用户需求的增加、功能的增加、开发人员的增加，我们会发现这样开发起来是没有方向的，公用功能没有整理抽象，网络调用协议千人千样，负责维护代码的同事需要忍受各种风格的开发方式，等等。诸如这些问题都是由于没有经过设计，这里的设计不仅包括软件架构设计、编码规范设计、单元测试规范设计，还包括数据库设计、系统设计、网络安全设计等。设计就是开发过程的指路明灯，旨在帮助开发团队提高开发效率、帮助投资人高效地拿到交付物，因此对于架构设计师而言，设计是一个理性的过程，需要通过理性模型将杂乱无章的函数、接口、方法、数据库表，根据结构化的思维模型转换为一个有机的整体。在这个结构化的整体中，需要定义接入层、微服务、缓存、队列、数据库和安全组件之间的关系，以及它们之间的协作方式。架构设计师的理性模型如图 10-2 所示。

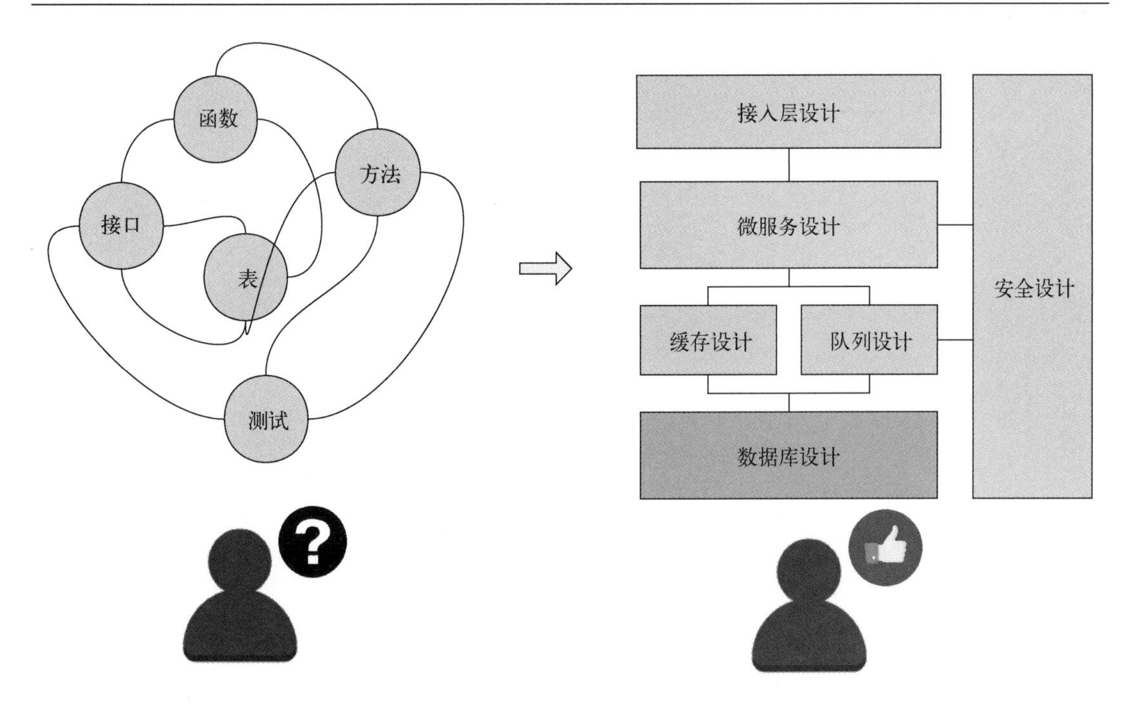

图 10-2　架构设计师的理性模型

既然设计这么重要，那么我们在进行设计的时候，特别是进行软件架构设计的时候是否有规律可循呢？答案是“有”。理性思维模型包括以下几个方面。

- **目标**：这个很容易想到，目标就是用户价值，是架构师努力的方向，也是开发一个软件的原因。如图 10-3 所示，客户、交付团队以及资源都会指向同一个目标。

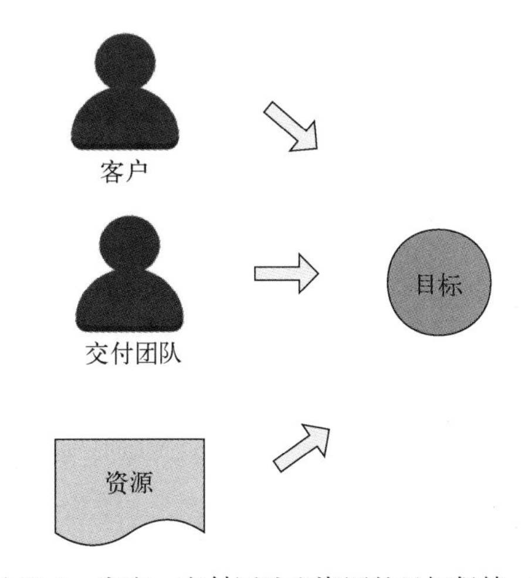

图 10-3　客户、交付团队和资源的目标保持一致

- **必要条件**：有了目标，便会有与之对应的交付物，此时就需要必要条件作为支撑。如图 10-4 所示，必要条件包括硬件条件和软件条件，例如服务器、数据库、中间件、第三方组件、开发人员、测试人员、项目经理和产品经理。这里我们也可以将必要条件理解为需要的资源。

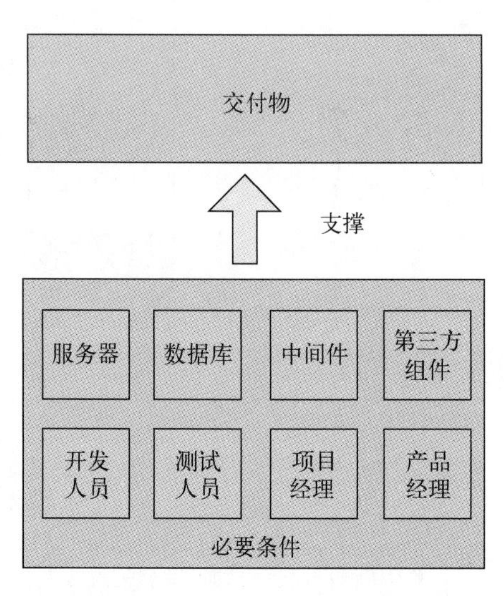

图 10-4　必要条件对交付物起到支撑作用

- **加权效果值**：根据必要条件在系统中的重要程度、紧急程度以及成本，我们通过打分的方式评估哪些必要条件是需要专门提高的，哪些是需要放弃的。如图 10-5 所示，针对第三方组件这个必要条件，从重要性、紧急性、成本这三个维度分别定义了权重，可以根据定义的权重得到最终的加权效果值。

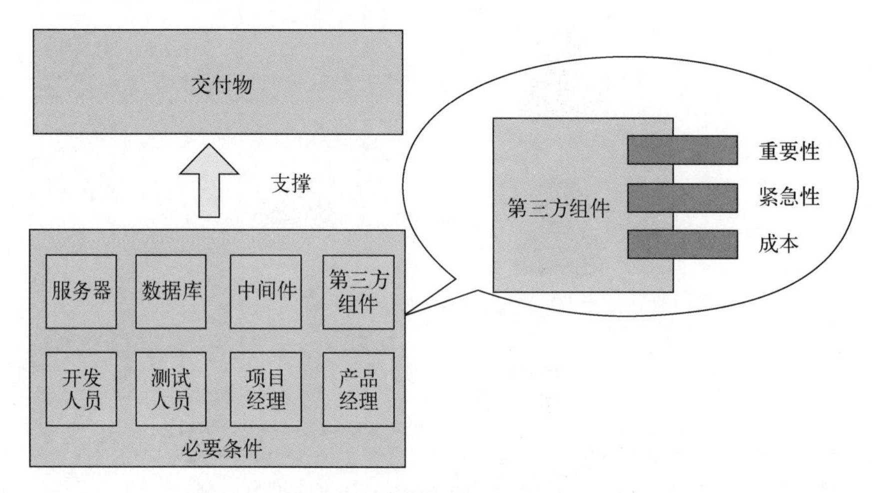

图 10-5　必要条件的加权效果值

- **约束条件**：如果说必要条件是达成目的所需的资源，那么约束条件就是让我们知道任何软件交付所需要的资源都不是无限的，都会有一个限制条件。例如项目完成的时间点、需要用到的服务器数量、数据库的存储大小、所需的开发人员和测试人员的数量，这些都是用来制约或者考核项目的标准。

了解了设计是何物以后，作为架构师的我们需要通过理性的思维模型构建软件架构，并将这种思维模型定位于目标、必要条件、加权效果值和约束条件。

10.1.2 过程设计模型

上一节介绍了设计模型，它可以帮助架构师厘清思路。在软件的设计过程中，架构师可能会遇到各种各样的问题。这时候一般会从业务入手，利用技术解决方案满足业务的需求。那么在设计软件的时候，是否有一定的套路或者一定的思维模式可以遵循呢？当然是有的。接下来，我们将介绍 3 种过程设计模型，希望能给大家带来一些启发。

过程设计模型的主要思想是把抽象的概念反映成现实。它必须满足三方面的要求，如图 10-6 所示。

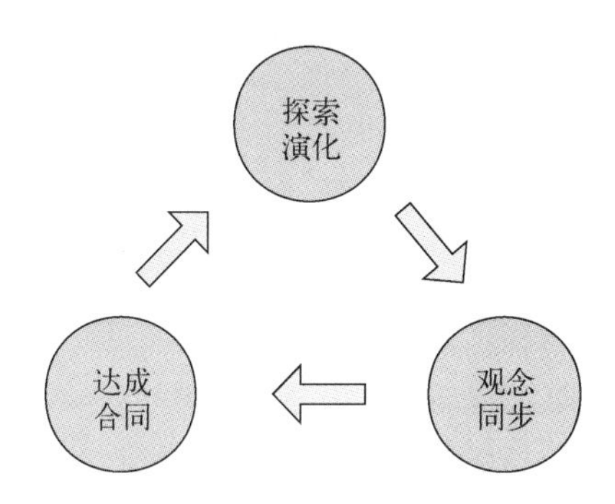

图 10-6 过程设计模型的要点

- **探索演化**：过程设计模型认为设计过程是不断探索和演化的，任何需求和设计都不可能一蹴而就。这也印证了程序员小步快跑的思想，边想边做、边做边改，越来越完善。
- **观念同步**：由于参与架构设计的利益相关者比较多，有客户、项目经理、产品经理、架构设计师、程序员、测试人员、运维人员等，因此，需要在软件观念上让这些人保持同步，也就是让大家对同一个问题保持一致的认知。第 2 章讲的通用语言就是为了实现这个目的。
- **达成合同**：无论是探索演化还是观念同步，最终目的都是让产品的交付者和使用者达成合同。

下面介绍 3 个过程设计模型，分别是共同演化模型、Raymond 的集市模型和 Boehm 的螺旋模型。

- **共同演化模型**。这个模型是对需求进行递进式探索的过程，也是发现问题和解决问题不断交织的过程。该模型最早由 Maher、Poon 和 Boulanger 提出，其思想是让构造问题和解决问题同时进行，两者互为辅助和参照，不断迭代和演化。架构师在设计某个产品或者架构的时候，为了解决一个问题，通常会引入新的问题。随着对问题认知度的提高，解决问题的方式也变得更全面、更深入。这种模型既可能由设计师单独完成，也可能由设计师、用户和开发人员在不断的交互过程中协作完成。在把抽象概念具体化到问题时，就可以使用这种模型，尤其是系统级别的应用，需要考虑的问题越多、涵盖范围越广，越会用到这个模型。系统级别的应用包含软件架构、硬件设备、第三方集成等。如图 10-7 所示，把共同演化模型理解为需求层面和技术层面的对话，用户不断地发现问题，架构师、产品经理不断地解决问题，响应用户的需求。发现问题和解决问题既可以在不同层面串行展开，也可以并行展开，在不断演进的过程中逐步完善。

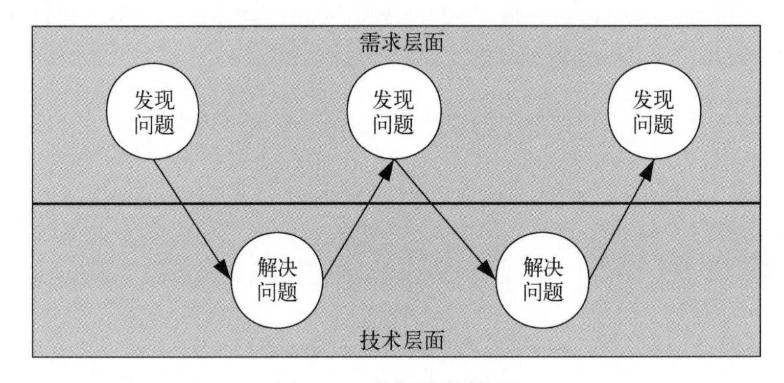

图 10-7　共同演化模型

- **Raymond 的集市模型**。这个模型是 Eric Steven Raymond 在 *The Cathedral and the Bazaar* 一书中提出的观点，其主要思想是通过开源的方式推进软件设计的发展。对此可以举一个例子，如图 10-8 所示，在设计池（开源社区）中，一位设计贡献者（开发人员）为了解决一个问题开发了一个组件，并且将这个组件上传到了设计池。其他设计贡献者发现这个组件很好用，就用到自己的项目中。随着使用次数的增加，组件存在的问题被挖掘出来，于是有些设计贡献者开始对这个组件进行优化，同时把优化结果分享给其他人员。经过这种击鼓传花式的打磨之后，组件变成一个可以被更多人使用的通用组件。这就是 Raymond 的集市模型要达到的目的，通过多个“设计师”基于不同场景的反复打磨，得到最终的产品或者服务。在一些软件的开源设计中，经常能够看到这种模式的身影，例如一个大厂设计出一套开源框架，为了打磨这套框架，便将其放到开源社区，让更多的企业看到并应用，而企业在应用的过程中势必会对框架进行修改，这个修改的过程就是框架演化的过程。这种模式下，由于多方人员会对同一产品或者服务进行迭代，因此需要把控迭代的内容和使用场景。

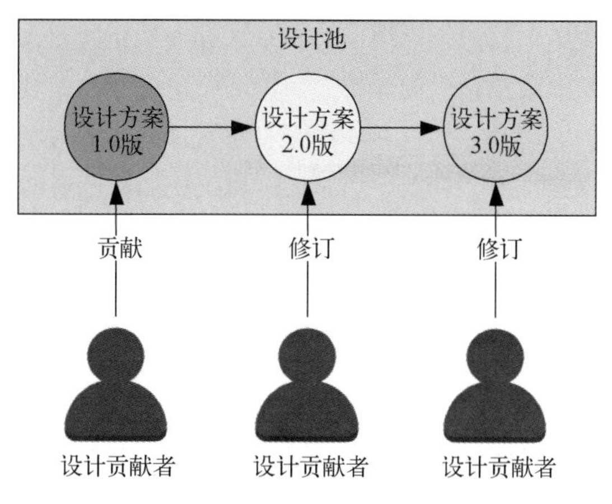

图 10-8　Raymond 的集市模型

Raymond 的集市模型可以应用于大型系统的开发，该模型通过不断扩张组件的方式逐渐填充整个系统，例如 Linux。设计贡献者同时也是设计的使用者，他们在不断满足自身需求的前提下推动软件架构向前发展。

- **Boehm 的螺旋模型**。这个模型是 Barry Boehm 于 1998 年提出的，也是过程设计模型的一种形式。其实这种形式很像原型设计法，即借助可以运行的原型界面与用户产生互动。产品经理将需要设计的产品以原型的方式展示给用户，这些原型除了包括功能界面，还具有基本的交互功能。用户通过原型对产品进行体验或者测试，并将结果反馈给设计师，设计师对原型做改进，这样一直循环，逐渐逼近最终的产品。图 10-9 是 Boehm 的螺旋模型的示意图，其驱动原动力来自设计师，终点是用户，用户的反馈又会帮助设计师完善产品原型，从而将产品原型从 1.0 版推向 2.0 版。

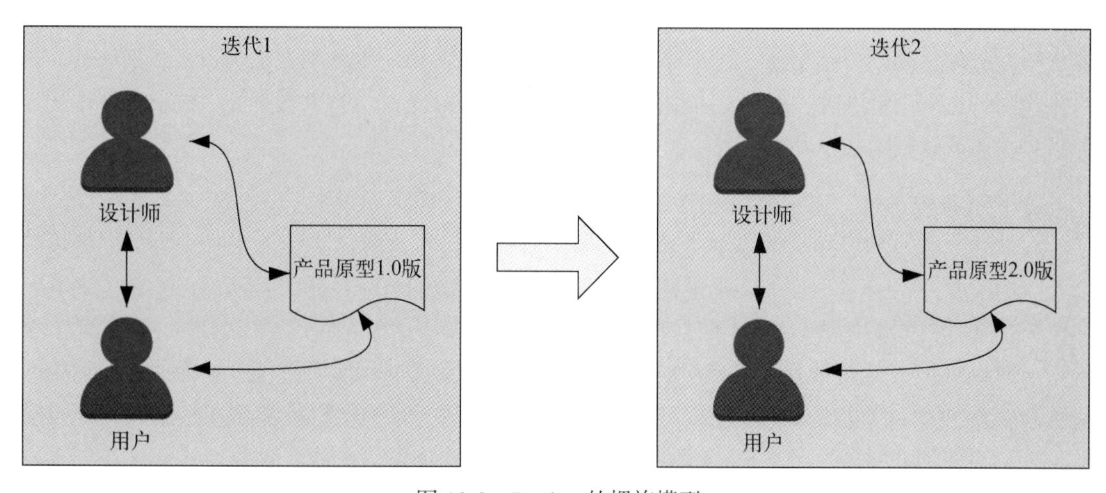

图 10-9　Boehm 的螺旋模型

除了上面那种情况，还有一种是产品团队根本就不知道用户需要什么样的产品，用户自己也不知道，而且产品团队没有足够多的时间和资源去做一个可交互的原型给用户。这时可以设计一些毛坯页面，页面上含有基础功能，但这些功能是没有实现的。当用户点击这些功能的时候，通过日志将用户的使用轨迹，即用户行为记录下来，然后把使用轨迹多的功能视为用户需要的，并根据这些功能进行针对性的开发。这种模型在互联网设计中比较常见，因为互联网设计讲究时效性和用户体验。采用这种方式可以用最少的成本和最短的时间快速试错，缩短整个产品的生命周期，做到快速迭代，如图 10-10 所示。

图 10-10　利用毛坯页面实现快速迭代

10.1.3　协作式设计模型

随着互联网的发展，业务功能越来越复杂，技术架构需要满足变化多端的业务，同时还要兼顾可用性、高性能、扩展性、伸缩性，实属不易。以前的系统只要一个架构师就能完成，现在系统复杂了，接口多了，承载的业务量也大了，架构设计需要考虑的因素也跟着多起来了，此时便需要引入团队，这就是协作式设计模型存在的意义。

在第 1 章中曾提到，以前的系统只要一个数据库加一个桌面应用程序就可以搞定。现在的系统不仅要满足高并发的特性，还要实现高可用、可伸缩，因此对内要对微服务进行水平扩展、对数据库进行分表分库，对外要接入 Web、H5、Android、iOS，甚至各个企业级别的第三方接口。其复杂性远超之前的应用系统，因此有了团队设计的概念。团队由软件架构师、系统架构师、用户体验师、安全顾问组成，这些人协作设计出来的架构相对而言功能更加全面。这里将协作式设计模式的要点总结为如下几方面。

- **快速推向市场**。以前的系统开发可谓四平八稳，按照瀑布模型推进，而现在的市场瞬息万变，技术架构必须跟上这个高速发展的时代才行。这时如果发挥团队的力量，将设计切分成一个个小的任务，推进速度自然会加快。如图 10-11 所示，按从左往右的方向看，在获得需求文档以后，将其拆分成多个 Backlog，再把每个 Backlog 拆分成多个 UserStory（用户故事），针对 UserStory 去建立开发任务，然后把任务放到迭代计划中，此时再引入架构的具体工作，通过编码、需求澄清、集成测试、测试用例编写不断推进迭代计划的实施。在经过数周的迭代之后，软件才能发布上线。这种方式使大块的需求逐渐细化，并且团队成员都能参与进来，共同完成交付任务。

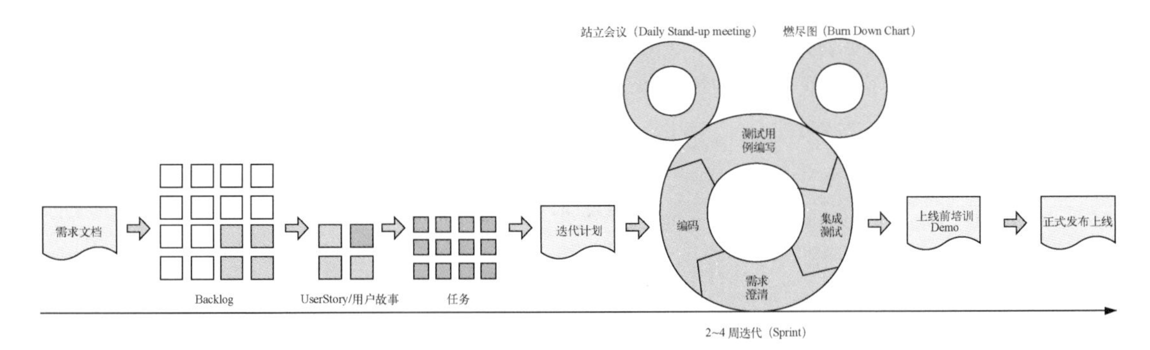

图 10-11 快速迭代帮助产品快速推向市场

- **团队协助架构设计的成本**。团队成员参与设计的过程中必定会产生成本，我们需要关注以下两类成本。
  - **任务分割成本**：把一整块设计任务分割成多个小的设计任务时，就存在任务分割成本。分割的时候需要明确每个小任务负责完成的范围、程度、输入和输出；需要让参与设计的各成员做好设计对接，保证没有错误的理解，没有遗漏的任务。通常来说，产品人员获取用户需求后，会将其转化为产品需求。如图 10-12 所示，架构师会根据产品需求生成架构设计需求，然后切分架构任务，最终形成架构设计模块。如此细致的切分，目的是让架构工作更加清晰、准确，但是与此同时带来的副作用也很明显，就是切割成本的上升。由于任务分割的过程相对重要，建议由产品经理、系统架构师、软件架构师、安全顾问等组成专家小组，在固定时间内（例如 1~2 天）进行整体评估，得到纲领性的结果。

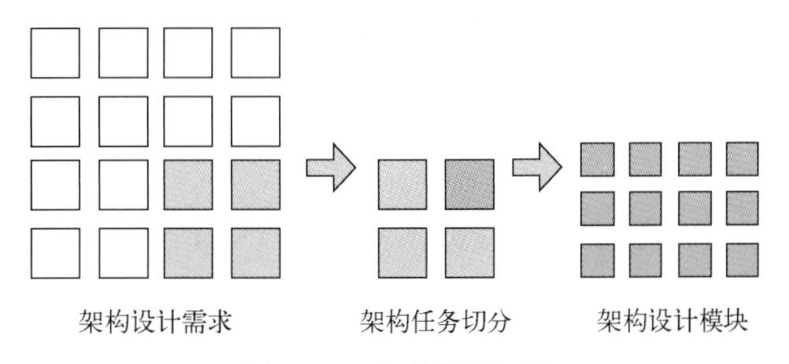

图 10-12 架构设计切割

  - **学习成本**：参与设计的团队成员需要了解和学习其他领域的知识，例如软件架构师需要了解用户交互知识，系统架构师需要了解安全领域的知识，此时架构设计师、系统设计师、系统安全设计师以及用户体验设计师需要加强沟通协作，如图 10-13 所示。可以通过交流会议或者在线文档的方式，把大家拉到同一层面上进行交流，将专业术语和知识以文档的方式固化下来，并在团队中形成共识，从而降低学习成本。此外，也可以把各领域的设计师聚集到同一个实体空间中，降低沟通成本，提高设计效率，在最短的时间内达成一致。

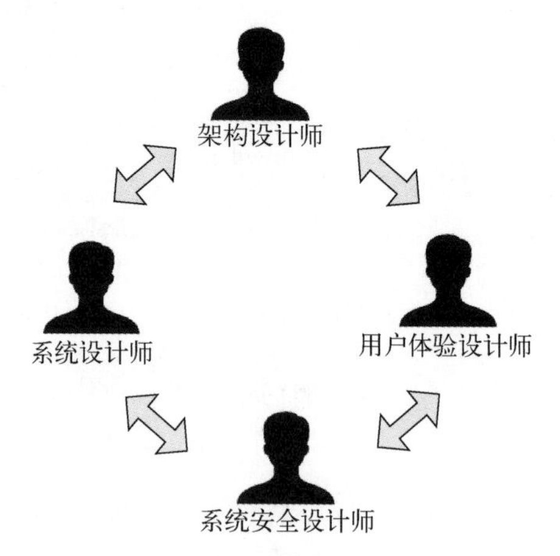

图 10-13　架构设计师、系统设计师、系统安全设计师和用户体验设计师之间的沟通

- **如何开展团队协作架构设计**？了解相关人员的需求和愿望。这需要市场人员或者业务人员的参与，需要明确应用是为了解决业务上的什么问题而开发的，或者业务能带来什么收益。在开展团队协作架构设计时，需要关注以下几点。
  - **建立目标**：给团队定义一个可以量化的目标，比如功能范围、系统参数指标（并发数、在线用户数）等，这在审核设计的时候是一个重要的参考标准。指标型的目标通常会一直贯穿在产品或项目的整个生命周期中，团队参考这些目标构建架构。
  - **概念探索**：这步实际上是确定架构设计的边界，通过不断的头脑风暴和归一化，确定系统设计的范围，让所有参与者达成共识。这里的边界是根据业务需求划分的，也可以参考第 2 章的内容根据领域进行划分。这部分需要描述每个领域完成的功能，包括哪些功能需要实现、哪些不需要实现。
  - **设计审核**：架构设计的结果应该包括设计图纸（架构图）和设计范围描述，甚至可以展示某些核心功能的原型。由业务部门、管理者或外部顾问组成的评审小组负责对每个产出物打分，按照 RASCI 的原则来评估一个设计是否能投入实施。RASCI 由几个单词的首字母组成，具体内容如下。
    - R（Responsible）：负责，对设计负责的人。
    - A（Accountable）：批准，指关键设计决策的审批者。
    - S（Supportive）：支持，指支撑设计并且提供资源的人。
    - C（Consulted）：咨询，指为设计提供相关信息的人。
    - I（Informed）：知情，指需要了解的相关者。

10.1.4 扩展立方设计模型

在架构设计初期，会遇到诸如服务、流程、服务对象的问题。针对这些问题，我们可以通过“扩展立方”协助思考。另外在公司发展的不同阶段，也可以借助这个思路找到突破口。

在介绍扩展立方之前，我们先介绍一下设计架构的时候需要关注的几个点：客户是谁（服务对象），需要交付什么给客户（服务），交付内容是如何组织的（流程）。如图 10-14 所示，把这 3 个点用 3 个坐标轴表示，分别为 x 轴（服务）、y 轴（流程）和 z 轴（服务对象）。

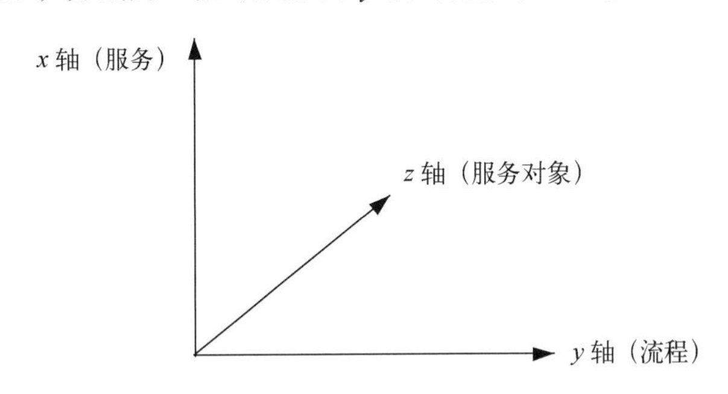

图 10-14 服务、流程、服务对象形成的扩展立方

如果说在坐标轴的原点处，上述 3 点所做的扩展都是零，那么随着向 3 个坐标轴的正方向延伸，这 3 点就是在不断扩展，最终呈现为一个类似立方体的东西，这个东西就是我们要讨论的扩展立方。大家可以回想一下，自己在做架构设计的时候，是否都是依葫芦画瓢，按照已有的业务逻辑设计一套可以实施的软件系统。殊不知随着业务的发展，软件系统也会不断扩展，大多数架构师忽略了这个扩展性，想的都是先解决眼前的问题，等业务发展了再修改架构。其实，通过扩展立方的思维方式可以弥补这方面的不足，可以实现预见性，为未来的扩展留下接口，这对于架构设计和公司未来的业务扩展非常有帮助。

x 轴的服务扩展，可以用一个例子解释。如图 10-15 所示，假设电商网站的订单业务比较多，需要承载较高的并发量，原来的“单个订单服务”已经无法满足需求，这时我们可以通过横向扩展的方式增加更多订单服务。增加后的这些订单服务在本质上其实没什么不同，都是原有订单服务的副本。通过对服务进行横向扩展（水平扩展）来应对高并发的行为就是在做服务扩展。能够进行扩展的服务都有这样的特点：业务本身较为独立，功能不是很复杂，可以独立管理。架构师在设计初期，可以通过了解业务，识别这部分服务，然后对其做横向扩展。

y 轴的流程扩展，同样也用一个电商的例子解释。假设商品的整个购买流程包括浏览商品、加入购物车、下单、付款、发货、确认收货这几个步骤，每个步骤都完成一个标准的动作，所有动作串联起来形成一个完成的流程。我们可以把中间那些能够被重复使用的步骤抽离出来，形成通用组件，例如浏览商品、付款、发货，通用组件可以作为基础服务供其他业务服务调用。流程扩展就是做这个事情的。实际上，面向对象设计中的抽象做的也是这个事情，说得再通俗一点，现在的中台服务就是把企业的那些基础服务提供给业务服务使用。架构师可以在设计初期把这部分考虑进去，针对不同的服务分别定义好接口，方便日后“搭积木”。流程扩展的示意图如图 10-16 所示。

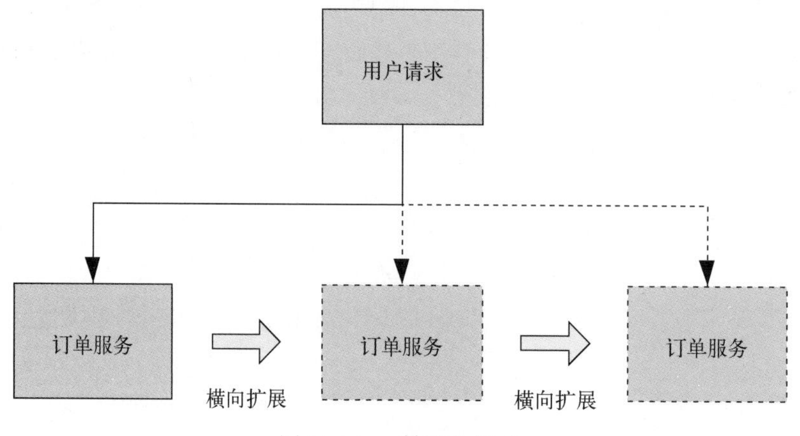

图 10-15　x 轴服务扩展

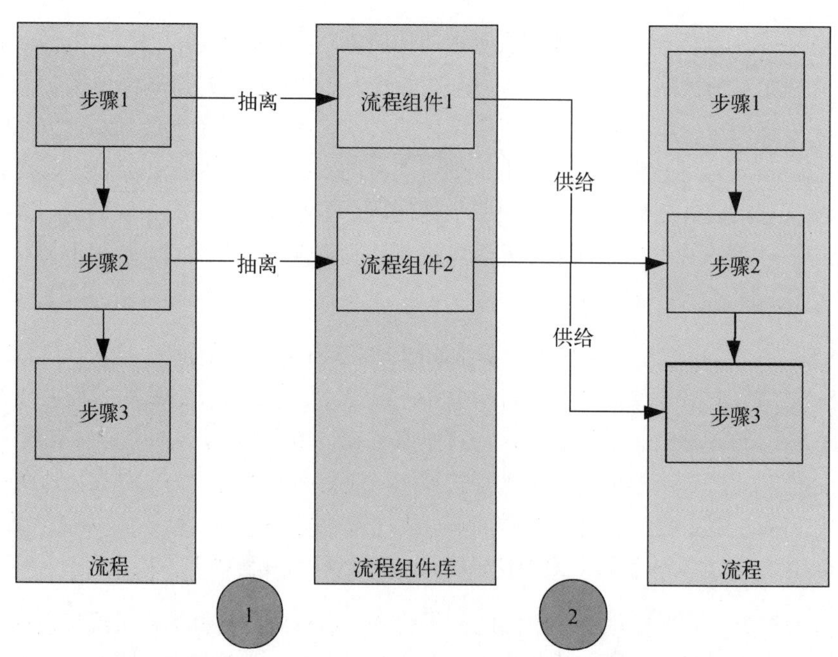

图 10-16　y 轴流程扩展

在实际的应用开发过程中，*z* 轴的服务对象扩展会有来自各个方面的请求，例如北京用户请求系统、上海用户请求系统、广州用户请求系统，或者 5000 人规模的企业请求系统、500 人规模的企业请求系统。事实上，针对不同的请求类型、不同地区的请求系统、不同访问量的请求系统，可以设计不同的系统边界，分配不同的软硬件资源，甚至用故障隔离的思路设计系统。比如向企业客户提供服务时，需要了解这个企业用的是私有云还是公有云，这个企业在中国乃至世界有哪些分公司，总公司和分公司如何共享数据和请求，是否需要对不同区域的公司提供不同访问量的服务等问题。

在扩展立方的设计原则中，通常 *x* 轴的扩展成本相对较低，可以马上看到效果，比较适合刚刚起步的企业。*y* 轴的扩展成本就略高了，需要设计师对流程本身理解得比较透彻，并且是经过长时间磨炼的，最好是架构师和业务专家共同定义流程基础组件。公司发展到一定规模时，才会建立自己的流程，比如中台系统。*z* 轴的扩展成本更高，需要针对不同的客户区域、请求类型、访问量设计对应的系统，对硬件和软件的要求都很高，比较适合大型的企业和互联网公司，比如阿里、腾讯在中国各地甚至世界各地都有机房。可以自行根据公司规模和发展方向酌情设计架构，做到因地制宜、因人而异。当然，在设计方面，我们希望 *x*、*y*、*z* 三个扩展方向是齐头并进的，哪个快一些、哪个慢一些取决于公司所在的环境和发展速度。

10.2 重构与测试

上一节描述的是架构设计的思维方式，并没有涉及具体的架构，都是一些抽象的概念。这一节依旧从思维方式入手，描述代码重构与测试。其实在日常的架构开发过程中，设计师都免不了接触这两方面的内容，但是在真正执行的时候又不知如何下手，这里同样给大家介绍一些思路，仅供参考。

10.2.1 代码重构

业务量的增加一般会导致系统架构的代码量增加，代码暴露的问题也随之增多。原来为了抢着上线在代码中留下的坑，终于要自己填了。为了提高代码质量，让业务走得更远，设计师加大了代码审核和重构的力度。我总结了几点自己的经验，同时借鉴了同行的做法，这里给大家分享一下。

- **何时重构是一个有趣的问题**。通常，在我们开始编码的时候，就应该对代码架构和组件模型进行设计。但是由于种种原因，基本上采取的都是牛仔式编程，即想到哪里就写到哪里，之后踩了坑才明白应该时刻对代码进行重构。针对这一点，我总结了以下几个方面。

- **事不过三原则**：如图 10-17 所示，在你第 1 次写代码实现某业务功能的时候，没有做设计，姑且就这么写了；第 2 次遇到相似的功能，发现这个功能之前好像用过，于是又写一遍；第 3 次又遇到了同样的功能，这时就要告诉自己需要重构了。这个原则有大量的应用场景，特别是开发应用时，遇到一些通用的业务组件或者系统组件抽取的时候。

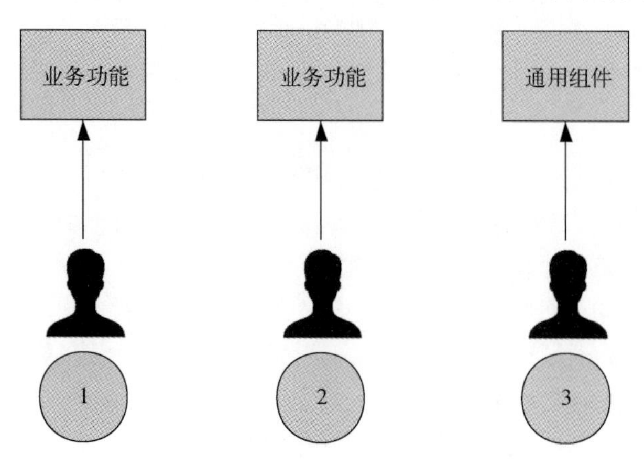

图 10-17　事不过三原则

- **添加功能时重构**：当你往旧模块里添加新功能的时候，发现这个新功能原来可以由几个原有功能组合完成，但是那几个原有功能的通用性不太好，于是重构原有功能，让其具有更强的复用性，如图 10-18 所示。

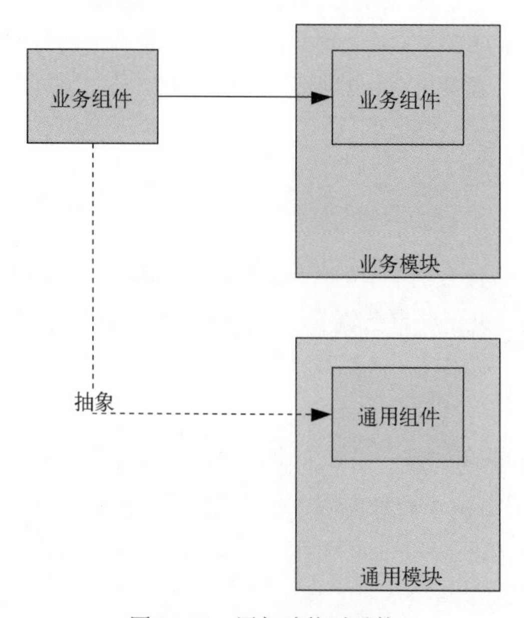

图 10-18　添加功能时重构

- **修复 bug 时重构**：程序员在修复完 bug 之后，往往会有非常深的满足感。如果在修复以后能分析一下 bug 出现的原因，检查一下其他地方是否也存在相同的 bug，是否能够通过通用组件抽取的方式彻底解决 bug，那么代码重构就显得非常有意义了，如图 10-19 所示。

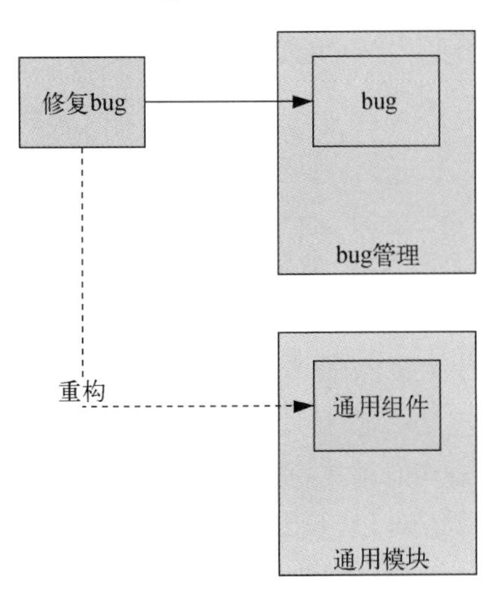

图 10-19 修复 bug 时重构

- **审核代码时重构**：这在极限编程和结对编程中比较多见。一个程序员写代码，另一个程序员审核代码，二人教学相长，共同进步。不同的人拥有不同的背景、思路以及理解深度，因此协作编写同一段代码会使代码显得更加立体，此时的重构是高效的，如图 10-20 所示。

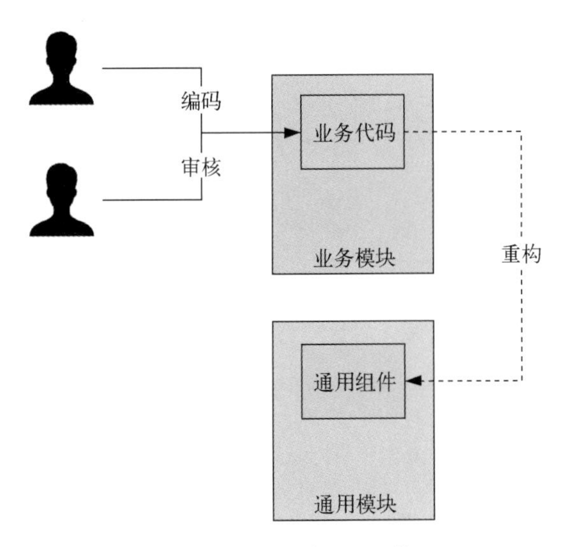

图 10-20 审核代码时重构

- **重构难题**。在实施重构的时候，往往会遇到一些具体的问题，这里也给大家总结一下。
  - **数据库重构**：数据库的结构通常在项目建立初期就确立了，因此想要改变数据库的结构简直是难上加难。如图 10-21 所示，聪明的程序员通常会在数据库和业务层之间加入一个中间层，也有人称之为 Mapping，可以保证业务层的数据结构发生变化时，无须修改数据库的结构也能完成调整。

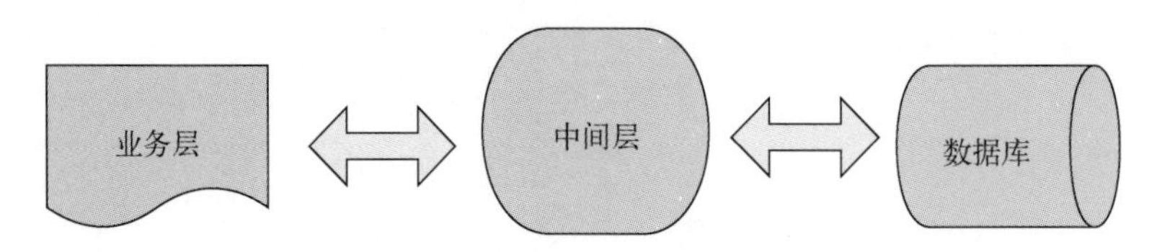

图 10-21　在业务层和数据库之间加入中间层

  - **接口与实现**：我们在做架构设计的时候，通常会给每个模块都设计一个接口，这个接口定义了各模块相互调用时遵守的契约，所有模块和组件都必须遵守这个契约。如图 10-22 所示，在进行重构的时候，显然是不需要修改这些接口的（牵扯的修改范围较大）。定义好业务接口以后，它会供给业务模块调用。假如此时该业务接口对应的是业务实现 1，如果需要重构，那么在保证业务不变的情况下，将原来的业务实现 1 替换为业务实现 2 即可。对于调用者来说，接口是没有变的，但是具体的实现方式已经被重构了。这种情况下我们是对接口对应的实现做了重构，这样就保证了接口不变、调用不变，而具体的实现得到了优化。

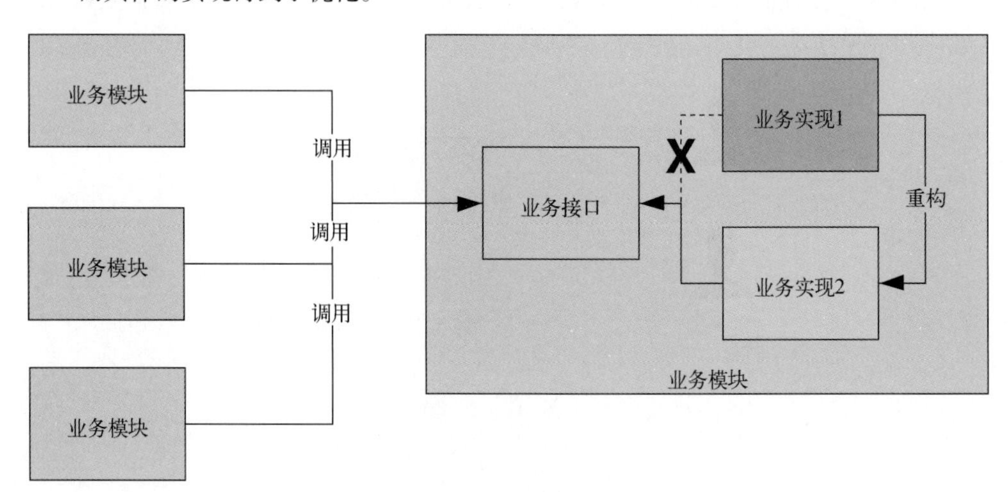

图 10-22　针对接口的实现进行重构

- **重构不如重写**：遇到大量逻辑复杂的代码时，如果要求重构，就需要花费大量的时间去阅读业务逻辑，并且理解这个模块与其他模块是如何协同工作的，这个工作量是相当大的。这时重新设计往往比重构要简单很多。
- **项目进行到后期**：项目进入尾声，单元测试、功能测试、集成测试基本都完成了，此时的重构风险很高。

10.2.2 性能测试与压力测试

谈到测试，很多开发人员会认为这是测试人员的事情。其实不然，一个良好的应用测试应该是研发人员、测试人员、项目管理人员，甚至公司高层共同关心的事情，因为测试和所交付软件产品的质量息息相关。有测试作为基础，才能从软件和硬件两个角度对整个系统进行有效的调整。传统测试包括开发人员和测试人员共同完成的部分，具体内容如下。

- **单元测试**：开发人员编写完代码以后，针对具体的功能进行小范围的逻辑和技术测试。
- **集成测试**：针对多个模块和组件进行的测试。主要用来判断模块或者服务之间的调用是否正确。
- **系统测试**：将通过集成测试的组件或者服务放到整个系统中进行测试，此时的测试主要围绕主要功能点和业务闭环完成。
- **端到端测试**：将系统部署到和正常生产环境类似的场景中做测试，模拟用户使用的客户端和用户行为。此时的测试除了包括系统测试中的功能，还要模拟实际场景中发生的情况，例如高并发的请求，或者网络、数据库异常等。

实际上，一个系统在开发完成后，就应该已经通过了前面 4 个阶段的测试，从功能角度讲是没有问题了。接下来要做的是模拟高并发场景，对系统中一些服务（例如商品查询、商品订单）进行性能和压力测试。

性能测试要解决的是系统提供的资源每秒能够承受多少并发数，得到这个并发数后，将其作为系统的基准线。压力测试是在这条基准线上加大压力，看达到多少并发数的时候，系统会濒临崩溃。

1. 性能测试

性能测试针对的是目标应用或者目标系统的速度、吞吐量，还有设备或者硬件的有效性。说白了，就是看应用或者系统是否达到了设计之初定的预期效果。如果给系统设计打分，满分是 100，那么性能测试就是看应用或者系统是否达到了最基本的可用预期，即及格分数 60。

图 10-23 演示了执行性能测试需要经历的几个阶段——标准、环境、定义、执行、分析、报告、验证，这些阶段形成一个闭环。

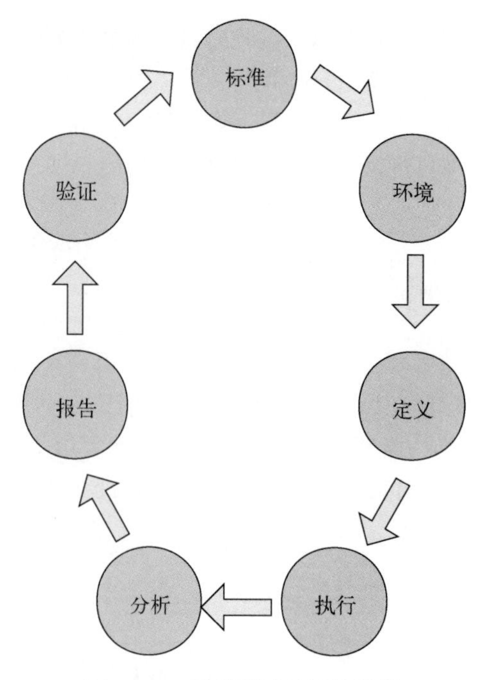

图 10-23　性能测试经历的阶段

下面展开描述上述的 7 个阶段。

第一，标准，即建立测试标准。假如我们给开发的系统在规定时间内能够支持多少并发数定了一个标准，比如 5000 个/秒，那么定义这个目标的依据是什么呢？如图 10-24 所示，通常是通过对系统运行的历史数据进行归纳总结，获得标准。对于新建的系统，还可以根据同行参考数据和业务量估算得到标准。

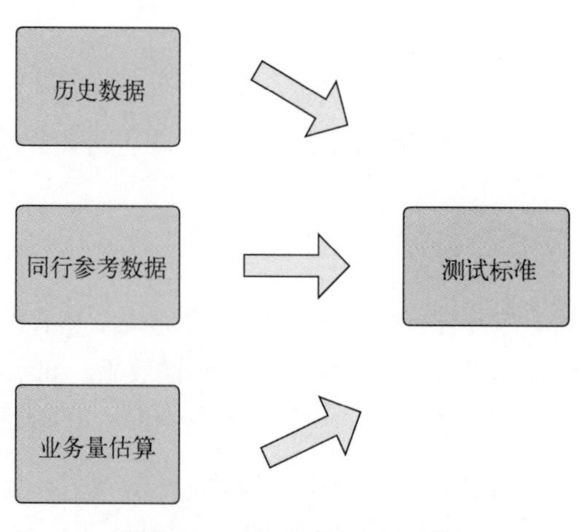

图 10-24　建立性能测试的标准

第二，环境，即建立测试环境。如图 10-25 所示，最理想的情况是测试环境和真实生产环境一模一样，但测试环境很难达到生产环境的配置，因为需要动用大量的服务器资源。我们可以使用折中的办法，根据生产环境中服务器资源的 1/2、1/4、1/8 的配置来设置测试环境，再将测试结果按照 2、4、8 的倍数放大。当然，还需要考虑设备增多以后的通信损耗问题，所以对最后的结果再打一个折扣。在这样的测试环境中得到的预估效果和从真实生产环境得到的效果已经差不了多少了。不过对于秒杀系统而言，最好是获取真实生产环境中的用户和访问数据，并且搭建一个和生产环境一模一样的环境进行测试。

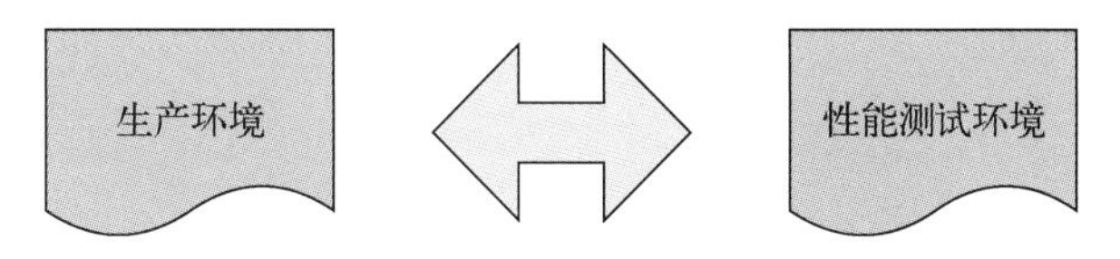

图 10-25 建立测试环境

第三，定义，即对测试进行定义。如图 10-26 所示，有以下 5 种测试。

- **耐久性测试**：适用于访问量不大但是持续时间长的场景，例如浏览商品信息。
- **负载性测试**：适用于瞬时访问量大但是持续时间不长的测试场景，例如限时秒杀。
- **场景测试**：针对特殊场景的测试。例如，4G 信号不佳的时候，就降级到 3G 信号，测试这个时候的用户访问情况；又如测试离线状态下的信息访问。
- **部件测试**：针对核心功能的测试，例如电商系统中的订单服务。
- **系统测试**：考虑整个系统闭环的测试。

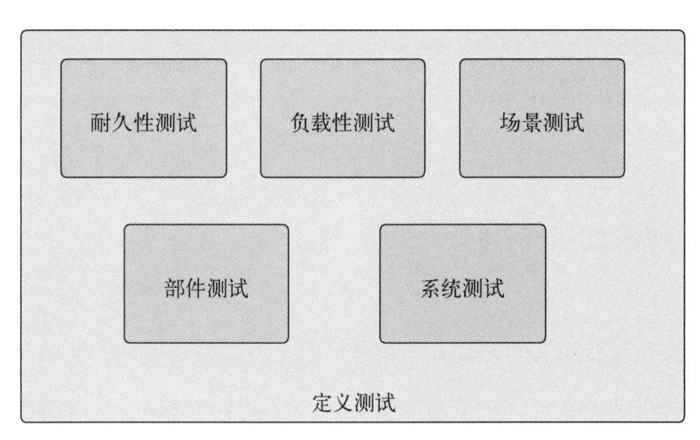

图 10-26 定义测试

以上这些测试都需要根据具体的测试场景，写出测试用例以及需要的数据。这一步的数据要尽量使用生产环境中的。

第四，执行，即执行测试。测试有很多具体的执行方法。图 10-27 就是一种常用的测试套路，每次发布完毕后，可以进行一些功能性测试，而这以人工测试为主；对于耗时长的负载测试，则在下班之后通过脚本执行，利用夜间这段较长的时间进行耐久性测试。

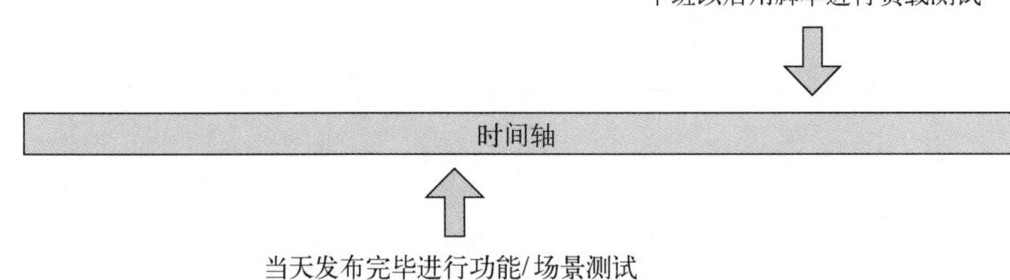

图 10-27　执行测试

第五，分析，即分析数据。测试执行完毕后，会收集到一些数据，这些显然是我们应该关心的，例如响应时间、数据库在单位时间内处理的查询请求个数。可以通过 *t*-校验、因子分析、主效应图、方差分析等方法对收集到的数据进行分析，看是否达到了预期。

第六，报告，即记录报告问题。说白了就是发现问题之后，需要找人解决问题。如图 10-28 所示，将这个步骤分为四步：记录测试结果、结果与标准对比、获得偏差、向工程师报告。具体点讲，就是对比分析的结果和预期的结果，如果有偏差（例如团队定义的偏差是 5%），就把问题记录下来，并且分配给对应的工程师解决。当然，有些比较特殊的问题需要团队成员共同审核决定。

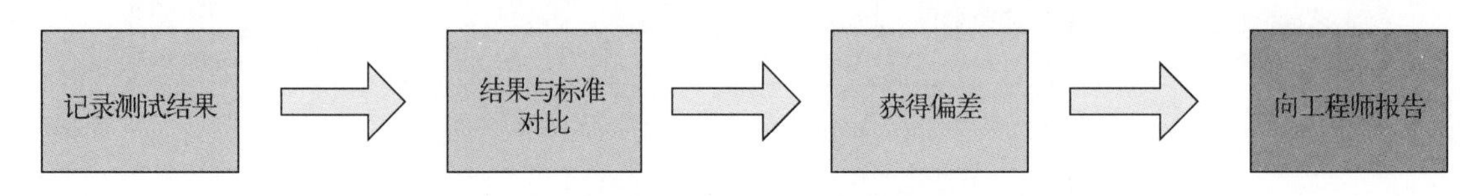

图 10-28　记录报告问题

第七，验证，即重复测试和分析。这步还是比较清楚的，即发现问题并解决问题后再次验证问题，使整个测试过程形成一个闭环。

2. 压力测试

压力测试的步骤和性能测试的步骤基本相同，但是两者需要达到的目的却大相径庭。

压力测试是通过测试的方法一步步逼近系统的临近崩溃点，这个点包括系统资源、内存、线程、应用、连接数等。目的是让运维和开发人员知道系统的极限在哪里，让业务人员和公司高层知道如果需要突破业务的极限，必须先突破系统的极限。压力测试还能为评估业务升级、系统升级提供有力的数据保障。假设对系统进行压力测试后发现，它可以承受每秒 10 万的并发量，这便是系统承受量的基准线。要是并发量高于这个基准线，谁也不知道会发生什么。但是实际有多少并发请求，谁也不知道。压力测试就是要搞清楚系统的极限在哪里，极限一旦确定，就可以制定针对性的措施。例如对服务器进行进一步扩容，多申请几台服务器做备份；或者进行弹性扩展，当并发量达到压力测试的 80%（8 万）时就启动扩容预案，类似这些后续的计划都需要压力测试作为支撑。公司的管理层也需要对压力测试有所了解，帮助技术人员组织更多的资源。压力测试一般分为如下两类。

- **正压力测试**。以之前提到的性能测试为基础，要想知道系统能够承受的基本压力是多少，可以在这个基础上对系统逐步加压，直到系统接近崩溃或者真正崩溃。具体做法如图 10-29 所示，基于当前的系统负载加大访问量、并发数、吞吐量，而且不改变支撑系统负载的服务个数，简单点讲就是做“加法”。

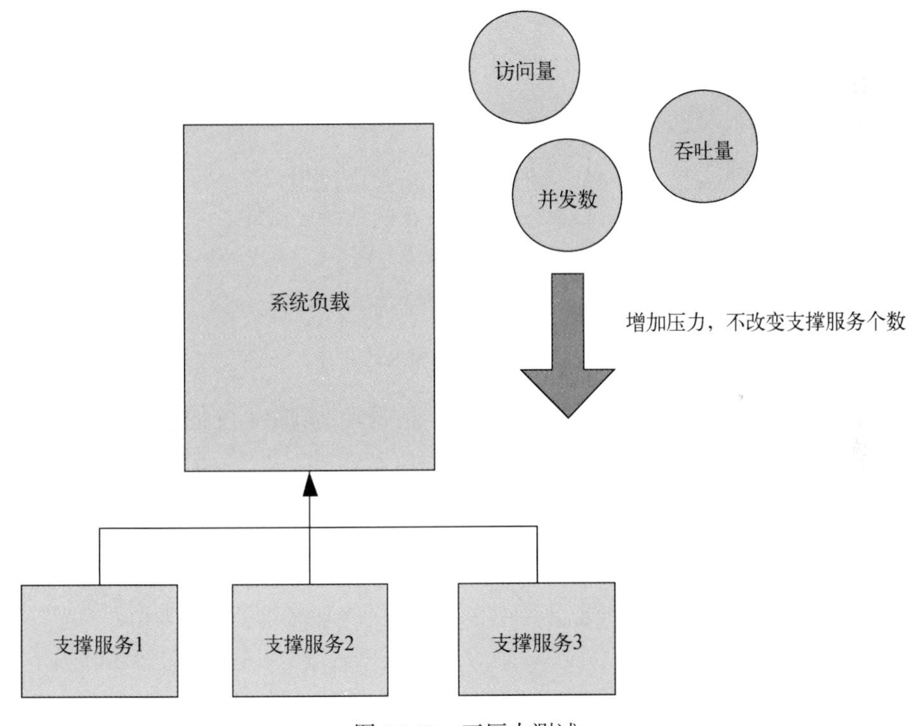

图 10-29　正压力测试

- **负压力测试**。这是在系统正常运行的情况下，逐步减少支撑系统的服务，直到系统无法响应正常的业务请求。如图 10-30 所示，在正常的系统负载下，保持访问量、并发数、吞吐量不变，逐步减少支撑服务的数量，观察业务是否受影响，说白了就是做“减法”。

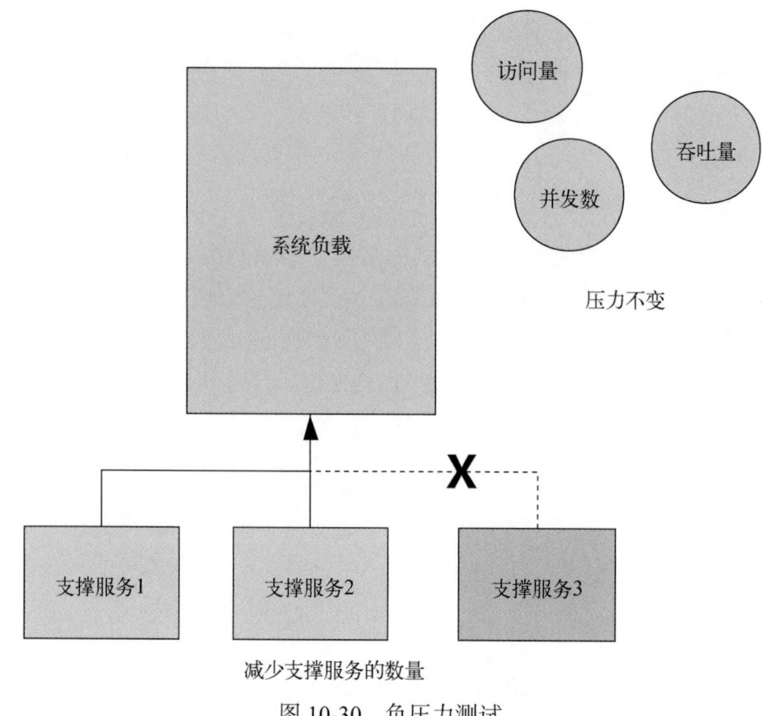

图 10-30　负压力测试

压力测试的步骤如图 10-31 所示，过程大致分为 8 步。

(1) 确定测试目标。与性能测试不同，压力测试的目标是确定系统什么时候会接近崩溃。

(2) 确定关键服务。压力测试其实是有重点的，根据二八原则，系统中只有 20% 的功能使用得最多，所以可以对这些核心功能做压力测试。例如秒杀系统中的关键服务就是商品服务和订单服务，这两个是用户使用最多的，特别是订单服务中的下单操作还存在数据一致性问题。

(3) 定义负载。这和第 (2) 步的思路是一致的，并非每个服务都要承受高负载，需要重点关注的是那些负载量大的服务，或者在一段时间内负载有波动的服务，这些都是测试目标。

(4) 选择环境。和性能测试一样，建议使用生产环境，不过也可以用 workaround 的方法。

(5) 确定监视点。实际上就是对关注的参数进行监视，例如 CPU 负载、内存使用率、系统吞吐量等。

(6) 产生负载。从生产环境中获取一些真实的数据，将其作为负载数据源。脚本根据目标系统的承受要求驱动负载数据源，对系统进行冲击。

(7) 执行测试。根据目标系统和关键组件，对负载进行测试，返回监视点的数据。建议团队针对测试制订一个计划，模拟不同的网络环境和硬件条件进行有规律的测试。

(8) 分析数据。分析对关键服务进行压力测试后得到的数据，得知服务的承受上限在哪儿。对一段时间内有负载波动或者大负载的服务进行数据分析，得出服务改造的方向。

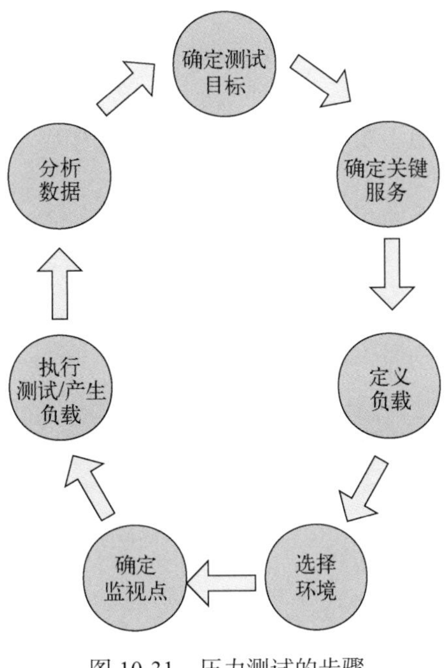

图 10-31 压力测试的步骤

如果说性能测试的结果是系统的基准线，那么压力测试的结果就是系统的上限或者高压线。基准线到高压线之间就是系统可以伸缩的范围，我们通过这两条线密切关注系统的负载情况。

10.3 学习与发展

不知不觉已经到了本书的最后一节，这里就个人发展的经验和心得跟大家做一个分享，包括思维方式、学习提升、职业发展等方面的内容，也算是和大家说说心里话吧。

10.3.1 思维方式

稻盛和夫的《干法》一书，对人生和工作给出了这样一个公式：

人生（工作）的结果 = 思维方式 × 热情 × 能力

公式中的热情可以理解为努力，取值范围是 0 到 100 分。能力可以理解为智商、情商、组织能力、表达能力、健康等，取值范围也是 0 到 100 分。思维方式则与热情、能力不同，其取值范围是 −100 到 100 分，意味着思维方式有可能是负数。当思维方式取负数时，付出的努力越大，拥有的能力越强，就越有可能得到相反的结果。我时常反思，自己在平时的工作和学习中，是否运用了正确的思维方式。当程序出现 bug 时，是找到原因并进行总结，还是埋怨项目进度太紧、系统混乱；当遇到需求不清楚的时候，是努力整理问题列表，还是抱怨产品经理不专业；当老板、客户持有不同意见时，是积极倾听并采取改进措施，还是怨天尤人。有人说程序员只要专业知识过硬就够了，其他的不用过多考虑。这种说法既正确，又不正确。专业能力是进入 IT 行业的门槛，进入之后还需要在各个方面不断地打磨和提升自己。大多数人平时的工作就是一直发现问题和解决问题，能否在这个过程中受益、思考就显得尤为重要。在职业生涯的头几年，我是在摸索中度过的，并不清晰工作的意义是什么，只是把写代码当作一个赚钱的营生。每天想的都是快点把手上的任务完成，下班以后尽情地打游戏、刷剧。测试同事给我报 bug 的时候，能推就推，认为这是操作问题，而非程序问题。对于产品经理报上来的需求，通常会说难度太大，需要更多的时间，总之找各种理由搪塞。久而久之，发现自己仍然在原地踏步，于是开始观察身边优秀的人和阅读一些书来找答案。《终生成长》一书中提到，人有两种思维模式，一种是固定型思维，另一种是成长型思维。拥有固定型思维的人认为自己不需要改变，遇到问题时保持原有的处理方式就行，需要改变的是外界。而拥有成长型思维的人则认为，自己需要不断调整做事方式来满足不断变化的世界。尤其当今是一个复杂、多变、不确定的时代，程序员更应该拥抱变化，迭代自己，专注思考。

10.3.2　学习提升

学习提升的道路有很多条，基本上分为自我学习和向他人学习。

1. 自我学习

很多时候为了学习专业的知识，我会上网翻看博客，关注微信公众号，看推文。工作中遇到问题时，我会打开搜索引擎以最快的速度找到答案。我逐渐习惯了享受“快餐知识”带来的愉悦感，甚至不清楚复制粘贴的代码表达的是什么意思，看过专业人士的文章后也不得要领，只有莫名觉得很厉害的感觉。古人讲究“观，为，得”，大部分时候，我们只做到了“观”，知道有某个知识，大致知道如何使用某个工具，但没有形成自己的一套知识体系。在“观”的基础上，把所学知识的前后关系梳理一遍，在知道 what 和 how 的同时也知道 why，将每个知识点做好笔记保存下来，之后遇到有关联的知识时，拿出之前的笔记对照，才是做到了“为”。最后，把所有知识点串联起来，连成线，再将线扩展成面，讲给别人听，或者以文章的形式分享给别人，才能做到“得”。如果每次遇到问题的时候都能做到这三步，周而复始，技术和理解能力一定会有明显的提高。特别是有了几年工作经验以后，更需要系统地学习基础的计算机知识，例如数据结构、组成原理、数据库设计、设计模式、算法。编程技巧和工具都离不开这些基本原理的支持。在这个回顾的过程中，可以对知识重新梳理、分类，站在更高的位置审视自己。

2. 向他人学习

在《易经》中，有一卦叫作“比”卦，意思是要“亲比”他人。任何一个组织中都有领袖，即需要大家辅佐的对象，公司的领袖就是项目经理、技术组长、架构师等。“亲比”的意思是围绕在有能力的人周围，辅助他们，同时从他们身上学习知识、技能和经验。不妨观察一下自己身边的人，你会发现无论在家里、公司还是学校，都有可以“亲比”的对象。这些人身上有很多闪光点，值得我们去学习，甚至我们应该努力成为跟他们一样的人。把他们当作目标，结合自己的发展方向（比如 Java 架构师、项目管理员），列出学习条目（架构设计、项目管理），以半年为期限，定时查看目标是否已实现，以及还有哪些地方需要继续努力，时刻提醒自己要成为理想中的那个人。我之前的项目组，有一个程序员写的代码 bug 很少，于是我就学习并且模仿他的编码风格，半年以后发现我的代码质量确实有了明显的改善。除了身边的人，GitHub 上面的一些开源项目也是可以学习的对象，看别人如何设计系统架构、如何使用设计模式，也能给自己的工作带来启发。模仿是最好的老师，结合自身的特点，久而久之就会形成自己的风格。

检验所学知识的方法有很多，例如把学到的知识应用到工作中，就可以检验自己是否学到位了。检验方式根据场景的不同而不同，遇到问题时再去探索解决方案，是一种被动的验证方式。如果日常工作中没有那么多需要解决的问题，而又需要检验所学的知识，该如何操作？这里分享一种主动的验证方式，即从学习知识转为教授知识。在开始学习的时候，就要把学习目标定为学完后教别人。换言之，学完后，自己就应该是这方面的专家了，有责任让其他人也搞懂这个知识。如此这般，才能在学习过程中“吃透”知识。具体可以这样做，学完一个知识后，对着镜子用自己的话讲一遍。刚开始肯定会卡壳，不过不要紧，针对不清楚的部分，查资料，搞懂之后再演讲，直到整个讲述过程顺畅为止。此时，想必你已经建立了信心，可以找三五个好友对着他们讲，有了观众，难免会紧张，可以准备简单的 PPT 以便梳理和回忆。接着，再找机会在公司里或者小组内做一次分享。逐步扩大分享的范围，并在每次分享完后及时总结，对于不熟悉的地方进行加强。这是一个不断自我完善的过程，期间还能形成自己的学习体系和方法，锻炼组织、演讲能力。另外，在不断扩大分享范围的过程中，一定会得到不少反馈，使自己对知识的认知程度不断提高。最后，在时机成熟的时候可以发表一篇文章，做一个总结。整个过程不但验证了知识，还极有可能让你成为某个垂直领域的专家，提高自己的专业知名度。

10.3.3 职业发展

职业发展路线是经常被提及的一个话题，不同阶段的职业规划是不同的。刚进入 IT 行业的人，考虑的是掌握一门可以安身立命的技术，在养活自己之余，还要有成长空间。刚开始可以多涉猎一点技术，然后在其中选择一个觉得“舒服”的坚持下去。我前几年读过的一本书叫作《逝去的武林》，讲述的是一位老者 40 年学武的经历。其中有一段讲到，他刚开始学武时，师傅教了他好几招，然后问他哪几招练起来最舒服，他告诉师傅自己的想法以后，师傅就只要他练“觉得舒服”的那几招。一年以后，才教他其他招式。他问师傅为什么。师傅说招式虽然变化多端，但原理是不变的。如果有几招已经精熟了，那么学习其他招数便易如反掌。学习 IT 技术不也是这样吗？那么多编程语言的底层原理其实都是相通的。分布式架构、通信方式、设计模式在思考方式上也有互通互联的地方。所以，在初入职场的 3~5 年内可以在一个垂直的技术领域深耕，精通这个领域以后，再选择后面的路。

除了技术能力，综合能力也是必不可少的，例如演讲、写作、沟通、管理。不管今后是往技术方向发展还是往管理方向发展，这些能力都能帮到你。所以，在适当的时候也要锻炼自己的综合能力。比如定期进行技术演讲，把技术干货分享给同事；将平时工作中遇到的问题写成文章并在网络上分享；读几本心理学的书，学会如何与人沟通；定期在网上学习管理视频。在学习专业知识的同时，也获取其他领域的知识，丰富自己的知识体系。

好的开始有了，那么发展时有哪些路可以走呢？下面列举三条路线以供参考。

- 技术路线：初级程序员→中级程序员→高级程序员→技术经理。
  - 这是一条技术发展路线。随着开发经验的增加以及对架构理解水平的提高，可以先往中级程序员、高级程序员方向发展。初级程序员关心的是如何编写代码、减少 bug、实现功能和通过模块测试；而中高级程序员需要从项目整体出发，考虑如何编写模块、算法。之后，可向技术经理的方向发展。在程序员阶段，如果积累了各种大中型项目的经验，熟悉了技术标准、技术规范，学会了编写、审核各种技术方案和文档，同时具备了编写软件核心代码、处理软件故障和领导团队的能力，基本能够胜任技术经理的岗位。
  - 技术经理可以往技术总监、CTO（首席技术官）等岗位发展，这些岗位的要求会更高，因此在编程过程中要注重其他方面的积累，比如算法思维、测试方法、技术文档、技术团队管理等。
- 管理路线：程序员→中级工程师→系统架构师→项目经理。
  - 系统架构师是一个对沟通能力、设计能力和技术能力都有要求的岗位。技术是基于业务的，因此系统架构师还要深入了解业务，与客户、产品经理、技术人员、项目经理等都保持良好的沟通。在业务场景中，要设计系统架构和应用场景、解决开发过程中遇到的疑难问题，还要提高开发质量、推进开发进度、协助管理技术团队、维护好技术文档和说明文件等。
  - 项目经理是软件项目的组织者和领导者。对内要组织、管理技术团队，制订开发计划、测试计划、培训计划，量化任务；解决开发过程中出现的问题，保证软件开发按照进度推进；做好技术文档、说明文件的存档工作等。对外要与客户沟通，了解、完善、修改需求；要与公司沟通，及时汇报项目进度、工作情况和资源需求；要做好市场调研，及时调整技术方案等。

- 程序员如果具备很强的沟通、设计和团队管理能力，就可以考虑往管理路线发展。如果不具备这些方面的能力，则可以多考虑向技术管理方向发展。系统架构师和技术经理在工作内容上是有一些区别的，架构师对内负责技术架构，对外需要和业务人员沟通；技术经理更多地专注于制定和执行内部的技术规范、技术标准。

- 产品路线：程序员→产品助理→产品设计师→产品经理。
  - 在日常工作中，如果程序员对产品设计、产品管理有很好的想法，那么他已经拥有了产品设计的基础能力：理解产品的功能逻辑时有思路、有判断。程序员往产品路线发展，既有自己的优势，也有劣势。优势在于程序员知道程序开发的过程、熟悉功能的实现方式，因此从产品的角度能够和开发人员良好地沟通，能够很好地把控产品的开发周期、实现方式、故障判断等，使产品在技术层面出现的问题尽快得到沟通和解决。劣势是程序员在客户需求分析、市场调研、产品设计、产品管理、运营分析、用户培训等方面都要从零开始学习，这是需要一定时间的。如果往产品方向发展，基本需要从产品助理开始，不仅要保持住自己的优势，还要一步一个脚印地学习、积累，逐渐消除自己的劣势，往产品设计师、产品经理，甚至是CIO（首席信息官）方向努力。

10.4 总结

本章从架构设计的思维方式入手，介绍了架构师在设计中用到的三种设计模型：过程设计模型、协作式设计模型和扩展立方设计模型。然后介绍了几种代码重构：事不过三原则、添加功能时重构、修复bug时重构、审核代码时重构，以及重构时的难题。之后了解了性能测试得到的是系统的基准线，而压力测试得到的是系统的高压线。最后分享了终生成长的思维方式和如何提升自己，以及程序员的职业发展路线。

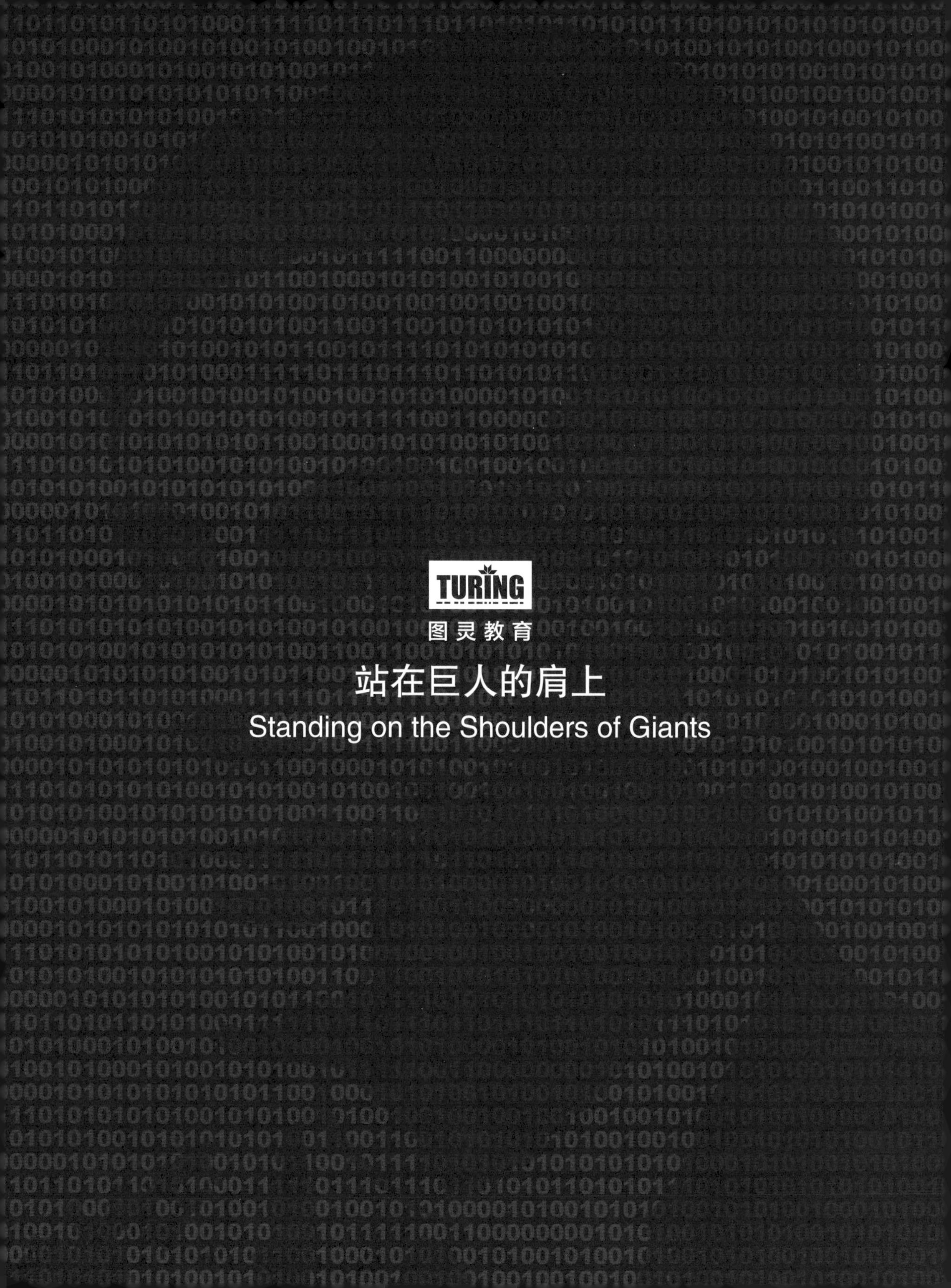
TURING
图灵教育
站在巨人的肩上
Standing on the Shoulders of Giants

TURING

图灵教育

站在巨人的肩上

Standing on the Shoulders of Giants